유리건축
Glass Architecture

박선우 저.

머리말

INTRODUCTION

우리 주변을 잠시 살펴보면, 제품이나 건축물에서 <유리>라는 단어 없이 설명하기는 매우 어려울 것이다. 초기에는 중량건축물에 빛을 끌어 들이기 위한 건축재료로 사용되었지만, 최근에는 유리 생산과 기술의 발전으로 대형구조물에서 많이 사용되고 있고, 미래에도 더 많이 사용될 것이다. 유리의 크기와 생산이 한정적이기 때문에 구조에 관한 배경 없이 대형구조물로 사용되기 때문에 유리를 달아 메고 있는 구조시스템에 관해서도 설명하였다.

유리는 단단하고 깨지기 쉬운 비결정질 고체 즉 과냉각된 액체이다. 투명하고 매끄럽고, 생물학적으로 비활성인 특징이 있어 창문, 병, 안경 등을 만드는 데 쓰지만 깨지기 쉽다는 단점이 있다. 모래나 석영石英을 구성하는 이산화규소가 주요성분인 소다석회유리나 붕규산유리 뿐만 아니라, 아크릴수지, 설탕유리, 운모雲母 또는 알루미늄 옥시니트라이드Oxynitride 등도 유리에 포함된다.
자연적으로 생긴 유리질 광석은 석기시대부터 쓰였다. 인류가 유리를 만들기 시작한 것은 기원전 15세기 이집트에서부터였다. 시칠리아에서는 10세기에 처음 스테인드 글라스가 만들어진 것으로 보인다. 15세기에는 유럽으로도 전파되었다. 이 때 평판유리는 만들어낸 유리 덩이를 다리미로 눌러 만들었다. 대형 판유리가 만들어지기 시작한 것은 20세기 들어서이다. 그러다 보니 유리는 너무나도 비싸서 귀족들만 유리를 가질 수 있었다.
한국사에서 유리는 한사군의 낙랑유적에서 발굴된 유리이당, 유리함선 등이 있다. 아울러 경주 성부산 기슭에서 신라의 유리용 가마가 발견된 바 있어 삼국시대에는 유리를 생산하였음을 알 수 있다. 그러나 신라 이후 한국의 유리제조는 거의 단절되다시피 취급되었다. 조선 말기에서야 유리제조술은 다시 발전을 하는데 이는 러시아나 일본의 기술을 받아 발전한 것이다. 해방 이후에는 유엔의 지원계획에 따라 인천에 유리제조공장이 들어섰는데 이는 한국이 서구권의 발전된 유리제조기법을 받아들일 수 있게 된 계기가 되었다.

전체적인 책의 구성은 5권으로 출간될 예정이다. 1권에서는 유리에 관한 전체적인 키워드Key Word에 대한 이론적인 설명으로 기술될 것이다. 이어지는 나머지 책에서는 유리지붕, 유리파사드, 유리조형물, 유리교량과 계단에 대한 많은 사례들에 관한 간단한 구조적인 설명과 많은 이미지로 첨부하여 유리에 관한 사례집으로 편집될 것이다. 이러한 책들로 많은 유리건축물에 관한 세계적인 추세를 이해하고, 또한 유리건축물을 계획하고 있는 건축가나 구조엔지니어에게 많은 세계적인 유리건축에 대한 안목을 키우고 부담 없이 읽을 수 있도록 엮어 보았다.

끝으로 이 책이 나오기까지 도와주신 우리북 출판사 김영덕사장님과 캐드 작업에 많은 시간을 할애해 준 이진모군과 조윤오군에게 감사드리고, 또한 편집 및 교정하는데 수고해 주신 고정현님께도 감사드립니다.

2017년 12월

박 선 우

목차　CONTENTS

1. 유리 건축물의 발전사

1.1	19세기의 유리건축물	12
1.1.1	유리건축물의 발전사	12
1.1.2	19세기 유리-철 구조물의 사례들	15
1.2	20세기 건축에서 구조용 유리의 발전사	32
1.2.1	19세기의 건축물들	32
1.2.2	20세기 전반기 프로젝트	36
1.2.3	20세기 후반기 프로젝트	45

2. 유리의 특성

2.1	유리특성	54
2.2	역학적인 특성	55
2.3	구조용 유리의 종류	56
2.4	사용조건	57
2.5	유리생산	58
2.6	유리의 용도분류	60
2.7	유리의 단열, 방화, 방음	62

글래스 핀Glass Fins

3.1	건축재료로서 유리	76
3.2	글래스 핀의 개념	77
3.3	초기의 사례들	78
3.4	글래스 핀의 분류	81
3.4.1	캔티레버 구조	81
3.4.2	단순보 구조	82
3.4.3	유리와 글래스 핀의 힘의 전달	84
3.5	평가와 미래 전망	87
3.6	안전과 계산	87

4. 유리기둥과 압축재

4.1	역사적 배경	92
4.2	건축재료로서 유리	93
4.2.1	유리의 특성	93
4.2.2	유리종류	94
4.2.3	유리의 구조적인 이음매	95
4.2.4	유리 건축부재의 계산	96
4.3	주요 사례들	97

5. 유리지붕

5.1	고려사항	106
5.2	규정, 기술기준	108
5.2.1	규정되지 않은 지붕유리	108
5.2.2	규정된 유리지붕	108
5.3	응용된 사례들	109
5.3.1	네 면 선형지지	109
5.3.2	네 면 점지지	110
5.3.3	세 면 또는 네 면 선형지지	112
5.3.4	견고한 구조의 점지지	113
5.3.5	언더텐션된 점지지	116
5.3.6	인장 케이블-하부구조에 점지지	118
5.3.7	선형지지된 유리거더	119

6. 언더텐션과 오버텐션된 유리판

6.1	전체구조물 내에서 힘을 받는 유리	124
6.1.1	일반사항	124
6.1.2	정의	124
6.1.3	재료의 거동과 특질	125
6.1.4	구조원칙	125
6.1.5	유리판에서 힘의 흐름	126
6.2	언더텐션된 유리판	127
6.3	공간적으로 언더텐션된 유리판	131
6.4	양측에서 트러스 형태로 텐션된 유리판	135
6.5	요약과 평가	139

7. 유리가 유리를 현수하는 파사드

7.1	수직하중의 전달	142
7.2	수평하중의 전달	143
7.3	유리판 사이 연결	144
7.4	주요 사례들	146
7.4.1	내부 주요구조에 현수된 파사드 구조	144
7.4.2	내부에서 자체적으로 현수된 파사드 구조	151
7.4.3	유리면에서 현수된 파사드 구조	153
7.4.4	내부에 있는 파사드 구조	155

8. 케이블 네트 파사드 & 지붕구조

8.1	케이블 네트 파사드	160
8.1.1	캠핀스키 호텔의 케이블 네트 파사드	162
8.1.2	케이블 네트의 구조거동	164
8.1.3	케이블 네트 파사드 사례들	166
8.2	케이블 네트 지붕	181
8.2.1	테니스 라켓의 구조원리	181
8.2.2	현수막의 구조원리	185
8.3	전망	189

9. SG Structural Glazing 시스템

9.1	SG 시스템의 일반사항	192
9.2	일반적인 SG 파사드	194
9.3	SG 장점	195
9.4	SG 시스템의 요구사항	196
9.5	제작방법	199
9.6	권고와 허용사항	199
9.7	단열유리 안정과 안전성	200
9.8	허용되는 SG-시스템의 사례	202
9.9	특수유리로 SG	205
9.10	현장과 경험	209
9.11	주요 사례들	210

10. 유리의 점지지 형태

10.1	유리 받침대 시스템	214
10.2	점지지 형태의 부재들	216
10.3	유리지지	217
10.4	천공작업	220
10.5	하부구조	221
10.6	유리붕괴	223
10.7	점고정의 치수와 개수산정을 위한 개략법	224
10.8	여러 시스템들	226

11. 자유형상의 그리드 쉘 유리 구조

11.1	곡면 기하형태	233
11.2	자유형상 그리드 쉘구조의 디자인	238
11.3	복층 자유형상의 절점연결	241
11.4	단층 자유형상의 절점연결	242
11.4.1	형태와 그리드의 최적화	242
11.4.2	접합시스템	243
11.4.3	스플라이스 splice 연결	244
11.4.4	엔드-페이스 end-face 연결	247
11.4.5	단층 자유형상 구조에 대한 적용성	252

12. 유리구조물의 분류

12.1	1차/2차 구조물의 분류	256
12.2	구조물 유형분류	258
12.3	최신 유리건축물	259
12.3.1	발전과정	259
12.3.2	발전배경: 새로운 재료와 기술	263
12.4	1차 구조부재로서 유리	265
12.5	2차 구조부재로서 유리	288
12.6	파사드 구조의 발전	307
12.7	유리구조물에서의 전망과 경향	313
12.7.1	디테일 발전	313
12.7.2	구조물 발전	316
12.8	새로운 기술과 생산	324
12.9	발전한계	325

13. 디테일

13.1	유리의 선지지-퍼티유리	330
13.2	유리고정테	331
13.3	압착판	333
13.4	Structural Glazing	334
13.5	점지지 유리	335

참고문헌	344

1

유리건축물의 발전사

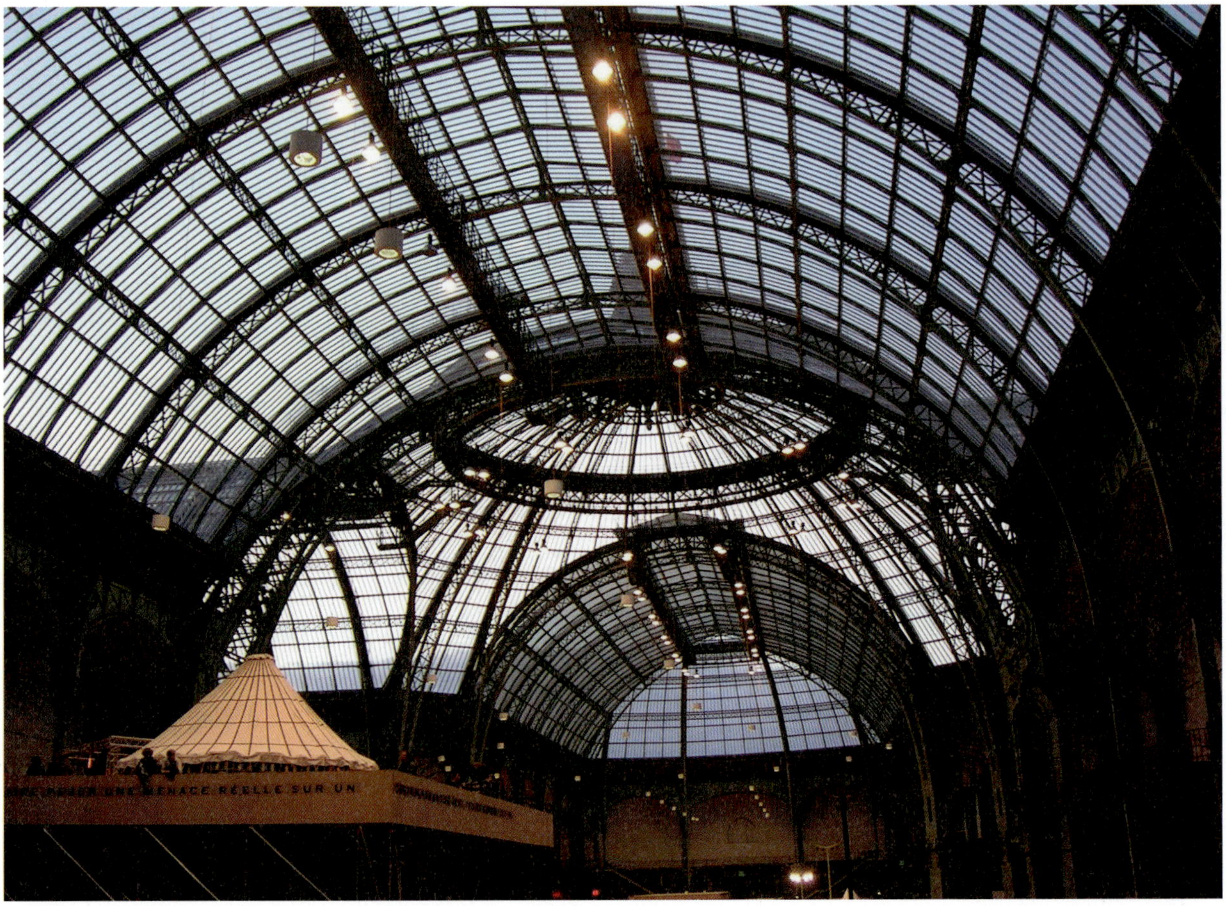

▲ Grand Palast, Paris

유리건축물의 발전사

1

1.1
19세기의 유리건축물

19세기에 건축된 역사, 패세이지Passage 그리고 식물원에서 유리건축물은 많은 요소들을 통해서 가능했다. 강철과 주철의 공업적인 대량생산은 19세기 중반에 내력벽으로 된 전통적인 건축방법으로 시작되었던 골조건축에 새로운 건축적인 방법을 가능하게 하였다. <하중전달>과 <건축 마감재>의 기능이 분리되었다. 높고, 긴 스팬을 갖는 건축물에 다양하고 각각의 목적에 맞게 수행되었다. 그것의 구조는 건축재료에서 볼륨과 면 부분을 고려했을 때, 최소한의 역할을 담당하였다. 투명성과 경량성에 자연조명을 갖는 건축물을 위해 많은 유리가 이용되었다. 그 당시의 사람들에게 상당히 감동을 선사했다. 거의 예술적인 필라멘트filament의 아래에서 느낄 수 있는 유리 피복재와 같은 작용으로 그들에게 완전한 공간감을 빠지게 하였다.

엔지니어는 유리의 건축재료의 응용을 재빨리 배웠다. 이 시대에 큐Kew 왕립 식물원에서 버튼D. Burton과 튜너R. Turner, 글래스고우의 키블Kibble궁에서 키블J. Kibble, 런던 수정궁에서 팩스톤J. Paxton와 같은 유명한 건축거장巨匠이 있었다. 그 시대에 앞서 정원사이자 건축가인 라우든S.J.C. Loudon이 있었다.

발전의 원동력은 난방기술의 개량에 있었다. 18세기에 건축물 벽체에 설치하는 관을 이용하는 난방과는 대조적으로 난방관이 바닥에 설치되기 때문에 북벽에 더 이상 난방이 필요하지 않은 관계로 최초로 증기와 온수를 이용하는 난방시스템이 발명되었다.

1.1.1
유리 건축물의 발전사

유리-주철 건축방법은 주로 팜 하우스palm house에서 사용되었다. 식물과 온실을 보호하기 위해 큰 유리면적이 필요하였다. 그런 면에 있어서 특히 일몰과 일출시간의 경사진 햇빛이 수직으로 받는데 가능한 경사진 유리면을 선호하였다. 결국은 조적조 북벽에 경사진 파사드를 꺼려하였다. 구조는 단순하다. 보강된 후벽에 지지하고 있는 유리가 얹혀 진 목재라멘에서 목재거더를 경사지게 계획한 것이다. 개선된 방법에 있어서 장해가 되는 목재거더를 세장한 주철봉으로 대체하는 일은 어려웠다.

맥켄지G. Mackenzie가 1812년에 스코틀랜드의 지주地主에게 와인창고와 과일창고를 건축하면서 유리건축물이 더욱 발전되었다. 휜 구조물의 원형으로써 고려된 설계는 조적조로 된 후벽 앞에 남향으로 설치된 반구형이었다. 그것의 단점은 표면적이 항상 한 점에서만 태양과 수직이었다. 라우던은 산형ridge-furrow 지붕시스템을 처음으로 사용하였다. 그는 유리 경사면이 동서 태양방향의 반대로 설치하는 시스템으로 발전시켰다. 이것으로 태양광 시간뿐 만 아니라 동시에 배수排水가 개선되었고 결로가 방지되었다. 그는 이러한 시스템을 계속 추구하지 않았다. 최초로 팩스톤이 수정궁과 챗스워스Chatworth의 식물원에서 발전시켰다.

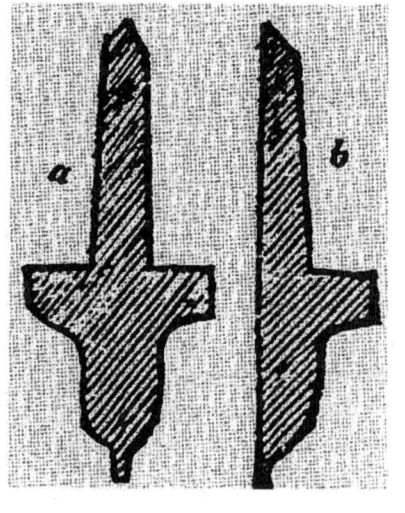

◀ 그림 1-1
주철 샷시 바

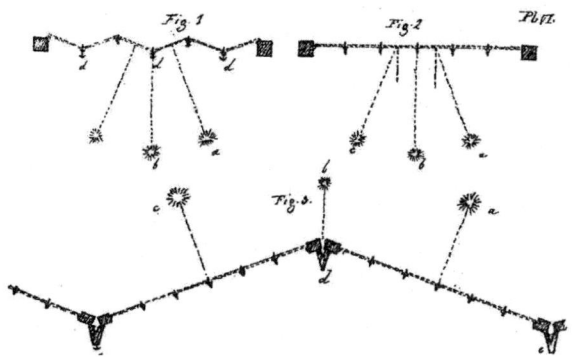

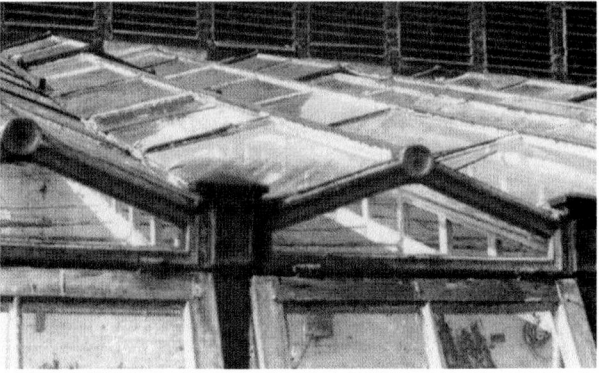

▲ 그림 1-2
산형(ridge-furrow system) 지붕시스템

▲ 그림 1-3
산형 지붕시스템의 사례

1817년에 발간된 <Remarks on the Construction of Hot House>에서 라우든은 유리-목재 및 유리—주철 구조를 통하여 투과광을 비교하였고, 목적에 타당한 재료, 난방방법과 유리종류에 관한 의문점으로 파악하였다. 목구조의 단점은 볼륨, 두께와 단스팬이었다. 목구조는 온도전달과 온도팽창과 같은 물리적 특성에 유리하였다.

1816년에 라우든은 배리W. & D. Baily 회사와 함께 휠 수 있는 주철 프로필로 된 유리라멘을 발전시켰고, 요철凹凸형태 단면을 더욱 발전시켰다. 이와 반대로 팽창계수의 단점을 없앴다. 요철凹凸형태 단면는 입식파사드와 경사지붕을 위한 구조재 대신에 휘어진 틀을 지지하는 건축물에 장점을 가지고 있다. 라우던은 그것이 휜 유리표면에 가장 우아한 모양새로 1818년 휘어진 방법으로 부분적인 건축물을 합성한 유리 하우스 그룹으로 베이워터Baywater에 있는 자신의 부지에서 인지認知하였고 실험하였다. 그것으로 그는 동시에 주철 횡부재의 내구성과 견고함, 또한 다양한 건축형태에 그것의 적절함을 증명하였다.

1840년에 빅톤Bicton은 식물원에 증축된 돔과 입식파사드에서 유리틀의 구조성능에 대한 한계에 직면하였다. 증축된 식물원은 여러 개의 인장봉, 각형 형태의 평면주철 석가래, 네 개의 세장한 강관기둥과 간격유지용 강봉으로 결합되었다.

목구조와 주철구조의 적합성에 대한 초기의 논쟁에서 라우던은 주철건축물을 더 선호하였다. 그에 대한 원인은 그것의 수명, 우아함, 모든 단면과 다양한 스팬에 대한 적용이었다. 주철구조의 급냉은 목조건축방식의 결구방식의 논의사항을 제공하였다. 주철부분에서 나타나는 결로현상과 온도팽창으로 인한 유리파괴는 유리로 덮인 목조라멘에서도 발생하였다. 부식으로 인한 파괴, 높은 제조단가와 작업자의 높은 보수 등이 발생하였다. 주철의 장점에도 불구하고 결국은 휘어지고 장스팬 형태로 목조가 사용되었다.

주철작업에서의 기능분할과 유리건축에서 목재라멘의 사용증가에는 단열이 좋은 표피 마감재의 미적인 가치를 두고 있었다. 이러한 면에서 경량성보다 앞서 상당히 간격이 좁은 유리틀 사이에 얹혀 지는 대형유리와 목재라멘의 조화는 어려웠다.

라우던은 18.0m 높이와 30.0m 직경의 거대한 돔을 설계하였다. 링 열주로 지지되는 바실리칸 식의 돔건축 시공은 1827년에 베일리Baily 회사에 의해 실행되었다. 이미 적은 풍향에 있어서 진동에 보강되지 않은 구조에 직면하게 되었고, 최초로 유리마감에 따라 충분히 안정성을 확보하였다.

19세기의 공업건축에서 식물원의 순수한 유리-주철구조는 건축재료의 비물질성 때문에 특별한 조치가 필요하였다. 그것의 유일한 조형방법은 선형적인 구조적 경향이 있는 주철 골조구조이었다. 그것은 지붕과 벽체로 된 건축형태를 잇게 하는 곡면의 조형적인 효과를 강하게 하였다. 내·외부로 분리된 건물을 둘러싸고 있는 유리마감재에서 유리건축물은 건축역사에서 좀처럼 찾아보기 힘든 홀과 건물체가 완전히 일치되는 형태로 실현되었다. 전에도 실행되지 못했던 것처럼 유리마감 표면의 투명성은 자신의 일부분에서 구조골조를 시각적으로 노출되도록 만들었다. 동시에 무거운 주철구조물이 유리를 지지하는 횡목의 섬세한 제작으로 관철되었다. 그것은 구조물을 좌우하는 대형모듈과 유리의 제작폭을 결정하는 소형모듈의 조화에 있어서 건물체에서 분리되었다. 유리판을 얹기 위한 바람직한 치수에 소수 모듈의 다양성은 모든 부분의 평면을 결정하고 다양한 건축부재의 수량을 제한한다.

기준척도와 경험교환을 통하여 합리적인 식물원 건축물에 발전의 촉진은 개인적인 판단력에 좌우되었다.

> 빅톤Bicton 팜 하우스에 있는 인상 깊게 보여준, 자기 지지되고 스팬이 길고 휘어진 주철 보강재 틀
>
> 챗스워스Chatsworth에 있는 대형난로와 빅토리아 레지아Victoria Regia 하우스에 공업건축의 기준척도로 최초로 1851년 런던 세계전시관에서 사용된 산형구조로 실험된 아치보
>
> 라에킨Laeken에 있는 왕립 겨울정원과 쉔브른Schönbrunn 성城 공원의 대형 팜 하우스의 외부에 설치된 구조. 내부공간은 커지고 외부적으로 노출되고 난방벽체 결로가 흘러내림을 감소시키는 구조

유리고정에서 가장 먼저 사용된 방법은 퍼티 유리방식이다. 그것은 오늘날의 유리구조시스템을 위한 근간이 되었다. 개개의 유리는 골조형식의 주철 또는 강철로 된 하부부조에 클립 또는 핀으로 고정되고 퍼팅되었다.

유리판은 퍼티로 고정되었으나, 완전히 고정되지는 않았다. 유리판의 강제력 또는 견고한 고정은 예상하지 못한 파괴를 가져왔다. 여기에서 퍼티는 역시 이중기능을 담당한다. 하나는 강하게 고정시키고, 다른 기능은 방수역할을 한다. 구조와 간격유지용 막대는 유리판과 하부구조가 직접 서로 맞닿게 하지 않고 구조물에 어느 지점에서 유리하중을 부담하도록 하는 역할을 하고 있다. 패킹재료는 큰 탄성을 가지고 있다. UV-자외선에 부서지는 단점을 가지고 있다. 취성파괴는 수축방향으로 유리판의 고정을 잡아당겨 다시 파괴가 재발된다. 유리시스템의 발전의 초기로서 볼 수 있는 덮개판은 퍼티를 UV-자외선으로부터 보호한다.

1.1.2
19세기 유리-철 구조물의 사례들

1) 빅톤Bicton 정원의 팜 하우스, 1838

① 건축

영국 서해안에 위치하는 디본Devon, 동 버들라이East Budle-igh의 근처에 있는 빅톤 정원의 팜 하우스는 1838년에 건축되었다. 길이가 21.5m, 폭이 10.0m인 완전한 직사각형 형태의 건축물은 구조적인 면을 고려한다면 상당히 가치가 있다.

환기구가 있는 북벽에 계획된 벽에 의지된 식물원의 형태에 속한다. 서로 이웃하는 궁륭穹窿은 입사광과 그것으로 햇빛 취득에 적절하도록 남향으로 배치되었다. 건축물은 중앙부분의 1/2 돔과 양측에 두 개의 1/4 돔으로 구성되었다. 돔의 반구형태는 유리표피가 항상 햇빛에 수직적으로 작용하여 거의 빛을 반사하지 않는다. 이러한 결과는 엔지니어이자 발명가인 라우든의 연구결과에 기인한다. 특히 그가 왜 식물원을 건축했는지는 그 시대의 문서가 존재하지 않기 때문에 불확실하다.

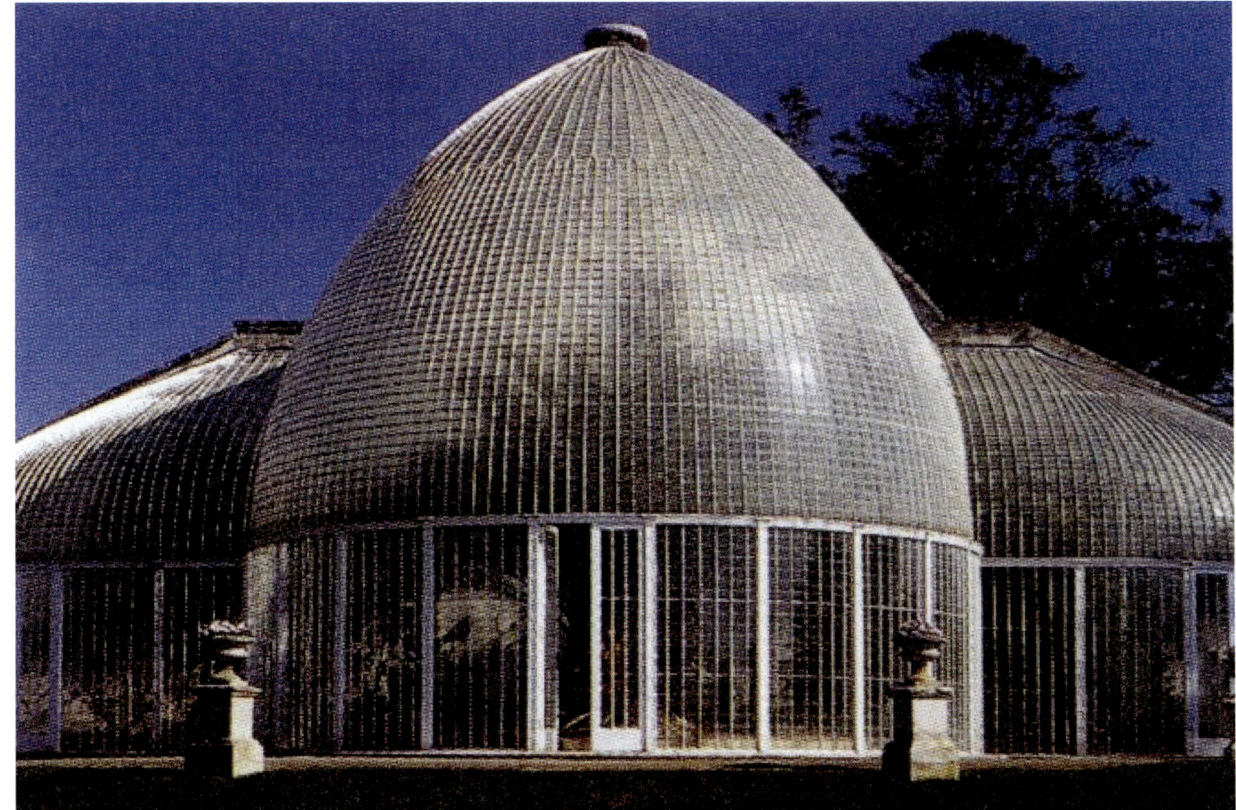

▲ 그림 1-4
팜 하우스의 외부전경

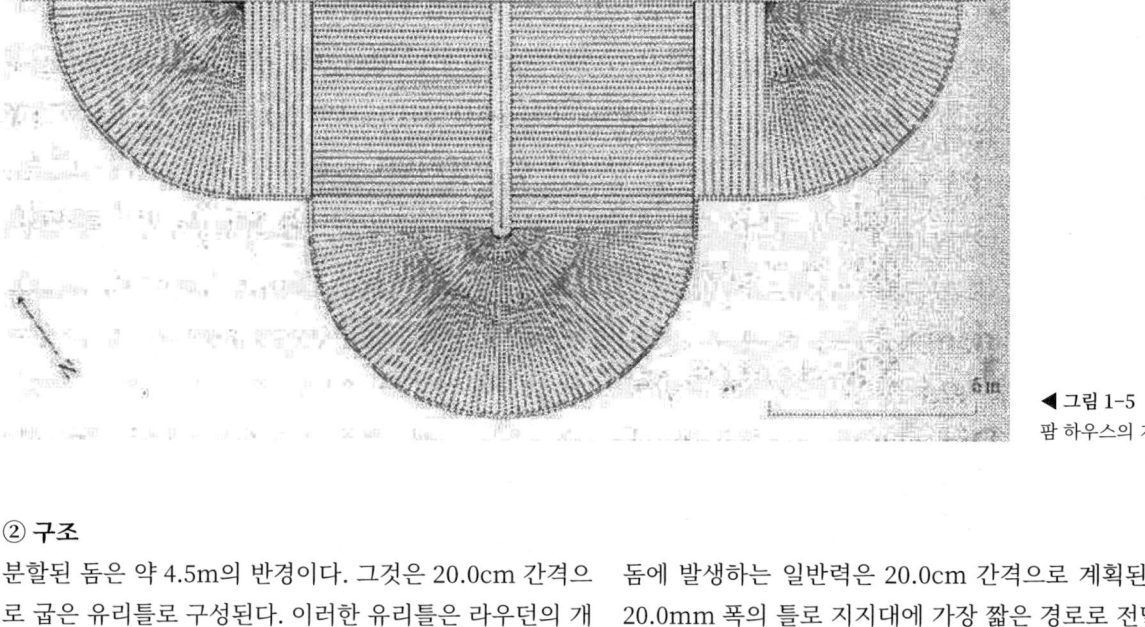

◀ 그림 1-5
팜 하우스의 지붕평면

② 구조

분할된 돔은 약 4.5m의 반경이다. 그것은 20.0cm 간격으로 굽은 유리틀로 구성된다. 이러한 유리틀은 라우던의 개발에 대한 결과이다. 이러한 최소한의 간격으로 곡면에 가장 적합한 작은 유리판이 많이 이용된다. 방사방향의 틀은 수평으로 계획된 선철구조물의 약 2.4m 상부에서 만난다. 수평구조물은 전체건축물에 링형태로 둘러싸이고 1.2m의 간격으로 배치된 선철기둥에 고정된다. 이러한 기둥에 두 개의 문이 설치된다.

여기에서 유리-철 구조물을 볼 수 있고, 두 개의 재료가 최적으로 작용한다. 이것으로 최소한의 유리구조물이 생긴다. 그것의 섬세함 때문에 오늘날에도 많이 사용되고 있다.

돔에 발생하는 일반력은 20.0cm 간격으로 계획된 12.0-20.0mm 폭의 틀로 지지대에 가장 짧은 경로로 전달된다. 이러한 방사방향으로 계획된 틀은 접점에서 방사방향으로 끝나기 전에 한 쌍으로 함께 작용한다. 추가적으로 네 개의 수평인장재를 볼 수 있다. 이러한 구조가 판 없이 세워진다면, 대량의 철사가 엮어 진 연성이고 진동이 발생할 수 있는 새장형태로 취급된다.

제작시기로부터 동시대의 사람들은 다음과 같이 이야기하곤 한다. 아직 완전하지 않은 주철-유리구조물이 건축되었을 때, 미풍이 상부에서 하부로 불 것으로 생각하고 있었다.

◀ 그림 1-6
팜 하우스의 내부전경

▶ 그림 1-7
챗스워스의 평면과 단면도

─ 16 ─   유리건축

2) 챗스워스Chatsworth, 1836-1840

① 건축

건축물은 인공 언덕에 위치한다. 견고함을 유지하도록 모든 시설(온수난방, 보일러실, 석탄창고)들은 지하에 설치되었다.

바실리아 풍의 단면을 갖는 모든 측면이 휘어진 유리건축물은 37.49×84.43m의 직사각형 평면이다. 직선 건축열께에도 불구하고, 양쪽으로 휘어진 모서리 건축물로 된 팩스톤의 건축물에서 찾아 볼 수 있는 돔건축물이다. 큐Kew(1848), 라에킨Laeken(1876), 쉔브른Schönbrunn(1882)의 유명한 건축물에서도 이러한 특징을 찾아볼 수 있다. 21.43m의 폭, 19.51m 높이로 상승하는 중간건축물은 장축으로 배열되고, 산책 가능한 유리로 된 반 실린더 형태다. 팩스톤은 처음으로 얹혀 진 1/2 실린더로 된 긴 직사각형 형태의 여러 개의 곡면으로 된 수도원 궁륭의 추상적인 건축형태를 결정하였다. 그는 건축형태를 자기가 새로이 개발한 산형 구조시스템으로 덮었다. 그는 경사선의 네 방향에 지붕 건축요소로 뚫고 지나가는 매스시스템이 요구되었던 하부 조적조 사이의 전체지붕을 덮었다. 팩스톤은 대형 모듈시스템이 소형 모듈시스템보다 복잡했던 두 개의 모듈시스템(지붕과 하부구조의 분리)을 사용하였다. 그것으로 여기에서 이미 다양한 적은 건축부재수와 기성재의 공장생산이 가능했던 모든 건축물에 조립하였다. 후에 세계전시관에서 이러한 컨셉이 적용되었다.

② 구조

측면회랑을 둘러싸고 있는 하부 조적조와 중앙회랑의 기둥하부에 반복된 계단식 줄기초는 상부구조 하중을 전달한다. 테두리 기초 위의 목재 침목枕木은 외부의 아치거더의 하부지점을 들어 올린다. 수평추력은 아치거더 하단에 계획된 바닥 내부에 있는 인장거더에서 받게 된다. 보의 교차점에서 네 개로 볼팅된 경사재는 거더 하부에 추력을 받도록 계획되었다. 교각과 하중절감 아치로 된 1.22m 높이의 조적형태의 받침돌은 모든 것을 숨기는 역할을 한다.

주춧돌 위에서 둘러싸고 있는 갤러리 높이에서 주철로 된 덮개를 지지하는 목조거더의 1/4 원 형태의 곡면이 시작된다. 그것 옆에 동시에 상부거더, 두 개로 길게 계획된 보강재와 기둥을 위한 접합을 볼 수 있다. 상부 지붕면의 배수관 설치는 이미 이러한 형태에 존재한다. 배수는 기둥에 따라 집수관내에 중앙회랑의 강관기둥을 통하여 이루어졌다. 발코니와 동일한 높이에 건물외부의 주철 배수관이 둘러져 있다. 그것은 지붕하부에서 지그잭 형태의 접합을 보호하고 상부 지붕구조를 잡아당긴다.

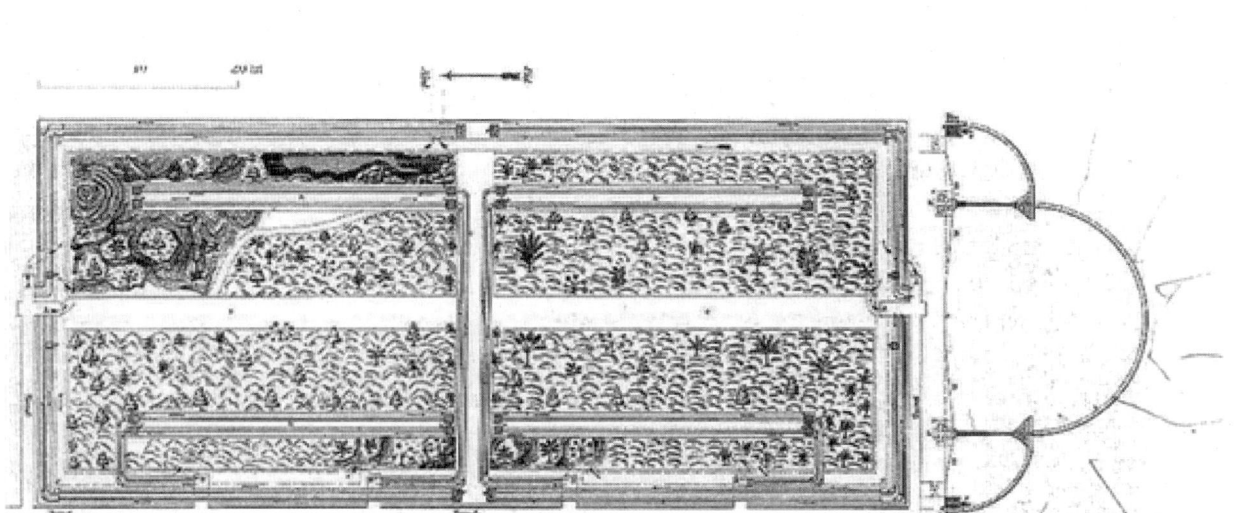

아치구조는 획일적인 형태에 목조판을 휘어서 서로 못과 볼트로 죄어진 노르웨이 소나무로 구성된다. 수정궁에서 응용된 목조기술은 참고문헌에는 없었지만, 팩스톤이 챗스워스에서 유사하게 응용된 방법을 택하고 있다. 민도리를 이용하여 횡적으로 보강된 거더의 간격은 4.27m이다, 이러한 민도리는 동시에 산형지붕의 각 두 번째 지붕골을 지지한다. 21.34m의 스팬으로 중간회랑의 목조 아치거더는 6.0m의 큐Kew 팜 하우스의 주철로 된 압연구조물을 압도한다. 그는 탁월한 기술적인 능력을 보여주었다.

팩스톤은 주철보다 가격이 저렴하고, 목재가 열전도율이 적고, 유리가 온도팽창계수가 적기 때문에 유리파괴가 적게 일어나고, 산화작용하는 주철보다 목재가 긴 내구성을 갖고 있고, 목재 작업자라면 누구라도 복잡하지 않은 보수작업이 가능하기 때문에 건축재료로 목재를 선택하였다.

전체 64.4km의 유리틀은 특수하게 개발된 기계로 비교적 빨리 그리고 저렴하게 생산되었다. 틀은 두 측면에서 이용되었고 입사광을 위하여 경사지게 계획되었다. 그것은 퍼티물림 대신에 긴 홈으로 지탱되고 유리접합의 방수가 긴 수명을 유지하도록 보호되었다. 그것으로 인하여 후에 유리교환은 어려웠다.

팩스톤은 버밍험 유리공장이 보통 유리 사이즈를 0.91m 대신에 1.22m의 크기로 약 30.0cm 정도 크게 하는 개인적인 고안으로 달성하였다. 시공된 유리판은 단지 2.0~2.5mm 두께인 1.20×0.14m 크기이다. 용마루에 경사지게 상향설치는 배수가 용이하고 용마루 부재의 지지를 위해 유리 죄임판이 필수적이었다. 경사 지붕골에서 쉽게 중간회랑의 돌기에 오르도록 보수용 계단을 설치하였다.

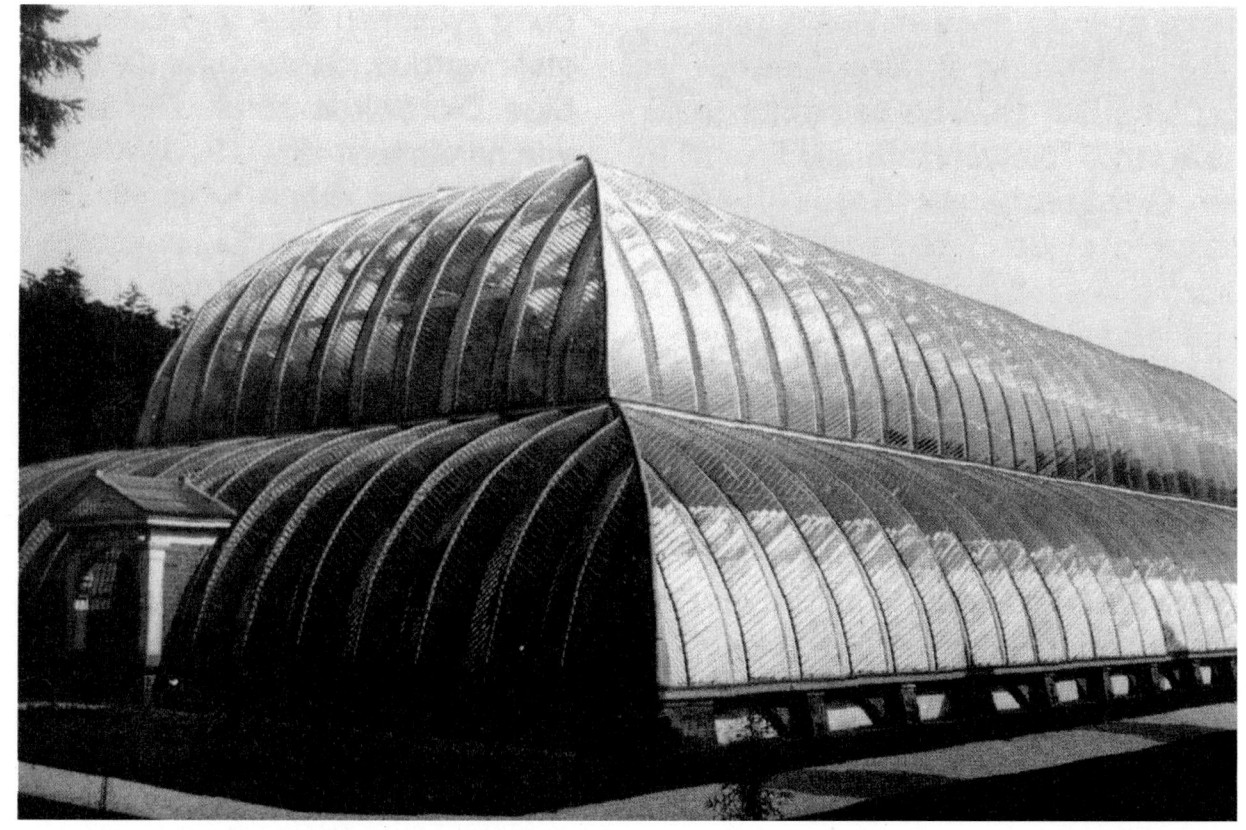

▲ 그림 1-8
챗스워스의 외부전경

3) 팜 하우스, 큐Kew 왕립식물원, 런던, 1848

런던의 탬즈강 서부에 위치하는 조그만 마을인 큐Kew는 정원 때문에 200년 전부터 세계적인 유명세를 타고 있다. 정원은 자연학자 뱅크스J. Banks의 관리로 첫 번째의 큰 의미를 내포하고 있다.

뱅크스는 최초로 범선으로 세계일주한 쿡스Cooks와 합류하여 지금까지 알려지지 않은 수 백 종의 식물을 영국으로 가져왔다. 정원에 대한 엄청난 도약이 있었고 새로운 식물원, 도서관과 박물관을 위한 새로운 건축물이 생겨났다. 주목할 만한 첫 번째 신축건물은 1848년에 개장한 팜 하우스, 큐kew였다.

① 건축

설계는 자신의 구조에 이름을 명명한 주철상의 아들인 튜너R. Turner와 건축가인 버튼D. Burton과의 협동작업으로 이루어졌다. 여기에서 구조적이고 기능적으로 고려된 아주 명확한 건축물은 아마도 엔지니어의 영향에서 힘을 얻었다. 이러한 건축물은 주철구조에서는 특별하였고, 더블린에 있는 자신의 대장장이 공장의 가격제시를 통하여 목조건축물이 주철–유리건축물보다 저렴할 것이라는 선입관을 반박하였다. 사례로서 버튼과 튜너는 건축가와 엔지니어의 다양한 직업관을 나타내었다. 18세기에는 다양한 업무영역은 구분되지 않았고, 구조물의 구조해석이 필요로 하는 새로운 건축과제로 엔지니어의 직업이 생겨났다.

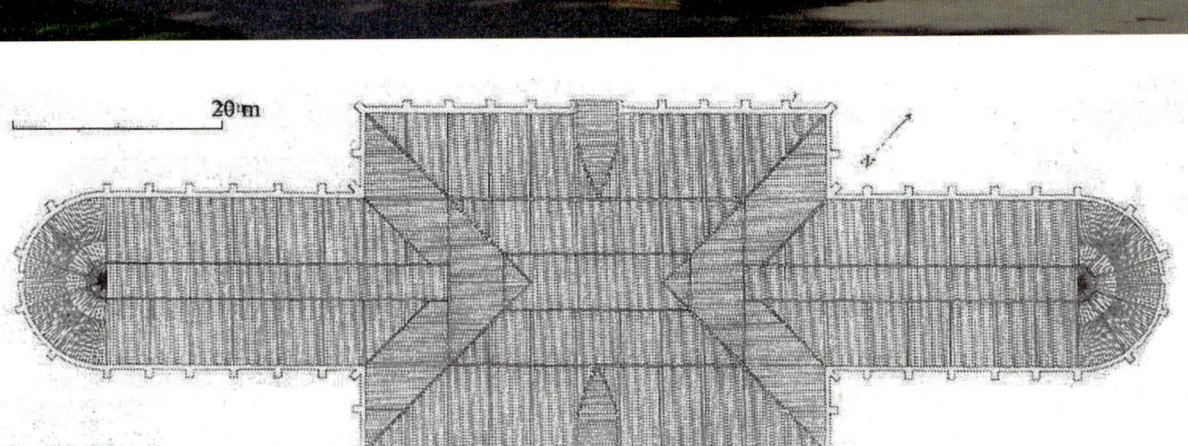

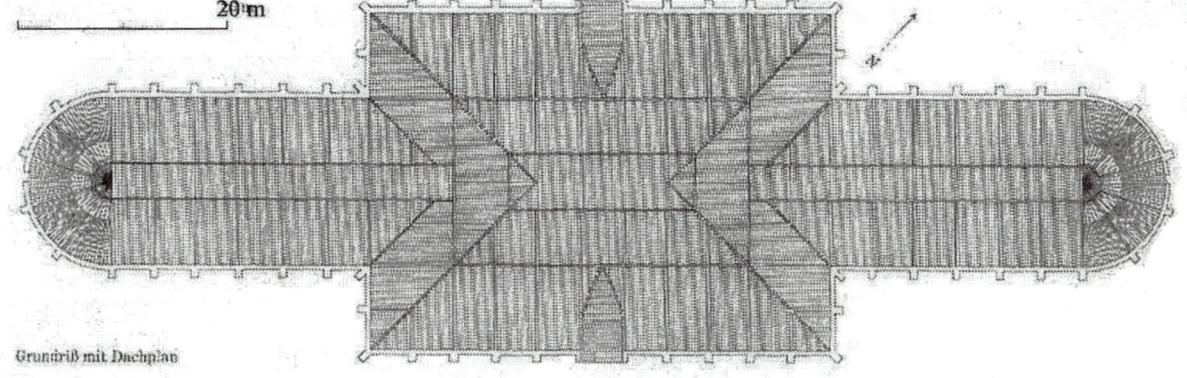

▲ 그림 1-9
큐 식물원 전경

▲ 그림 1-10
큐 식물원 평면도

1. 유리건축물의 발전사

② 구조

대형 팜 하우스는 주춧돌 위에 얹혀있는 조각품처럼 반구 형태의 표면으로 된 대칭적인 기하형태의 건축물로서 표현되었다. 네 면으로 휘어진 단면을 통한 유연한 변화는 직선벽체와 지붕면 대신에 계획되었다. 벽체, 지붕, 기둥 또는 창문과 같은 재래적인 건축에서 사용되어 온 구조와는 전혀 다른 모습을 발견할 수 있다.

주철과 선철로 된 약 110.0m 길이의 구조는 하부에 개폐식 환구기가 설치되고 약 1.0m 높이의 석조 주춧돌 위에 건축되었다. 상부의 통기를 위해 최상부에 미닫이 창문이 설치되었다. 필요한 난기暖氣는 지하에 설치된 난방으로 공급된다. 바닥은 난방관 위에 있는 주철 그릴판으로 되어 있다. 외부 영하온도에서 내부온도는 27°C로 유지될 수 있다. 이러한 전체 1.60m 높이의 이중바닥은 설비시설 역할을 하는 오늘날의 설비구조의 효시이다.

대형 야자수 나무를 위한 20.0m 높이의 중간건축물은 두 개의 회전계단을 설치할 수 있는 둘러싸인 갤러리의 절반 높이로 계획되었다. 지붕구조는 서로 마주보고 3.75m 간격으로 계획된 휘어진 아치구조이다. 그것은 튜너가 개발한 인장봉으로 보강된다. 이것은 다시 늑골 사이에서 간격을 유지하는 간격유지용 역할을 하는 관내에 놓인다.

선철로 된 아치거더는 인장봉으로 된 민도리로 함께 잡아당기는 이러한 발명은 1846년에 특허 출연되었다. 튜너의 다른 제안은 그러한 형강주철로 된 본래의 주철거더였다. 이것은 형판의 도움으로 일정한 형태를 가지고 있고, 1/4 그리고 1/2 아치에 필요한 3.66m의 부분품으로 관철되었다.

24.0×61.0cm 크기의 유리는 생선비늘 모양으로 커버되었다. 그것은 아치구조의 형태로 건축되었다. 이러한 유리는 적설하중을 받을 수 있도록 실린더 형태로 주형 되어 견고하게 제작되었다. 그 형태로 인하여 눈이 분산되고 흘러내렸다. 이러한 설비로 그늘지는 것을 방지할 수 있었기 때문에 실험과 계산에서 특별한 산화구리의 합성이 개발되었다. 이것은 식물에 가장 적합한 차광역할을 한다. 이러한 첫 번째 유리작업은 반투명한 노랑과 초록색체를 띈다. 파사드의 해결은 그 시대에 제조 기술적 또한 건축 물리적으로 상당히 탁월하였다. 외부표피는 현대적인 커튼 파사드의 원칙에 충족하였고, 중량 아치거더의 후면에 위치하는 구조 위에 장해 없이 건축되었다. 그것은 아치거더를 풍화작용과 냉각작용으로부터 결로현상을 보호하였고, 동시에 강관 민도리에 롤러 지지되고, 더위와 추위에서 동일하게 팽창한다.

팜 하우스의 전체 건축비용은 3만 파운드였다. 4년의 건설공기 이후에는 그 당시 가장 큰 유리건축물이었다. 기능적, 기술적 그리고 건축예술적인 고려에서 현대건축물의 효시로 가치가 있었다. 이러한 명성은 2차 세계대전의 폭격으로 손상을 입었지만, 파괴되기 전까지도 건축물이 유지되었다.

50년대에 첫 번째로, 1985년에 두 번째로 복원되었다. 계속된 보수작업을 피하기 위해 스텐레스강으로 원형에 충실하게 다시 복원되었다.

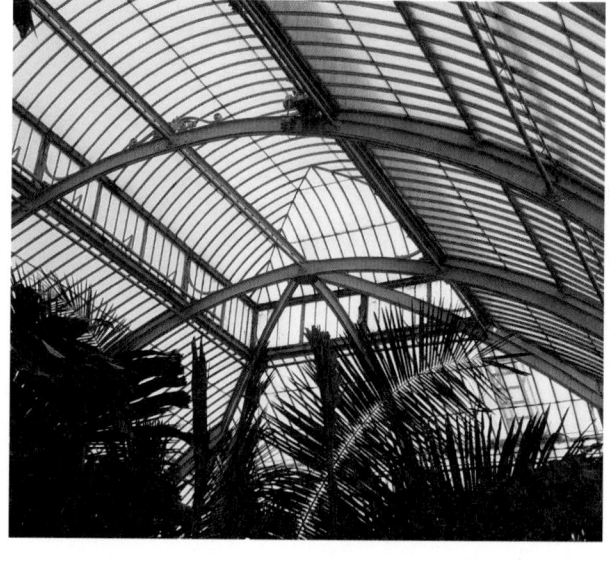

③ 발전전망

영국과 프랑스에서 이미 주철의 혁신적인 이용을 위한 선례가 있었다. 독일에서는 건축재료로서 주철은 특별한 의미 없이 세기 중반까지 지속되었다. 건축가와 엔지니어는 기꺼이 건축하고자 했지만, 가격이 비쌌다. 1880년에도 프랑크프르트 오페라에서 경제적인 이유에서 주철 서까래가 제외되었다. 하나의 예외는 발전을 위한 상징적인 의미로서 목조보다 고가인 빌헬름 식물원이었다.

◀ 그림 1-11
큐 식물원의 내부전경

4) 키블궁Kibble Palace, 글래스고우 식물원, 1872

글래스고우 식물정원은 1817년에 세워졌다. 초기에 정원은 단지 왕립식물원의 회원을 위해 오픈되었고, 일반에게는 주로 토요일에만 개방되었다.

대형식물원은 본래 부유하고, 부동산의 소유자인 키블J. Kibble이었다. 궁전은 1865년에 그가 자신의 설계에 따라 지어진 로호 롱Loch Long의 해안 쿨포트Coulport 항구에 있었다. 1871년에 그는 그것을 글래스고우 시청에게 기부하였고, 그는 글래스고우 수로로 수송하여 재조립하였다. 재건축에서 콘서트 홀로 이용할 수 있도록 확장되었다. 그것은 상류사회의 만남의 광장으로 이용되었고, 후에는 단지 겨울 정원으로 이용되었다.

① 구조

설계에서 주목할 점은 구조물의 급격한 축소였다. 유리지붕은 기둥으로 지지되는 링구조물 위에 얹혀있다. 거더 또는 그와 유사한 추가적인 지지가 없다.

세장한 선철로 된 틀은 한 면에 유리판으로 얹혀있고, 경사진 지붕면에서 자체지지되는 형태로 계획되었다. 역시 여기서 유리는 보강재 역할을 한다. 완전한 측면보강을 위해 그 자체로는 충분하지 않았다. 그것을 위해 장식형태로 치장된 돌출부에 강접되고 링 형태의 구조에 연결된 방사형으로 계획되고 나사형사로 죄어지는 기둥이 있다.

이 건축물에서 기성재가 근본이 되었다는 설계의 장점이 나타난다. 건축물은 임의대로 조립되고 철거되고, 삽입되고 증축될 수 있었다.

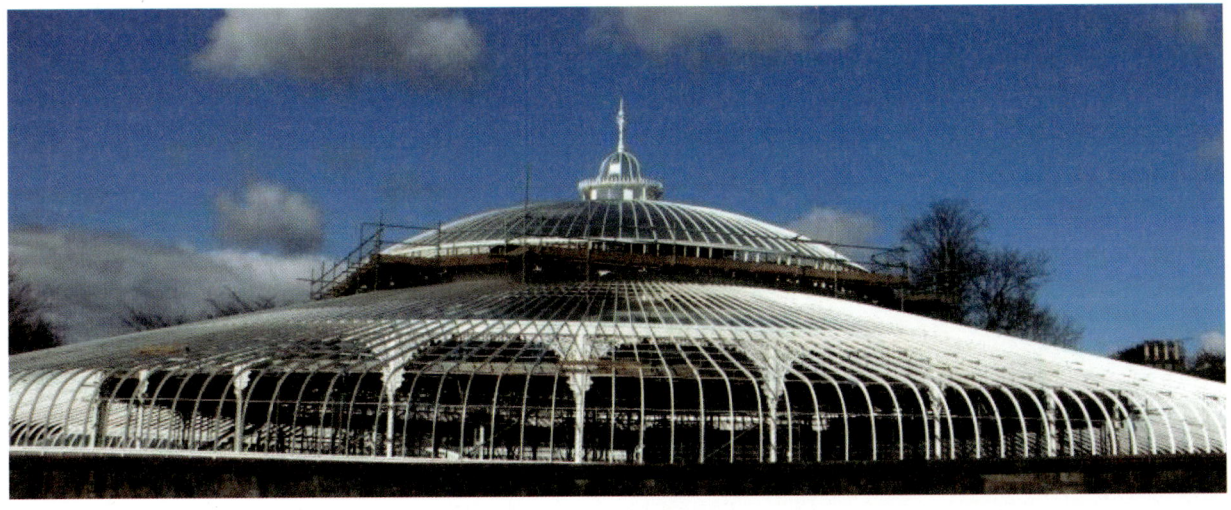

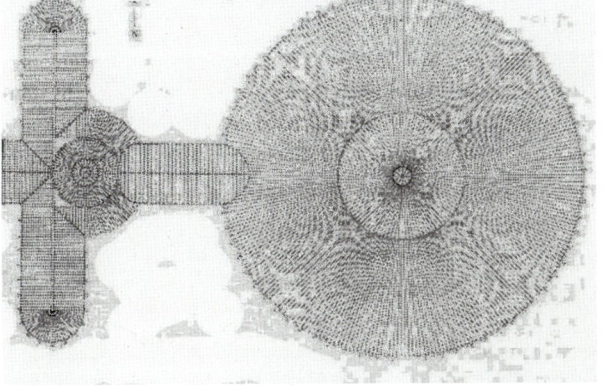

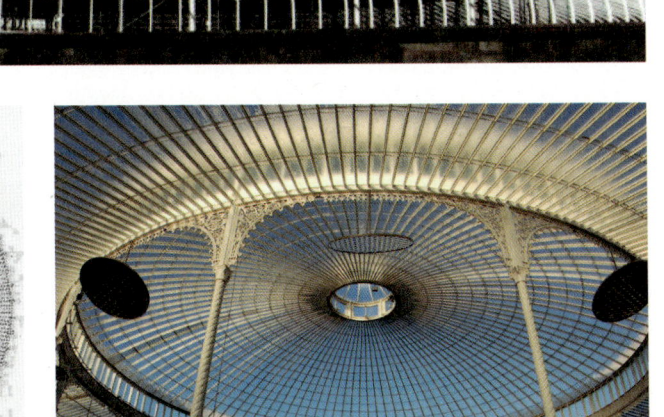

▲ 그림 1-12
키블궁의 외부전경

▲ 그림 1-14
키블궁의 내부전경

▲ 그림 1-13
키블궁의 평면도

5) 쉰브론 식물원Schönbrunn, 비인. 1880-1882

① 건축

폰 세겐슈미트F.R. von Segenschmidt가 설계하고 주철구조는 이그나츠 그리들Ignaz Gridl회사가 담당하였다.

쉰브론의 팜 하우스는 튜너가 설계한 큐Kew의 팜 하우스의 윤곽선과 평면에서 돌출된 중앙건축물과 측면 익부翼部 건축물을 생각나게 한다. 세 개의 정사각형 및 직사각형의 파빌론으로 구성되었다. 반 실린더로 상하로 연결되고 둥근지붕 하부로 분리되는 환기창으로 된 두 개의 동일한 실린더로 구성되었다. 그것의 전체길이는 111.0m이다. 좌우대칭의 익부 폭이 15.0m와 중앙부분의 파빌론은 28.0×39.0m의 면적이다.

쉰브론에서 구조적인 고비용은 큐와 같이 운용되었다. 유리지붕은 직선형태의 구조로 수평적으로 보강되는 외부에 위치하고 휜 평행트러스 거더에 현수된다.

② 구조

튜너는 자신의 팜 하우스에서 구조를 비물질적인 유리외피를 해결한 반면에, 여기서 구조 그리드는 투명함이 우선적이었다. 구조물을 외부에 배치함으로서 설계의 본래 테마가 되었다. 주춧돌부터 돔까지 연속된 곡선으로 이어지는 격자구조로 중량구조물이 자연스러운 특성을 갖게 한다. 따뜻한 지역에 있지 않는 이러한 구조의 장점은 장해가 되는 골격 없이 실내에서 지지되는 것이다. 외부에서 내부로 지지하는 외피의 변환은 난방의 과대함과 결로結露를 줄이는 결과가 되었다.

기술적인 진보는 대형유리 크기에 따라 유리분할을 가능케 하였다. 큐에서 15개 대신에 각 구조영역에 8개의 방향으로 가능하였다. 비인Wien의 기상상태를 고려하여 이중유리가 사용되었다. 이러한 이중 지붕외피는 구조부재의 부식으로 문제점이 더욱 심각해졌다. 유리 사이의 오염과 결로형성은 항상 유리의 반투명이 발생하였고 유리틀의 부식손상을 가져왔다. 이러한 이중유리에 대한 정밀한 묘사나 표현할 수 없었다. 오늘날 동일한 형태와 크기의 이중부재로 즉 유리 크기와 형태로 해결되었다.

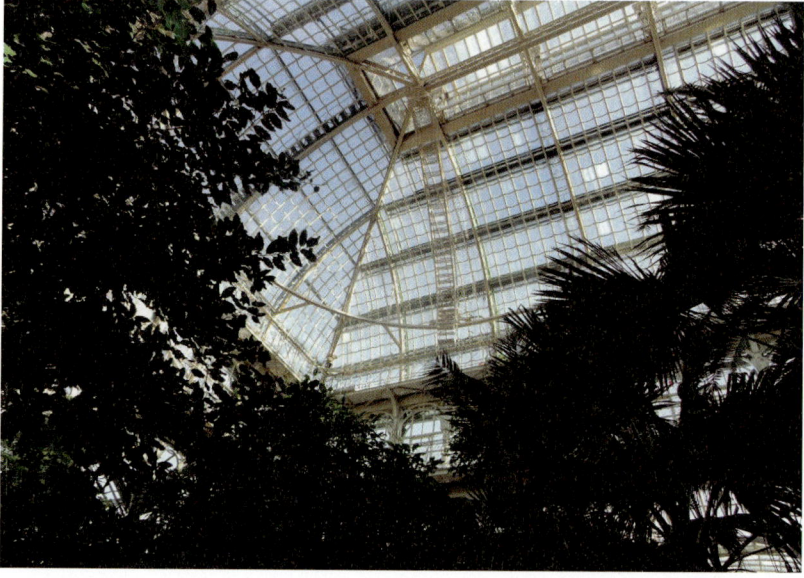

◀ 그림 1-15
쉰브론 식물원의 외부전경

◀ 그림 1-16
쉰브론 식물원의 내부전경

▶ 그림 1-17
하이든 공원의 수정궁 스케치

6) 수정궁Crystal Palace, 런던, 1851

① 역사

1849년에 세계전시위원회가 첫 번째 결정은 그것이 국가가 아닌 시민의 보증으로 재정을 담당하는 것이었다. 단지 여왕(£ 1,000)과 왕자(£ 500)가 기부에 참여하였다. 1850년 3월13일에 왕립위원회가 전시건물을 위한 국제현상경기를 위해 개최되었다. 여왕은 전시기간을 위하여 하이드 파크Hyde Park의 부지를 사용하도록 결정하였다. 이것으로 인하여 건축물은 다시 철거되어야 했다. 다음과 같은 요구사항이 설정되었다.

- 구조물은 전시기간이 지나면 큰 공사비 없이 철거되어야 한다.
- 공간은 가능한 분리하지 말고 다양하게 이용되어야 한다. 그 당시에 다양한 분야의 범위와 방법에 대해서는 알려지지 않았다.
- 공원 내에 있는 나무는 훼손할 수 없다.
- 공사비용은 가능한 초과할 수 없다(최대 £ 10만)
- 공기마감은 4주다.

특별히 진가를 인정받은 주철-유리건축물을 제안한 호뉴H. Horeau/Paris와 리차드 & 튜너Richard & Turner/Dublin의 엔지니어 회사를 포함하여 200개 이상의 설계작품이 응모에 참여했다. 무엇보다도 고비용 때문에 어떠한 작품도 채택되지 않았다. 그로 인해 건축위원회에서 첫 번째로 고비용이었고 둘째로 조적조로는 단기간에 건축할 수 없는 비현실적인 건축물을 설계하였다. 이러한 설계과정에서 팩스톤J. Paxton이 참여하였다. 과정에 대한 설명은 지면상관계로 생략하기로 한다.

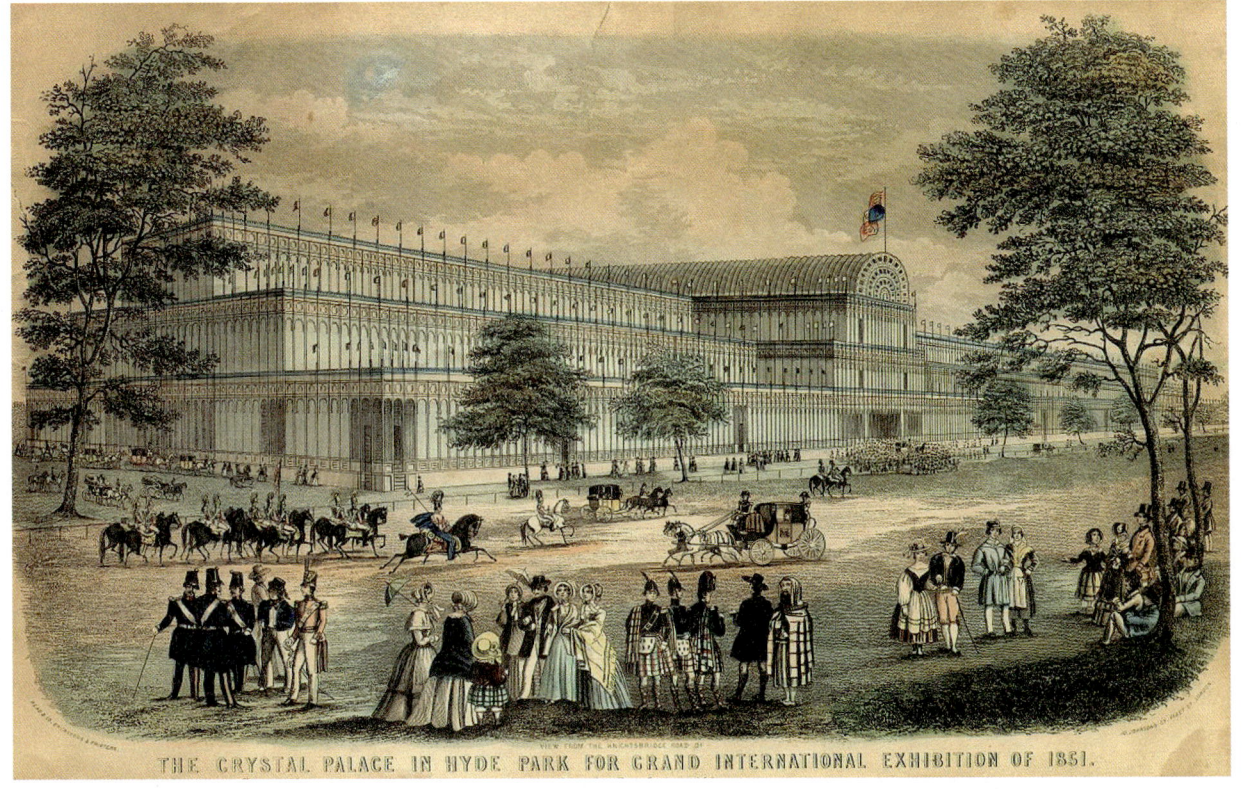

1. 유리건축물의 발전사

② 건축

건축물은 563.0m의 전체길이와 124.0m 폭의 규모다. 본래는 건축물 형태는 외형적으로 일층 높이의 5개의 회랑을 갖고, 다음에 이층 그리고 중간회랑은 삼층 높이로 건축되었다. 울멘Ulmen이 상부에서 작업할 수 있도록 정확하지 않지만(서쪽으로 263.0m, 동쪽으로 278.0m) 긴 건축물의 중간에 교차회랑을 삽입시켰다. 아마도 목재가 원인이 되던 것 같다. 면구조 모듈은 7.32m이고, 층 높이는 7.32m, 13.4m, 14.64m, 19.51m에 계획되었다. 반원형 형태의 교차회랑의 최고점은 40.84m이다. 전체 바닥면적은 약 7만m²에 2만m²의 갤러리 면적의 추가되었다. 이 바닥면적은 교황청의 돔의 네 배에 해당한다. 프로젝트는 유리를 덮기 위해 50.0km의 팩스톤 홈통Paxtongutter, 325.0km 목재 라멘 및 8만4천m²의 유리가 필요했다. 갤러리와 지붕을 지지하기 위해서 골조는 단지 3천개의 기둥, 2천3백의 구조물과 358개의 선철거더가 필요했다.

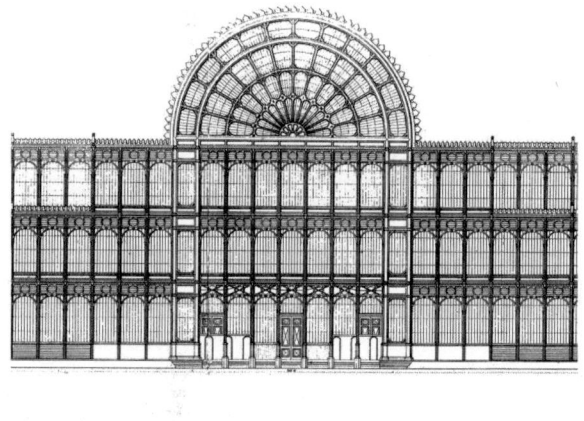

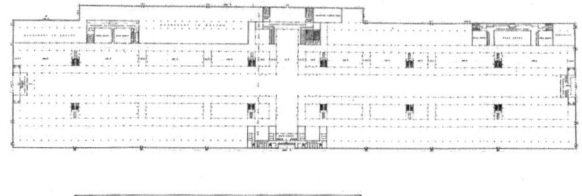

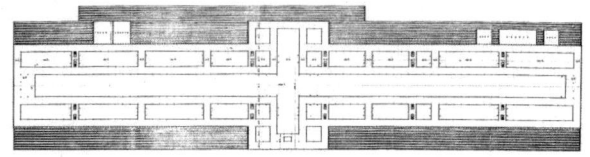

▲ 그림 1-18
수정궁 평면과 입면도

③ 건축과정

조립은 부분적으로 모바일 증기기계를 설치할 수 있도록 건축현장에 공장을 세워 기계적으로 생산을 하는 회사가 담당하였다. 철로 설치회사의 대형공사 계획에 따라 그들의 경험을 활용하였고, 대형부재는 조립경험이 있고, 철도회사에서 선로작업을 하는 작업자의 몫이었다.

④ 기초

경사진 부지의 평지작업을 위해 1500개의 기초가 타설되었다. 직경 15.0cm의 관 시스템은 빗물을 저장하고 배수하도록 기초 위에 조립된 바닥판 상·하로 묶었다. 바닥은 서로 만나지 않고, 문지르면 물이 흐르고 오염에 정화되도록 틈새 위로 깔았다.

⑤ 구조

팔각형 형태의 기둥은 외경이 동일하게 20.0cm이고 내경은 하중크기에 따라 두께가 조절되었다. 내부구멍으로 빗물이 흐르도록 계획되었다. 이것으로 표준거더가 가능하게끔 기둥사이의 동일한 폭으로 계획되었다. 기둥은 층높이로 계획되었고, 모든 거더를 위해 네 변에 지지되고 얹혀 진 7.2m, 14.4m, 21.6m 크기의 사이판에 연결되었다. 이러한 접합에서 볼트연결은 동시에 기둥의 보강재 역할을 담당한다.

모든 기둥은 두 개로 세워지고 각각 지반에서 볼트로 죄어지고, 후에 거더가 삽입된다. 동일한 방법으로 근처에 있는 두 개의 기둥이 세워지고 전에 세워진 두 개의 기둥에 거더가 고정된다. 정방형의 모듈이 생성되고 골조는 점차적으로 보강되고 건축하는데, 자체가 골조기능을 하기 때문에 가설물이 필요 없다.

14.4m와 21.6m의 거더는 주철로 제작되지 않았다. 주철은 그 당시 큰 휨과 인장력을 받을 수 없었다. 이러한 대형거더는 표준화 된 지지부분에 맞게 주철로 된 단부부재와 함께 선철밴드로 구성된다.

교차회랑에 얹혀 진 반원형 형태의 아치라멘은 세 개의 형틀 위에 세 곳에 못과 나사로 죄어지고 언더텐션된 침목으로 이루어진다. 이러한 두 개의 아치 라멘, 13개의 중도리, 두 개의 서브아치와 인장경사재로 완전한 조립재에 따라 기둥 위에 얹혀 지고 그것과 구조가 연결된 공간적으로 큰 부재가 만들어진다.

⑥ 지붕 구조

긴 하우스의 지붕은 1850년 팩스톤이 특허 출연한 산형구조 지붕이다. 구조체는 마지막 기둥에 나사로 죄어 진 사잇 지지대에서 끝난다. 기둥에 수로관을 위해 목재거더가 연결된다. 주 배수관과 접합된 수평재로 거더의 직교방향으로 거더의 압축봉 위에 2.44m 간격으로 소위 팩스톤 홈통인 7.32m의 목재 배수관 보가 얹혀 진다. 배수관 보는 조립되기 전에 주철봉과 두 개의 포스트로 언더텐션으로 물이 흐르도록 배수관이 경사도를 유지하도록 상부로 약간 휘어진다. 배수로 측면에 못질 된 목재라멘은 유리판을 죄고 있고 더 이상의 지지가 필요 없는 용마루를 지지하고 있다. 용마루 높이는 영국에서 생산되는 가장 큰 유리판(길이: 1.22m, 폭: 0.25m)이 사용될 수 있도록 다양한 유리치수로서 결정되었다. 배수관 보의 프로필은 건물내부에서 유리에 생기는 결로의 배수를 감당한다.

수직 그리고 수평적인 빗물 흐름의 조밀한 네트는 넓은 면적에 내리는 빗물이 어떠한 방해 없이 가장 빠르게 흐르도록 가능하게 해준다. 산형구조 지붕은 8만4천m²의 유리면적을 갖는다. 전체적으로 1850년 영국에서 유리 생산량의 1/3에 해당하는 27만장의 유리가 생산되었다.

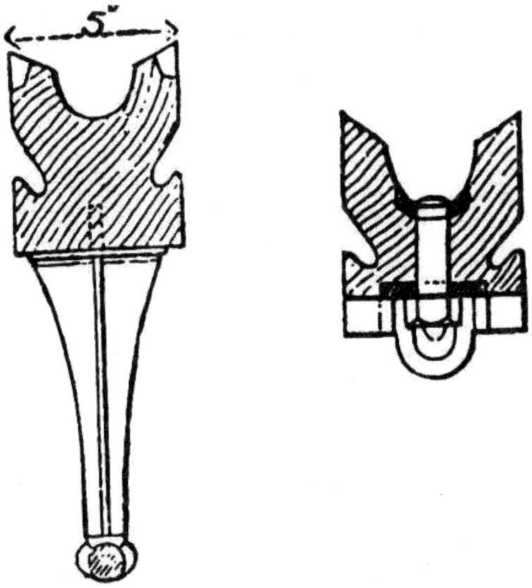

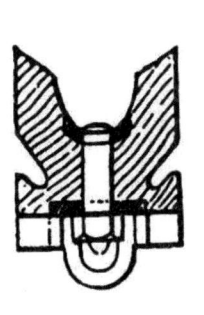

▲ 그림 1-19
팩스톤이 고안한 지붕홈통

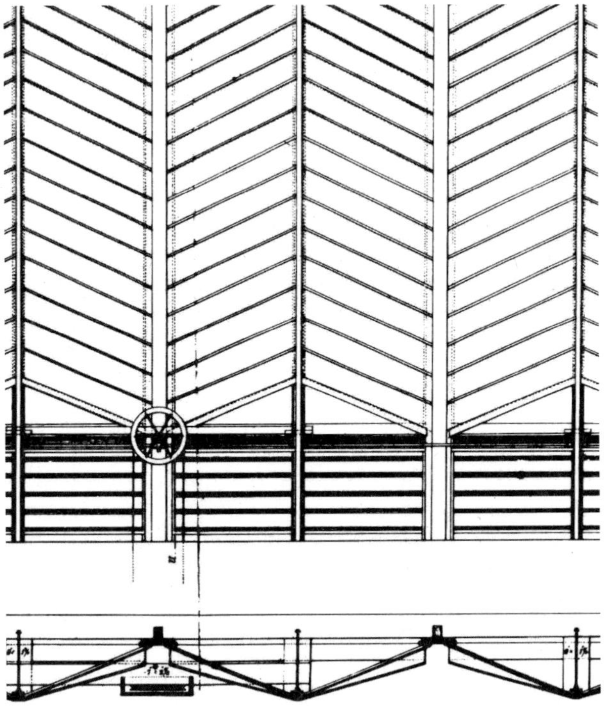

▲ 그림 1-20
지붕의 평면과 입면 디테일

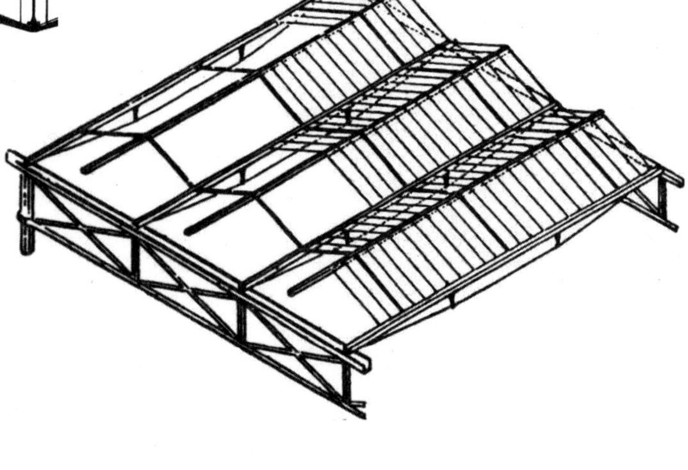

▶ 그림 1-21
지붕 유니트의 이소메트리

철판 위에서 굴리고 회전축 방향에서 절단된 유리는 바람을 불어 넣은 유리실린더를 이용하여 생산되었다. 정확한 치수로 절단한 조각을 냉각한 후에 계속해서 눌러서 납작하게 하였다. 라멘구조의 설치와 유리작업은 하나의 작업 과정이다. 각각 두 장의 유리마다 보조원의 도움으로 틀구조에 못을 박고, 유리가 얹혀 진 지붕 위의 팩스톤 홈통의 배수로로 새로이 제작된 유리 운반수레로 운반된다. 이러한 수레로 공구, 유리, 라멘 틀과 퍼티가 운반된다. 거친 아마포는 우박으로부터 유리지붕을 보호하였고 입사광을 방지한다. 그럼에도 불구하고 지붕은 완전히 완성되지 않았다. 상당히 얇은 2.0mm의 유리는 항상 작업 중인 목재길이의 변형으로 부서졌다. 전시품목을 보호하기 위해서 몇몇의 전시실은 헝겊 천으로 걸쳐놓았다.

이러한 산형구조 지붕형태는 식물원 건축으로 파생되었고 다음과 같은 장점을 가지고 있다.

— 빛을 투과시킨다.
— 단순한 유리판의 부설작업
— 유리 위에 물이 정체되지 않는다.
— 배수가 원활하도록 많은 단일부재로의 지붕분할이 용이하다.

이러한 지붕형태는 긴 건물체 뿐 만 아니라, 교차회랑의 휜 실린더 지붕에서도 이용된다. 구조적인 의미에서 절판구조는 아니고, 다만 힘의 전달을 위해 배수로 거더로 역할을 한다. 폭우의 경우에 교차회랑으로 흐르는 많은 빗물은 유리로 덮인 지붕에서는 제어할 수 없다. 그래서 교차회랑을 구성하는 긴 건축물의 장방형은 유리 대신에 연판으로 덮었다.

전체적으로 둥근 주철덮개로 힌지와 볼트접합을 둘러싸기 위해 팩스톤은 실제의 기술적인 구조를 고려한 것 같다. 전체구조물은 존스O. Jones의 설계에 따라 파란색(기둥과 거더의 수직적인 면), 흰색(푸른색면의 둘레), 붉은색(거더의 하부), 노란색(기둥과 절점에 미리 세워 진 면)으로 페인팅되었다. 페인트 작업을 하는 동안에 이미 많은 전시물품을 가져왔다.

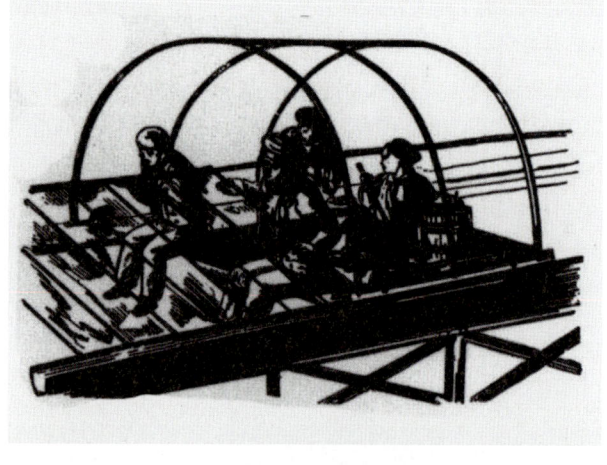

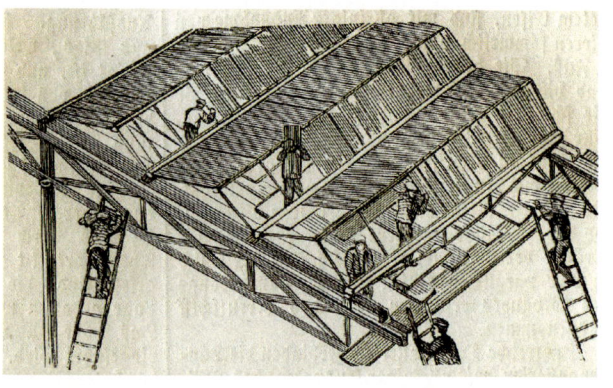

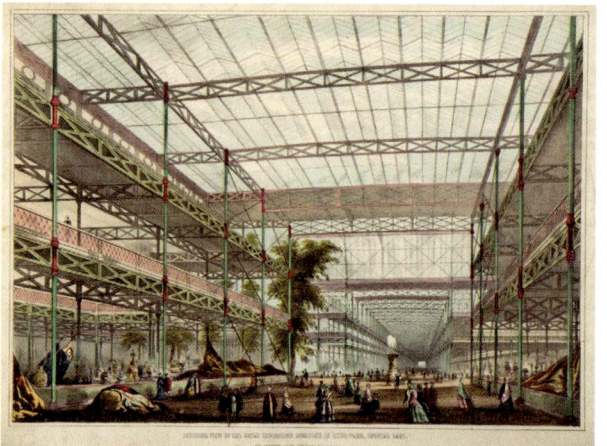

▲ 그림 1-22
작업중인 유리운반 수레

▲ 그림 1-23
유리 조합작업

▲ 그림 1-24
수정궁 내부 스케치

⑦ 파사드

각각 두 개의 주철기둥 사이에 특히 소형기초에 얹혀 있는 두 개의 목조 사잇기둥에 연결된 외벽은 표준화 되었다. 전체 일층에는 목조외벽으로 구성된다. 외부에서 보이는 아치와 그 위에 거더의 높이에서 넓은 널빤지는 주철로 세워져 있다. 문 양측의 벽체가 유리로 덮여있다. 양측의 다른 층은 원칙적으로 목재 대신에 유리로 된 널빤지인 벽체구조와 동일하다. 일층 바닥 위에 목재로 커버된 비계 전체높이로 움직이는 환기창이 삽입되었다. 역시 다른 층의 벽체 상부도 동일하게 삽입되었다.

⑧ 건축물의 계속된 운명

계약이 만기가 된 후에 건축물이 있는 광장은 1852년 5월 15일까지 국가에 반납되었고 건축물은 다른 곳으로 이전되었다. 수정궁은 1853년에 스든엄Sydneham 고지高地에 새로운 회사에 의해 다시 오픈되었다. 이러한 기회에서 건축물은 추가적으로 한 개 층과 두 개의 교차회랑을 갖게 되었다. 지금까지의 목조였던 교차회랑의 주 구조물은 주철로 대체되었고 중간이 긴 회랑은 역시 실린더 지붕으로 설치되었다.

이러한 건축물에 대한 건축재료 주철과 유리선택에 있어서 화재에 대한 걱정이 사라졌다고 생각했다. 잘못된 오판이었다. 1936년 수정궁은 화재로 사라졌다.

무엇이 이 건축물을 가능하게 했나?

– 공간효과의 인지적 충격:
  본질이 축소된 매우 얇은 구조(지금까지는 안정요소로서 두꺼운 조적조의 해결방법).
– 공간경계가 사라졌다. 건축물은 단지 얇은 표피였다.
– 다양한 내용물이 허용되는 사용 중립성.
– 건축성능의 가정으로서 거대한 산업화 능력, 질 높은 노동력, 정교한 조직계획.
– 건축부재의 표준화와 조립 가능한 기성재 생산:
  무엇보다도 이러한 과업은 오늘날의 공업생산의 선구자였다.
– 새로운 요소로서 유리의 개량된 투과성.
– 유리는 비구조적이고 비보강재로 삽입되었다
  (약 2.0mm 두께).

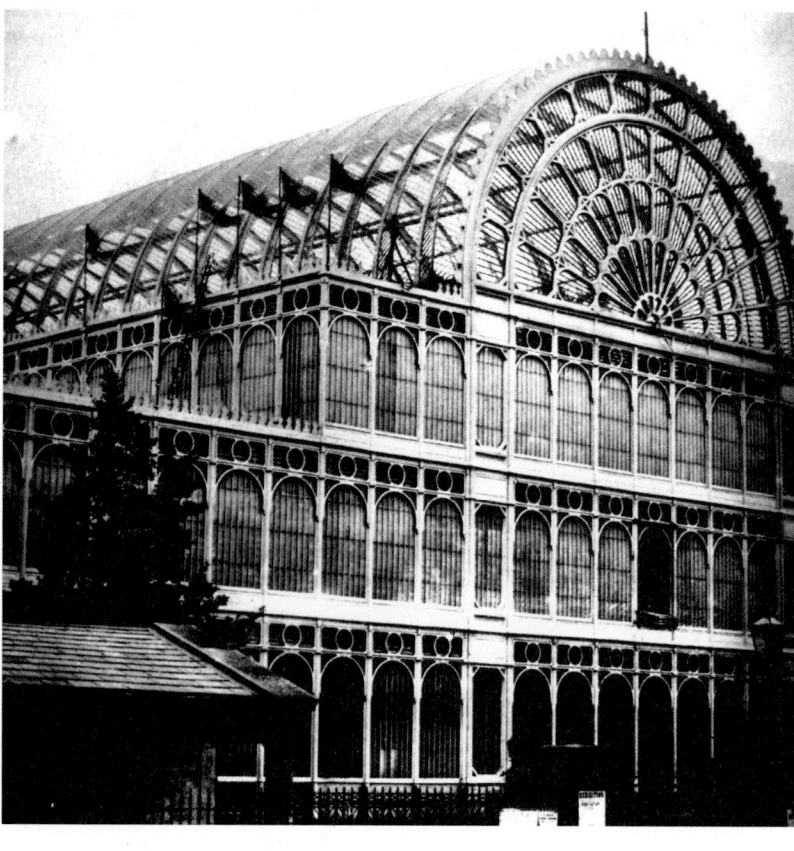

◀ 그림 1-25
1854년에 건축된 교차회랑

7) 갤러리아 빅토리오 에마누엘 IIGalleria Vittorio Emannuele II, 밀라노, 1865-1867

동시대 사람에 의해 이 건축물은 가장 큰 페세이지로서 찬양받았다. 그것은 이태리 통일 후에 단기간에 세워졌고 준공식 후에는 통일의 상징이 되었다. 그것은 대륙에서 최초의 페세이지였다. 영국에서 상당히 주목을 받았고, 진정한 페세이지의 붐을 일으켰다.

그것은 대형구조물이었다. 평면상 짧게 구성된 두 갤러리는 각각 195.0m와 105.0m의 길이이고, 폭은 각각 14.5m이다. 교차점에서 팔각형의 중앙공간은 직경이 39.0m이고 높이가 52.0m인 돔이다. 지붕은 유리-주철건축물이고 측면건축물의 파사드는 옛 궁궐 스타일(조형적인 장식, 석고, 발코니 갤러리 등등)인 거대한 건축방법이 적용됐다. 유리지붕 건축물의 변화는 찾아 볼 수 없다. 장식형태로 꺾인 갤러리 지붕의 아치골조는 돌림띠로 덮혀 지고 지붕은 파사드와 부합되지 않는다.

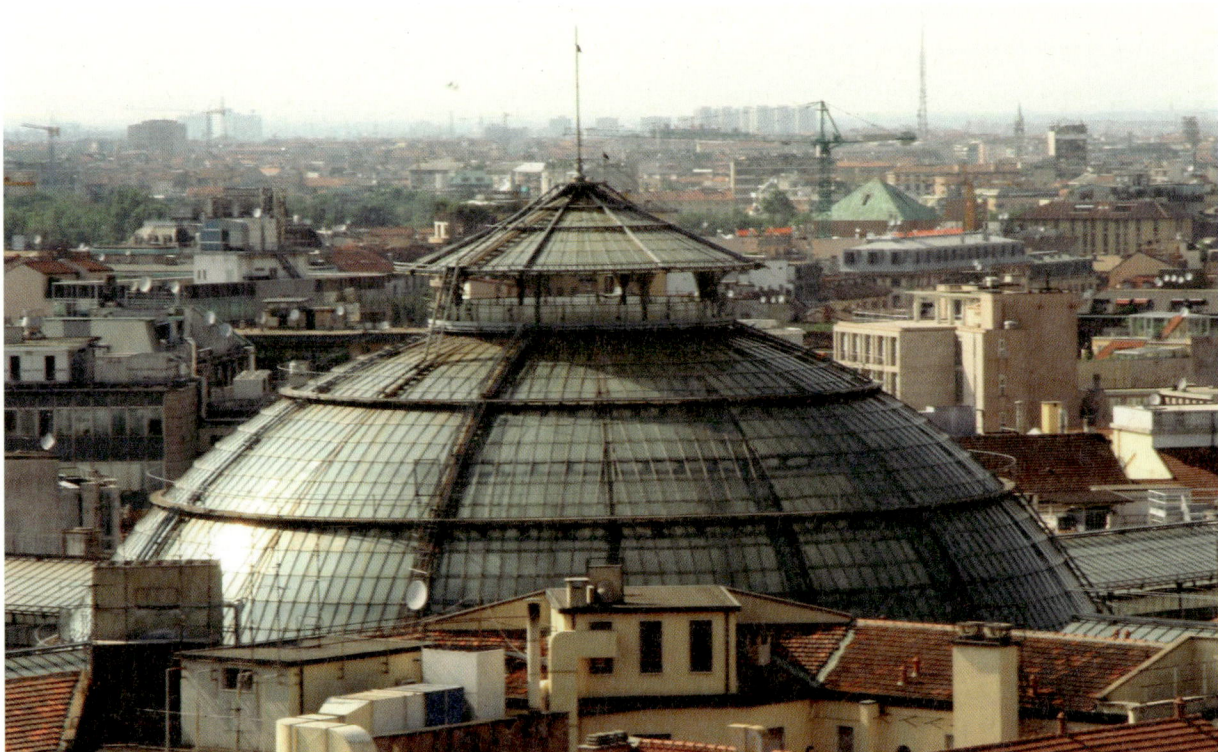

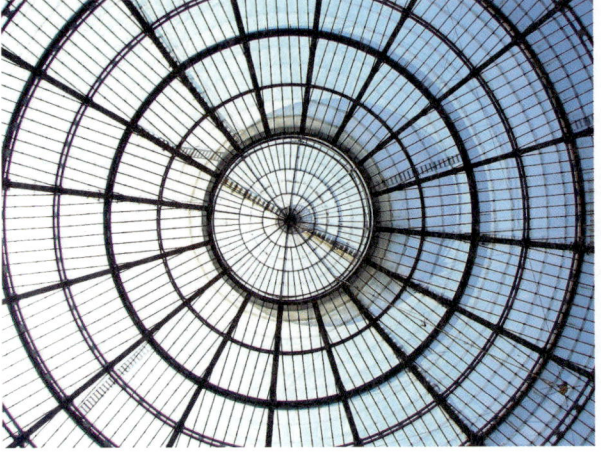
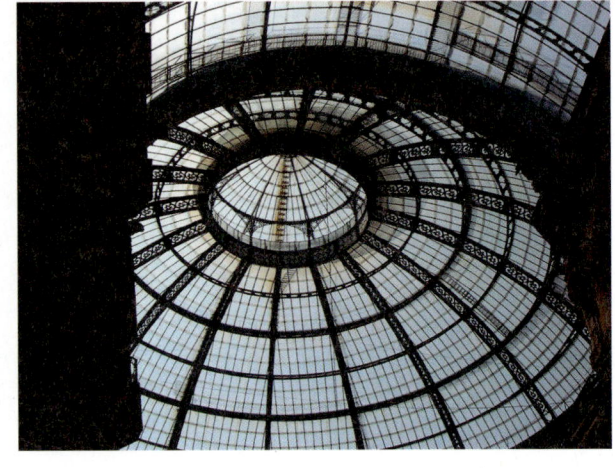

① 구조

돔의 5개 링은 동일한 장식 돌림띠는 페세이지의 아치거더처럼 보인다. 돔의 16개의 아치골조는 원뿔형태의 천창이 상부링과 강하게 통합된다. 돔 골조의 섬세한 장식판은 돔 건축에서 홍예받침의 동양적인 장식판과 부합된다.

유리지붕은 구조물과 외피로 기능이 분리된다. 이것에 있어서 주철과 유리는 궁륭과 돔의 전통과 연관된 관념에서 설정되었다. 유리의 투명성과 빛 그리고 주철의 섬세한 건축기술과 같은 두 재료의 특징을 통해 형태는 기본적으로 변경되었다. 아치거더의 강조를 통하여 지붕지역에 주변건축의 육중한 외부건물을 형식적으로 함께 고정시킨 감이 든다. 그러한 방법으로 구조물의 골조는 힘의 흐름을 확연히 인지되도록 하였다. 유리틀은 인지능력에서 하부에 계획된 섬세한 네트였다.

브뤼셀의 라 레인la Reine 갤러리(1847년)에서는 완전히 다른 경우이다. 거기서 유리궁륭이 좁은 매트형태의 틀로 주변건축물에 육중하게 보이도록 계획된 상당히 대조적인 복도통로의 특징이 있다. 상부의 유리표피는 전혀 무게감이 없고 부유浮遊하는 것처럼 보인다. 상부의 천막과 언더텐션으로 이루어진 연속되는 아치골조의 선은 상부에서 본래 구조재의 결여된 강조, 은폐된 덧붙인 모퉁이와 불투명한 효과를 통하여 거의 현실성이 없는 특징을 지닌 부드러운 네트구조로 중첩된다.

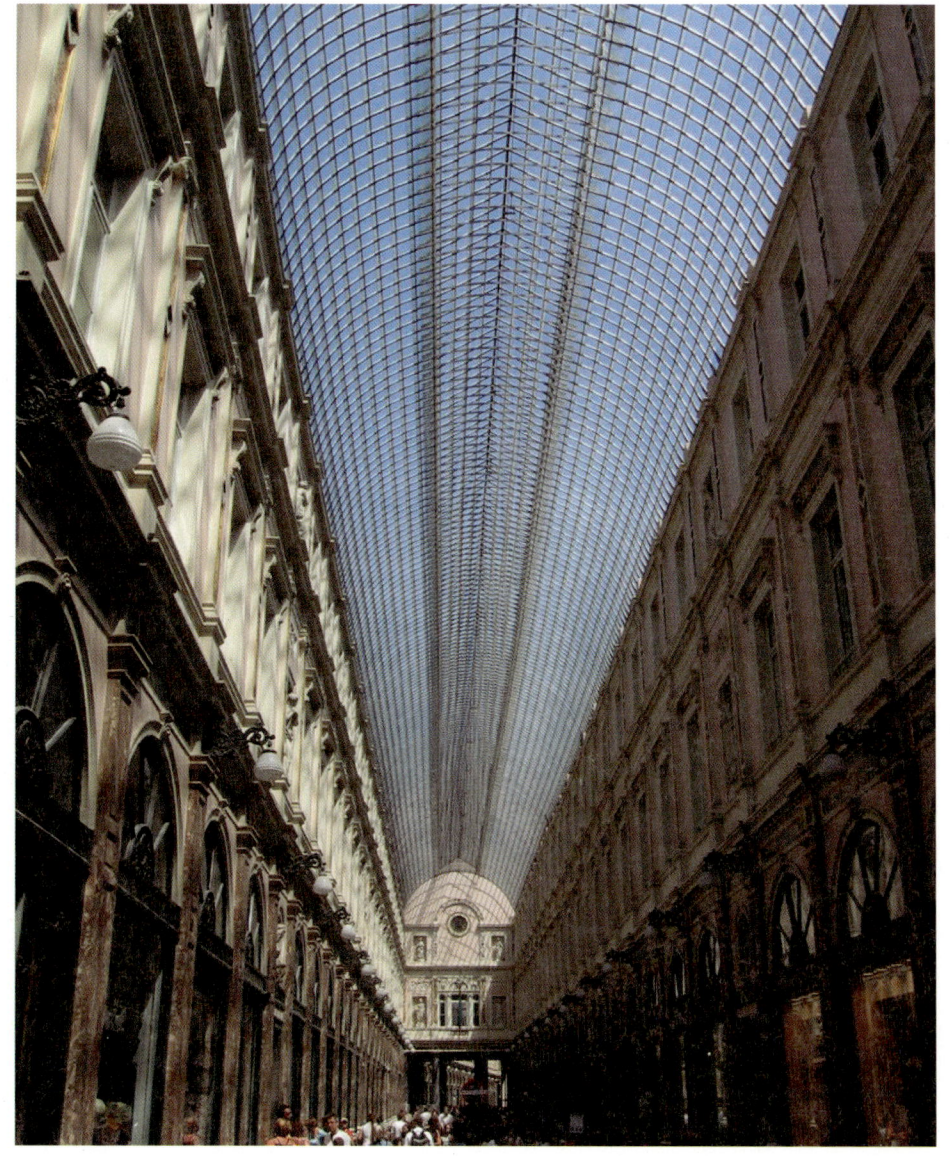

◀ 그림 1-26
갤러리의 지붕전경

◀ 그림 1-27
갤러리 지붕구조

◀ 그림 1-28
갤러리 내부전경

▶ 그림 1-29
브뤼셀의 La Reine 갤러리

8) 프랑크푸르트 중앙역Frankfurt Central Station, 1888

중앙 역사驛舍는 19세기에 세워진 많은 새로운 건축물 중에 가장 중요한 가치가 있다. 증기기관차의 교통수단은 대형 건축물이 필요했다. 역시 오늘날 주철철로는 큰 역할을 담당하고 있고 역사는 교통시스템에서 중요한 기능을 하고 있다. 19세기 동안에서 오늘날까지도 사용되고 있는 특징적이고 확실한 건축형태로 발전되었다. 역사에 대한 주목할 만한 사례는 1888년 개장된 프랑크푸르트 중앙역이다. 이 건축물은 철로가 도입된 이후부터 유일무이하다. 한편으로 그 당시 유럽에서 가장 큰 역사이고, 다른 한편으로는 웅대하고 미적인 수행 면에서 능가할 것이 없었다. 이 건축물은 표본이 되었다. 욕망의 건축이 아니고 기념비적 건축물이었다. 그 당시 사람들이 그렇게 표현하였다.

1874년 이후 첫 번째 별도의 설계가 있었다. 그것에 대해 책임 관계자는 바로 다시 그들에게 과업을 제기하였다. 건축물의 집단화와 파사드의 최종적인 형태를 위하여 1880년 독일에서 첫 번째 현상공모가 공고되었다. 이것은 3.5개월 이상이 소요되었다. 심사위원으로서 건설 학술원이 수행하였다. 건축가와 엔지니어의 주간소식지에 게재된 내용이다. "지금까지 알려지지 않은 크기의 중앙역으로 확정된 유형의 홀과 파사드 사이의 상호작용이 과제의 고유 매력을 함유하고 구조엔지니어와 함께 예술가의 창조를 보여 줄 수 있는 좋은 기회를 제공하였다."

전체 59개 팀이 참여하였다. 현상설계의 당선자는 스트라스부르그Strassburg 대학교수인 에거트H. Eggert였다. 결정적인 동기를 제기한 프렌첸G. Frentzen과 자신의 설계융합이 있었다.

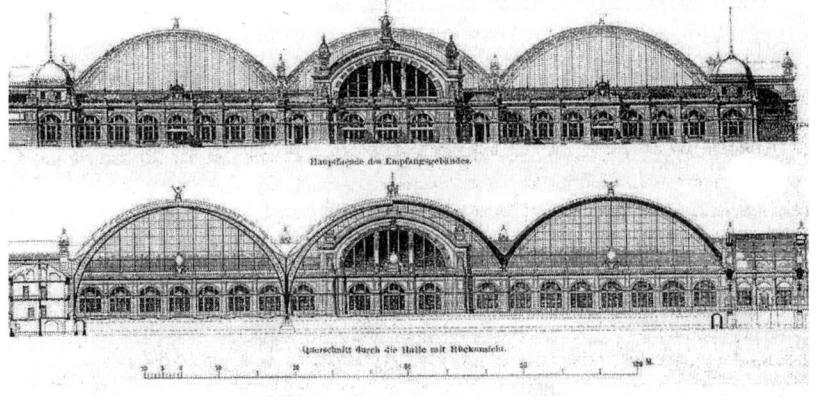

◀ 그림 1-30
프랑크푸르트 중앙역 입면도

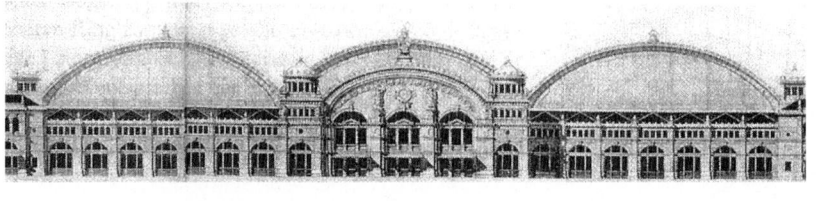

◀ 그림 1-31
H. Eggert의 디자인

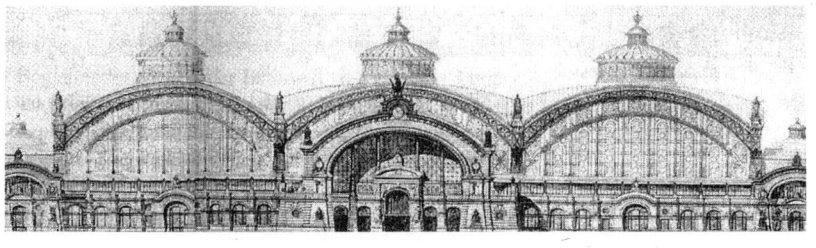

◀ 그림 1-32
G. Frentzen의 디자인

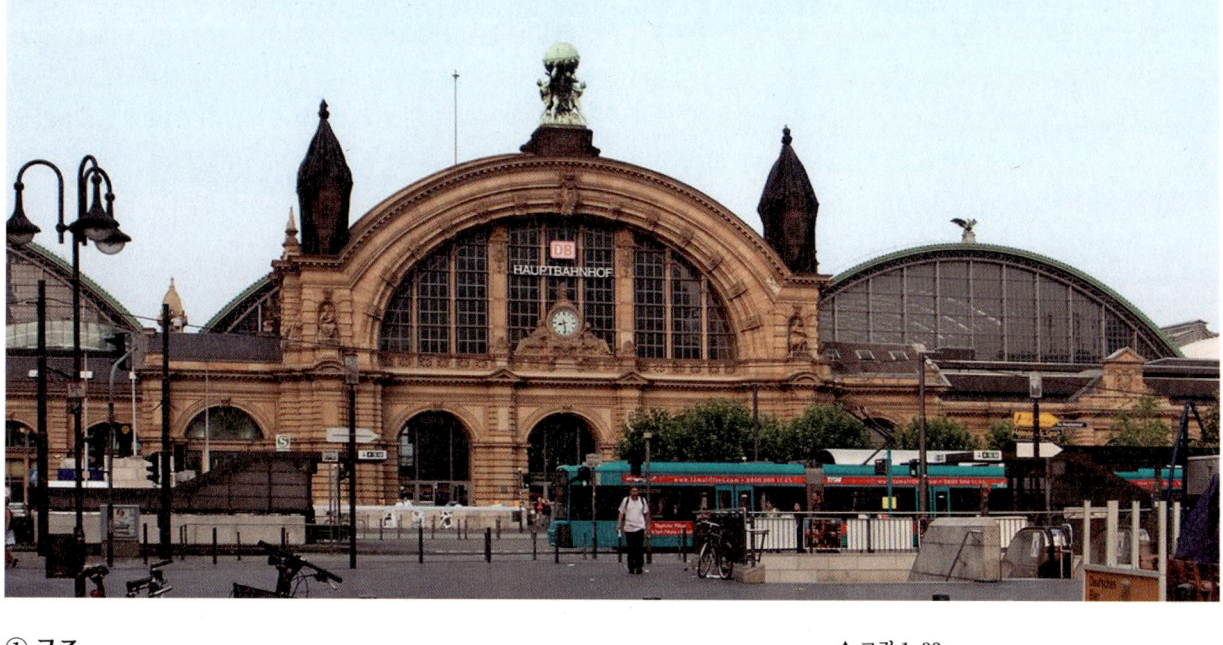

▲ 그림 1-33
프랑크프르트 중앙역의 전면전경

① 구조

슈베들러J. W. Schwedler가 구조를 책임지고 있었다. 중앙홀과 플랫폼은 186.0m의 길이, 168.0mm의 폭이다. 그것들은 높이가 29.0m이고 56.0m의 스팬으로 세 개의 회랑으로 분리되었다. 구조물은 네 측면 위에 X-형 십자가-버팀대로 된 세 힌지구조로 된 트러스-아치거더이고, 상호간격은 9.3m다. 하현재의 휨은 바닥힌지 위에서 수직 상현재의 10.0m까지 이어진다. 상현재의 레벨에서 구조물은 경사지게 계획된 봉으로 보강된다.

구조는 그 당시 가장 현대적이고 진보적인 방법으로서, 미적인 실행방법의 견지에서 가치가 있었다. 표준화된 거더가 마주치는 바닥힌지를 통하여 기둥 및 벽체와 데크 지역을 들어 올리는 전통적인 모습을 시도하였다. 공간은 모든 측면에서 많은 빛을 끌어들여 향상시켰다. 여기에서 거대한 상부천창이 결정적이었다. 이것은 세 개의 새들지붕으로 배열함으로서 선로 축에 교차하도록 하였다. 요약해서 말하면 이러한 건축물에서 유리는 보강재도 아니고 기능재가 아닌 단지 미적인 역할을 한다.

▲ 그림 1-34
중앙역 내부전경

1.2
20세기 건축에서 구조용 유리의 발전사

이 단원의 앞부분에서 건축역사적인 발전에 대한 논술로서 20세기에 하중을 받는 유리발전에 대해서 시도해 보려고 한다. 유리사용, 치수, 고정에 대해서 발전하였다. 건축재료 유리의 진화는 재료특성과 유리생산의 개선으로 오늘날까지 구조재료로서의 건축재료에 대해서 다루어질 것 이다. 대부분이 파사드의 유리요소가 자체의 하중을 받는 유리벽돌로 보이는 것이 당연하다. 르네상스 초기에는 하중을 받는 유리로 보였지만, 19세기의 식물원은 첫 번째 전성기로 간주되었다. 후에는 건축물에 통례적으로 사용되었다.

1.2.1
19세기의 건축물들

유리-주철 건축방법은 팜 하우스palm house에서 사용되었다. 식물과 온실을 보호하기 위해 큰 유리면적이 필요하였다. 그런 면에 있어서 특히 일몰과 일출시간의 경사진 햇빛에 수직으로 받는데 가능한 경사진 유리면을 선호하였다. 결국은 조적조 북벽에 경사진 파사드를 꺼려하였다. 구조는 단순하다. 보강된 후벽에 지지하고 있는 유리가 얹혀 진 목재라멘에서 목재거더를 경사지게 계획한 것이다. 개선된 방법에 있어서 장해가 되는 목재거더를 세장한 주철봉으로 대체하는 일은 어려웠다.

1) 시카고-마천루
미국 시카고에서 이러한 발전의 동기는 경제적인 방법으로 1880년경에 첫 마천루가 건축되었다. 첫 번째의 공간이 높고, 서로 이웃해서 어두워진 건축물에서 가능한 빛을 끌어드리기 위해서 벽체에 가능한 큰 개구부를 계획하려는 노력으로 마천루는 석조건축물로 건축되었다. 이러한 재료의 어려움을 시카고 건축가는 당시에 단지 미국에서 기술적인 건축물, 교량, 홀을 위한 건축물에서 적용되었던 구조적인 철골의 탁월함을 주거건축에서 이용하였다.
시카고 학교의 건축가들은 철골건축물이 전면에 4층인 층 건축물의 대형유리 개발을 위해 요즘의 트러스 건축물로서 보여 주었던 첫 번째의 가능성을 실현하였다. 이 시대 가장 유명한 건축가는 설리번L.H. Sullivan이었다.

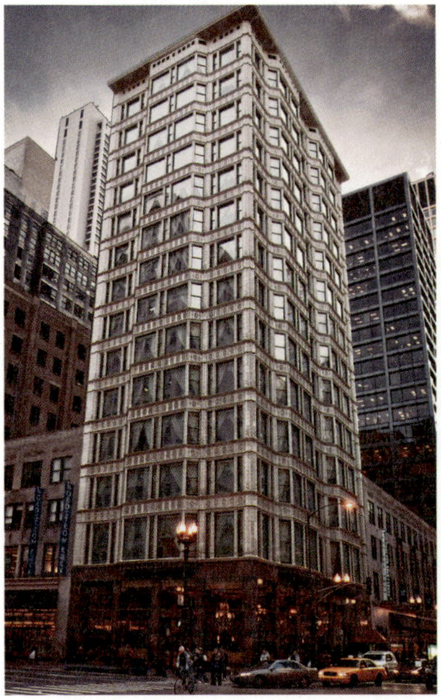

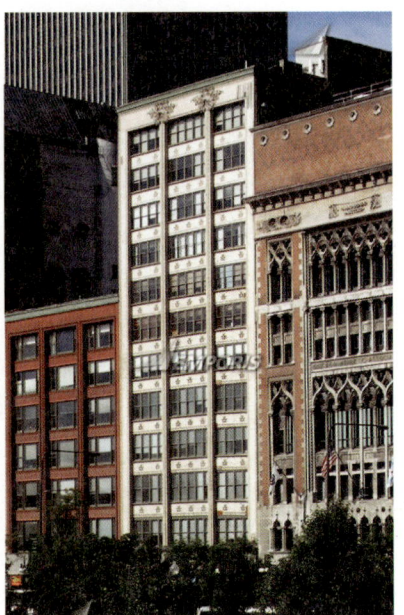

◀ 그림 1-35
Reliance Building, Chicago,
D.H. Burnham, 1894

◀ 그림 1-36
Gage Building, Chicago,
Holabird & Roche, 1898

▼ 그림 1-37
오스트리아 우체국,
Wien, O. Wager, 1903-12

▼ 그림 1-38
우체국 단면도

▶ 그림 1-39
Tietz 백화점, Berlin,
von Sehring & Lachmann, 1891-1900

2) 20세기 초의 유럽
동시에 독일과 오스트리아에서 유겐트스틸Jugendstil이 개화하였다. 베를린 티쯔 Tietz 백화점의 모든 층에 각각 25.0×18.0m의 거대한 쇼 윈도우가 제공되었다. 기둥구조는 파사드로 부터 약 2.0m 후방에 계획되었다.
오스트리아 우체국 창구의 기둥은 지붕을 뚫고 유리표피를 현수하고 있는 기둥 상부와 접한다. 유리블록으로 된 바닥을 통하여 빛이 층 깊게 분배된다.

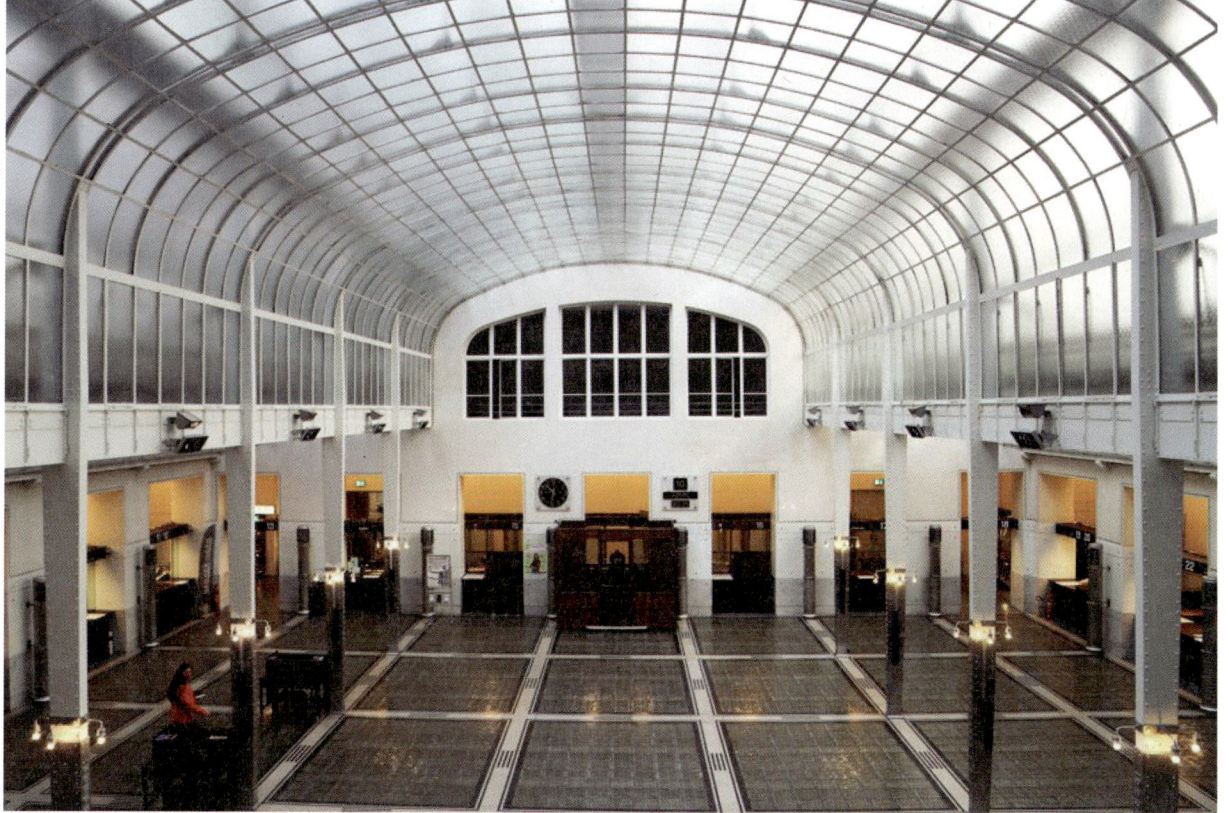

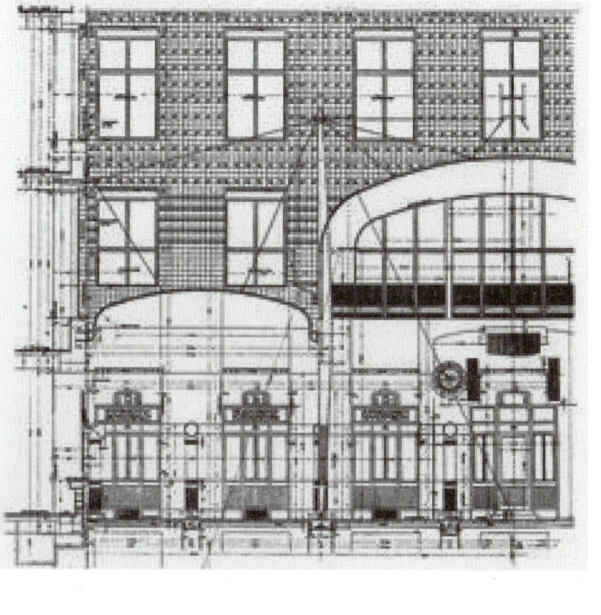

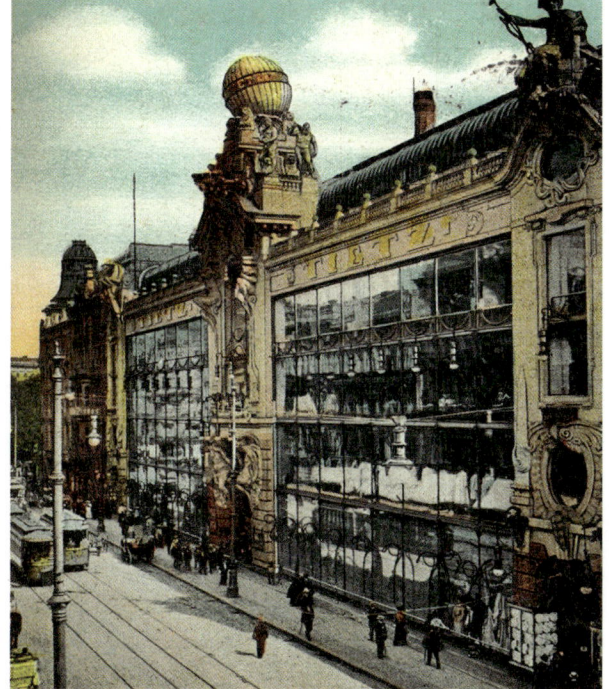

1. 유리건축물의 발전사

3) 일본
독립, 단독 또는 연립주택의 주거형태의 발전은 유럽과 미국에서 유행하던 19세기 말경에 일본의 전통주거문화로 다른 영역으로부터 영향을 받았다. 서구와의 만남으로 인한 결정적인 양상은 동남아시아의 건축과 함께 라이트F.L. Wright와 설리반L.H. Sullivan의 초기작품에서 일어났다.

4) 독일 공장건축물
1차 세계대전 전에 베랜스P. Behrens와 그로피우스W. Gropius에 의해 건축된 공장건축물들은 작업장의 대형유리 외피의 초기사례에 속한다. 베랜스는 여기서 콘테민Contamin과 듀터트Dutert가 1889년에 파리의 기계관에서 처음으로 사용했던 구조시스템을 사용하였다. 이러한 시스템은 지반과 정점에서 힌지를 사용한 세 힌지 아치다.

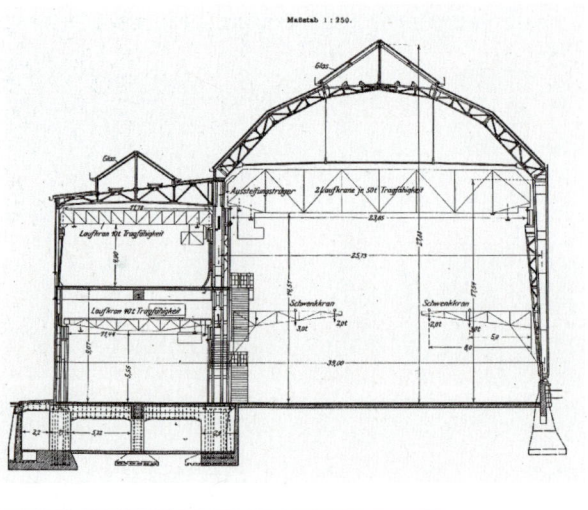

베랜스는 하부에서 가늘고 상부로 올라 갈수록 두꺼워지는 아치기둥이 눈에 띄게 하였고, 기둥사이의 내부에 대형유리판을 고정시켜 강렬한 힘의 흐름을 각인시켰다. 그는 모서리에 힘을 받지 않는 석조 모서리 기둥으로 건축물을 기념비적이고 드라마틱하게 하였다. 하중은 세 힌지 아치에 의해 부담할 수 있도록 현실화 하였다.

◀ 그림 1-40
터빈 공장의 단면도

▼ 그림 1-41
AEG 터빈공장, Berlin, P. Behren, 1909

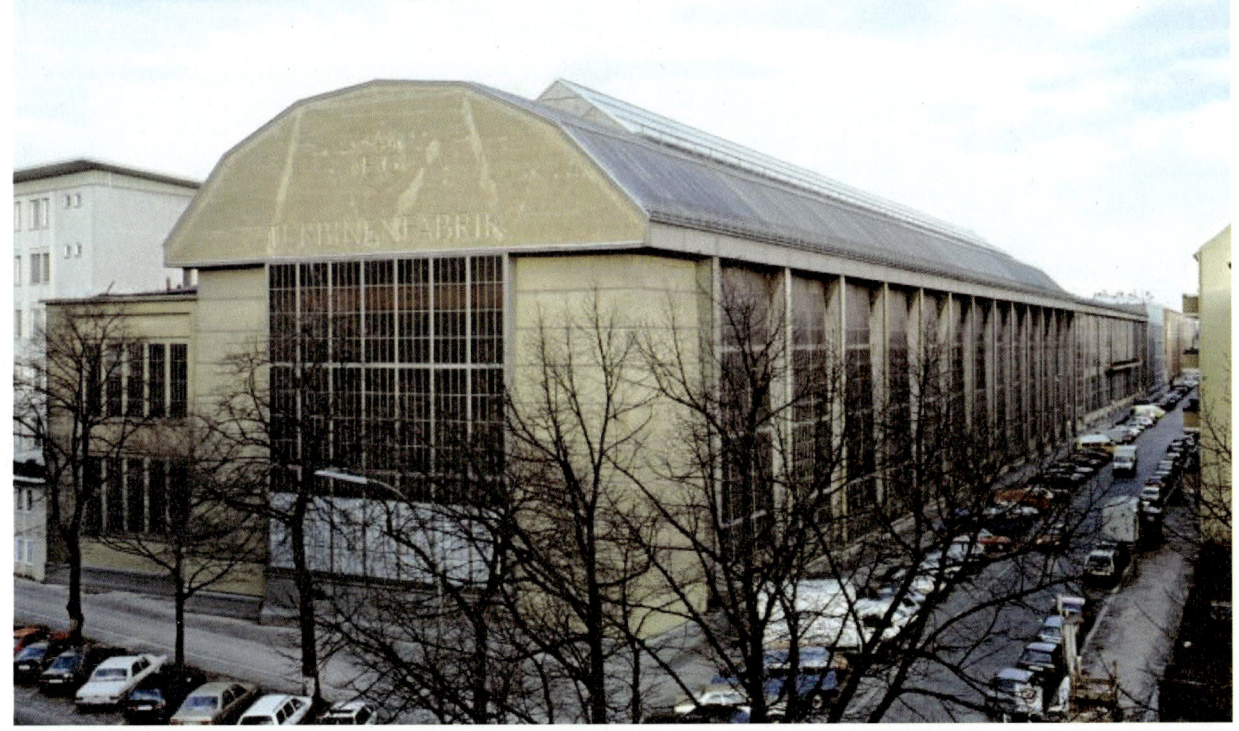

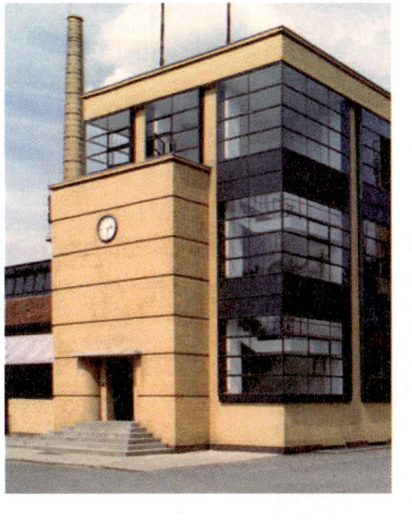

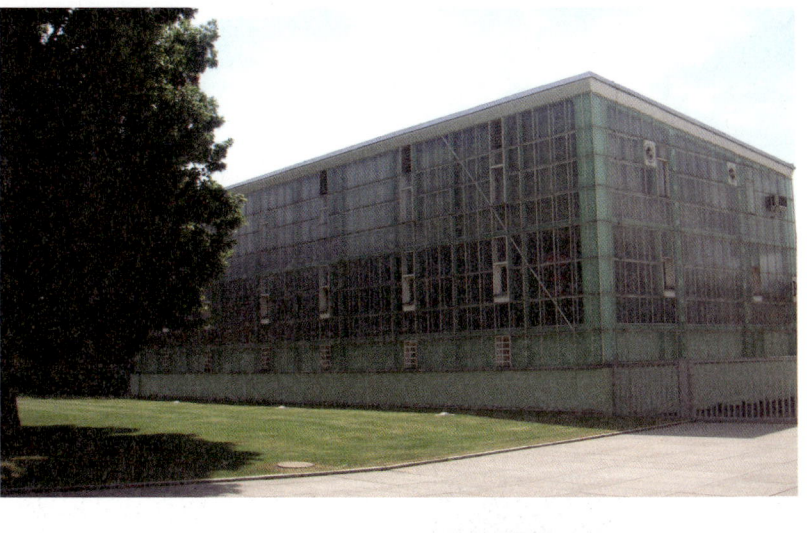

▲ 그림 1-42
Fagus 공장, Alfeld, W. Gropius, 1911

▲ 그림 1-43
Steiff 제철소,
München, Gienzen & Brent, 1903

▼ 그림 1-44
Hallidie 백화점, San Francisco,
Willi Jefferson Polk, 1918

▶ 그림 1-45
전시장 계단, Köln, B. Taut, 1914

▶ 그림 1-46
Werkbund 전시장, Köln, W. Gropius, 1914

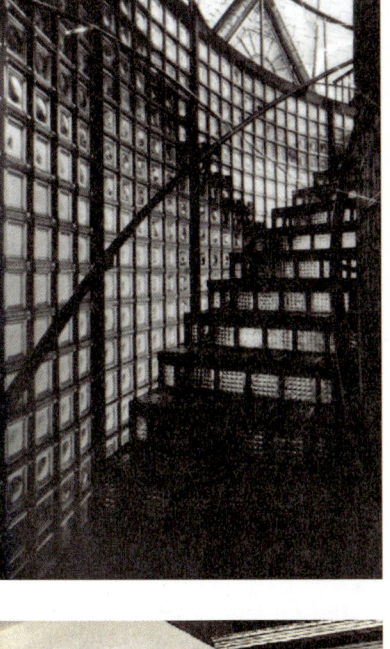

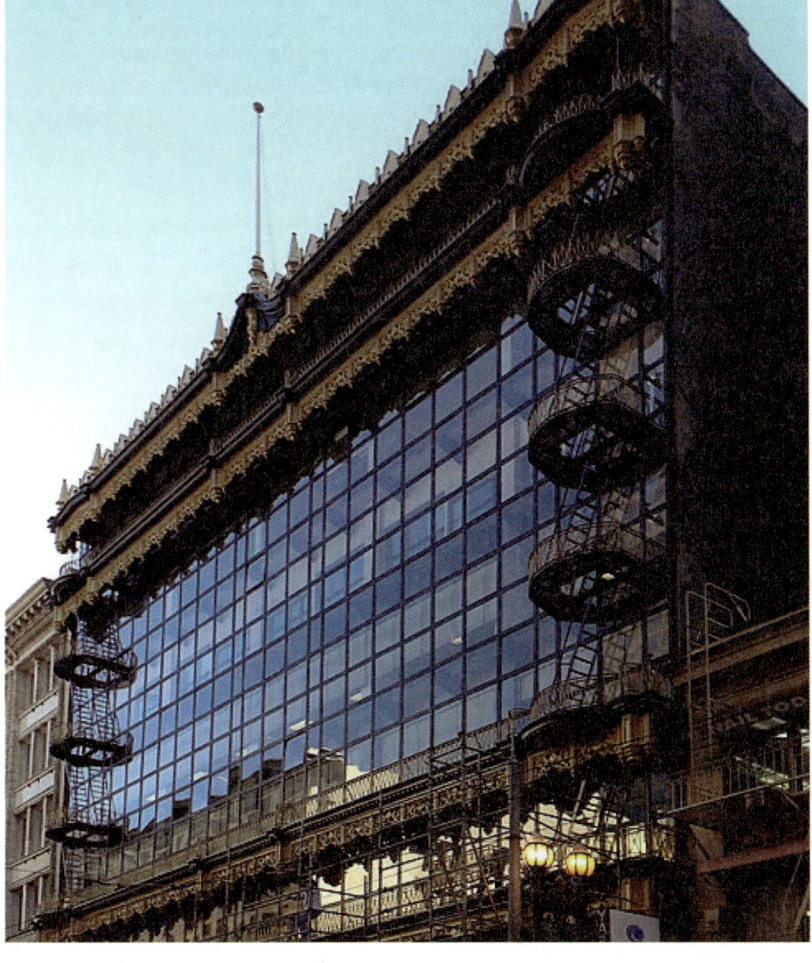

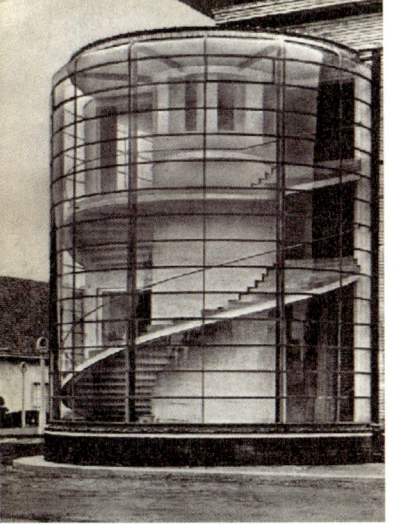

1. 유리건축물의 발전사

파구스Fagus 공장의 모서리를 비교해보면, 2년 후 1911년에 터빈공장을 함께한 베랜스의 제자인 그로피우스는 엄청난 발전단계를 인지할 수 있다. 그로피우스는 각각의 모서리 기둥을 없앴고 유리면을 직접 서로 인접하여 연결하였다. 그는 외벽의 새로운 기능이 힘을 받지 않고 완전히 비쳐 보이는 외피로서 뚜렷하게 표현함으로서 베랜스와는 대조적으로 유명해졌다. 외벽의 역할은 단지 빗물, 냉기류冷氣流와 소음을 차단한다는 컨셉이었다.

그는 건축물의 내부구조와 접촉 없이 철골라멘에 지붕과 주춧대 사이에 유리면을 고정시켰다. 그는 최초의 유리 커튼 월Curtain Wall을 개발하였다. 무엇보다도 이미 1903년에 뮌헨에 스타이프Steiff 회사의 제철소가 건축되었다. 이중 유리벽으로 테디베어Teddybär공장의 동쪽 건축물을 덮었다. 내부에 바닥에서 층까지 외피는 여기서는 관행적으로 구조물 전면에 현수되었다.

그 당시의 커튼 월 건축은 할리디Hallidie 백화점이었다. 여기서 유리외피는 정사각형 형태의 등간격 그리드 구조물로서 건축구조물 전면에서 현수되었다. 쾰른Köln 독일 공예가Werkbund 전시장의 사무실과 작업실 건축물에서 그로피우스는 수평적인 중앙부분을 계단실에서 바닥까지의 피복으로서 모서리에서 아래로 유리밴드로 해결하였다.

5) 유리블럭

독일 공예전시장에서 타우트B. Taut의 유리하우스가 세워졌다. 바그너O. Wagner에 의해 바닥구조로서 1932년 샤루P. Chareau에 의해 파리 페르 맨션Masion de Verre에서 유리블럭의 사용을 관철시켰다.

6) 미국의 공업건축

열을 배출시키기 위해 대형면을 개방한 유리로 된 경사지붕의 대칭적인 계획은 칸A. Kahn 건축물의 특징이었다.

1.2.2
20세기 전반기 프로젝트

미즈Mies van der Rohe는 1919년과 1924년 사이에 5개의 프로젝트를 설계하였다. 그는 강철과 유리재료의 구조적인 특성을 이용하여 건축형태를 발전시켰다. 하중을 받는 골격을 최소한의 골조체로 축소시켰다. 주요 기둥은 건물의 중심부분에 세워졌다. 이러한 설계들은 그 당시의 건축물보다 30년이나 앞선다.

그로피우스는 여기서 파구스Fagus 공장을 위해 개발하였고 유리 커튼월로서 삼층 높이의 공장건물의 외측벽으로 구성되는 동일한 컨셉을 사용했다.

로테르담 반 네레van Nelle 담배공장에서 주철구조는 거울유리로 된 투명하고 섬세한 파사드를 커튼 월로 실현하였다.

르 코르뷔지에는 구세군의 이민자 아파트에서 불투명한 층높이의 유리파사드가 설치되었다. 통풍을 위하여 여름에 공간의 열기가 온실온도로 방해가 되지 않는 공조시스템이 설치되었다.

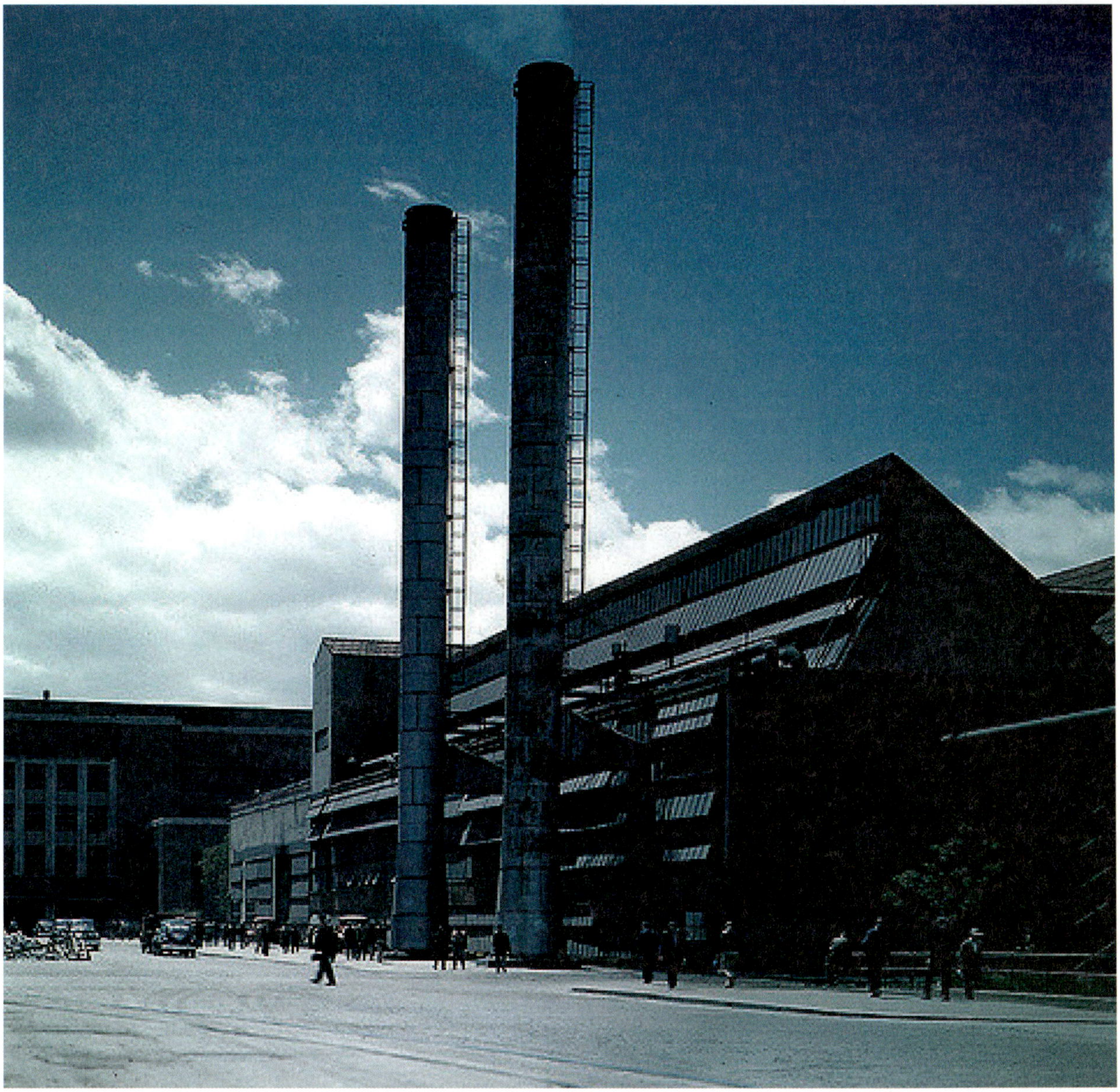

▲ 그림 1-47
포드 유리공장 전경

▶ 그림 1-48
포드 유리공장 단면도,
Dearborn, Michigan A. Kahn, 1924

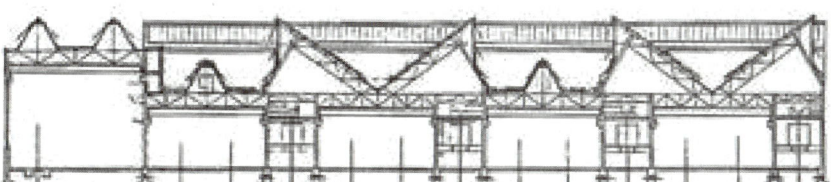

1. 유리건축물의 발전사

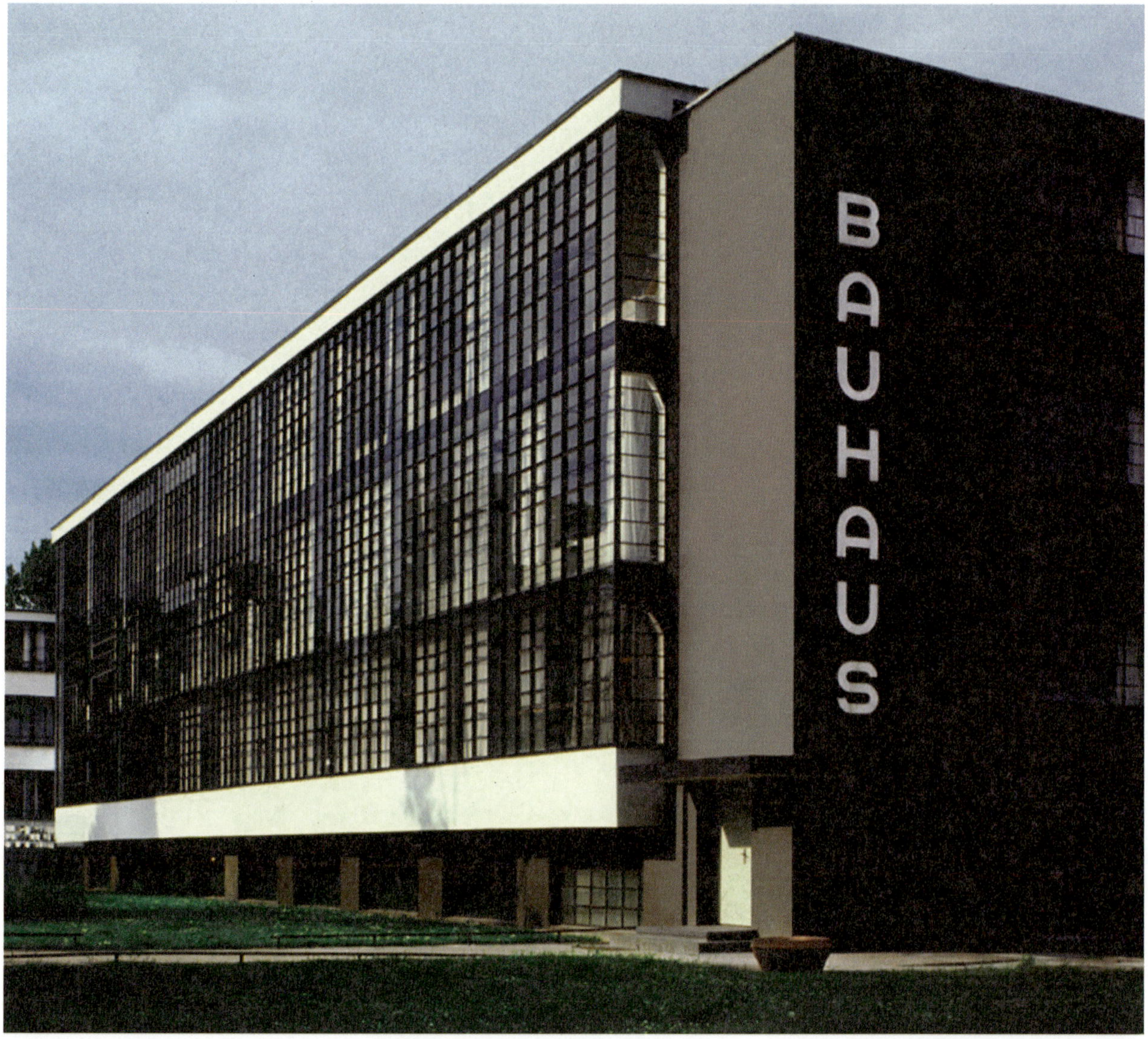

▲ 그림 1-49
바우하우스, Dessau, W. Gropius, 1925

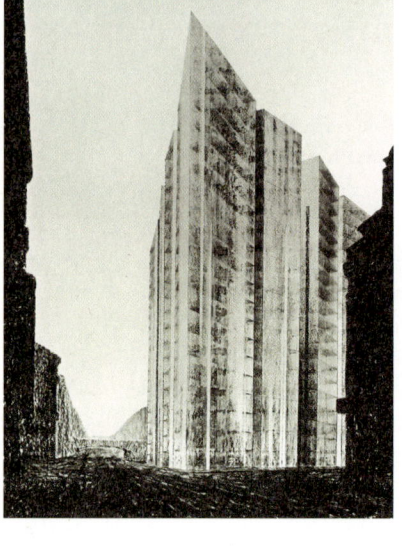

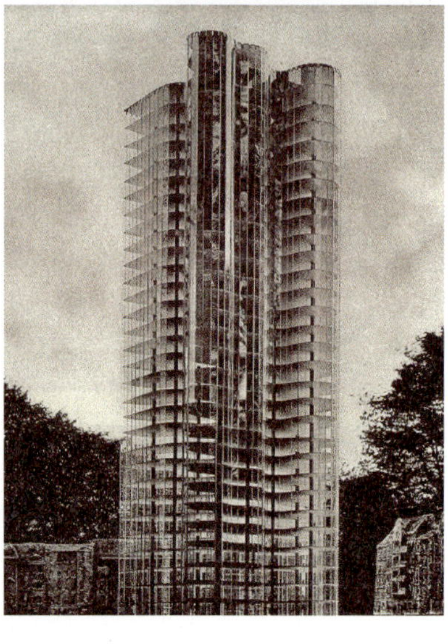

▶ 그림 1-50
유리 고층빌딩 1,
Mies van der Rohe, 1919

▶ 그림 1-51
유리 고층빌딩 2,
Mies van der Rohe, 1921

— 38 —　　　　유리건축

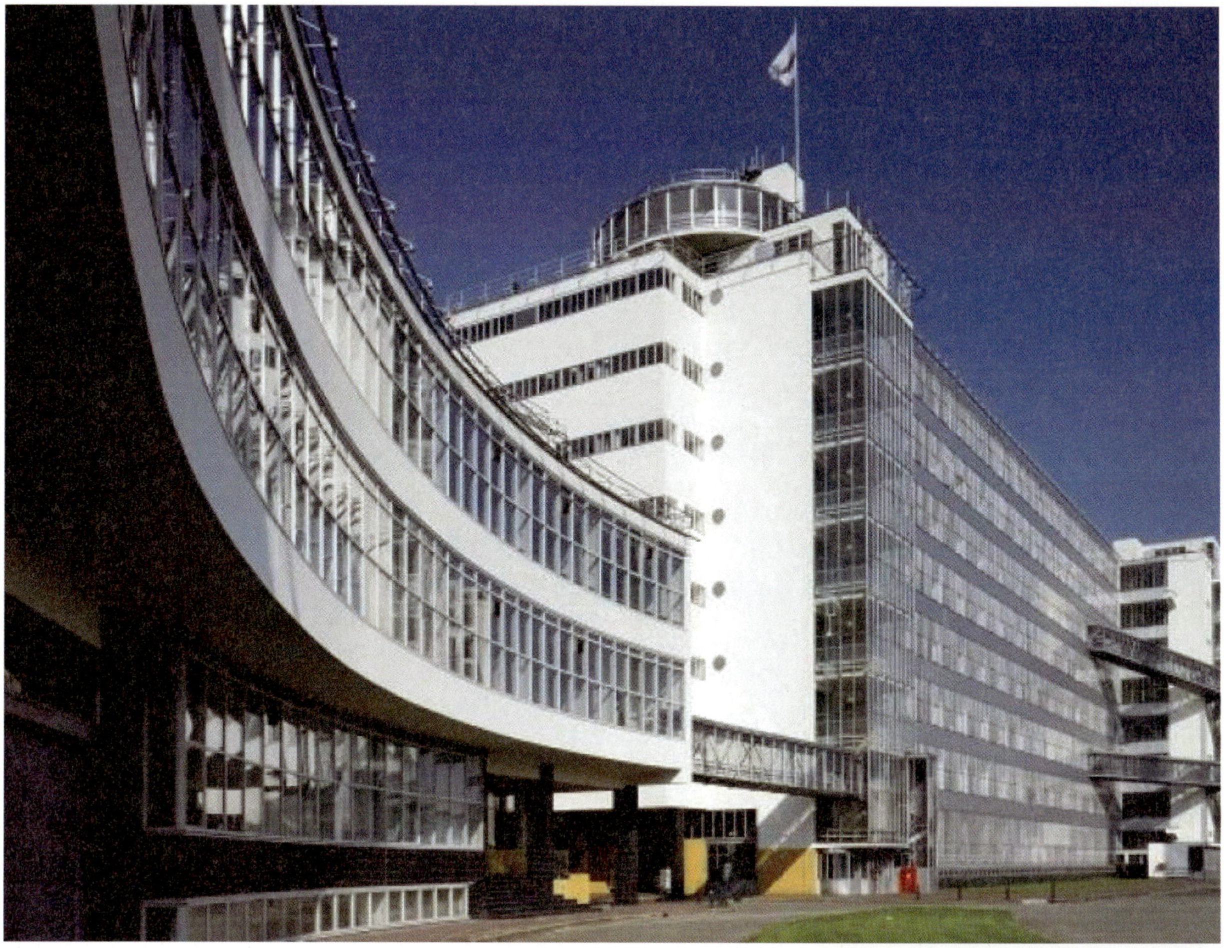

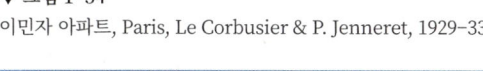

▲ 그림 1-52
Van Nelle 담배공장, Rotterdam, Brinkman Vlugt & Stamm, 1926-30

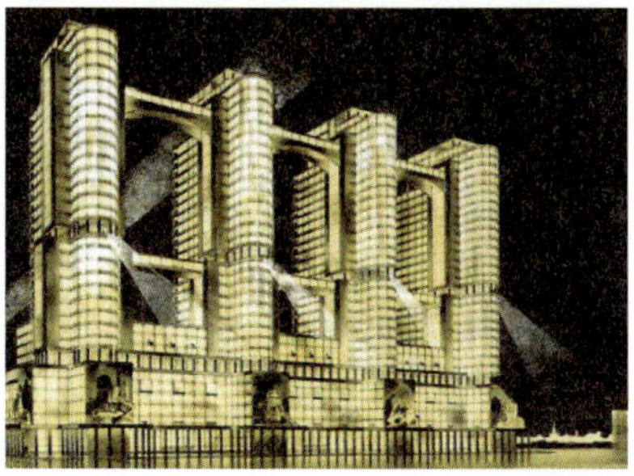

▶ 그림 1-53
중공업 노동자 회관, Moscow, Vesinn 형제, 1934

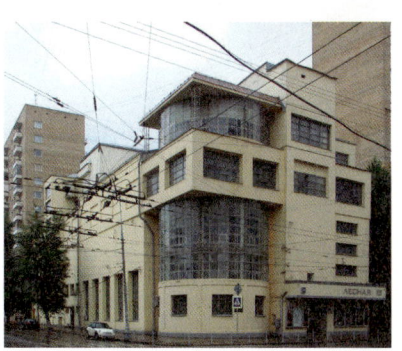

▼ 그림 1-54
이민자 아파트, Paris, Le Corbusier & P. Jenneret, 1929-33

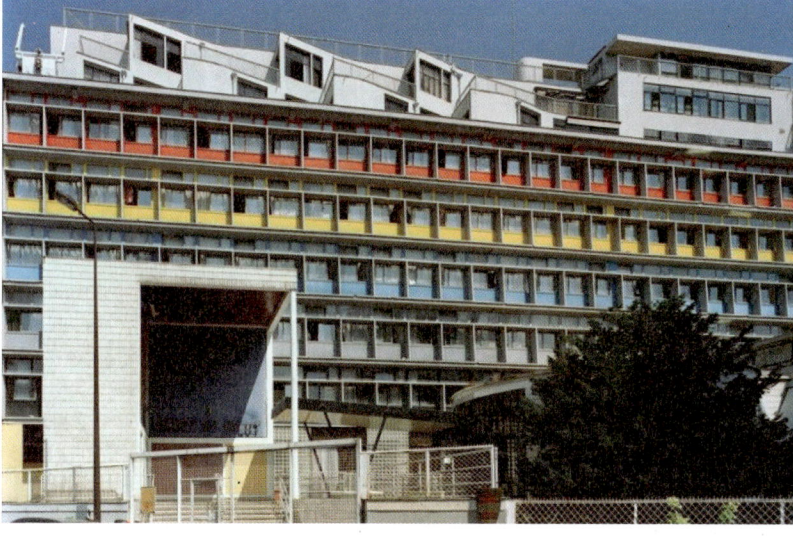

▲ 그림 1-55
Zuev 클럽, Moscow, I. Golosov, 1927-29

1. 유리건축물의 발전사   — 39 —

1) 동유럽

역시 동유럽에서도 새로운 건축형태가 실험되었다. 프라하Prague에 국제적인 스타일에 상응하는 대량의 유리파사드 밴드로 된 올드리치 타일Oldrych Tyll 건축물이 건설되었다. 1925년 매르니코프K. Melnikov는 현대공업의 아트 데코라티프Decoratif를 위한 국제전람회장에 소련관을 설계하였다.

2) USA

오스트리아인 노이트라R. Neutra에 의해 로스앤젤레스에 노벨Lovell 요양소의 강철구조는 콘크리트와 유리로 분할되었다.

1945~49년에 앰스Eames 부부는 로스앤젤래스에 케이스 스터디 하우스 프로그램의 첫 번째의 하우스를 지었다. 하우스는 대부분은 공업생산품이 조립되었다.

로이트라Neutra, 소리아노Soriano, 퀘니그König, 엘우드Ellwood, 아센Ansehen과 알렌Allen 등등에 의해 설계된 내·외향성의 건축형태는 내부와 외부를 연결하기 위해 대형 유리판을 이용하였다.

미즈는 20년대에 그의 이상을 실현시켰다. IITIllinois Institute of Technology의 크라운 홀Crown Hall과 팬워스 하우스Farnsworth House는 강철과 유리로 "Less is More"의 원칙에 따라 그의 이상을 구체화하였고, 존스P. Johnson는 <Glass House>에 열정적이고 호기심이 많았다. 미즈의 고층건물은 미즈의 완벽주의 그 자체였다. 레이크 쇼 드라이브 아파트Lake Shore Drive Apartment의 건축방법으로 비교될 수 있는 다른 프로젝트보다 저렴하였다. 강재 골조가 세워진 후에 각각 이층 높이와 기둥간격의 폭의 미리 조립된 파사드 부재를 크레인으로 현장에서 용접되었다. 알루미늄 창틀은 내부로부터 끼워진다. 압연공장에서 제작된 I-빔은 정확한 순서로 접합된다. 뉴욕의 시그램Seagram 빌딩에서 이것은 더 이상 공업생산품이 아니고 구리로 특별히 제작된 부품이었다. 시카고에서는 달리 분리된 형강은 유리면 상부가 아닌 유리면 내에 설치되고 검은 이음매로 강조되었다.

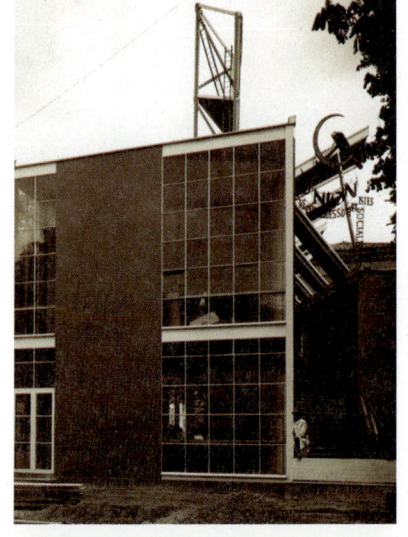

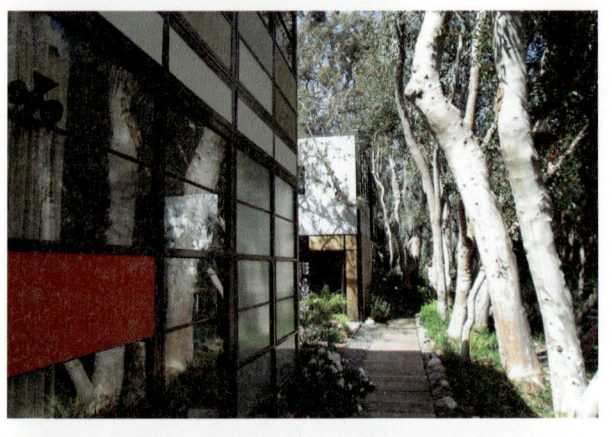

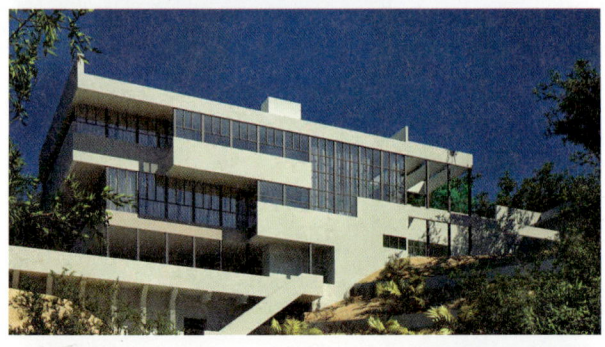

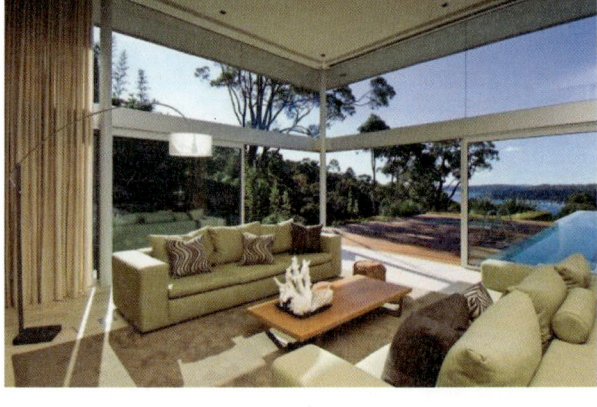

◀ 그림 1-56
소비에트 파빌론, Paris, K. Melnikov, 1925

◀ 그림 1-57
케이스 스터디 하우스, LA, Eames, 1945-49

◀ 그림 1-58
Lovell 요양소, LA, R. Neutra, 1927-29

◀ 그림 1-59
하우스 HOJ, California, R. Neutra, 1950

그 후 시대에 SOMSkidmore, Owing & Merryl과 머피C.F. Murphy와 같은 건축사무소에서 이러한 형태를 계속 발전시켰다. 녹색의 단열유리와 정교하고 부식되지 않는 강철로 된 커튼 월 파사드는 돌출과 연속되는 오차 없이 철골구조를 에워 싼다. 불투명한 창틀밴드는 층간을 표시하고 청소도구를 위한 선로로 수직적으로 강조된다.

포드재단Ford Foundation의 중앙본부에서 건물높이로 유리를 덮고 식물이 심어진 중정을 중심으로 양측에 십이층 날개모양의 사무실로 계획되었다.

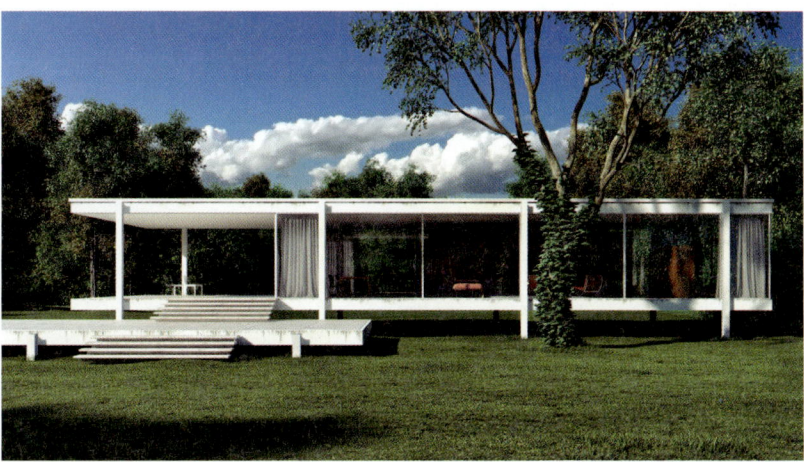

◀ 그림 1-60
Farnsworth 하우스, Plano,
Mies van der Rohe, 1946~51

◀ 그림 1-61
유리 하우스, New Canan,
P. Johnson, 1949

◀ 그림 1-62
ITT 크라운 홀, Chicago,
Mies van der Rohe, 1950~56

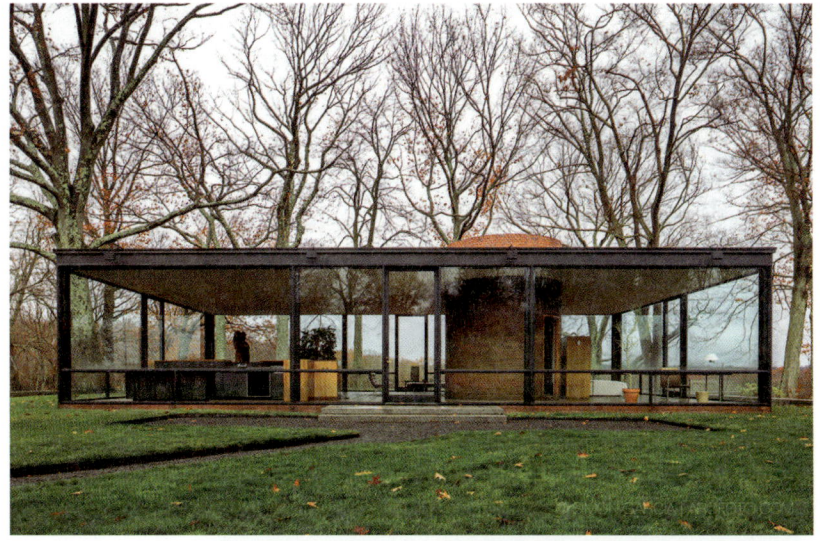

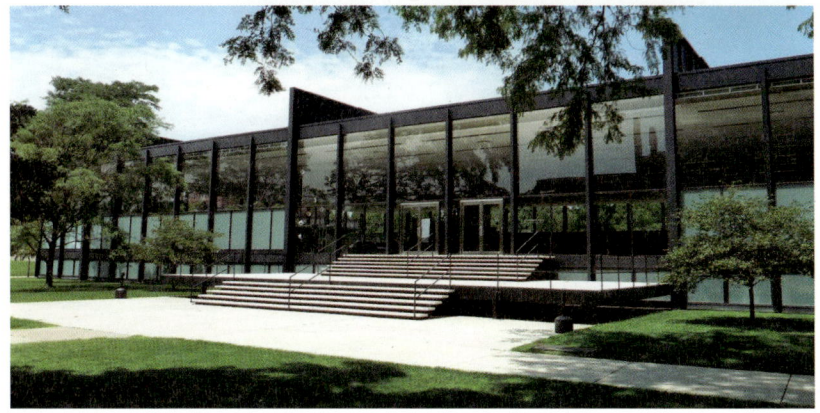

1. 유리건축물의 발전사

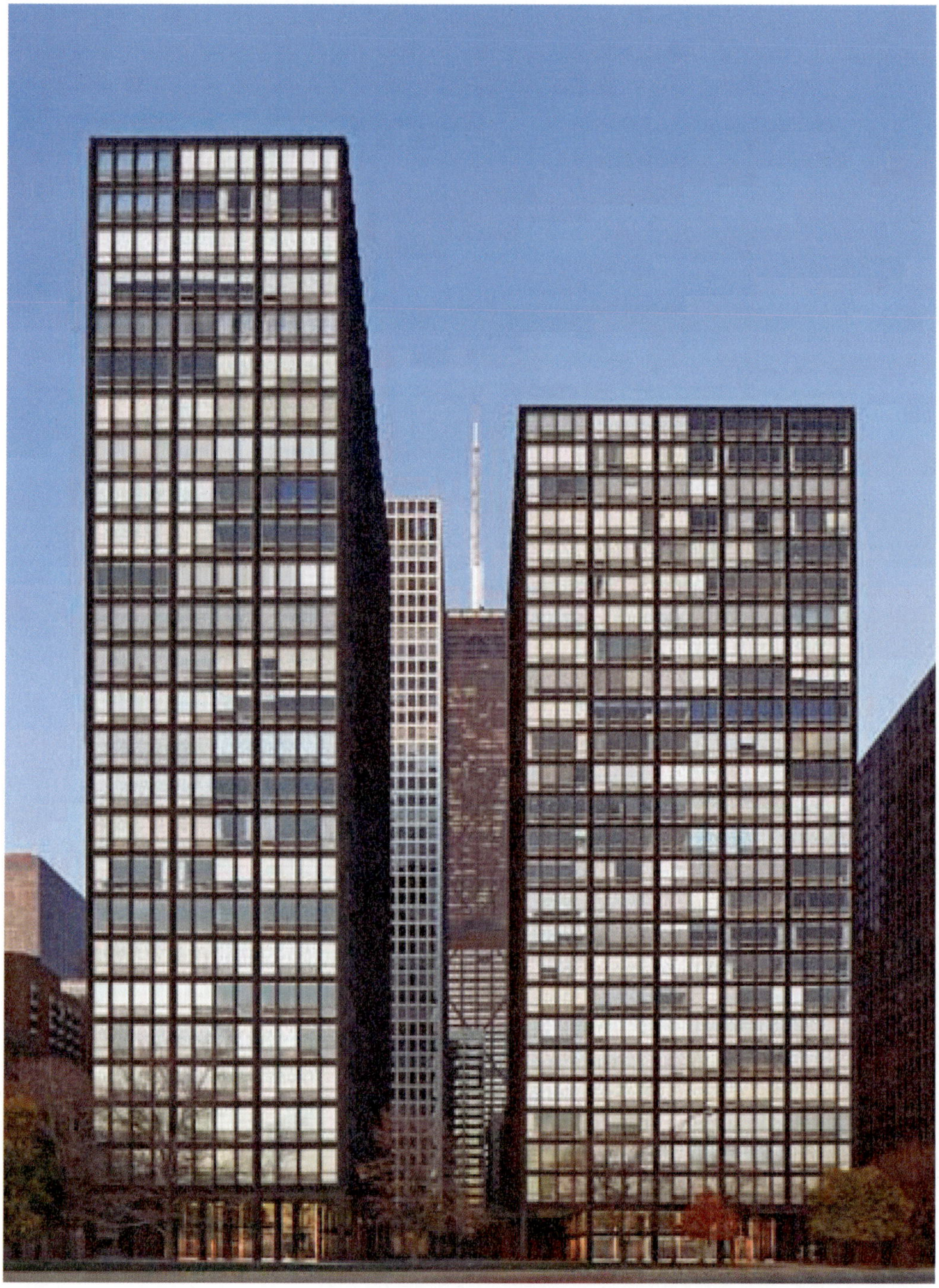

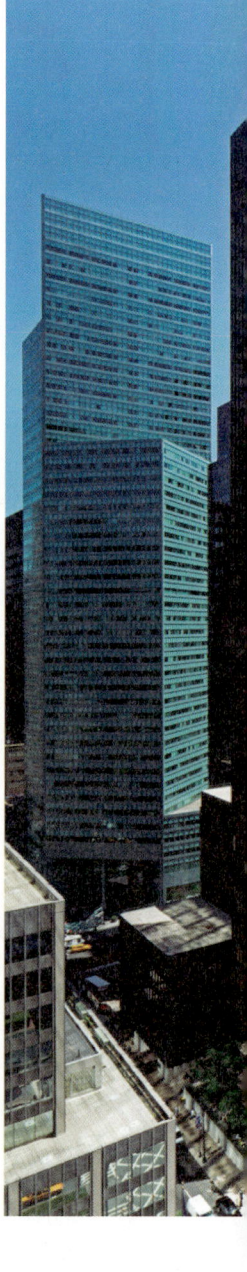

▲ 그림 1-63
Lake Shore Drive Apartment, Chicago, SOM, 1948

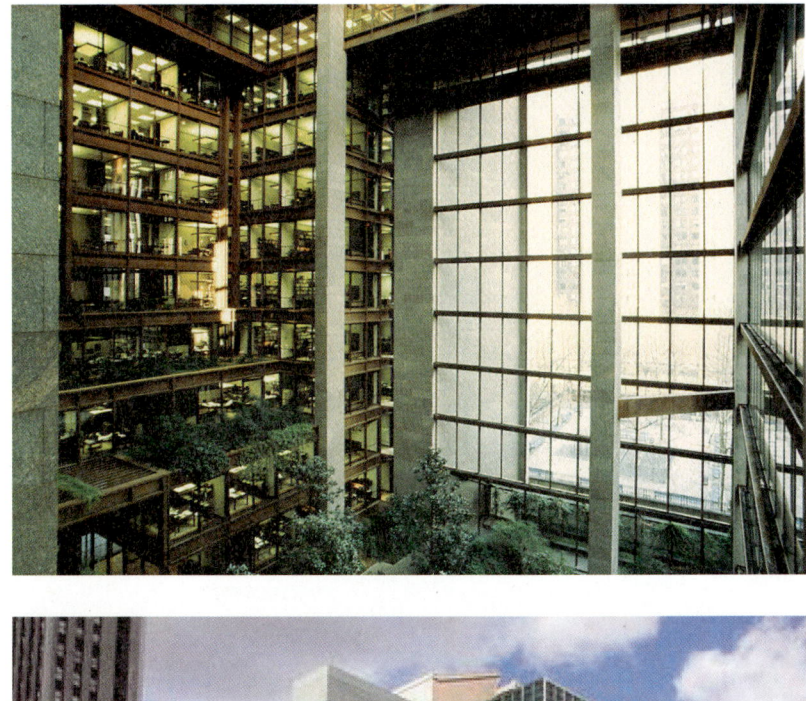

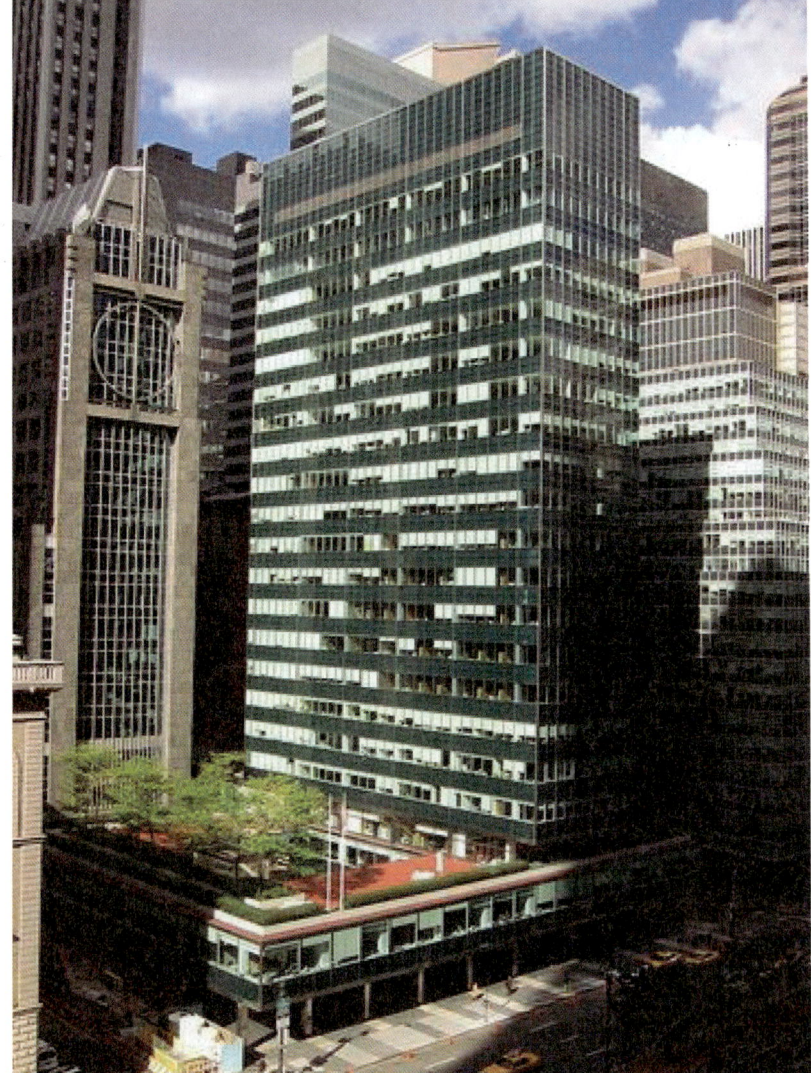

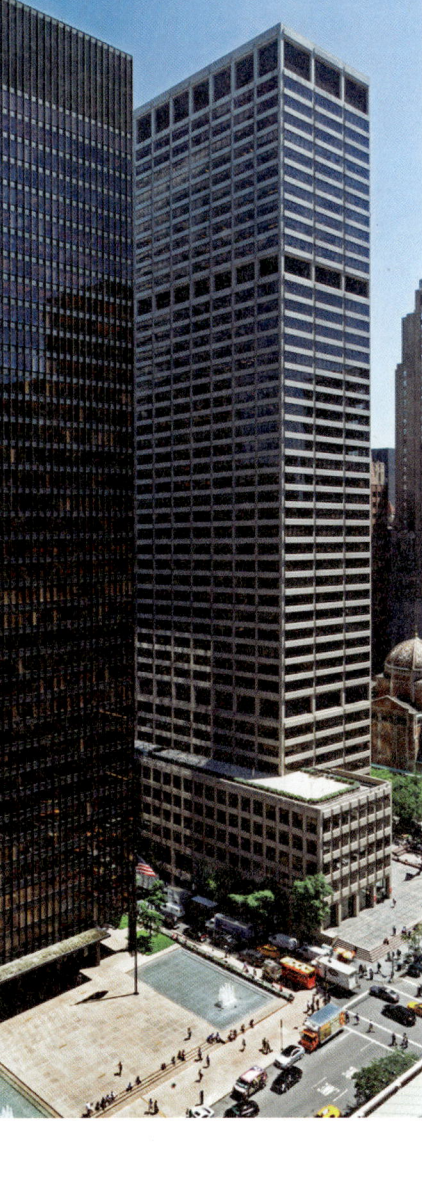

▲ 그림 1-64
Seagram 빌딩, NY, Mies van der Rohe, 1948

▶ 그림 1-65
포드 재단본부, NY,
K. Roche, J. Dineloo & Asso. 1963~68

▶ 그림 1-66
Lever Brothers 회사, NY, SOM, 1951~52

1. 유리건축물의 발전사

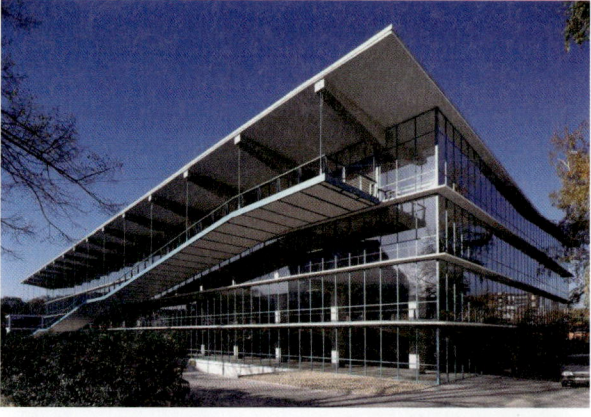

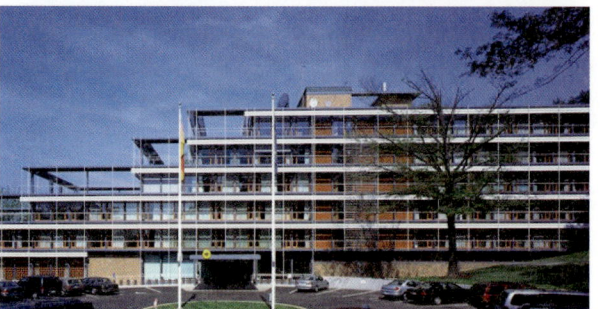

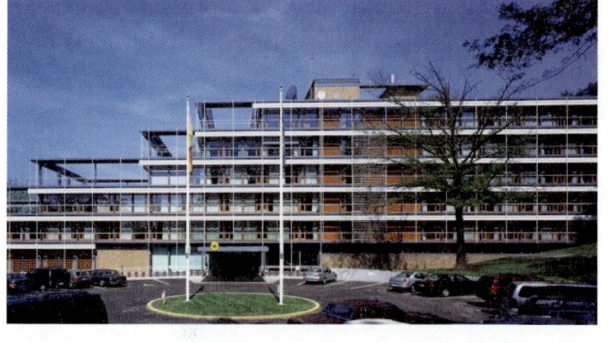

3) 전후시대의 독일

하니엘Haniel 주차장의 투명한 유리건축물은 전후에 독일 최초의 주차장건물이다. 차양의 문제점은 이미 건축적인 요소로서 형성된 차양으로서 르 코르뷔지에Le Corbusier가 브리즈 솔레이Brise Soleil로서 컨셉화하고 사용했던 사잇공간의 방법으로 해결되었다.

일관성 있는 건축적인 표현은 이러한 사잇공간을 브뤼셀 세계무역박람회의 독일관에서 경험하였다. 여기서 건축가 아이어만E. Eiermann과 루프S. Ruf는 결과적으로 모든 측면을 에워싸고 있는 1.2m 깊이의 사잇공간이 있는 파빌론의 유리외피를 내부로 후퇴시켰다.

◀ 그림 1-67
Haniel 주차장, Düssedorf, Paul Schneider-Eslben, 1949

◀ 그림 1-68
독일 대사관, Washington, E.Eiermann, 1960

◀ 그림 1-69
무역박람회 독일관, Brüssel, E. Eiermann & S. Ruf, 1958

▼ 그림 1-70
지방의회, Stuttgart, Linde, Kisslig, Schmidberger&Winkler, 1960

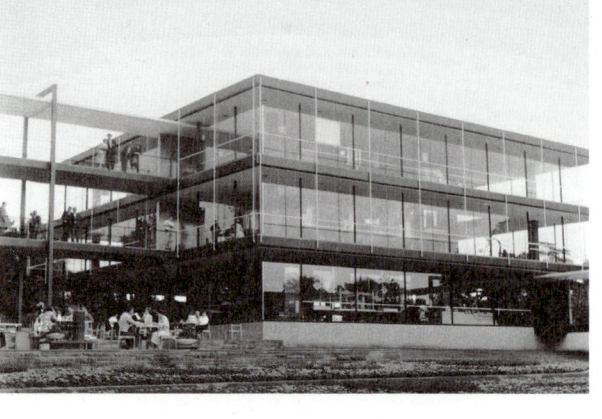

1.2.3
20세기 후반기 프로젝트

1) 현수 유리파사드(인장력)

이미 알아 본 19세기에 철골구조 및 주철 또는 철근콘크리트 건축에서 계속된 발전으로 건축물의 외피가 더 이상 구조적으로 하중을 부담하지 않아야 한다는 점을 깨달았다. 건축물 외피는 이것으로 내부와 외부사이를 공간적으로 분리기능을 한다. 소위 커튼 월 발견 역시 파사드의 구조물의 독립을 알게 되었고 그와 반대로 구조물의 독립된 형태로 계획하게 되었다.

1957년에 글라스바우 한Glasbau Hahn 회사에 의해 오늘날 13.0m 높이의 단독 유리(2×12.0mm)로 수행할 수 있도록 유리로 파사드에 현수된 구조시스템이 개발되었다.

이러한 구조적인 컨셉의 계속된 변환은 포스터N. Foster에 의해 계획된 윌리스 훼버 듀마스Willis Faber & Dumas 보험회사의 관리동에서 입증되었다. 1973~75년에 영국 입스위치Ipswich에서 세워진 사무소 건축물은 그 당시까지 잘 알려지지 않은 것 중에 하나로 이러한 가능성에 대한 혁신적인 변환을 나타내었다. 건축물 외피는 160개의 파사드 부재로 완성되었다. 이러한 단일부재는 6장의 2×2.5m의 크기, 12.0mm의 두께의 플로우트 유리가 조립되었다. 이러한 상·하로 계획된 유리는 앞뒤로 두 장의 강철판을 볼팅으로 소위 "패치 맞춤patch fitting"의 방법으로 고정되었다. 전체파사드는 유리의 최상부에서 유리고정 철판(두 개 압축철판+패킹판, 5개의 볼트로 고정)을 통하여 상부의 콘크리트 바닥에 파사드 부재를 39.0mm 볼트로 연결된다. 풍압 및 풍흡과 같은 수평하중에 대하여 파사드는 콘크리트 바닥에 걸려있는 글래스 핀glass fins으로 보강된다. 이러한 글래스 핀은 수평력을 받을 수 있고 온도에 의한 수평방향의 변이가 허용되도록 철판으로 된 클램프 위에 강제력 없이 연결된다. 건축물의 외피는 전체 930장(약 4500m^2)과 50.0t의 무게를 갖는다.

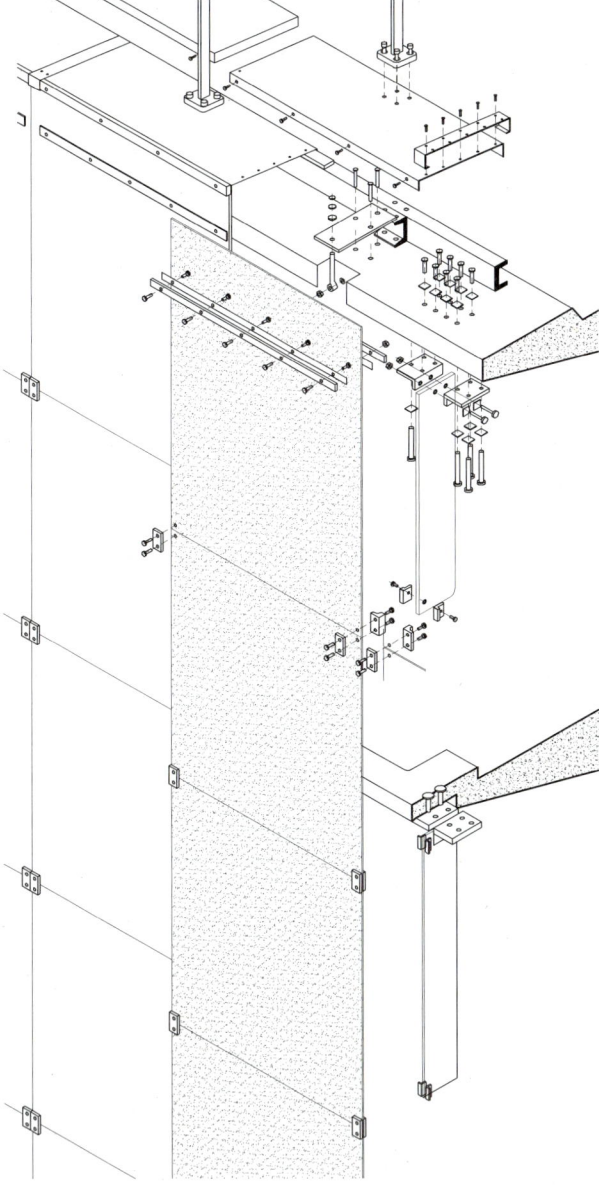

▲ 그림 1-71
파사드 구조시스템

▶ 그림 1-72
Willis Faber & Dumas HQ, Ipswich

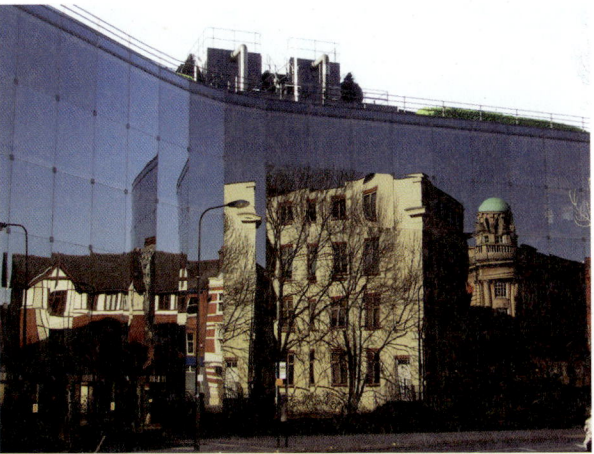

2) 입식 유리파사드(압축력)

이미 1951년에 글라스바우 한Glasbau Hahn 회사는 전체가 유리로 된 파빌론에서 실험하였다. 이러한 건축물에서 전체적인 유리연결은 접착시키는 방법을 택하였다. 외피에 해당하는 유리(3.5×2.7/2.8m) 위에 유리로 조합된 4.0m 스팬인 I-형강이 얹혀 진다. 벽체판의 상부 모서리는 발생하는 힘을 유리판으로 전달시키기 위해 양측에 유리판으로 강화된다.

현수된 파사드와 유사한 커튼 월은 입식 파사드에 있어서 외피재료는 자체적으로 지지되고, 특히 인장력 대신에 수평방향으로 압축력이 발생한다. 그것을 통하여 추가적인 수평으로 발생하는 하중 또는 최대허용 유리크기의 초과에 있어서 유리판의 좌굴파괴 위험이 있다. 입식 유리파사드에서 최대의 유리 사이즈로서 4.5m의 유리높이, 2.5m의 유리폭으로 보여 진다. 6.0m 높이의 유리로 부터 현수하여 얹혀 놓거나 또는 수평력에 대해 제2의 구조재로 보강하여야 한다. 세인버리 예술센타Sainsbury Centre of Visual Art에서 유리의 좌굴에 대해서 풍하중을 부담시키기 위해 UV-자외선 처리 된 실리콘으로 글래스 핀을 직접 파사드 상부 부재에 부착하였다. 거기서 부재는 7.5×2.4m의 크기, 15.0mm의 두께인 합성유리였다. 지지부분의 디테일은 유리의 강제력이 발생하지 않도록 길이방향의 열팽창이 가능하도록 처리되었다. 그밖에 건물변형은 글래스 핀 또는 유리파사드에 추가적으로 하중을 받지 않도록 계획되었다.

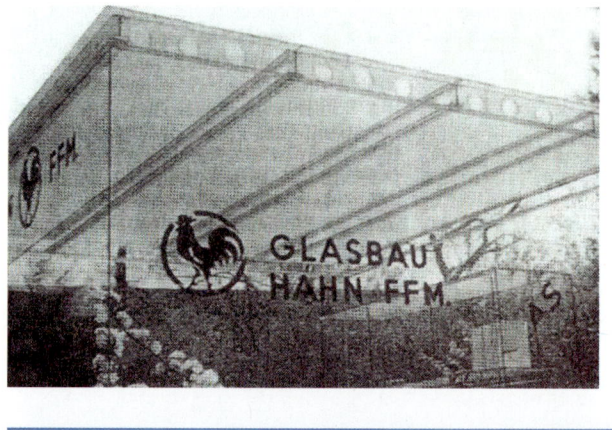

◀ 그림 1-73
글라스바우 한 전시장

▼ 그림 1-74
세인버리 예술센타, Norwich

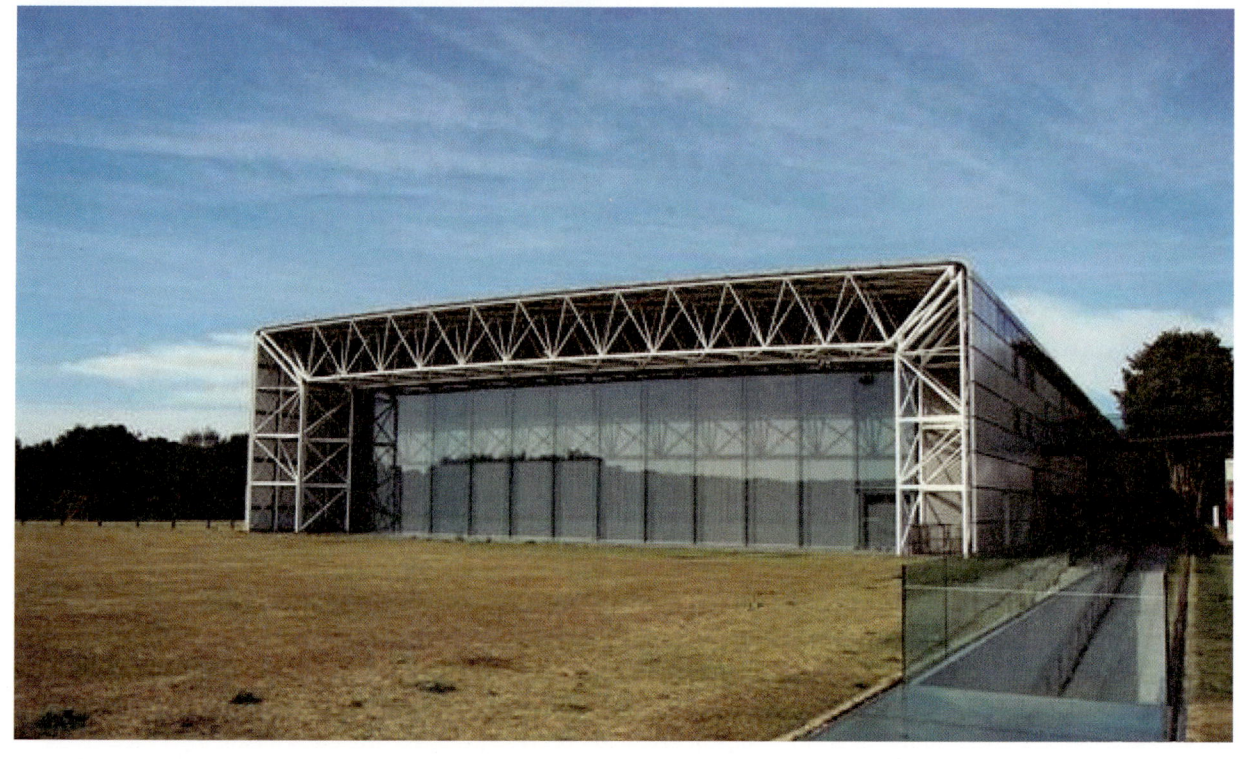

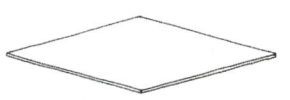

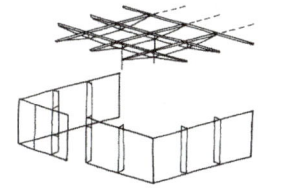

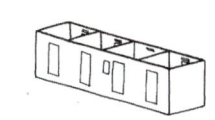

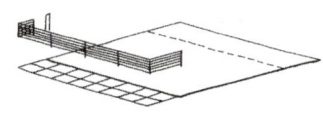

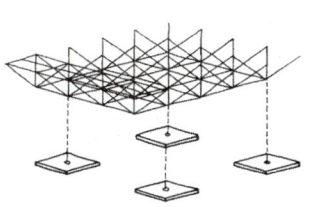

▲ 그림 1-75
Benthem 하우스 구조해체도

▼ 그림 1-76
Benthem 하우스, Almere

3) 수직하중을 받는 유리(압축력)

1982년 건축대지와 상관없는 임시적인 주거건축을 위한 설계경기에 건축가 벤템과 크로윌Benthem & Crouwel이 참가하였다. 그의 수상작의 설계는 모듈이 2.0×2.0m로 된 공간 프로그램의 최소화를 근거로 하고 있다. 주거공간은 6.0×8.0m, 부엌, 목욕실 및 두 개의 침실은 각각 2.0×2.0m의 크기이다.

요구되었던 것처럼 대지에 최소한 부담을 주기 위해서 8.0×8.0m 크기의 유리 및 철의 입방체는 2.0×2.0m 크기에 16.0cm 두께의 표준화 바닥시스템인 PC 철근콘크리트판 위에 얹혀 진 공간트러스 위에 계획되었다. 공간 트러스의 상현재는 바닥 마감재인 샌드위치 판넬로 마감되었다. 이러한 부재는 30.0mm 두께의 견고한 폴리우레탄-포말 위에 5.0mm 목재합판으로 구성된다. 각 부재의 휘어짐을 제어하기 위해 이것은 37.0×67.0mm의 목재를 40.0cm 간격으로 상부에 추가적으로 목재합판으로 배려했다. 발코니 부분에서 목재판 대신에 공장생산된 격자깔판을 이용하였다.

침실, 부엌과 목욕실은 30.0mm 폴리우레탄-포말로 5.0mm 합판으로 이중으로 에워싸인다. 본래의 거실은 세 면을 수평으로 받는 하중에 대해 수직 유리가 만나는 지점에서 15.0mm 단층유리로 끼워 넣어 보강된 12.0mm 안전유리로 감싸인다. 글래스 핀은 바닥과 상부에서 알루미늄 부재로 고정되었다. 나이론-윤통輪筒 위에 볼팅된 고정은 M10 볼트로 해결하였다. 계산의 기본하중은 지붕 위에 50kg/㎡의 적설하중 및 75kg/㎡의 풍하중이었다. 조립을 위해서 파사드 부재와 글래스 핀 사이는 무엇보다도 실리콘 연결에 완전한 구조적인 기능을 하기까지 첫 4일 동안 필요한 알루미늄 각재가 설치되었다.

0.75mm의 사다리꼴 웨이브 철판, 50.0mm의 시칠로폰Styropord 단열 및 1.0mm의 EPDM-필름으로 된 지붕표피는 경량이기 때문에 그것을 대해 하부구조인 공간트러스로 당겨져야 하는 언더텐션된 구조물 상부에 깔린다. 본래의 계획에 반하여 건축물은 아직도 유지되어 벤템과 그의 가족이 아직도 거주하고 있다. 후에 증축을 고려하고 있다.

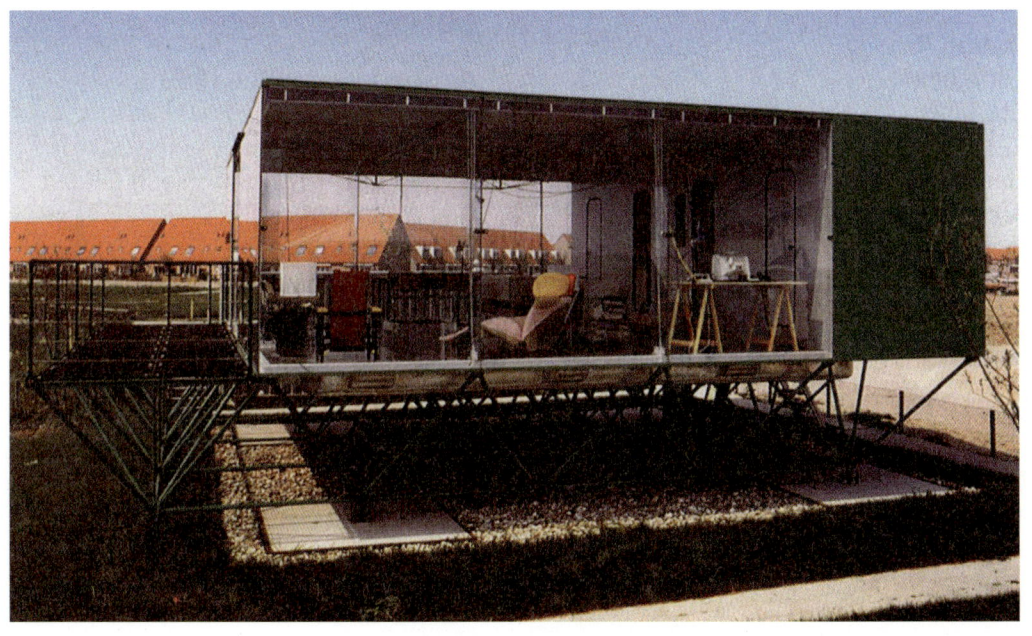

1. 유리건축물의 발전사

4) 수직과 수평 하중을 받는 유리(압축력+휨력)

브로드필드 하우스는 1993년 가을의 공모전으로 런던, 디자인 안테나Design An-tenna 사무소와 계약을 체결하였다. 킹스윈포드Kingswinford의 브로드필드 하우스Broadfield House에 있는 유리박물관의 증축으로서 새로운 출입구 상황을 개선시키는 파빌론을 설계하는 계약이었다. 19세기 초에 건축된 브로드필드 하우스는 문화재보호건축물인데, 그러한 연유로 유리선택을 확실히 하기 위해 건축가 리차드와 데벨B.G. Richard & R. Dabell은 방문자에게 역사적인 건축물에 대해 시야가 방해되지 않도록 투명하고 기술적인 시대에 걸 맞는 해결을 결정하였다.

▼ 그림 1-77
Broadfield 하우스, Kingswinford

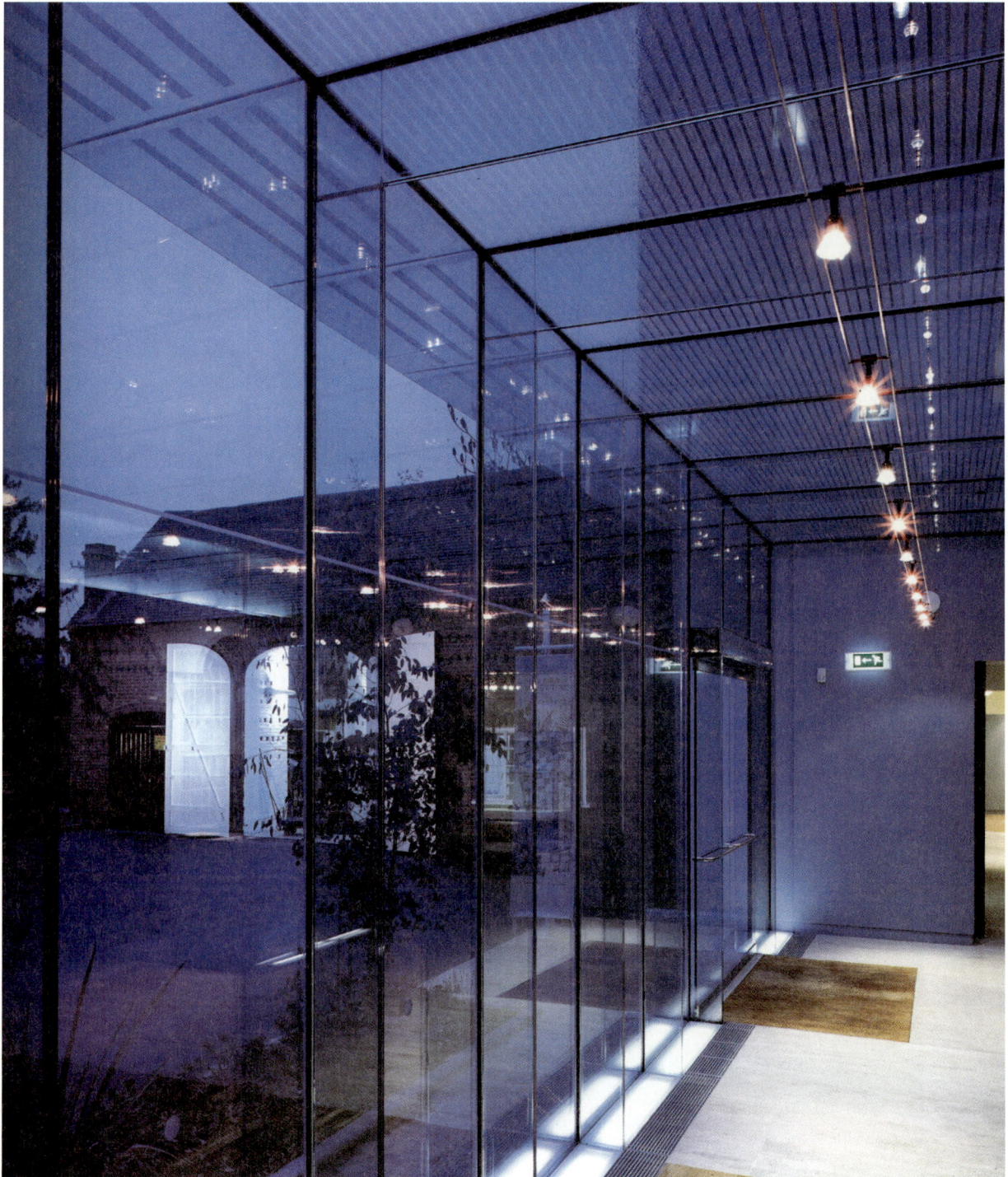

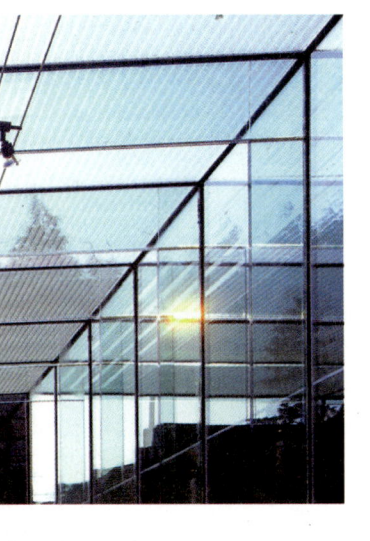

▲ 그림 1-78
하우스의 내부전경

▼ 그림 1-79
글래스 핀과 거더의 디테일(좌)
글래스 핀과 바닥의 디테일(우)

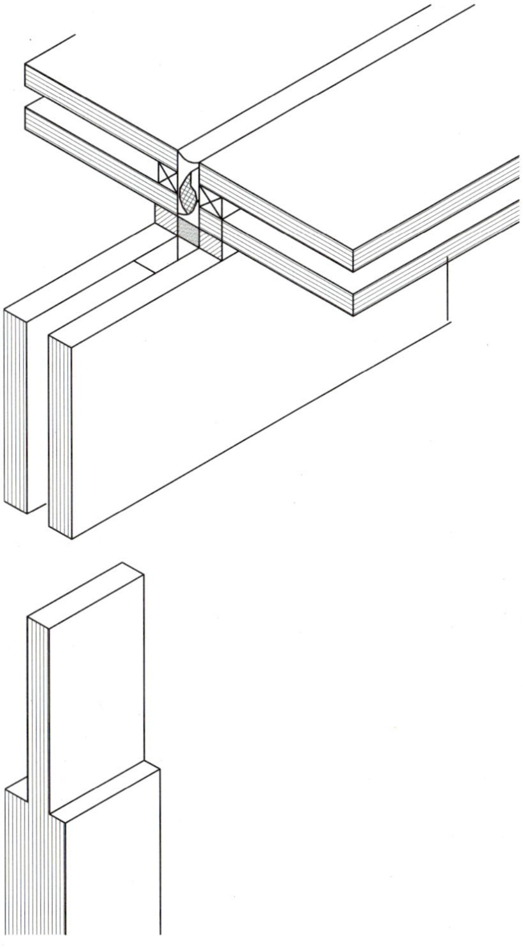

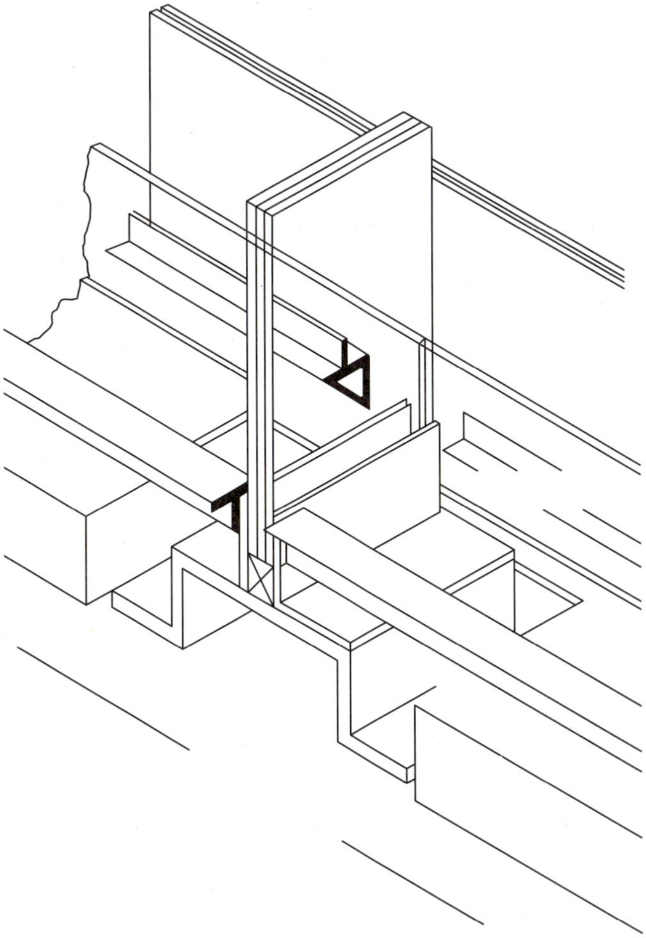

5.7×11.0m의 평면에 3.5m 높이의 증축이었다. 그것은 기존의 석조 후벽에 경사지게 얹혀졌다. 유리구조물은 1.10m 간격의 라멘으로 구성된다. 라멘은 3.0m 높이, 5.7m 길이의 20.0cm 폭, 3.50m 높이의 기둥과 연결된 합성유리로 구성된다. 기둥으로서 구조는 세 장의 10.0mm 단층유리로 계획되었다. 유리판은 그 부분이 거동이 상당히 크기 때문에 PVB-필름으로 주조수지에 연결된다. 이것은 32.0mm의 기둥과 거더의 전체 두께를 갖게 된다. 현존의 건물 전체의 후벽에 철판 걸이에 거더가 얹혀 진다. 기둥과 거더의 연결은 역시 주조수지로 실행되었다. 파빌론의 외피는 건물의 정면에 8.0mm 프리스트레스된 차광유리Coole-Lite K169 neutral, 10.0mm의 사잇공간 및 10.0mm 단층유리로 조합된 3.7×1.10m 크기의 단열유리로 구성된다. 이러한 조합으로 태양광의 59%와 이 양면의 출입구는 태양광의 61%가 투과된다. 2.20m의 유리낙하 안전판은 박스형태로 조립된다. 지붕부재는 특히 하부에 합성유리로 비슷한 단열유리로 구성된다. 가장 하부의 합성유리는 세장한 틀에 죄어진다. 이 외피층은 입사 태양광의 37%로 감소시킨다. 전체 단열유리의 K-수치는 1.7W/m²K이고, 유리판넬은 거더 위에서 실리콘으로 고정된다. 지붕경사도는 1.5º이고, 적설하중으로서 유리면의 청소관리 목적에 적합하도록 75kg/m²로 고려되었다.

5) 수평으로 하중을 받는 유리(휨력)

린덴 폭스방크Linden Volksbank의 중점에 유리지붕을 설치함으로서 창구 홀 지역에 공간분리와 은행에 끌어 드린 최대한 투명성은 고객에게 편안함을 선사한다.

유리외피는 본래의 주요구조로서 의미를 전환시켰다. 서까래 지붕으로 알려진 주요구조는 모멘트선과 유사한 형태로 네 개의 부재로 구성된다. 점지지 형태의 단열유리는 외부에서 2×10.0mm 부분 프리스레스된 유리, 내부에서 15.0mm 합성유리(PVB-필름으로 각 유리를 접착)로 구성된다.

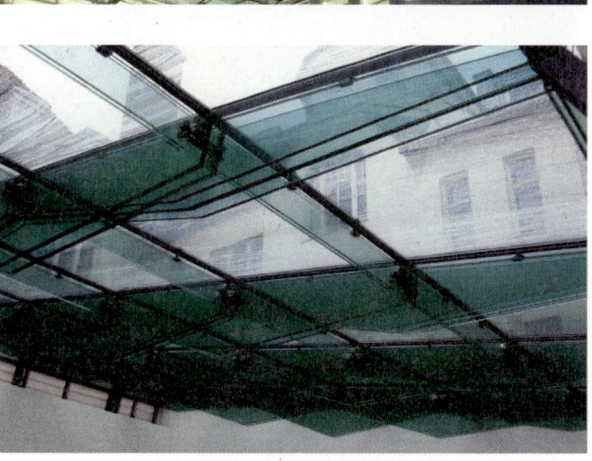

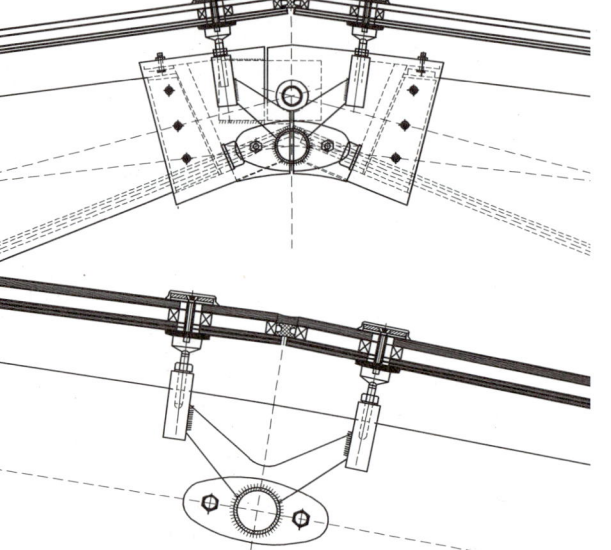

뒤셀도르프에서 개최된 96' 글라스텍Glastec 전시를 위해 유리 샌드위치 판넬로서 램베르크T. Lemberg가 고안한 유리교량의 설계로 실험적인 프로젝트가 진행되었다. 이러한 작업은 슈트트가르트 대학 건축구조와 설계연구소와의 협업으로 이루어졌다. 프로젝트의 목적은 샌드위치 판넬 방법으로 건축재료의 성능을 높이는 것 이었다.

1.0m 길이, 20.0cm 구조높이의 교량으로 현실화 되었다. 이러한 수량은 교량의 장축에 걸리는 전단력에 대해 계획되었다. 교량중간에서 지지점보다 유리가 적은 교량으로 계획되었다. 플랜지를 위해 43.0×10.0cm의 크기, 10.0mm의 두께의 합성유리로, 교량을 위해 1.0×0.2m 크기, 8.0mm 두께의 플로우트 유리가 이용되었다. 개개 구성요소의 연결을 위하여 UV-저항 접착제가 사용되었다. 여기에 있어서 유리판의 평면계획이 100% 확실하지 않고, 교량의 그의 치수에 있어 오차를 가지고 있기 때문에 접합형상에 불규칙하게 적용되었다.

이러한 기술적인 문제에도 불구하고 교량은 실험적인 모델에서 동시에 6사람의 하중을 견디었다. 마지막 전시기간에 우선 그러한 형상이 450kg의 모래 주머니로 전체하중을 재하실험하는 동안에 붕괴되었다.

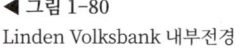

◀ 그림 1-80
Linden Volksbank 내부전경

◀ 그림 1-81
유리거더의 디테일

◀ 그림 1-82
접합부 디테일

1. 유리건축물의 발전사

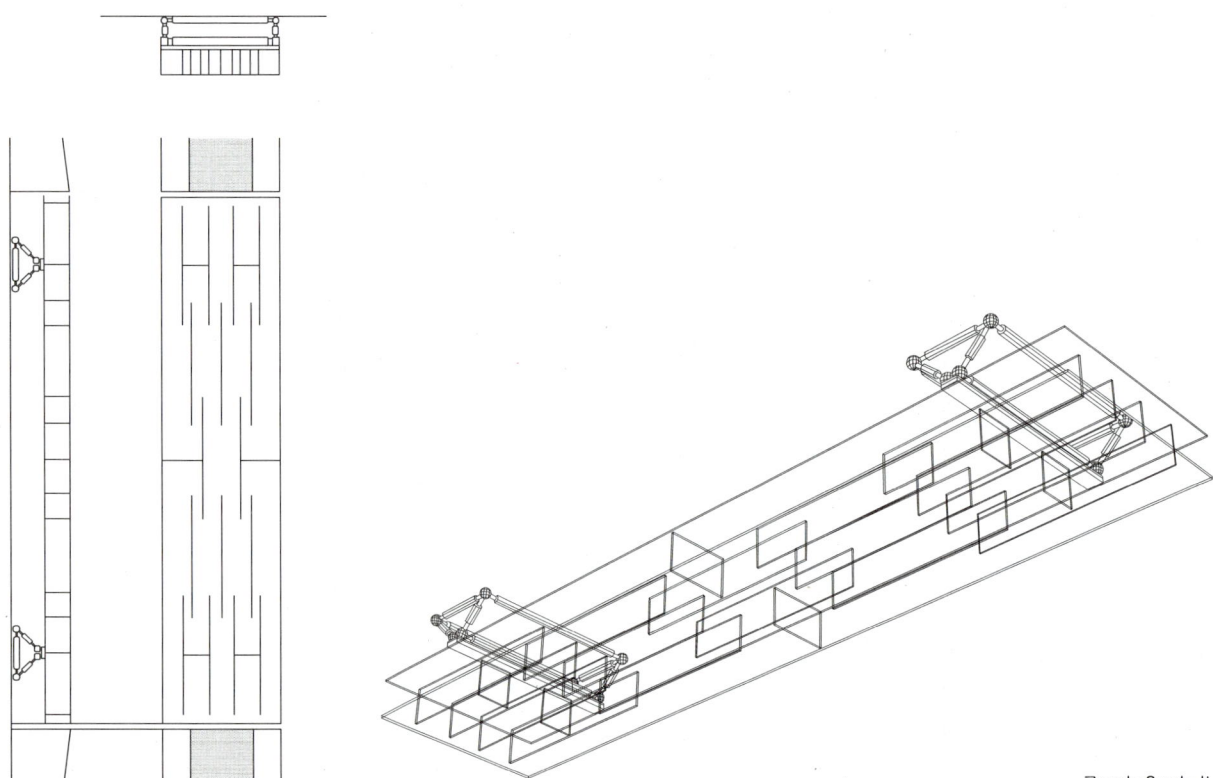

▲ 그림 1-83
유리고정의 분해

▲ 그림 1-84
고정의 구조 아이소메트릭

▲ 그림 1-85
고정의 평면과 입면도

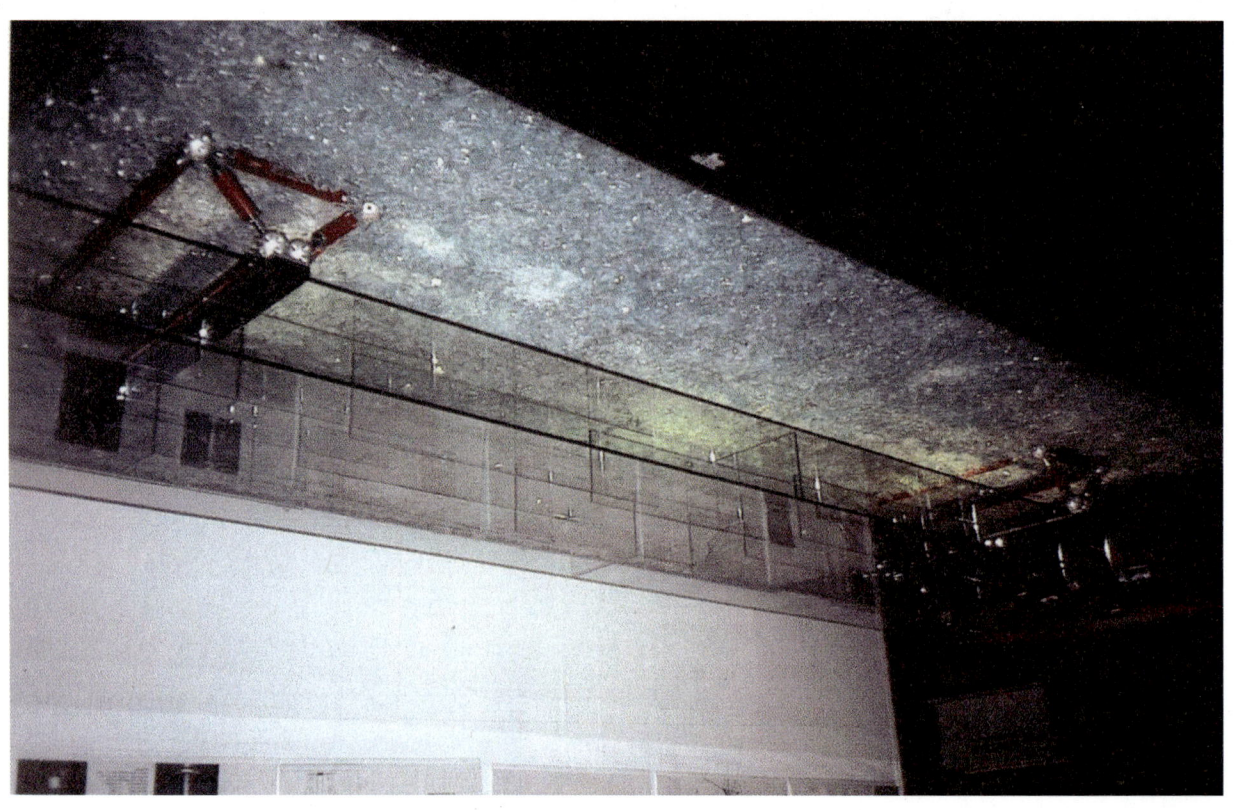

2

유리의 특성

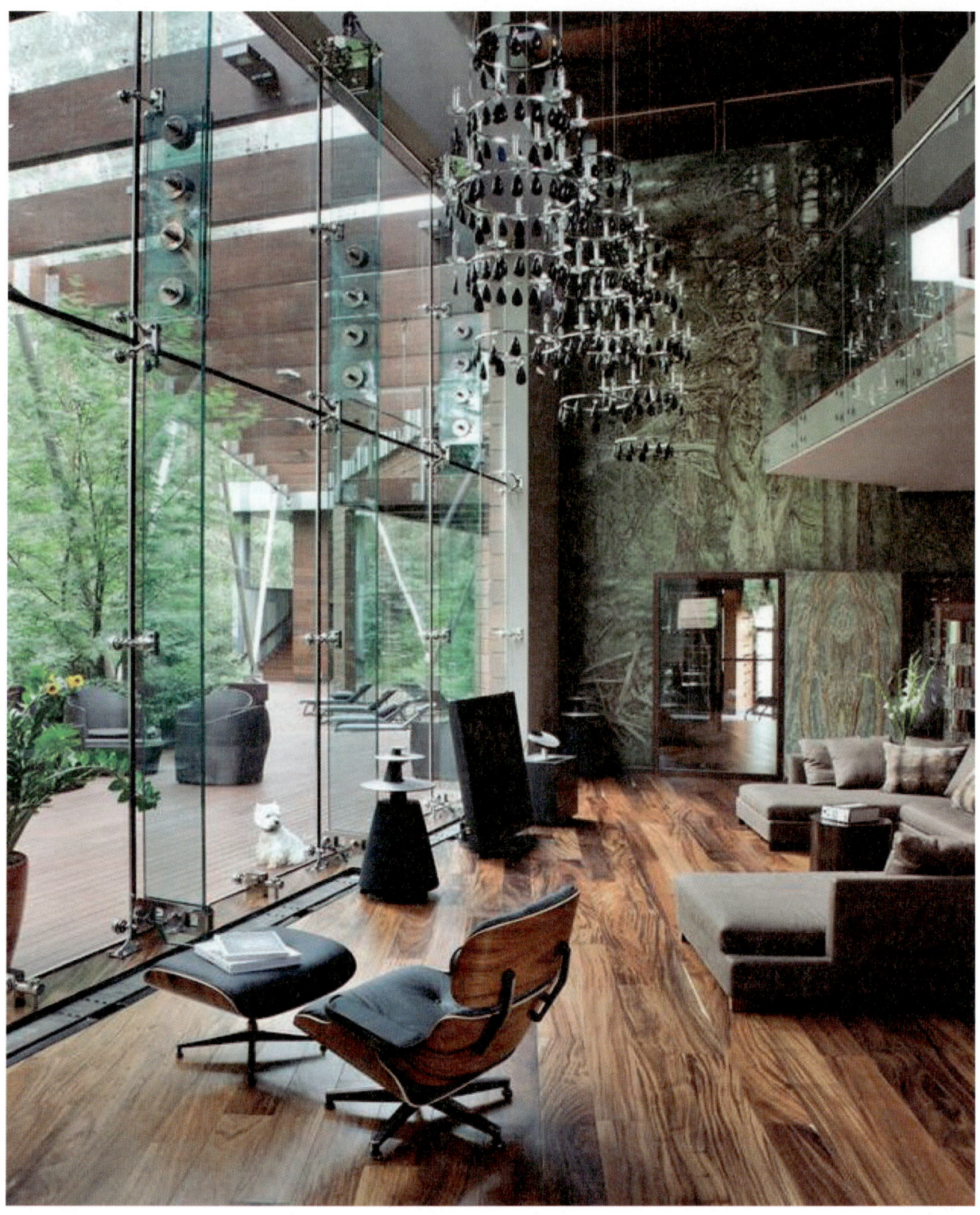

▲ 주택 거실

우리의 특성

2

2.1
유리특성

유리는 합성물인 관계로 가능한 응력초과에 있어서 예고 없이 부서지는 선형 탄성적인 건축재료이다. 소성적인 변형은 일어나지 않는다. 강도는 근본적으로 유리표면의 상태에 좌우된다. 불연속성, 미세한 균열, 흠집과 응력집중은 강도 분산의 원인이 된다.

그러한 결과로 약 10000N/mm²의 이론적인 인장강도(미크로 강도-분자구조의 강도)의 플로우트 유리에 있어서, 30-80N/mm²의 실제적인 인장강도(마크로 강도-표면상태와 표면크기로 좌우되는 강도)로서 상반적이다. 강도에 영향을 주는 요소는 미세 균열과 흠집부분은 재하하중 기간에 커지기 때문에 하중기간이다. 장기강도는 단기강도의 50%가 적절하다.

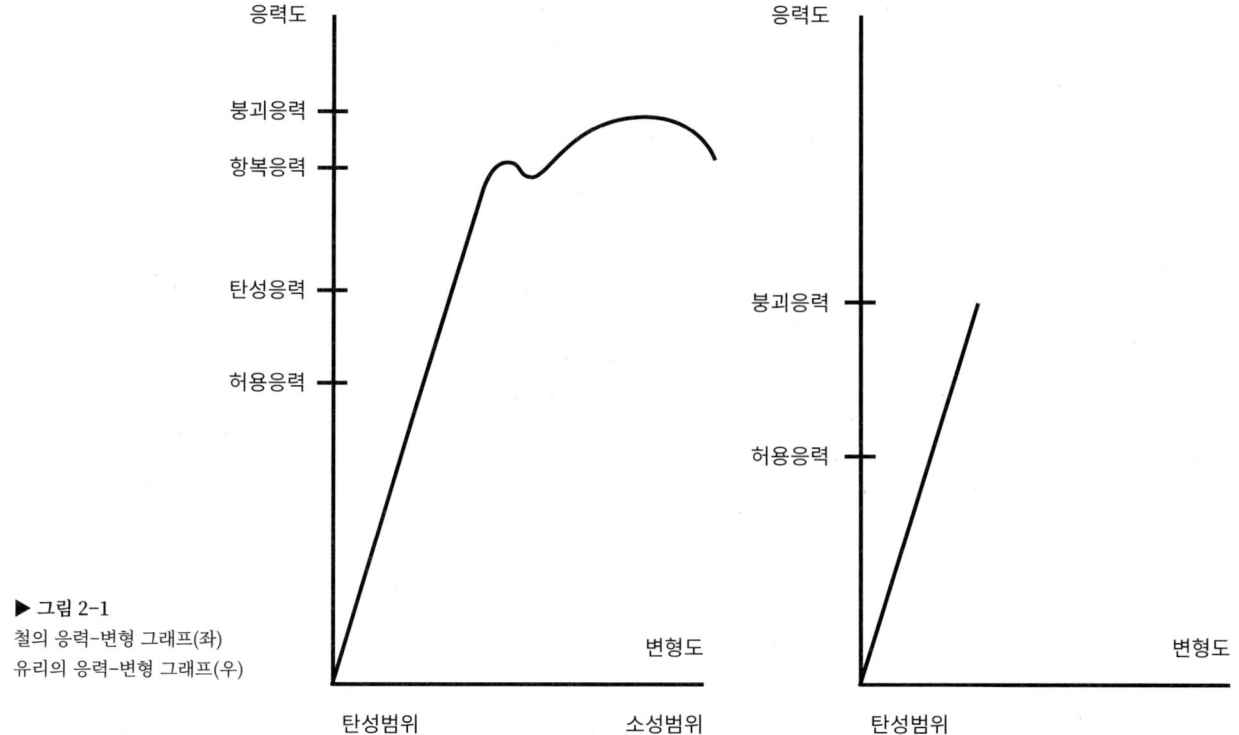

▶ 그림 2-1
철의 응력-변형 그래프(좌)
유리의 응력-변형 그래프(우)

2.2
역학적인 특성

실험체가 붕괴에 이르는 압축과 인장강도는 단위면적에 부하되는 힘이다. 일반적으로 σ=P/A이다. 휨인장강도 또는 휨강도는 실험체가 파괴되었을 때를 말한다. 그것은 휨모멘트와 실험체의 저항모멘트 W=M/σ이고, 유리에 있어서 표면상태와 하중시간에 좌우된다.

붕괴신축에 의거해서 재료의 점착성은 확정된다. 취성건축재료로서 유리는 철과 목재와는 반대로 하중상태에서 적은 신축이 일어나고, 소성변형 대신 붕괴응력에 도달해서 예고 없는 붕괴가 일어난다. 탄성모듈은 재료능력이고, 하중이후에 다시 본래의 형태로 회귀한다. 수치가 높을수록 재료의 신축력이 더 필요하다. 온도팽창계수는 온도변화에 따른 건축재의 온도신축을 표기한다. 건축재료 유리의 경우에 다양한 유리종류에 따라 다음과 같은 수치가 유효하다.

휨인장강도/허용응력

철망유리	0.8kN/cm²	탄성모듈	7000-7500kN/cm²
플로우트 유리	1.2-1.8kN/cm²	파괴신축	0.06%
강화유리	2.9-3.0kN/cm²	온도팽창계수	09×10⁻⁵ / K
단층유리	5.0kN/cm²	밀도	2.5g/cm³

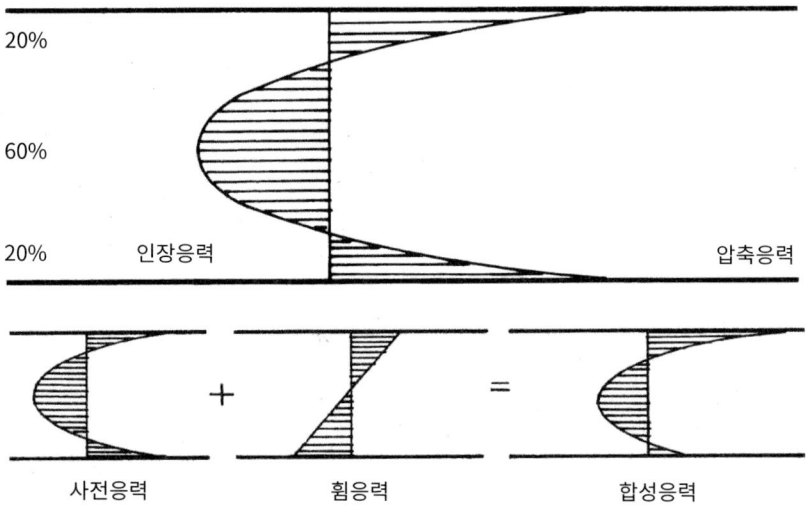

▶ 그림 2-2
사전응력에 따른 자기응력상태(상)
하중상태에서의 사전응력(하)

2. 유리의 특성

2.3
구조용 유리의 종류

1) 플로우트 유리Floatglass

플로우트 유리는 그것의 취성과 표면상태 때문에 비교적 적은 휨인장강도를 가지고 있고 붕괴시 큰 조각, 예리한 모서리로 부서진다. 일반적으로 폭이 3.21m로 생산되고 길이는 50.0cm 간격으로 고정될 수 있다. 두께는 2.0/3.0/4.0/5.0/8.0/10.0/12.0/19.0mm이다. 연화軟化온도는 600°C이다.

2) 단층유리

600-700°C의 가열과 표면급냉으로 더 이상 계속 작업할 수 없는 단층유리가 생긴다. 단순하게 표현하면 재료 내에서 온도로 인장응력이 발생하고 그것을 통하여 재료의 표면에 결국은 미세균열, 흠집 등등으로 압축응력이 발생한다. 이것으로 휨압축응력의 증대가 가능하다. 가능한 휨응력의 과다초과에 있어서 단층유리는 작은조각으로 부서진다. 최대크기는 프리스트레스 오븐의 크기에 좌우된다.

3) 강화유리

단층유리처럼 유사하게 강화유리는 적은 휨인장응력과 큰 붕괴 유리조각에서 온도의 프레스트레스로 제작된다.

4) 합성유리

많은 유리의 부착으로 합성유리가 만들어 진다. 점착층으로서 압연과정과 내압증기 솥에서 0.38-2.28mm의 두께의 PVB-필름Polyvinylbuteral 또는 주물수지가 사용된다. 주물가스에서 철망삽입이 가능하다. 투과성은 필름두께에 따라 10% 정도 줄어들고, 온도신축과 역학적인 하중에서 거동은 사용되는 유리로 적절하다. 측정을 위해 필름 또는 합성유리의 전체단면이나 하중상태에서 필름은 액체상태로 흐르고 그것으로 하중에 대해 유연하기 때문에 단지 개개의 유리로 산정될 수 있다. 필름은 유일한 단기하중의 부담 그리고 낙하되는 붕괴조각을 안정시키는 역할을 한다.

2.4
사용조건

1) 구조원칙

유리구조에서 가장 중요한 원칙은 제어할 수 없는 최고응력이 발생하지 않도록 유리와 유리, 유리와 강재의 접촉방지이다. 유리는 강제력 없이 지지되어야 한다. 온도에 의한 신축이 추가적인 하중을 발생하지 않도록 해야 한다.

이음새는 최소한 4.0mm가 되어야 한다. 가능한 모서리는 깨끗하게 청소되거나 연마되어야 한다.

2) 지지

유리의 지지폭은 네 면이 선형지지인 경우는 10.0mm, 두 면 또는 세 면 지지인 경우에는 15.0mm가 되어야 한다. 압착판을 이용한다면, 판의 고유강성은 균등한 하중전달을 유지해야 한다. 압착판의 크기는 최소한 10.0cm²가 되어야 하고 지지폭은 최소한 25.0mm이다. 추가적인 안정은 볼트/나사를 통해 이루어진다. 유리와 압착판 사이는 사잇 지지부재가 삽입되어야 한다. 유리와 고무의 마찰계수는 일반적으로 고무와 강재보다 양호하다.

3) 천공

천공은 유리두께의 2배에 해당하는 모서리 간격으로 유리두께보다 커야한다. 모서리 천공에 있어서 간격은 최소한 유리두께의 2배에 +5.0mm가 되어야 한다.

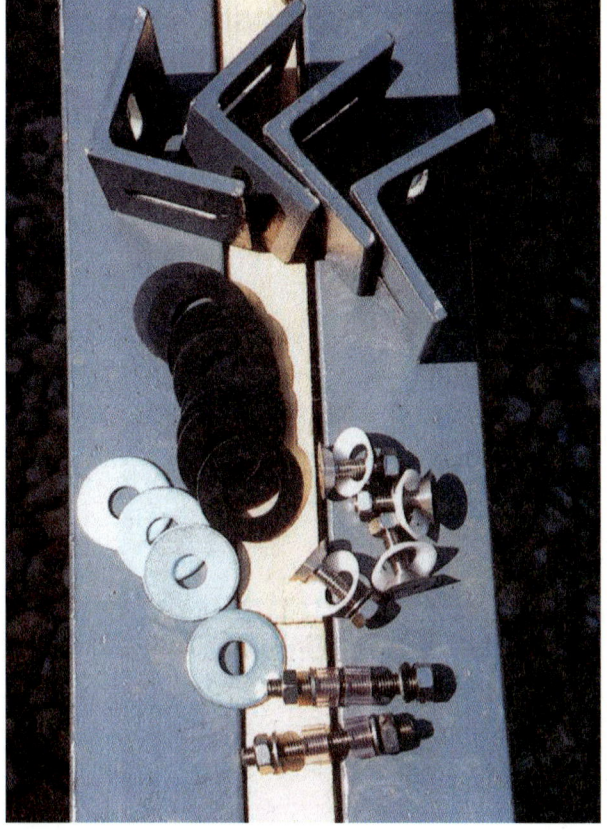

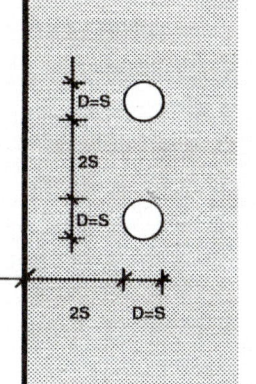

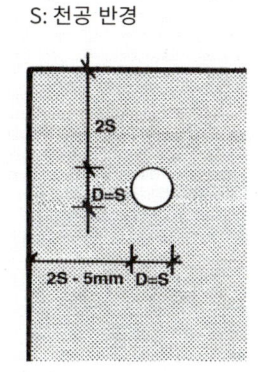

D: 유리두께
S: 천공 반경

◀ 그림 2-3
유리와 접착되는 철물들

▲ 그림 2-4
상하 & 모서리 천공의 최소간격

2.5 유리생산

1) 플로우트 유리/철망유리

플로우트 유리는 단순한 유리작업과 창문에 있어서 특별한 요구사항 없이 사용된다. 철망유리는 이와 대조적으로 철망층을 통해 유리붕괴조각의 이완에 대해 높은 안정성을 제공한다. 철망 삽입부분은 최대 0.8m의 지지폭이 확보되어야 한다. 철망유리의 모서리는 철망이 부식되기 때문에 기상에 노출되지 않아야 한다.

2) 단층유리

단층유리는 프리스트레스가 도입되지 않는 한 작업할 수가 없다. 사용영역은 안정에 관련된 특별한 요구사항에서 사례로서 공간높이의 단열유리, 문, 계단 난간과 같은 유리붕괴의 경우에 추가적인 안정성을 배려해야 하는 안전유리이다. 통례적으로 최소두께는 6.0mm이다. 단층유리 부재는 설치하기 전에 고열 지지실험을 통하여 내부응력이 실험되어야 한다. 유리두께의 15% 이상의 모서리 손상은 방지해야 한다.

3) 강화유리

강화유리는 합성 안정성에서 붕괴형상을 근거로 사용영역에 있어서 현재 규정되지 않았다

4) 합성유리

합성유리는 PVB-필름(최소두께 0.76mm) 또는 젤^{gel}로 서로 부착되는 단층유리, 강화유리와 플로우트 유리등을 이용하여 다층으로 구성된다. 사용영역은 유리조각에 대해 손상보호가 유지될 수 있는 안정유리이다. 이것은 낙하안정, 지붕유리 및 특별한 안정유리(붕괴/방탄)에서 요구된다.
PVB-필름(균열강도는 최소 $220N/mm^2$)으로 유리연결은 유리조각의 이완을 방지한다. 필름이 하중상태에서 액체상태로 흐르고 그것으로 단기간에 작용하기 때문에 구조적인 목적(전단연결/합성유리의 프레스)으로 사용할 수 없다. 지지간격은 최대 8.0mm 유리를 위해 최대 0.8m와 10.0mm 유리를 위해 최대 1.5m로 명시되고 구조적으로 검토되어야 한다. 최대허용처짐은 여기에서 1/100이다.

5) 다층안정유리

다층안정유리는 자중, 풍하중과 적설하중으로 인한 하중 이외에 그 밖에 기상변화의 작용에 대해 1.0m의 지지간격까지 가능하다. 공기압 변형과 온도변화로 인한 기상변화는 추가적인 응력과 유리면에서 변형이 발생한다. 플래트한 외양을 위해 엷은 유리에서 높은 응력이 발생하는 관계로 외부유리는 두껍게 유지되어야 한다.

최대처짐은 네 면의 지지경우에 1/100 그리고 두 면과 세 면 지지의 경우에서는 1/200 및 최대 8.0mm를 초과해서는 안 된다. 두 유리의 접촉효과는 경감할 수 없다. 다층안정유리의 모서리 연결은 덮개 프로필 또는 유리 고정틀로 보호될 수 없고, UV-저항 모서리 연결이 계획되어야 한다.

▼ 그림 2-5
다층유리에서 특수형태 제작에 따른 추가비용

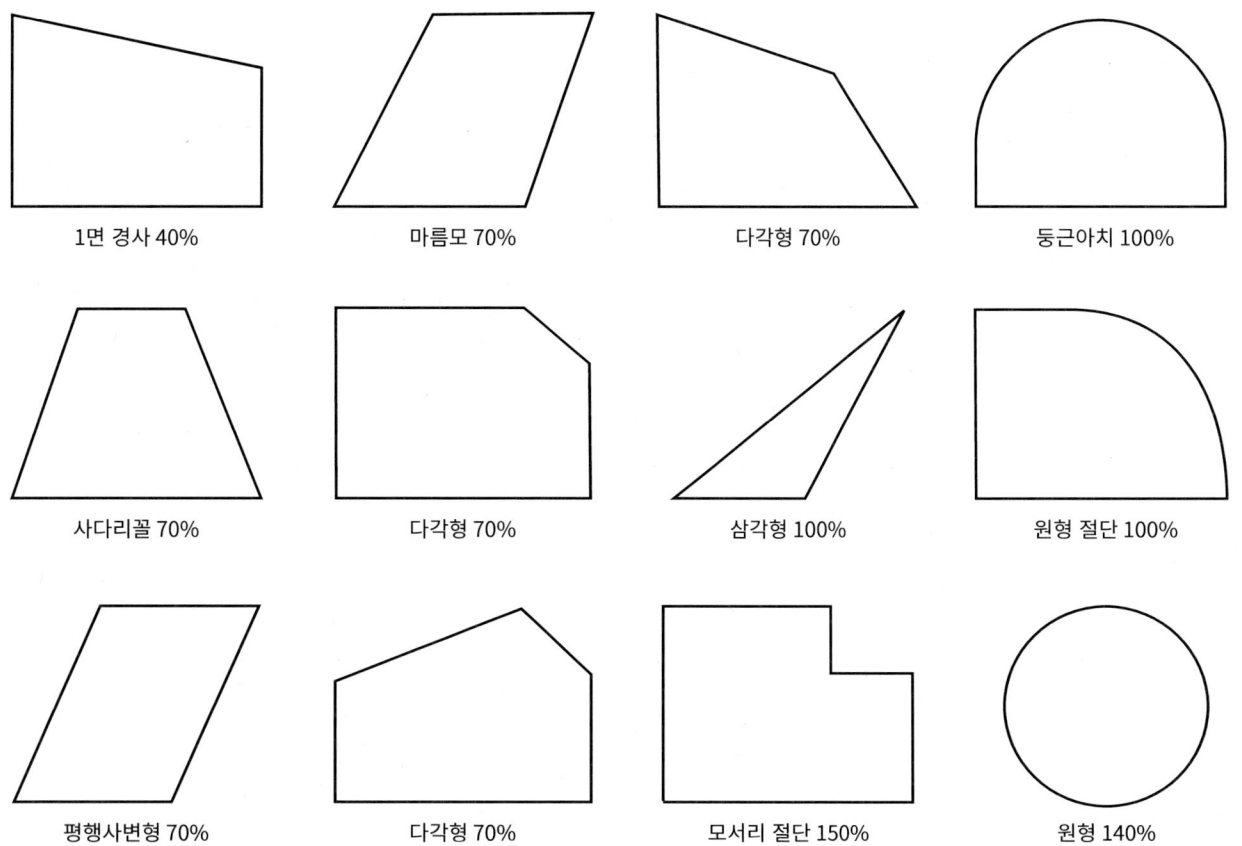

1면 경사 40% 마름모 70% 다각형 70% 둥근아치 100%

사다리꼴 70% 다각형 70% 삼각형 100% 원형 절단 100%

평행사변형 70% 다각형 70% 모서리 절단 150% 원형 140%

2.6
유리의 용도 분류

1) 파사드 유리

파사드 유리 및 유리 외벽외피는 최소한 6.0mm 단층유리로 생산된다. 유리와 유리 그리고 유리와 강재의 접촉은 피하여야 하고, 유리판넬의 사잇공간은 최소한 5.0mm이다. 고정은 압착틀, 압착판, 천공 또는 부착방법으로 이룰 수 있다. 부착된 고정은 추가적인 역학적인 고정으로 확실히 할 수 있다. 8.0m의 높이부터 파사드의 경우에 계획과 건축은 전문가의 감독이 필요하다.

2) 창문유리

창문유리의 경우에 있어서 공간을 감싸고 있는 유리 고정틀로 된 네 면에 걸쳐 둘러 있는 압연강재가 통속적이다. 유리압연 강재 높이는 유리 모서리 길이에서 3.5m까지는 18.0mm, 3.5m부터 20.0mm의 틀높이가 될 것이다. 0.5m의 소형부재를 위해 유리틀 높이는 14.0mm까지 줄일 수 있다. 유리 삽입길이는 유리틀 높이의 약 2/3 또는 최대한 20.0mm이고. 유리와 틀바닥 사이의 유격간격은 5.0mm이다.

유리사이의 막대는 지지막대와 간격유지용 막대의 방법으로 라멘과 유리사이의 간격을 장기적으로 유지되어야 한다. 간격유지용 막대는 측면적인 미끄러짐을 방지하기 위해서 다층안정 유리부재의 두 유리를 지지하여야 한다. 사각형이 아닌 유리의 경우에는 특수한 형태를 고려해야 한다.

3) Structural Glazing

하부구조에 유리부착은 환경조건상태에서 단지 노화방지와 UV-방지 실리콘으로 실행된다. 8.0m 높이부터 추가적으로 역학적인 고정이 필요하다. SG-유리를 위해 추가적으로 건축관청의 허가가 요구된다.

4) 지붕유리

수직에 대해 10° 이상 경사진 유리는 지붕유리로 취급된다. 접근금지 또는 출입가능이 허용되는 그러한 사항은 규정되어 있다. 그것은 합성유리(단층유리는 불가)로 구성되고 선형적으로 지지되는 지붕유리를 위한 기술적인 규정에 적절해야 한다. 다른 경우는 개개의 허용이 적용된다.

플로우트 유리로 된 합성유리는 스팬길이에 있어서 1.20m까지 두 면 지지될 수 있고, 1.2m부터 네 면 지지가 된다. 철망유리는 서로 마주보는 두 면 지지의 경우는 최고 0.70m까지 커버된다. 지붕유리의 자중, 적설하중과 풍하중을 위해 계산될 수 있는 최대처짐은 1/100이다.

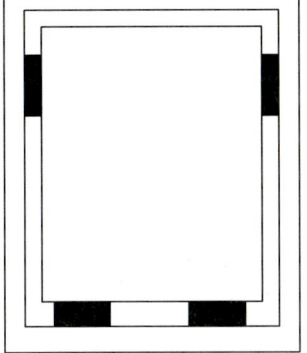
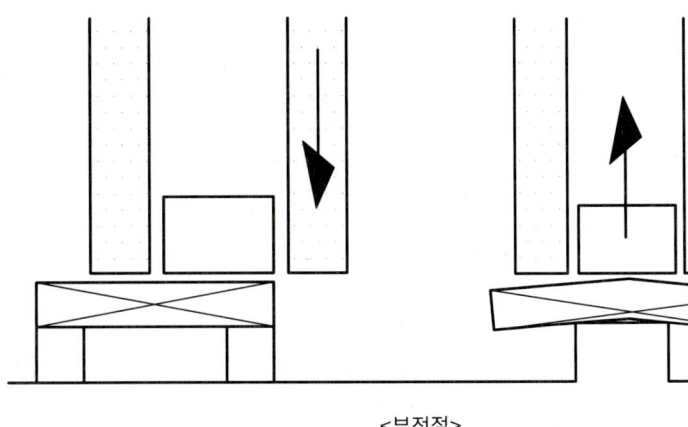

<고정유리>

<부적절>

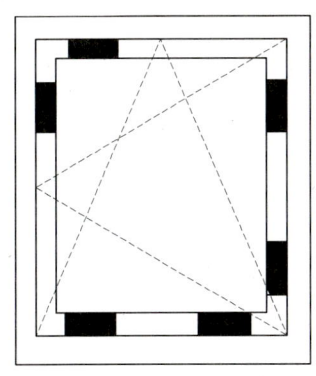

<개폐유리>

<적절>

▲ 그림 2-6
유리 사잇간격유지 막대와 지지막대의 계획

▼ 그림 2-7
유리계단의 디테일

5) 특수유리부재

최소 6.0mm의 유리로 된 난간은 공공건축물에서 1.0kN/m 그리고 개인건축물에서 0.5kN/m의 충격하중이 계산되어야 한다. 붕괴 경우에 추가적인 안정(사례로서 핸드레일)이 고려된다. 건축상황에 따라 미리 추형태의 충격실험이 요구된다.

문은 10.0~12.0mm 단층유리로 되어야 한다. 출입 가능한 유리는 네 면 지지에서 최소 30.0mm의 삽입유리 길이로 단지 최소 삼중유리(단층유리는 불가)로 된 합성유리로 허용된다. 유리계단의 각각 경우에서 전문가의 평가가 필요하다.

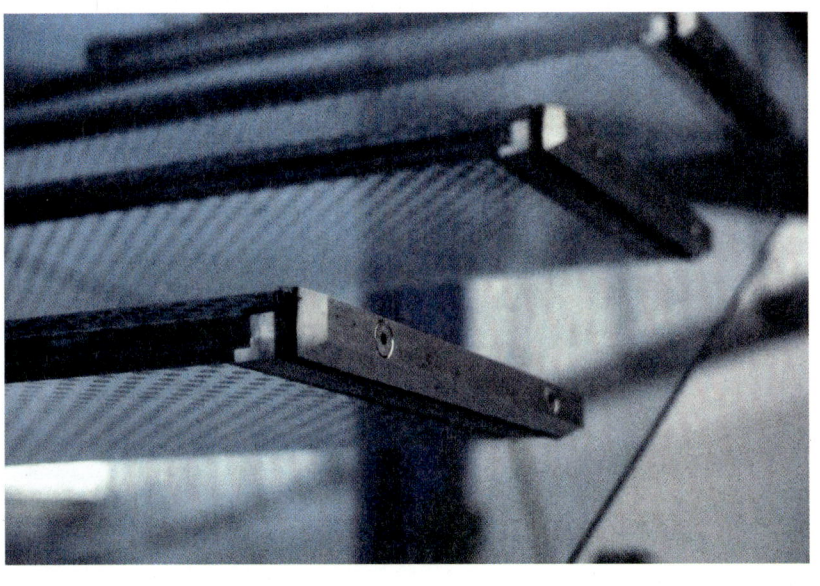

2. 유리의 특성

2.7
유리의 단열, 방화, 방음

유리는 중요한 건축적인 재료가 되었다. 세계적으로 지난 20세기 말부터 많은 관심을 갖게 되었고, 일부는 많은 프로젝트가 투명한 유리구조로 진행되었다. 창문 시스템과 파사드 시스템의 끊임 없이 증대하는 다양성 뿐 만 아니라, 전문적인 사용을 위해 제작자-진취정신이 미적인 매력 이외에 유리 건축에서 투명성과 기능성의 연결을 의미한다.

현재 위치와 건축 과제의 조건은 항상 기상보호, 단열, 방음과 방화의 대책수립이 결정적인 계획 표준으로 표현되는 적절한 해결책에 대한 발전을 요구한다. 현대적인 유리작업은 오늘날 소위 "다용도 기능 유리"에서 다양한 추가기능을 통합하고, 상황에 맞는 유리형태의 선택, 그러나 역시 라멘-구조를 경감시키는 기능성을 제공한다. 아래와 같이 오늘날 존재하는 유리기술과 라멘구조, 기술적인 특질인 단열, 방음과 방화에 관련 있는 복잡한 파사드 시스템의 전망을 설명하고, 구체적인 사례의 도움으로 설명한다.

1) 단열/에너지 획득

우수한 단열은 에너지 절약에 대한 가정사항이다. WSVO Wärmeschutzer Verordnung(독일 단열 기준)는 그런 연유로 건축물의 전체외피의 에너지 손실을 줄이는 것을 목표로 하고 있다. 법령은 개개 건축부재에 대한 최대허용 k-값을 준다. 온실효과를 일으키는 건축난방을 통해 발산되는 다량의 CO_2-방출은 에너지 소비의 줄임으로 감소될 수 있다. 이러한 목적을 위해서 1995년 이후로 건축물의 단열을 위한 요구사항을 확정되고 2005년에 25-30%(1987년 언급)의 CO_2을 절약할 수 있는 새롭고 강화된 WSVO가 있다. 물론 이에 관해서 다시 강화된 WSVO를 고려중이다.

2) 유리의 단열

난방보호유리는 단열유리의 발전을 의미한다. 즉 두 장 유리와 유리 사잇공간으로 이루어진다. 이러한 유리발전은 70년대초의 에너지 파동 이후에 이루어졌다. 초기에는 현상설계에서 코팅된 단열유리는 세 장의 유리로 이루어 졌다. 경제적인 근거로 항상 두 장으로 관철되었다. 단열유리의 작용을 이해할 수 있도록 우선 열손실과 획득의 종류를 고려해야 명백해 진다.
   - 복사열
   - 대류
   - 열전달

열전도의 대부분은 복사열 교류(열복사열)을 통해서 이루어진다. 재래적인 단열유리(3.0 W/m²K의 k-값)와 12.0mm의 사잇공간의 경우에는 > 2/3정도로 전체적인 열 손실이 일어난다, 시잇공간에서 대류와 열전달로 1/3정도의 열손실이다. 이것은 유리의 높은 방출을 의미한다(80%).

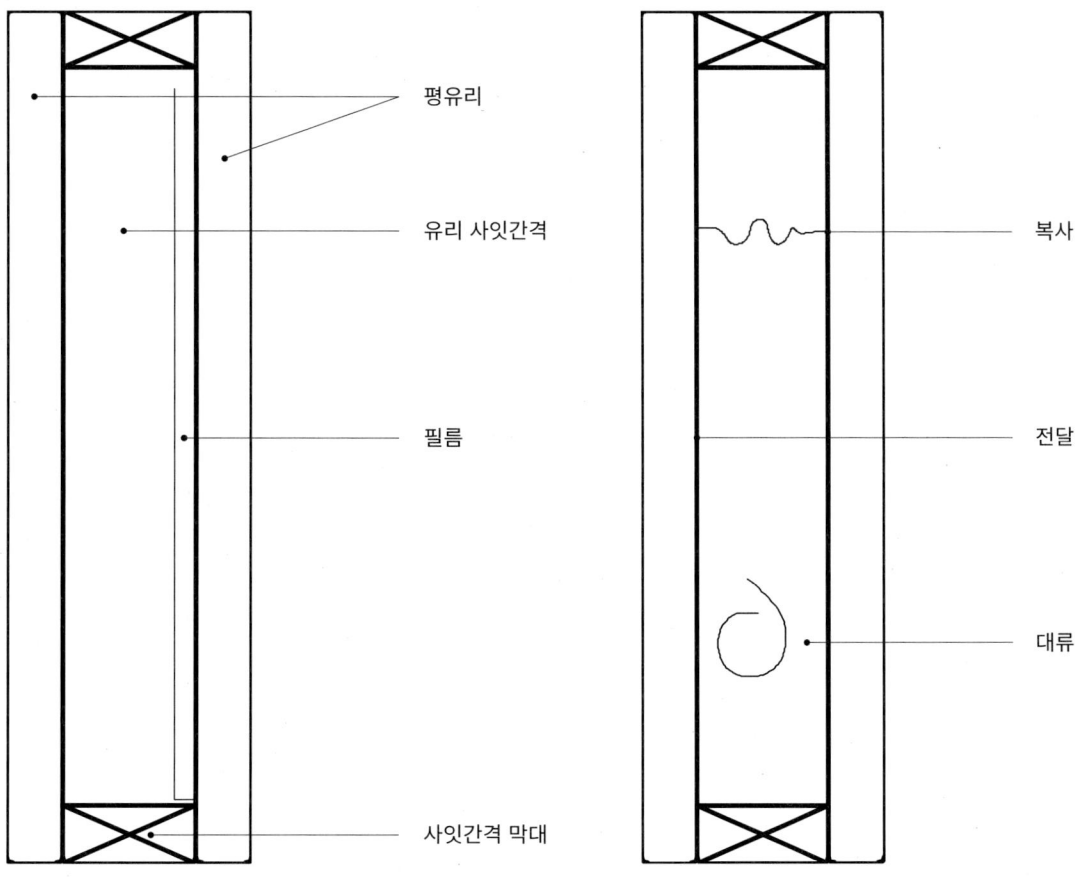

▲ 그림 2-8
이중단열유리의 시스템(좌)
단열유리의 열분담(우)

3) 유리의 방화

방화유리의 경우에 있어서 방화예방을 위한 건축적인 대책이다. 이러한 대책은 인지된 시간에 대한 불과 연기의 확산을 방지하고 소화와 구조대책이 가능하게 한다.

방화에 대한 일반적인 요구사항(DIN^Deutsches Institut für Normung 4102)은 다음과 같다. 건축적인 설비는 화재피해의 확산과 발생을 예방하고 화재의 경우에 효율적인 소화작업과 동물과 인간의 구조작업이 가능하도록 계획되고 상태를 유지하도록 되어야 한다.

건축부재에 대한 상세한 요구사항이 지역 건축기준에서 건축규정, 법적인 기준, 행정규정과 특별한 지역(병원, 고층건물, 상점, 집회장소)을 위한 특별한 규정과 방침을 통하여 시도되고 화재가 예방되도록 하고 있다. 화재예방에 대한 요구사항은 개개의 건축관청에 의해 실험된다. 그것은 계획된 건축부재에 대한 요구사항을 규정하고 있다. 방화유리는 본질적으로 DIN 4102(건축재료와 부재의 화재거동)에 따라 분류된다.

① G-유리

DIN 4102, 5장에 따른 G-유리는 일정한 화재 동안에 화염과 화재가스 흡인이 화재가 벗어 난 지점에 화염 또는 연소 가능한 개스가 발생하지 않도록 방지하는 것이다. G-유리를 위해 철망유리와 유리벽돌을 사용할 수 있다.

2. 유리의 특성   — 63 —

② F-유리

DIN 4102, 2장에 따른 F-유리는 공간을 둘러싸고 있는 벽체에 설정된 요구사항을 충족해야하고 특별히 열복사의 흡인이 방지된다. 투명한 방화벽 요소로서 방화유리는 계획자에게 피난로 지역에 빛을 주고 외부을 향한 시야 연결할 수 있는 가능성을 준다. 그것에 관하여 유리벽돌로 열저항 등급 F에 대해 가능하다.

4) 유리의 단열

거실, 침실 등등과 같은 거주공간의 사용을 위한 가정사항은 이웃 소음, 설비시설 소음, 공장소음과 교통소음으로 인한 장애에 대한 충분한 보호이다. 외부소음하중의 견지에서 창문은 건축물 외벽에서 가장 취약한 구성재이다. 방음은 소음 발생과 전달에 대한 대책이 요구된다.

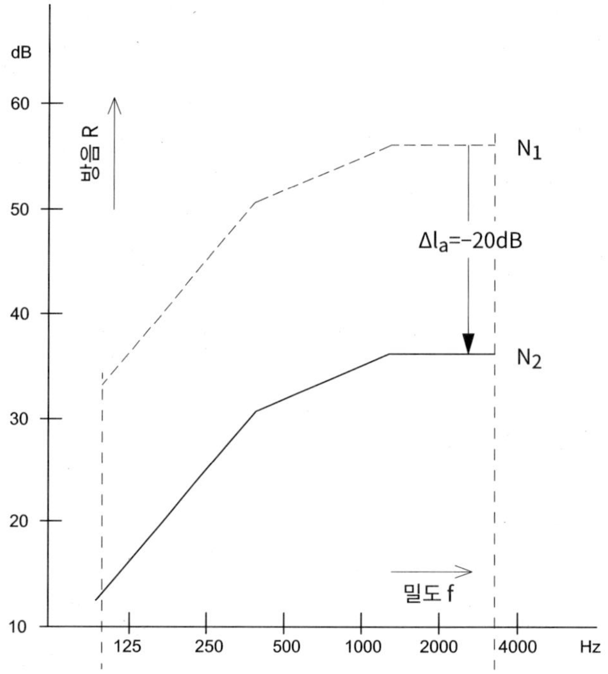

소음평가에 있어서 지정된 소음수위水位를 평가하는 것처럼 유의해야 한다. 국제적인 협정, 소위 ISO^{International Organization for Standardization}을 근거로 평가곡선 A(DIN 4563)에 따른 소음수위가 명시되어 있고 단위로는 dB(A)로 표현된다. VDI ^{Verordnung für Deutsche Industrie}-규정은 중간 소음 단열-수치 Rw의 창문 평가를 권장하고 있다. 여기에 추가로 100Hz와 3150Hz 사이의 3도-음정지역의 중간 주파수에 있어서 방음을 산정한다. DIN 52210의 규정으로 모서리 주파수 평가에 있어서 완전한 100Hz와 3150Hz가 포함된다. 여기서 방음-단열유리에 있어서 대부분 부분적으로 축소된 단음 특질이 있기 때문에 저주파수 부분에서 이러한 계산변동이 발생한다. 많은 차가 달리는 도로의 통례적인 교통소음을 고려하여 그리고 인간의 안락성은 창문의 방음작용이 최소한 30dB(A)이 되도록 하여야 한다. 대부분의 창문은 이러한 수치에 도달할 수 없다.

▲ 그림 2-9
창문방음 인텍스 Ia
N_1: DIN 4109 곡선
N_2: VDI 2719E 곡선

창문 방음효과의 기준

— 이음새 패킹능력
— 유리면, 라멘 프로필, 패킹요소의 크기
— 상호 유리의 간격
— 강도에 관해서 유리의 휨진동
— 단열유리에서 사잇유리의 진동
— 라멘의 길이, 높이와 단면, 횡재와 밴드 및 모서리 테와 패킹간격
— 유리와 라멘 사이의 소음 흡수계획에서 공기와 소음물체의 흡수
— 라멘, 모서리 테와 패킹재료의 동적특질과 댐핑 특징
— 라멘벽체-연결벽체, 라멘-라멘, 유리-라멘, 내부유리-외부유리 간의 상호작용과 결합력
— 구조와 작업의 영향
— 환기와 배기설비, 커튼 박스 등등으로 소음전달

그에 대하여 주파수와 입사각은 소음하중 크기를 결정한다. 창문 라멘에 유리고정, 이중구조에서 공명과 소음통과 주파수로 효율적인 방음의 기본값 Ro(방음크기)는 감소된다. 발생하는 공기주파수가 건축부재의 한계주파수의 영역에서 나타나는 경우에 소음통과가 높아진다.

고유주파수의 영향은 이중유리와 같은 이중적인 건축부재의 공명으로 발생한다. 고유진동 영역에서 두 유리는 진동한다. 이것으로 인하여 공기방음은 나빠진다. 그래서 고유주파수는 DIN 4109에 의하면 약 100Hz 낮아진다. 고유주파수를 없애기 위해서 테이블에 나타 난 수치는 유리두께와 간격을 유지시켜야 한다. 고유주파수는 개략적으로 사이퍼트Seiferts 공식으로 계산된다.

$$f_e = \frac{1000}{md}$$ 추가 테두리 방음이 없는 경우

$$f_e = \frac{850}{md}$$ 추가 테두리 방음이 있는 경우

$$m = 유리의 단위면적당 무게(kg/m^2)$$

$$d = 유리간격$$

단층유리의 경우	
유리두께(mm)	방음(R₀=dB)
3.0	26
4.0	29
6.5	31
9.5	31
12.0	33
15.0	35

복층유리의 경우			
유리두께(mm)	사잇공간(mm)	유리두께(mm)	방음(R₀=dB)
4.0	6.5	4.0	27
8.0	12.0	8.0	28
4.0	12.0	12.0	32
5.5	100.0	5.5	38

취약한 유리두께 d (mm)	유리자중 g (kg/m²)	테두리 방음이 없는 유리간격 a₁(cm)	테두리 방음이 있는 유리간격 a₂(cm)
2.8	7.3	13.7	10.3
3.8	9.9	10.1	10.6
4.5	11.7	8.6	6.4
5.5	14.3	6.9	5.3
6.5	16.9	5.9	4.5
9.5	24.7	4.1	3.1
12.0	31.2	3.2	2.4
15.0	39.0	2.6	19.1

▲ 표 2-1
다양한 유리두께와 간격의 방음수치

라멘에서 유리가 견고하게 고정될수록, 소음통과로 인한 흡입으로 창문방음에 보다 강하게 작용한다. 긴 유리형태와 작은 유리의 경우에 있어서 테두리 고정 또는 고유진동으로 방음손실이 적어진다.

5) 파사드 시스템

건축물의 투자가와 사용자는 건축물과 파사드의 품질을 항상 높게 요구한다. 파사드 제작업체는 이러한 요구에 반응하여 수 십년이 경과하는 동안 많은 발전을 가져왔다. 역시 이러한 파사드 시스템의 선두주자가 이미 20세기 초에 현실화 되었다면, 연구는 그전부터 이러한 발전과 함께 강력하고 시스템하게 진행되었다.

방화는 유리와 라멘에 기술적이고 광범위한 요구사항을 설정했다면, 그래서 유리의 많은 기능을 원하게 되고 때로는 규정된다. 안락함의 요구사항은 차광 그리고 방음에 관련이 있다. 안정성의 요구와 에너지에 관한 고려사항은 지붕과 파사드 시스템에서 붕괴억제 또는 단열을 의무사항으로 만든다. 현대적인 파사드 시스템은 철저한 다기능 유리로 이러한 추가기능의 통합으로 조합될 수 있다는 사실이 투명한 방화의 사용 스펙트럼이 많이 확대되었다.

지붕과 파사드에서 추가적인 차광과 단열, 지붕과 난간부분에서 안전성 또는 건물내부에서 방음과 같은 모든 이러한 기능은 요구에 따라 방화본질로 조합될 수 있고 많은 경우에서 이미 건축관청의 허가사항의 일부분이다. 다음과 짧게 스케치된 사용사례는 유리형태의 상황에 맞는 선택을 명백히 하고 있다.

2. 유리의 특성

① G30-안정성이 있는 칸막이 벽

듀셀도르프의 RWI-건축물의 경우에 있어서 복잡한 사무소 지역은 중정으로 분리된다. 역시 층간의 난간이 있는 중정과 사무소 간의 상호간 시선 접촉을 원하였다. 당국의 입장은 칸막이 벽을 위해 화재저항 급수 G30을 요구하였다. 여기서 안전에 관한 기술적인 근거로 화재저항급수 G30을 위해 방화 이외에 합성유리의 본질을 제공하는 유리형태가 사용되었다.(파이로두어Pyrodur 30-20) 쉬코Schüco 시스템에서 사용된 96.0mm 프로필은 반대로 파이로두어 30-20의 기본형태의 약 3.0mm 두께의 변형된 유리를 변형 없이 허용한다. 추가적으로 계산된 두꺼운 유리의 부수효과는 약 3dB 개량된 방음수치이다.

② 30분 그리고 90분 동안의 온도단열

건축물에서 화재확산방지 형태는 항상 F-유리가 되어야 한다. 화재저항급수 F30과 F90는 화재와 연기에 대한 패킹 이외에 추가적으로 온도차단의 요구사항이 충족되어야 한다. 설치된 상태에서 이러한 시스템은 30분 및 90분의 화재부하에서 자체적으로 방사열 전달이 이웃하는 건축물 영역에 방지되어야 한다는 것을 의미한다. 자주 그러한 F-유리는 피난로와 불가피한 계단공간, 그리고 방화차단(방화문), 건축물 차단에서 개방을 보호하고 기본적으로 F-유리로 설치되어야 한다.

그림은 불가피한 계단공간 및 피난로와 구조로에서 투명하게 안전장치된 화재저항급수 F30과 F90을 위한 전형적인 단면을 나타낸다. 두 대상에서 방화요구 이외에 가능한 큰 유리판을 위한 요구가 많은 프로필 없이 해결되었다. 큰 층높이에서 대형 방화유리는 라멘구조에서 화재저항급수 F90을 위한 중량유리의 경우에서 구조적인 요구사항이 설정된다. 이러한 대형시스템 구성에 메탈베다르프Metallbedarf 회사는 새로운 시스템 글리사Glissa 2000으로 특수화 하였다. 그것의 시스템문과 칸막이벽은 T30-1-문 시스템에서 영역 당 5.0m와 6.0m의 높이 및 2.8m 높이와 6.0m 폭까지 최대 유리크기가 파이로스톱Pyrostop과 연결에서 F90에 허용된다.

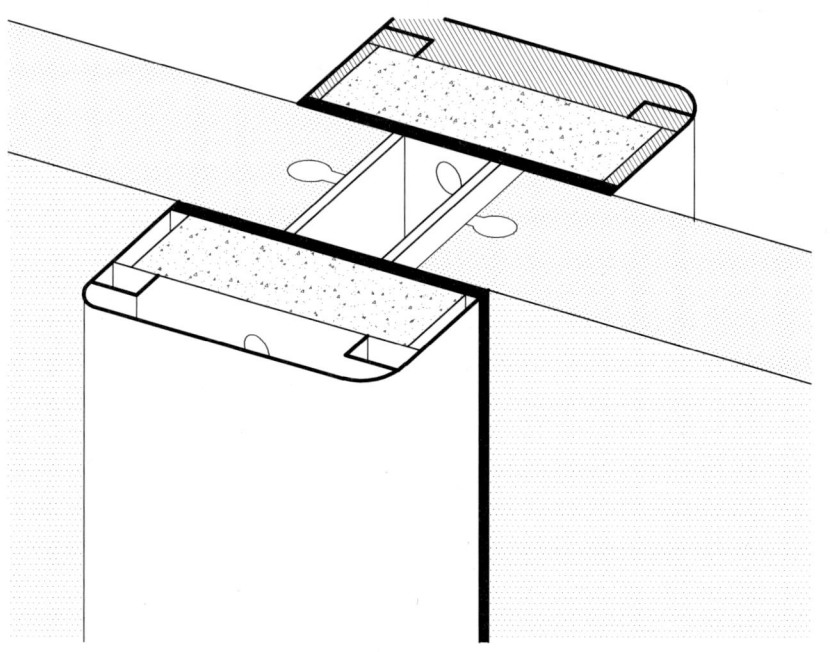

▶ 그림 2-11
Pyrostop으로 된 MBB Glissa2000

③ 방화, 단열 그리고 안정성: 지붕유리

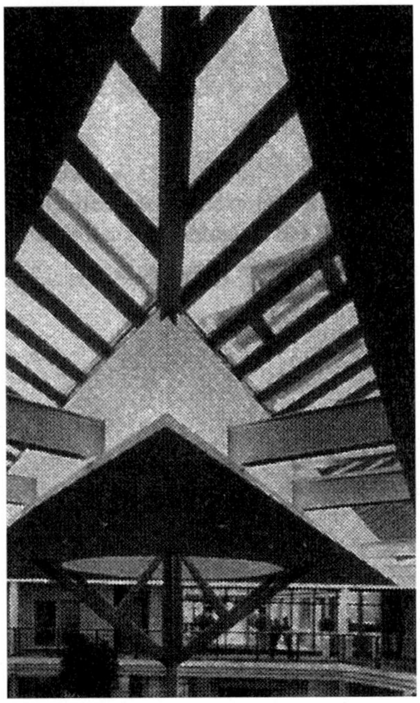

경사유리와 조명밴드의 지붕을 위하여, 모든 지붕의 방화유리를 위해 각각의 요구되는 화재저항급수 이외에 추가적인 안전요구사항이 필요하다. 독일건축기술연구소에 의해 최근에 공포된 "선형적으로 지지되는 지붕유리의 사용에 대한 규정"은 유리와 함께 방화에 대한 기준을 보여주고 있다.

방화요구사항 이외에 합성유리의 기능이 충족되는 유리형태를 사용되어야 한다. 유리붕괴의 경우에 낙하는 부분에 앞서 건물 사용자의 보호를 위해서 유리형태는 공간적인 "안전유리 패케지"을 통합되어야 한다. 이러한 새로운 기술규정은 특수한 파이로두어Pyrodur와 파이로스톱Pyrostop으로 여기서 안정이 지속되도록 충족되어야 한다.

지붕의 방화유리의 사용을 위한 사례는 독일 니더작센, 두더시Duderstadt, 은행이다. 실내중정에 있는 은행창구는 동시에 공간성을 높이고 입사광을 적절하게 하기위해 큰 규모로 유리마감되었다. 방화요구사항은 둘러싸인 높은 층고의 건축을 위하여 유리지붕의 인접의 결과로서 발생했다. 증축건물로 둘러싸인 층위에 창구홀로부터 화재충격을 방지하기 위해서 G30-유리가 요구되었다.

방화와 안정성 이외에 지붕유리형태는 DIN 1055, 4장과 5장에 따른 풍하중과 적설하중에 대해 구조적으로 고려된다. 단층유리의 내화층을 통하여 유리형태의 외부유리는 법적인 단열요구사항의 측면에서 고려되지 않게 추가적인 k-값의 나사를 죄일 수 있다. 지붕유리와 경사유리는 요구사항의 복잡성을 근거로 방화시스템 하에 특색을 고려하여야 한다. 몇몇의 시스템 제작자는 다음 표와 같다.

▲ 그림 2-12
Duderstadt 은행창구에 사용된 G30 방화지붕구조

▶ 표 2-2
G30/F30에서 지붕유리와 경사지붕을 위한 유리형태와 시스템

유리형태	화재 저항급수	두께 (mm)	최대 /최소 크기	시스템: 허용 번호/제조자
Pyrodur 30-40	G 30	42	105×200 /20×30	Z-19.14-535 Gieseler(목재) Z-19.14-579 RP Technik Mannesman Z-19.14-563 Sommer
Pyrostop 30-40	F 30	45	105×200 /20×30	Z-19.14-536 Gieseler(목재) Z-19.14-730 Industrieverband Brand- schutz im Ausbau Z-19.14-562 Sommer

6) 이중 파사드 기술

여기에 있어서 재래식 파사드에 앞서 이중유리의 환기가 가정된 파사드 구조를 다룬다. 이러한 구조원칙은 단층 파사드와 비교하여 건축 물리적인 특질(방화, 단열, 방음)에 기여할 것이다. 특히 단열과 그것으로 연관된 에너지 절약은 이중 파사드로 적절하게 영향을 줄 수 있다. 파시브 태양열 이용, 외부에 있는 차광과 다양한 환기 다양성은 과다한 에너지 소비를 가능한 줄일 수 있고, 동시에 사용자를 위해 최대의 안락감을 줄 수 있다.

① 이중 파사드의 기능

이중 파사드는 단지 건축의 기능성을 제공하는 것이 아니라, 단층 파사드에 비하여 많은 장점을 가지고 있다. 바람과 기상보호, 공간공기의 최적화와 자연환기 이외에 다음과 같은 단열, 방화, 방음에 효과적이다.

a) 단열(파시브 태양열 이용)

파사드 사잇공간에 데워진 공기를 통하여 난방기간 동안 열전도와 환기손실을 줄여서 에너지 절약을 성취하였다. 여름에 외부 파사드에 조절 가능한 개방과 같은 적절한 제어, 사잇공간의 움직이는 차광과 야간냉각으로 환기에 대한 일반 파사드와 같이 동일한 공간조건을 만족할 수 있다.

b) 방음

교통량이 많은 도로에서 이중 파사드에 소음수위는 열린 창문의 경우에 있어서 현저하게 감소된다. 단층 파사드의 경우 단지 닫힌 창문에 대한 특별한 방음유리로 효과적인 수치를 달성할 수 있다.

c) 방화

많은 이중 파사드 시스템은 방화벽에 구분이 가능하고 그것으로 화재시에 전체 파사드 사잇공간의 배연排煙을 방지한다.

현장에서 지금까지 파사드에서 환기원칙에 따라 세 가지 기본유형으로 구분할 수 있는 다양한 컨셉이 실현되었다. 다양한 유형 내에 많은 조합이 가능하다. 다음과 같이 명시된 유형은 건축현장에서 토론될 수 있는 기본유형을 나타낸다.

② 전체 이중 파사드

이러한 파사드 형태에서 전체건축물 파사드의 사잇공간에서 환기가 이루어진다. 그것의 특별한 장점은 단순한 건축방법에서 외형상의 제한이 없고, 파사드 사잇공간에서 눈에 띄지 않는 차광, 통과손실의 감소와 외부로의 개량된 방음이다.

이러한 파사드 형태는 물론 단지 제한된 사용가능성이 단점이다. 그래서 창문환기에 대한 이러한 파사드 형태는 상부층에서 아래층으로 부터의 배기가 통기되어야 하기 때문에 실용적이지 못하다. 전체 파사드에 걸쳐 오픈된 파사드 사잇공간으로 층과 층의 소음이 전달된다. 여름에 상부층에 있는 창문에서 환기가 불가능한 정도로 공기는 상당한 가열된다. 전체면 이중 파사드에 화재차벽의 분할이 불가능하고 화재시 전체 파사드 사잇공간에 연기가 가득 채울 수 있는 관계로 이러한 파사드 시스템은 추가적으로 연기 경보기와 매연 환기통과 같은 방화요구사항이 만족되어야 한다.

③ 캐널Channel 이중 파사드

이러한 파사드 형태에서 박스 창문은 배기 캐널로 교체된다. 박스 창문은 외부로 통기 개방과 배기 캐널을 갖는다. 배기 캐널의 작동으로 파사드 사잇공간에 있는 공기는 캐널 창문의 배기로 가능해 진다. 역시 여기에는 열전도손실의 감소, 외형상의 제한이 없고, 파사드 사잇공간에서 눈에 띄지 않는 차광, 통과손실의 감소와 외부로부터 차단된 방음이다. 모든 건축물에 대한 캐널 이중 파사드의 작용원리를 근거로 많은 실험을 통한 환기구와 배기 캐널이 새로이 결정될 수 있다는 단점을 가지고 있다.

예상하지 못한 압축으로 박스 창문에 있는 배기 캐널로부터 다시 스며들 수 있다. 화재시 여러 층에 있는 배기 캐널로 연기가 가득 채울 수 있는 관계로 이러한 파사드 시스템은 추가적으로 매연 경보기와 환기통과 같은 방화요구사항에 대해 계획되어야 한다.

④ 박스Box 이중 파사드

박스 이중 파사드는 각 층에 수평적인 차단과 각 창문에서 수직적으로 차단되는 각층에서 환기되는 파사드이다.

장점은 통과손실의 감소, 외형상의 제한이 없고, 파사드 사잇공간 내에 눈에 띄지 않는 차광과 외부로의 차단된 방음이다. 여전히 필요한 환기를 위한 자연적인 환기가 가능하다. 하나의 추가사항은 파사드 사잇공간에서 차단으로 열린 창문에 있어서 이웃 공간에 소음전달을 방지되는 수평적 그리고 수직적으로 개량된 방음이다. 단기적인 통과 배기통로는 여름과 겨울에 환기거동을 향상시킨다.

통기와 배기장해는 아래층으로 부터 배기가 다시 스며드는 것을 확실히 줄일 수 있도록 상·하로 또는 어긋나게 계획될 수 있다. 아래층으로 부터 배기가 다시 스며드는 것은 단층 파사드에 비하여 확실히 감소된다. 파사드에서 수평적 그리고 수직적인 차단을 통하여 방화차원에서 분할이 가능하다. 다른 두 개의 구조형태와는 반대로 추가적인 방화대책이 필요 없다.

⑤ 이중 파사드 방음

이중 파사드의 본질적인 안락감은 충분한 방음으로 표현할 수 있다. 이중 파사드 구조의 경우에서 외부에서 내부로의 방음 이외에 공간과 공간 그리고 층간의 방음을 주의해야 한다. 박스 이중 파사드는 그에 방음에 대해 최상의 해결책이다. 슈트트가르트, 뢰벤토어쎈트름Löwentorzentrum의 사무소 건축물에서 다양하게 실행된 이중 파사드 구조를 위해 공기소음차단을 위한 측정이 진행되었다. 외부 파사드 구조의 근본적인 차이점은 환기 개구부의 위치이다. 소음차단은 이중 파사드에서 특별한 장점이다. 기울어진 창문에서 단층 파사드에 있는 닫힌 창문의 경우처럼 자체적으로 소음차단 효과가 있다.

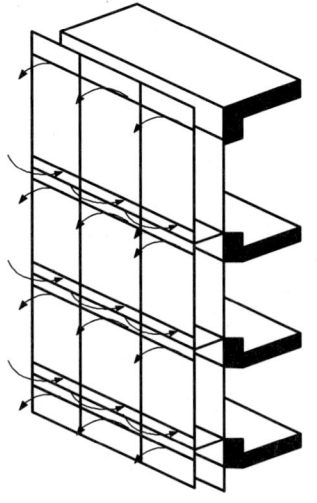

<전체 유리면 이중 파사드>

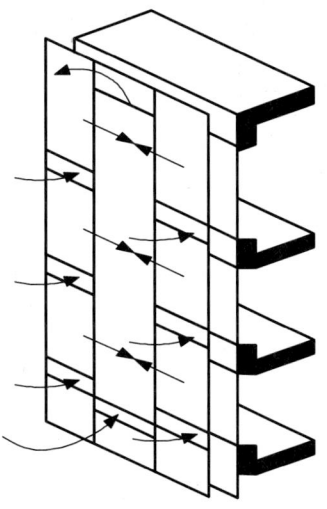

<캐널 이중 파사드>

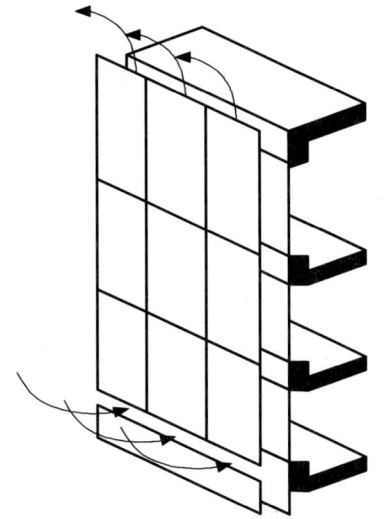

<박스 이중 파사드>

◀ 그림 2-13
이중 파사드에서 공기 흐름에 따른 기본유형
전체유리(상), 캐널형태(중), 박스형태(하)

2. 유리의 특성

7) 이중 파사드의 실제사례

① 할렌제Halensee 사무소, Berlin, 1990-96 (Leon/Wohlhage)

건축물은 바로 베를린 도시고속도로 변에 있고 그런 까닭에 소음과 매연에 대한 효율적인 보호책이 필요했다. 복층 파사드는 특히 소음하중을 많이 받는 서측에 계획되었다. 내부에 있는 층높이의 단열유리로 된 미닫이문으로 구성되고, 외부층은 점형태로 고정된 단층유리로 되어 있다. 85.0cm의 깊이의 파사드 사잇공간은 청소를 위해 출입이 가능하다. 그 안에 사잇공간의 기계적인 환기를 위한 통기와 배기관이 있고 차광을 위한 차광막이 설치된다.

냉기의 경우에 사잇공간은 열의 완충지대로 작용한다. 장시간 동안에 입사광의 공기를 데워 준다. 사용자는 내부 파사드의 미닫이문을 열어 놓고 실내공기는 개별적으로 영향을 받는다. 여름에는 내부 파사드를 닫아 놓고, 사잇공간은 기계적으로 배기한다. 신선한 공기를 지붕부분에서 끌어 드린다. 복도를 따라서 차단된 원래의 공기는 편안한 실내공기를 확실히 잡아둔다. 냉하중을 감소시키기 위해 야간 동안에 신선한 공기의 순환을 통해 건축물의 저장장치가 냉각된다.

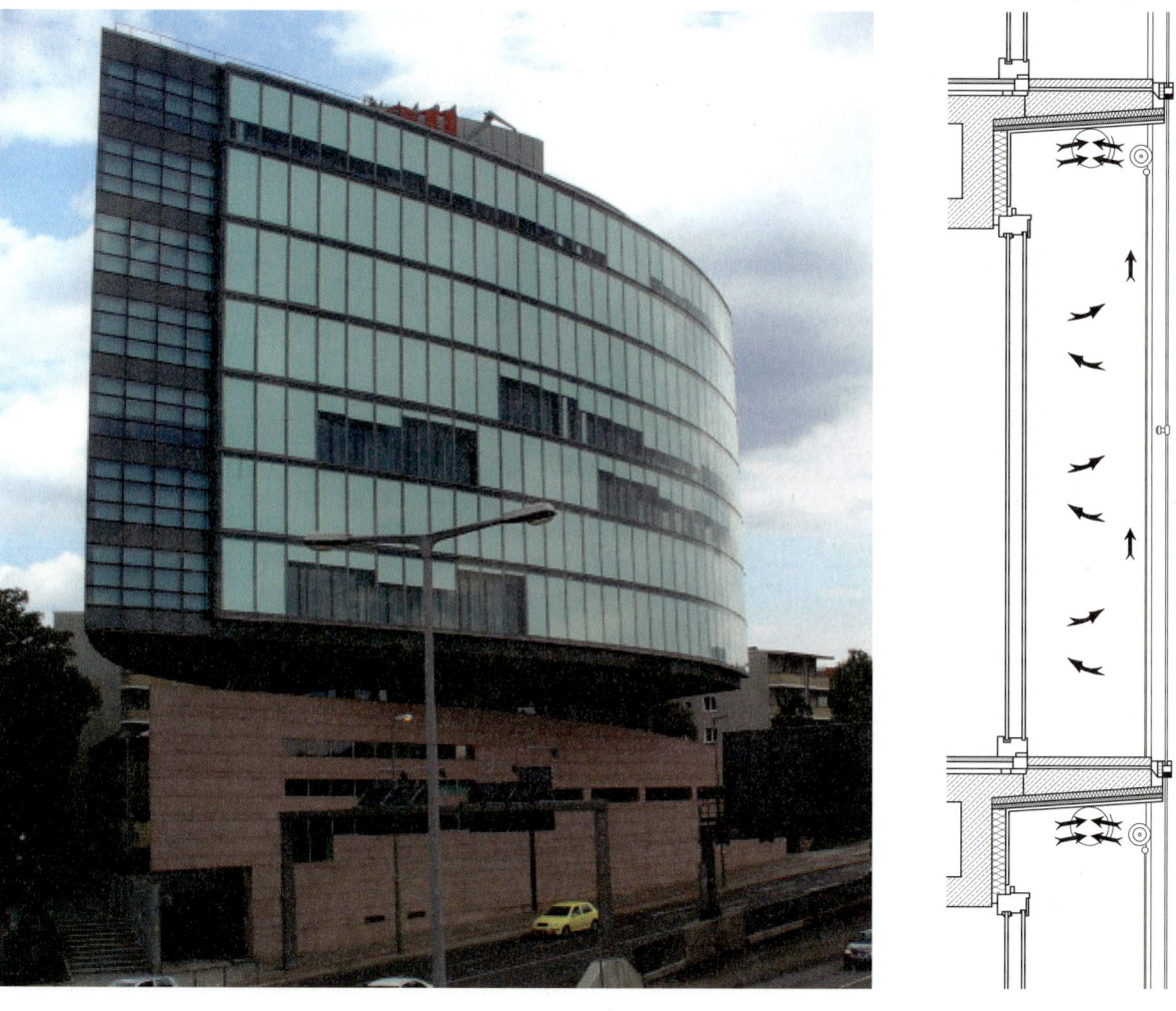

▲ 그림 2-14
할렌제 사무소 전경과 이중 파사드 개념

② 빅토리아Victoria 생명보험회사 사무소, Köln, 1990-96 (T. van den Valentyn/A. Tilmann)

방음을 근거로 쾰른의 교통량이 많은 작센링Sachenring에 위치하는 건축물을 위해 건축가는 창문환기 없는 이중 외피 파사드를 선호하였다. 건축물의 파사드는 외부로 2.6° 기우려져 있다. 이중 파사드 구조는 유리 하부구조의 횡재에 수평적으로 유리에 유리 고정띠를 통하여 고정된 합성유리로 되어 있다. 내부 파사드는 단열유리로 견고하게 끼워 진 미리 채색된 라멘 요소로 구성된다. 사잇공간에 청소와 관리작업을 위해 격자판 및 차광을 위해 알루미늄의 격자형태로 설치되었다.

외부공기는 외벽 유리바닥에 통기를 위한 개구부를 통해 흐른다. 사잇공간 내에서 데워지고 전기 회전모터로 분산되는 환기밸브를 통해 외부에 있는 지붕모서리로 환기된다.

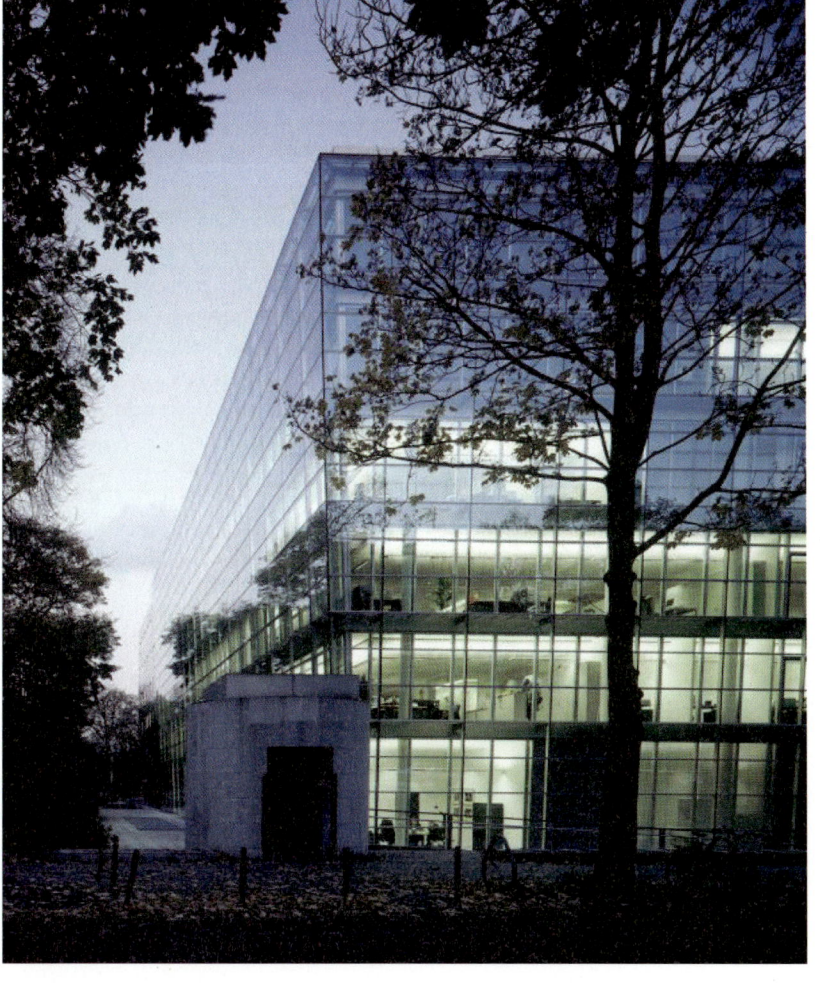
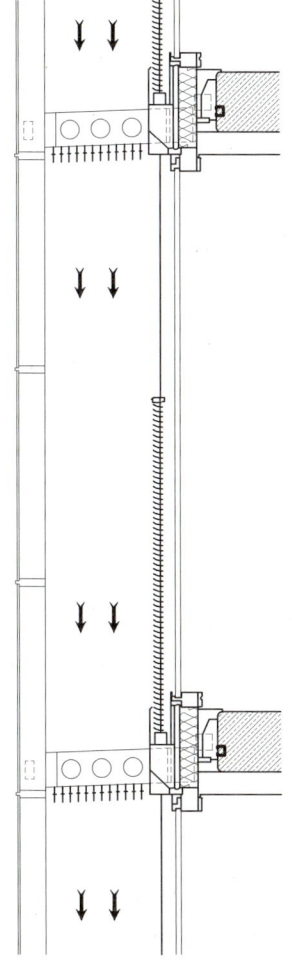

▲ 그림 2-15
빅토리아 사무소 전경과 이중 파사드 개념

③ RWE 고층빌딩, Essen, 1991-97 (Ingenhoven & Partner)

층높이의 환기창문이 있는 이중 외피 파사드에 있어서 수평과 수직적인 차단으로 냄새와 소음전달 및 화재시 화재충격과 연기확산이 방지되어야 한다. 층당 통기와 배기구가 계획된다면, 가장 적은 가열과 그것으로 자연적인 창문환기의 경우에 효율적인 작용을 기대할 수 있다.

여기에 있어서 소모되거나 가열된 배기는 다른 파사드 영역에서 제어하지 못할 정도로 흘러들어 오는 것을 방지되어야 한다. 이러한 건축물에서 다른 파사드에서 해독재료 또는 가열된 공기가 흘러가지 못하도록 배려하는 대각선 통류의 방법에 따라 계획되었다. 이중 외피 파사드는 미리 제작된 층높이의 부재로 구성된다. 외피는 여섯 점에서 고정되는 단층유리로 이루어진다. 내부에 있는 파사드는 층높이의 수평-미닫이문으로 설치된다.

창문은 청소와 관리작업을 위해 최대 13.5cm까지 개방된다. 50.0cm 깊이 공기 사잇공간에 차광을 위해 알루미늄-격자 교란판이 통합되었다. 공기 사잇공간의 통기는 층바닥 앞에 계획된 소위 "고기 주둥이"이라 불리는 환기박스를 통하여 이루어진다. 둥글게 모서리 진 형태의 박스형태는 15.0cm 높이의 환기 틈새 모양을 이룬다.

층간의 배기 흐름을 방지하기 위해서 각각 두 개의 나란히 위치하는 파사드 사잇공간이 단면에 계획된다. 공기가 사잇공간에서 비스듬하게 흐르도록 공기침투는 판 아래에 있고, 다른 판에 경우에는 상부에 계획된다. 겨울과 여름에 자연적인 환기를 돕기 위해 내부공간은 자연환기로 공급된다. 콘크리트 바닥은 천공된 엷은 금속판으로 피복되고 그것으로 실내 냉각을 위해 저장통으로서 사용한다.

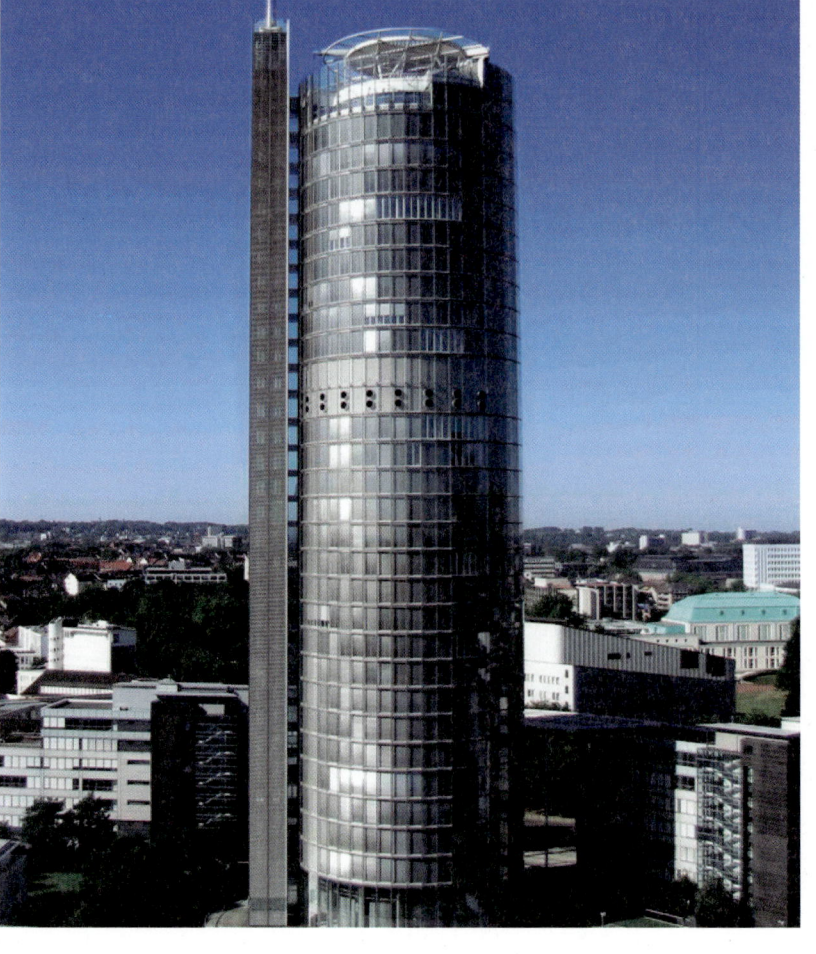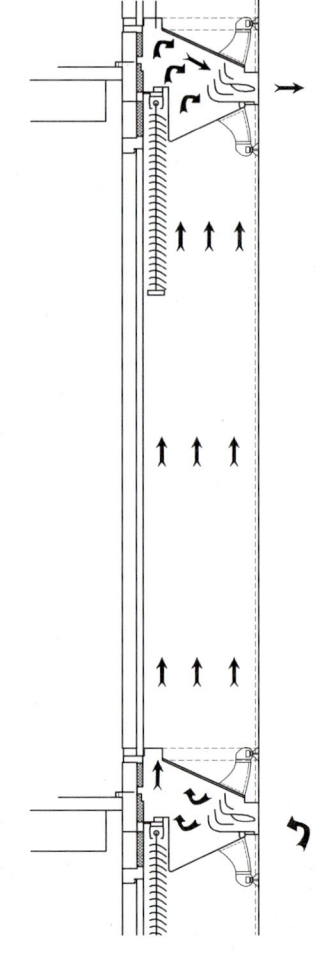

▲ 그림 2-14
RWE 사무소 전경과 이중 파사드 개념

④ **뒤셀도르프 시티 타워**Düsseldorf City Towerr, **뒤셀도르프**Düsseldorf, 1991–97 (Petzinka + Partner)

이 사례는 각 층에서 수평적인 세분된 이중 외피 파사드에 대한 또 하나의 사례이다. 고층빌딩의 내부공간이 교통소음으로 부터 차단되는 단층유리 외피로 에워싸고 있다. 내부에 위치하는 파사드는 단열유리로 된 층높이의 회전날개로 구성된다. 차광을 위해 많이 반사되는 엷은 격자판이 바로 외부유리의 뒤에 계획된다. 통과하는 층높이의 파사드 사잇공간은 평면의 기하형태에 따라 0.95m 또는 1.40m의 폭이 된다.

사잇공간의 환기는 층바닥 앞에 설치되고 화재충격을 방지하는 환기박스로 이루어진다. 박스 안에 기계적으로 폐쇄할 수 있는 커버는 공기흐름의 밀도를 조절한다. 전환되는 시간에 사잇공간의 자연적인 공기흐름 때문에 내부공간의 에어 컨디셔닝Conditioning이 필요 없다. 사무실의 냉각을 위하여 사용자는 물로 냉각된 덮개부재를 끼워 넣을 수 있다. 남향의 이중 외피 파사드는 태양 에너지를 획득하고 적절한 제어기술을 제공하도록 계획되었다.

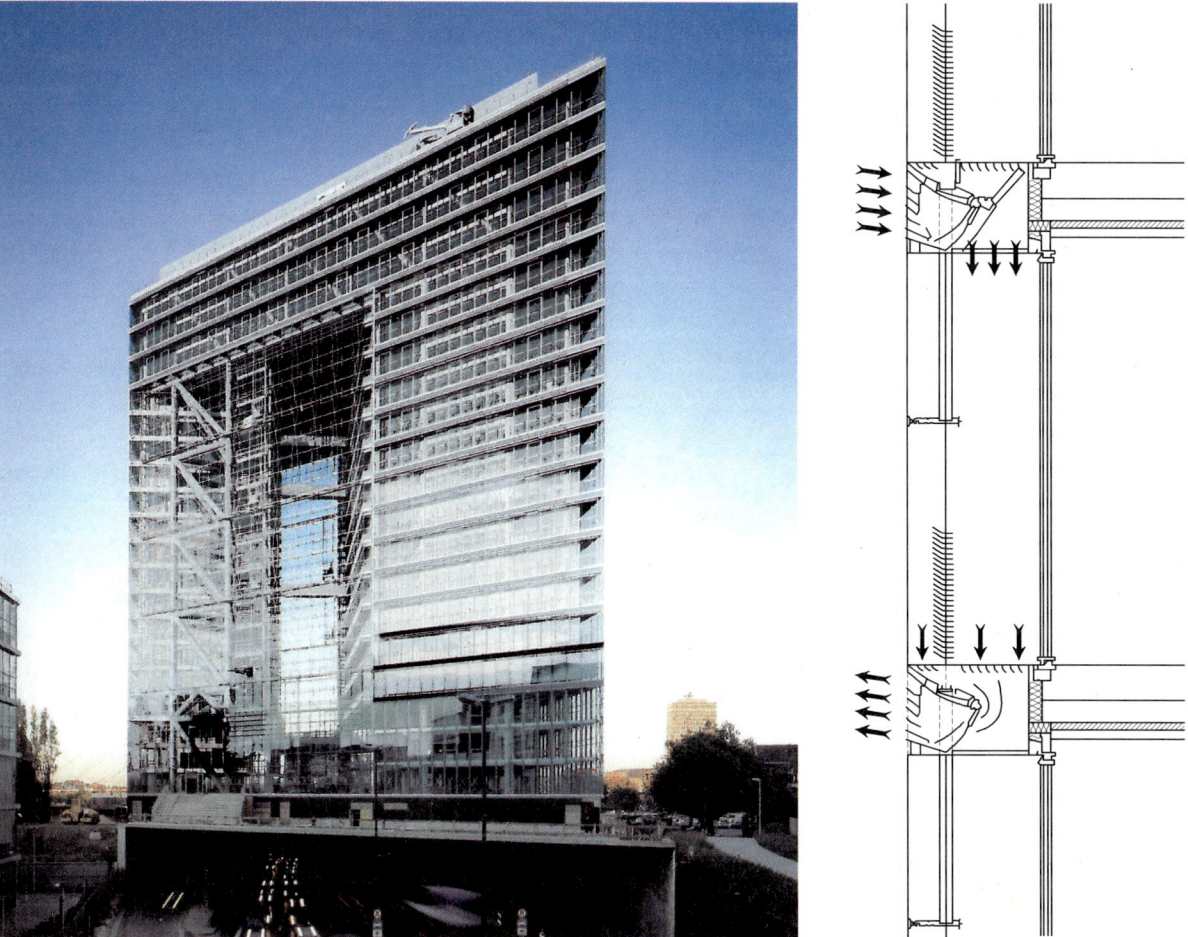

▲ **그림 2-15**
시티타워 사무소 전경과 이중 파사드 개념

3

글래스 핀 Glass Fins

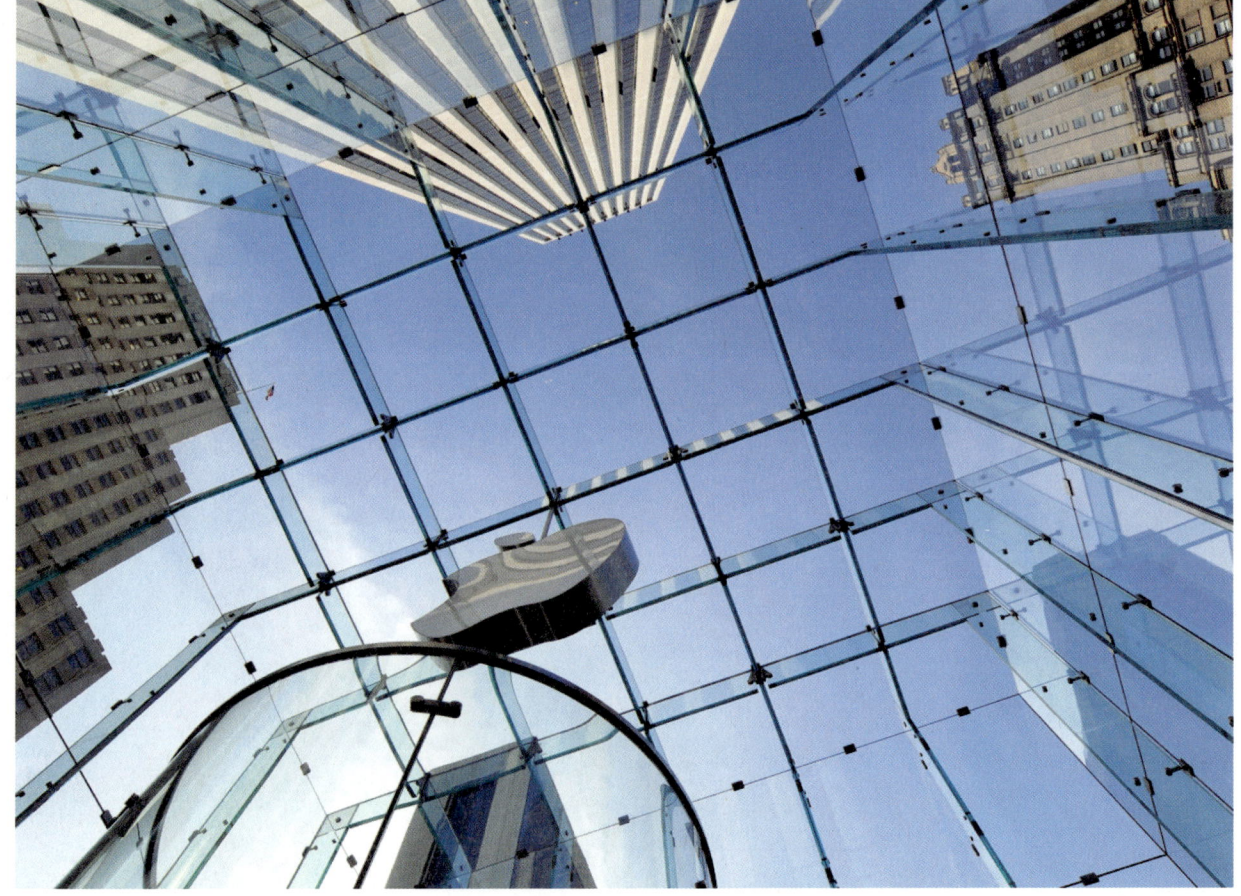

▲ Apple Store, NY. USA

글래스 핀 Glass Fins

3.1
건축재료로서 유리

유리건축물은 초기부터 오늘날까지 완전한 투명성의 개념으로 표현되었다. 단지 19세기의 건축구조로 생각해 보자. 특히 전근대주의로부터 탈재료화와 완전한 투명성과 같은 키워드는 거의 없다고 할 수 없다. 60년대 일부 선행자 이후에 유리 고층건물의 미즈 반 데 로에Mies van der Rohe의 비전은 70년대 중반에 입스위치Ipswich에 있는 윌리스 훼버 두마스Willis Faber & Dumas 본부건물에서 포스터에 의해 최초로 완전한 하중을 받는 유리 커튼 월의 건축물로 실현되었다. 건축재료 유리의 할당은 여기서 본질적으로 계산적인 토대가 되었고, 반면에 경험적인 지식에 근거가 되었다.

빠른 진보, 혁신적인 생산과 기술은 구조적이고 형태적인 가능성의 목록을 확장했을 뿐 아니라, 에너지 효율적인 건축물의 컨셉과 사용자의 안락감에 대해 새로운 평가를 제공하였다. 건축재료 유리의 정밀성, 투명성과 수명은 건축물 외피를 위한 선호도가 높은 재료가 되었다. 소위 "이지적인 파사드"인 통합적인 구성요소로서 유리는 변화하는 환경조건과 사용조건에 대한 반작용 그리고 태양열을 통한 건축물의 에너지 효율개선을 위한 자신의 몫을 할당하였다.

특히 특수유리 생산가능성과 유리의 유효한 생태학적 속성(풍부하게 현존하는 천연재료인 규사, 석회와 소다로 제조, 재활용), 태양열 이용가능성은 유리가 중요한 건축재료라는 것을 각인시켰다. 무엇보다도 압축응력에 있어서 우수한 역학적인 속성을 근거로 유리는 통례의 건축재료 목재, 콘크리트, 철을 보충할 수 있고 탈재료화와 가능성이 있는 투명화에 대한 노력에 기여할 수 있다.

유리는 오랜 시간동안에 면형태의 파사드 부재와 창문에 한정적으로 이용되었다. 새로운 고정의 가능성(점지지, 실리콘 접착으로 연결)과 새로운 유리생산(단층유리, 합성유리, 강화유리)은 새롭게 창조할 수 있는 가능성을 활짝 열어 놓았다. 파사드 유리의 삽입 이외에 유리는 오늘날 역시 거더 또는 기둥과 같은 구조요소로 이용될 수 있다.

지금 현재까지 잘 알려진 방법은 글래스 핀을 통한 파사드에서 전체유리구조의 도움부재로 거의 완전한 투명성을 구현하기 위하여 기둥-횡재 구조에서 기둥의 대체재이다.

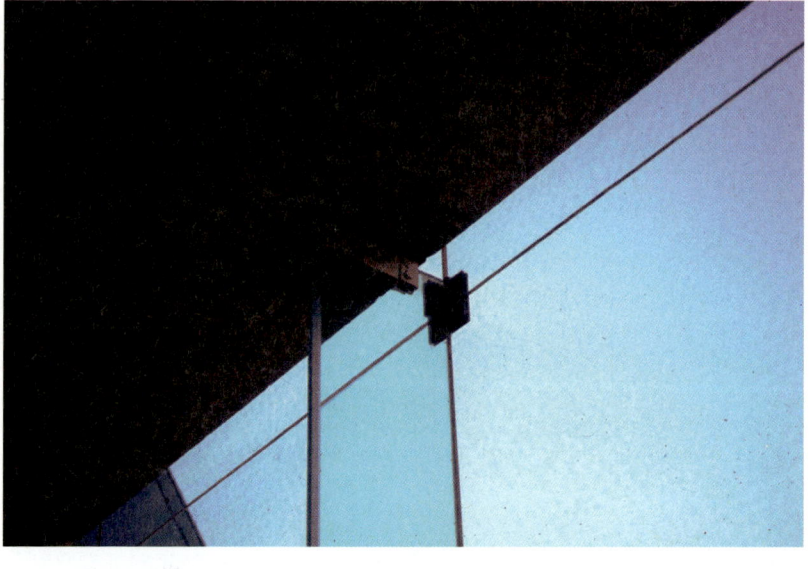

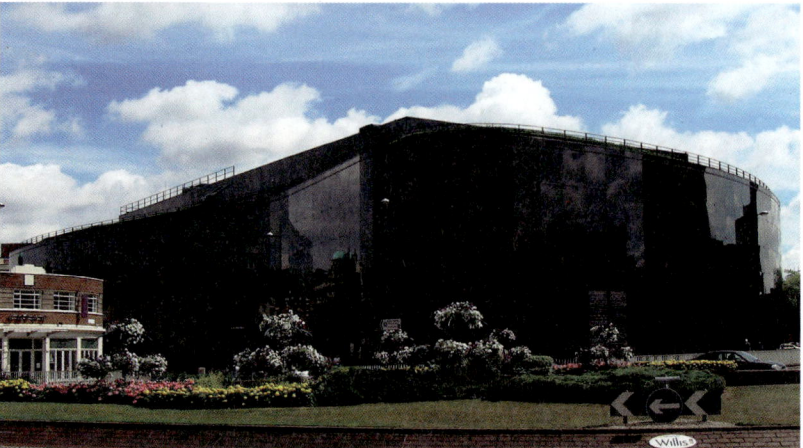

▲ 그림 3-1
글래스 핀의 상부 디테일

▲ 그림 3-2
윌리스 훼버 두마스 본부 건물의 외부전경

3.2
글래스 핀의 개념

많은 글래스 핀에 대한 표현들이 있지만, 이 단원의 이해를 돕기 위해 글래스 핀을 다음과 같이 정의해 보기로 하자.

- 대부분 수평력(풍하중)에 대해 면형태의 유리파사드에서 구조물을 지지하는 보강재
- 수직하중(자중은 제외)의 전달기능
- 보강뼈대

이미 알고 있는 단어선택은 보강뼈대(대부분의 휨을 받는 경우)와 기둥(대부분 압축력을 받는 경우) 간의 차이를 나타낸다.

글래스 핀은 선형태의 지지대로서 면형태의 파사드–유리판 역할을 하는 수직기둥으로 표현할 수 있다. 이러한 건축부재의 하중은 실제적으로 수평력과 적은 일반력을 통하여 발생하게 된다.
풍하중에 있어서 상시하중으로 다루어지지 않는다. 그런 까닭에 잔류지탱능력이 요구되지 않는다. 그러나 파사드의 유리는 잔류지탱력을 고려해야 한다. 그런고로 상시하중을 받는 합성유리로 된 구조물과는 대조적으로 단층유리(78년 새인버리 센타에서는 플로우트 유리가 사용)가 이용된다. 상시적인 하중이 아니고 단시간에 전체적으로 와해되는 경우를 위하여 부속시스템으로서 유리의 안정이 가능하다. 주요시스템은 붕괴 경우에 모든 상시하중(특히 파사드 유리의 자중)에 대한 잔류 지탱력이 제시되어야 한다.

▼ 표 3–1
단층과 합성유리의 글래스 핀으로서 차이점

단층유리/글래스 핀	합성유리/유리거더
프리스트레스 구조적인 기능을 할 수 있다.	강화유리와/또는 단층유리(최소한 한 장)와 결합 단층유리로 된 합성유리는 두 유리의 파괴시 안정성을 상실하는 반면에, 강화유리로 된 합성유리는 큰 유리 파괴조각으로 인하여 안정이 확보되고 잔류지탱능력을 보유하게 된다.
플로우트 유리의 경우와 마찬가지로 위험성은 작은데 파괴시 유리조각 형태로 붕괴되기 때문이다(DIN 1249).	실제적으로 위험성이 없는데, 파괴된 부스러기가 필름에 부착되기 때문이다.
잔류지탱력이 요구되지 않으며, 단기간에 붕괴된다(자발적인 붕괴).	요구되는 잔류지탱력이 충족된다. 합성유리가 좋은데, 단층유리로서 큰 부스러기가 발생한다.
	파괴상태는 치수에 영향을 받는다.

3. 글래스 핀(Glass Fins)

3.3
초기의 사례들

① **윌리스 훼버 뒤마스**Willis Faber & Dumas **본부동,**
Ipswich(1975)

건축물은 60년대의 현수된 유리의 컨셉을 답습하였다.
2.0×2.5m 크기의 유리에 색체가 가미된 차광유리로 파
사드가 분할되고, 모서리에서 서로 스텐레스강판으로 연
결된다. 각각의 유리판은 상부유리에 현수되고, 전체파사
드는 상부 층바닥에 커튼처럼 현수된다. 층내부에서 층절
반 높이의 수직 캔틸레버의 글래스 핀은 수평하중을 전달
받는다.

② **세인버리 예술센타**Sainbury Centre for Visual Arts,
Norwich(1977)

길게 펼쳐있는 건축물의 양측면에 완전한 컨셉을 인지할
수 있는 전체유리로 마감되었다. 파사드 기둥으로 각각
의 수평과 수직적인 유리파사드의 구분을 최소화하였다.
투명성과 개방성은 포스터의 설계 진면목이었다. 유리와
글래스 핀의 연결이 최종적으로 실리콘으로 봉인되었다.
30.0m의 길이와 7.5m의 높이로 된 역학적인 고정이 없
는 유리파사드이다. 각각의 2.4×7.5m 높이로 서 있는 유
리판은 글래스 핀으로 유지되고 바닥에서 철판 배수로에
얹혀졌다.

▼ 그림 3-3
윌리스 훼버 & 듀마스 본부

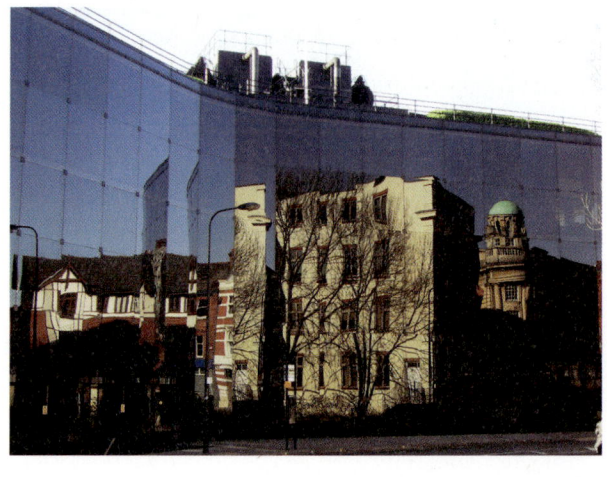

▼ 그림 3-4
세인버리 예술센타

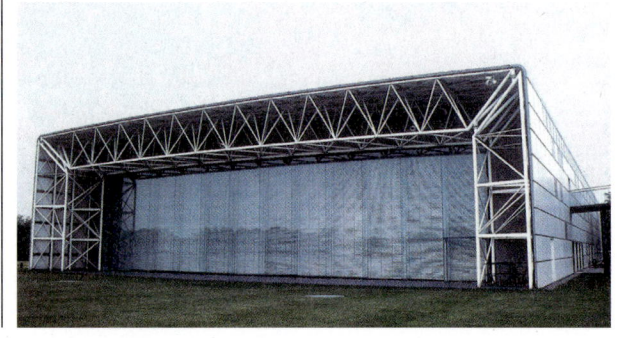

유리건축

③ Now+Zen 레스토랑, London(1990/91)

가능한 외부공간과 레스토랑 면 사이의 큰 접촉을 만들기 위하여 도로면을 완전히 유리로 계획하였다. 주목할 가치는 파사드의 완전한 투명성이다. 그중에서도 대형 유리판, 개개의 지지를 이용하여 달성하였고, 글래스 핀을 이용한 수직분할은 단지 상부 파사드 부분에서 이루어 졌다.

▼ 그림 3-5
Now & Zen 레스토랑

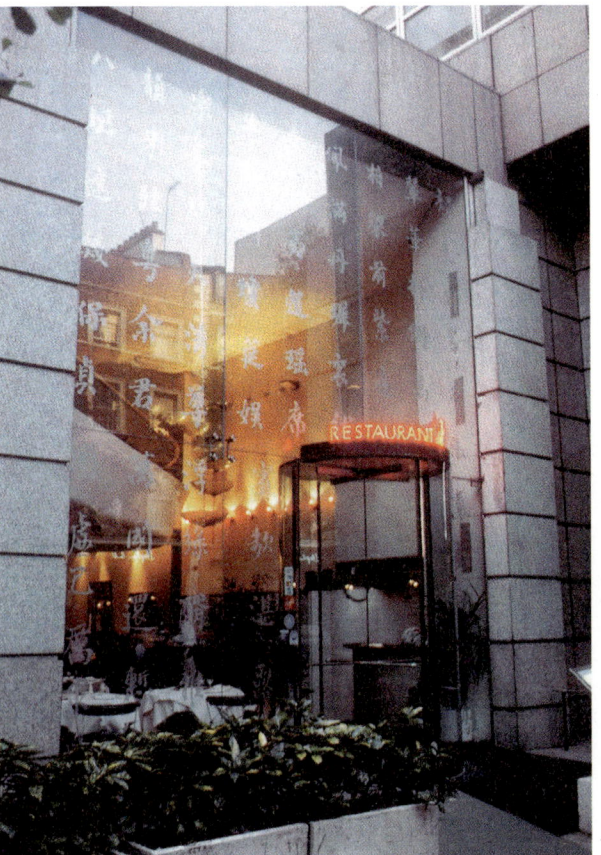
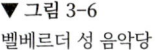

④ 벨베르더 성 음악당Musikgymnasium Schloss Belvedere, Weimar(1991)

10개의 기둥 위에 얹혀 지고 완전히 백색 페인트칠 되어있는 이층 아래에 유리로 된 출입구 층이 있다. 층높이의 유리는 유리 점지지 형태로 연결되어 있다. 수직 글래스 핀은 단지 풍하중만을 부담한다.

▼ 그림 3-6
벨베르더 성 음악당

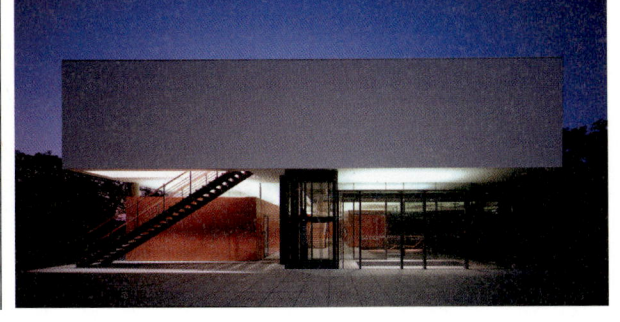

3. 글래스 핀(Glass Fins)

⑤ **지역 역사박물관**Musee d'Histoire de la Ville，
Luxembourg(1996)

박물관의 출입구로서 두 건축물 사이의 중정은 유리파사드
의 방법으로 둘러져 있고 도로 모서리에서 재현된다. 두 번
에 걸쳐 서로 만나고 층높이의 많은 유리로 출입구 파사드
의 외양을 더욱 인상 깊은 글래스 핀이 눈에 뜨인다.

⑥ **샬 드골**Charles de Gaulle **공항, Paris(1997)**

파리의 샬 드골 공항증축의 단기간에 완성 된 도시를 향한
파사드는 거대한 사이즈(15.0×250.0m)에도 불구하고 투
명성은 강한 인상을 주고, 또한 기둥-횡재 구조와 글래스
핀의 조합에서 기술적인 신선함을 준다. 파사드 기둥은 사
이에 글래스 핀이 압착된 두 개의 L-형강으로 구성된다.

▼ 그림 3-7
지역 역사박물관

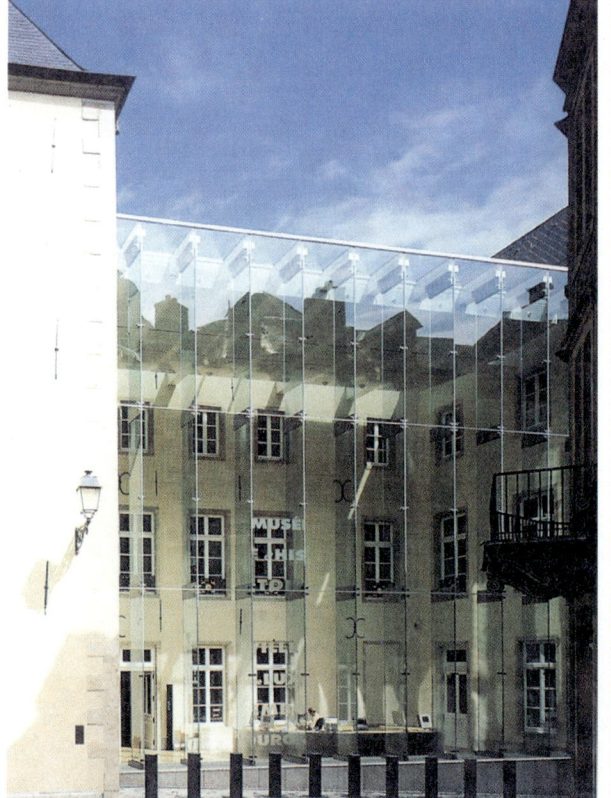

▼ 그림 3-8
샬드골 공항대기실

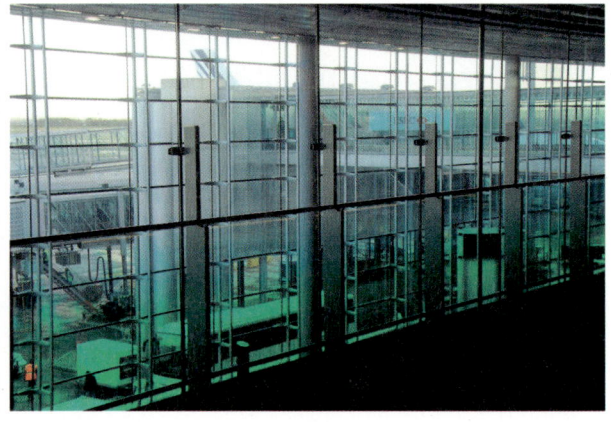

3.4
글래스 핀의 분류

이미 논의 된 사례는 두 개의 구조적인 시스템으로 분류된다.

① 윌리스 훼버&듀마스, Ipswich
② 세인버리 예술센타, Norwich
③ Now+Zen 레스토랑, London
④ 벨베르더 성 음악당, Weimar
⑤ 외무부, Paris
⑥ 지역 역사박물관, Luxembourg
⑦ 샬 드골공항, Paris

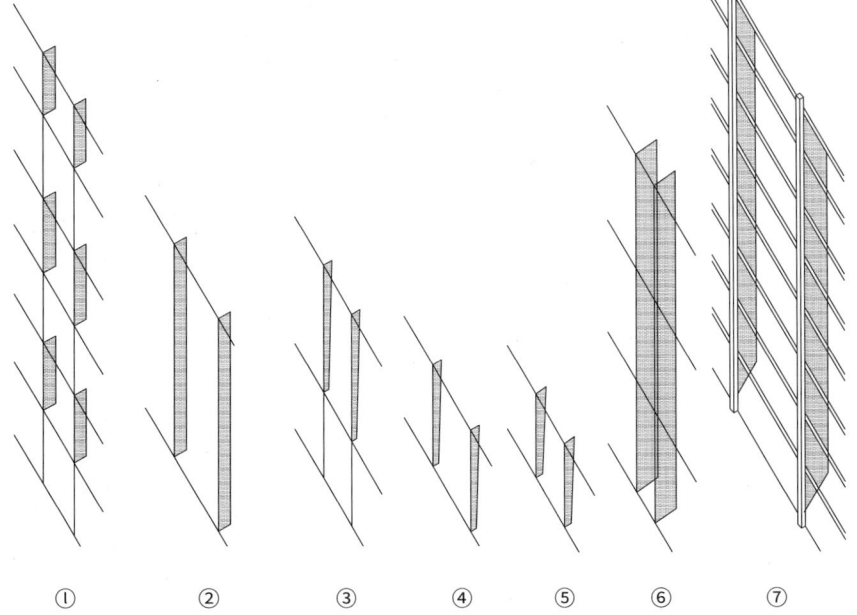

▶ 그림 3-9
글래스 핀의 크기 비교

① ② ③ ④ ⑤ ⑥ ⑦

3.4.1
캔티레버 구조

힘은 층 슬래브 또는 지붕구조에 글래스 핀으로 전달된다.

① 윌리스 훼버 듀마스 사무소, Ipswich

글래스 핀은 층 절반높이(2.5m)이고 수직 캔티레버 길이가 된다. 그것은 철재틀과 볼트로 층바닥에 고정되고, 그 앞에 계획된 유리의 선형태 하중 및 그 하부에 놓여 있는 점하중을 지지한다.

▼ 그림 3-10
윌리스 훼버 & 듀마스 본부의 파사드 구조

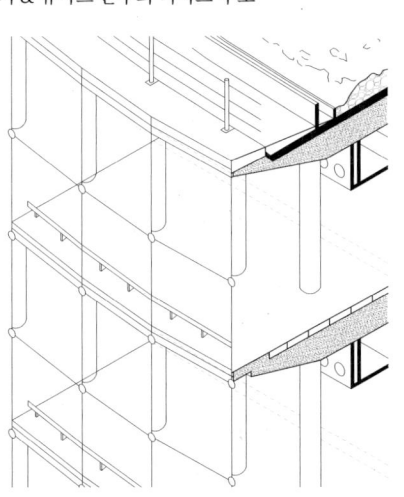

② Now+Zen 레스토랑, London

4.5m 높이의 사다리꼴 형태의 글래스 핀으로 된 파사드 높이 7.5m는 철과 볼트로 층바닥과 함께 고정되어 현수되지만 하부에서는 자유로이 지지된다. 상부에서와 같이 상부유리로부터 선형태의 하중과 하부에서의 점하중으로 전달된다.

▼ 그림 3-11
Now & Zen 레스토랑 파사드 구조

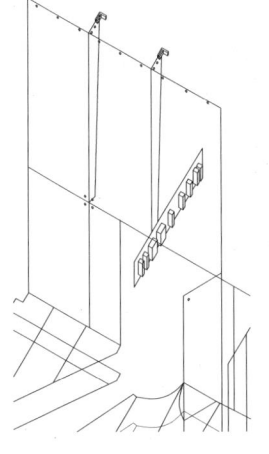

3. 글래스 핀(Glass Fins)

3.4.2
단순보 구조

글래스 핀으로 부터 발생하는 힘 전달은 상부에서 뿐만 아니라 하부 지지점에서 발생한다.

① **지역 역사박물관**Musee d'Histoire de la Ville, **Luxembourg**

12.0m 높이의 유리보강은 두 번에 걸쳐 강접으로 이루어지며(연결부재: 스텐레스강판, 볼트연결), 하부단부에서는 수직방향으로 운동하도록 지지되며 동시에 하부점은 수평으로 발생하는 하중의 전달을 위하여 지지대가 계획된다. 상부의 파사드 단부에 전달되는 점하중은 지붕구조로 계속된다.

② **벨베르더 성 음악당**Musikgymnasium Schloss Belvedere, **Weimar**

힌지형태의 글래스 핀은 바닥 및 층에 통합된다.

▼ 그림 3-12
지역 역사박물관 수평 & 수직 단면도

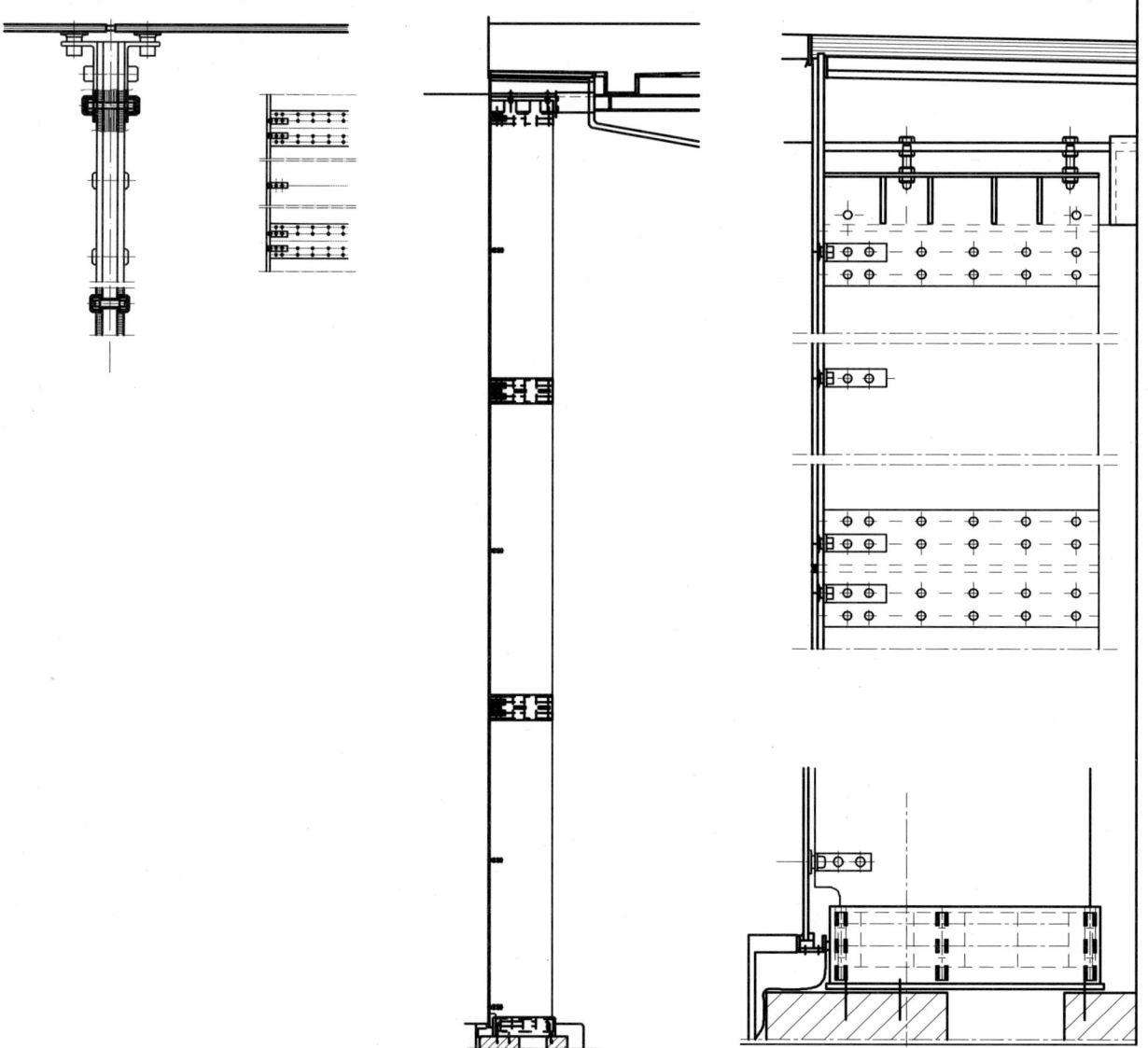

③ 세인버리 예술센타Sainbury Centre for Visual Arts, **Norwich**

바닥점에 메탈 캡으로 바닥부분에 현수시키는 것과는 달리 바닥판에서 고정되는 입식 유리파사드이다. 지붕 트러스의 하현재에 있는 상부 연결지점에서 파사드 유리는 연속되는 압착판 위에 고정되고 글래스 핀은 각각 긴 천공을 통해 하현재와 연결된다.

④ 샬 드골Charles de Gaulle **공항, Paris**

글래스 핀은 두 부재의 파사드 기둥의 L-형강 사이에 고정되고, 힘은 철판바닥 및 기둥-횡재 구조의 상부 연결부로 전달된다.

▼ 그림 3-13
세인버리 예술센타 상부 디테일

▼ 그림 3-14
세인버리 예술센타 하부 디테일

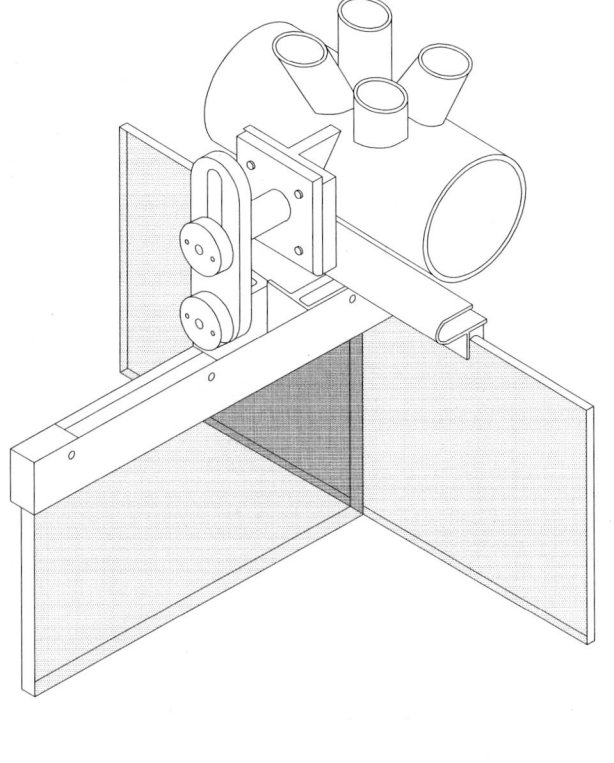

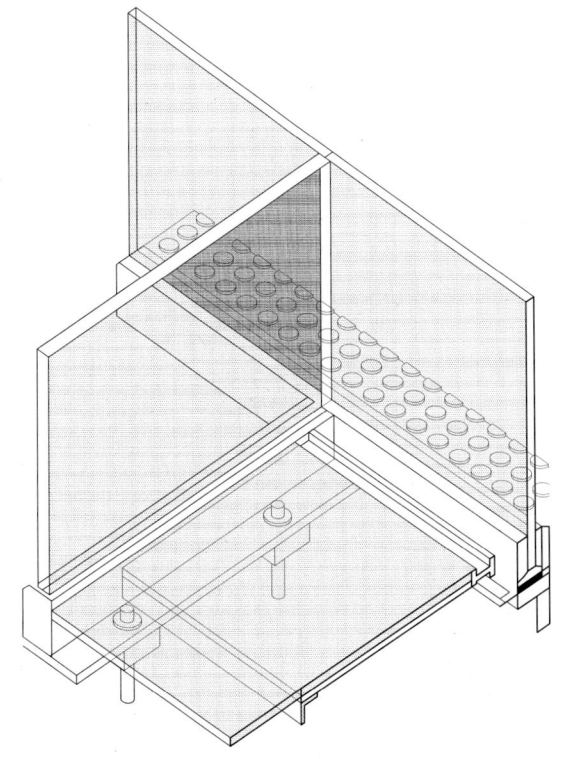

3. 글래스 핀(Glass Fins)

3.4.3
유리와 글래스 핀의
힘의 전달

역시 힘의 전달은 기본적으로 2가지 시스템으로 분류된다.

1) 점형태의 힘의 전달
T-작용(글래스 핀의 압축부분에서의 좌굴)은 전체 구조물 길이에서 아니고 단지 점지지 부분에서 일어난다.

① **지역 역사박물관**Musee d'Histoire de la Ville, **Luxembourg**

파사드와 글래스 핀 사이의 공기 사잇공간과 이음매가 있다. 힘은 2.0m 간격의 한 점지지를 통하여 전달된다.

② **벨베르더 성 음악당**Musikgymnasium Schloss Belvedere, **Weimar**

힌지형태의 글래스 핀은 바닥 및 층에 통합된다.

▼ 그림 3-15
지역 박물관 파사드

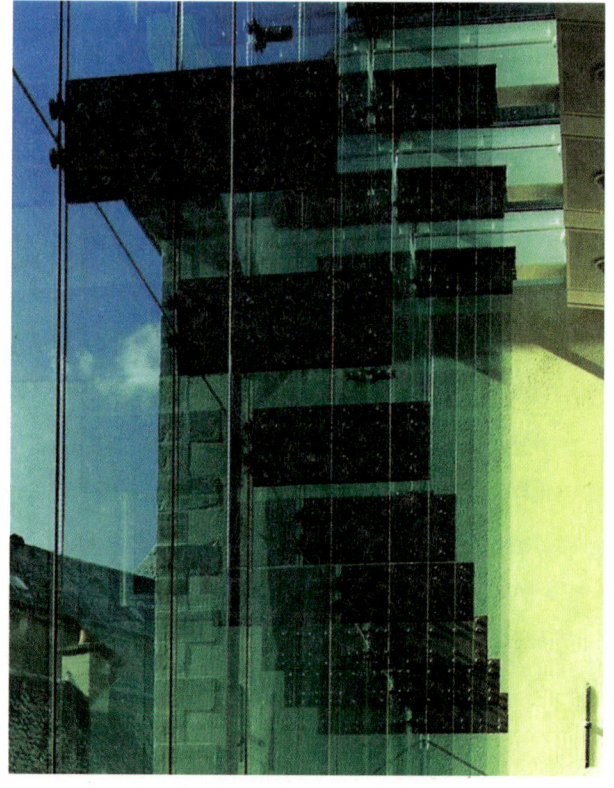

▼ 그림 3-16
벨베르더성 음악당 수평단면 디테일

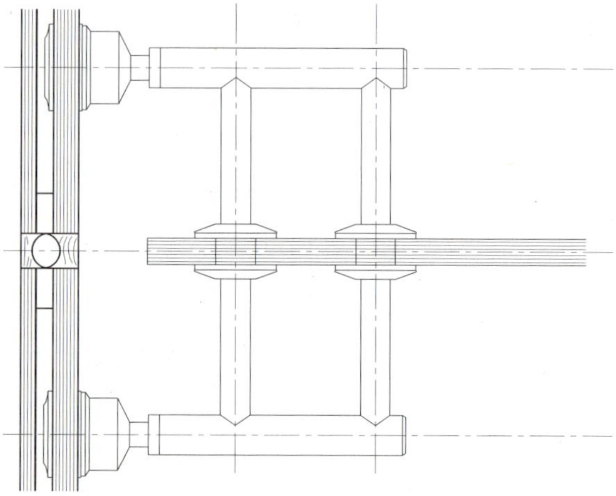

2) 선형태의 힘의 전달
T-작용은 점지지 형태와는 대조적으로 여기에서는 유리와 글래스 핀 연결의 전 체길이에서 일어난다.

① 세인버리 예술센타Sainbury Centre for Visual Arts, **Norwich**

유리판과 글래스 핀의 실리콘 재료의 봉합으로 선형적으로 힘이 전달된다. 글래스 핀는 파사드 유리를 위한 지지대 역할을 하며, 두꺼운 글래스 핀이 요구된다.

② 샬 드골Charles de Gaulle **공항, Paris**

파사드 유리와 글래스 핀의 연결을 통한 선형적인 힘의 전달이 외부에 있는 두 개의 파사드 기둥 위에서 이루어진다.

▼ 그림 3-17
세인버리 예술센타 글래스 핀

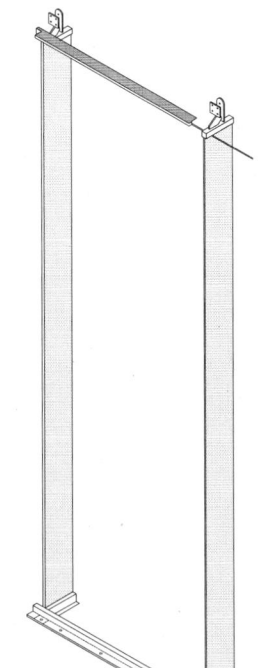

▼ 그림 3-18
샬 드골 공항 디테일

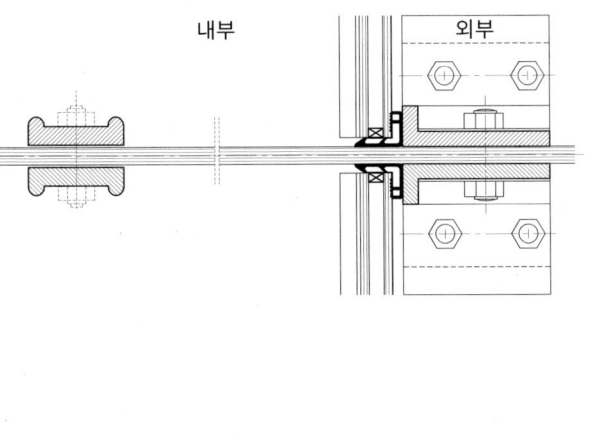

3. 글래스 핀(Glass Fins)

3) 점과 선형태의 힘의 전달, 혼합형태
하부에 계획된 구조적인 역할을 하는 글래스 핀과 유리의 선형적인 연결(실리콘 연결형태로)이 된다.

▶ 표 3-2
점형태와 선형태 지지의 비교

점형태의 지지	선형태의 지지
단지 선형태의 부재로서 이음	선형태 지지는 이음부분보다 넓다. 섬세함이 저하
구조적인 우회/과대비용	구조적으로, 논리적이고, 직접적인 힘전달
불확실한 응력분배와 점형태 고정부분에서 모서리의 품질: 점지지는 건축재료 유리의 재료의 특성적인 속성에 적합하지 않다.	선형지지는 유리와 추가응력을 발생시키지 않으며, 유리의 민감한 단면 모서리를 보호한다.
부재의 공간적인 분리로 시각적인 명확성	기능혼합, 각각 구조부재의 명확한 분리가 없다.

① 윌리스 훼버 듀마스 사무소, Ipswich

형의 힘전달은 글래스 핀의 단부에 약간 변경된 필킹톤-표준압착판(오늘날 널리 사용되는 두 점지지의 효시—그중에서 차이점은 유리보강과 유리사이간격이 없는)에서 일어난다.

▼ 그림 3-19
윌리스 훼버 & 듀마스 오피스 파사드 구조시스템

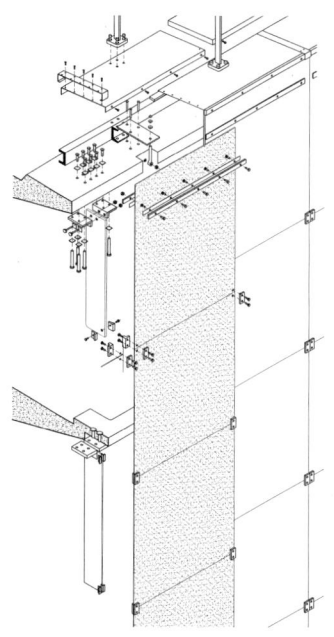

② Now+Zen 레스토랑, London

점형태의 힘전달은 글래스 핀의 단부에 두 점 고정(원형강 20.0mm, Planar)에서 발생한다. 유리와 글래스 핀의 실리콘 선형태의 연결이 4.5m 높이의 유리좌굴 및 글래스 핀 좌굴을 방지하는 즉 T-작용을 하는 확실한 구조기능을 담당한다.

▼ 그림 3-20
Now & Zen 레스토랑 이소메트리

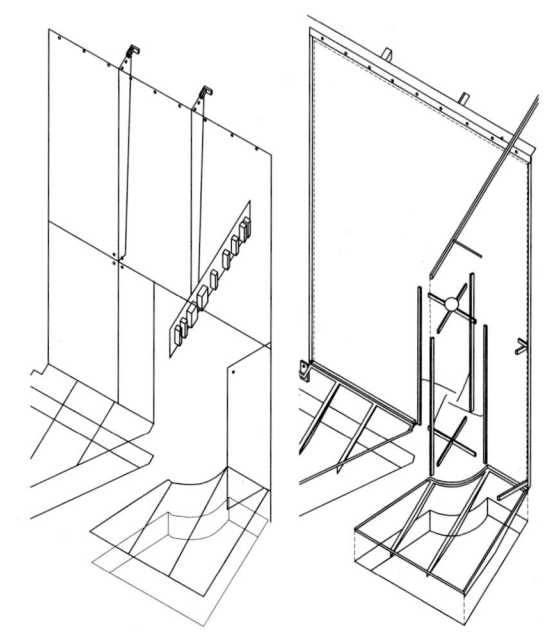

유리건축

3.5
평가와 미래 전망

점형태 지지는 힘전달을 위한 구조적인 전환을 의미하고, 개개 부재의 명확성이 강조된다. 글래스 핀의 파사드와 순수한 보강기능과는 관련이 없어 보인다. 선형태의 지지는 직접적 그리고 구조적으로 논리적이고, 또한 연결에서 기능혼합이 분리되지 않는다.

최신 사례로서 Facade Ville—적합한 글래스 핀 파사드인가?
모든 다른 사례와는 대조적으로 유리의 풍압보강을 통하여 기둥단면을 최소화하고 그럼에도 불구하고 축간격을 크게 할 수 있는 전형적인 기둥-횡재 구조이다.
과다한 재료와 역학에 관해서 두 부재의 파사드 기둥사이의 선형지지로 유리보강이 크게 세장하도록 최적화되었다. 보다 큰 투명성과 경량성, 좁은 축간격을 위해 기둥-횡재 시스템 없는 파사드 구조로서 가능할까하는 의구심이 생긴다.

3.6
안전과 계산

건축재료 유리는 큰 취성으로 크기를 정하는데 어려움이 있다. 현장에서 필할 수 없는 균열과 흠집과 같은 소소한 재료결함은 최고응력의 발생 원인이 된다. 철과 콘크리트와 같이 변형되고, 소성으로 변하는 건축재료에 있어서 이것은 타일재료로 철거 될 수 있는 반면에 유리의 경우에서는 불가능하다. 특별히 단면모서리는 유리구조와 유리부재의 불확실한 상태로 된다.
이러한 문제에 대한 가능한 조치는 테두리의 인장하중의 축소되기 때문에 모서리의 하중제거(프리스트레스로 인한 미리 압축력을 가함)를 위해 프리스트레스를 가한다. 재하기간에 따라 다르게 계산되어야하고 안전계수가 변하기 때문에 계산이 어렵다(구조물의 안정으로서 안전계수는 단기하중으로 계산됨).

계산 사례

H파사드	유효구조물 길이/하중을 받는 높이
B파사드	하중을 받는 폭
t유리	글래스 핀 높이
d유리	글래스 핀 두께

3. 글래스 핀(Glass Fins)

$$허용 \, \delta = \frac{M}{W} = \frac{\dfrac{q \cdot l^2}{8}}{\dfrac{bh^2}{6}}$$

$$q_{풍하중} = const. :$$

$$\frac{l^2}{h^2} = const. = \frac{l}{h} = const. \rightarrow \frac{H_{파사드}}{t_{유리}} = c_1$$

$$q = B_{파사드} \cdot \overline{q} :$$

$$\frac{\dfrac{B_{파사드} \cdot \overline{q} \cdot H^2_{파사드}}{8}}{\dfrac{d_{유리} \cdot t^2_{유리}}{6}} = const. = c_3 = c_1^2 \cdot c_2$$

$$\frac{B_{파사드}}{d_{유리}} = c_2$$

$$\frac{H_{파사드}}{t_{유리}} = c_1$$

파사드 하중 : 풍압 q :

$< 8.0m : c \times q_0 = 0.8 \times 0.5 N/mm^2 = 0.4 N/mm^2$

$8.0 \sim 20.0m : c \times q_1 = 0.8 \times 0.8 N/mm^2 = 0.64 N/mm^2$

계산 사례

▼ 표 3-3
기술적인 사례 데이타

파사드 높이 [m] × 0.14 = 글래스 핀 깊이[cm]

건축물	Faber & Dumas Ipswich	Sainbury Centre Norwich	Now+Zen London	Musikgym. Weimar	Musee d'Historie Luxemb.	Facade Ville Paris	중간치
파사드 높이[m] H파사드	15.0	7.5	7.5	3.5	12.5	15.0	
축간격[m] B	2.0	2.92	2.0	2.0	1.27	4.65	
관계면적[m²]	10.0	21.9	9.0	5.0	15.24	69.75	
깊이[m] t유리	0.5	0.4	0.35	0.2	0.75	0.8	
두께[m] d유리	0.02	0.035	0.025	0.02	0.019	0.02	
유리-볼륨 [m³]	0.02	0.16	0.04	0.018	0.17	0.26	
관계면적/볼륨 [/m]	375	131.3	300	285.7	89.1	267.2	
H파사드/t유리 =c_1[m/cm]	0.09	0.125	0.17	0.14	0.16	0.17	**0.14**
B파사드/d유리 =c_2[m/cm]	1.0	0.8	0.8	0.71	0.67	2.32	**1.0**
$c_1^2 \times c_2$ =c_3	0.009	0.0125	0.023	0.013	0.017	0.064	**0.015**

유리건축

4

유리기둥과 압축재

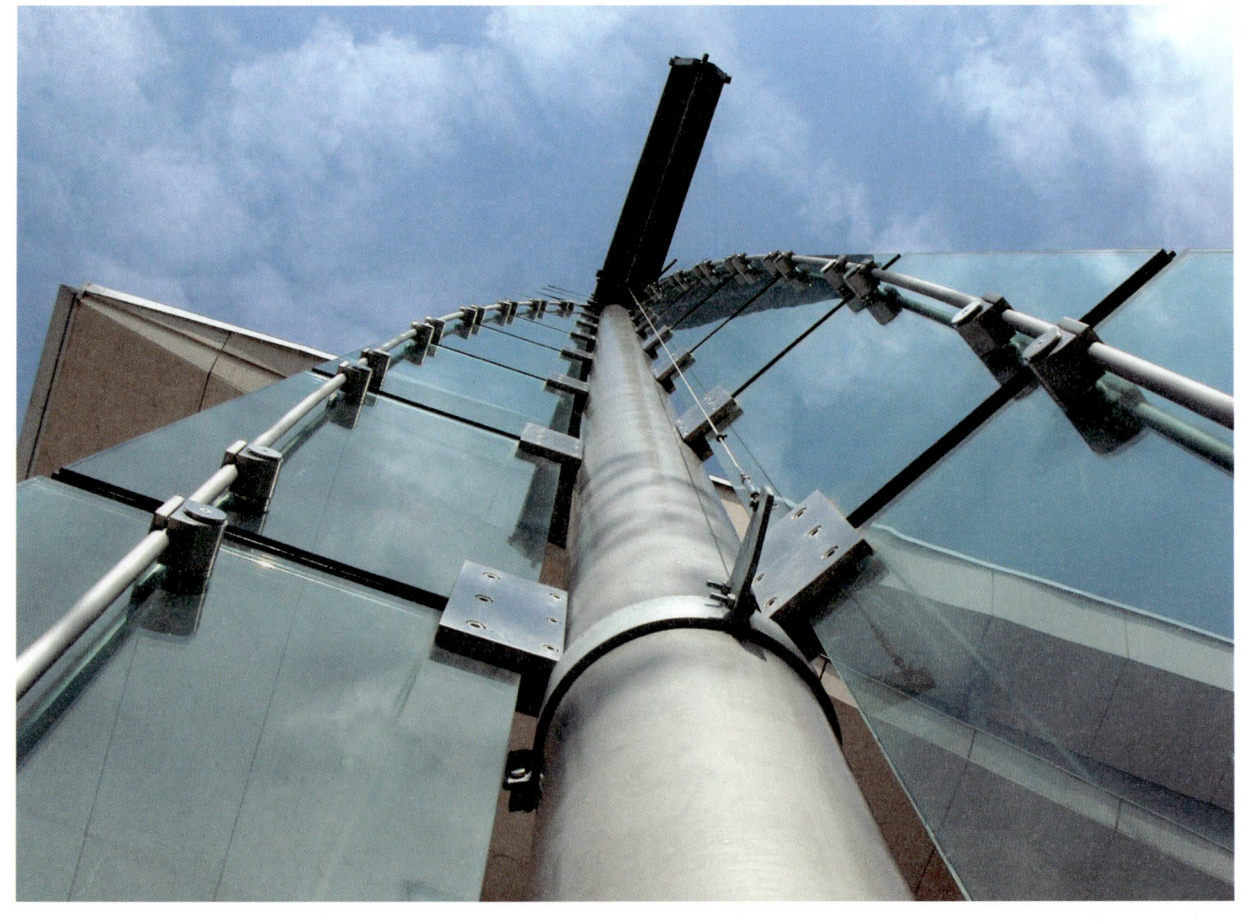

▲ Germany Pavilion, Hannover

유리기둥과 압축재

4

4.1
역사적 배경

19세기의 런던 수정궁의 건축은 두 가지의 요소를 통해서 가능했다. 한편으로는 건축재료 유리를 새로이 다루는 구조 엔지니어에 의해, 다른 한편으로는 새로운 건축을 위하여 건축재료 유리의 초기적인 사회적인 공감대이다.

키블J. Kibble Palace(1872)과 같은 구조엔지니어 또는 팩스톤J. Paxton은 챗스워스Chatsworth(1836-1849)의 유리식물원과 런던 수정궁에서 구조재로서, 대부분이 보강부재로서 유리재료를 이용하였다. 경험적인 지식과 경제적인 목적으로부터 진보된 유리의 구조적인 이용은 건축물이 오늘날까지 단지 유리가 구조기능 없이 공간외피로서 구조물로 지탱될 정도로 확고한 위치를 얻지 못했다.

이미 1951년에 글라스바우 한Glasbau Hahn 회사는 완전한 유리건축물을 실현하는데 성공하였다. 스팬이 4.0m이고, I-형강과 유리로 된 구조물은 수직으로 서 있는 유리박스(3.50×2.70m)로 구성되었다. 상부 모서리는 구조물의 지지대를 제공하기 위해 내·외부 접착판으로 보강된다.

구조재료로서 유리 프로젝트의 실현 가능성은 새로운 개발된 디테일을 통하여 선택된 구조시스템과 구조적인 이음새에 좌우된다는 사실이 70년대에 다시 나타난다. 그러한 전체적인 컨셉개발을 위하여 엔지니어와 건축가의 긴밀한 협업이 필요했다. 몇몇의 프로젝트에서 유리적용의 가능성을 보여 주었다. 투명한 건축물 외피를 위한 유리사용 이외에 거더와 기둥 같은 구조요소로 적용될 수 있다.

건축물의 에너지에 긍정적인 영향을 주는 정확한 유리사용에 있어서 건축재료 유리의 투명성, 수명 및 정밀성과 유리는 건축물 외피를 위해 탁월한 재료이다. 통합적인 구성요소 소위 IBSIntelligence Building System로서 유리는 건축물이 상호적인 환경조건과 사용조건을 더 이상 구조적으로 대립하지 않고 자체적으로 반응하도록 기여하였다.

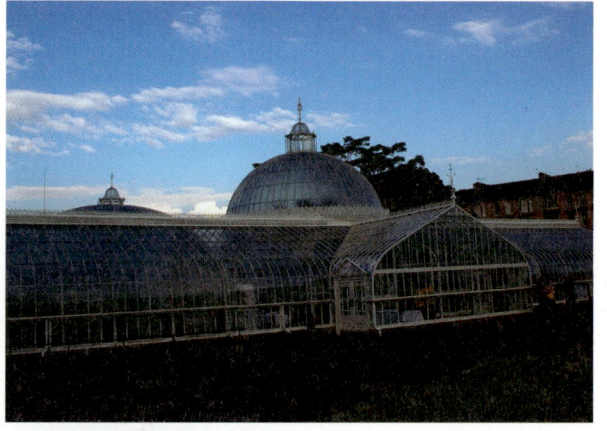

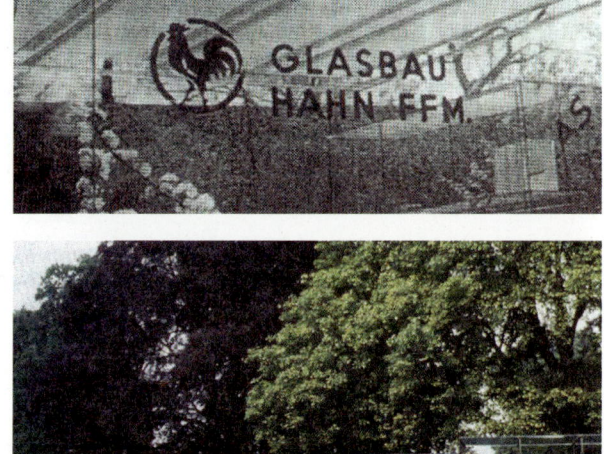

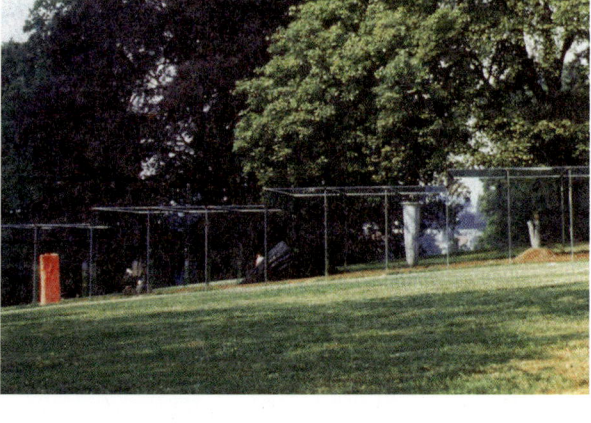

◀ 그림 4-1
키벨 궁, Glasgow, 1872

◀ 그림 4-2
글라스바우 한 파빌론, 1951

◀ 그림 4-3
조각 파빌론, Arnheim Benthem & Crouwel, 1986

4.2
건축재료로서 유리

4.2.1
유리의 특성

유리를 구조재료로 설계함에 있어서 재료특성과 그것으로 발생하는 특별한 사용 조건을 인지하여야 한다. 유리는 한편으로 상당히 큰 압축강도를 갖지만, 다른 한편으로는 상당히 취성적인 재료이다. 강재는 파괴되기 전에 변형이 일어나지만, 유리는 취성으로 파괴된다.

관례상의 유리의 표본실험을 통해 조사된 인장강도와 휨강도는 25-120N/mm²이다. 이러한 큰 편차는 재료의 취성을 통하여 알 수 있다. 현장에서 피하기 힘든 균열과 흠집 같은 재료결점은 최고응력을 유발시킬 수 있다. 철과 콘크리트와 같은 소성변화하는 재료들은 철거될 수 있는 반면에 유리 경우에는 불가능하다. 파괴공학의 도움으로 이러한 붕괴 메카니즘을 명확하게 할 수 있다. 최대균열에서 무엇보다도 균열길이 a와 휨반경 r에 좌우되는 응력집중이 일어난다. 최대균열에 발생하는 응력은 이론적인 강도보다 크다면 균열은 더 진척된다. 전도와 좌굴 안전과 휨하중에 대하여 보다 큰 안전계수로 계산된다.

▶ 그림 4-4
흠집난 유리거더의 응력분배

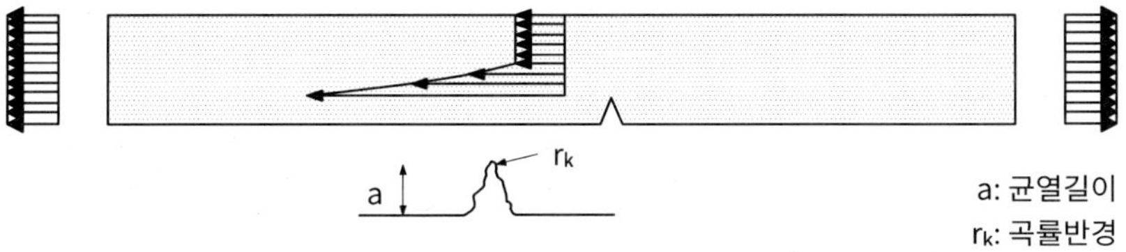

▼ 표 4-1
가공되지 않은 단층유리 허용응력

a: 균열길이
r_k: 곡률반경

원천	허용응력 (N/mm²)	비고
DIN 1249 10장	50	
DIN 18516 4장	40	안전계수 γ=3 단지 수직 건축의 경우
SCHÜCO SG50	50	다음과 같은 경우 유효하다. — 창문과 난간부분에서 수직 파사드 유리 — 경사 유리지붕 — 역시 단층유리, 합성유리 의 경우
SCHÜCO SG50	105	점착제가 제 기능을 하지 못하는 경우 긴급 고정이 되는 경우에는 감소된 안전계수 γ=3
해센주	60	수직 파사드 부분, 철저한 생산감독
해센주	35	수직 파사드 부분, 철저하지 못한 생산감독
제조사: Flachglas, Vegla, Interpane	50	

균열확장(표면손상, 표면크기, 하중기간과 하중크기, 노화 영향과 모서리 상태)에 있어서 상당히 많은 영향 매체변수 때문에 지금까지 허용응력의 수치를 통일하기는 쉽지 않다. 다음 표에서 현재의 상황에 대해서 알아보자.

인장과 휨하중에 있어서 유리거동은 무근 콘크리트의 거동과 유사하다. 이것은 유리가 보강을 통하여 더 강하게 할 수 있다는 것을 의미한다. 섬유나 에폭시 수지로의 유리접착으로 초기 균열하중을 높이는 것이 가능하다. 경우에 따라 두 장을 적층하는 것도 가능하다. 이것으로 파괴하중을 배가할 수 있다.

각 재료의 물리적 특성

플로트 유리	휨강도	45N/mm²
강화유리	휨강도	120N/mm²
강화유리	압축강도	700-900N/mm²
무근 콘크리트	압축강도	15-75N/mm²
강화유리	인장강도	80N/ mm²
목재	인장강도	100N/ mm²

4.2.2
유리종류

우선 현재 많이 사용되고 있는 세 가지 유리에 대해서 알아보자. 플로우트 유리 제작을 시작으로 정련가공에 따라 단층 안전유리와 부분적으로 프리스트레스 된 강화유리에 대해 알아보자. 이러한 두 가지 유리로 여러 장을 조합으로 합성 안전유리가 생산된다.

1) 단층유리

플로우트 유리로부터 온도적인 프리스트레스를 통하여 유리의 인장강도 및 휨 강도를 높일 수 있다. 표면에 압축응력이 발생하는 반면에 코어부분은 인장상태로 된다. 단층유리는 프리스트레스 후에는 추가적인 작업을 할 수 없다는 단점이 있다. 프리스트레스되지 않은 유리와는 대조적으로 단층유리는 붕괴 시에 예리한 조각이 생기지 않고 소형조각으로 부서져 낙하된다.

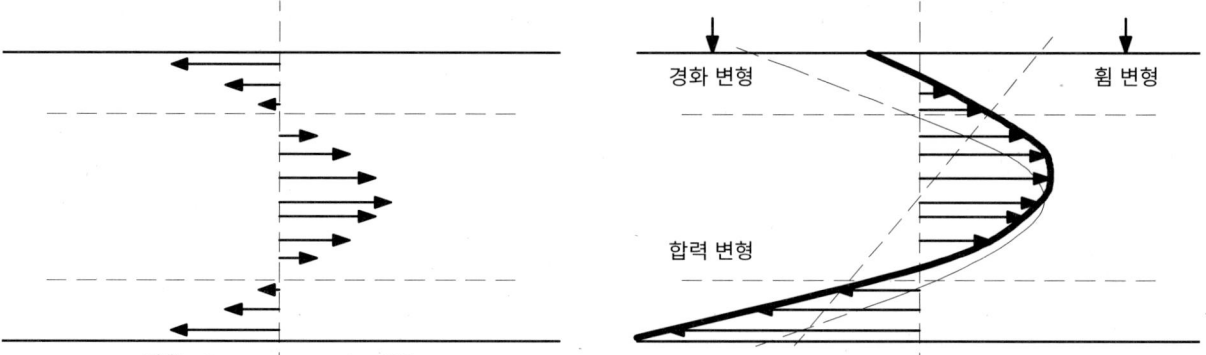

▲ 그림 4-5
단층안전유리의 일반응력분배와
휨상태의 응력분배

2) 합성유리

합성유리로 보다 큰 안전성을 확보할 수 있다. 이것은 폴리비닐부트랄Polyvinyl-butyral로 된 필름을 접착한 두 장 또는 여러 장의 플로우트 유리, 단층유리 또는 강화유리로 이루어진다. 합성유리 사용에 있어서 문제점은 잔여 안전성의 증명이다. 붕괴 시에 유리가 지속성으로 낙하하지 않는 잔여 안전성은 보증할 수 있는 시간의 기준이다. 이러한 시간에 전체하중이 필름과 부서진 유리에 전달되어야 한다.

3) 강화 합성유리

강화 합성유리의 경우에 있어서 장점은 단층유리와 강화유리보다 작은 프리스트레스로 단층유리와 플로우트 유리와 동일하게 된다. 단층유리 경우처럼 작은 프리스트레스로 부서지는 조각은 더 크고 잔여 안전성은 더 길게 보증된다. 프리스트레스로 강도는 플로우트 유리보다 더 높다. 이것으로 허용응력은 대략 $80N/mm^2$ 이다.

4.2.3
유리의 구조적인 이음매

구조적인 주요과제는 허용오차를 조절하고 온도팽창을 가능하도록 강제력이 발생하지 않는 유리지지이다. 예로서 강재 또는 단단한 재료와 접속으로 발생하는 국부적인 최고응력의 구조적인 방지이고, 반면에 전체적인 사용수명이 중요하다. 사잇지지로서 합성재료(폴리우레탄Polyurethan, 네오플랜Neopren), 펠트 Felt 또는 부드러운 알루미늄이 적절하다.

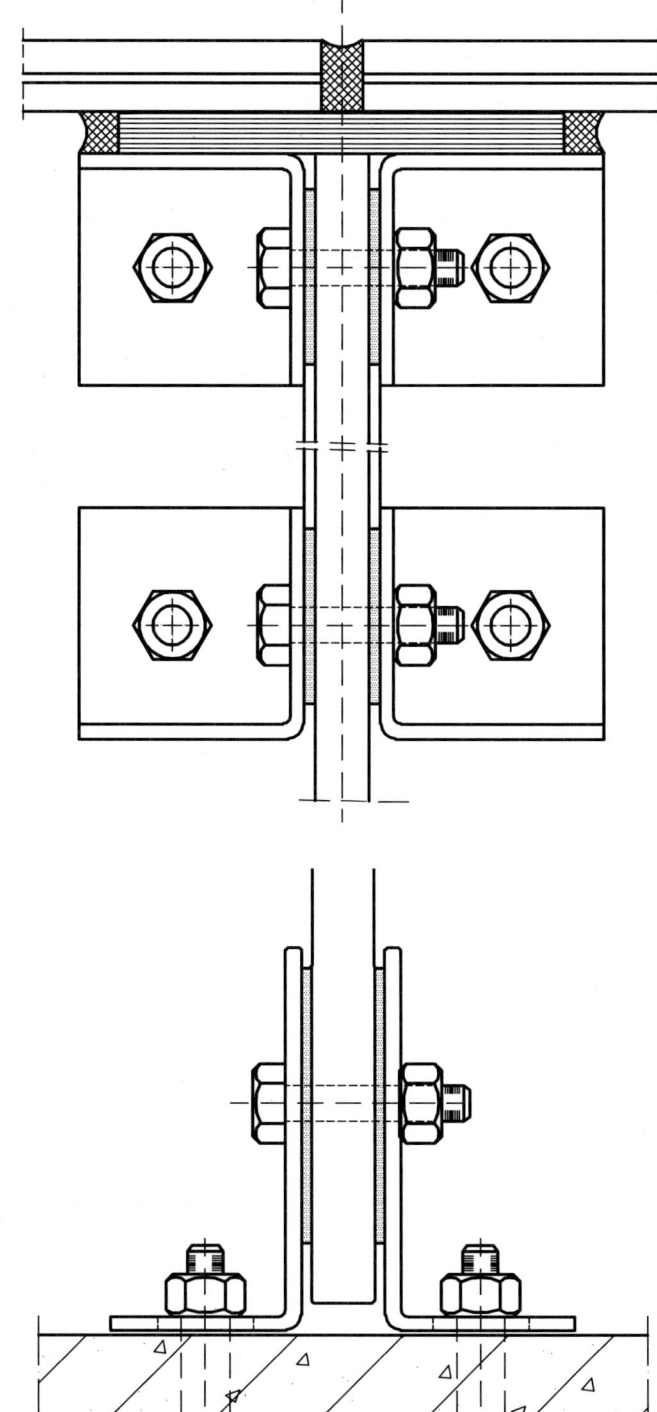

▶ 그림 4-6
조각 파빌론의 상하부 접합디테일

4. 유리기둥과 압축재   — 95 —

4.2.4
유리 건축부재의 계산

콘크리트, 철, 목재 또는 조적조 건축물에서 알려진 계산원칙은 유리두께 치수에는 적용될 수 없다. 그것은 파괴역학적인 기본원칙을 통하여 결정되어야 한다. 취성거동에 대한 유리영향은 상당히 크다. 현장 또는 공공공간에서 특별한 영향(돌 투척, 사격, 폭발 등등)을 고려하여 계산되어야 한다. 그래서 구조적인 기능에서 각각의 플로우트 유리, 단층유리, 강화유리의 사용은 각 재료의 안전성에 관한 컨셉에 맞게 계획되어야 한다.

유리파편과 낙하하는 유리조각의 위험성을 제어하기 위한 대책은 규격, 유리조각 위험지역에서 사람을 멀리하고 합성유리 사용과 같은 광범위한 구조기능의 규제이다.

	축간격 [m]	기둥높이 [m]	기둥간격 [m]	기둥두께 [m]	기둥단면 [cm²]	높이:단면 비 [cm:cm²]	mm²당 기둥하중 [N/mm²]
조각 파빌론 Arnheim	2.00	3.66	0.59	단층유리 15	88.5	4.14:1	0.84
전시 파빌론 Aachen	1.20	2.55	0.24	합성유리 (3 합성유리 à 12.0mm)	86.4	2.95:1	0.20
유리 박물관 Kingswinford	1.10	3.50	0.20	합성유리 (3 단층유리 à 10.0mm)	60.0	5.83:1	0.95
겨울정원 London	1.20	2.40	0.20	합성유리 (3 단층유리 à 10.0mm)	60.0	4.00:1	0.45
로비 St. Germain –en–Laye	4.50	3.50	0.35 + 형태	합성유리 (2 단층유리 à 10.0mm 1 단층유리 à 15.0mm)	245.0	1.43:1	0.50

▲ 표 4–2
실제 시공된 유리 건축물의 치수

재료특성과 파괴거동의 기본적인 토대로 유리재료의 적절한 설계에서 특별하고 큰 의미가 있다는 것은 명료해졌다. 구조적인 건축부재를 위한 유리사용은 두 가지 관점이 두드러진다. 가능하다면 다음과 같은 사항을 방지해야 한다.

— 인장부분에서 균열의 부적절한 작용으로 인한 인장하중을 줄여야 할 것이다. 압축력의 전달은 그와 반대로 상당히 효과적인 결과가 될 것이다.
— 소성변형에 대한 응력집중을 방지해야 할 것이다. 이러한 문제는 힘 전달의 구조적인 구성에 있어서 특별히 고려되어야 한다(예: 점지지).

4.3
주요 사례들

1) 전시 파빌론, RWTH-Aachen

건축가 : RWTH Aachen 학생과 튜터, 건축학부 구조
디자인 연구소(TWL)

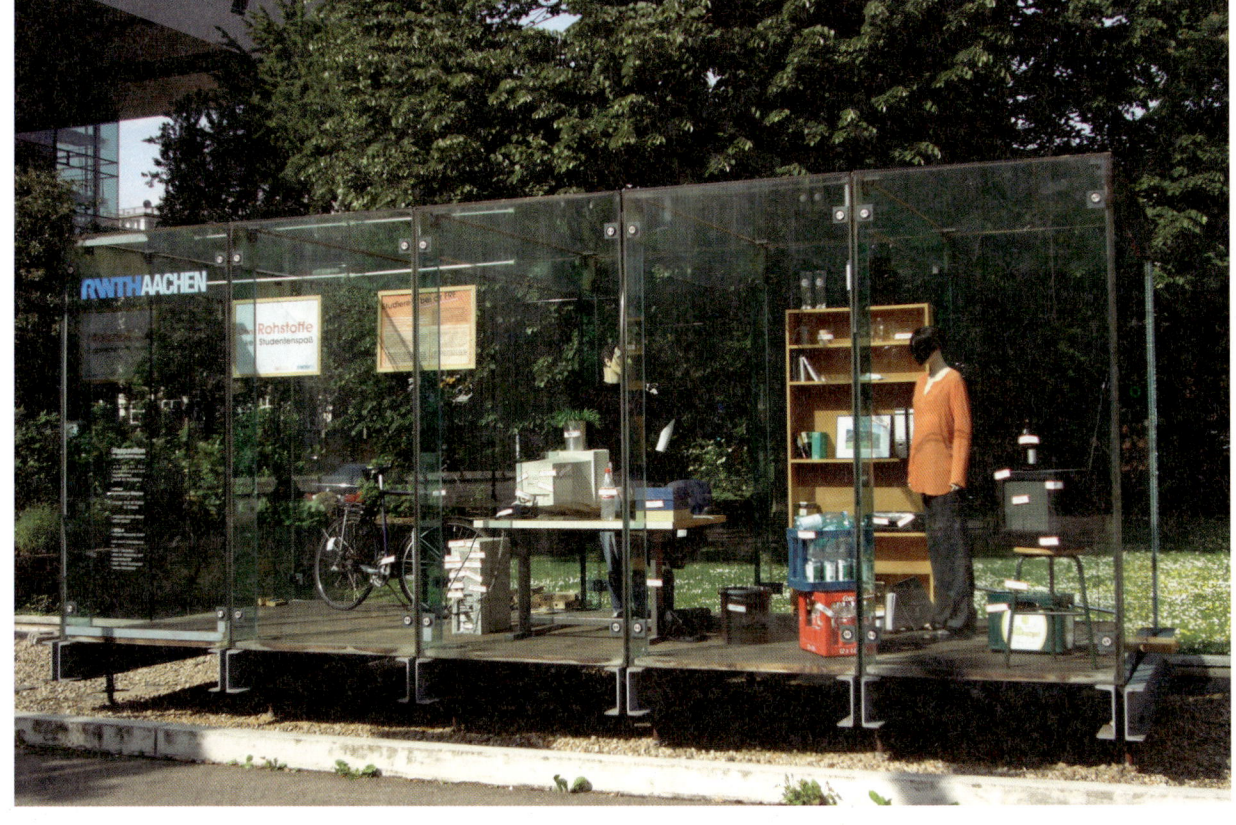

▲ 그림 4-7
전시 파빌론, RWTH-Aachen

① 설계 컨셉

기본적인 컨셉은 단순한 설치조립과 해체가 가능한 투명한 유리박스다. 현장에서 조립할 수 있도록 미리 공장생산된 박스시스템이다.

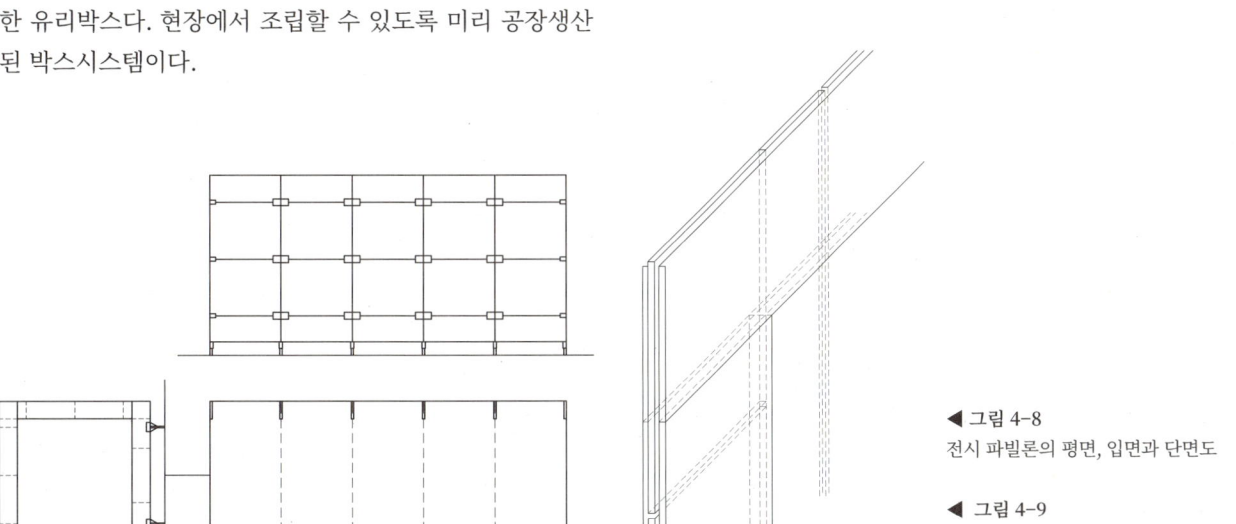

◀ 그림 4-8
전시 파빌론의 평면, 입면과 단면도

◀ 그림 4-9
상부 디테일

4. 유리기둥과 압축재

② 구조와 치수

12.0mm의 단층유리로 된 2.50×1.25m 크기의 유리판은 각각 두 개의 유리거더 위에 선형태로 지지되고 있다. 유리거더는 합성유리와 강화유리로 구성되고 역시 합성유리와 강화유리로 된 고정 유리기둥 위에 얹혀있다. 또한 기둥은 파사드에 작용하는 수평하중을 부담하는 부재로서 역할을 한다.

바닥판 위에 6곳에 두 개의 C-형강은 주춧돌을 형성하고 벽체유리를 지지한다. 각 두 개의 볼트(20.0mm)로 U-형강 사이의 유리기둥을 고정한다. 장방향에서 파빌론은 벽체유리를 통하여, 단방향에서는 고정 유리기둥으로 보강된다.

개개의 유리부재는 상하로 L-형강과 볼트(10.0mm)로 수직천공을 통하여 연결되고, 힘은 미리 천공된 구멍에 유리를 끼워 넣은 소켓 투입구를 통하여 전달된다. 투명한 PVC로 된 3.0mm 긴 부재는 유리부재 사이의 지지대로서 역할을 한다. 볼팅은 단지 상호간의 개개 부재의 고정역할을 한다. 전적으로 힘은 유리로 전달된다. 접착연결은 설치조립과 해체할 수 있도록 가능한 배제되었다.

기둥과 거더와 같은 주요부재는 유리판의 붕괴 시에 예지된 잔여 안정성을 보증하기 위해서 합성유리와 강화유리로 시공되었다. 지붕과 벽체유리는 12.0mm 단층유리가 선택되었다. 이것은 사람이 체류할 수 공간이 아닌 전시공간으로서 파빌론이 컨셉화 되었기 때문에 지붕유리임에도 불구하고 가능했다.

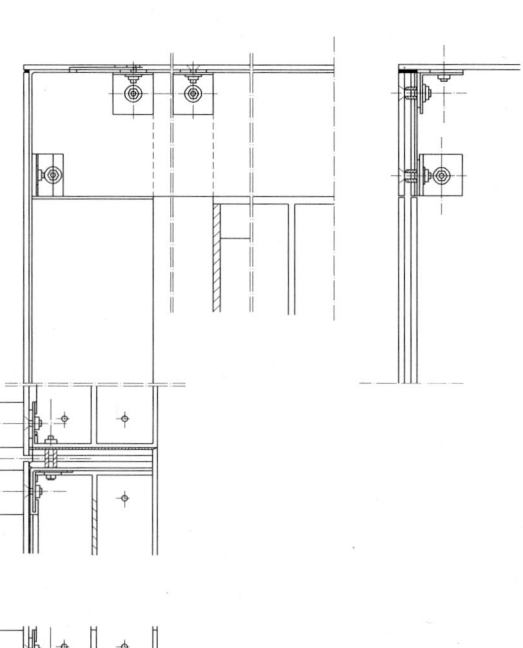

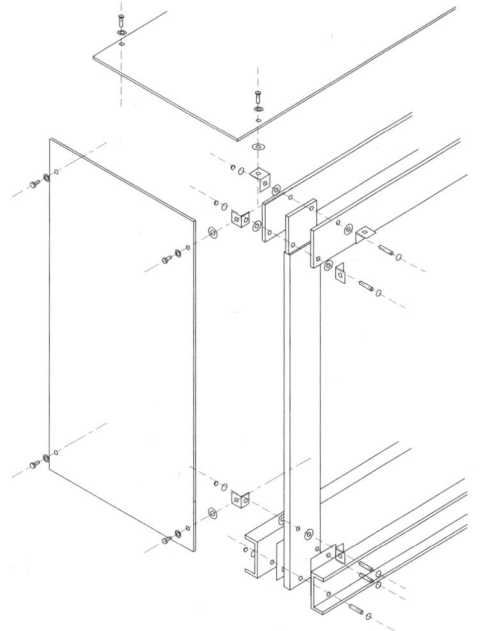

▶ 그림 4-10
상·하부 단면 디테일

▶ 그림 4-11
기둥과 벽체의 접합 이소메트리

2) 브로드휠드 유리박물관Broadfield House, Kingswinford

건축가 : Design Atema, London
구조 엔지니어 : Dewhurst + Partner, London

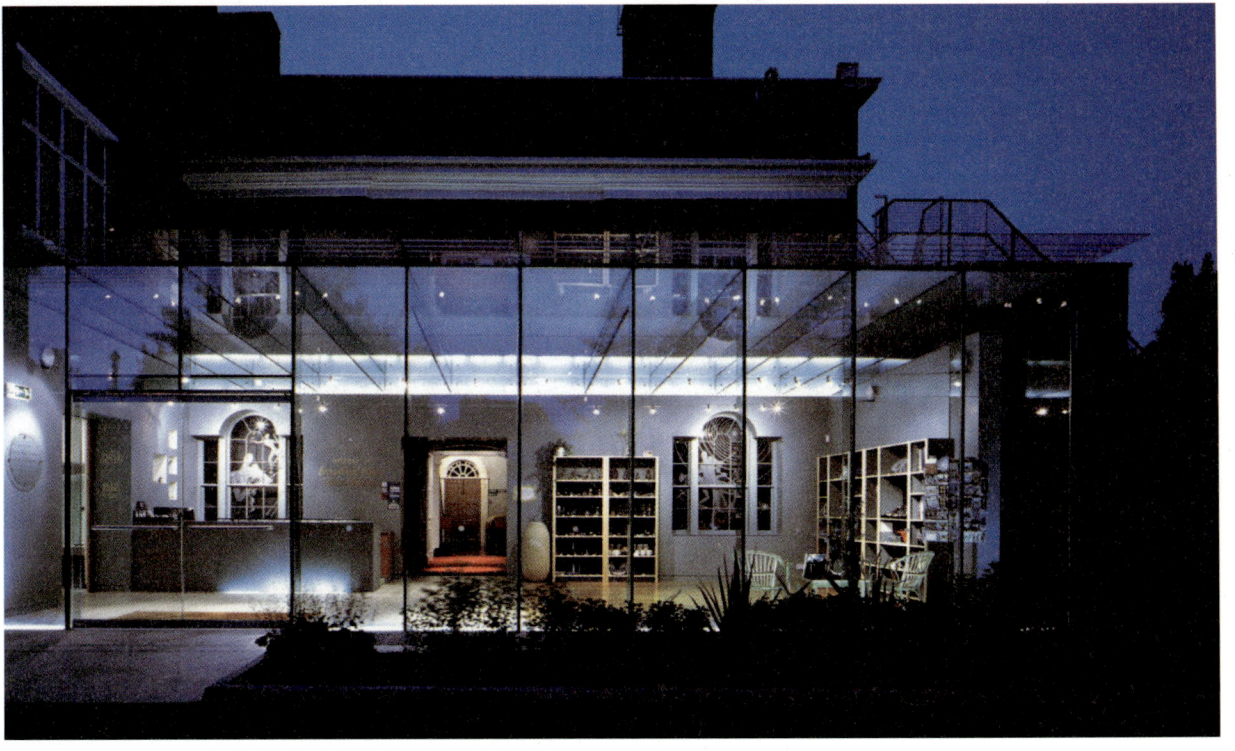

① 디자인 컨셉

19세기 초에 건축된 브로드필드 하우스는 건축문화유산으로 등록되어 있다. 설계경기의 결과로 1993년 가을에 건축가는 박물관 내부시설을 수선하고 건축물의 후벽에 방문객 출입구를 증축하는 계약을 체결하였다.

리차드B. Richad는 설명하기를 "미묘한 해결책을 찾아내고, 유리기술을 표현하여 건축적으로 의도하였지만, 그것이 고 건축물이다는 표현은 없었다. 우리는 방문객이 문화재 보호의 건축물을 새로운 구조를 통하여 볼 수 있도록 투명한 해결책을 제안하였다."

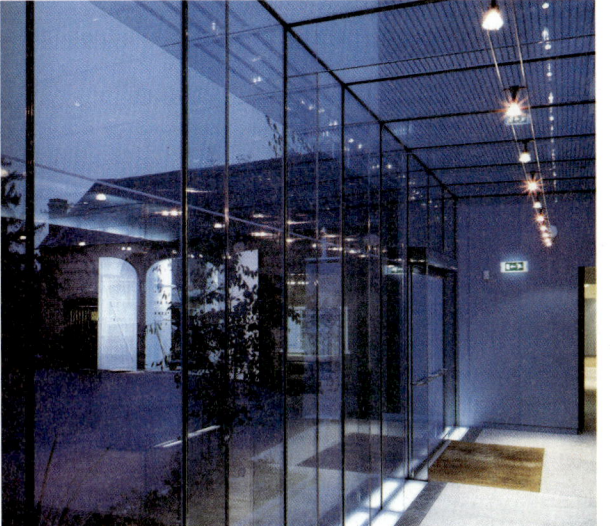

▲ 그림 4-12
브로드휠드 유리박물관의 야간전경

▲ 그림 4-13
유리박물관의 내부전경

▲ 그림 4-14
유리박물관의 평면도

4. 유리기둥과 압축재

② 구조와 치수

증축규모는 11.0m의 길이, 3.5m의 높이, 5.7m의 폭이다. 그것은 고건축물의 후벽에 기대어 놓여 있다. 5.7m의 유리거더는 고건축물의 후벽에서 앞 유리벽체에 1.1m 간격으로 계획된 3.5m의 높이와 20.0cm의 폭의 유리기둥에 걸쳐 얹혀있다.

기둥은 동시에 수평하중을 부담하는 파사드의 글래스 핀 기능을 가지고 있다. 유리거더와 글래스 핀은 각각 3장 10.0mm 두께의 유리로 된 합성유리로 구성되어 있다. PVC 필름으로 일반적인 연결과정을 위해 긴 유리거더인 관계로 그것은 주물수지로 연결되고, 32.0mm의 전체두께를 가지고 있다.

유리거더는 후벽에 강철걸이 위에 얹혀 진다. 거더와 기둥의 장부이음은, 현장에서 주물수지로 시공된다.

남·서측에 증축이 되기 때문에 지붕은 차광유리로 된 외부유리, 10.0mm의 공기층과 망판으로 된 내부유리는 프리스트레스된 11.9mm 두께의 내부 합성유리로 3.7×1.1m 크기의 단열유리 단위로 구성된다. 이러한 조합은 태양광의 투사는 37%로 감소된다. 단열유리 패널은 실리콘으로 거더 위에 접착되고 방수처리 된다. 유리지붕은 후벽에 15º의 경사도를 가지고 청소부를 위해 0.75kN/mm²의 적설하중으로 설계되었다.

저면부분은 프리스트레스된 8.0mm의 차광유리, 10.0mm의 공기층과 10.0mm의 단층유리로 된 3.7×1.1m 크기의 단열유리의 단위로 구성된다. 이러한 조합은 59%의 태양광과 61%의 일광을 투과시킨다. 전면벽체에 있는 두 개의 유리문은 2.2m 길이의 유리낙하 방지턱 아래에서 박스형태와 조립된다.

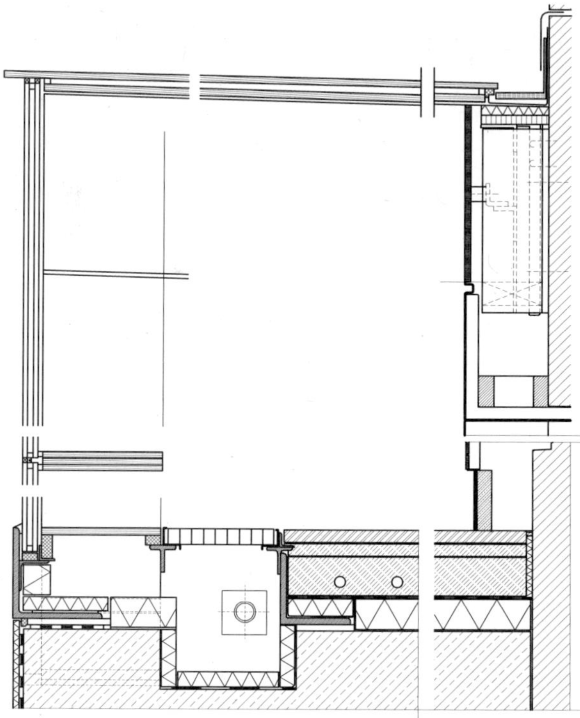

▲ 그림 4-15
유리박물관의 단면 디테일

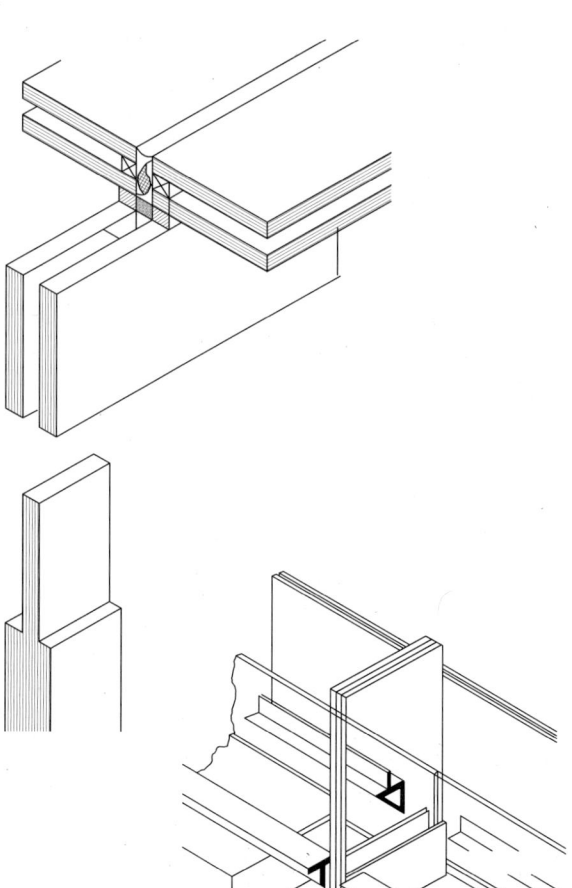

▶ 그림 4-16
유리기둥과 거더 접합 이소메트리

▶ 그림 4-17
하부접합 이소메트리

3) 시청 로비, St. Germain-en-Laye

건축가 : J. Brunet & E. Saunier

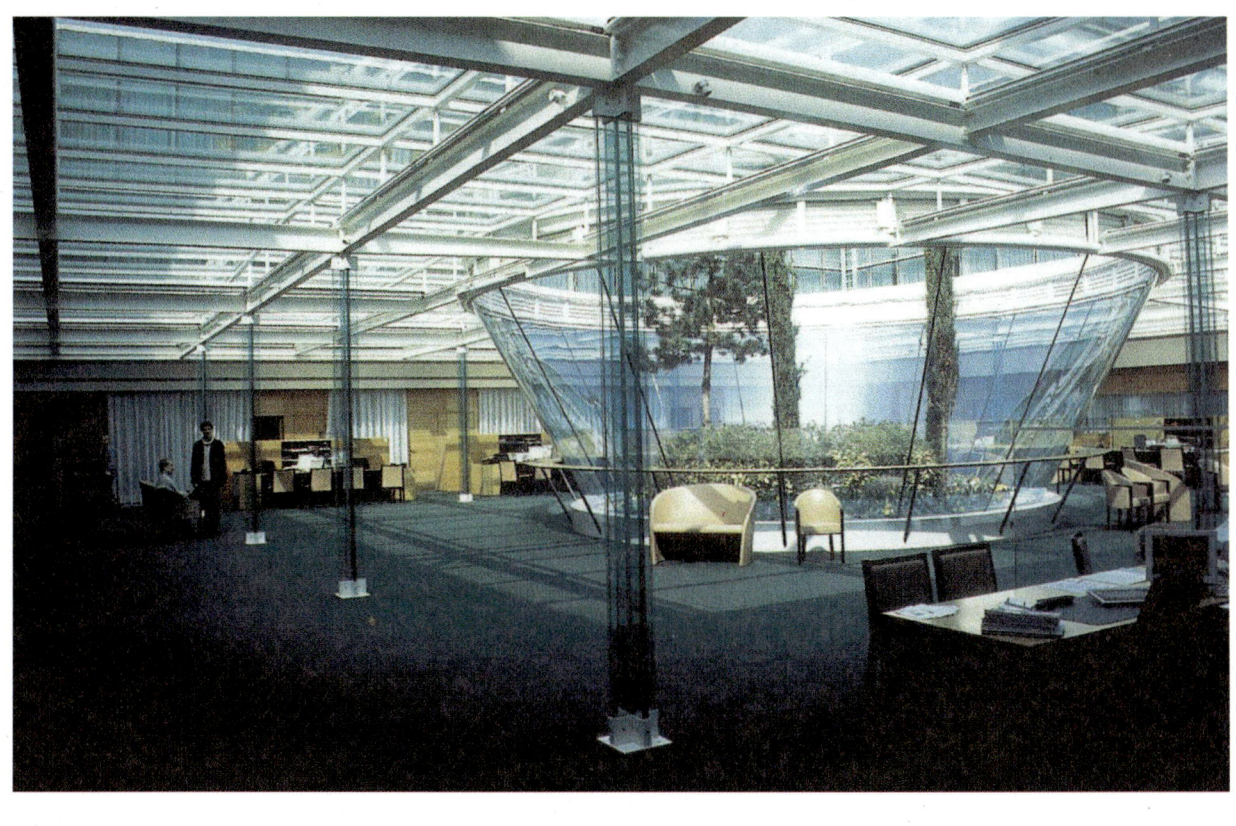

① 디자인 컨셉

시청 로비는 수직하중을 유리의 압축부재로 전달시키는 첫 대형건축물이다.

▲ 그림 4-18
시청 로비의 실내전경

▼ 그림 4-19
유리기둥의 단면 디테일

▶ 그림 4-20
유리기둥의 하부 디테일

② 구조와 치수

주요구조는 두 장의 10.0mm 단층유리와 그 사이에 15.0mm 의 단층유리로 이루어 진 합성유리로 된 십자(+)형태의 기둥 으로 이루어져 있다. 기둥 위에는 약 500m^{2}의 투명하고 평면 지붕을 견고하게 지지하는 철골구조가 놓인다. 지붕유리와 벽체유리는 단층유리와 합성유리로 구성된다.

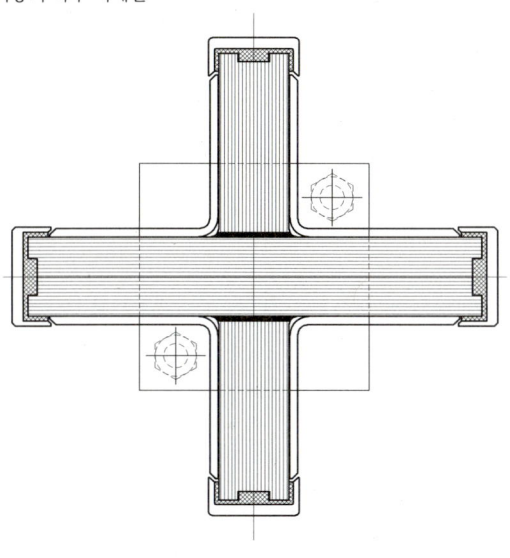

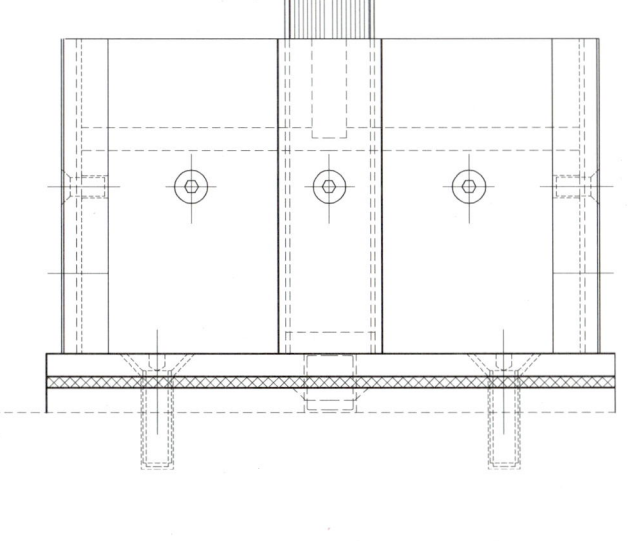

4) 텐시그리티 구조, Glastec Düsseldorf

건축가 : 건축과 학생, S. Gose, P. Teufel
건축구조와 설계 연구소, Lehrstuhl 2, Universität Stuttgart

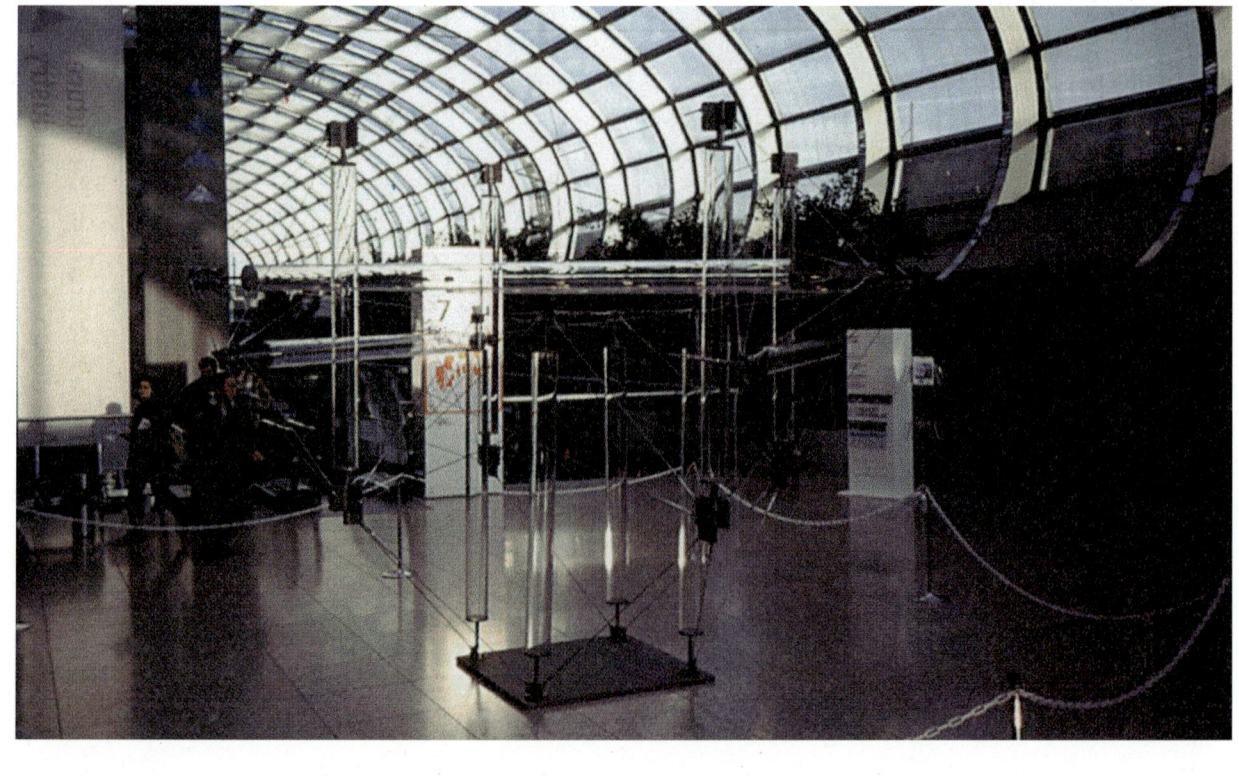

① 디자인 컨셉

파빌론에서 텐시그리티Tensegrity 구조물을 다루었다. 그것
은 단지 압축부재와 인장부재로 된 구조물이다. 텐시그리
티 구조는 케이블과 조합으로 유리의 큰 압축강도를 이용
한다. 압축부재를 위하여 유리관이 이용되었다. 유리는 가
볍게 부유된 것처럼 보이고, 관찰자에게 경량성과 투명성
을 전달한다.
전시 주최자를 위하여 파빌론은 안내구조물로서의 역할이
중요했다. 유리관 내에 글자, 표시판 또는 조명효과를 도
입될 수가 있다.

② 구조와 치수

설계에 있어서 하나의 모바일 건축물로 다루었기 때문에
컨셉은 당기는 케이블을 지반에 전달시킬 필요가 없는 관
계로 구조물이 자기지지형태의 구조물로 발전시켜야 했다.
몇몇의 텐시그리티 부재들은 휨에 강한 링으로 요약될 수
있다. 링에서 개개의 부재는 최소한 세 개로 조립되어야 한
다. 이러한 설계에 있어서 네 개의 부재로 이루어지는 링은
네 개의 기둥위에 똑바로 서 있게 현실화되었다.
절점은 천공이 없고 그것으로 유리의 취약점이 없도록 구
성된다. 모든 힘은 접속부로 전달된다. 직접적인 접속과 그
것으로 인한 유리관과 강철부재 사이에 최대응력을 감소
시키기 위해 사잇층이 필연적이다. 유리와 철의 접착을 위
해 계산과 경험수치를 제출하기 위해 EMPA 바덴 뷰르템
베르그Baden Württemberg주의 연구소Otto Graf Institute에서 실
험되었다.

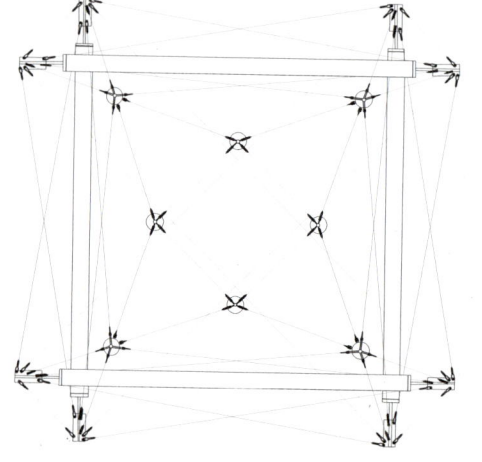

▲ 그림 4-21
유리 텐시그리트 구조, Glastec Düsseldorf

◀ 그림 4-22
단위 구조시스템

유리관의 필요하중은 P=20kN로 설정했기 때문에 실험에 의거하여 단기적으로 P=60kN에 대한 지탱력에 대해 증명되어야 했다.

첫 번째 단계에서 사잇층을 위해 5.0mm 두께의 PU-폴리메어Polymere층을 이용하였다. 첫 번째 하중-변형 그래프에서 하중변화거동이 나타났다. 변형거동이 선형적이지 않음이 나타났다. 실험체에 있어서 사잇층이 측면적으로 밀어낸다는 사실이 관측되었다. 설혹 단기간 실험에서 P=60kN의 지탱력이 증명되었다할지라도 P=20kN의 장기하중에 파괴를 야기할 수도 있다고 추측된다. 실험에 따른 접착층 거동은 역시 유리철판이 이완되기 때문에 만족스럽지 못했다.

두 부재의 에폭시수지 접착으로 계속 실험하였다. 하중은 유리가 파괴가 일어나지 않을 정도인 P=400kN까지 높였다. 하중-변형 그래프는 선형적인 변형거동을 나타내었다. 실험결과를 현실화하는 데 있어서 접착을 위하여 에폭시수지를 사용하였다. 긍정적인 실험으로 기둥을 위해 유리관 사용을 조사하는 계속적인 실험은 의미가 있었던 것 같다.

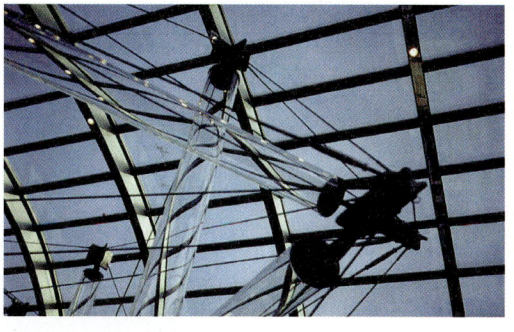

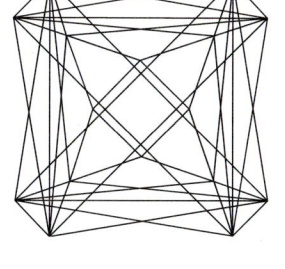

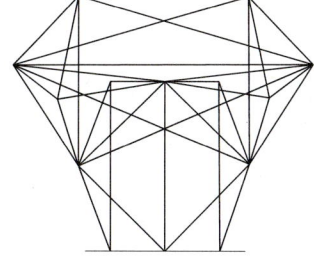

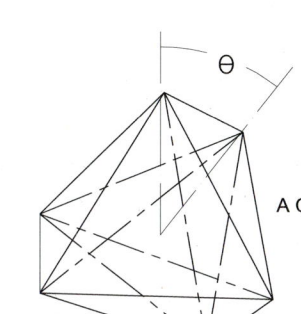

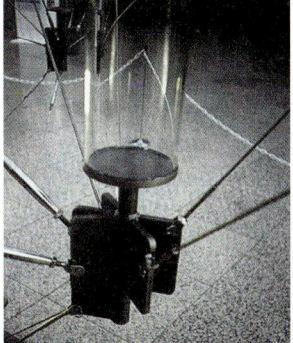

▲ 그림 4-23
상부와 입면에서 본 구조시스템

▲ 그림 4-24
보강되지 않은 트위스트 부재(좌)
보강된 트위스트 부재(우)

▲ 그림 4-25
유리관의 접합 디테일

▲ 그림 4-26
수평 외부절점 디테일

▲ 그림 4-27
하부 절점 디테일

4. 유리기둥과 압축재

5

유리지붕

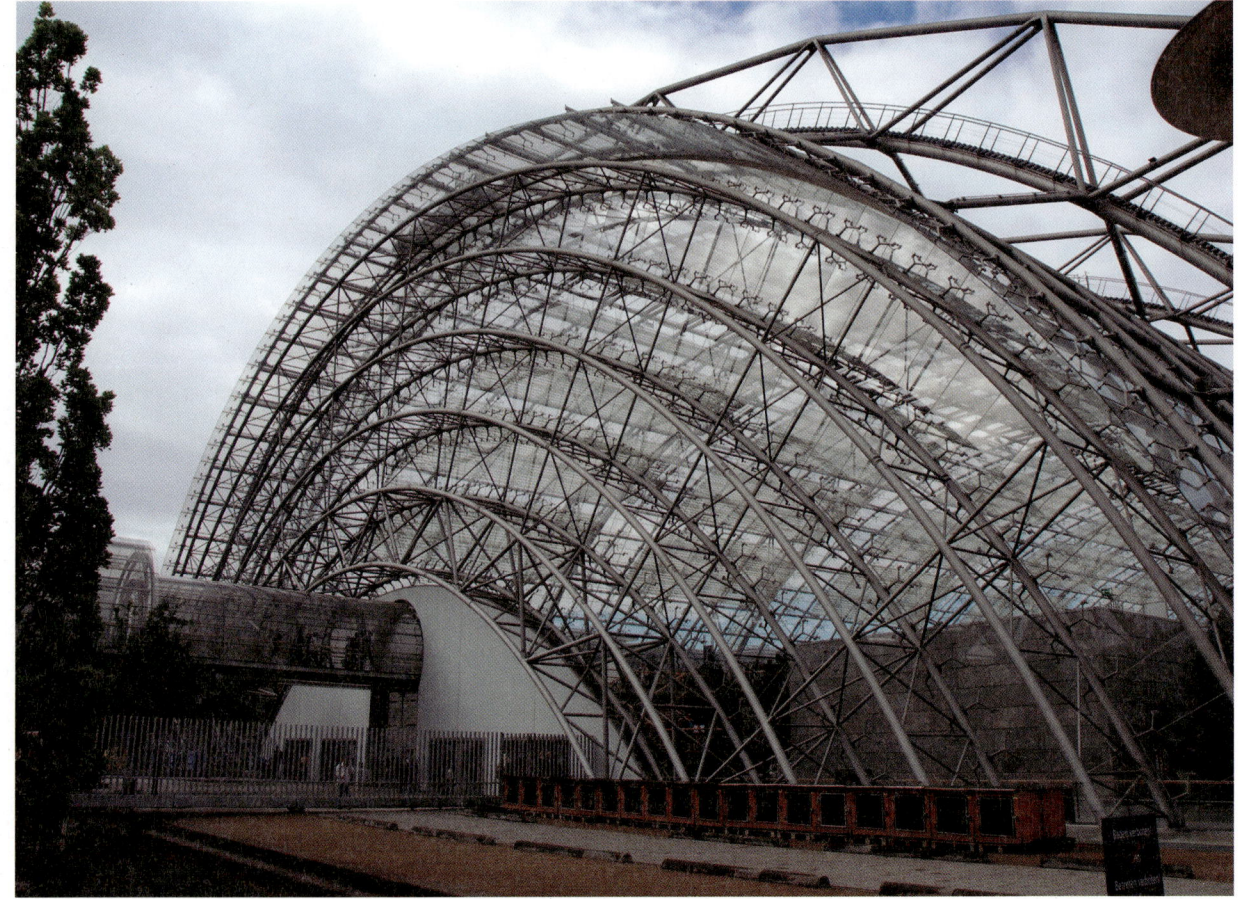

▲ Leipzig Messe, Leipzig

5

윤리지능

5.1
고려사항

유리로 지붕을 덮는다는 것을 시작하기 전에, 유리의 자중과 다양한 성질에 대해서 광범위한 정보가 필요하다. 건축재료의 문제점은 힘의 전달에서 계산될 수 없는 거동에서부터 빛과 열복사를 위한 투과성, 사람의 정서에서 주관적인 투명성 작용에 까지 이른다. 특히 주목할 만한 사항은 건축재료의 붕괴거동에 많이 좌우되는 사용자의 안전이다.

1) 재료, 지탱력

유리는 취성재료다. 그러한 취성거동의 원인은 유리체가 결함 그리고 손상된 부분 없는 완전체가 아니기 때문에 유리의 큰 강도수치의 분산결과다. 매끄럽고 광택이 있는 표면은 근본적으로 우리의 눈으로 볼 수 없는 미세균열과 흠집으로 덮여 있다. 이러한 불연속성은 유리강도가 이론적인 강도의 0.5-1.0%에 불과하다는 것 이다.

단지 $1.0cm^2$의 유리표면적에 언급된 약 5만여개의 미세균열을 발견할 수 있다. 또한 표면의 부식술을 이용하여 이것은 어느 정도 제거되고, 균열의 깊이가 방지된다. 역시 그것에 있어서 균열속도에 영향력이 있는 최고 폭의 곡률반경은 크게 된다. 그로 인하여 상당히 강도를 증가시킬 수 있고, 수명도 늘릴 수도 있다. 일반적으로 수명은 50년이고 계산에서 사용될 수 있다. 허용응력은 플로우트 유리의 경우에 $30N/mm^2$, 단층유리 경우에 $50N/mm^2$이다. 각각의 단기강도는 앞서 제시된 수치이상인 150%까지 이른다.

유리부재의 두께에 있어서 전단력은 풍하중과 적설하중 때문에 구조물 높이에 비하여 큰 변형을 일어남에 주의할 필요가 있다. 이러한 맥락에서 단층유리와 여러 장의 단열유리의 두께산정에 대한 연구에서 헤스R. Hess는 네 면지지의 가정 하에 응력계산에 막이론의 적용에 대해 부정적이었다. 헤스는 응력흐름이 비선형임을 암시하였고, 그것으로부터 다음과 같은 사항을 고려해야 한다.

▼ 그림 5-1
휨에 대한 막응력

▼ 그림 5-2
네 면지지 유리에서 힘의 분배

▶ 그림 5-3
막구조 이론에 의한 비선형 힘의 흐름

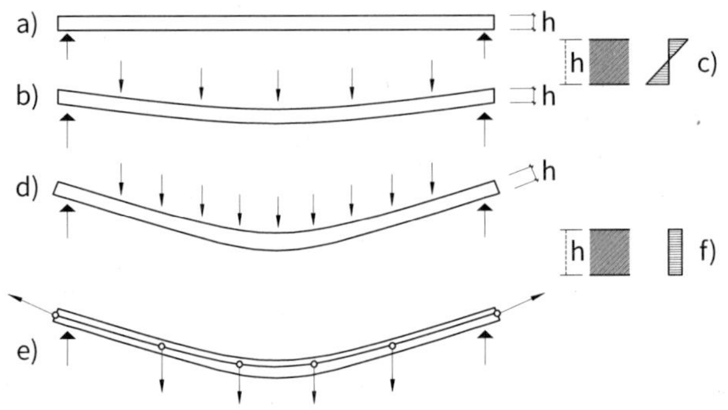

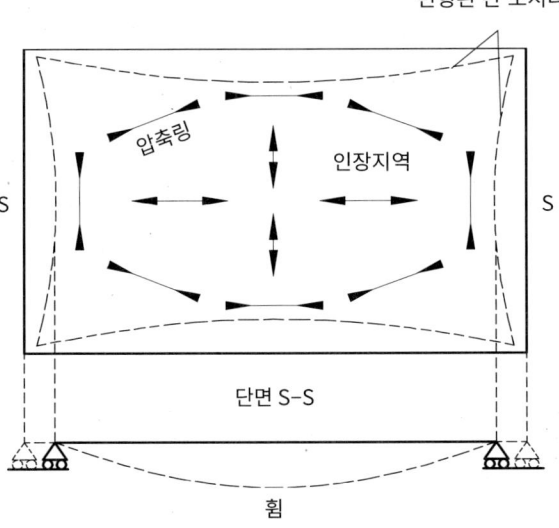

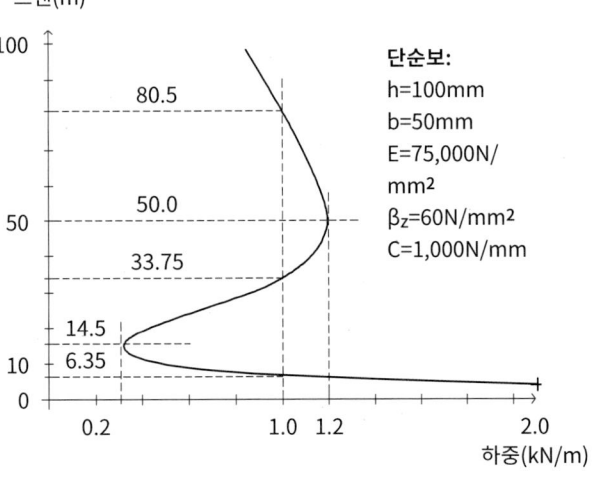

— 106 —
유리건축

2) 출입

출입할 수 있는 유리를 위해 외부지역에 적용할 수 있는 미끄럼방지 코팅이 있는데, 습한 경우에도 가능하다. 외장재는 모래가 분사된 유리판처럼 보인다. 더 이상 투명하지 않고 또한 빛을 통과하고 분사한다. 이러한 외장재는 지지하기 위해 5kN/m²까지 하중지탱력을 끌어 올리게 된다.

3) 배수

수평유리에 있어 소백Sobek과 커터러Kutterer에 의하면 "배수 때문에 압축띠 구조 없이 사용할 수 있고 자체청소가 제한적인 수평에 대한 경사가 적다면, 수평에 대한 10° 이내의 경사도는 모든 경우에 있어서 이러한 특수성이 구조적으로 고려되어야 한다. 완전한 수평유리는 단지 예외적인 경우에서 현실화된다. 보편적인 방법에 있어서 물을 원하는 방법으로 흐르고 모을 수 있게 1-2%의 완경사로 계획될 수 있다. 표면은 어떠한 곳에서도 배수에 방해가 되지 않도록 해야 한다. 배수방향에 직교하는 덮개 띠는 역류하지 않도록 프래트해야 한다. 또는 덮개 띠는 완전히 피하여야 한다. 일반적으로 물 흐르는 방향에 덮개 띠로 두 방향으로 선형지지된 유리의 계획, 또한 이러한 요구에 합당하게 추가적으로 실리콘 이음새를 부착하는 것이다.

4) 단열유리

단열유리의 경우에서는 두 유리판에 작용하는 하중분배 역할을 한다. 헤스에 의하면 유리부재 스팬, 두께와 두 유리의 하중분배에 상당히 종속된다. 그런고로 대부분은 한 유리판에서 다른 유리판으로 적절한 힘의 전달처럼 보이지 않고, 확실히 많은 경우에 있어서 유리 사잇공간에 가스충전은 견고한 결합체로서 작용한다. 유리 사잇공간의 공기압력은 실내온도와 외부공기압의 작용으로 변동을 방지한다. 마지막으로 시공현장이 제조현장보다 높으면, 우선적으로 수평유리의 경우에 있어서 태양광으로 인한 온도상승을 수직적인 상승하도록 풀어 주어야 한다. 발생한 초과압력으로 인하여 유리에 비허용응력이 발생하고, 또한 유리자체에 온도팽창으로 인하여 유리가 붕괴될 수 있다.

5) 태양광 입사

단열유리의 경우에서 실리콘 이음매에 놓여 진 테두리 연결은 상당한 태양광작용으로부터 보호되어야 한다.

5.2
규정, 기술기준

유리판의 지지에 좌우되는 지붕에서 유리를 사용함에 있어서 관청허가가 요구된다(기준에 없는 지붕유리). 인가과정에서 유리붕괴의 경우에서 인지된 잔여 지탱력의 증명이 요구된다. 유리의 선형적인 지지의 경우에서 합당한 독일 건축기술의 기술적인 인가는 필요 없다(규정된 지붕유리).

5.2.1.
규정되지 않은 지붕유리

규정되지 않은 지붕유리에 있어서 지붕에 사람이 보행할 수 있고 일시적으로 발을 들여 놓을 수 있다면 추가적인 안전대책이 요구된다.

1) 일시적으로 보행할 수 있는 지붕 유리
최상부 층을 위해 단층유리 또는 합성유리의 사용이 요구된다. 또한 사용규정에 따라 계속 하중이 증가하는 작용에 있어서 유리의 출입은 제외됨을 가정하고 있다.

2) 일반적으로 보행할 수 있는 지붕 유리
여기에서 최소한 세 장의 유리판으로 된 합성유리가 요구된다. 최상부 합성유리의 붕괴에도 지탱력이 유지되어야 하고, 손상되지 않은 상태에서 1/200의 처짐, 손상된 상태에서 1/100의 처짐이 초과하지 않아야 한다. 개개의 유리판 사이에 유리하게 작용하는 전단연결은 고려되지 않는다. 그 외에 인가서류는 1996/9의 독일건축기술연구소의 문구에서 "선형으로 지지된 지붕유리의 사용에 대한 기술규정"에 포괄적으로 적용된다.

5.2.2.
규정된 지붕유리

상세한 인가가 너무 과도한 기술적인 규정에 있어서 지붕유리로서 유리는 수직에 대해 10° 이상의 기울기로 정의하고 있다. 스팬에 대해서는 규정을 두고 있지 않다. 또한 도표를 이용하여 모서리의 측면비율에 대한 권고사항을 제공하고 있다. 두 개의 다양한 규준에서 균열발생의 위험을 증대시키기 때문에 동일한 크기의 응력을 감소하는 내용이다.

유리에 DIN 1249에 의거하여 요구사항이 설정되어 있다. 규준은 둘 또는 세 장의 선형지지된 형태로 구분하고 있다. 판유리로 된 합성유리로 다루어진다면 단순한 유리작업은 허용된다. 상시적인 안정과 처짐의 증명을 위하여 DIN 1055에 명시되어 있다. 단열유리의 경우에 유리 사잇공간과 주변환경에 기후로 야기되는 압력차이의 관계는 명백하게 요구되고 그것의 계산은 정밀하게 기술되었다. 지붕유리에 관한 "기술적인 규정"에서 방화는 전혀 규정하고 있지 않다. 사용되는 유리가 열작용으로 파열되거나 또는 아닌지는 그것에 대해 실험하도록 상세하게 요구하고 있다.

5.3
응용된 사례들

5.3.1.
네 면 선형지지

고속도로 지붕, Breite, Basel

주거지역에 인근한 고속도로 지역의 지붕은 발생하는 소음을 최소한 25dB/A로 완화하는 목적을 가지고 있다. 이것으로 그것은 그 하부에 달리는 자동차의 소음과 공기압박, 그것으로 인하여 상시적인 영향력을 증대 또는 감소시킨다. 달리는 자동차는 어떠한 경우에도 위험하지 않도록 한 번은 상부로 떨어지는 물체의 경우에, 그리고 한 번은 화재에 의한 유리붕괴의 경우에 잔여지탱력이 상당히 요구된다.

여기서 고속도로의 직교방형에 얹혀 있는 배수구조물이 있는 실린더형태의 쉘 구조물로 취급된다. 유리는 비교적 큰 1.69×2.04m이고, 6.0mm의 주물유리, 1.52mm의 PVB-필름, 8.0mm의 플로우트 유리, 0.76mm의 PVB-필름과 맨 밑에 다시금 6.0mm의 플로우트 유리로 구성된다. 유리는 네 면에 지지된다.

상·하부 유리가 붕괴되는 경우에 중간에 있는 유리가 주요구조로서 기능하도록 세 층 유리로 계획되었다. 지붕유리는 화재 경우와 상부에서 떨어지는 물체의 충격의 경우를 탐색하기 위해서 광범위하게 테스트되었다.

화재실험은 유리로 인하여 주변건물에 어느 정도까지 보호될 수 있는 것에 목적을 두지 있지 않고 화재의 경우에 유리로 인하여 자동차에 위험이 될 수 있는가에 대한 의문점이었다. 450℃에서 7분 동안의 화재에 유리조각이 낙하되지 않는가를 산출하는데 중점을 두었다. 이러한 서 있는 시간은 안전하게 대피할 수 있는 가능한 시간을 밝혀내는 것이다.

모래주머니의 낙하실험하는 경우에 있어서 사람이 부딪침으로 인한 경우에는 붕괴가 일어나지 않는다는 결과를 도출하였다. 12.0m의 낙하높이에서 맥주병의 낙하실험은 어떠한 경우에도 하부의 두 유리는 부서지지 않았다. 유일하게 상부유리만 부분적인 충격강도의 초과로 부서졌다. 이러한 실험은 선택된 유리구조가 주변의 건물로부터 사물의 투척 및 낙하에 대해 상당히 안전하다는 사실을 증명하였다.

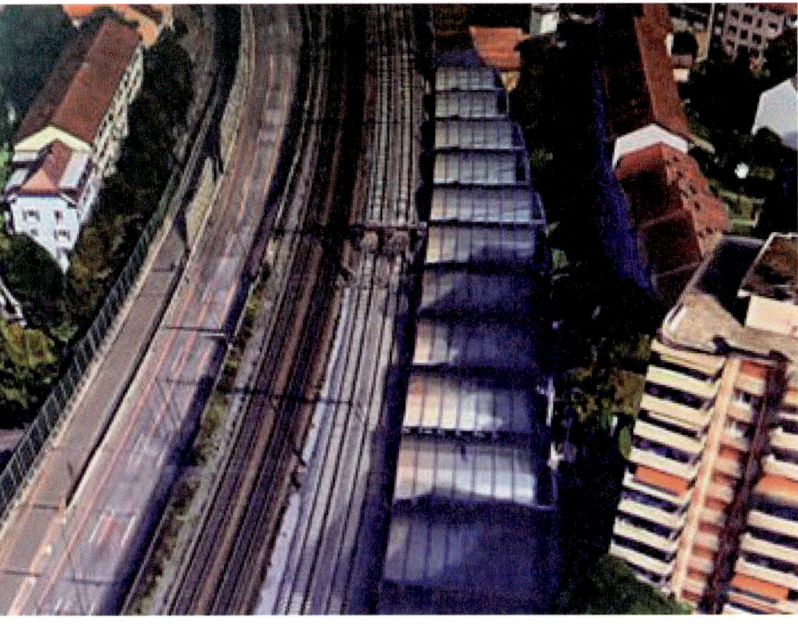

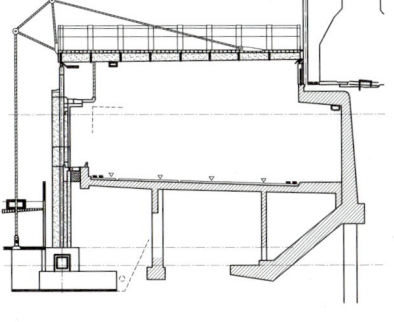

◀ 그림 5-4
고속도로 유리지붕

▲ 그림 5-5
고속도로 지붕의 단면도

5. 유리 지붕

5.3.2.
네 면 점지지

함브르크 역사박물관 중정, Hamburg

실린더 쉘형태의 구조물은 유리로 덮기 위해 지지 부재의 최소 부재치수로서 실용적인 플래트한 강철 (60.0×40.0mm)로 이루어졌다. 강철은 1.17×1.17m의 동일한 그리드 네트형태로 구성되고 절점에서 회전이 가능하도록 연결된다. 이것으로 직사각형의 그리드는 마름모형태로 변형되지 않도록 각각 두 개의 케이블로 경사지게 당겨진다. 케이블은 절점에서 견고하게 압착된다. 경사방향의 케이블은 두 방향으로 계획된다. 이것으로 쉘작용을 하게 되고 휨하중은 방지된다. 스팬의 길이는 각각 14.0m 및 18.0m이다.

지붕의 홈통에 적설로 인한 한 측면에 발생하는 하중의 가능성을 근거로 추가적으로 수레바퀴 형태의 케이블로 세 곳에서 계획되었다.

유리는 11.0mm의 합성유리로 된 단일 유리판이다. 그것은 실리콘으로 깔려있는 접시모양의 철판으로 절점에서, 각 유리판은 네 지점에서 점형태로 고정된다. 압착판은 동시에 절점의 힌지로 해결된 볼트로 죄어진다. 유리는 강철판 위에 선형적인 형태 놓인다.

결로를 방지하기 위하여 지지대에 열선을 함께 설치하였다. 전체구조는 기존의 지붕 위에 조립된 둘레의 테두리 구조물에 얹혀 진다.

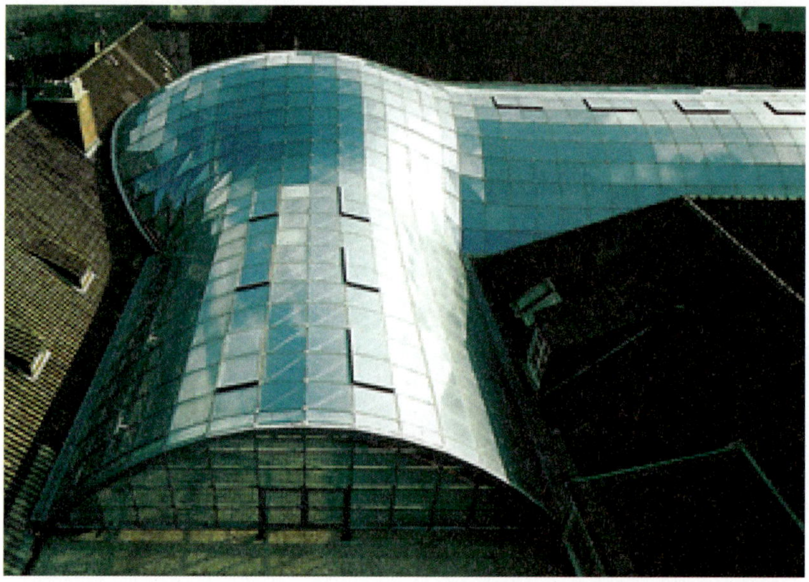

◀ 그림 5-6
중정 유리지붕

▼ 그림 5-7
지붕 평면도

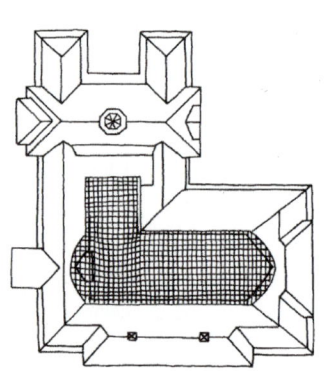

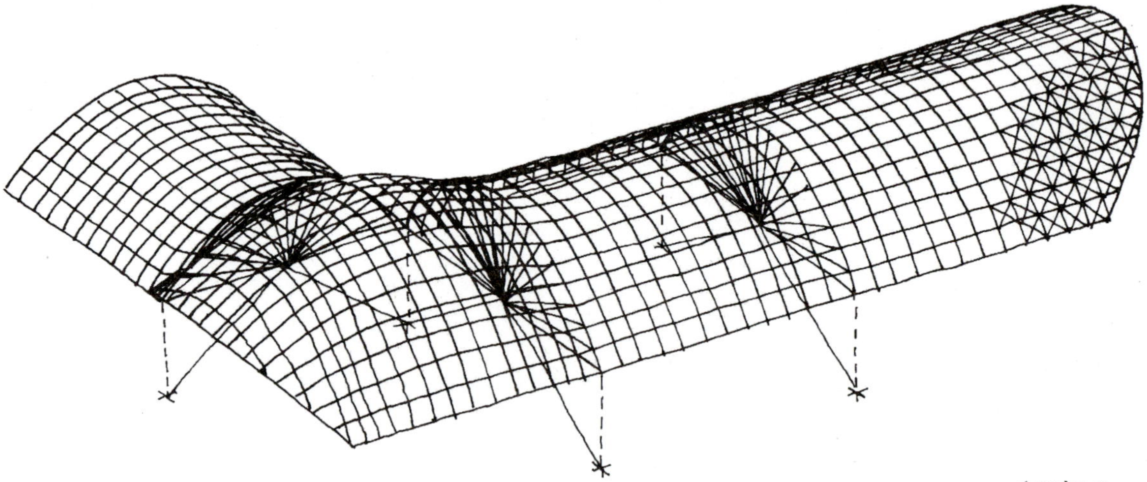

◀ 그림 5-8
지붕 구조시스템

5. 유리 지붕

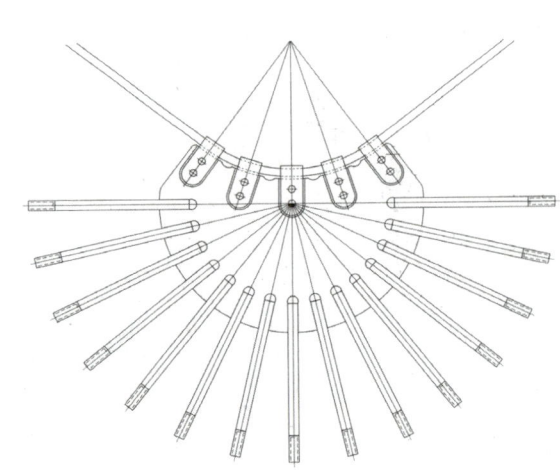

▲ 그림 5-11
각 정점에서 당겨 고정 장력에 역사가는 디테일

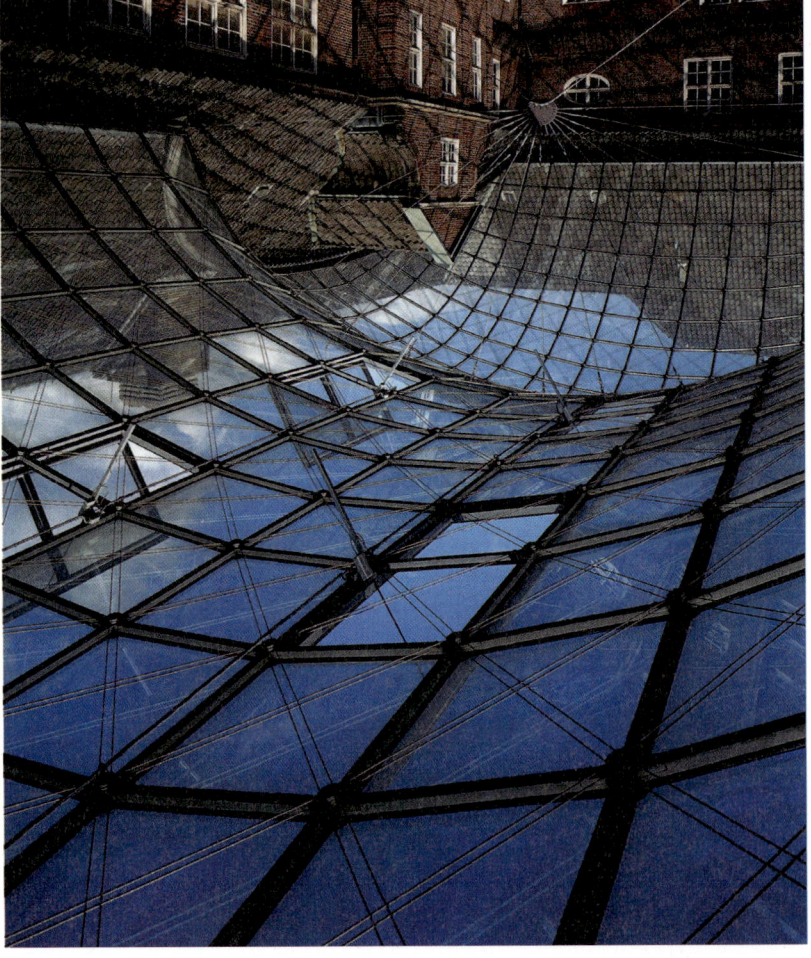

▲ 그림 5-12
정절 디테일의 평면과 단면

▲ 그림 5-10
정절 디테일 이소메트릭

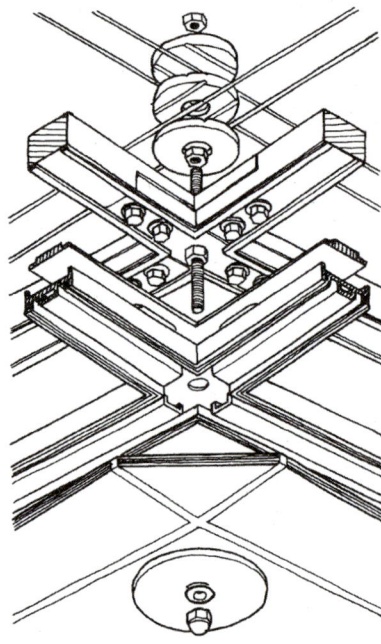

▲ 그림 5-9
중정 내부전경

5.3.3.
세 면 또는 네 면 선형지지

Rhön 병원 돔, Bad Neustadt

돔은 삼각형과 사각형으로 강각관으로 서로 조립되었고, 보강부재가 필요 없는 측지 돔형태다. 그것의 스팬은 중심에서 높이가 12.5m인 30.4m이다.

유리지붕의 플래트한 부분에서 빗물흐림에 방해되지 않도록 유리 이음자리에 특별히 패여 진 실리콘-입술모양의 밴드로 데크 및 죔판이 침몰되게 제작되었다. 최대한 1.15m의 유리 폭으로 된 육각형의 유리는 EPDM으로 된 패킹 밴드위에 돌려가면서 얹혀 있다. 패킹 밴드는 돔의 내부에 생성되는 물방울을 위해 제 2의 배수면으로서 역할을 한다. 유리 자체는 하루 종일 태양광에 방치되고 내부는 외부처럼 거의 냉각되지 않는다. 이것을 통하여 유리 사잇공간 내에 둘러싸인 공기가 데워진다. 내부에는 7.0mm 파편을 묶는 철망유리, 외부에는 12.0mm의 유리 사잇공간과 8.0mm의 플로우트 유리는 온도압력 상승으로 약간 돌출되는 것이 허용된다. 압축력이 경감된다. 철망유리 사용에 있어서 문제점은 DIN 1249에 따른 허용 휨응력이 단지 20N/mm^{2}로 존속하게 하는 것이다.

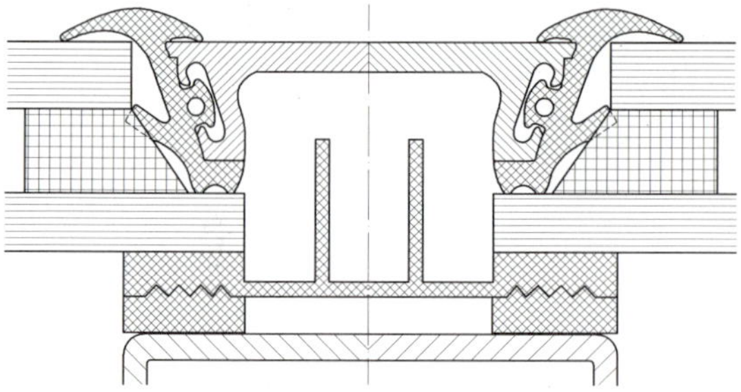

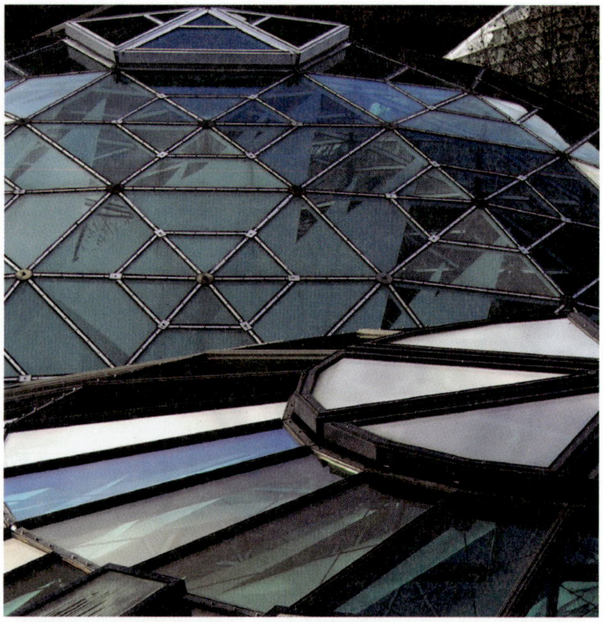

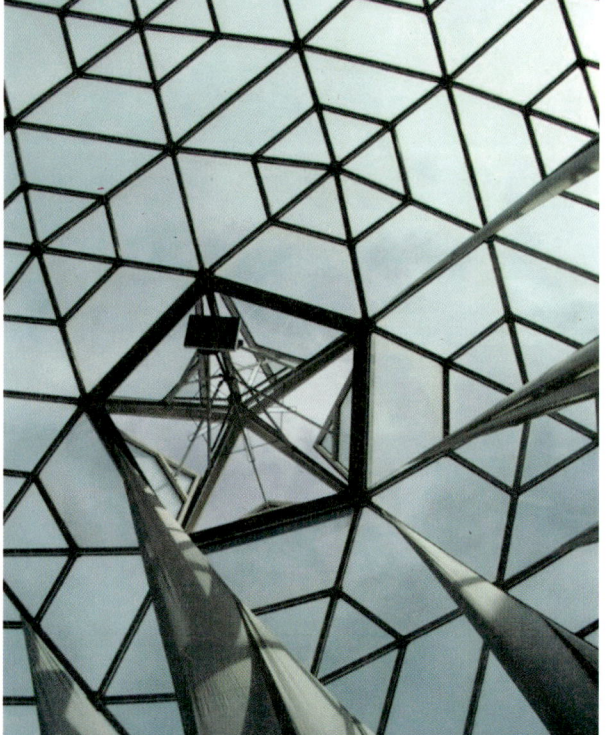

▲ 그림 5-13
절점 압착부분의 디테일

▶ 그림 5-14
병원 측지돔의 지붕 외부전경

▶ 그림 5-15
지붕의 내부전경

5.3.4.
견고한 구조의 점지지

라이프치히 국제전시장, Leipzig

▼ 그림 5-16
라이프치히 국제전시장 전경

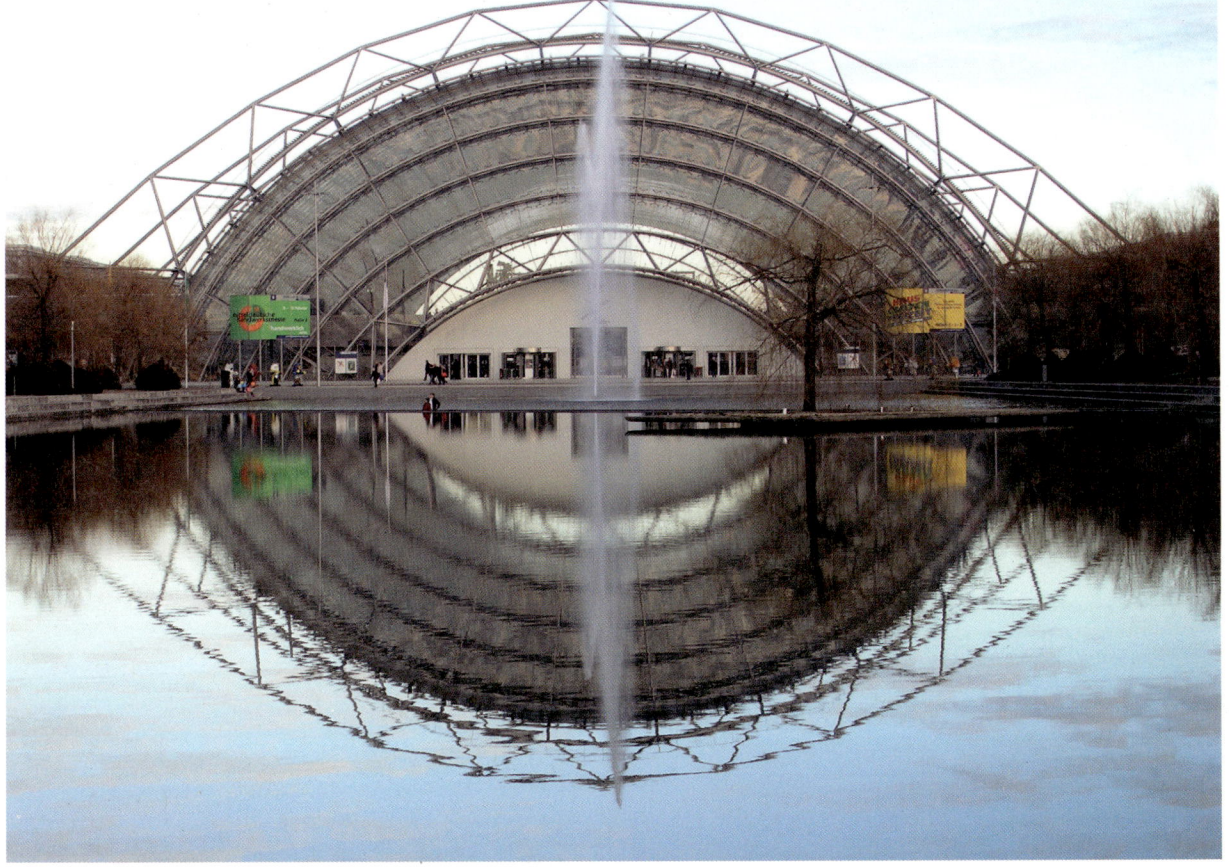

라이프찌히의 국제전시장은 간격이 25.0m로 계획되고 실린더 단층 쉘구조를 현수하고 있는 트러스 아치거더로 된 하나의 외부 구조물이 있다.

실린더 쉘 자체에 의해 유리 점고정대(개구리 손 모양)를 내부방향으로 죄고 있고 홀의 내부공간을 구분 짓는 부재로서 유리외피를 지지하고 있다. 실린더 쉘은 보강경사재를 생략하고 있다. 그리드 구조에서 유리의 점고정대는 단지 5.0mm의 허용오차를 가져야 하기 때문에 초정밀하게 제작되었다. 그리드 간격은 3.0m이다.

철구조물 하부에 약 5200장의 유리부재가 3만m²의 면적을 덮고 있다. 유리부재는 3.10×1.5m의 모서리 길이이고 두 장의 8.0mm 두께의 단층유리와 합성유리인 적층(PVB) 유리로 조립되었다. 이러한 유리의 잔여 지탱력은 광범위한 실험에서 증명되었다. 각 유리판은 네 점에 고정된다.

특별히 철산화물(0.003% 이하 함유)인 백색유리가 사용됐다. 140N/mm²로 열처리 강화되었고, 일반적인 방법보다 상당히 강화되었다.

지지대는 한 번은 유리의 온도팽창을 강제력 없이 부담하도록, 그러나 철구조의 운동을 상쇄하도록 시계추 형태로 계획되었다. 한 유리판에 네 개의 점지지는 세 개의 다양한 원칙에 따라 즉, 첫 번째 지점은 고정, 두 번째 지점은 X-방향으로 움직이도록, 세 번째 지점(두 번 발생)는 X-방향과 Y-방향으로 움직이도록 계획되었다. 수평적 뿐 만 아니라 수직방향으로 유리 사이간격이 20.0mm로 유지되도록 하였다. 이러한 간격은 실리콘으로 덮여지고 간격의 변화는 8.0mm까지 허용된다. 교차점에서 실리콘은 가류㎙硫되었다. 이음새는 배수에 방해가 되지 않도록 유리 모서리에 실리콘으로 봉합된다. 경우에 따라 배수방향으로 또는 거기에 추가적으로 직교방향에 시공하는 다양한 이음새가 있다.

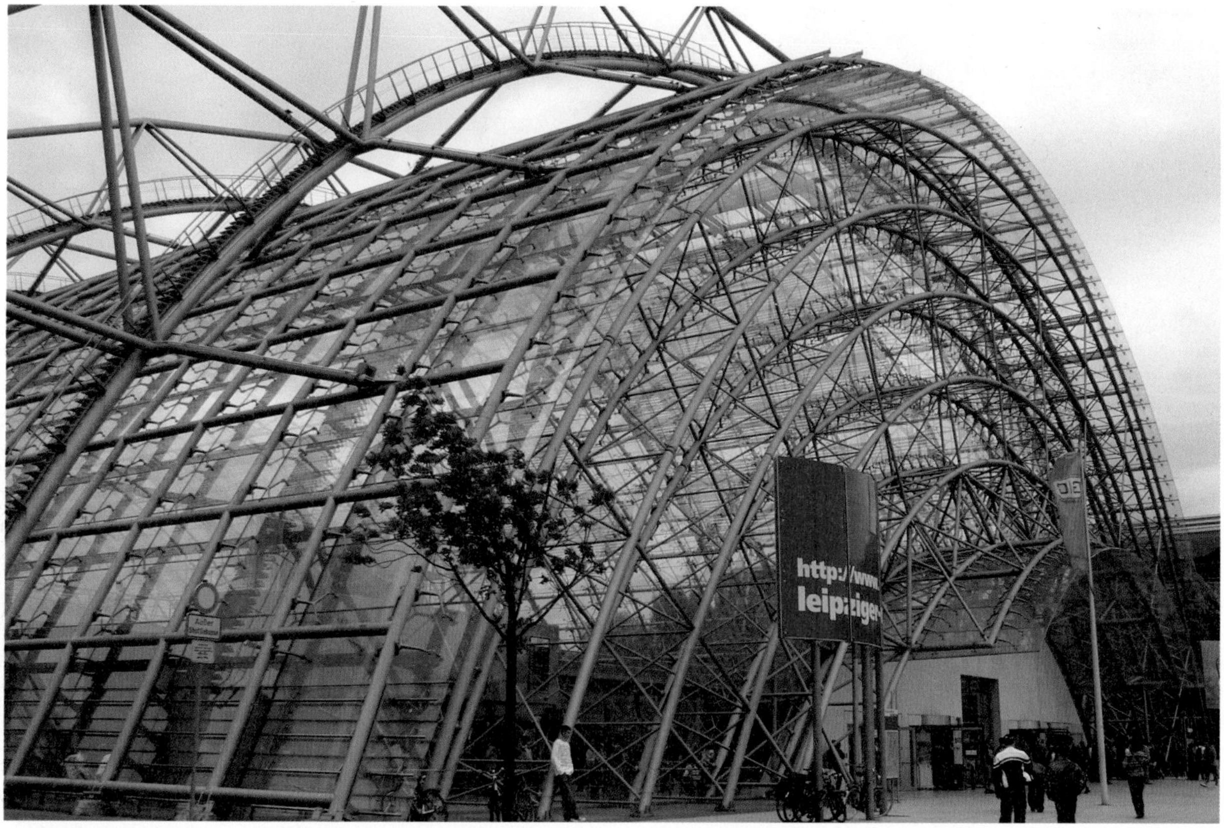

▲ 그림 5-17
아치형태로 계획 된 입구부분

▶ 그림 5-18
전체 구조시스템

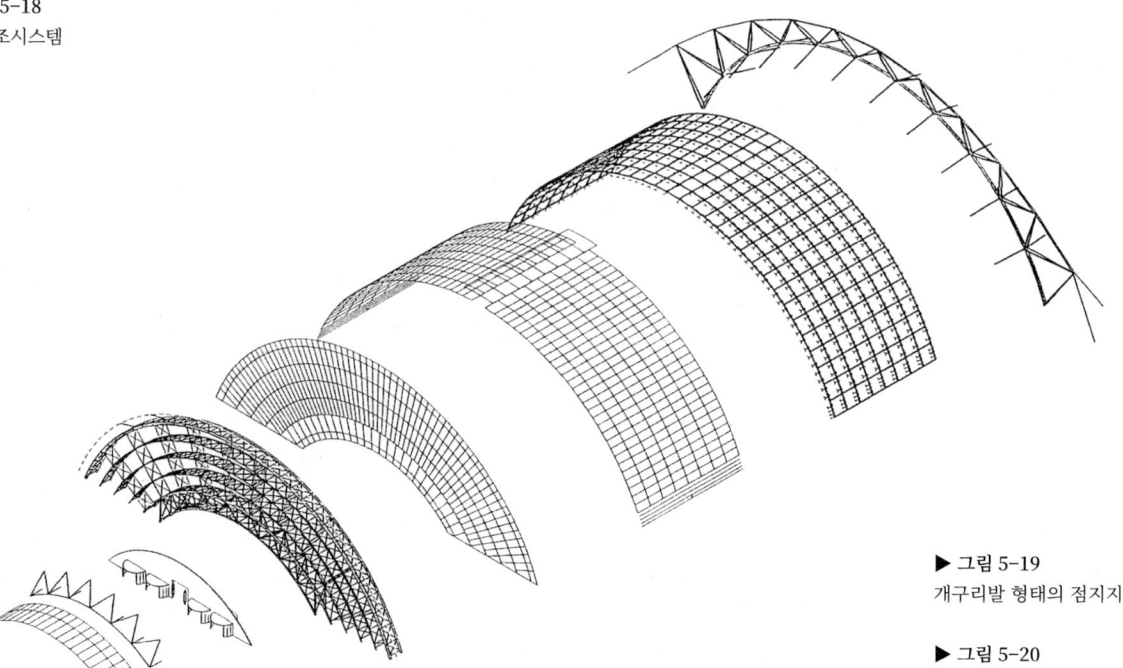

▶ 그림 5-19
개구리발 형태의 점지지 디테일

▶ 그림 5-20
지지형태의 디테일

▶ 그림 5-21
유리고정대의 디테일

▶ 그림 5-22
다양한 유리접면의 다테일

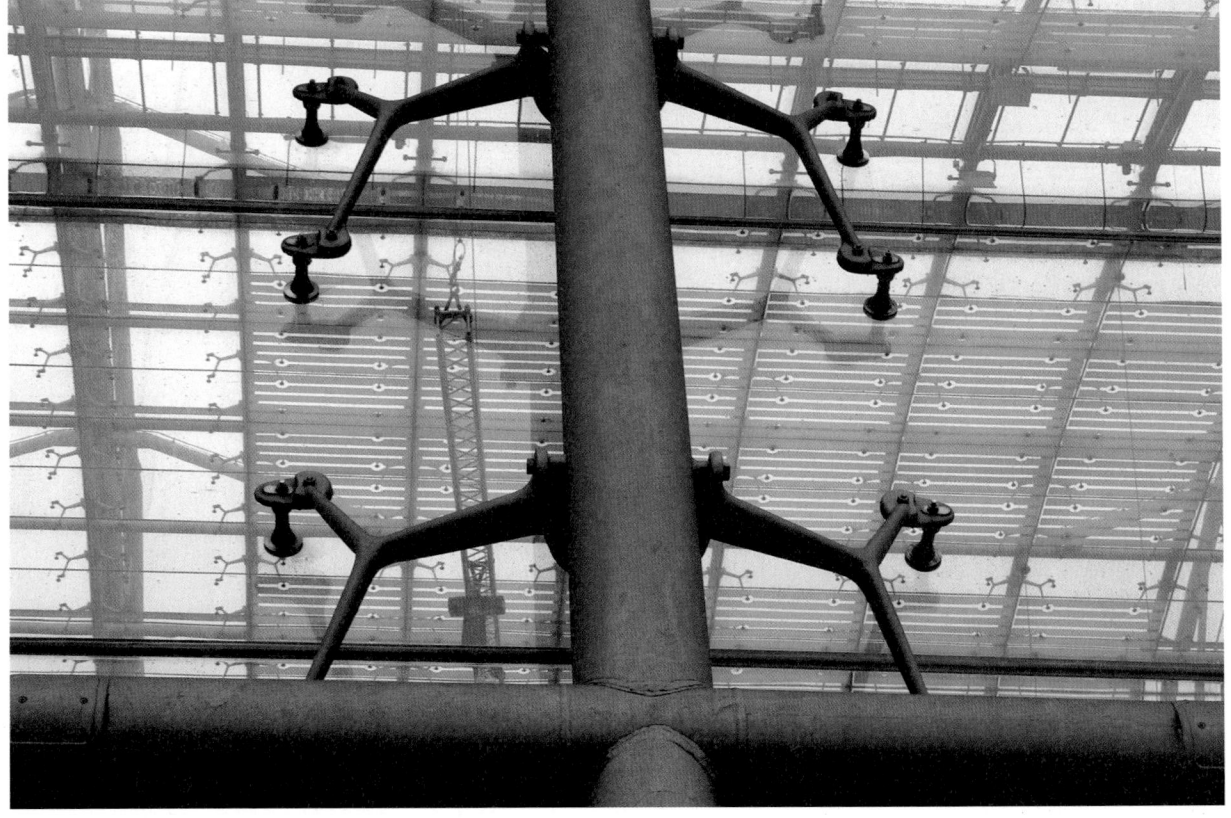

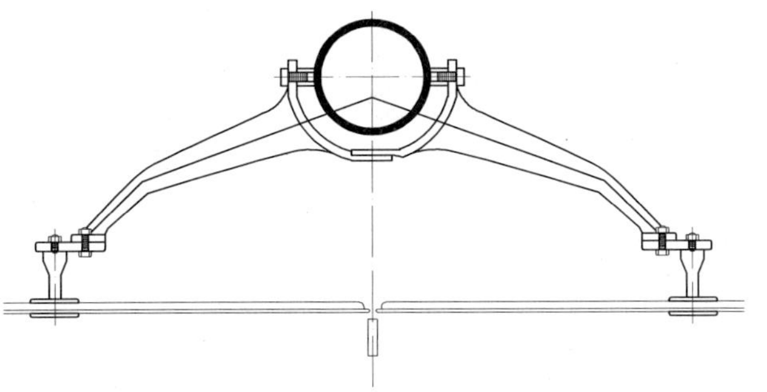

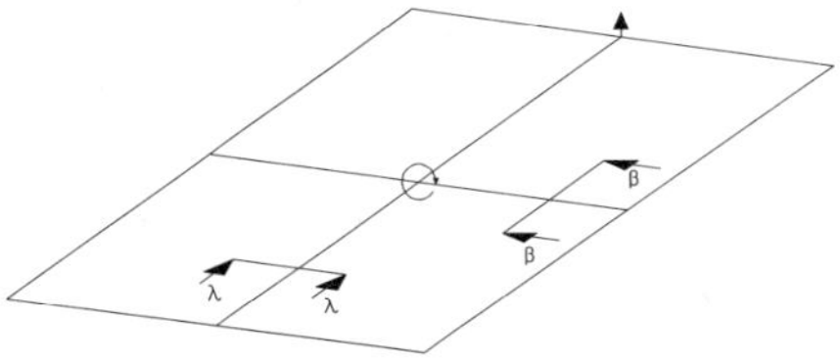

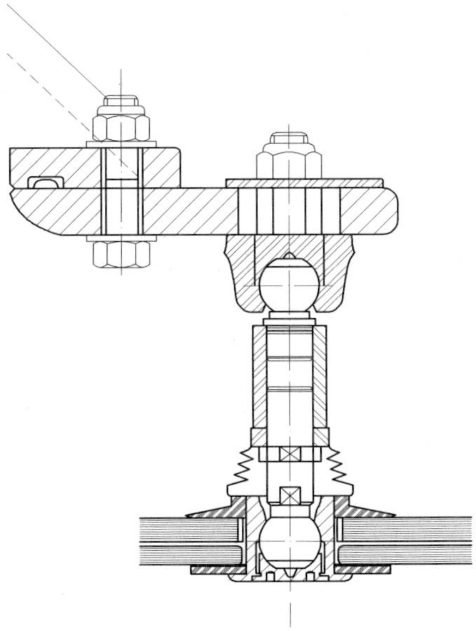

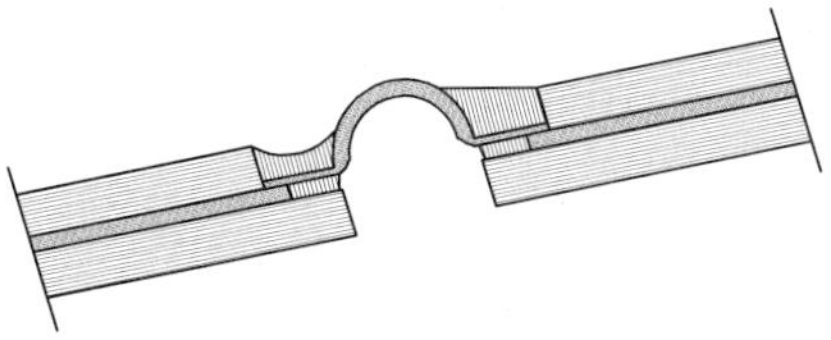

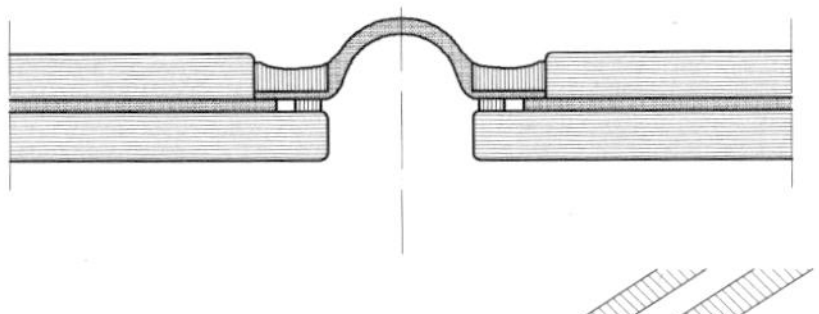

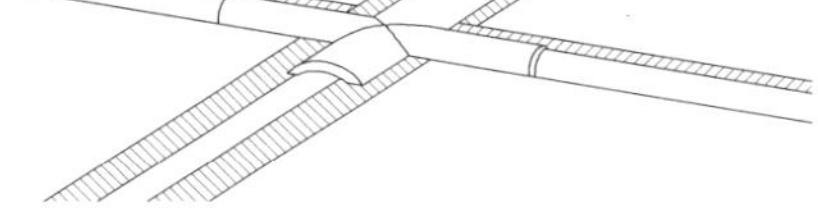

5. 유리 지붕

5.3.5.
언더텐션된 점지지

쥬발Juval성, Sudtirol

옛 "Rittersaales"의 유리지붕은 공간을 외부환경과 기후적으로 분리하는 기능이 없다.

민도리는 둘러싸고 있는 철골라멘 위에 얹혀 진다. 언더텐션된 HE-A 120-거더에 대해서 알아보기로 한다. 수평거더 위에 계단식으로 지지되는 유리판은 200.0m²의 면적을 덮는다. 그것은 로단-유리 압착 고정방법으로 정의된 지지대에 죄어 진다.

장방향에서의 이음새는 정확히 대들보처럼 단순히 개방된다. 교차방향에서 이음새는 역시 배수방향으로 기왓장 얹는 방식으로 계획되었고 역시 개방된다. 합성유리의 다양한 길이의 유리부속품들로 유리부재를 계단참 형태로 얹는다.

유리판은 두 대들보 사이의 길이방향으로 걸쳐있다. 그것은 단순히 언더텐션되고 그것의 스팬길이는 1.5m~3.60m이다. 건축물이 상당히 불규칙하기 때문에 모든 유리판은 다른 사이즈를 가지고 있다. 그 유리판 작용을 통하여 지붕면에 보강이 필요하지 않다. 유리판은 PVB-필름을 1.56mm 합성유리에 부착된 두 장의 8.0mm 단층유리로 구성된다. 유리는 Heat-Soak 테스트로 제작되었다. 파괴 시에 유리판은 언더텐션상태에 있고 낙하하지 않기 때문에 언더텐션을 통하여 유리붕괴 시에 잔여지탱력을 상세히 조사되지 않았다.

유리 자체는 약한 초록색상이다. 유리의 경사각(약 25°)은 충분한 자정력을 제공한다. 피할 수 없는 미세한 먼지는 반투명한 색상 때문에 눈에 띄지 않는다.

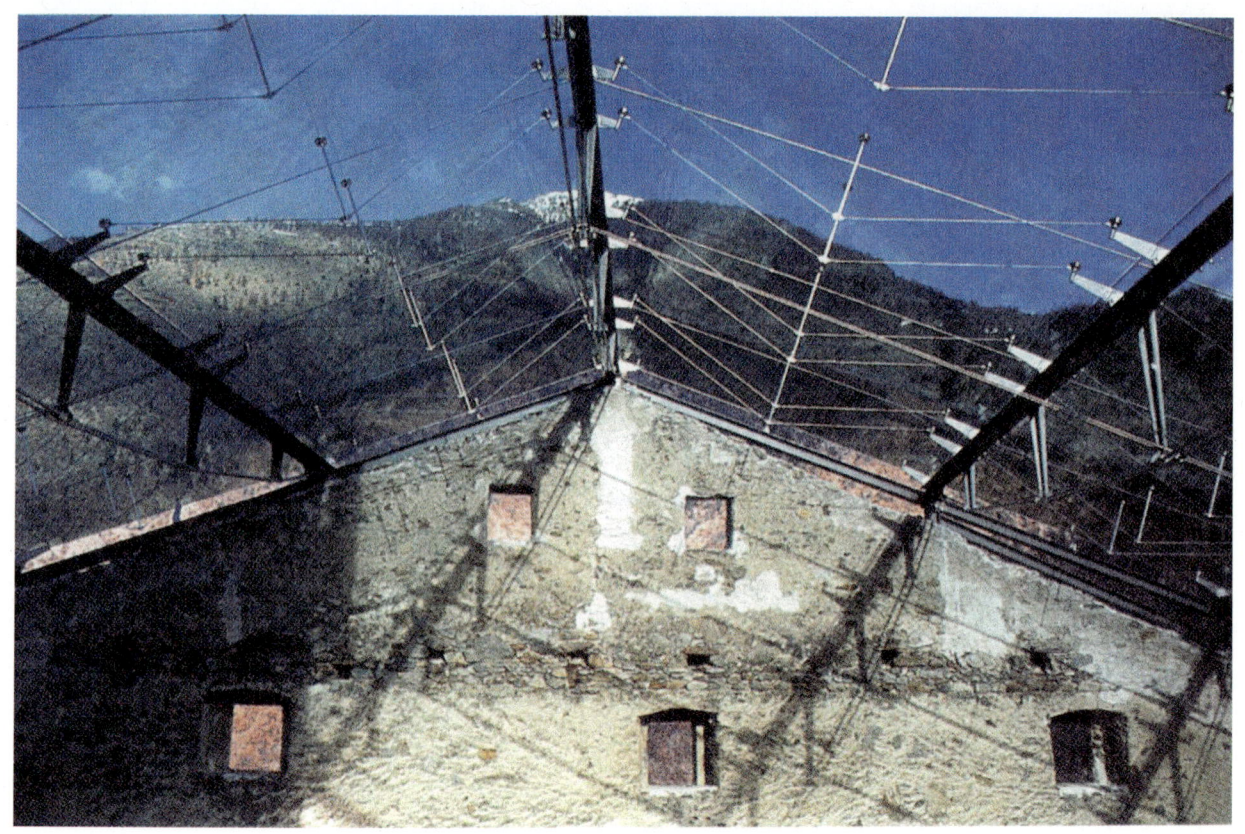

▲ 그림 5-23
쥬발성의 내부전경

5. 유리 지붕

◀ 그림 5-24
유리집의 마감장

▼ 그림 5-25
경사지붕의 바닥장식

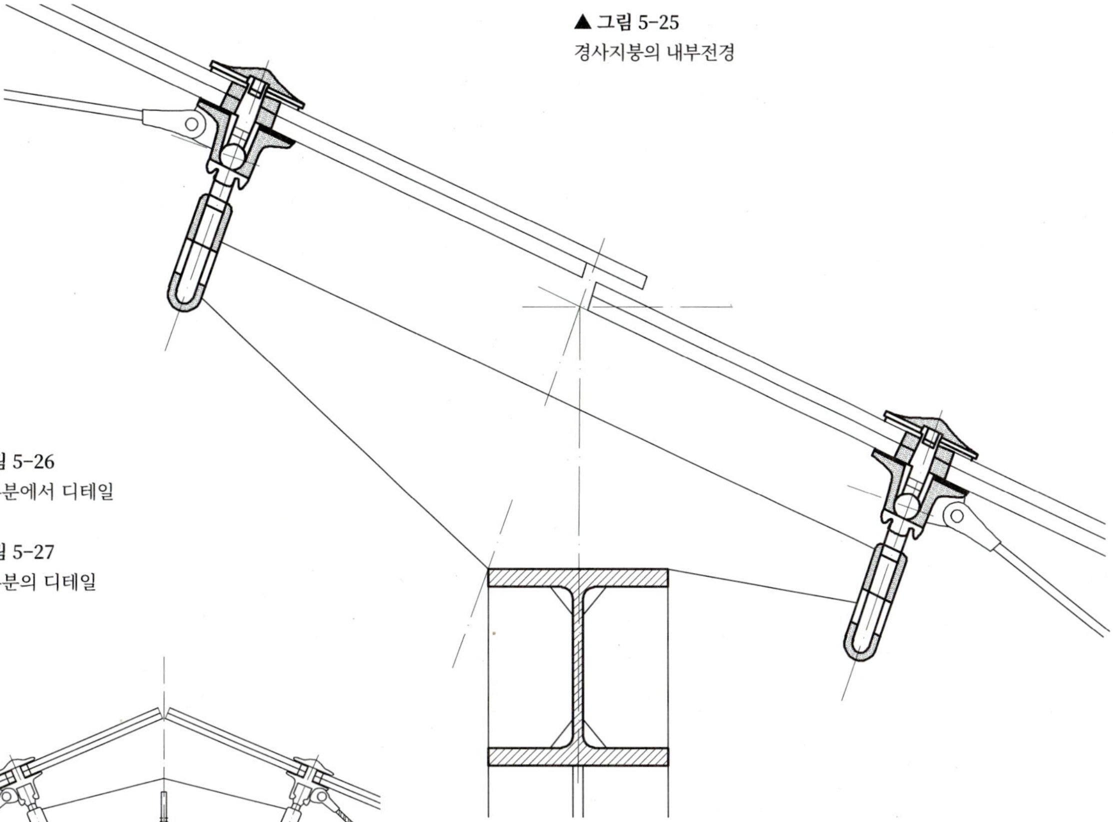

◀ 그림 5-26
경사지붕에서 디테일

▲ 그림 5-27
상형지붕의 디테일

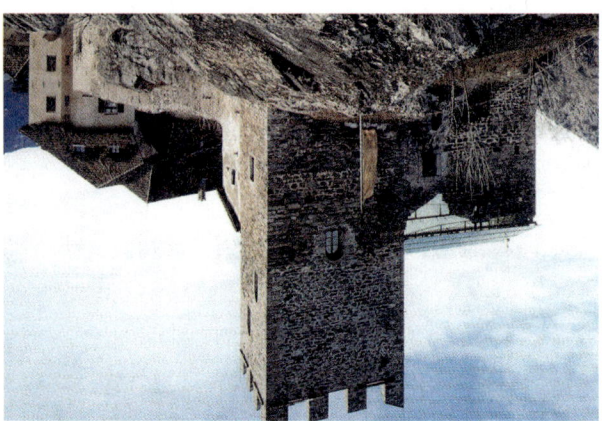
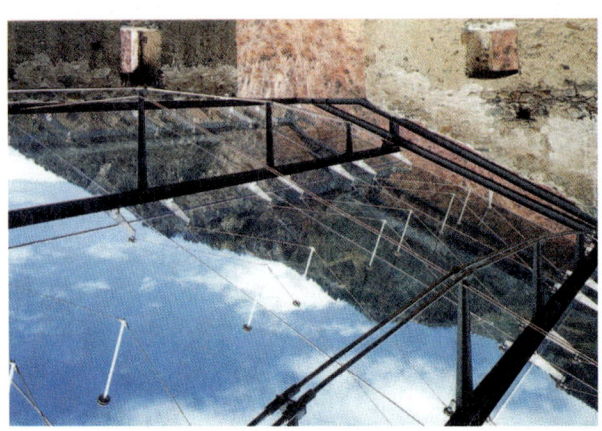

— 117 —

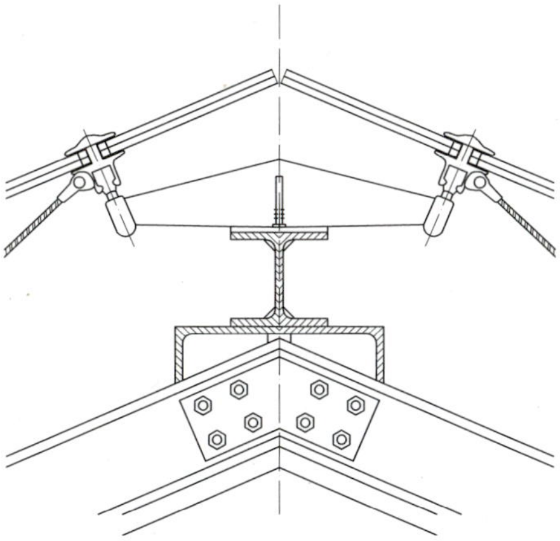

5.3.6.
인장 케이블-하부구조에 점지지

사무소 건물의 아트리움, Gniebel

이러한 지붕유리의 구조물은 테니스 라켓의 원리에 따라 기능을 한다. 1.3×1.3m의 그리드 폭으로 직교형태로 된 케이블은 그것의 테두리 거더에 인장력을 준다. 인장력은 이러한 구조물에 걸리는 유일한 힘이다.

직접적으로 상·하 케이블의 교차점에서 유리 고정판이 부착된다. 부착판은 점 클램프 죔쇠 위에서 각각 네 유리부재의 모서리에 연결된다. 구조는 상당히 유연하다. 처짐은 단지 구조자중으로 인하여 10.0cm, 최대하중에서 30.0cm이다.

유리의 점고정은 유리부재 사이에 이음새에서 유리면의 변형이 흡수되도록 힌지가 허용된다. 실리콘 이음새는 각도 변화를 보정되어야 하는 위치에 있는 빈 공간에 설치한다. 유리부재 그 자체는 10.0mm의 단층유리와 15.0mm의 사잇공간과 12.0mm의 합성유리로 된 단열유리로 이루어진다. 유리의 테두리에서 10.0mm의 단층유리로 계획된다. 구조물의 풍흡력으로 인한 구조물의 흔들림은 고려되지 않는다.

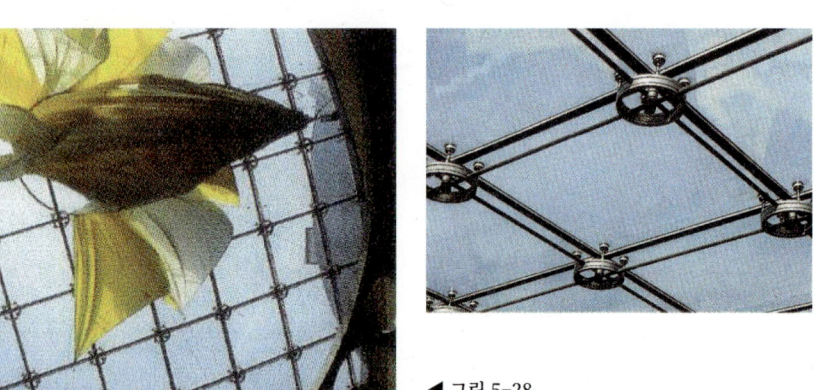

◀ 그림 5-28
유리지붕의 내부전경

▲ 그림 5-29
접합부의 케이블 디테일

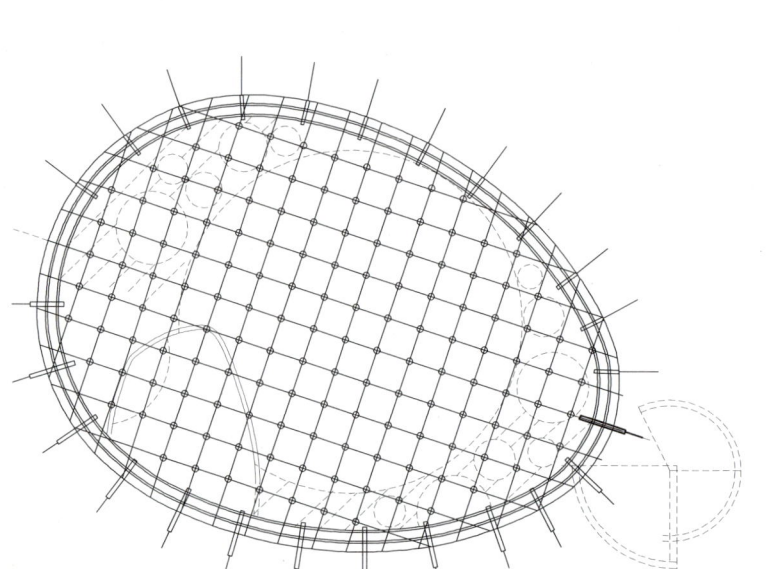

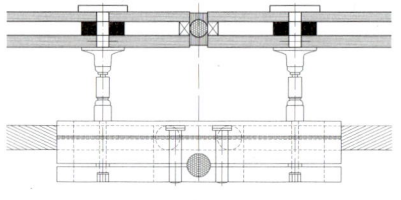

◀ 그림 5-30
테니스 라켓 형태의 지붕 평면과 단면도

▲ 그림 5-31
테두리 부분의 디테일과 중간 절점의 디테일

5.3.7.
선형지지된 유리거더

두 사무소의 연결 교량, Rotterdam

구조 도움 없이 유리의 혁신적인 사용은 실험으로서 해결된다. 바닥유리, 벽체유리과 천장유리는 10.0mm의 단층유리와 6.0mm의 강화유리 및 두 장의 15.0mm의 플로우트 유리로 된 합성유리로 구성된다.

마모방지 또는 미끄럼 방지층인 완전한 투명한 바닥판은 두 개 유리거더 위에 얹혀 진다. 거더는 모멘트선의 형태를 따랐다. 그것의 지지대는 서로 마주보는 두 파사드에 고정된 두 개의 강철 고정대이다.

역시 투명한 지붕유리는 한 각도를 가지고 연결된 두 개의 점지지대를 지나 유리벽에 고정된다. 이음새는 실리콘으로 봉인되었다.

바닥판을 측면에서 감싸고 장부이음 형태로 잡고 있는 측면유리는 인장연결 위의 바닥내부에서 서로 맞대어 연결된다.

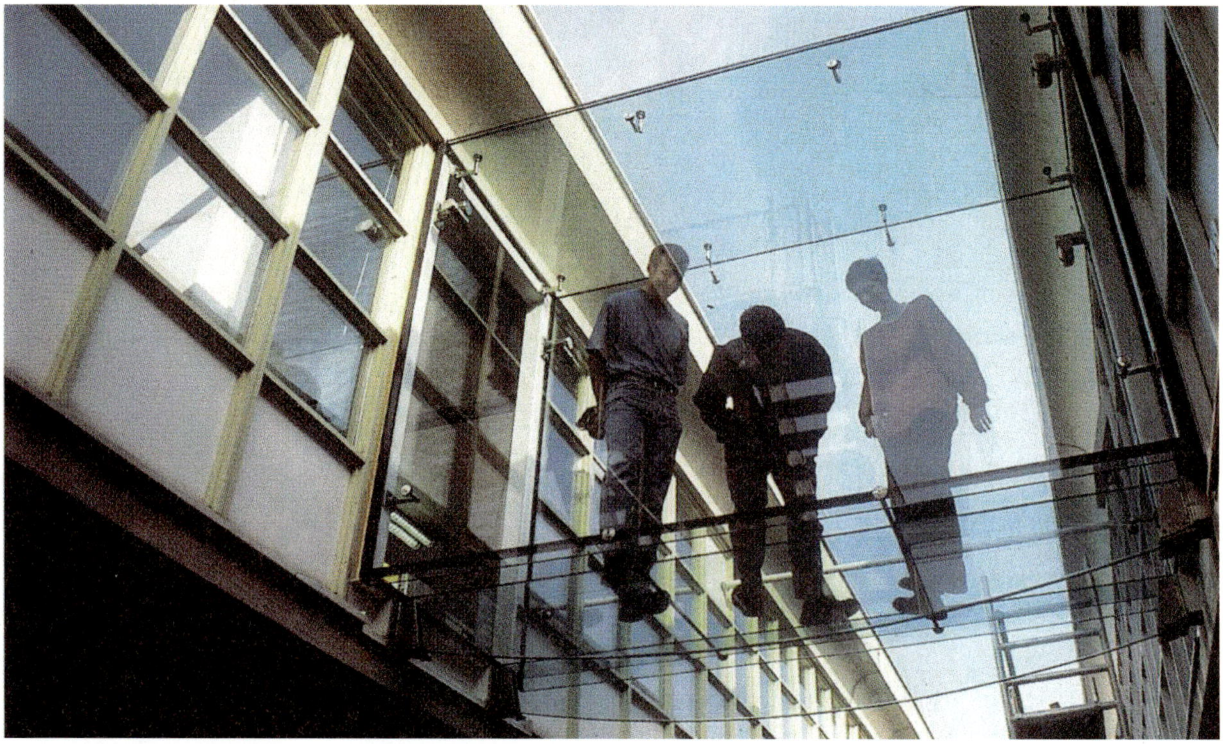

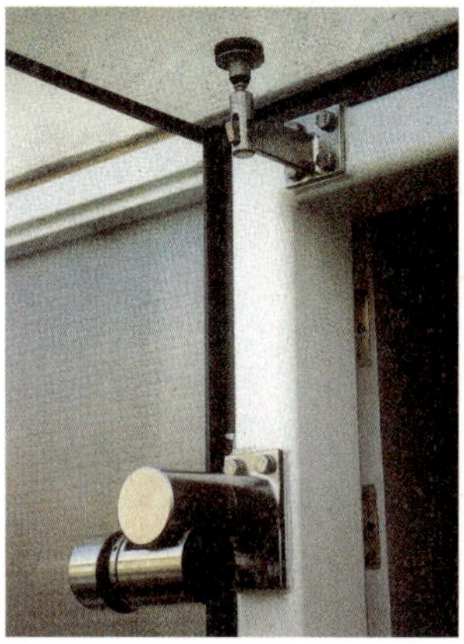

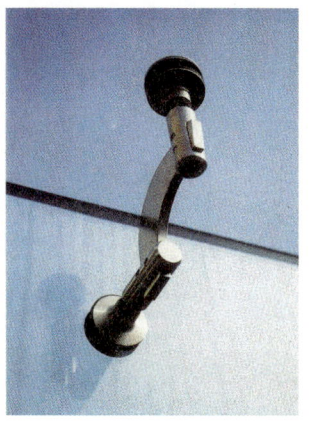

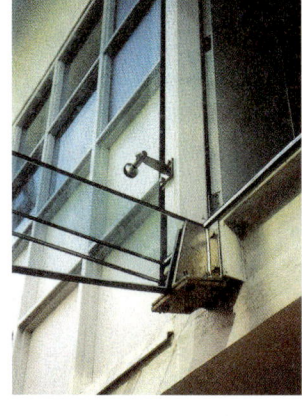

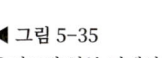

▲ 그림 5-32
두 건물을 연결한 유리교량

◀ 그림 5-33
유리교량 상부 디테일

◀ 그림 5-34
두 유리 조인트 접합부

◀ 그림 5-35
유리교량 하부 디테일

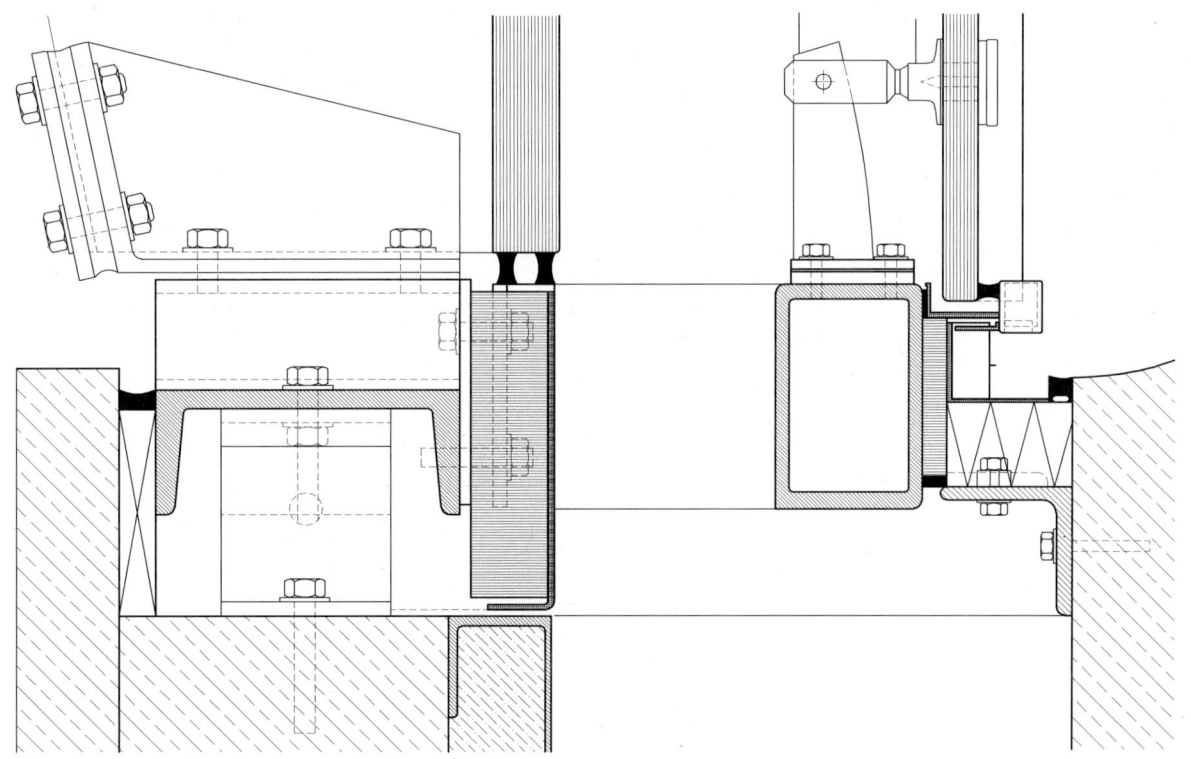

▼ 그림 5-36
차웅과 바닥 컨형틈의 디테일

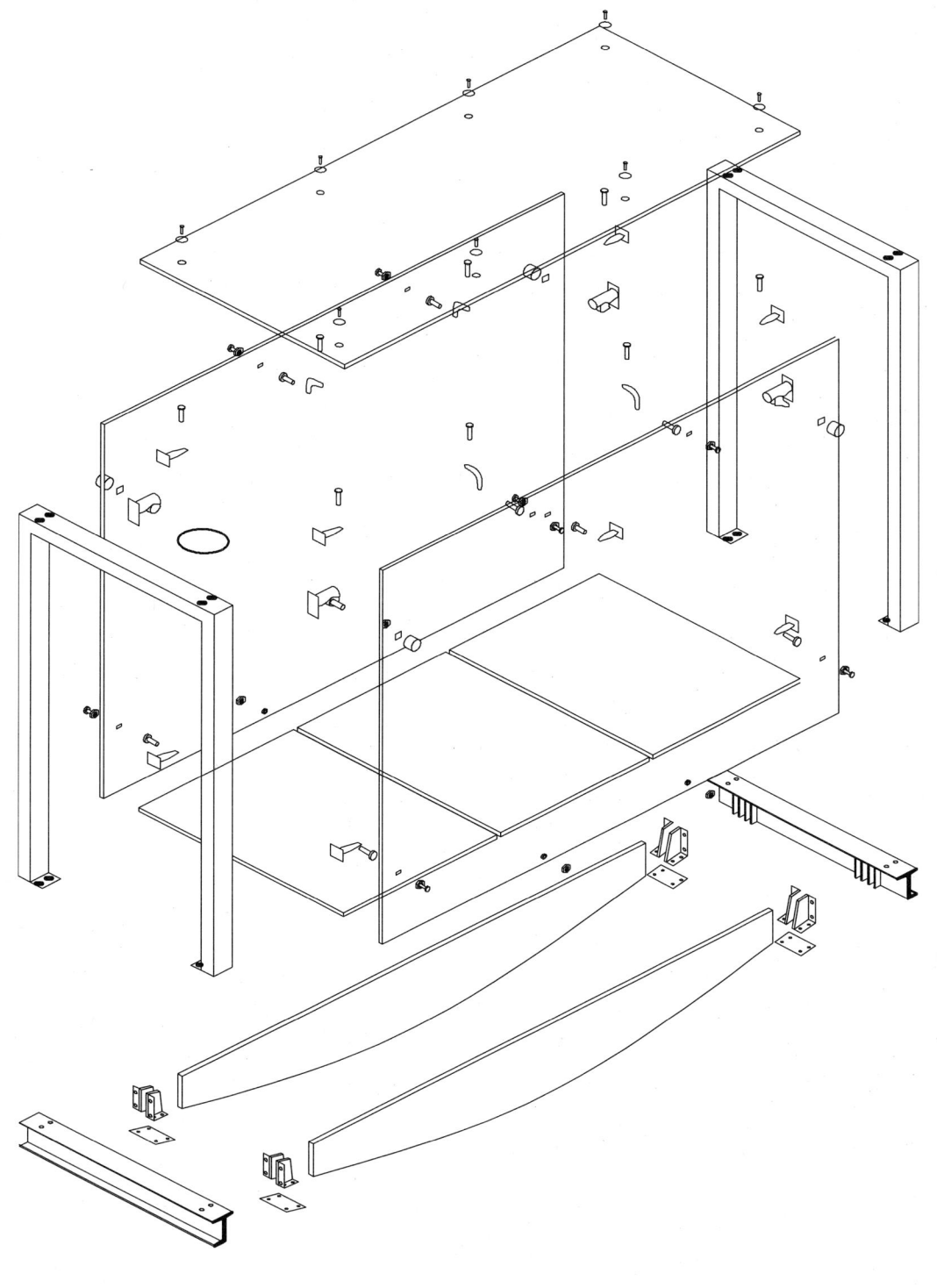

▲ 그림 5-37
유리 교량의 구조해체도

5. 유리 지붕

6

언더텐션과 오버텐션된 유리판

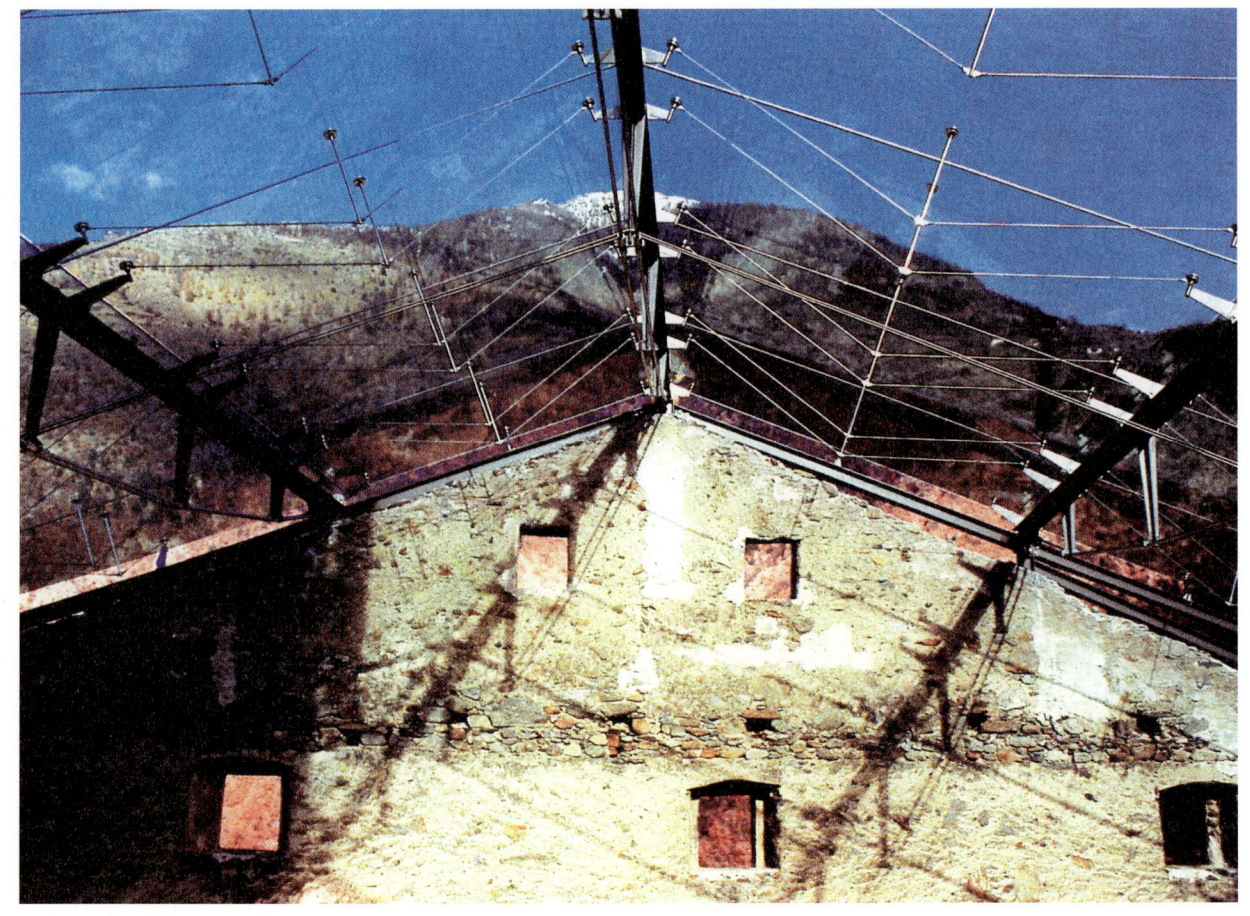

▲ Castle Juval, Tirol

언더센션과 오버센션 우리판

9

6.1
전체구조물 내에서 힘을 받는 유리

6.1.1.
일반사항

보다 높은 투명성은 섬세한 구조물의 도움을 받거나 또는 힘을 전달하는 강재를 줄이고 유리자체가 힘을 받도록 함으로서 가능하다. 유리는 자중 이외에 적설하중, 풍하중 역시 건물 전체하중을 유리를 통하여 계획적으로 부담하게 한다면, 전체구조물 내에서 힘을 받는 건축부재로서 사용된다. 유리는 무엇보다도 압축력을 부담하는 경우에 있어서 하중은 조합된 철-유리구조를 통하여 전달된다. 유리크기에 있어서 문제점은 단기하중과 장기하중 및 취성파괴거동에 있어서 파괴거동에 대한 불안전성을 통하여 발생한다. 구조부재로서 유리사용을 위하여 기본적인 구조원칙 준수와 동일 재료의 거동과 특질은 상당한 의미가 있다.

6.1.2.
정의

두 가지 시스템으로 구분된다.

1) 단일 유리시스템
유리판은 전체시스템 내에서 다른 구조와 조합으로 독립된 구조시스템으로서 기능한다. 유리는 단지 유리자중과 활하중의 결과로 휨과 축하중을 받는다.

2) 여러 장의 유리시스템
여러 장의 유리는 다른 구조부재와 함께 전체시스템으로 작용한다. 유리판에서 전체시스템으로부터 힘이 전달된다. 그것은 압축재로서 붕괴 경우에 전체시스템의 위험을 줄 수 있는 적절한 추가하중을 부담한다.

▶ 그림 6-1
단일 유리의 언더텐션 시스템(상)
여러 장의 유리 언더텐션 시스템(하)

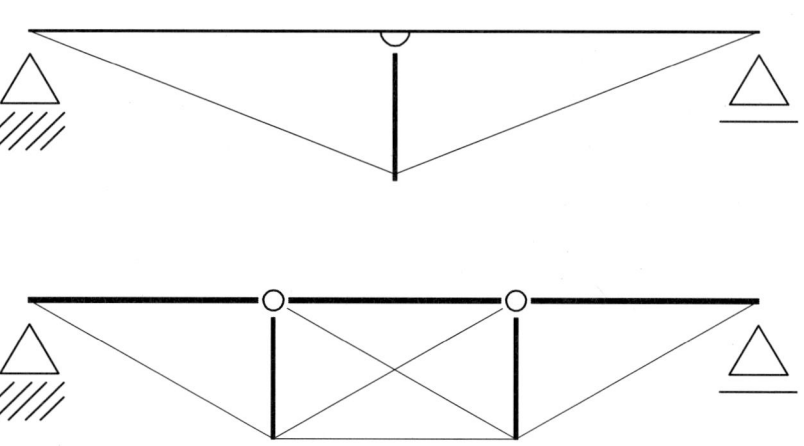

6.1.3.
재료의 거동과 특질

1) 탄성모듈(E=모듈)
건축에 사용되는 유리는 7000N/mm²의 탄성 모듈이다. 하중곡선은 선형적이다. 다시 말하면 붕괴는 어떠한 예고 없이 초과하중으로 붕괴가 일어난다(취성 파괴강도).

2) 강도
유리강도는 본질적으로 유리표면에 좌우된다. 불연속성, 미세균열과 흠집은 강도를 분산시킨다. 그런고로 이론적인 인장강도는 7000-25000N/mm²이고, 이와 대조적으로 현장에서는 50-100N/mm²로 계산된다. 유리의 압축강도는 700-900N/mm²이다. 계속해서 영향을 주는 요소는 하중기간과 온도이다. 강도수치(허용응력이 아닌)의 2.7배로 기본 유리의 프리스트레스로 가능하다.

3) 파괴신축
허용 휨응력은 재료(유리는 팽창이 없는 취성재료)의 점착성에 좌우된다. 계산의 기본자료로서 허용 휨응력은 다음과 같은 수치를 따른다.
  — 일반유리 : 30N/mm²
  — 철망유리 : 8N/mm²
  — 강화유리 : 40N/mm²
  — 단층유리 : 50N/mm²

4) 온도신축
기본적으로 철-유리 또는 알루미늄-유리구조에 있어서 이러한 재료의 다양한 열신축은 강제력을 방지하기 위하여 고려된다.

6.1.4.
구조원칙

1) 확실한 재료 사용
역학적으로 힘을 받는 재료로서 유리의 사용은 대부분에 안전유리를 이용한다.

2) 강화유리(단층유리, 강화유리)
700℃로 가열하고 계속해서 외면의 급냉으로 강화시켜 유리표면에 미세균열을 방지한다. 유리표면에서 압축응력과 내부에서 인장응력이 발생한다. 그것으로 인하여 발생하는 응력은 평형상태를 유지한다.
　압축응력은 미세균열이 시작하기 전에 재하상태에서 유지되어야 한다.
  — 단층유리는 확실히 높은 파괴응력을 갖는다. 파괴 시에 조그만 부스러기로 낙하한다.
  — 강화유리는 약간 상승된 파괴응력을 갖고 파괴부재가 커진다.

3) 합성유리
단층유리나 합성유리로 된 두 장 또는 여러 장의 유리(역시 플루우트 유리 또는 기본유리와의 접합이 가능함)는 유리의 국부적인 붕괴작용을 줄이기 위해 기능층과 접합된다. 접합재료로서 상당히 탄성적인 PVB-필름과 주물수지가 있다. 유리사용은 붕괴 후에 높은 안전성과 지지되는 잔여지탱력이다. 필름과 접합작용은 단지 각 유리의 구조작용의 전체로서 계산될 수 있도록 고려되어야 할 것이다.

6.1.5.
유리판에서 힘의 흐름

구조재료로서 유리사용은 재료특질 이외에 유리와 다른 재료의 접합이 고려되어야 한다.

1) 작업 원칙
- 힘을 면으로 전달시키는 접합이 유리하다.
- 힘의 점형태의 전달로 국부적인 최고응력 발생을 감소시켜야 한다.
- 유리판은 발생하는 응력을 보다 유리하게 분산하도록 모서리 부분에서가 아니라, 내부에 있는 모서리 부분에서 고정하여야 한다.

2) 접합분류
① 유리 테두리로 힘의 전달
마주치는 부분에서 네오플랜 고무는 유리에서 철의 하중전달을 위해 꼭 필요하다.

② 마찰을 이용한 힘의 전달
유리판은 두 강재부재 사이에 고정된다. 탄성적인 사잇재료로서 국부적인 최고응력을 피하기 위해 탄성역할을 하게 된다. 축력은 접합부재와 유리사이의 마찰을 통하여 전달된다.

여기에서 주의해야 할 사항이 있다:
- 강재는 충분히 견고하도록 치수가 결정되어야 한다 (균등한 일반력 전달).
- 볼트의 프리스트레스는 힘의 전달을 확실히해야 한다.
- 장기적으로 견고한 탄성판으로 사잇층을 계획해야 한다.

③ 구멍마찰을 이용한 힘의 전달
이러한 접합은 유리취성에 있어서 특수한 접합재료의 특성으로 가능하다. 천공구멍에서 국부적인 최고응력의 위한 과도층은 유리와 철 사이에 유연한 재료가 요구된다. 이것은 알루미늄 또는 단단한 열가소성 플라스틱이 될 수 있다. 동시에 천공구멍에서 조절 가능성이 요구된다면, 에폭시수지, 주물수지, 포리에스테르링Polyesterring 또는 유사한 재료의 사용이 가능하다. 볼트의 사잇공간과 크게 작업된 천공구멍은 이러한 재료로 채워진다. 접착연결은 전체시스템에서 힘을 받는 건축부재로서 유리삽입을 위해 접착제의 바람직하지 못한 특성으로 이제까지 사용되지 않았다.

▼ 그림 6-2
플래트한 테두리를 통해 힘 전달(상)
압착판 마찰을 통한 힘 전달(중)
천공 마찰력을 통한 힘의 전달(하)

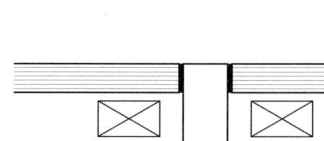

6.2
언더텐션된 유리판

쥬발Juval성에서 파괴된 부분의 지붕유리

1) 설계설명서

매스너R. Messner의 소유로서 쥬발 성은 남부 티롤Südtirol 지방의 암반에 얹혀 있다. 붕괴 전에 유적지를 보호하고 전망공간으로 이용하기 위해 건축가이자 구조 엔지니어인 단츠R. Danz에 의해 옛날의 지붕형태를 유지하도록 유리지붕으로 계획되었다.

유리지붕은 39장의 언더텐션된 유리판으로 구성되었다. 5개의 생선 배모양의 거더 위에 트러스 형태로 분할해서 고정되었다. 공간을 상부에서 당기는 거더에 직교하도록 놓여있는 코아부분은 부서진 석벽에 연결된다.

지붕면에서 필요한 약간의 보강은 유리판의 면작용으로 이루어지기 때문에 인장봉으로 된 가새는 필요하지 않다. 사다리꼴 평면에서 방사형태의 분할은 각각 다른 유리크기로 계획되었다. 유리의 크기는 약 2.0×3.6m이다. 유리판은 처마와 박공으로부터 약 25.0~45.0cm 정도 돌출하여 지붕 경사방향으로 걸쳐있고, 강철 거더의 축으로 생선 비늘형태로 계획되었다.

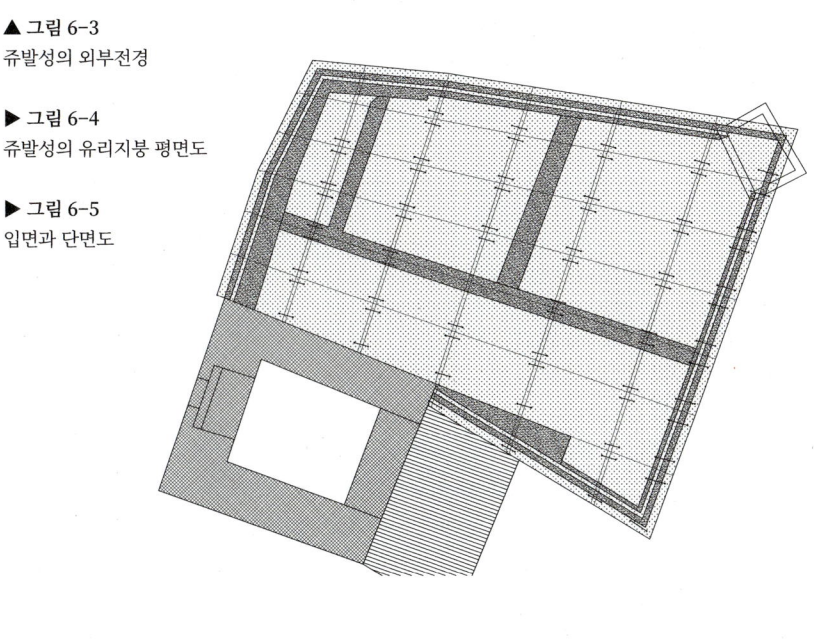

▲ 그림 6-3
쥬발성의 외부전경

▶ 그림 6-4
쥬발성의 유리지붕 평면도

▶ 그림 6-5
입면과 단면도

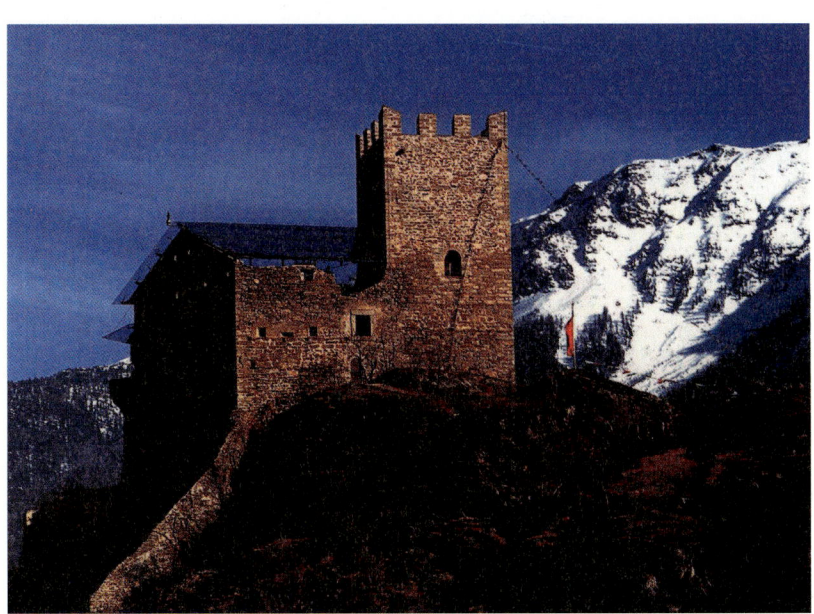

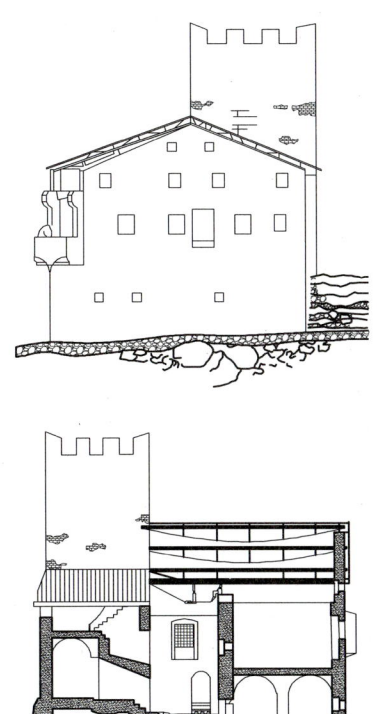

2) 구조원칙

각각의 유리판은 두 번에 걸쳐 평행하게 언더텐션되고 물고기 모양의 트러스 위에 점형태로 지지된다. 구조시스템은 언더텐션된 거더와 동일하다. 거기에서 유리는 자중과 활하중(풍하중과 적설하중)으로 발생하는 하중 이외에 추가적으로 언더텐션으로 인한 일반력을 가지고 있는 상현재 기능을 한다.

실행

— 합성유리로서의 유리 1.56mm PVB-필름과 2×8.0mm 강화유리
— 언더텐션 인장봉 ∅-6.0mm
— 버팀 압축봉 ∅-16×2.0mm
— 유리 압착-로단 Typ EL 70

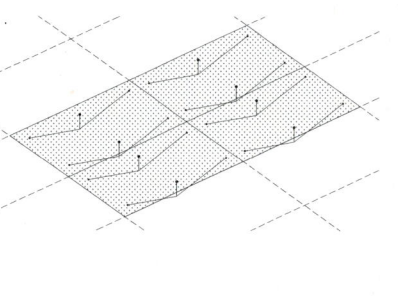

▲ 그림 6-6
기본 시스템의 이소메트리

▶ 그림 6-7
박공벽체에 얹혀 진 유리지붕

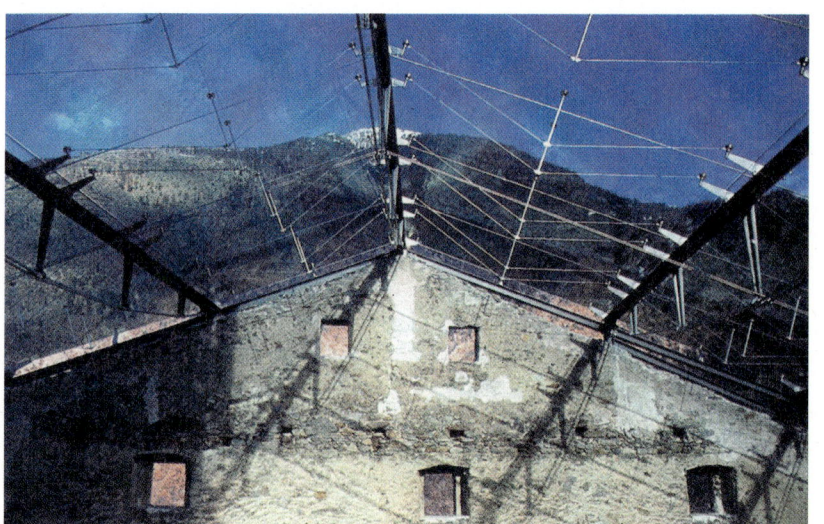

3) 힘의 전달

유리의 자중과 활하중으로 발생하는 힘은 언더텐션에서 두 버팀목으로 전달된다. 직교방향의 버팀목이 고정되지 않고 그것으로 인하여 유연하게 경사지기 때문에, 유리판에서 이것은 유리 압착판으로 고정된다. 유리판은 로단-유리 압착판으로 지지점에 고정되고 강제력 없이 조립된다.

▼ 그림 6-8
유리판 중간 접합부의 디테일과 구조시스템

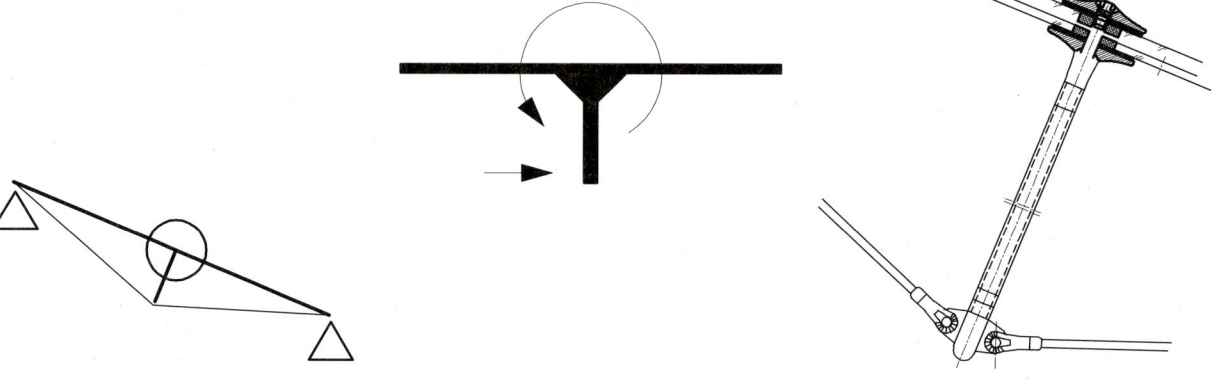

유리 압착판은 X-, Y- 와 Z-축의 조립에서 허용오차 조정이 가능하고 또한 각도 회전의 조정은 볼지지를 통해서 가능하다. 취약점은 유리판에 휩력이 발생하는 언더텐션, 지지대와 유리의 힘을 받는 재축선이 한 점에서 만나지 않는 것이다.

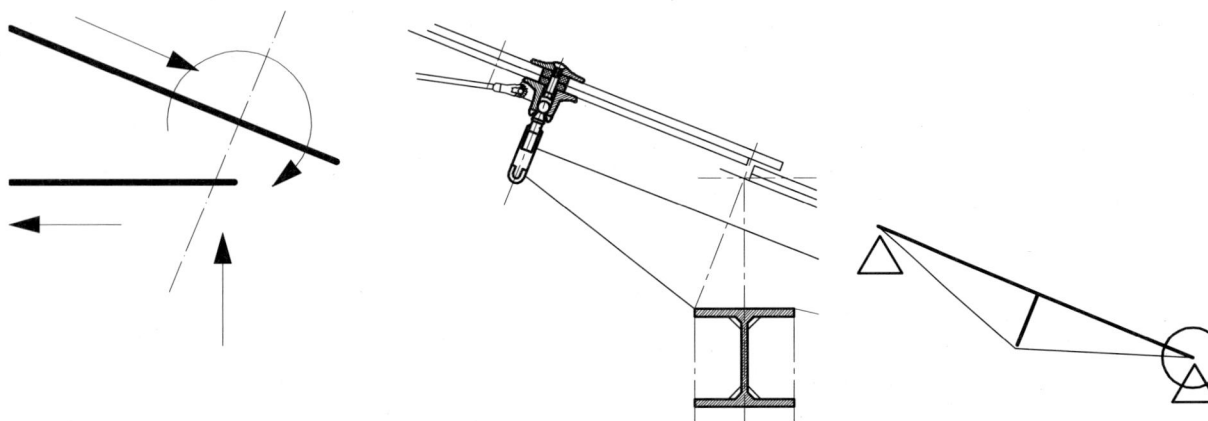

▲ 그림 6-9
언더텐션 접합부의 디테일과 구조시스템

유리면에 언더텐션으로 일반력의 전달은 천공마찰이 발생한다. 그것에 있어서 유리판의 큰 천공은 유리판과 고정대의 형태유지와 힘 전달에 대한 강접합을 만들기 위해, 그리고 최고응력을 방지하기 위하여 조립작업에서 주물수지를 채워 넣는다.

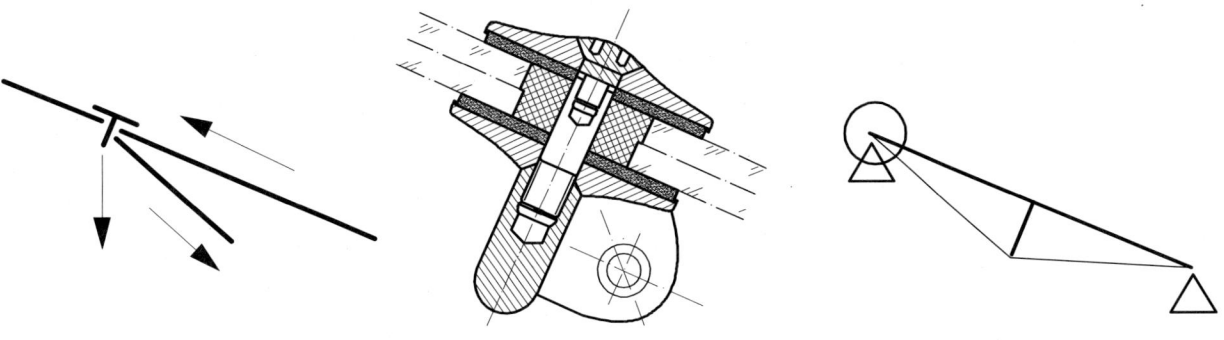

▲ 그림 6-10
유리 클램프 부분의 디테일과 구조시스템

여기에서 사용된 주물수지는 철분이 함유되고 특별히 언더텐션된 유리판의 주조를 위해 개발된 해결책이 두 부재의 에폭시 수지 접합제이다. 이 재료는 높은 탄성모듈과 노화방지에 우수하고, 유리와 로단-유리 압착판 사이에 발생하는 힘을 부담하고 탄성지지를 유지한다.

에폭시 수지 접합재의 기술적인 제원
— 색체 : 진한 회색
— 액화시간 : 25min/100g/23℃
— 경화시간 : 4시간
— 최종경화시간 : 24시간 이후
— 압축강도 : 약 100N/mm²
— 인장강도 : 72N/mm²
— 휨강도 : 90N/mm²
— 탄성모듈 : 5000N/mm²
— 내화온도 : +200℃ 까지

4) 치수

단스R. Danz에 의한 유리판 모서리를 위한 천공간격에 대한 기준치와 붕괴후 스팬의 비율:

단스에 의한 언더텐션된 유리판의 두께에 대한 개략치수의 기준치:
— L = 1.2m : 합성유리 2×8.0mm
— L = 1.4m : 합성유리 2×10.0mm

▶ 표 6-1
로단의 유리 압착판의
허용오차와 최대천공에 대한 표

죔쇠 Ø(mm)	50	60	70	80
유리천공 Ø(mm)	26	32	36	46
지지링 폭 (mm)	9	9	10	10
지지면적 (mm²)	1103	1385	1822	2136
허용치 (mm)	±7	±10	±10	±15

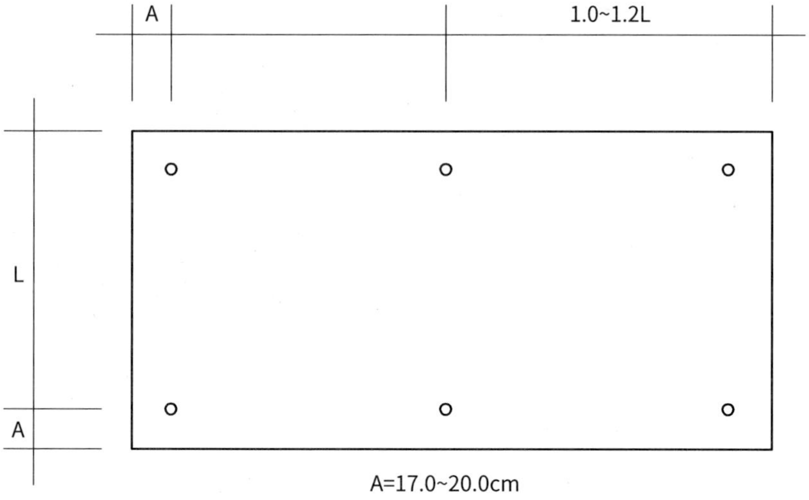

▶ 그림 6-11
치수 스케치

A=17.0~20.0cm

6.3
공간적으로 언더텐션된 유리판

RWTH Aachen의 실험적인 조적건축물의 유리지붕

1) 설계설명서

RWTH-Aachen의 실험부지에 1995년 크낙Knaak의 진행 하에 학생그룹에 의해 구조물의 일부분으로서 유리가 힘을 받는 구조가 현실화되었다. 유리지붕은 조적벽체 위에 얹혀 지고 투명한 기상보호로서 역할을 한다. 여기에 있어서 사람이 상시로 체류하지 않고 올라 갈 수 없는 실험구조물이다.

3.0×2.5m 크기의 지붕은 5열로 계획된 전체적으로 15장(각 50.0×100.0cm)의 수평유리와 10장(각 50.0×50.0cm)의 수직유리로 구성된다. 세 열에서 수평유리는 각각 트러스 형태의 구조시스템의 언더텐션으로 구성된다. 그 사이에 유리판의 두 열은 이웃하는 구조시스템 위에 얹혀 진다.

언더텐션은 동시에 본래의 구조시스템의 유리를 위한 지지대와 경계를 짓는 유리들로 구성되고 지지를 위해 배열하고 있는 인장재로 된 V-형태의 포스트로 이루어진다. 수직 유리부재는 지붕구조의 지지대이고 보강재로서 현존하는 지주와 함께 작용한다.

▶ 그림 6-12
유리지붕의 외경

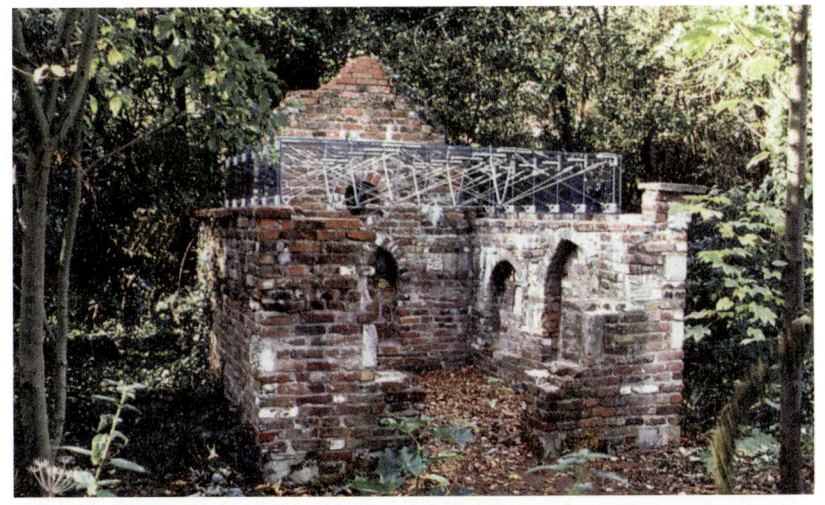

▶ 그림 6-13
유리지붕의 상부 디테일

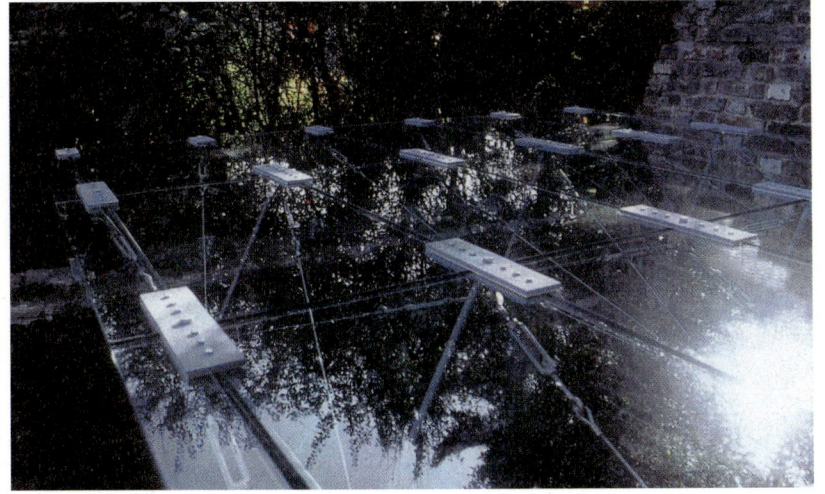

2) 구조컨셉

- 언더텐션 케이블 ∅-4.0mm
- V-버팀봉 ∅-14.0mm
- 유리 12.0mm 단층유리
- 압착판 9.0mm 강철 앵글과 강철판

이러한 시스템에 있어서 유리는 개개의 유리판의 자중과 활하중 이외에 전체 구조물의 하중을 부담한다. 12.0mm 단층유리로 된 유리판은 추가적으로 압축을 받는다.

▶ 그림 6-14
구조 단면도

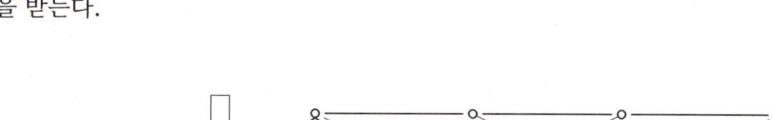

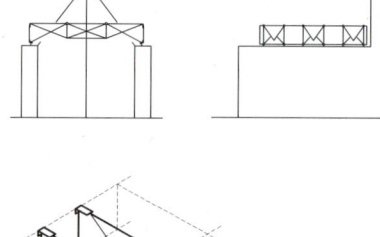

▶ 그림 6-15
구조시스템의 이소메트리

▶ 그림 6-16
수직하중을 받는 트러스 거더(상)
횡하중 보강(중)
합성된 보강 시스템(하)

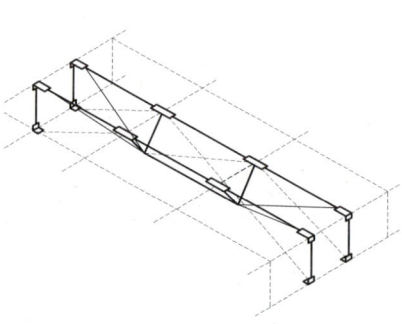

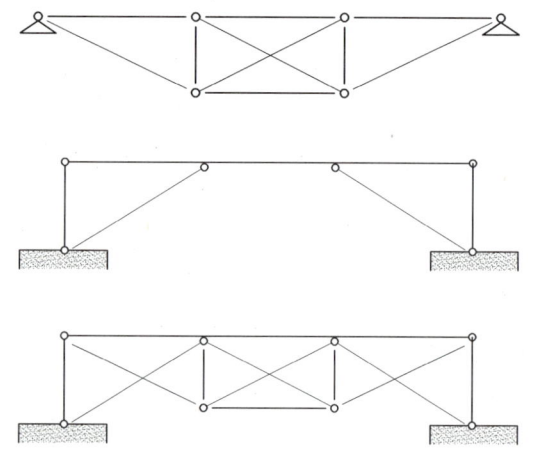

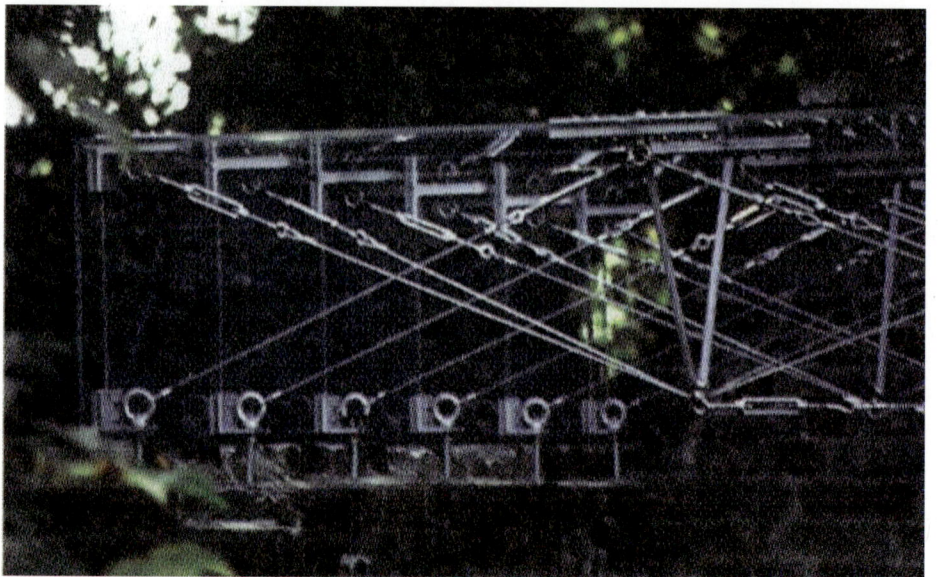

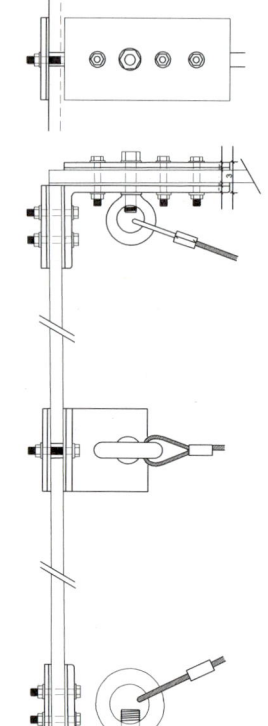

▲ 그림 6-17
모서리 부분의 접합 디테일

▶ 그림 6-18
정면과 단면도 디테일

3) 구조작용
수직하중은 압축재로서 유리판과 함께 트러스 거더에서 부담하고, 수평하중은 라멘으로서 트러스, 지주와 함께 유리벽으로 전달된다.

4) 힘의 전달
유리판 사이의 하중은 철부재와 2.0mm 특수 고무판의 마찰력으로 전달된다. 유리가 마주치는 이음새에 있는 M-6 볼트의 프리스트레스로 철판부재 및 고무판은 유리를 눌러주고 마찰강판으로 마감된다. 유리천공은 비용문제로 취소되었다.

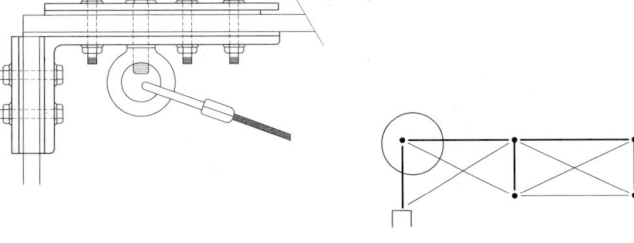
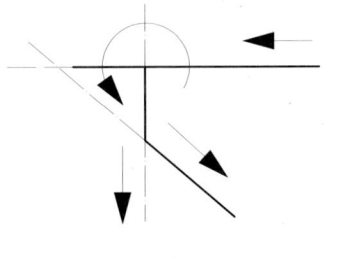

▲ 그림 6-19
상부 모서리 디테일과 구조시스템

모서리와 바닥 지점은 9.0mm 강철 앵글로 구성되며, 힘이 전환되어 조적벽체로 유도된다. 인장부재의 힘이 흐르는 선은 지지대와 유리의 힘이 흐르는 선의 절점과 만나지 않는다. 이것으로 인하여 두 유리판에 모멘트가 발생한다.

▼ 그림 6-20
하부절점 디테일과 구조시스템

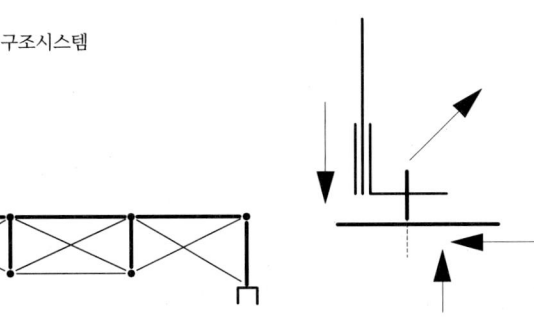
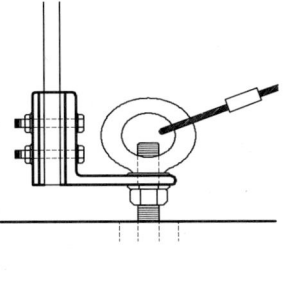

내부절점에서 유리판에 강철로 된 앵글은 역시 마찰강판 위에 고정된다. 지지볼트에서 발생하는 힘을 전달하는 강철앵글은 유리판에 볼트에 점형태의 지지로 인해 모멘트가 발생한다. 상부 절점에서 유리사이에 트러스 작용으로 생긴 압축력은 마찰력으로 계속 전달된다.

6. 언더텐션과 오버텐션된 유리판

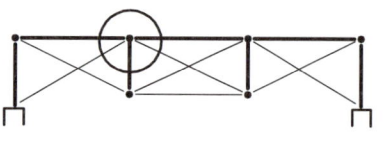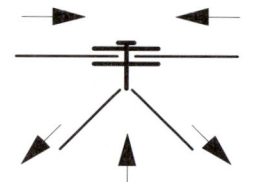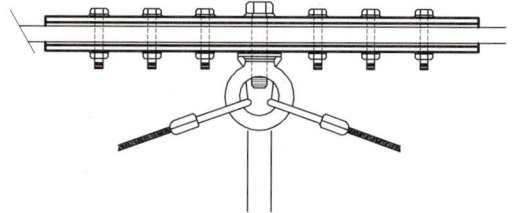

▲ 그림 6-21
상부 중앙부분의 디테일과 구조시스템

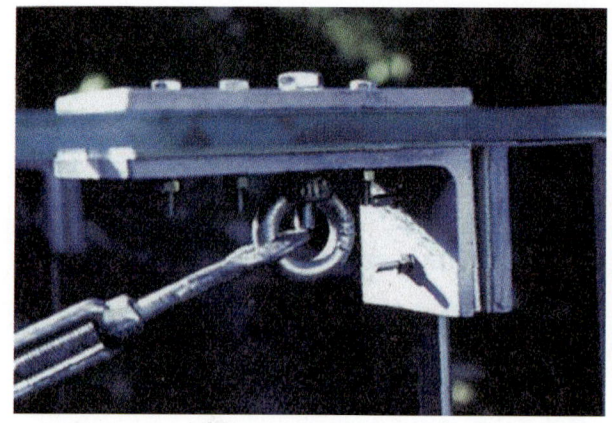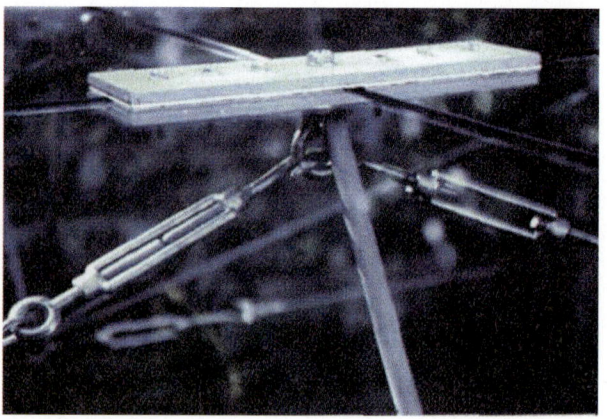

▲ 그림 6-22
모서리 부분의 디테일

▶ 그림 6-23
중간 접합부의 디테일

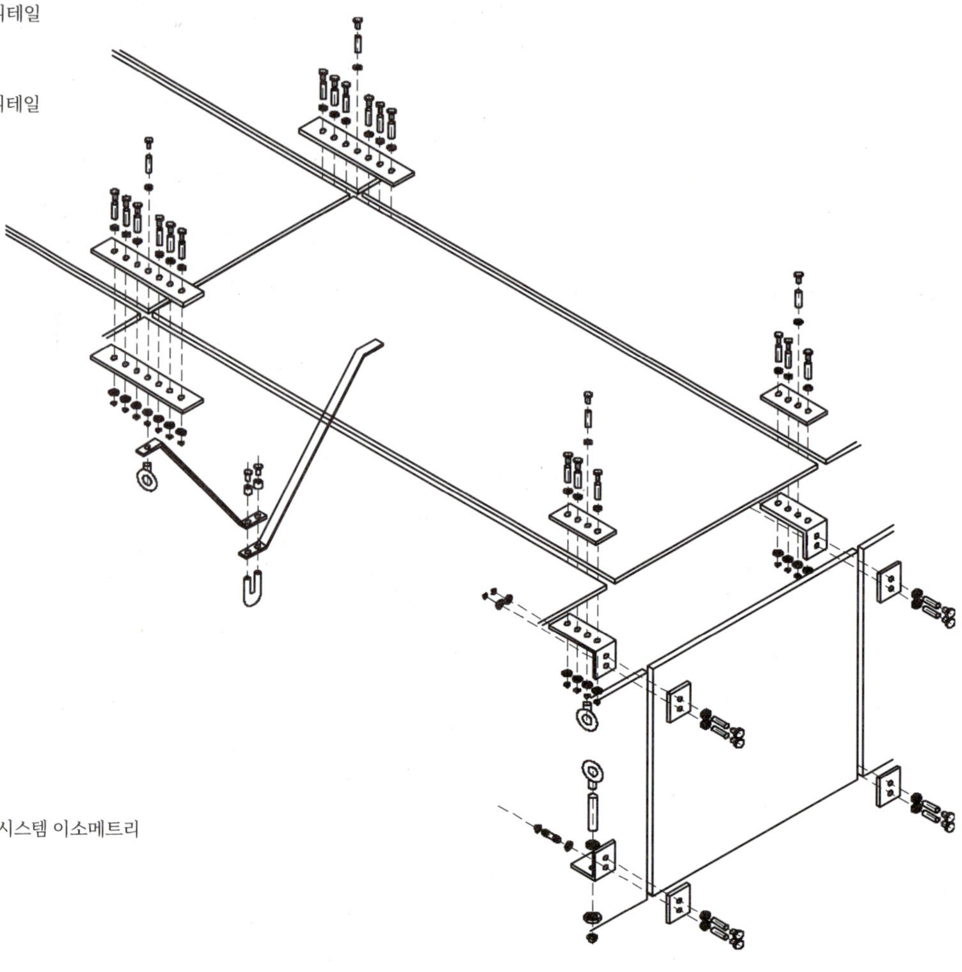

▶ 그림 6-24
연결부재의 구조시스템 이소메트리

— 134 —
유리건축

6.4
양측에서 트러스 형태로 텐션된 유리판

RWTH-Aachen 도서관

1) 설계설명서

도서관 건축물은 스폰서와 학생 프로젝트로서 아헨대학 건축과 실험부지에 세워졌다. 6.0×20.0m 크기의 건축물에 수직으로 약 7° 기울어 진 북쪽 파사드는 1996년에 철-유리구조물로 건축되었다.

9개의 트러스를 통하여 파사드를 지탱시킨다면, 외부에 있는 케이블에 있어서 중앙에 있는 유리판은 압축력을 받는다. 강철 버팀대와 내·외부에 있는 8.0mm 케이블은 약 2.0t으로, 프리스트레스되는 유리판은 다층 단열유리로 구성된다. 힌지로 접합되는 개개의 부재로 구조물은 케이블의 길이변화로 인한 자유로운 형태의 장점을 제공한다.

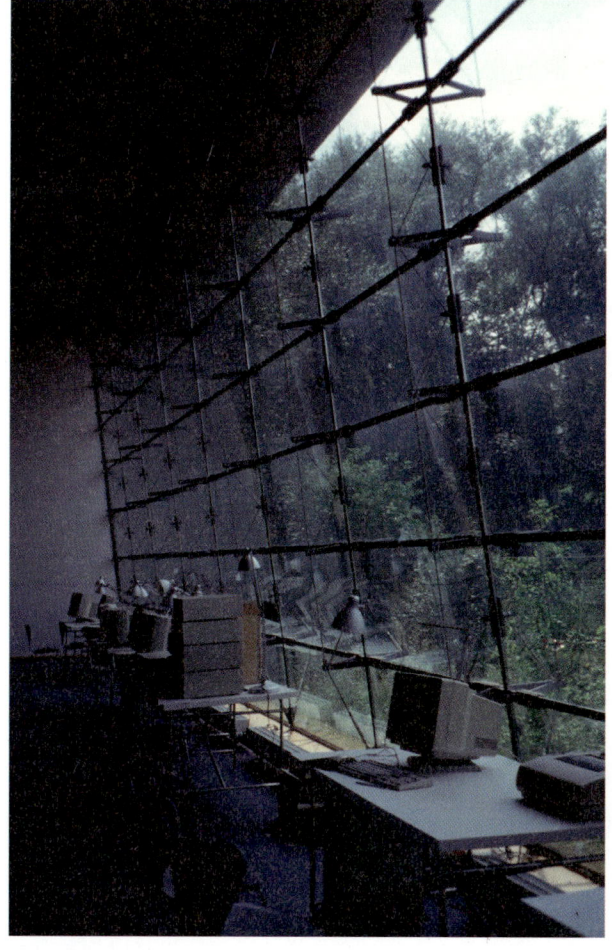

▲ 그림 6-25
파사드의 내부전경

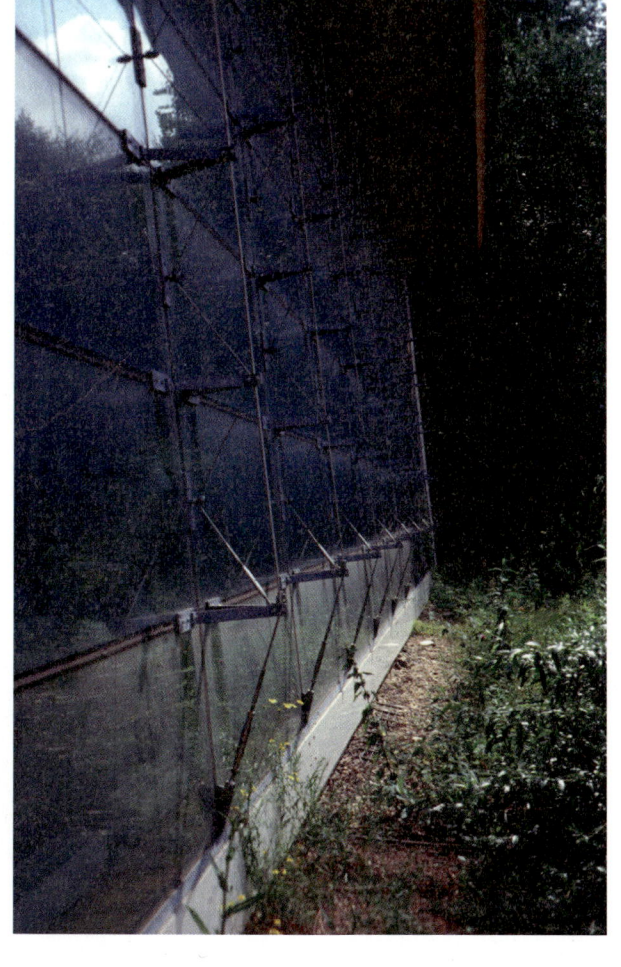

▲ 그림 6-26
파사드의 외부전경

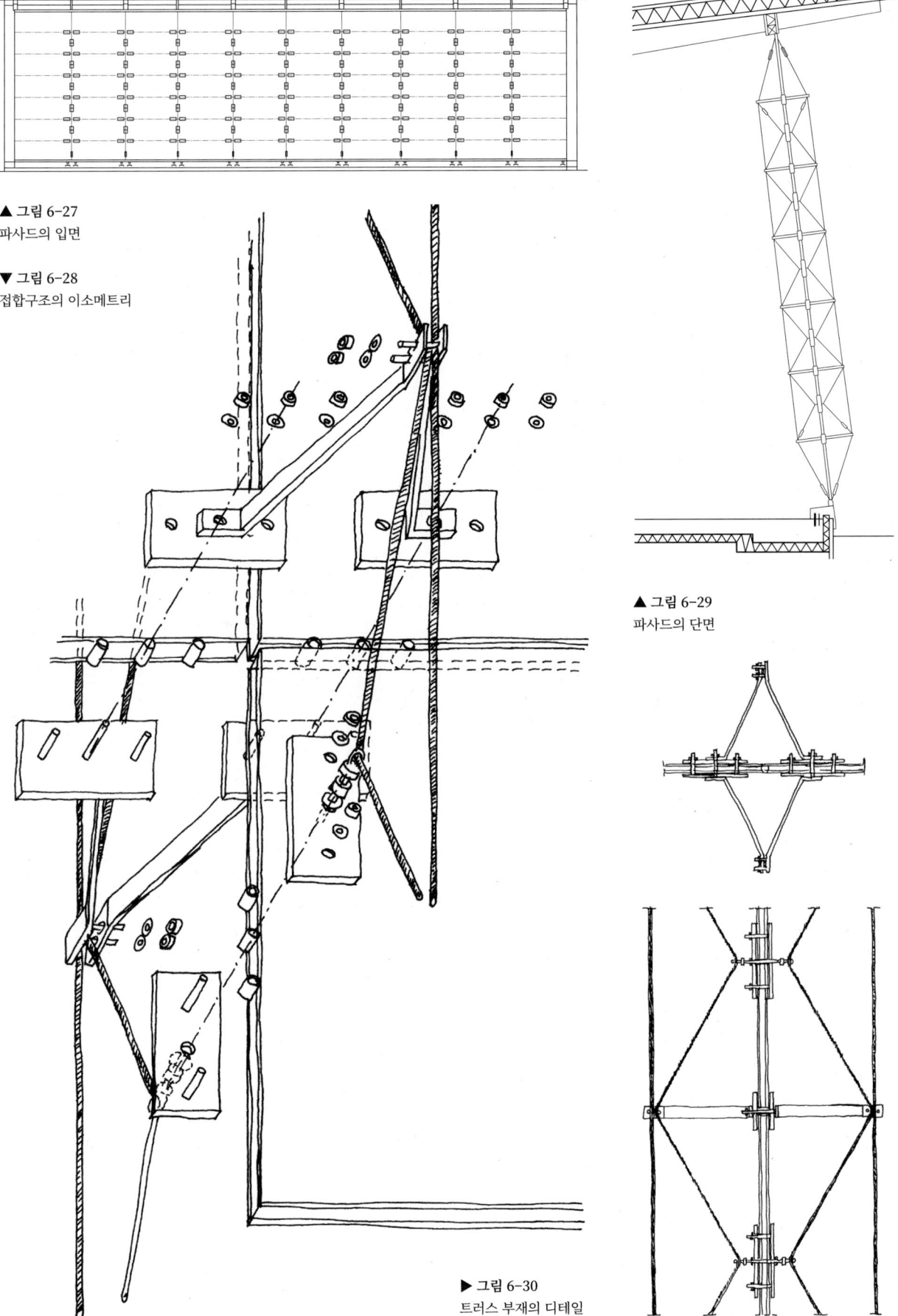

▲ 그림 6-27
파사드의 입면

▼ 그림 6-28
접합구조의 이소메트리

▲ 그림 6-29
파사드의 단면

▶ 그림 6-30
트러스 부재의 디테일

유리건축

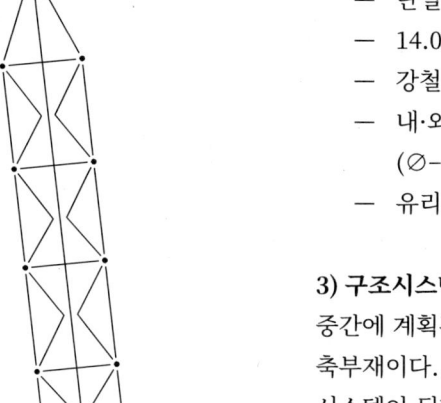

2) 구조원칙

- 단열유리
- 14.0mm의 사잇공간을 갖는 2×6.0mm 단층유리
- 강철 버팀대(∅-10.0mm)
- 내·외부 케이블(∅-8.0mm 약 2t으로 프리스트레스), 경사 케이블 (∅-5.0mm)로 지지
- 유리크기 약 80.0×200.0cm

3) 구조시스템

중간에 계획된 유리판은 내·외부에 계획된 인장 케이블로 프리스트레스되는 압축부재이다. 철판기둥, 경사재와 함께 역시 케이블과 함께 인장부재는 트러스 시스템이 된다. 버팀대와 바닥판은 10.0mm 아연도금된 철판으로 제작되고 유리판 이음새에서 볼트로 연결된다. V-형태의 버팀대는 버팀대 사이의 클램핑으로 케이블에 고정된다. V-형태의 버팀대는 한편으로는 강철 압축봉이 측면으로 전복되지 않기 때문에 단지 한 방향으로 케이블을 당기는 것이 가능하고, 다른 한편으로는 유리판의 모서리에 하중을 감소시킨다. 내·외부에서 경사재와 연결되는 수직 이음새에 있는 압착판은 압축력을 받는 유리판을 고정시키고 좌굴 길이를 짧게 한다.

시스템의 하중전달은 트러스와 동일하게 작용한다. 압축력은 여기에서 압축재로 작용하는 인장 케이블에 프리스트레스를 제거함으로서 부담한다. 인장부재에 항상 인장이 걸리고 무너지지 않도록 인장부재의 프리스트레스는 시스템에서 최대로 작용하는 압축력보다 크게 선택된다.

▲ 그림 6-31
구조시스템

▼ 그림 6-32
횡하중에 대한 구조부재(좌),
완전한 구조시스템(우)

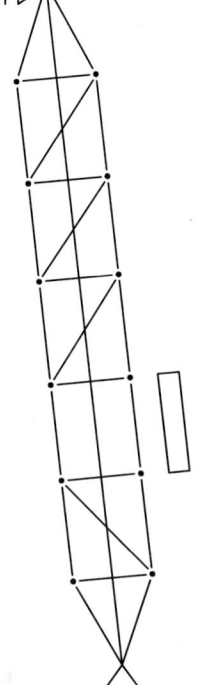

4) 힘의 전달

모든 일반력은 케이블과 봉을 통해 계속 전달되고, 우선적으로 유리판의 단부에 전달된다. 모멘트는 발생하지 않는다. 모멘트가 없는 인장력의 전달은 연속되는 실리콘을 통하여 단지 전환지점에서 일반력이 작용한다.

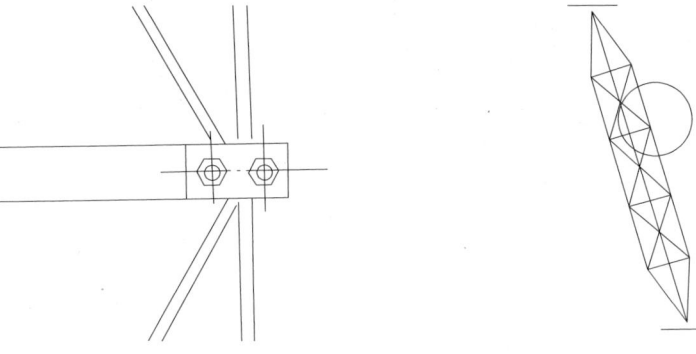

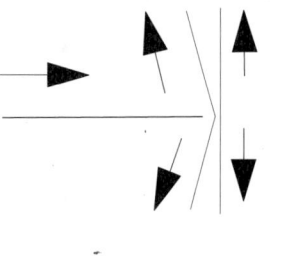

▲ 그림 6-33
당기는 절점의 구조시스템과 디테일

유리판의 힘은 U-강철 위에 고무 사잇재료에 전달된다. 시스템은 닫히고, 파사드 변형으로 인한 힘은 외부로 흐르지 않는다. 건물에 파사드의 연결은 U-강철로 이루어지고, 케이블의 인장을 위하여 상·하의 이음판이 용접된다.

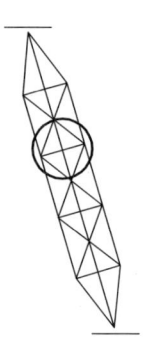

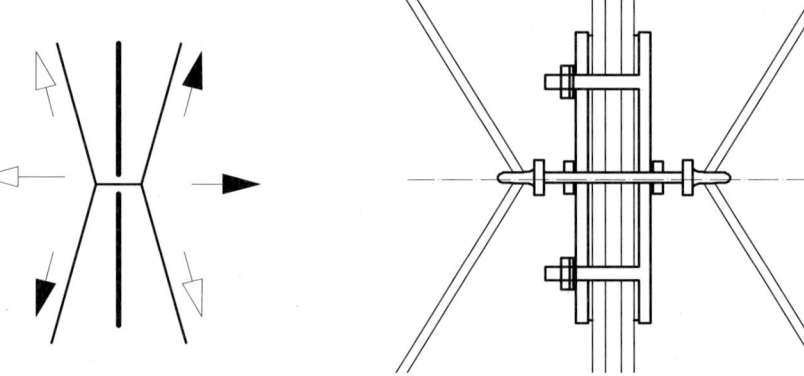

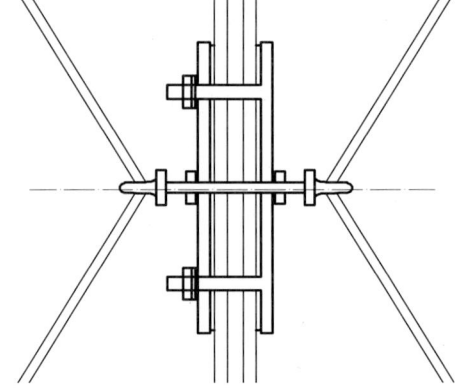

▲ 그림 6-34
중간 유리면의 디테일과 구조시스템

▼ 그림 6-35
하부 지지점의 디테일과 구조시스템

전체시스템의 바닥부분은 견고하게 고정된다. 머릿 부분은 시스템에서 건축물에서 발생하는 수직하중이 전달되지 않도록 긴 구멍 위에서 둘러싸고 있는 구조물로 연결된다.

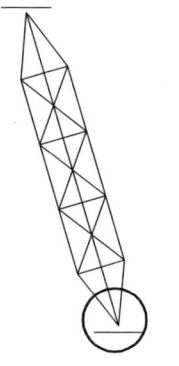

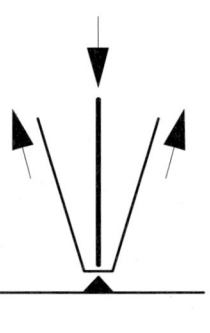

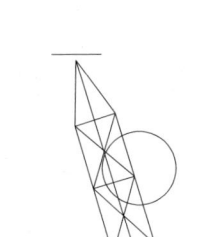

두 개의 단열 유리판 붕괴의 경우에 이웃해 있는 유리가 구조적인 기능을 넘겨받는다. 모든 유리는 현존하는 하중의 두 배 정도로 고려하여 계획하는 것이 타당하다.

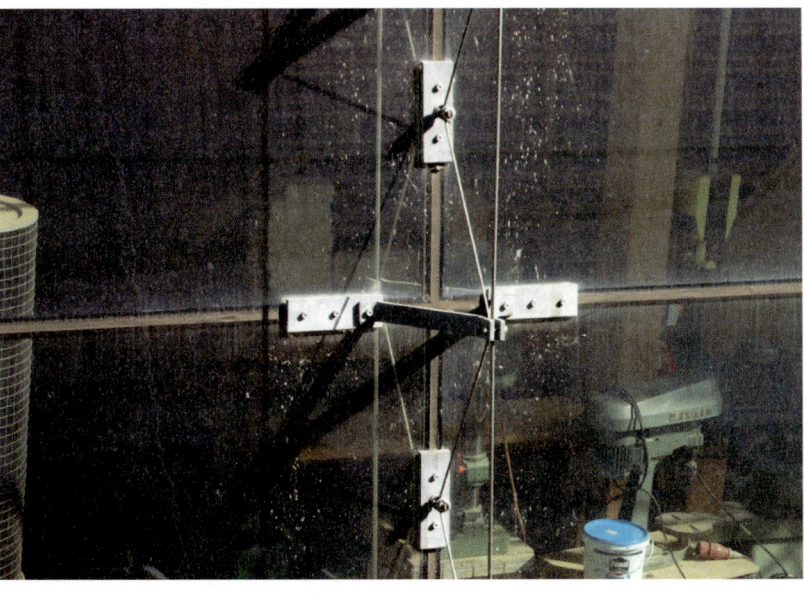

▲ 그림 6-36
인장부분과 유리면의 디테일

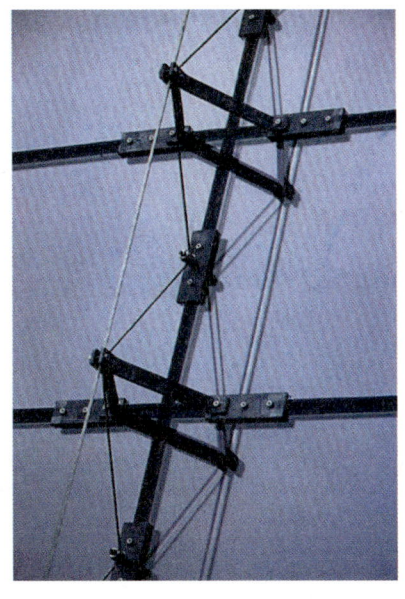

▲ 그림 6-37
유리면의 디테일

6.5
요약과 평가

구조재로서 유리구조에 대해 미래의 잠재력이 있는 것으로 요약해서 말 할 수 있다. 그것에 있어서 현재 응력의 신뢰할 만한 파악이 주요 문제점이다. 과도한 하중부담에서 갑작스런 붕괴가 일어날 수 있기 때문에 현재로서는 큰 안전계수로 측정하는 것이 필요하다. 사례는 합성유리에서 개개 유리의 지금까지 시도한 적이 없는 접합으로서, 추가적으로 치수에 있어서 단지 개개유리가 고려되어야 한다는 결론에 도달한다. 즉 필요로 하는 개개 허용을 떠나 충분한 경험치로 부터 허용규정이 표준이 되도록 하기 위해 이러한 방향으로 계속해서 많은 실험을 해 보는 것이 중요하다.

계속되는 문제는 유리판의 힘의 전달 및 유도인 것 같다. 유리판에서 모멘트와 강제력 없는 힘의 유도는 가능하지 않고 유리로 된 건축부재의 치수를 크게 하도록 요구하고 있다. 업체들은 이미 힘이 점형태에 모멘트가 걸리지 않는 현재의 구조를 보충하려고 노력하고 있다.

이러한 입장에서 상당한 기술적이고 재정적으로 과다한 구조를 적용하는 것은 비관적으로 표현하고 싶다. 항상 원하는 효과에 대한 유익한 관계는 없다. 역시 많이 당기고 상부텐션과 언더텐션을 통한 구조의 명확함은 원하는 섬세함의 비용으로 상실된다. 특별한 긍정적인 사례로서 RWTH-Aachen에 있는 실험적인 구조물들이 있다. 그들은 저비용 부재, 단순하고 명료한 해결이 가능케 하였다.

7

유리가 유리를 현수하는 파사드

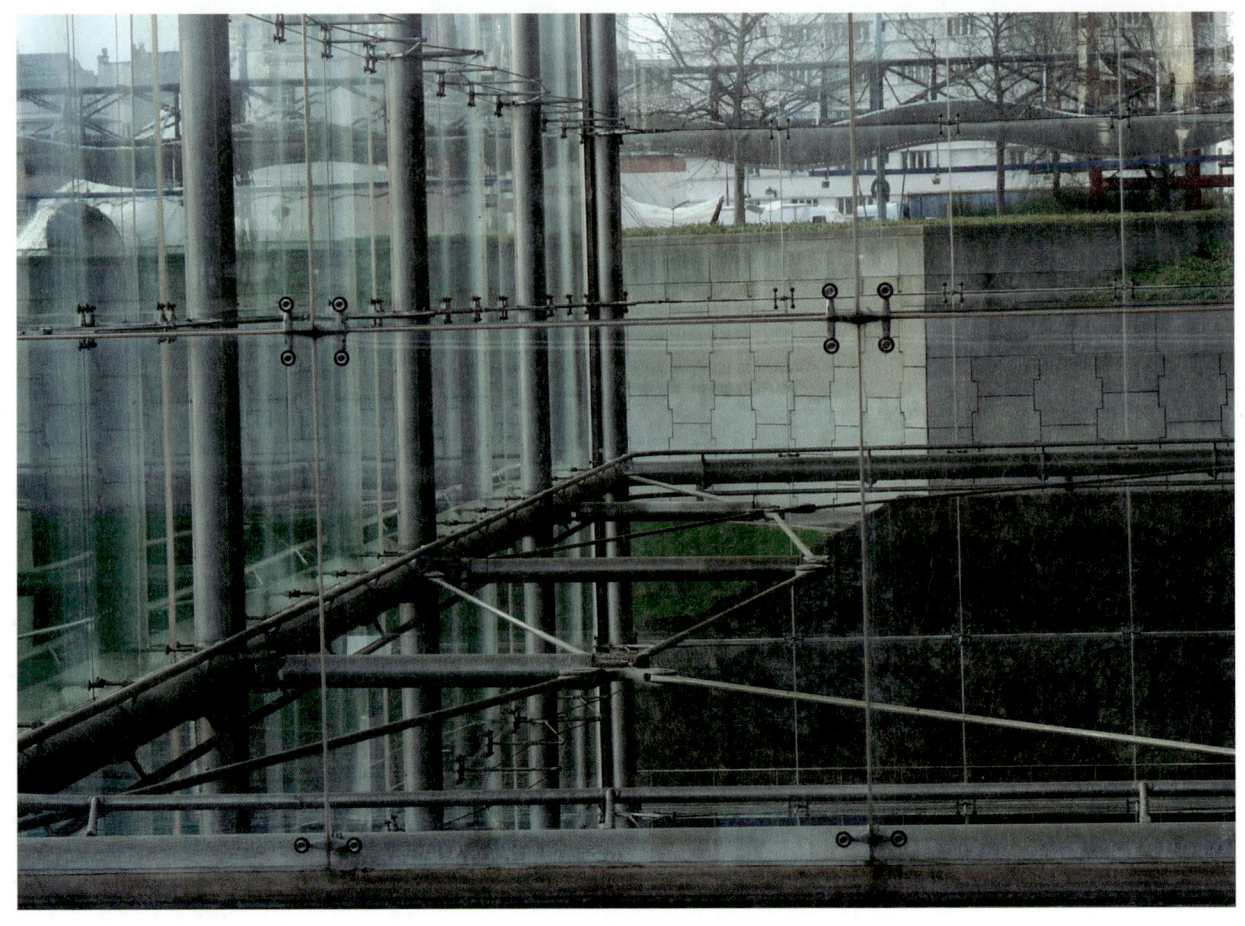

▲ La Vilette, Paris

우리가 우리를 헌수하는 파시드

치수의 허용오차는 건축현장에서 자주 발생하고 피할 수가 없다. 그것은 정밀하지 않은 작업, 또는 두 재료의 다른 팽창거동으로 인하여 발생한다. 이러한 편차에 작용할 수 있게 하기 위하여 설계에서 모든 건축부재의 정밀조절 가능성에 주의해야 한다.

예로서 생산과정에서부터 유리천공과 같은 정밀조정을 허용하지 않는 부재들이 있다. 계통적으로 다음 부재는 발생하는 부정확성을 부담해야 한다. 다시 말하면 하부구조에 X-, Y-와 Z-방향에서 유리의 구멍간격에서 치수오차의 조절이 가능하도록 기회를 주어야 한다. 특히 취성재료인 유리와 함께 구조적으로 제한적이고 추가적인 하중발생을 줄이기 위해 구조의 허용오차 가능성을 주의해야 한다.

7.1
수직하중의 전달

현수되는 유리 파사드에 있어서 상·하에 있는 유리는 수직밴드에서 유리가 현수된다. 모든 밴드의 상부유리는 주요구조에 고정된다. 이러한 고정을 통하여 모든 유리의 자중은 주요구조물로 전달된다. 유리밴드의 현수는 다양한 기술과 방법이 있다.

1) 견고한 현수
- 한 점 또는 두 지점에서 현수하는 경우에 있어서 강재에 집중적으로 유리하중을 전달
- 많은 볼트(현수지점/Ipswich)로 분산되고, 연속적인 전달

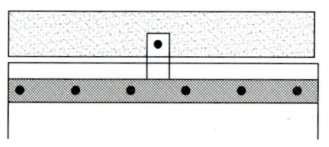

여러 점에서 하중전달/ 견고, Ipswich

특별히 견고한 현수에 있어서 유리와 유리 고정대 연결부에서 뜻하지 않는 하중부담이 발생한다.

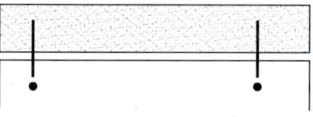

두 점에서 하중전달/ 견고

2) 탄성적인 현수
용수철 기구를 이용하여 현수지점의 힘을 전달시킬 수 있다. 그 위에 발생하는 하중(측면에 작용하는 풍하중, 유리파괴)은 추가하중 전달에 이웃하는 현수지점이 관여되도록 계획된다.

탄력적인 현수는 하나(La Vilette) 또는 두 개(Channel 4)의 현수지점을 통하여 이루어진다. 한 지점에서 완전히 수직적이고 주요 구조시스템의 수평 에 평형을 이루지만, 반면에 두 점 현수에 있어서 현수되는 유리는 주요구조의 기하형태 및 부정확성과 변형에 영향을 줄만큼 더 강하다.

탄성적인 현수 있어서 일반적으로 유리밴드는 측면적으로 그러한 방법으로 유리의 불가피한 수직변이가 서로 방해됨이 없이 항상 간격을 유지되도록 서로 결합된다.

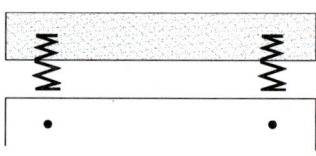

두 점에서 탄성현수/ Channel 4

3) 유리붕괴
유리붕괴의 가능성은 항상 고려되어야 한다. 몇몇의 유리붕괴는 현수의 전체시스템에서 힘의 흐름을 갑작스럽게 변경시킨다. 네 개의 유리로 된 밴드에서 상부유리의 파괴에 있어서 하부유리는 더 이상 매달려 있을 수 없다. 그것은 유리자중을 유리(여러 점 지지형태)의 연결부재 위에 그리고 이웃하는 유리의 실리콘 이음새에서 전단력을 전달시킨다. 힘 흐름의 갑작스런 변경은 현수지점에서 붕괴를 일으킬 수 있는 최고응력의 원인이 된다. 탄력적인 현수는 휘어짐을 통해서 이러한 최고응력을 방지할 수 있다.

한 점에서 탄성현수/ La Villette

▲ 그림 7-1
유리 파사드의 현수 가능성

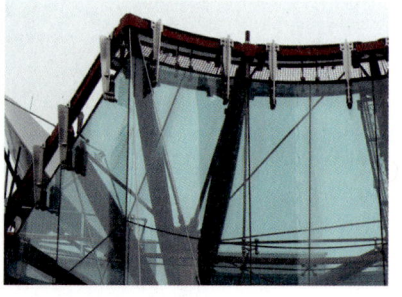

◀ 그림 7-2
두 지점에서 탄성용수철을 이용한 유리현수/Channel 4, London

7.2
수평하중의 전달

자중과는 대조적으로 수평으로 작용하는 하중(풍하중 등등)은 추가적인 구조시스템으로 전달된다. 그것에 있어서 풍압력 뿐만 아니라 풍흡력이 전달도록 주의해야 한다. 수평하중 전달을 위하여 수평 또는 수직방향에 한 구조시스템을 설치할 수 있고 또한 수직부재와 수평부재의 조합이 고려될 수 있다. 구조물 형태는 트러스 거더의 그 자체에서 후면에서 텐션된 구조시스템이 될 수 있다. 유리면은 구조시스템의 전·후면 또는 축면에 놓일 수 있다.

각 유리는 풍하중을 중앙보다 저항력이 큰 네 모서리에서 성능을 발휘한다. 변형을 통하여 천공위치의 유리 위에서 그리고 유리 고정대 위에서 단지 파사드 부재에 수직하게 만 작용하지 않는 추가적인 하중이 발생한다. 유리가 움직이지 않고 현수된다면, 유리는 이러한 하중을 위해 유인해야 한다. 풍력은 유리로 하부구조의 고정 위에, 그리고 거기로부터 주요구조로 전달되어야 한다. 결과적으로 천공부분에서 특별한 힘의 집중이 나타나기 때문에 유리고정의 계획에 유의해야 한다.

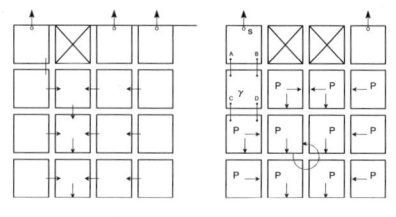

▲ 그림 7-3
유리 파괴시 하중전달 매카니즘

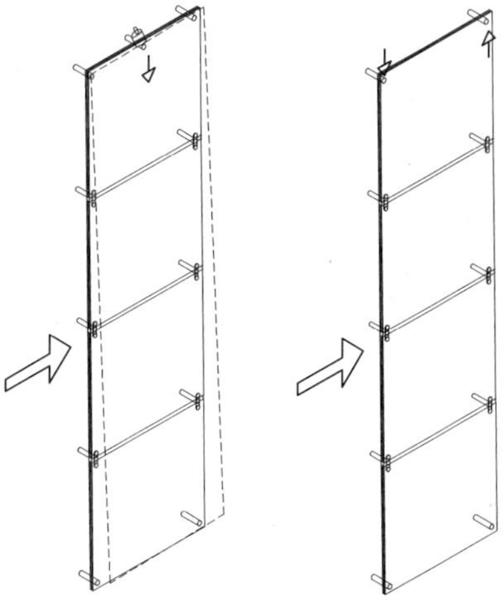

▲ 그림 7-4
중간지점 탄성현수와 두 점 현수지지에서 발생하는 횡하중에 의한 변이

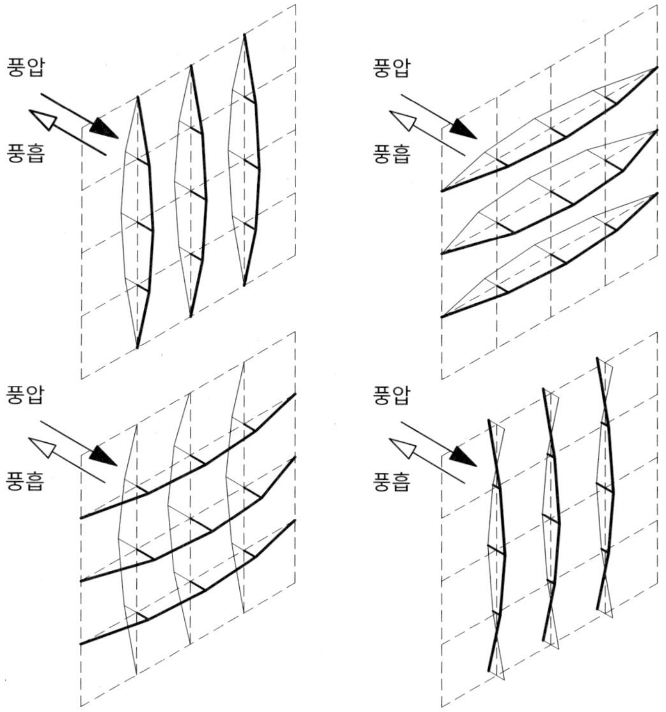

▶ 그림 7-5
수평하중 전달을 위한 다양한 구조시스템

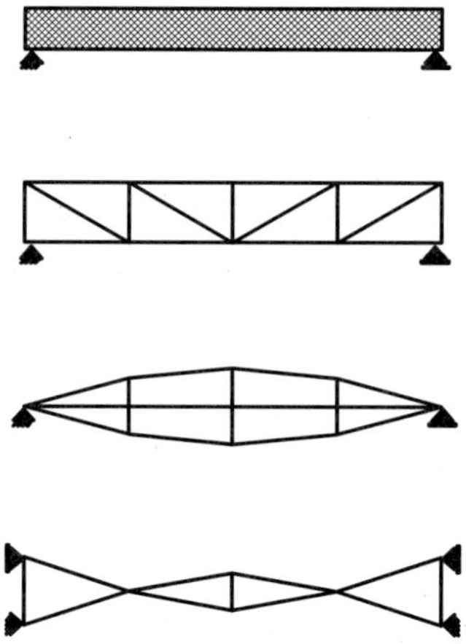

▲ 그림 7-6
풍하중에 대한 보강방법

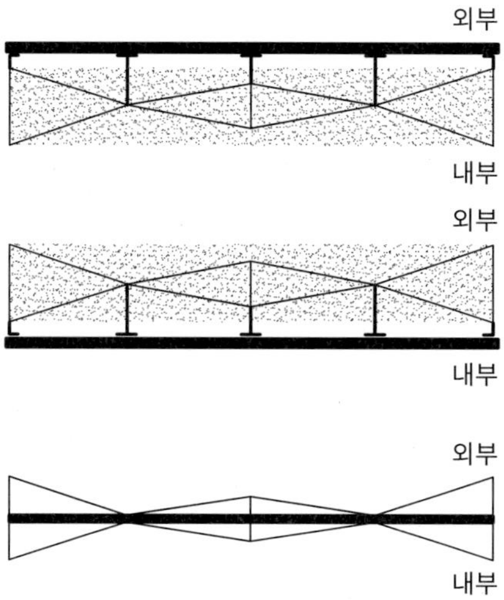

▲ 그림 7-7
파사드유리면의 위치에 따른 거더형태의 보강

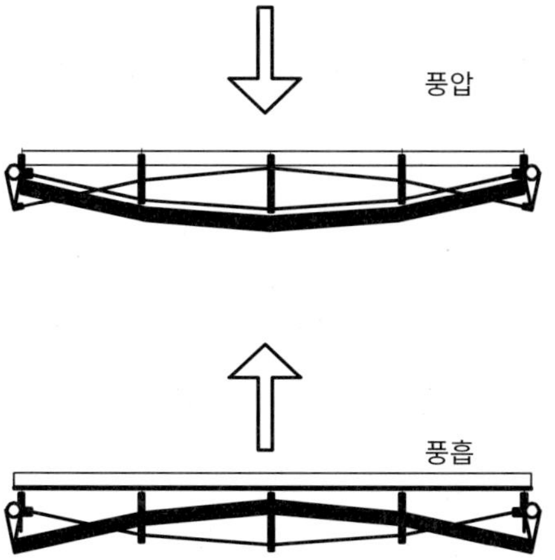

▲ 그림 7-8
풍압력과 풍흡력의 작용형태

7. 유리가 유리를 현수하는 파사드

7.3
유리판 사이 연결

1) 유리고정

한 점에서 유리고정은 상당한 하중집중이 일어나고 그것으로부터 응력집중이 일어난다. 달리 표현하면 유리의 구멍이 취약지점이다. 접합면적 및 고정대의 확장은 하중집중을 경감시킨다.

철은 어떠한 경우에도 유리와 직접 접하도록 해서는 안 된다. 그래서 유리 고정점에서 철 볼트와 유리천공 사이에 사잇조각을 끼워 넣는다. 사잇조각은 열가소성 플라스틱 또는 알루미늄이 될 수 있다. 알루미늄의 경우에서 태프론 층이 강철부재의 부식을 방지하기 위해 패킹된다. 힌지연결이 유리와 구조물의 고유운동을 허용한다. 하중전달은 구조물의 하중전달부재로서 유리고정대 위에 고정점의 직접적인 경로로 해결된다.

2) 연결 시스템

기본적으로 다음과 같은 방법으로 사용할 수 있다.

① 한 점 고정

각 고정점의 하중은 다음에 힘 받는 층에 전달한다. 각 유리는 하부구조에 한 점으로 현수된다는 것을 의미한다. 유리와 유리가 현수되는 파사드 유리(파사드 밴드)에 있어서 파사드면의 모서리에 있는 하나의 점고정대로 사용된다.

② 두 점 고정

두 개의 유리고정점은 사잇구조 위에 연결된다. 힘의 전달은 각 한 개의 고정대로 전달되지는 않는다. 두 점 고정대는 무엇보다도 두 파사드 밴드가 더 이상 서로 연결되지 않는 큰 유리판의 모서리에 적용된다. 사례로서 입스위치Ipswich에 있는 윌리스 훼버 듀마스Willis Faber & Dumas 본부동에서 파사드 유리의 연결을 위하여 단지 두 점 지지대를 사용하였고, 파사드 밴드의 연결은 글래스 핀 위에서 이루어졌다.

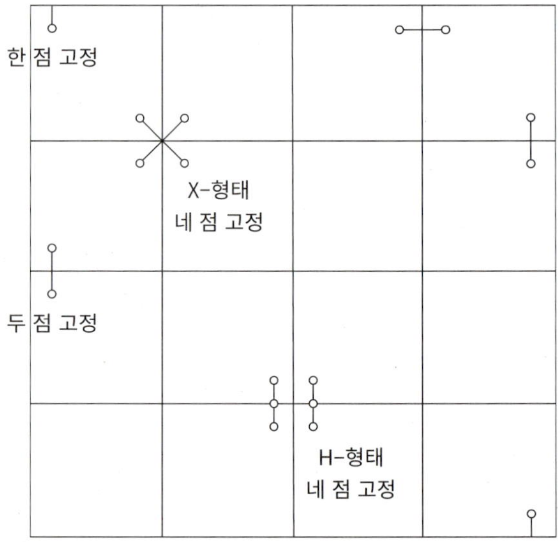

▼ 그림 7-9
한-, 두-, 네점 지지

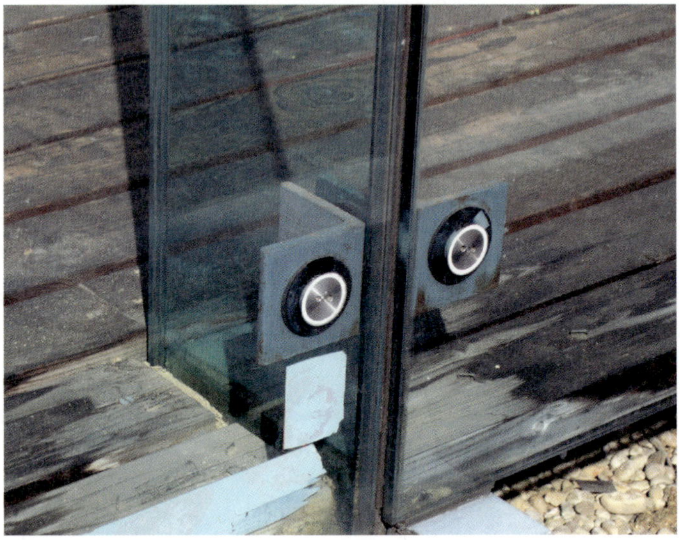

▶ 그림 7-10
한 점 고정, 전시 파빌론, RWTH-Aachen

▶ 그림 7-11
X-, H-형태의 유리 이동변이 비교

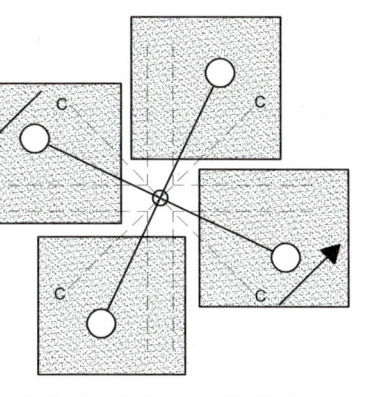
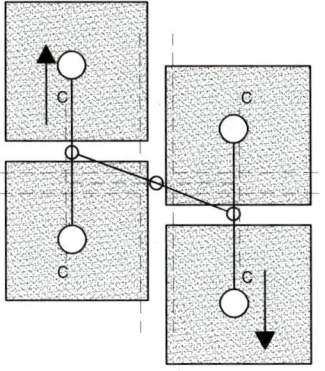

상하 유리의 결합으로 큰 강제력 발생   유리의 결합 해제로 반대 방향으로
이동하여 적은 강제력 발생

▼ 그림 7-12
X-형태의 네 점 고정

▼ 그림 7-13
H-형태의 네 점 고정

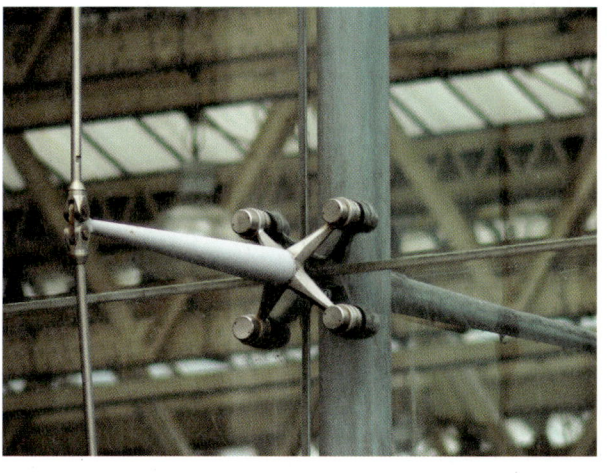

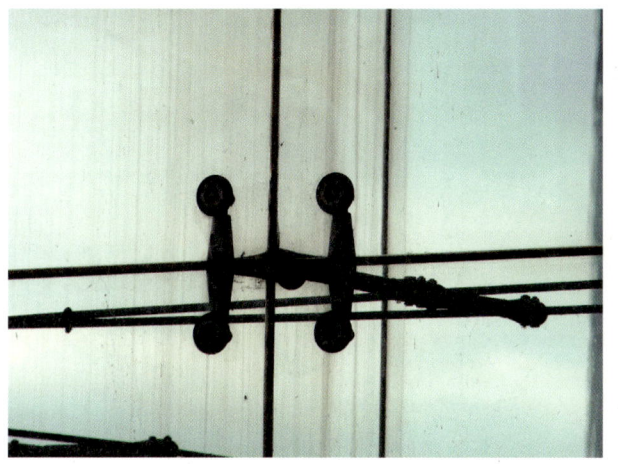

③ 네 점 고정
네 점 고정대에 있어서 두 시스템이 알려졌는데, X-형태와 H-형태이다. 각 고정방법의 삽입물은 완전히 유리가 현수 또는 고정되는 주요구조물의 형상을 통하여 결정된다.

④ X-형태의 네 점 고정
높은 강성(콘크리트 구조물)으로 주요구조물의 변형이 적다면 X-형태의 네 점 고정대가 적절하다. 이러한 고정대로 개개의 유리는 힘을 받는 전체유리에 연결된다. 모든 하중상태(유리붕괴로 인한 하중변화)가 모든 개개 유리의 십자(+) 형태의 연결로 일반적으로 전달된다.
특히 무엇보다도 전체 유리시스템은 함께 현수되는 전체 유리판에 경미한 강제력 유도할 수 있기 때문에 주요구조물의 변형에 대해 민감하다.

⑤ H-형태의 네 점 고정
주요구조물의 예상된 변형이 큰 경우에 있어서 H-형태의 네 점 고정은 장점을 가지고 있다. 유리면에 대해서 개개의 유리밴드는 힌지로 된 네 점 고정대로 서로 연결되고 그것으로 인하여 상대적으로 움직일 수 있기 때문에 변형의 결과로 전혀 없거나 적은 강제력이 생긴다.
무엇보다도 다른 하중상태(유리붕괴)는 개개의 현수지점에 하중집중(다음에 놓이는 현수지점에서 유리붕괴)이 생길 수 있다. 이러한 경우에서 탄력적인 현수의 설치는 이러한 집중을 여러 현수지점에 하중이 분산되는 휘어짐을 통해 줄일 수 있다.

7. 유리가 유리를 현수하는 파사드

7.4
주요 사례들

7.4.1
내부 주요구조에 현수된 파사드 구조

La Vilette, Wissenshaftpark, Paris

건축가: A. Fainsilber,
구조 엔지니어: P. Rice

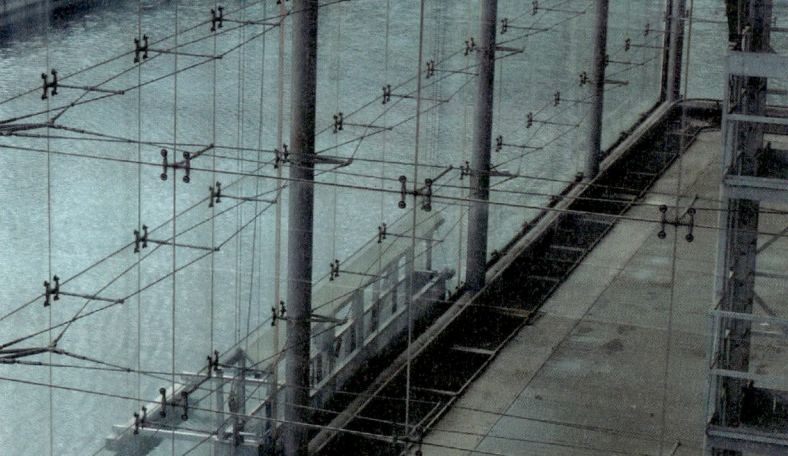

▲ 그림 7-14
유리식물원의 전경

◀ 그림 7-15
유리식물원의 내부전경

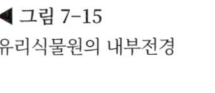

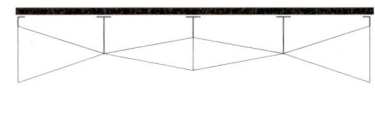

▲ 그림 7-16
유리식물원의 기본 구조시스템

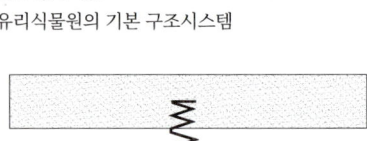

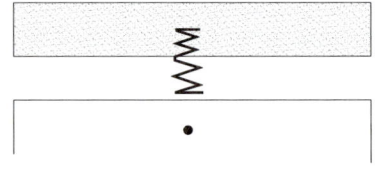

▲ 그림 7-17
파사드 현수의 기본원리

— 146 —

유리건축

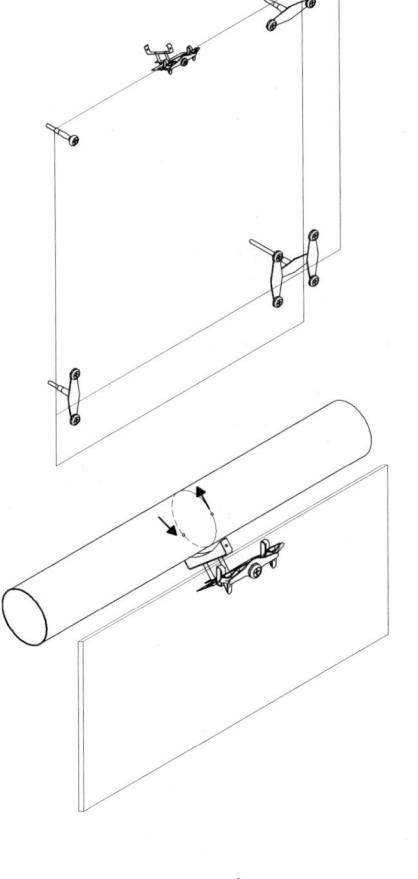

① 일반사항

유리건축물은 파리에 있는 기술자연박물관의 일부분이다. 공원에 위치하는 건축물 콤플렉스는 대형유리를 이용하여 주변자연과 연결하여 조성되었다. 세 개의 대형 유리건축물은 건축물에서 돌출되어 박물관으로부터 유리박스로 계획되었다. 우선적으로 완전 유연하게 현수된 파사드로 발전되었다. 강철관으로 된 골격이 주요구조를 형성하고 있다. 각각의 유니트는 8.0×8.0m의 크기이고, 각 네 개의 영역은 행과 열을 구성한다. 그것으로부터 유리박스는 32.0×32.0m의 규모가 된다. 각각 8.0×8.0m의 영역에서 16개의 단일유리로 계획되었다. 이러한 유리는 상·하로 둘 또는 대부분 네 점 고정대로 연결된다. 전체적으로 유니트 (8.0×8.0m) 영역의 위에서 네 장의 유리가 그 위에 있는 강철관에 고정된다.

② 수직하중의 전달

a) 자중부담

자중은 하부유리가 현수되는 상부에 있는 유리로 주요구조에 전달된다. 유리는 여기서 역시 힘을 받는 기능을 한다. 모든 수평적인 연결은 일반하중에 있어서(유리붕괴가 아님), 밴드와 밴드의 수직하중을 받지 않도록 힌지형태가 된다.

유리의 탄력적인 현수는 V-형태의 연결부재를 통하여 발생하는 힘이 압축과 인장분력으로 분산되어 강관단면의 접선방향으로 전달된다(하중전달의 이상적인 강관단면을 위하여).

b) 탄력적인 현수의 구조방법

넓은 의미에서 용수철은 예상치 못한 하중변형(유리붕괴의 경우)으로 인하여 유리 천공구멍의 응력집중을 방지한다.

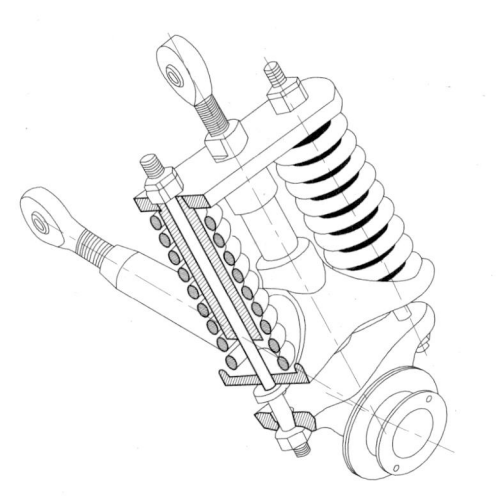

◀ 그림 7-18
파사드 유리밴드의 탄성적인 현수

◀ 그림 7-19
탄성적인 현수의 기본원리

◀ 그림 7-20
탄성용수철의 구성

7. 유리가 유리를 현수하는 파사드

용수철은 초기상태(그림 7-19/1)로부터 함께 압력을 가하여 일정한 크기로 프리스트레스된다. 다시 스트레스가 제거된 용수철은 현수의 두 개에 절반의 충격으로 결정된 수치까지 따로따로 누르고(그림 7-19/2), 프리스트레스로 인하여 발생한 용수철 힘 F는 외부하중 P로 의해 발생하는 압축력(보통의 경우 유리밴드의 현수된 유리자중)보다 커지거나 동일하다. 외부하중이 용수철의 프리스트레스 힘보다 크다면, 용수철은 느슨해지고 갑작스런 추가하중의 현수지점과 천공구멍의 응력집중이 상쇄될 수 있도록 계속 직접적으로 누르고 있다(그림 7-19/3).

여기서 용수철은 거기에 현수되고 있는 유리밴드의 자중만큼 정확히 프리스트레스 된다. 용수철 행로를 짧게 하고 전체적인 현수의 크기를 줄이기 위해 두 개의 용수철이 사용된다.

c) 유리붕괴 시에 수직하중의 부담

상부 열에서 두 장의 유리가 붕괴되는 경우에 대해서 알아보자. 라빌레뜨La Vilette에서 큰 유연성이 있는 탄력적인 시스템은 이러한 하중지지에서 반응할 수 있다. 밴드의 추가적인 하중은 남아 있는 두 밴드 및 용수철에 분배된다. 이러한 경우 용수철은 이미 단순한 하중이 프리스트레스된 상태에서 두 배의 하중을 지탱한다. 강접 시스템에서 단기간에 고정대가 부서지는 결과가 발생할 확률이 크고, 그것으로 전체 유리밴드가 추락할 정도로 다음의 현수점에서 상당히 큰 하중이 발생한다. 충격작용의 문제점은 확정적으로 설명할 수 없고, 각각의 경우에서 용수철이 붕괴 후에 하중변화에 충분히 반응할지 명확하게 증명할 수 없다.

③ 수평하중의 전달(풍하중)

풍하중에 대한 파사드의 보강은 수평적으로 긴장된 케이블에서 부담한다. 유리고정대와 실리콘 구조를 연결부재로서 봉형태의 압축과 스윙암Swingarm의 조합으로 풍하중(풍압력과 풍흡력)을 부담하고 메인구조로 유도된다. 영역에 발생하는 힘은 스윙 암에 있는 유리 위를 지나 거기로부터 순수한 인장력으로 케이블과 모서리에 있는 강관구조로 전달된다. 테두리의 강관구조에 힌지형태의 한 점 또는 두 점 연결재가 있다(직접적인 힘의 전달). 모든 연결재는 수평뿐만 아니라 수직적으로 힌지형태로 연결되고, 측면하중에 저항이 일어나지 않도록 평행하게 될 수 있다.

힌지형태 연결재의 형태를 통하여 시스템이 가능한 유연하도록 계획되었다. 그것은 세 가지의 하중의 경우에 반응할 것이다.
- 건축물에 풍하중
- 상부 강관의 처짐
- 보강 케이블의 변형

풍하중 보강을 위한 케이블 시스템은 극한하중에 있어서 당기는 40.0mm의 케이블이 휘어질 수 있도록 유연하다.

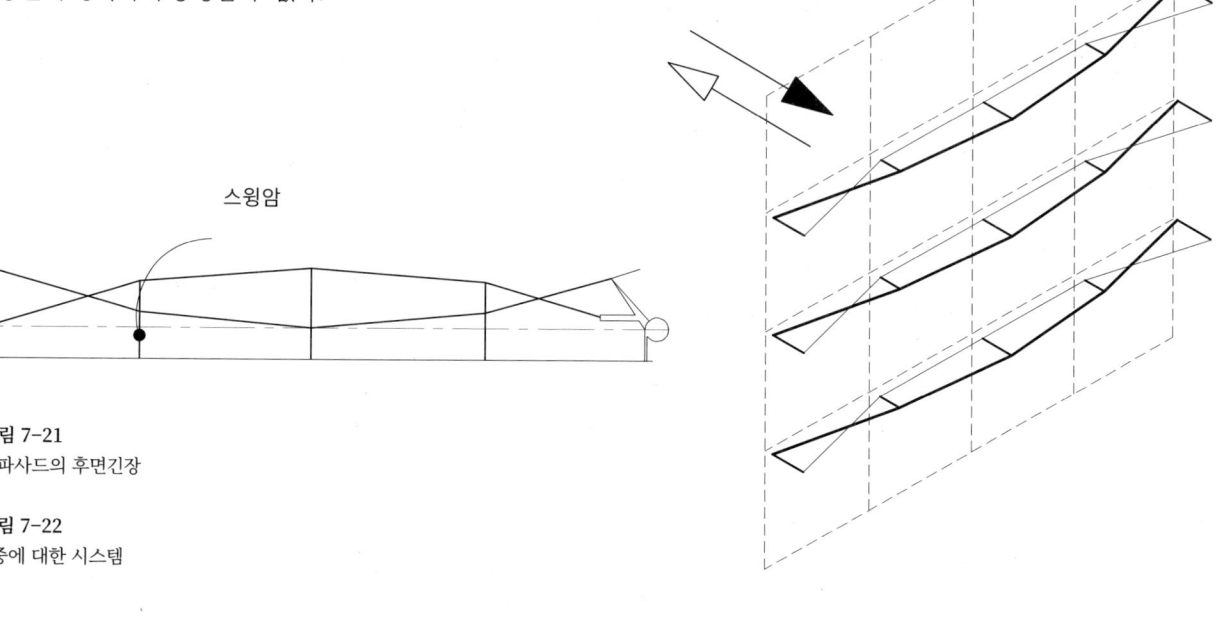

▲ 그림 7-21
유리 파사드의 후면긴장

▶ 그림 7-22
풍하중에 대한 시스템

스윙암

④ 유리판의 연결부재

유니트(8.0×8.0m)당 중간에 9개의 네 점 연결재, 테두리에 12개의 두 점 연결재로 유리를 고정하고 풍하중과 자중을 전달시키기 위해 네 개의 한 점 연결재가 있다. 네 점 연결재는 H-형태를 가지고 있다. 수직적인 주물부재는 아이

eye 형태의 볼트(고정면에서 힌지) 위에 계속 다른 주물부재로 연결된다. H-고정대의 구성은 <그림 7-23와 24>을 참고할 수 있다.

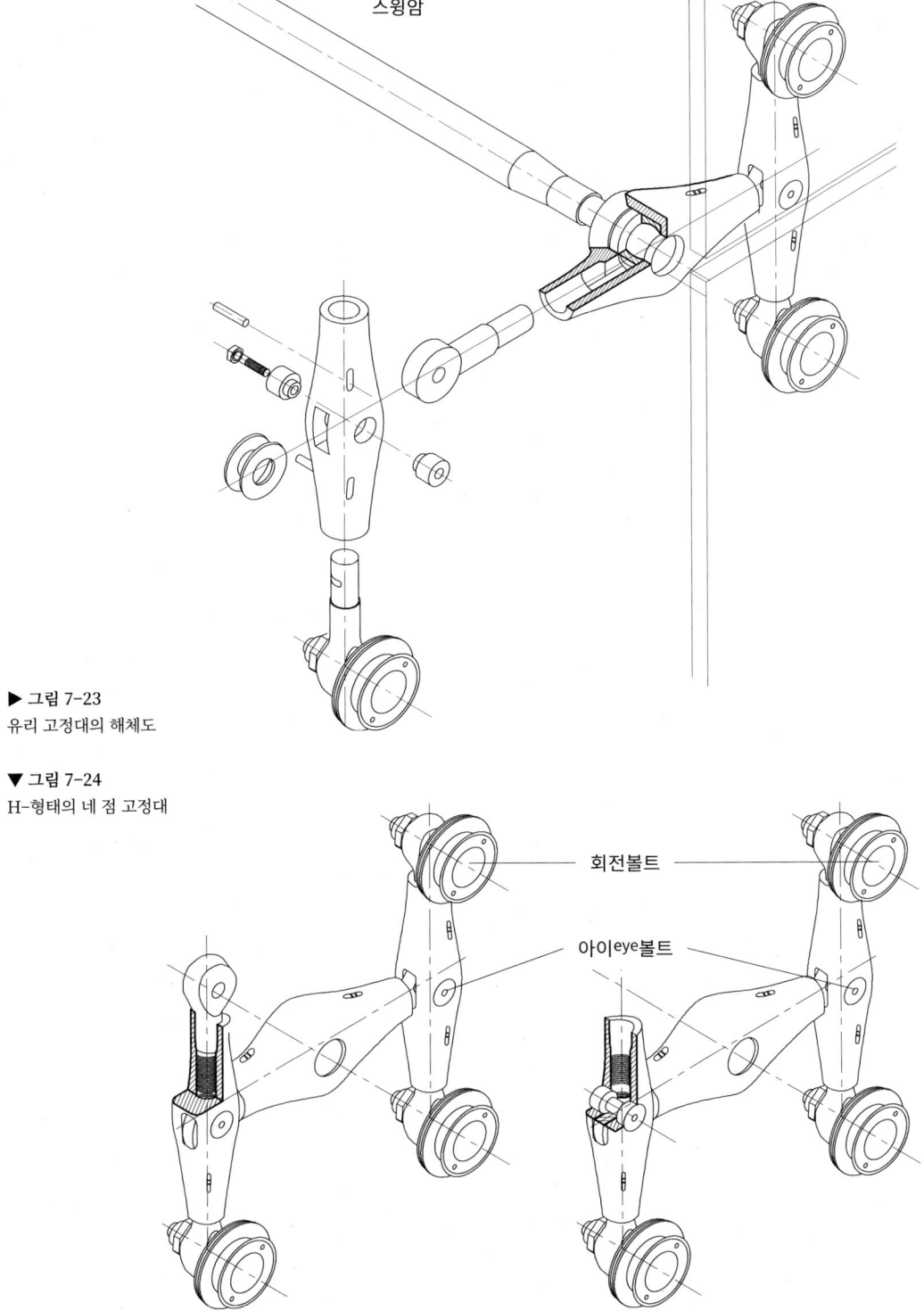

▶ 그림 7-23
유리 고정대의 해체도

▼ 그림 7-24
H-형태의 네 점 고정대

7. 유리가 유리를 현수하는 파사드

a) 유리-점고정대의 연결

유리판은 조이는 모멘트를 고정할 수 있는 힌지볼트 위에서 고정된다. 이것은 회전열쇠 위에서 연결된다. 모든 유리의 경우에 있어서 동일한 조건을 갖게 하기 위해서 그것들은 바닥에서 미리 조립된다. 유리면 외부에 있는 힌지위치는 거기서 추가적인 휨하중과 뒤틀림하중이 발생한다. 힌지가 유리면에 있기 때문에 이러한 면에서 모멘트를 더 이상 부담시키지 말아야 한다. 부담할 수 있는 하중은 그것으로 인하여 상당히 높아진다.

  — 일반 볼트 : 2.0t

  — 힌지 볼트 : 4.5t (동일한 직경에서)

b) 점고정대-H 형태 연결재의 연결

나사선이 있는 아이볼트eye bolt 내에 힌지볼트가 연결된다. 알루미늄과 플라스틱으로 된 두 개의 사잇부재는 구조물의 부식을 줄이기 위해 힌지볼트와 눈형태의 볼트 사이에 사용되고, 추가적으로 그것으로 유리와 철의 직접적인 접촉을 방지한다. 암볼트로 힌지볼트를 고정한다. 하중은 유리판 면에 또는 그것의 수직방향으로 생긴다. 예상할 수 없는 하중은 존재하지 않는다.

힌지볼트는 구형태의 마지막 부재에 압착되는 회전식 머리에 자리 잡는다. 볼트와 유리 사이의 분리판은 일반적인 경우에서 재료의 다양한 신축을 바로 잡도록 열가소성 플라스틱 사잇부재다. 거기에서의 위험성은 열가소성 플라스틱의 흘러내릴 가능성이다. 그런 이유로 라빌레뜨에서 흐름을 방지하기 위하여 하중을 받는 상태에서 굳어지는 순수한 알루미늄이 사용되었다. 사잇부재는 구조물의 부식을 방지하기 위하여 내측에서 태프론으로 코팅된다.

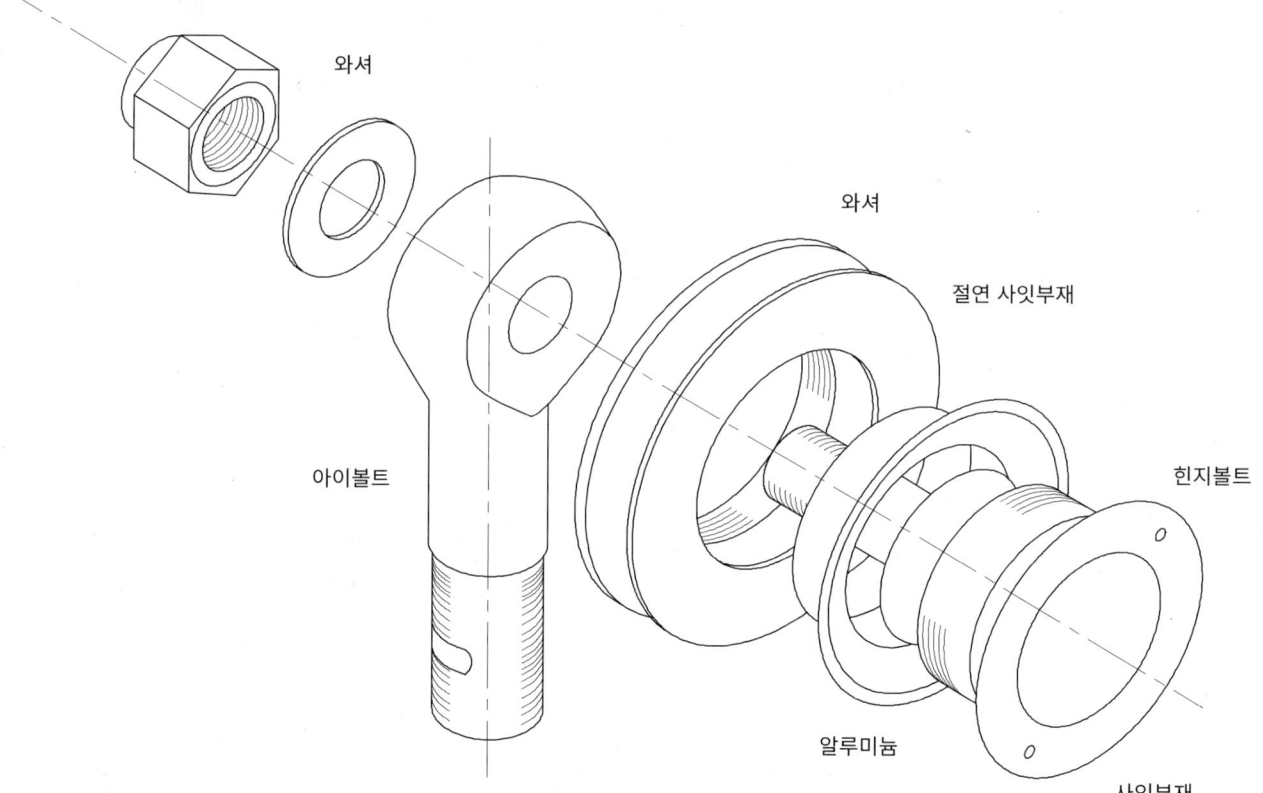

▲ 그림 7-25
H-형태 연결부재의
점고정대와 접합원리

7.4.2
내부에서 자체적으로 현수된 파사드 구조

식물원, Parc Andre Citroen, Paris

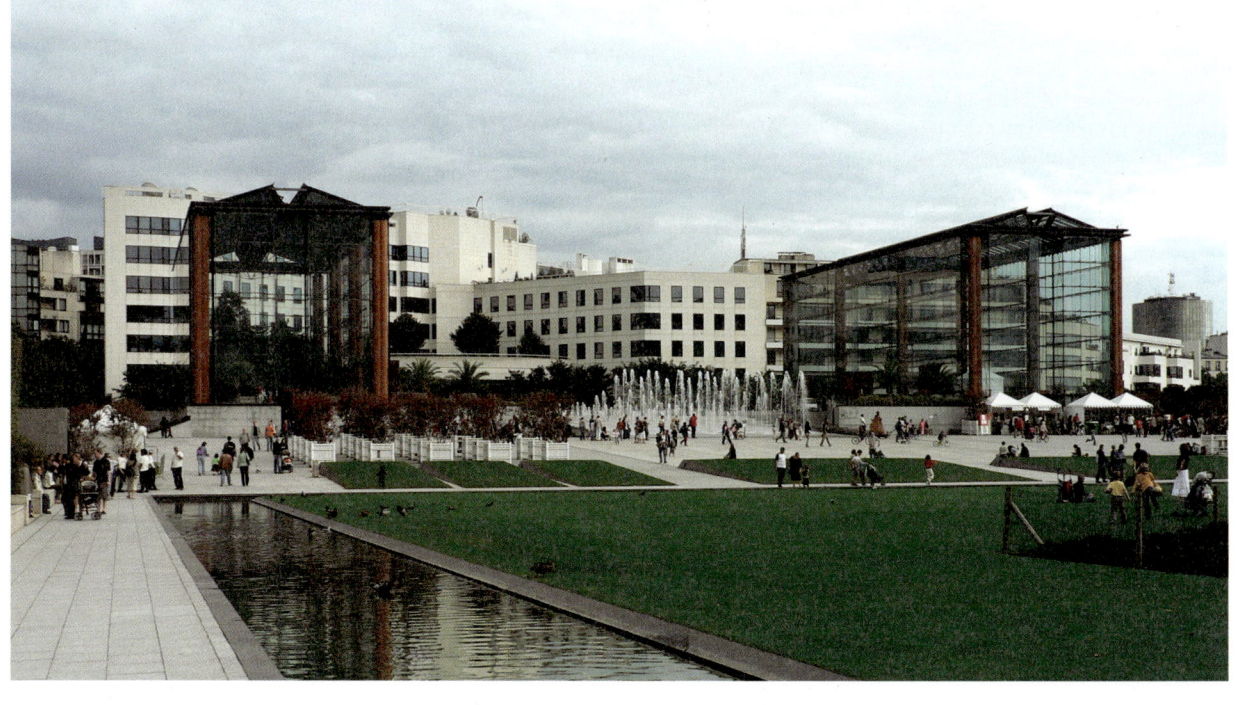

▲ 그림 7-26
앙드레 시트로앵 공원의 유리식물원 외부전경

① **설계 설명서**

두 개의 15.0×45.0m 크기와 15.0m의 높이의 유리건축물은 공원의 상징물으로서 석조 주춧돌 위에 세워졌다. 지붕은 큰 목조기둥으로 지탱된다. 식물원은 건물 외피의 경량성(구조물로서 대형 파사드 면과 섬세한 강철 케이블)과 중량 나무기둥 간의 대비를 표현하였다.

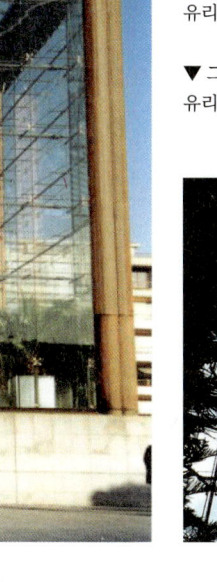

◀ 그림 7-27
유리식물원 파시드의 외부전경

▼ 그림 7-28
유리 파사드 시스템

7. 유리가 유리를 현수하는 파사드   — 151 —

▶ 그림 7-29
파사드의 기본적인 구조시스템

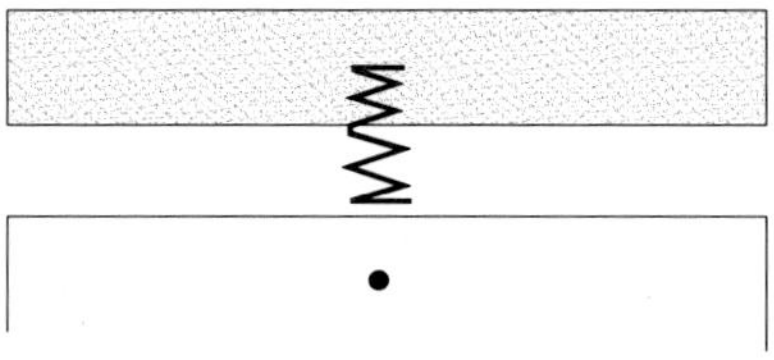

▶ 그림 7-30
한 점에서 유리의 현수원리

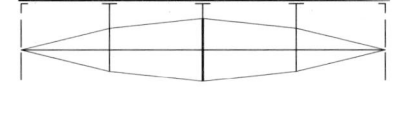

② 수직하중의 전달
대형 유리건축물에서 적절한 자중과 유리붕괴 시에 전달하는 라 빌레트의 경우와 같이 유리판이 현수되었다(밴드 당 7장).

③ 수평하중의 전달(풍하중)
풍하중 보강은 전 사례와 같이 케이블 구조로 이루어진다. 여기에는 수직적인 테두리 거더와 그 사이에서 현수되는 수평적인 보강부재로 이루어진 두 가지 케이블 시스템이 있다. 테두리 거더는 단지 두 지점에서 주요구조에 케이블 시스템이 고정되고, 기둥과의 연결을 생략하였다. 수평적인 보강부재는 길이방향에서 강봉으로서 구성된 중앙 압축봉과 풍압력과 풍흡력의 하중 경우에서 적절한 케이블 당김이 있다.

테두리 거더의 상부와 바닥판 하부에 고정되는 세장한 케이블은 그 면에서 수평보강의 느슨함을 방지한다. 라빌레뜨의 사례에서 이러한 문제점은 적절한 구조물 지지의 구성을 통하여 취급되었다.

④ 유리 연결재
한 점, 두 점과 네 점 고정을 통하여 파사드 유리는 고정되었고 수직 그리고 수평하중은 구조물에 전달된다.

유리고정은 여기서 힌지 볼트, 네 점 고정 연결의 구성에서 라빌레뜨와의 차이점은 H-형태가 아니라, X-형태에 있다. 유리파사드의 마름모 형태의 변형, 개개 유리가 그것으로 함께 현수되고, 부적절한 하중의 위험성을 줄이기 위해서 이러한 단순하고 구조적인 해결책이 선택되었다. X-형태 고정대에 있는 힌지볼트가 휘어지는 PTFE 판에 유도될 수 있게끔 운동이 허용된다.

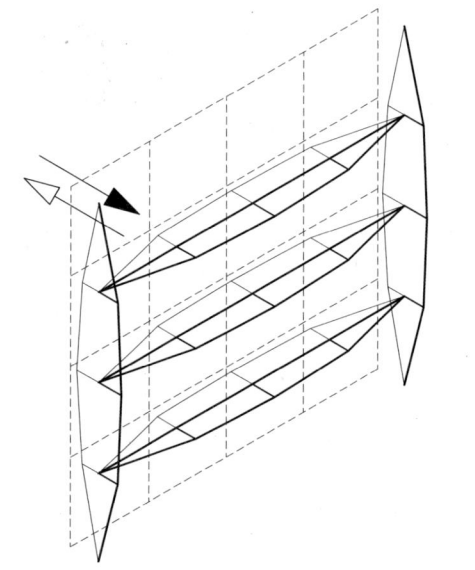

▲ 그림 7-31
파사드의 유리 구조시스템

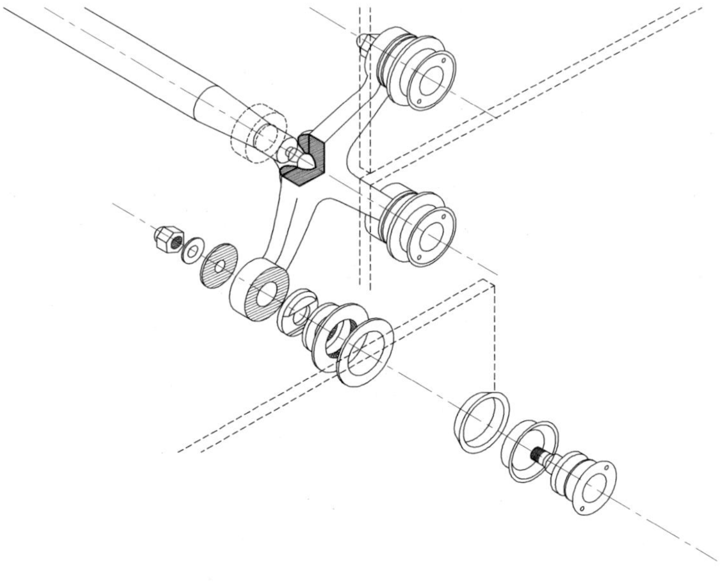

▲ 그림 7-32
점지지 형태의 유리 연결재

유리건축

7.4.3
유리면에서 현수된 파사드 구조

CNIT, 출입구, Paris

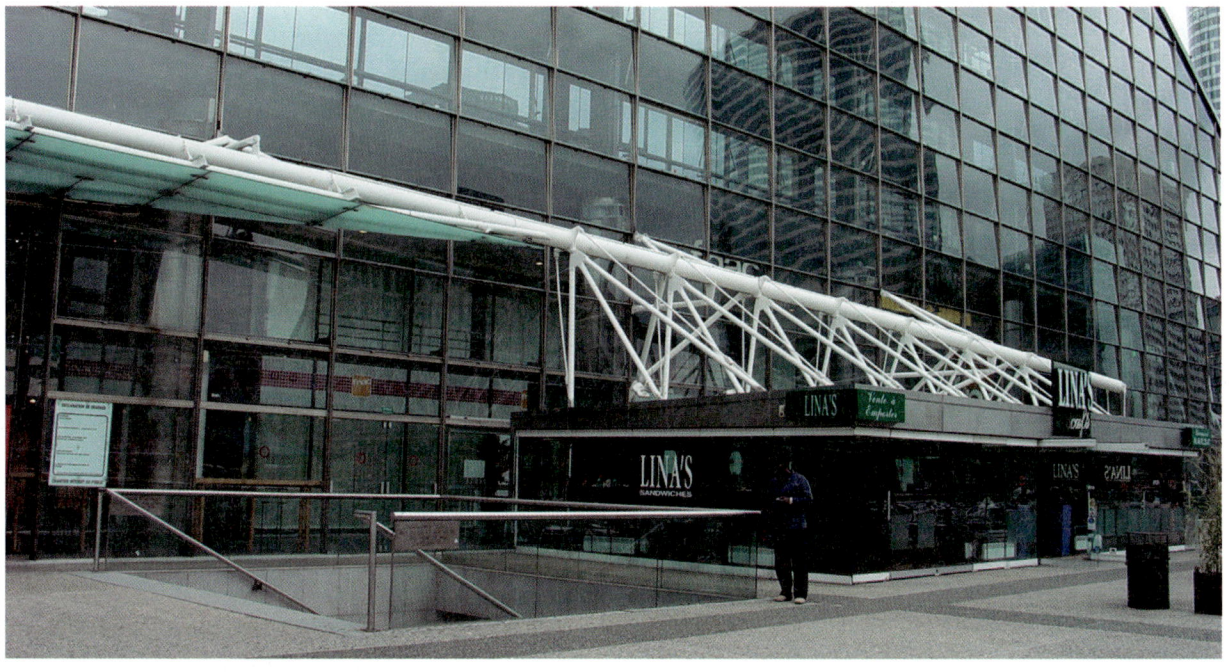

① 설계 설명서

1958년 CNIT(공업기술센타)는 제리푸스B. Zehrfuss, 카멜로R. Camelot와 드멜리J. de Mailly에 의해 전시건물로서 설계되었다. 파사드는 누블J. Nouvel이 계획하고 보호문화재로서 등록되었고, 앙드루M. Andraut에 의해 다기능 센타로 개축되었다. 몇 년 후에 파사드는 새로운 컨셉에 부합하지 못했다. 라이스P. Rice는 파사드 일부분이 출입구로서 개념을 규정하는 계약을 체결했다. 새로운 출입구는 내부아치와 함께 끝나는 단순한 개방이다. 이것을 통하여 유리에 초록색체 없이 유리반사를 최소화 하였다.

▲ 그림 7-33
CNIT 입구 전경

◀ 그림 7-34
내부에서 본 유리파사드

◀ 그림 7-35
파사드의 구조원리

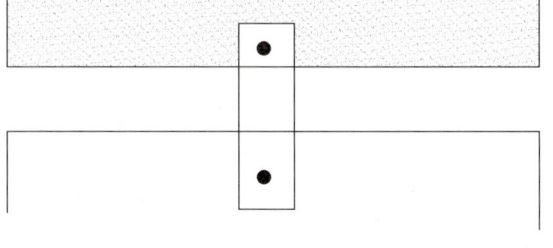

◀ 그림 7-36
한 점에서 유리 현수원리

7. 유리가 유리를 현수하는 파사드

② 수직하중의 전달

각각 네 장이 상·하로 현수되는 8.0m 높이의 유리파사드가 된다. 유리자중은 외부에 있는 철근콘크리트 기둥의 사잇구조 위에 지지되고 역시 수직적인 후면 긴장이 계획된 철구조물에서 하부에서 상부로 전달된다.

이러한 주요구조는 내부에서 보면 오른쪽 상단 모서리에서 인지된다. 약 40.0cm 높이의 철골부재에 유리판의 후면긴장을 볼팅한다. 마지막 열의 유리고정은 이러한 철골부재에 두 점 연결로 설치된다.

③ 수평하중의 전달(풍하중)

풍하중은 유리에 의해 부담되고 이것은 수직적인 후면 긴장으로 구조물과 기초에 유도된다. 후면 긴장은 구조물의 유리면 앞에서 절반은 후면에서 긴장되는 전체길이로 작용하지 않도록 유리면의 이음새를 통하여 이루어진다.

④ 유리 연결재

유리고정의 H-형태의 연결은 라빌레트와 유사하게 구성된다. 물론 여기에서 추가적인 H-형태와 케이블 긴장의 연결이 유리와 케이블 긴장의 수직적인 이동이 상쇄하도록 힌지형태로 구성된다<그림 38(1)>. 케이블 긴장에 있어서 이러한 온도신축으로 수직운동이 발생한다.

파사드의 아치모양은 여기에서 수평하중의 작용에 있어서 개개의 유리는 사슬처럼 작용하기 때문에 위험성이 없다. 이것은 수평적인 방향으로 움직이는 눈 형태의 볼트의 사용으로 해결된다<그림 38(2)>. 이러한 볼트는 라빌레뜨와 비교해서 나사선이 생략되고 견고한 볼트 연결이 풍하중으로 인한 수평방향의 파사드 유리가 이완되고 사슬로서 작용하지 않고 신축이 허용되도록 미끄러지는 쐐기연결로 수정되었다.

▼ 그림 7-37
풍하중에 대한 구조시스템

▶ 그림 7-38
연결부재의 해체도

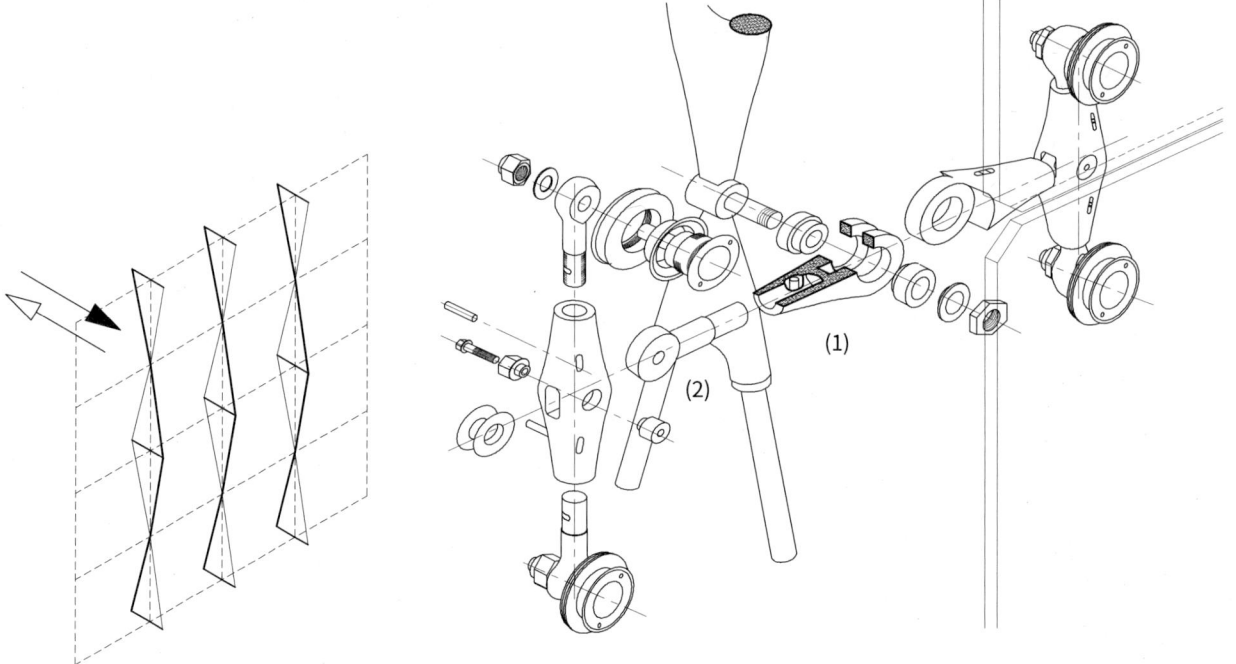

7.4.4
내부에 있는 파사드 구조

Willis Faber & Dumas 본부동, Ipswich

건축가 : N. Foster
건축기간 : 1973-75

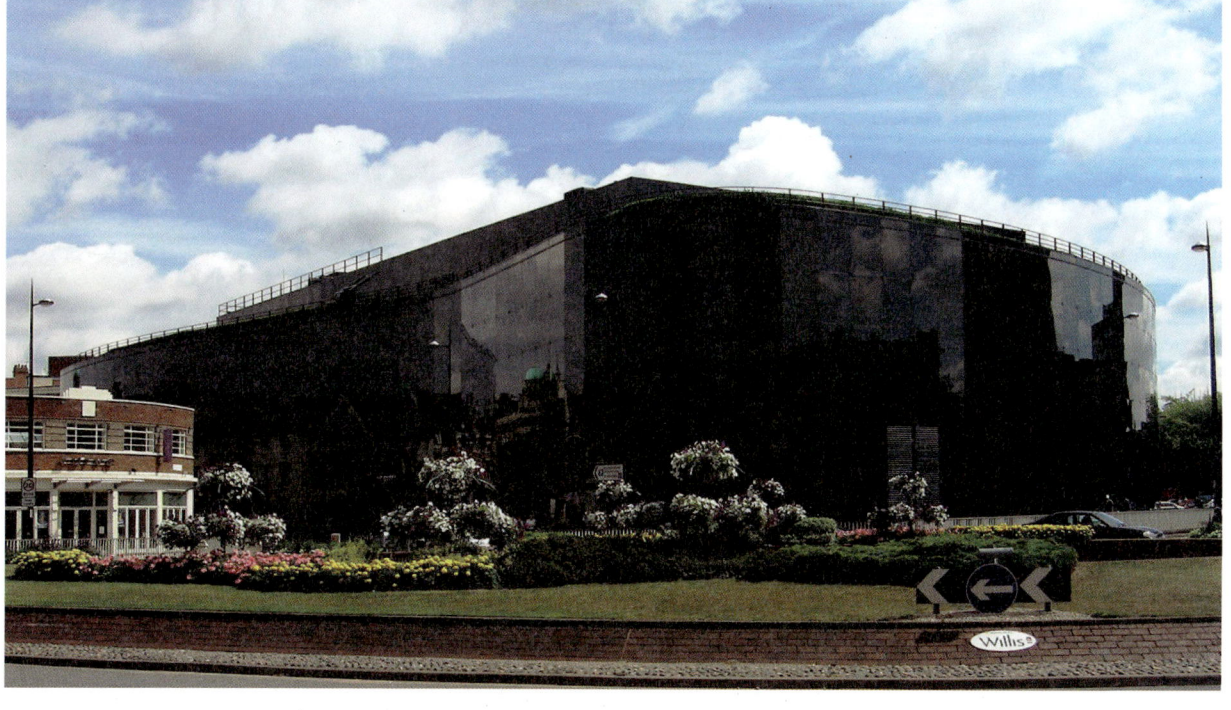

① 설계 설명서

파사드의 투명성은 완전히 폐쇄되는 외피의 단점을 통하여 얻었다. 그것을 통하여 발생하는 전체구조물의 완전한 에어 컨디셔닝이 필요하였다. 건축내부는 60년대의 전형적인 사무소이다. 일층에 로비, 컴퓨터실과 기계실이 있다. 두 개의 상부층에 대형 사무소와 그 위에 카지노와 지붕정원이 있다. 건축물의 체적과 외피면적의 비율은 상당히 유리하고, 건축물에서 깊이는 108.0m까지 달한다. 이것을 통하여 하루 종일 인공조명을 공급해야 하는 지역이 발생했다. 이러한 프로젝트에 있어서 포스터 사무소는 다른 많은 프로젝트와 마찬가지로 유리제조사와 병행하여 작업하였다. 유리파사드의 위험성을 내포하고 있는 이러한 경우에서 유명한 영국 유리생산자인 필킹톤이 담당하였다.

시공이 완성되기 까지 65장의 유리가 붕괴되었다. 1987년 강한 태풍으로 10장이 부서졌고, 몇몇의 경우에서 유리가 10.0cm까지 휘어졌다. 유리붕괴는 온도차이와 건축물의 운동으로 발생했다. 우선 유리붕괴에 대해 안전한 필름을 설치하였다. 유리는 유리붕괴에서 유리조각이 낙하하지 않도록 투명한 필름으로 부착되었다.

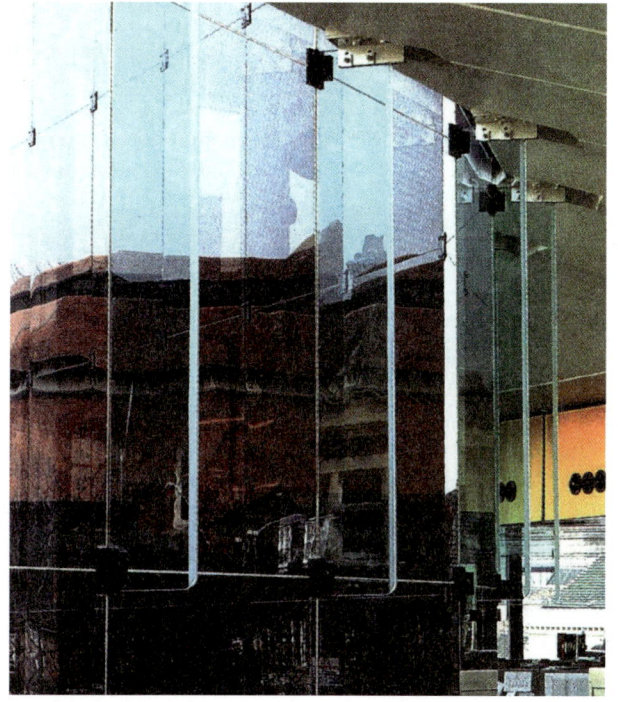

▲ 그림 7-39
웰리스 훼버 & 듀마스 오피스 전경

▲ 그림 7-40
글래스 핀 디테일

7. 유리가 유리를 현수하는 파사드

② 수직하중의 전달

6장의 유리가 2.0m 폭으로 이루어진 각각의 파사드 밴드의 자중은 유리와 유리의 고정대 위에 그리고 상부 유리판에 힌지형태로 구성되는 볼트에 전달되고, 파사드에 현수되고, 전체 폭 위에 붙여있는 압착판 위에 계속 전달된다. 여기로부터 힘은 상부바닥에 있는 플랜지판 위로 전달된다.

유리붕괴시 맨 하부유리는 그것의 자중을 이웃해 있는 유리에 있는 압착판 위로 전달한다. 다른 유리밴드의 하중은 그것을 통하여 증가한다. 다시 말하면 그것은 이러한 자중과 적절한 변형을 유도하였다.

③ 수평하중의 전달(풍하중)

풍하중에 대한 보강은 절반 높이로 부착된 글래스 핀을 통하여 철근콘크리트 바닥 하부에 견고하게 부착되었다. 그것은 수직방향의 운동이 허용되도록 압착판으로 파사드와 연결된다.

④ 유리 연결재

필킹톤의 표준 압착판은 꺾여 진 연결을 통하여 건축물의 커브에 순응하도록 적은 변형이 필연적이다. 평평한 유리벽체 시스템의 관습적인 사각형 절단은 "오픈된 경첩 건축방법"으로 변환되었다. 새로이 발생하는 기하형태는 우발성에 대비하기 위해 주의 깊게 계산되어야 한다.

▲ 그림 7-41
파사드의 구조해체도

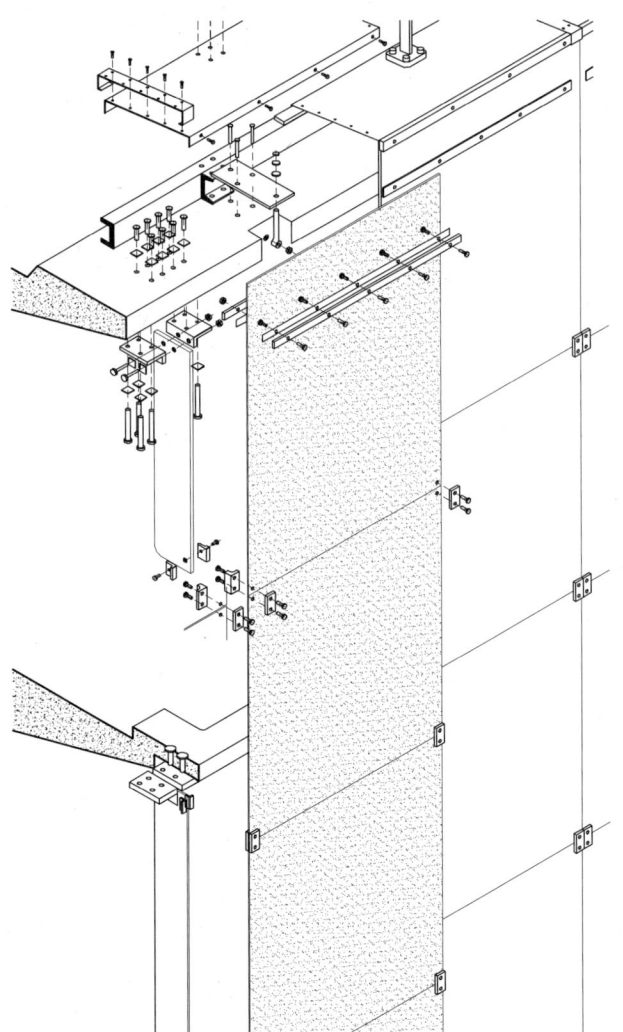

▶ 그림 7-42
여러 지점에서의 유리현수

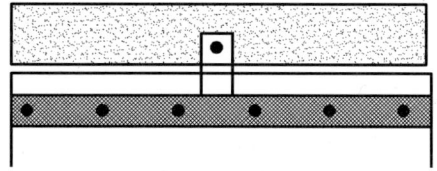

▶ 그림 7-43
파사드와 글래스 핀의 구조원리

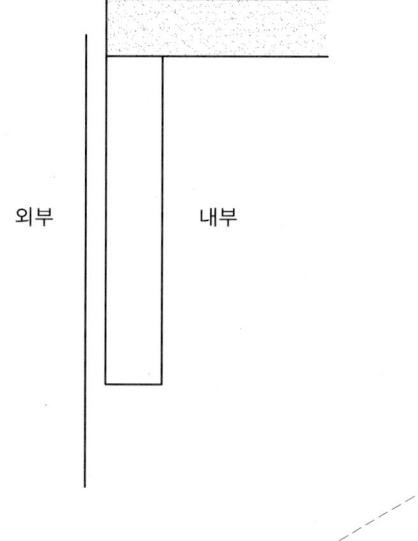

외부　　　내부

▶ 그림 7-44
풍하중에서의 구조시스템

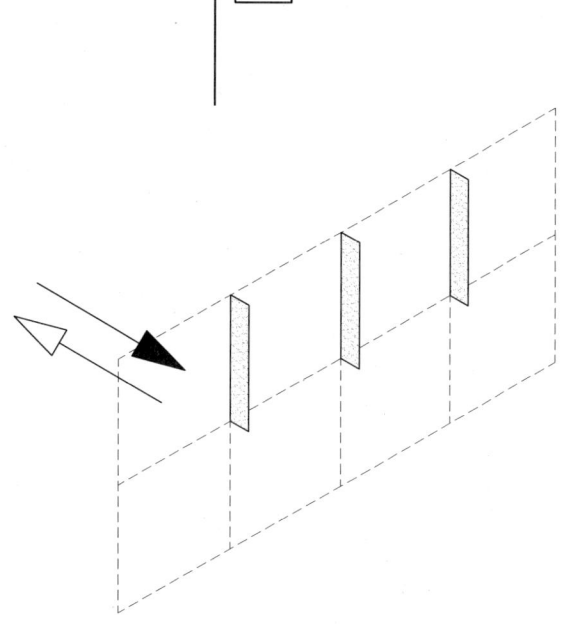

▶ 그림 7-45
파사드 유리와 글래스 핀의 연결원리

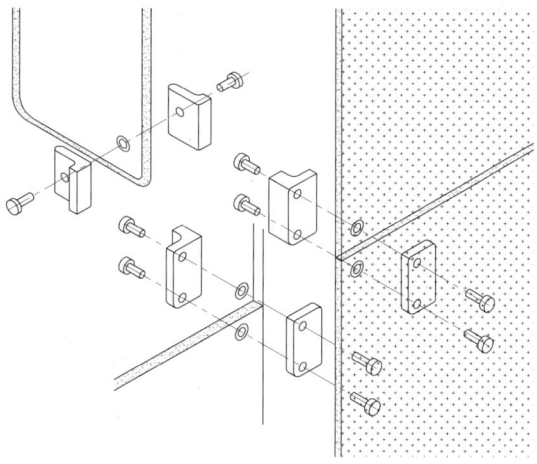

7. 유리가 유리를 현수하는 파사드

$$\boxed{8}$$

케이블 네트 파사드 & 지붕구조

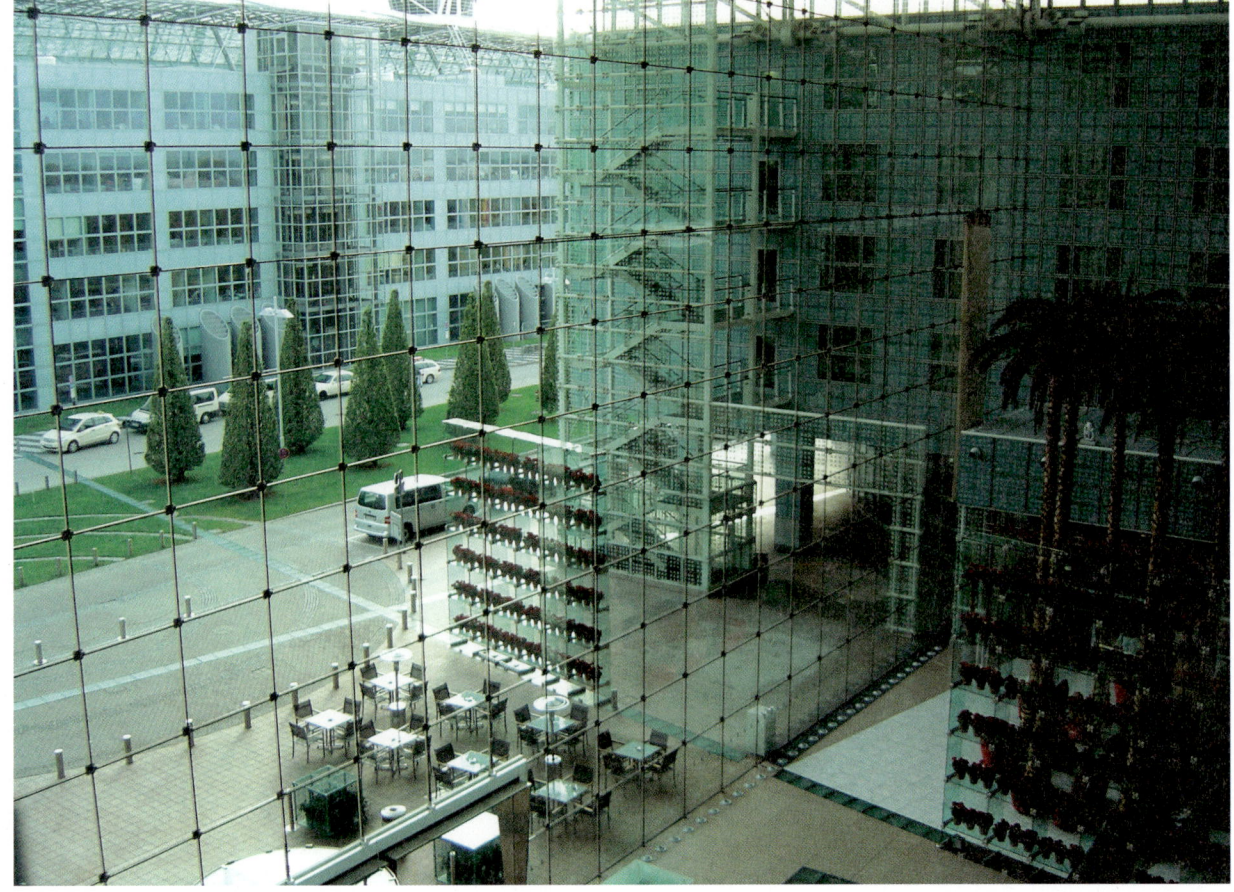

▲ Kempinski Hotel, München

케이블 네트 파사드 & 지붕구조

8

8.1
케이블 네트 파사드

1990년에 슐라히J. Schlaich가 최초로 개발하여, 독일 뮌헨 공항의 캠핀스키Kempinski 호텔에 사용된 케이블 네트 파사드는 유리 투명성에 대한 미래의 방향을 제시하고 있다. 이러한 혁신적인 유리건축물은 특허가 해제되면서 세계각국에 널리 이용되었다.

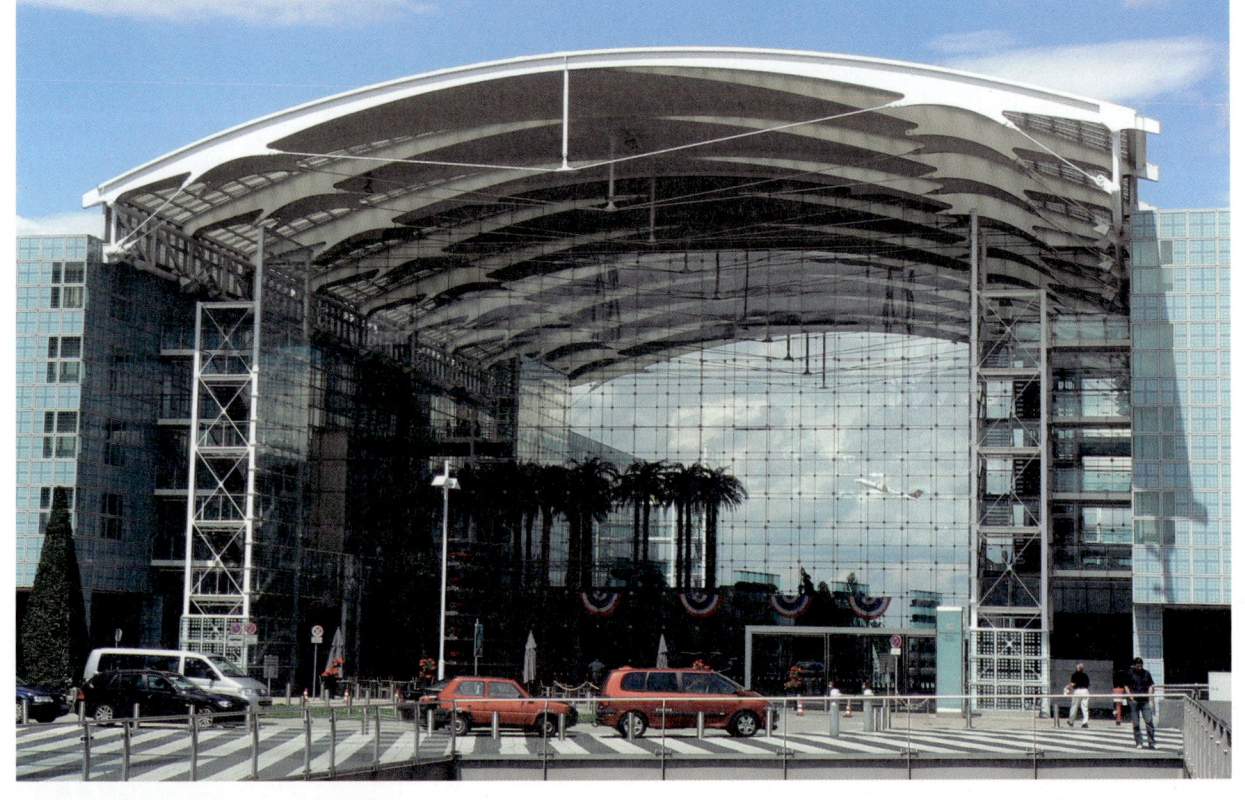

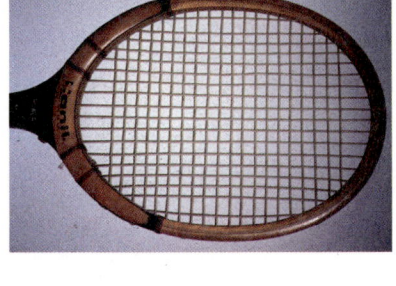

▲ 그림 8-1
캠핀스키 호텔의 파사드 전경

▲ 그림 8-2
케이블 네트의 기본 원리인 테니스 라켓

이러한 구조는 유리를 서로 연결하지 않고 케이블 네트 절점에 설치된 고정철물에 정사각형 또는 직사각형 유리를 점형태로 고정시킨 평면단층으로, 소위 케이블 네트 파사드다.

케이블은 수직·수평으로 계획되고 시각적으로 구조물로 인지되지 않고 단지 유리사이의 실리콘 접합만 보인다. 유심히 살펴보지 않으면 무엇이 메인구조인가를 인지할 수 없을 정도로 투명하다. 기본적인 구조형태는 우리가 이용하고 있는 테니스 라켓과 유사한 형태로 표현할 수 있다. 격자로 당기는 힘은 라켓 테두리에 압축력으로 작용하지만, 건축 파사드에서 이용되는 형태는 수직·수평으로 계획된 형태로 생각하면 쉽게 이해할 수 있을 것이다.

건축가들은 가능한 가볍고 투명한 파사드를 선호하는 경향이 있다. 여기에서 소개되는 파사드 구조는 엔지니어의 발상이 뛰어나다. 엔지니어의 창조 능력 없이 이러한 구조는 가히 불가능하다고 할 수 있다.

이러한 유리구조물이 특허가 해체되면서 여러 나라에서 사용되었지만, 아직 한국에서는 초기단계인 이러한 유리구조물을 소개하고자 한다. 최초로 사용된 캠핀스키 호텔 파사드를 중점적으로 소개하고, 그 밖에 사용된 사례를 간략하게 기술하기로 한다.

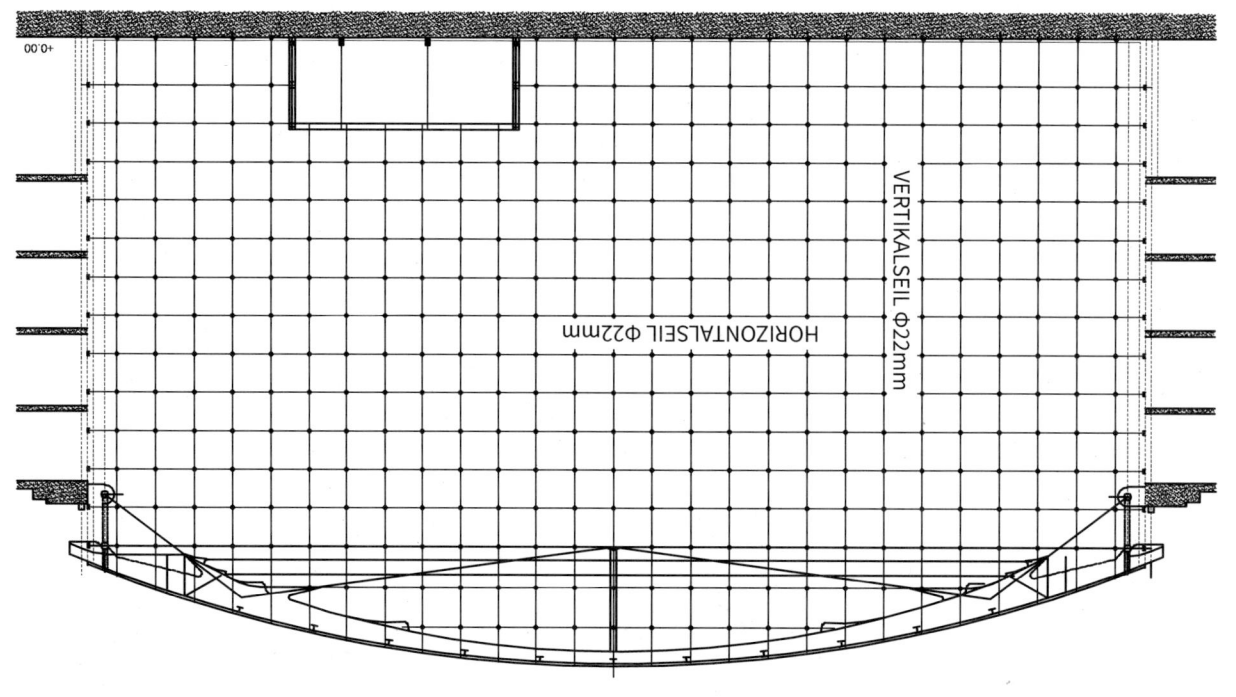

▶ 그림 8-3
호텔 입면도

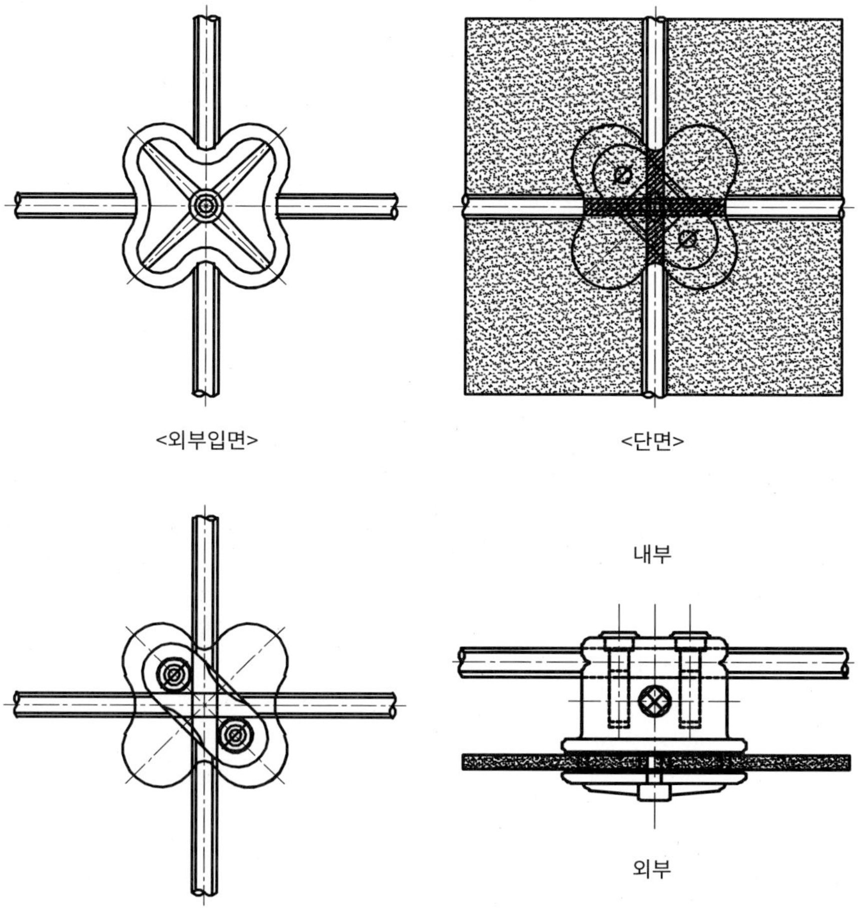

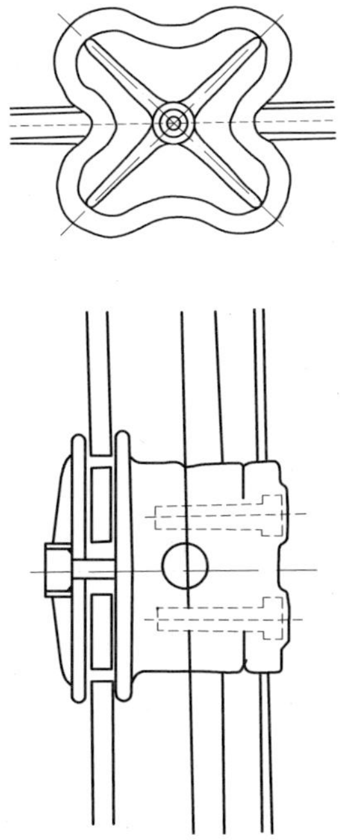

<입면도>

<내부입면>

<정면>

외부

내부

<평면>

▶ 그림 8-4
케이블 교차부의 고정철물 디테일

▶ 그림 8-5
케이블 교차부의 고정철물 디테일

8.1.1
캠핀스키 호텔의 케이블 네트 파사드

미국 시카고에서 활동하고 있는 독일 뮌헨 출신인 건축가 얀H. Jahn은 호텔 박공면의 파사드로서 최대한 투명한 "스크린 월screen wall"을 생각하고 있었다.

구조물로서 케이블 네트 파사드가 제안되었을 때, 취성이 약하고 거의 유연성이 없으며 하중을 받을 수 없는 재료인 유리와 거의 제어할 수 없는 케이블의 변형으로서는 거의 불가능하였다. 그러나 실험적인 결과로 상당히 낙관적인 결과를 얻었다. 프리스트레스된 1.5×1.5m의 유리판은 15.0cm의 비틀림에도 견딘다는 낙관적인 결과로부터 실험적인 모험이 시작되었다.

1) 프리스트레스

풍하중 상태에서 1.5×1.5m 간격의 스텐레스 케이블(∅-22.0mm)로 계획된 40.0×25.0m 크기의 캠핀스키 호텔-파사드를 위한 케이블 네트의 휨과 유리판의 물리적 특성은 허용치의 범위에서 적절한 프리스트레스의 선택으로 한정될 수 있다. 양면에 평행하게 배치된 건축물과 강구조 지붕아치 사이에 위치하는 파사드는 프리스트레스 힘을 전달하기 위한 견고한 테두리 라멘으로 계획된다. 수평 케이블은 75kN, 수직 케이블은 25kN로 프리스트레스 된다. 프리스트레스는 특히 앵커부분의 유연성에 상당히 유리하다. 왜냐하면 그것은 파사드의 불리한 변형을 전체 유리접합부로 균일하게 분배하고, 접합부에 힘의 집중과 유리의 파괴확률을 줄여 준다.

▼ 그림 8-6
케이블 네트 조인트 디테일

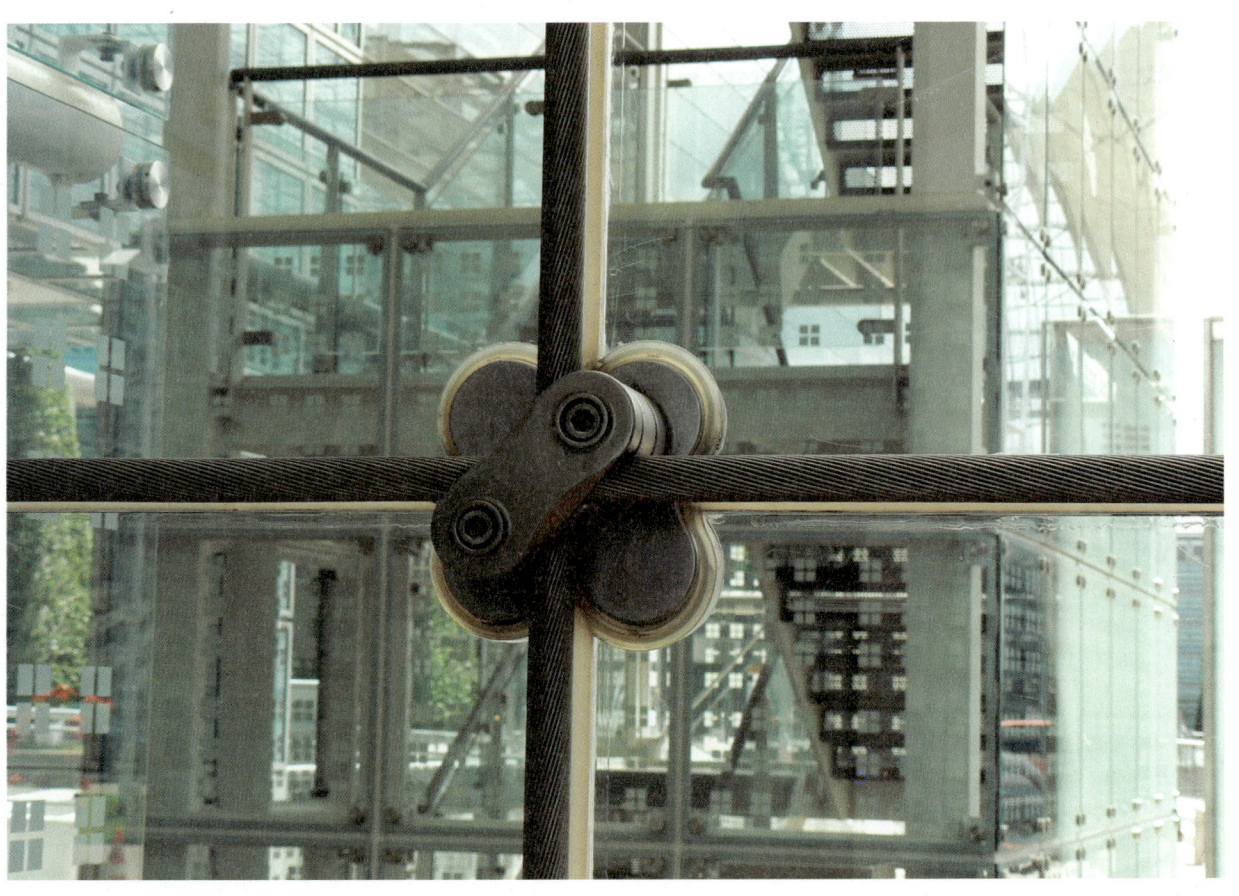

2) 변형

유리판이 파사드 면의 내외에서 뒤틀림으로 인한 파손을 방지할 수 있도록, 유리판 뒤틀림에 대한 프리스트레스를 조절해야 할 뿐만 아니라, 유리 고정을 위한 재료가 충분히 유연하도록 계획되어야 한다. 그것을 위하여 허용치와 예상된 변형에 따라 고정점에서 유리판이 과대한 구속력이 발생하지 않도록 하여야 한다. 풍하중 상태에서 케이블 앵커에 발생할 수 있는 회전각은 특수한 고정 디테일로 케이블을 조절할 수 있으며, 후에 케이블 앵커의 조절이 가능하다. 또한 건물의 변형으로 인한 프리스트레스의 이완은 후에 조절이 가능하다. 캠핀스키 호텔 파사드의 바닥면에서, 고정된 출입구의 라멘 모서리에 있는 유리판에 과대한 응력을 유발할 수 있다. 그리하여 케이블에 걸리는 힘을 해결하기 위하여 케이블 네트와 함께 변형되고 바닥에 견고하게 고정된 출입구 라멘은 어느 정도 이동이 허용되는 라멘으로 계획되어야 한다.

3) 천공이 없는 유리고정

1986년에 파리 라 빌레트La Vilette의 유리파사드를 위해 라이스P. Rice가 개발하여 적용된 유리를 천공한 점지지 형태는 그 당시에 점지지 형태의 표준이었다. 정확히 하중을 전달시켜야하고, 경제적으로 고가인 유리 모서리의 천공 지점은 상당한 취약점을 가지고 있다. 프리스트레스된 파사드에서 구속력으로 인한 유리판의 뒤틀림으로 추가적인 하중을 부담하는 모서리는 유리천공 없이 유리판이 자유롭게 움직일 수 있는 새로운 유리고정에 관한 개발이 필요하였다. 케이블 네트 파사드 이외에 캠핀스키 호텔 로비에는 6.0×7.0m의 하중을 받는 유리 서랍장과 스팬이 2.4m인 계단에 유리를 이용한 구조물이 세워졌다. 두개의 유리구조물은 엔지니어에 의해 계획되었고 구조재로서 유리가 사용되었다.

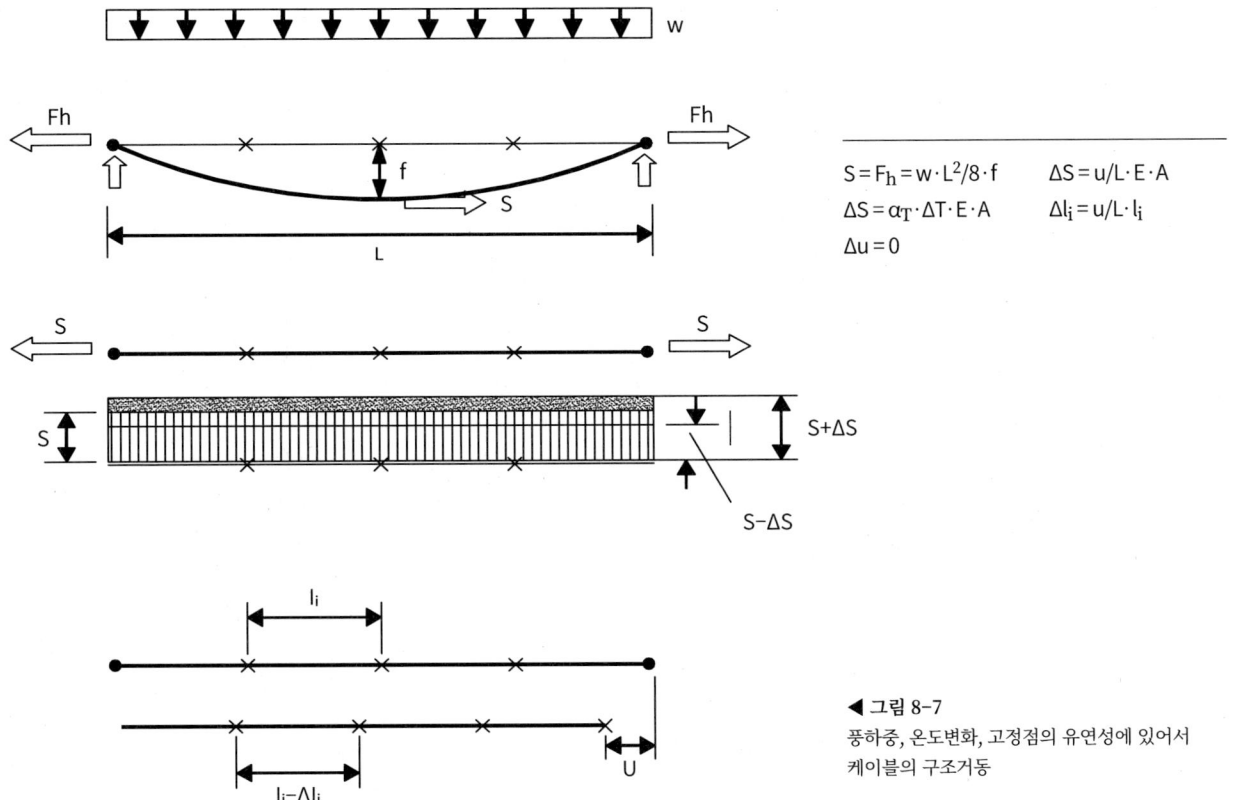

$$S = F_h = w \cdot L^2 / 8 \cdot f \qquad \Delta S = u/L \cdot E \cdot A$$

$$\Delta S = \alpha_T \cdot \Delta T \cdot E \cdot A \qquad \Delta l_i = u/L \cdot l_i$$

$$\Delta u = 0$$

◀ 그림 8-7
풍하중, 온도변화, 고정점의 유연성에 있어서
케이블의 구조거동

8.1.2
케이블 네트의 구조거동

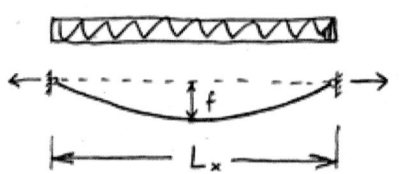

케이블에 걸리는 힘 $S = M_{max}/f = w \cdot L_x^2/K_m \cdot f$
케이블의 처짐 $f = = w \cdot L_x^2/K_m \cdot S$

- w : 풍하중
- S : 케이블에 걸리는 힘
- f : 케이블 처짐
- L_x : 단변길이

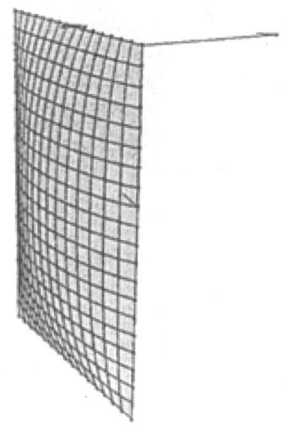

▲ 그림 8-8
풍하중에 의한 파사드의 수직처짐

▶ 표 8-1
풍하중 상태에서 케이블에 걸리는 힘과
처짐의 약식계산

프리스트레스의 트릭 없이 케이블 네트 파사드는 불가능하였을 것이다. 여기서 프리스트레싱이 얼마나 효율적이었는가는 단순한 프리스트레스된 케이블을 사례로 다음과 같이 살펴보기로 하자.

케이블은 단순히 늘어뜨릴 경우에 풍하중과 같은 수직하중만 받을 수 있다. 거기에서 케이블 힘 S는 처짐 f와 반비례한다. 하중을 받는 상태에서 케이블의 프리스트레스로 처짐 f는 직접적으로 조절이 가능하다. 즉, 프리스트레싱이 커질수록 케이블의 변형은 적어진다.

합성 강화유리는 파사드 면에 수직적으로 약 Lx/50까지 아무런 파괴 없이 에어쿠션 모양으로 변형된다. 파사드 면에 발생하는 변형은 케이블의 프리스트레싱으로 모든 유리면에 균등하게 분배된다. 온도변화는 유리의 고정점의 위치변화가 아니라, 길이와 상관없이 케이블에 가해지는 프리스트레싱의 변화를 유발시킨다. 그로 인하여 상당히 긴 파사드는 과다한 신축이음 없이 건축이 가능한데, 이것은 계산상 표현할 수 없는 하나의 장점이다.

지지부분의 유동성에 의한 변이는 전체 케이블의 길이에 걸쳐 균등하게 분배되고 테두리에 신축이음이 필요 없다. 테두리 변이에 수직인 건축물 이음에서 자연스러운 이동이 가능하도록 해야 한다. 여기에서 긴 케이블이 짧은 케이블보다 유리하다. 케이블 네트 파사드에 걸리는 힘과 변형은 단순히 개략적으로 계산이 가능하다.

최대변형은 당연히 해석적이고 실험적으로 증명되어야 하지만, 약 Lx/50이 한계치 인 듯 싶다. 네오플랜 층의 탄성은 개개의 경우에 따라 조절되어야 한다. 시간적인 영향과 같은 재료계수에서 불확실성은 E-모듈에 대한 한계치를 통하여 고려되어야 한다. 케이블의 프리스트레싱은 S의 약 50-60%가 적절하다.

모멘트 계수	K_m	13	10.3	9.0	8.3	8.0
장단변비	$L_y{:}L_x$	1.0	1.25	1.5	1.75	≥2

1) 한 축으로 당겨진 특수한 케이블 네트 파사드

장단변 비율이 $L_y/L_x \geq 2$인 경우부터 케이블 네트 파사드는 하중은 한 방향으로 전달되고, 케이블에 걸리는 힘이 두 방향으로 전달되는 파사드($L_y/L_x=1$)에 비하여 동일한 변형인 경우에 약 60% 정도 증가한다.

건물 모서리에서 유리의 뒤틀림을 해결하기 위하여, 길고 한 방향 파사드에도 불구하고 변형을 견고한 테두리에 균일하게 분배할 수 있는 프리스트레스된 수평 케이블을 설치하는 것 바람직하다. 그렇지 못한 경우 큰 파사드 변형(약 L/50)은 견고한 벽체에서 가능하도록 계획되어야 한다.

한 방향 파사드는 한 방향 슬래브가 단지 두 방향 슬래브의 특별한 경우로 생각할 수 있는 것과 같이 거의 탈재료화 된 유리건축물의 확실한 이정표가 될 수 있다.

2) 탄성용수철

1986년에 라이스P. Rice는 파리의 라 빌레트의 케이블 거더 파사드에서 파사드 면에 스파이더와 함께 연결된 유리판이 견고한 정사각형 테두리 부재에 고정되기 때문에 유리 커튼을 매달기 위해 자체적으로 응력조절이 가능한 탄성용수철을 사용하였다.

충분한 케이블 길이의 경우에 케이블 네트 파사드에 사용되는 탄성용수철은 프리스트레스 된 케이블 자체가 파사드면에서 발생하는 변이를 각 유리접합면에 균등하게 분배시키는 최상의 용수철이기 때문에 단지 하이텍high-tec의 장식물에 불과하다. 탄성용수철의 사용으로 풍하중의 경우 케이블에 약 40% 정도의 추가응력이 발생된다. 큰 변형에서는 사용이 의문시 되며, 파사드 면에서 변이는 탄성용수철이 달린 접합부에 집중된다. 케이블은 가능한 신축하려 할 것이고, 단지 불충분한 길이와 지지부분의 비정상적인 유연성의 경우에 탄성용수철을 사용하게 될 것이다.

▼ 그림 8-9
라 빌레트에 사용된 유리 파사드 구조시스템,
디테일과 탄성용수철

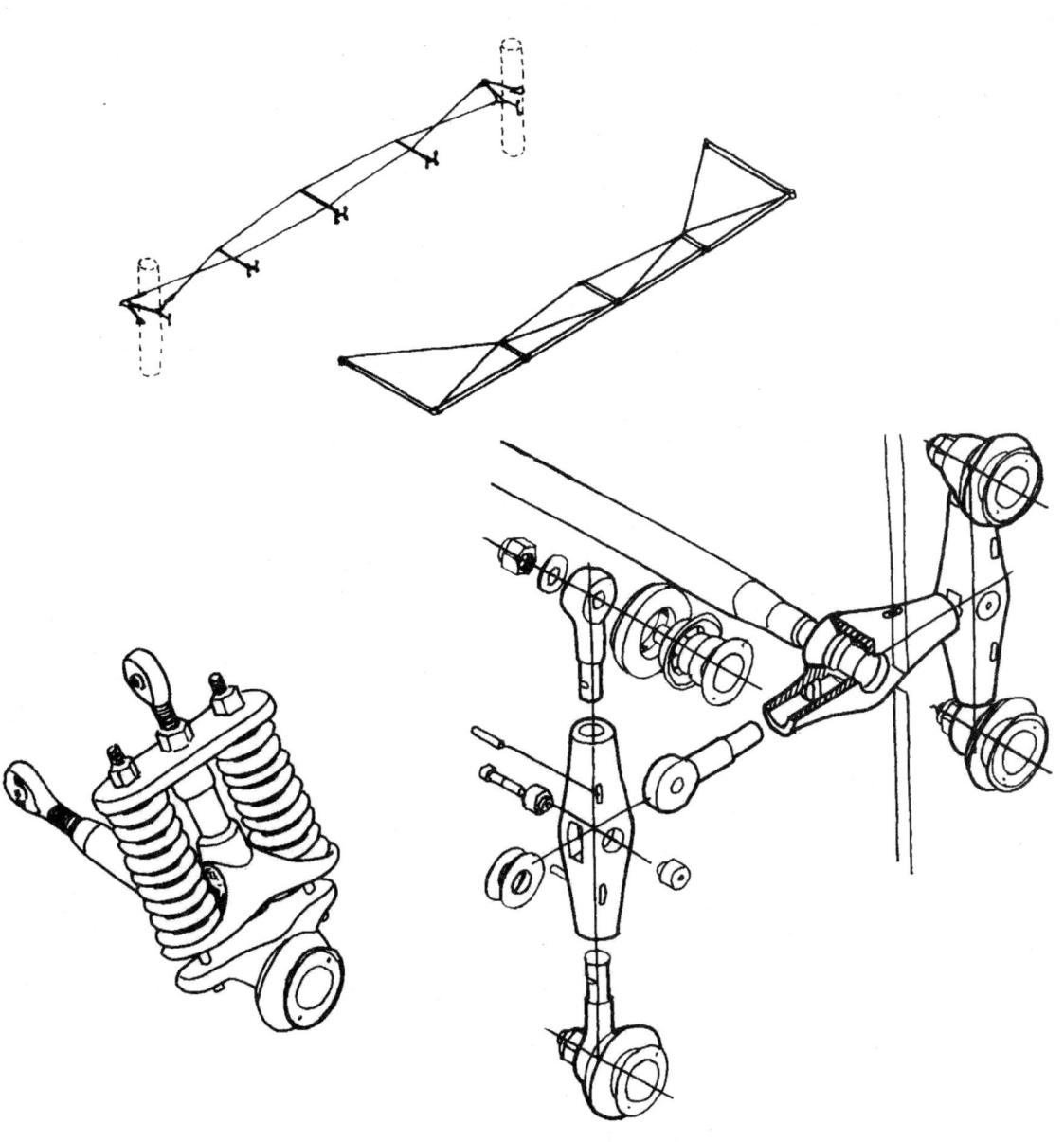

8.1.3
케이블 네트 파사드 사례들

위에서 살펴 본바와 같이 캠핀스키 호텔에서 케이블 네트 파사드가 최초로 사용되어 기술적인 면은 검증되었다. 이러한 파사드는 점진적으로 세계 각국에 전파되기 시작하였다. 여기에서 각각의 구조물에 대한 규모나 구조적인 특성을 알아보기로 하자.

1) WTC, 드레스덴, 독일 (1995)

건축가 : N. Prasch Sigl. Dresdnen

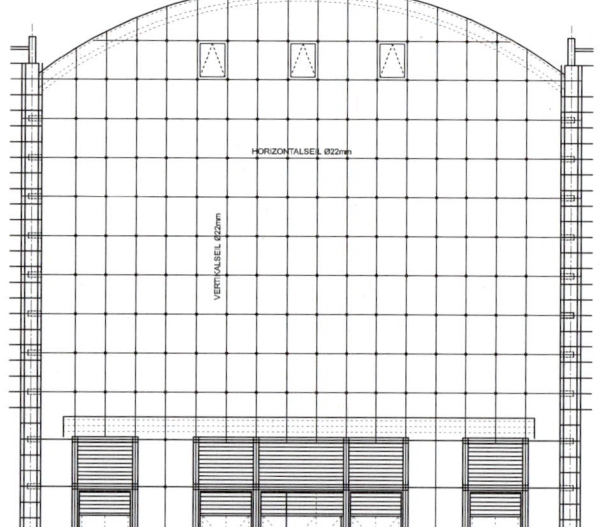

◀ 그림 8-10
WTC 내부 유리 파사드

▲ 그림 8-11
WTC 입면도

여기에서 파사드 거더는 기초에 추가적인 하중 없이 전체적인 프리스트레스 힘을 폐쇄시키는 양면의 건축물과 함께 견고한 라멘으로 구성된다. 전체적인 파사드는 운동이 가능한 라멘으로 계획되었다. 라멘은 상부가 박스로 된 아치와 양측에 설치된 구조물로 구성된다.

- 크기 : 24.0×26.0m
- 케이블 : Ø-20.0mm 스텐레스 강
- V = 65.0kN
- 유리 : 1.35~1.56×1.72~2.07m
- 합성유리＝2×6.0mm(단층유리)

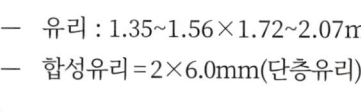
▶ 그림 8-12
상부의 수평, 수직 케이블 디테일과
상부의 케이블 현수 디테일

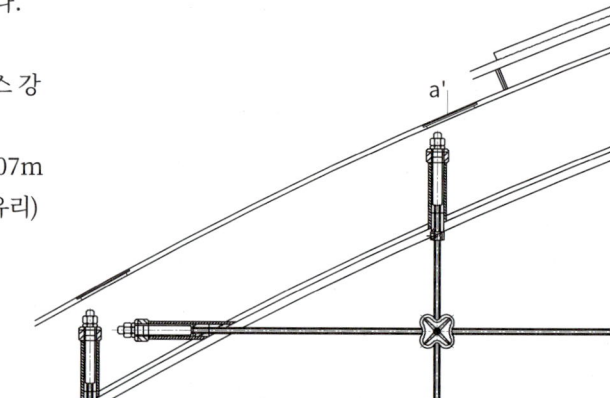

단면 aa'

내부   외부

－ 166 －   유리건축

2) 홀쯔하펜Holzhafen, 함브르크, 독일 (2000)

건축가 : Astoc, Köln, Hamburg

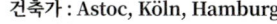

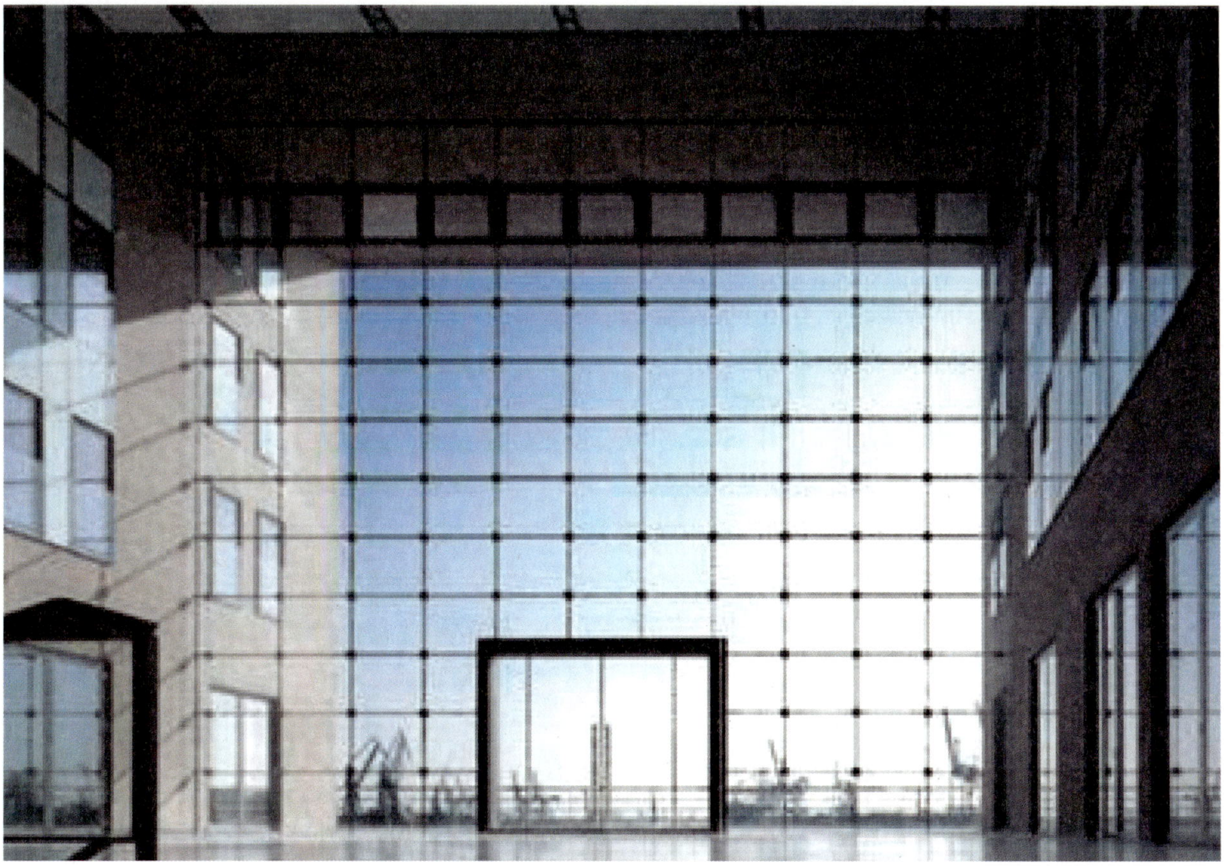

▲ 그림 8-13
홀쯔하펜, 함브르크, 2000

세 개의 중정은 케이블 네트 파사드에 의해 둘러 쌓여 있다. 두 파사드의 경우, 둘러싸여 있는 현존건축물은 상부에 비렌들 트러스가 설치되어 있고, 다른 하나의 파사드 경우에 상부 테두리에 설치된 현수 케이블이 수직 네트 케이블에 걸리는 힘을 부담하고 있다.

— 크기 : 15.0×13.0m, 15.0×10.0m, 15.0×8.0m
— 케이블 : 스텐레스강
— 수평 케이블 : Ø-8.0mm, V = 90.0kN
— 수직 케이블 : Ø-10.0mm, V = 10.0kN
— 유리 : 1.35×1.10m(합성유리), 2×8.0mm(단층유리)

3) 로마 온천유적지, 바덴바일러, 독일(2001)   건축가 : Staatliches Vermögens- und Hochbauamt Freiburg

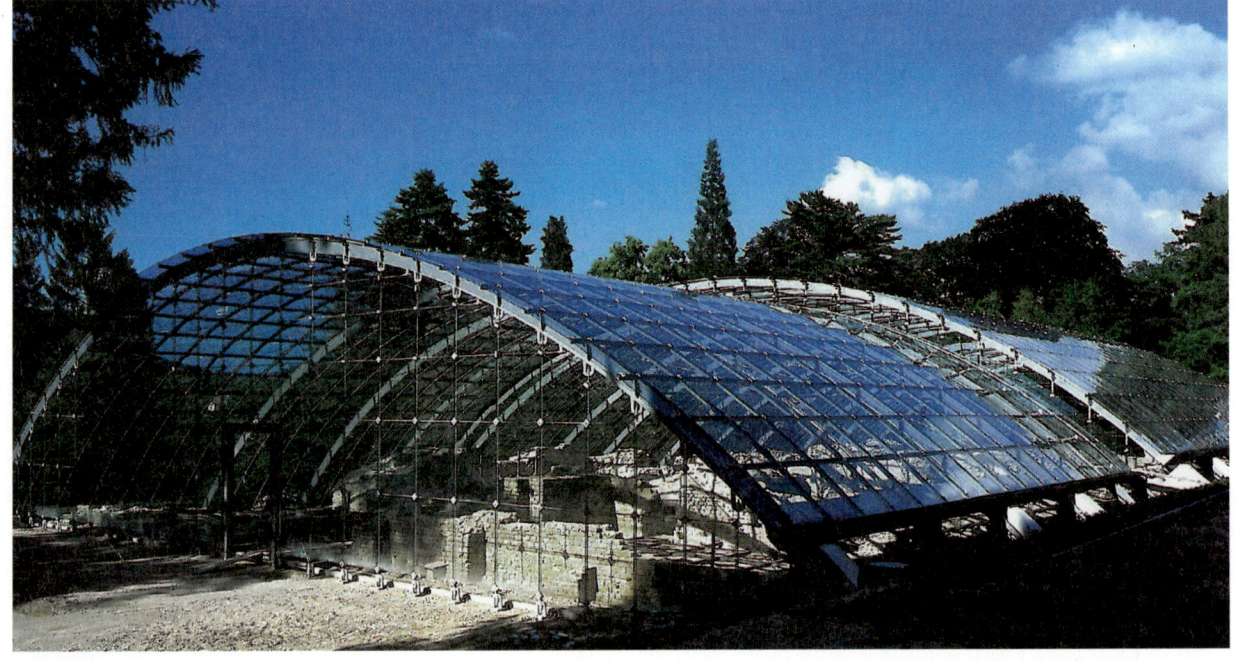

▲ 그림 8-14
로마 온천 유적지 파사드의 전경

로마 유적지를 외부기상로부터 보호하고 최상의 투명성을
확보하기 위하여, 케이블 네트 파사드에서 유리사이의 실
리콘 마감을 생략하는 케이블 네트 파사드로 계획되었다.
  — 크기 : 34.0×8.0m
  — 케이블 : Ø-16.0mm
  — 유리 : 합성유리 2×8.0mm(단층유리)

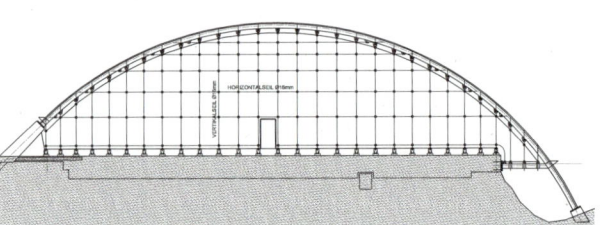

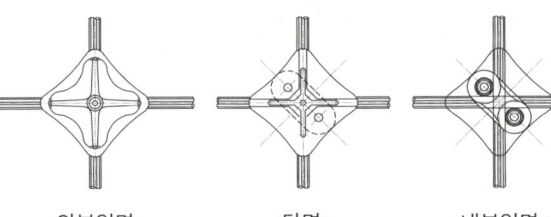

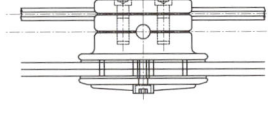 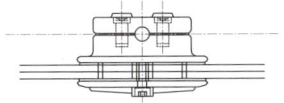

<외부입면>   <단면>   <내부입면>

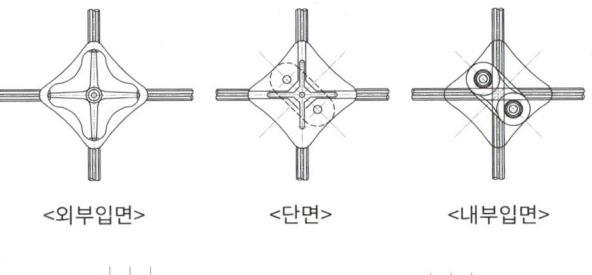

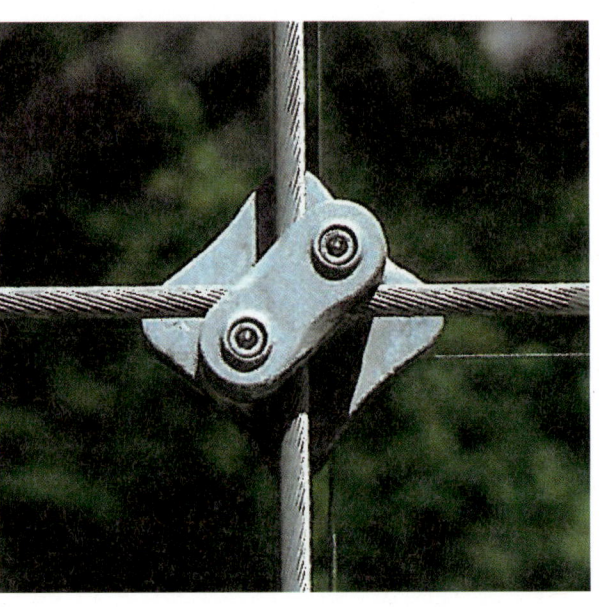

◀ 그림 8-16
수직 수평 케이블

▲ 그림 8-15
파사드 입면도

▲ 그림 8-17
케이블 교차점의 단면 디테일

— 168 —   유리건축

4) 타임 워너 센타, 뉴욕, USA (2003)

건축가 : SOM & James Carpenter, NY

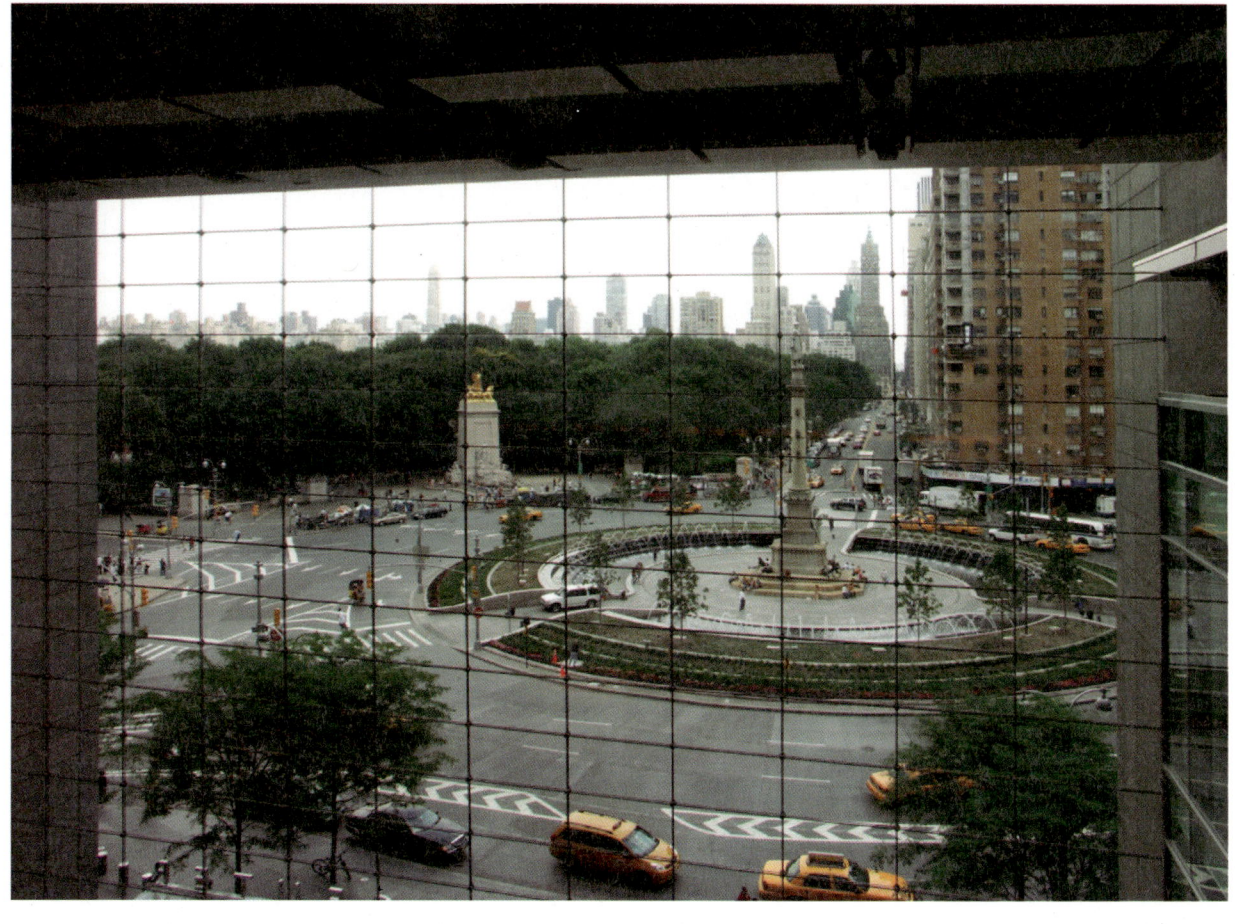

▲ 그림 8-18
타임 워너 센타의 파사드 전경

센츄럴 파크의 남서쪽과 브로드웨이가 만나는 지점인 콜럼부스 서클Columbus Circle에 출입구가 26.0×45.0m의 대형 케이블 네트 파사드로 된 250.0m 높이의 트윈 타워Twin Tower가 있다.

로비 내부에 있는 "재즈 홀Jazz Hall"은 약 4° 경사지고 16.0×26.0m 크기의 유리벽(소위 재즈 월)로 음향적인 목적으로 설치되었다. 두 개의 투명한 유리벽은 입구홀 목적으로 설치되었다. 두 개의 투명한 유리벽은 입구홀로부터 시작되고, 특히 재즈 홀에서부터 보이는 센츄럴 파크의 환상적인 전경과 뉴욕의 실루에트는 투명한 케이블 네트 파사드의 가치를 더해 준다.

수직으로 걸리는 케이블 힘은 내부 유리벽의 방향으로 경사진 철골 트러스 거더에서 부담하는데, 외부에서는 인지할 수 없다.

내부 유리벽의 2.14×2.44m 크기의 소음방지 유리들은 온도나 그 밖에 다른 영향으로 유리벽의 처짐을 방지하기 위해 바닥에 탄성용수철이 설치된 수직으로 경사진 케이블에 의해 지지된다. 이것은 케이블에 거의 동일한 프리스트레스를 유지시키고 약 내부로 4° 경사진 유리벽의 자중으로부터 처짐을 균등하게 유지시킨다.

- 크기 : 외부 유리벽 : 26.0×46.0m
  : 경사 재즈 홀 : 26.0×16.0m
- 케이블 : 스텐레스강
  : 외부 유리벽 : Ø-28.0mm
  : 재즈 홀 : Ø-22.0mm
- 유리 : 외부 유리벽 : 2.14×1.22m(합성유리)
  : 재즈 홀 : 2.14×2.44m(합성유리)

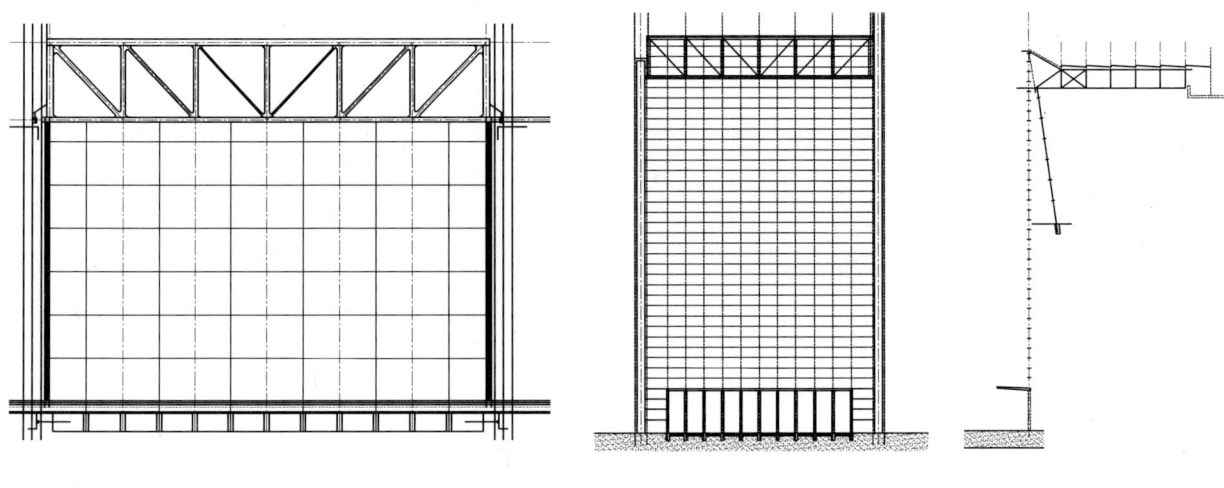

▲ 그림 8-19
출입구 파사드와 경사 진 재즈홀의 입면과 단면도

▼ 그림 8-20
접합점의 디테일

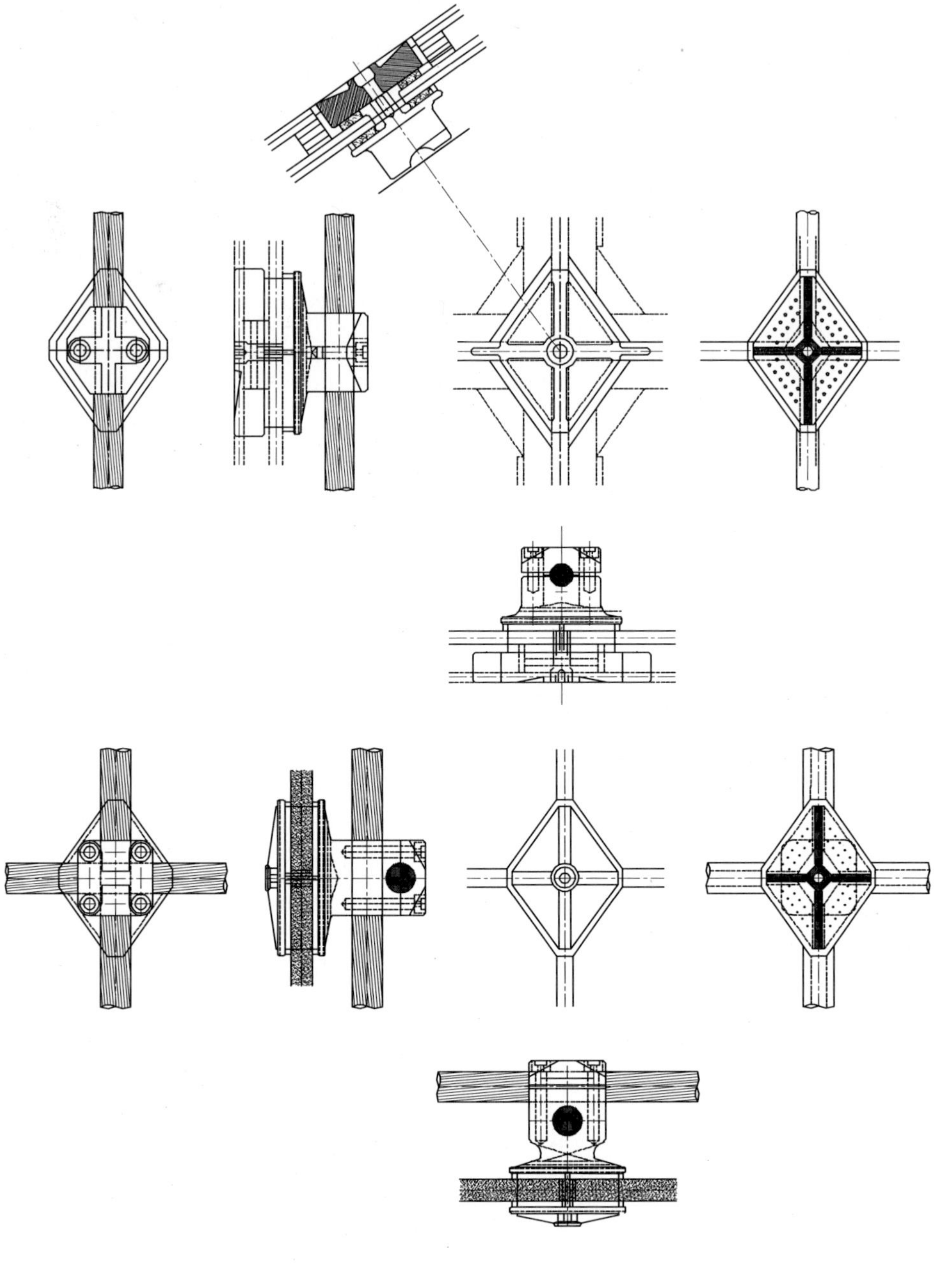

5) 야콥 부쿠하르트 하우스, 바젤, 스위스

건축가 & 구조 : Z. Partner & W. M. Maier, Basel

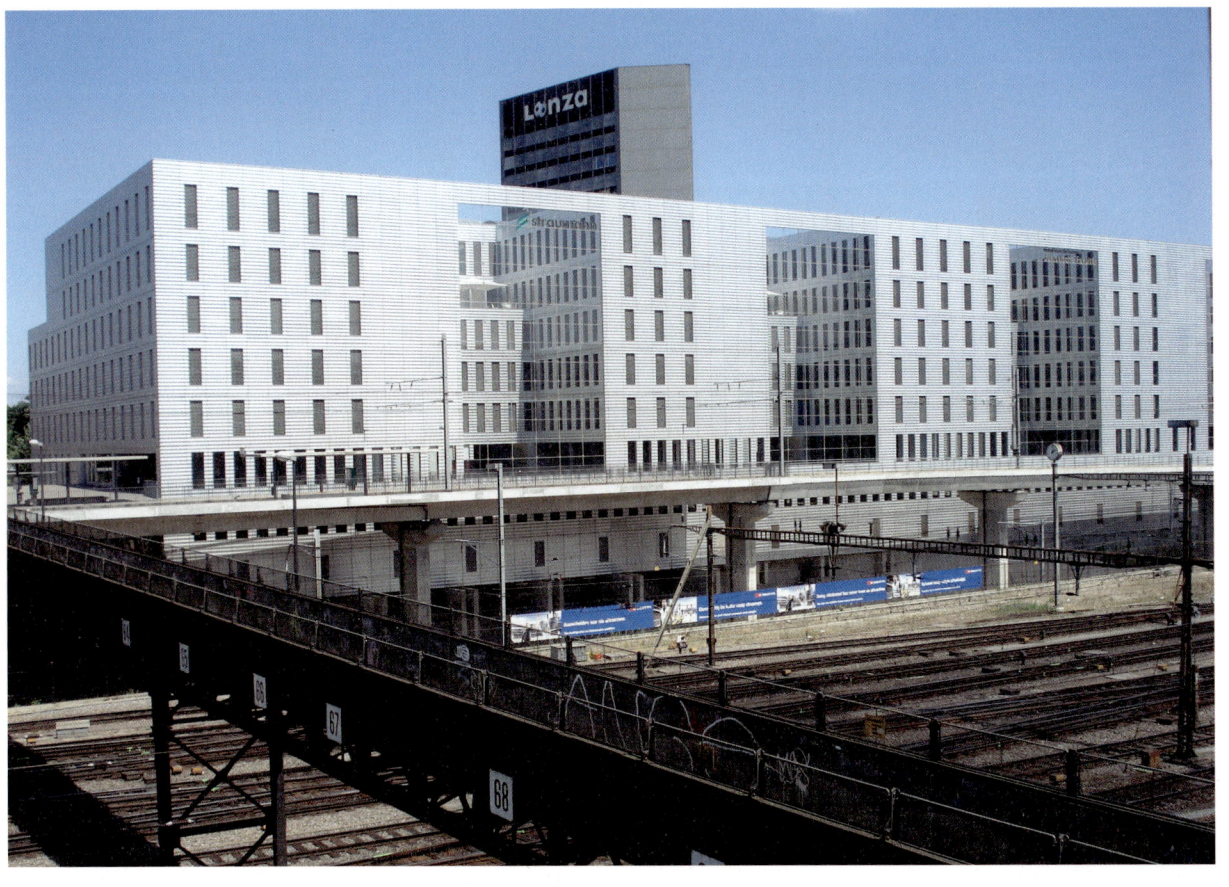

▲ 그림 8-21
야콥 부쿠하르트 하우스 파사드 전경

이 오피스 빌딩은 전체적으로 12개의 중정을 가지고 있는데, 외부로부터 교통소음을 막기 위해 케이블 네트 파사드를 이용하였다. 완벽한 투명성을 가지고 강렬한 외부소음을 막을 수 있다는 것에 상당히 인상적이다.

— 크기 : 12개의 파사드 15.0×18.0m
— 케이블 : 수직 케이블 Ø-18.0mm
　　　　　　 수평 케이블 Ø-22.0mm
— 유리 : 2.15×1.46m(합성유리)
　　　　　 2×8.0mm(강화유리)

6) 외무부, 베를린, 독일 (1999)

건축가 : Muller Reimann + James Carpenter

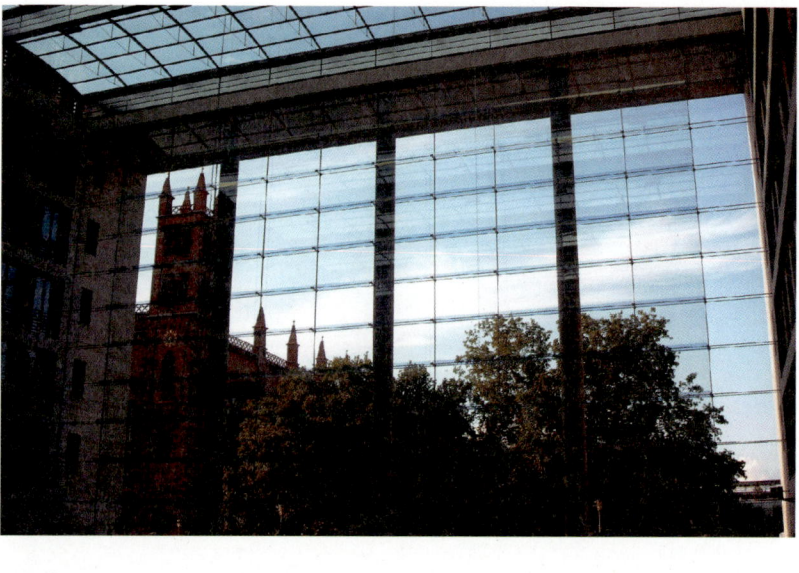

▲ 그림 8-22
외무부 파사드 내부전경

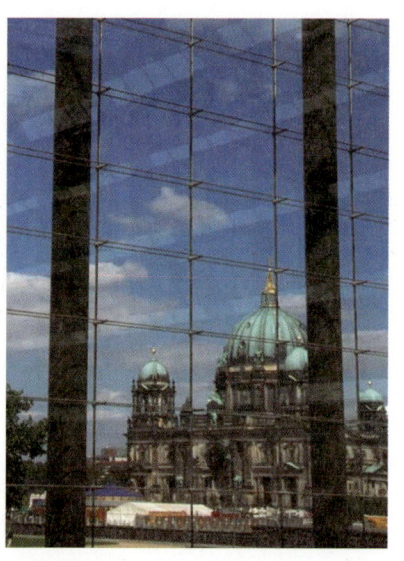

▲ 그림 8-23
파사드 외경

이러한 유리건축물을 위한 예술과 구조의 협업은 미국 유리예술가 카펜터J. Carpenter와 베를린 건축가인 라이만M. Reimann에 의해 이루어 졌다. 수평 케이블과 수직 케이블은 45.0cm의 간격을 두고 고정되었다. 전면에 위치하는 수직 케이블에 유리판이 고정되고 후면에 위치하는 수평 케이블에는 두 색상의 유리띠가 설치되었다. 태양빛이 비치면 내부로 굴절되어 오는 움직이는 빛은 환상적인 장면을 연출한다. 실내에서 보이는 글래스 월의 푸르슴한 유리띠는 여기서 유리가 반사되는 특성을 이용하여 외형을 결정하며, 최소한의 구조물은 외형상 시각적으로 거의 인지할 수 없다.

— 크기 : 32.4×24.0m
— 케이블 : Ø-26.0mm, 스텐레스강
— 유리 : 2.7×1.8m
— 합성유리 : 2×10.0mm(강화유리)

◀ 그림 8-24
파사드 구조시스템

▼ 그림 8-25
교차점과 앵커 디테일

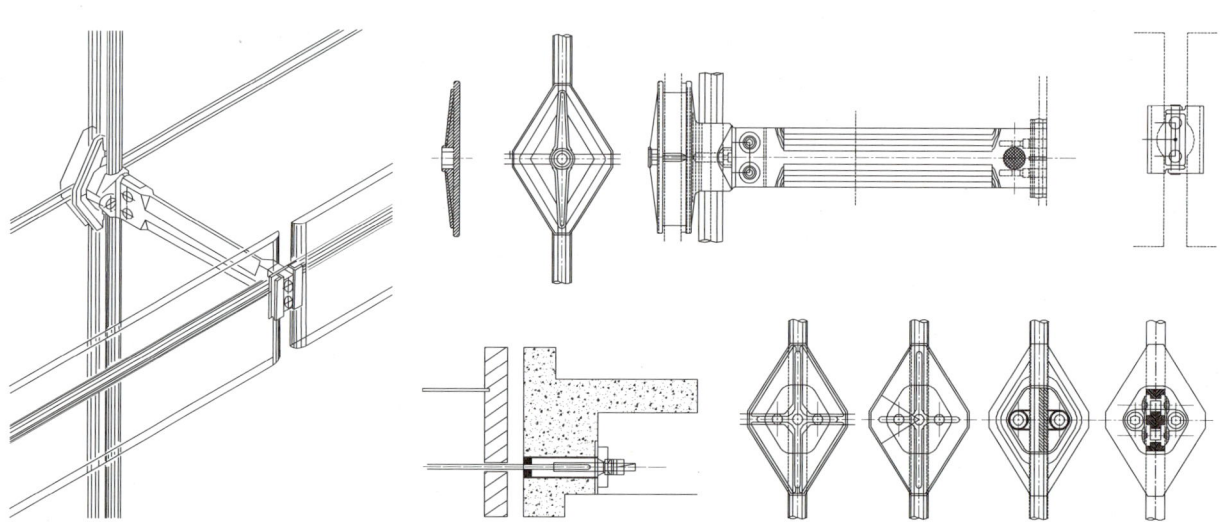
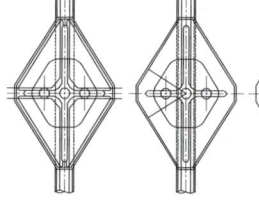
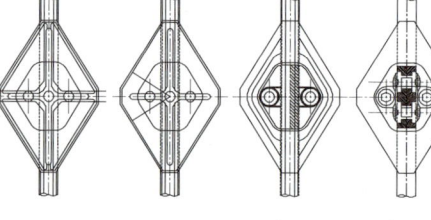
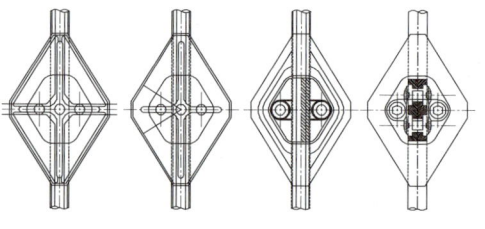
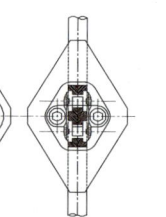

7) UBS-타워, 시카고, USA (2001)

건축가 : Steve Nilles, Lohan Association, Chicago

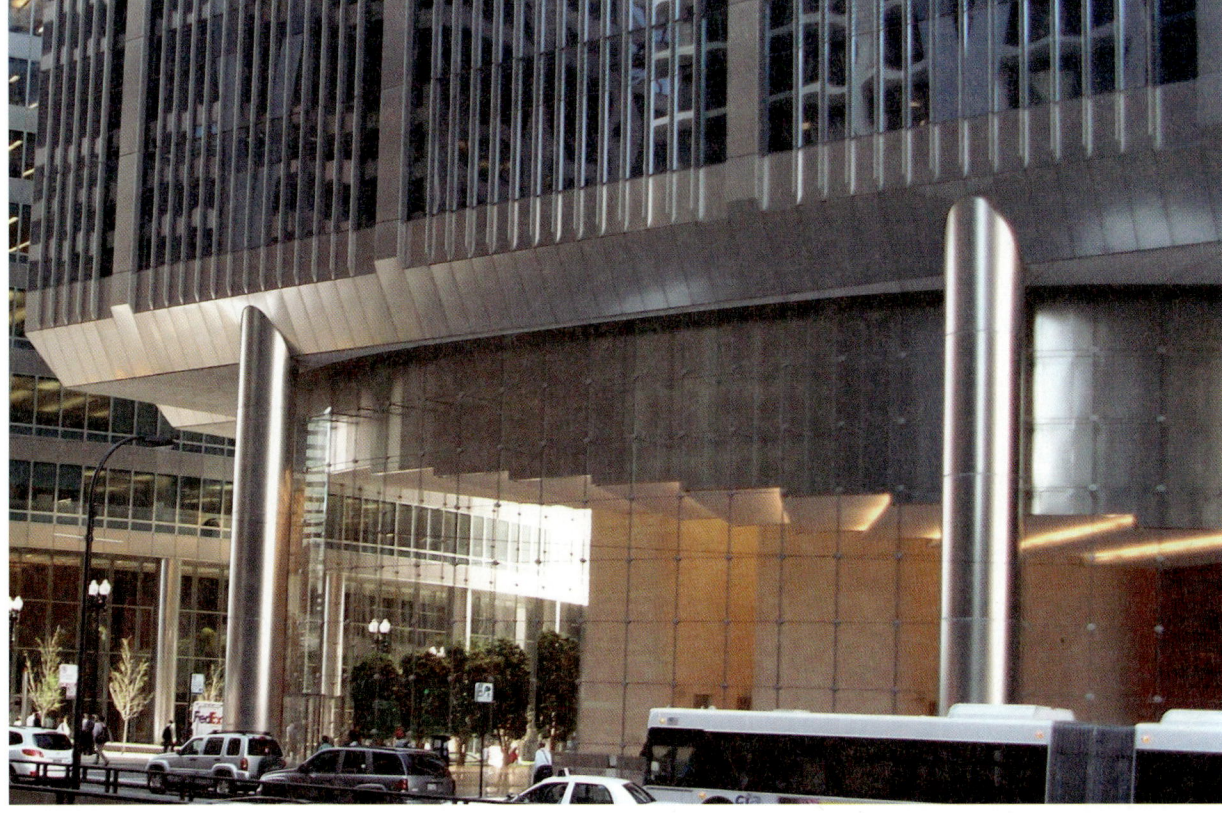

▲ 그림 8-26
UBS-타워 파사드 전경

200.0m 높이 UBS-타워의 전체 로비는 고층빌딩사이에 걸쳐 있고, 많은 보행자와 고객을 위한 개방된 분위기를 연출하는 13.0m 높이의 케이블 네트 파사드로 지상층에 위치한다. 전체파사드는 7개로 분할된다. 이것이 미국에 건축된 최초의 케이블 네트 파사드다.

─ 크기   : 7개의 파사드 10.0×13.0m
         2개의 파사드 10.0×14.0m
─ 케이블 : Ø-22.0mm 스텐레스강
─ 유리   : 1.53×1.53m 합성유리(Amiran)

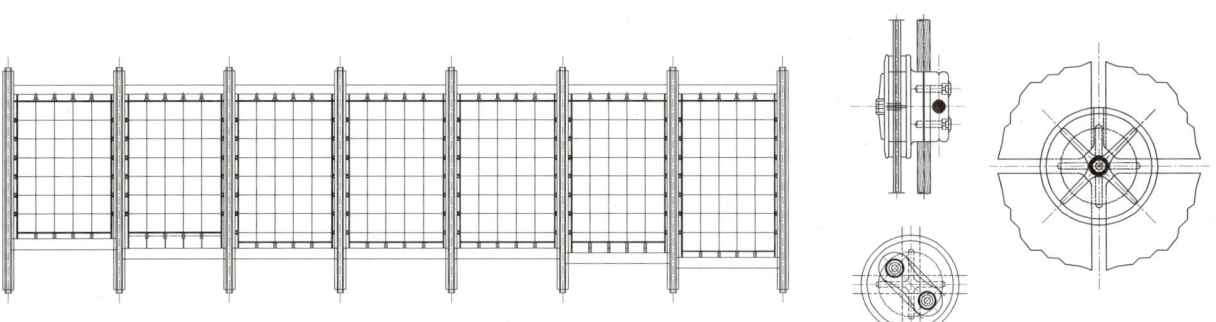

▲ 그림 8-27
UBC 타워 입면도

▲ 그림 8-28
절점 디테일

8. 케이블 네트 파사드 & 지붕구조

8) WTC 7, 뉴욕, USA(2005)

건축가 : SOM & James Carpenter

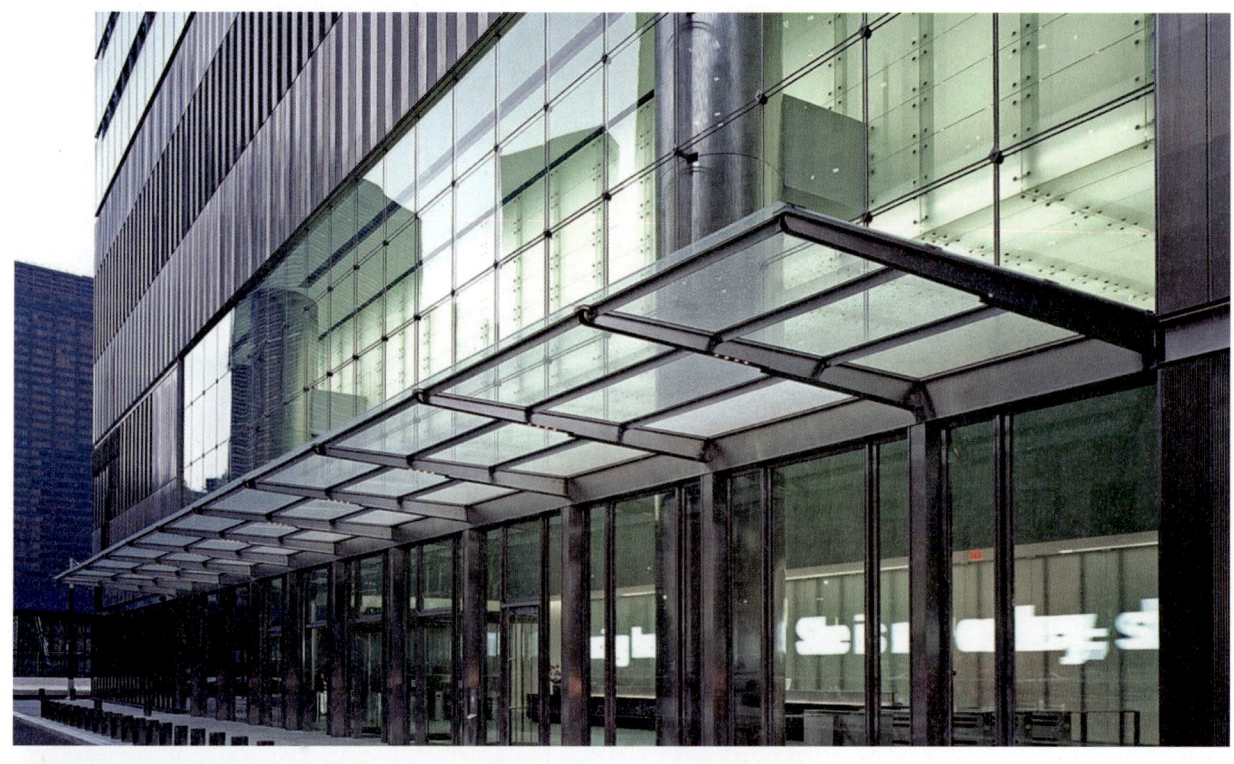

▲ 그림 8-29
WTC 7, 파사드 하부전경

◀ 그림 8-30
파사드 입면

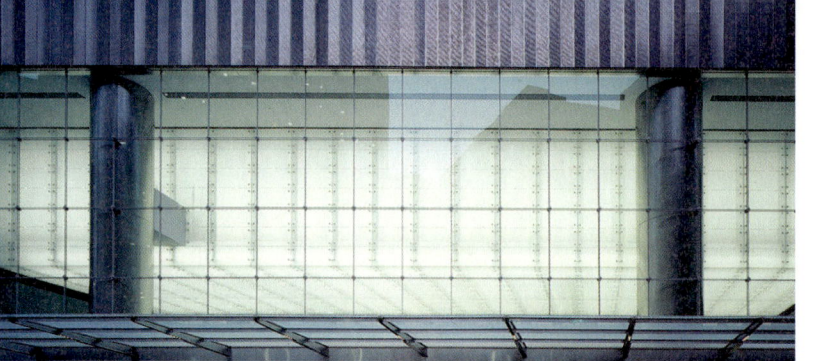

두 WTC 빌딩의 테러 공격으로 WTC 7도 역시 희생양이 되었다. 230.0m 높이의 건축물의 로비는 풍하중과 폭발하중을 받아야 하는 2.4×1.5m의 유리로 된 32.0×13.4m 크기의 투명한 케이블 네트 파사드로 계획되었다. 스코틀랜드에서 TNT로 가득한 병의 폭발실험의 결과는 케이블 네트는 큰 유연성 때문에 그러 관련된 모든 사항에 매우 바람직한 결과였다. 그래서 네 모서리에서 점지지된 2×2.28mm의 PVB 연결 필름으로 된 2×10.0mm의 단층유리는 2.0×1.5m의 크기의 유리는 폭발하중에 잘 견디었다.

— 크기 : 32.0×13.4m
— 유리 판넬 : 1.5×2.0m
— 케이블 : 스텐레스강
— 수평 케이블 : Ø-20.0mm
— 수직 케이블 : Ø-17.0mm

9) 쿤밍 공항, Kunming(곤명昆明), China(2010) 건축가 & 구조 : Beijing Institute of Architectural Design

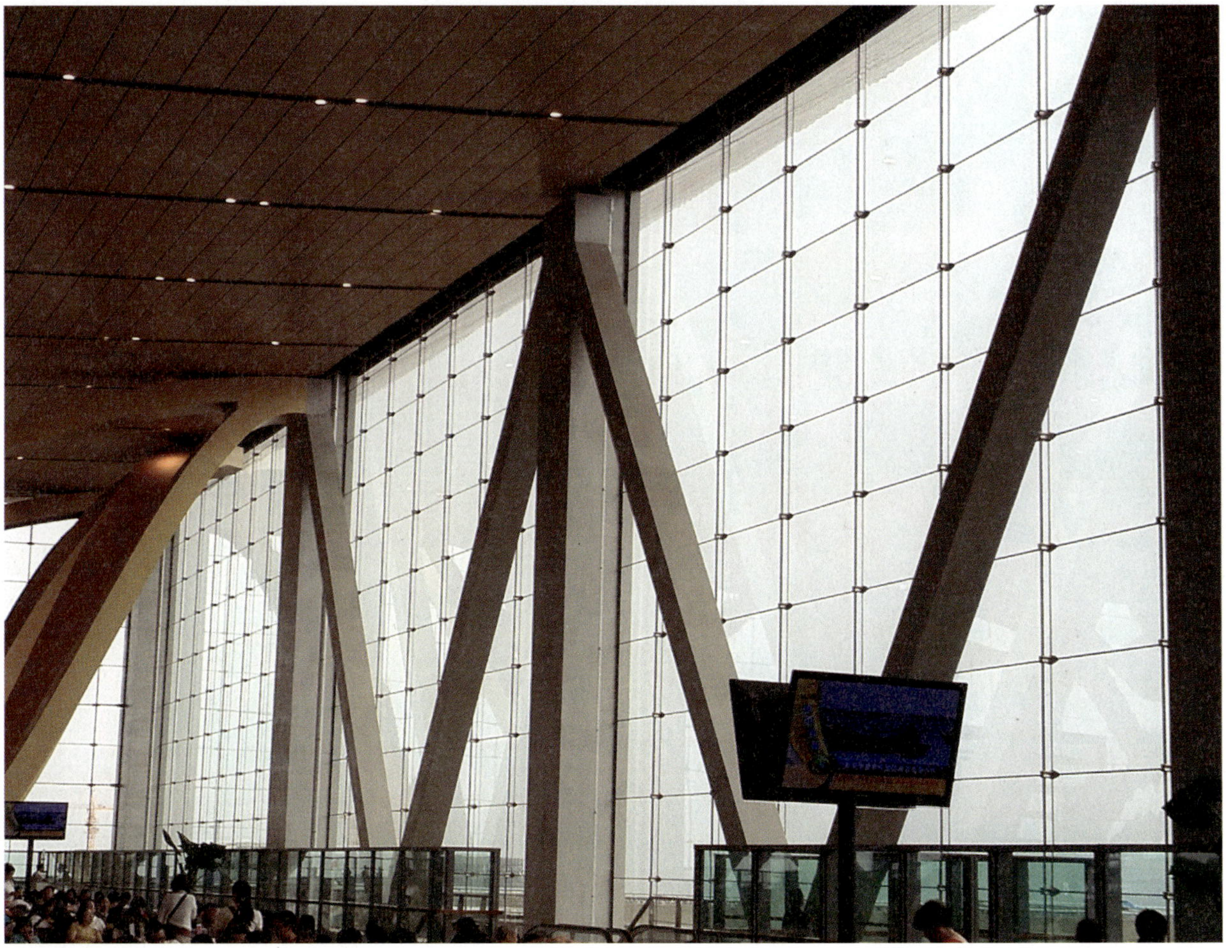

전체적인 지붕면은 쌍곡 포물형으로 파도형태의 스틸 구조로서 계획되었고, 여기서 파사드 면은 기본적으로 거대한 트러스 형태로 건축되었다. 이 구조의 외부는 정방형 형태의 케이블 네트로 엮여지고, 유리로 마감되었다.

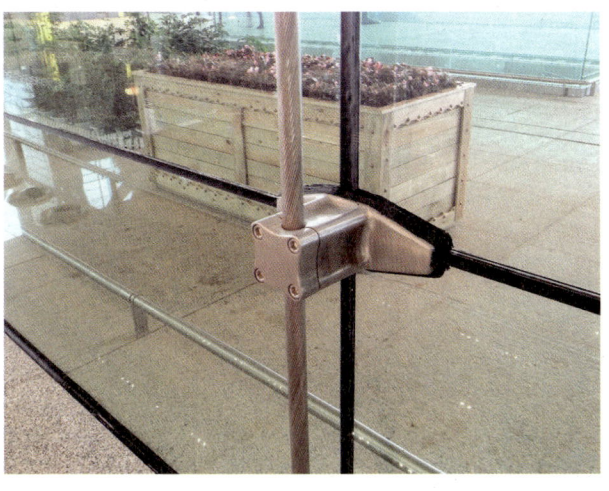

▲ 그림 8-31
쿤밍 공항의 파사드

▶ 그림 8-32
케이블의 디테일

10) 창이 공항 3, Changi Terminal 3, Singapore

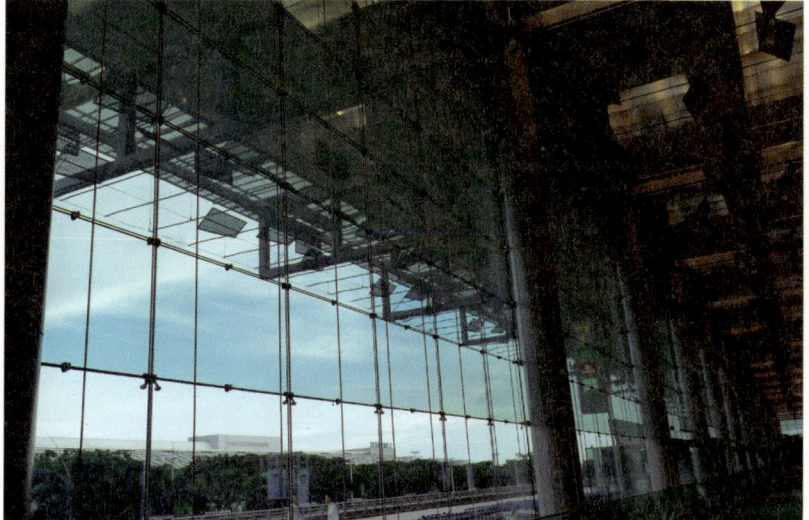

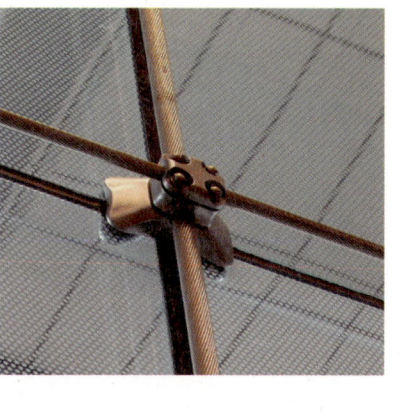

◀ 그림 8-33
창이 공항 3의 파사드와 케이블 디테일

지붕구조는 비랜들 트러스로 된 격자보로 계획되었고, 상부의 격자보를 이용한 유리자중을 위한 수직 케이블이 있다. 수평 케이블은 내부에 설치 된 기둥에 앵커된다.

11) 타워 플레이스, Tower Place, London   건축 : N. Foster

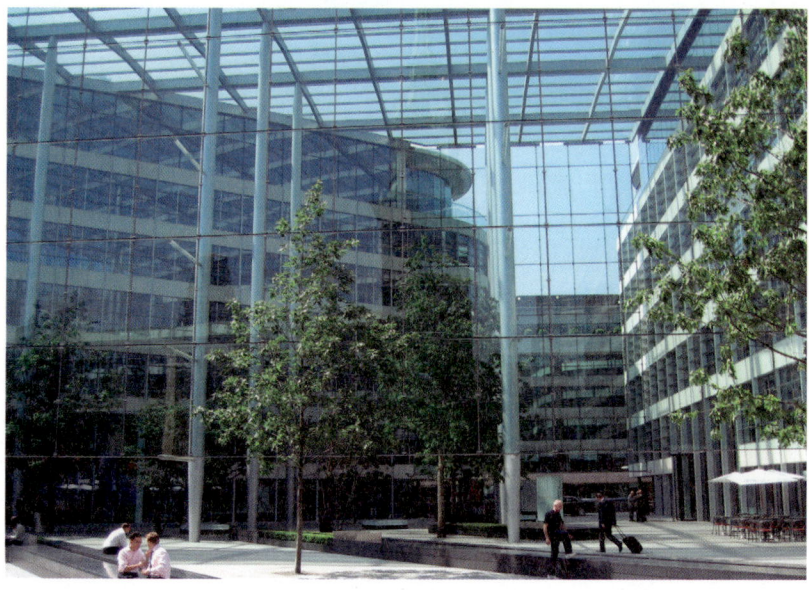

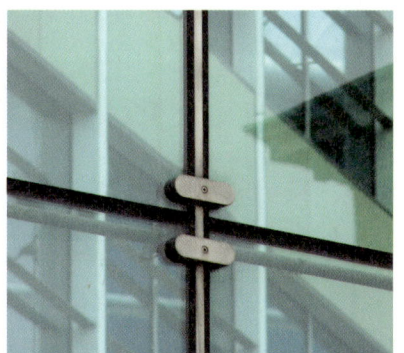

◀ 그림 8-34
타워 플레이스 파사드와 디테일

두 건물 사이를 유리지붕과 파사드로 계획되었다. 사잇 공간에 원형기둥과 박스거더에 직교방향의 이차부재 단부에 일자 형태 부재와 지반으로 계획 된 수직 케이블과 두 건물에 앵커 된 수평 케이블에 유리를 점형태로 고정되어 있다.

─ 176 ─   유리건축

12) 킴멜 센타, Kimmel Center, Philadelphia

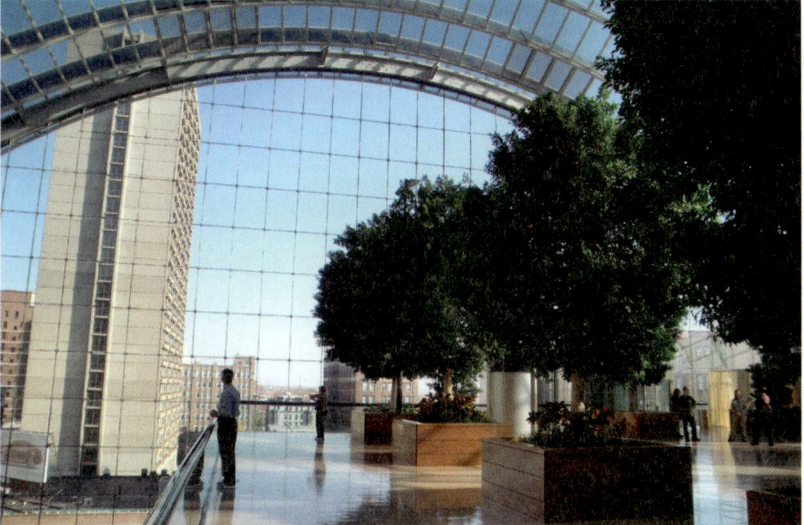

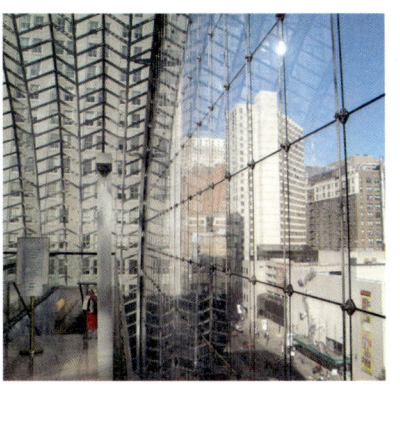

◀ 그림 8-35
킴멜 센타의 파사드와 케이블 디테일

단면이 I-형태로 된 아치구조에 상부와 바닥면에 수직과
수평 케이블을 격자형태로 설치하며 유리를 고정시켰다.

13) 마켓 홀, Markthal, Rotterdam

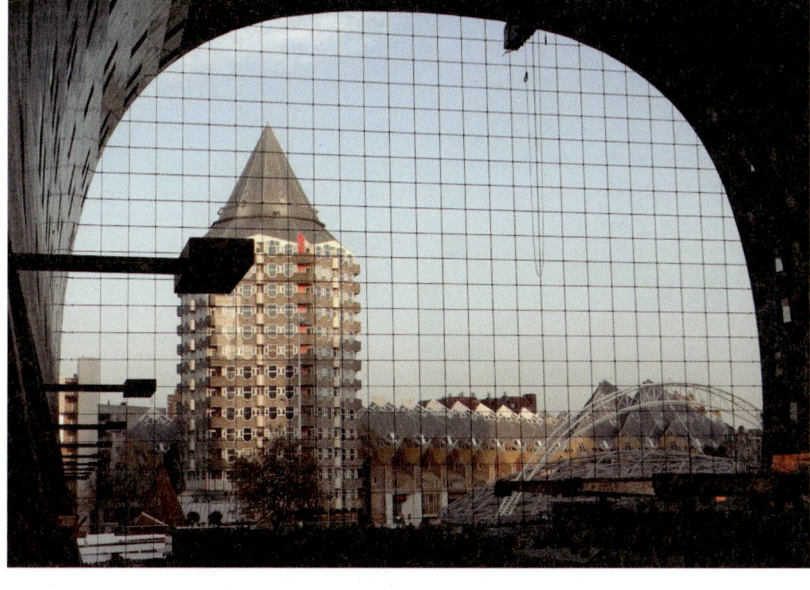

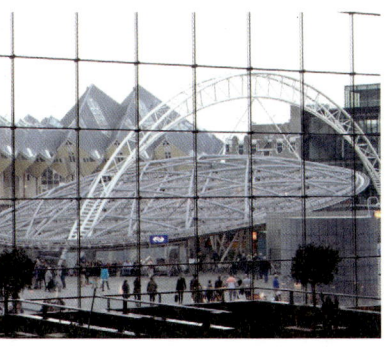

◀ 그림 8-36
마켓 홀 파사드와 케이블의 디테일

도심에 위치하는 거대한 터널 모양의 아치구조물 내부에
마켓이 열리고 내부 벽면은 화려하게 페인팅되었다. 이러
한 거대한 아치와 바닥면을 이용한 수직·수평 케이블이 앵
커 되어 유리를 고정시키고 있다. 외형상의 거대함을 아
치 중앙부분을 투명한 유리구조로 건축하여 볼륨감을 많
이 감소시켰다.

8. 케이블 네트 파사드 & 지붕구조

14) 지아밍 센타, JiaMing, Beijing(2011)

건축가 : GMP / 구조 엔지니어 : SBP
크기 : 20.0×83.0m

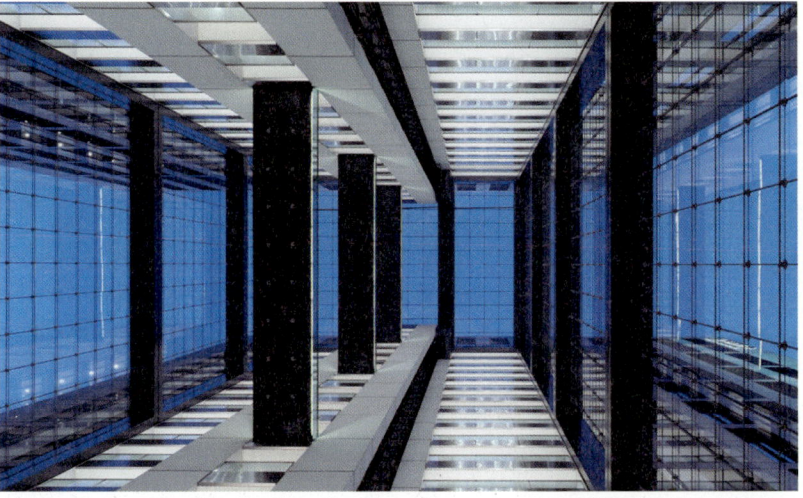

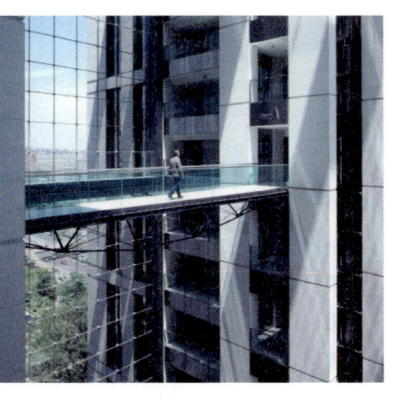

◀ 그림 8-37
지아밍 센타

약간 옵셉된 두 22층 건물로 된 전체건축물은 두 건물 사이의 높은 유리 아트리움으로 두 건물을 연결한다. 케이블 네트 파사드의 구조시스템은 우선 캐노피로부터 수직적인 파사드를 구성한타. 케이블 네트 파사드의 기본원칙은 수직적이고 수평적인 면적을 통과하도록 이용되고 파사드와 지붕을 하나의 유니트로 연결한다. 모든 케이블은 스텐레스강으로 설치되었다.

15) 마라가 공항, Airport Malaga, Spain(2010)

건축가 : GOP / 구조 엔지니어 : SBP

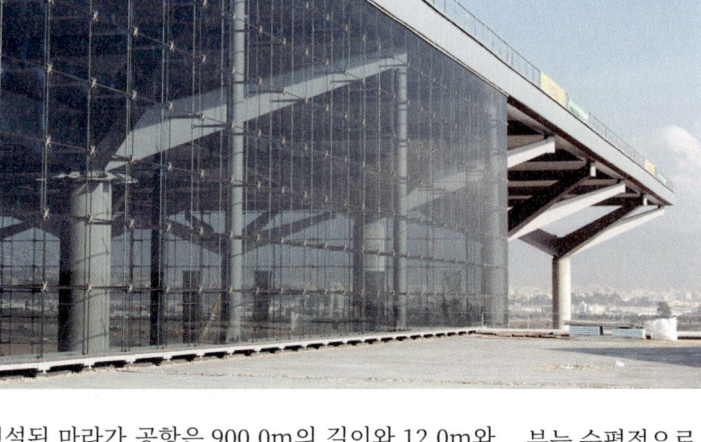

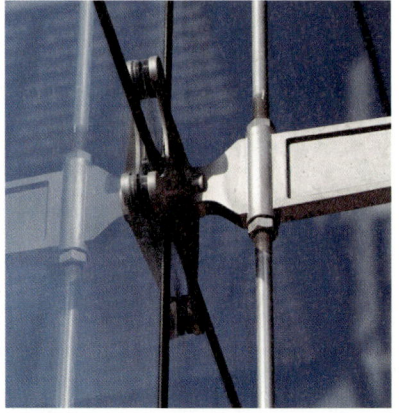

◀ 그림 8-38
마라가 공항

새로이 건설된 마라가 공항은 900.0m의 길이와 12.0m와 24.0m 사이의 높이로 구성된다. 구조물은 단지 수직과 수평 구조부재로 건축되었다. 파사드는 지붕의 커튼 월처럼 건축물의 운동을 자체적인 구조물로 계획되었다. 수직적으로 인장재와 연결되고 상부는 지붕구조물에 현수된다. 내부는 수평적으로 스텐레스강 핀은 유리고정대가 수직 케이블과 연결대와 연결되어 풍하중을 전달한다. 케이블은 전체파사드 높이로 자유로이 긴장되고 상부는 지붕구조, 하부는 층 바닥에 앵커된다.

16) 독일관 입구, 세빌리아 엑스포, Sevilla, Spain(1992)   건축가 : C.Y. Lee & Partner

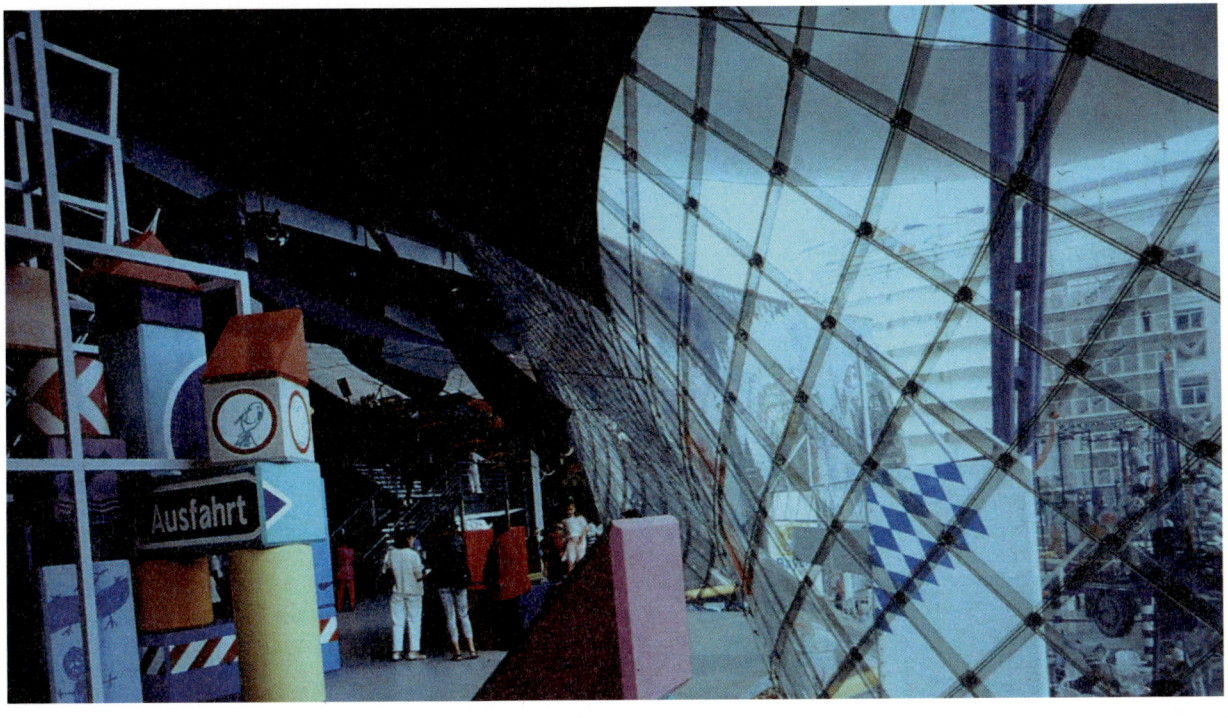

▲ 그림 8-39
독일 파빌론 입구, 세빌리아 엑스포

독일 파빌론 지붕은 하나의 기둥에 구름이 떠 있는 모양
의 이중 막구조로 이루어 진다. 입구의 유리로 된 커튼 월
은 곡선형태의 층사이를 케이블 네트로 엮어 아크릴 유리
로 마감 되었다. 외형적인 형태는 쌍곡 포물형이고, 이러
한 형태를 유지하기 위해서 교차 절점 사이를 아크릴 핀
으로 구조물을 견고히 하고 있다.

17) 카오싱 사원, Kaoshing, Taiwan(1999)

기존 거대한 사원에서 기본적인 컨셉은 내부에 앉아 있는
거대한 불상이 외부의 산세를 장해없이 투명하게 바라보
게 하는 것 이었다. 각 파사드의 유리면적은 약 410m²로
서 1.5×1.5m의 정방형 강화유리로 점지지 형태로 건설
되었다. 인장 케이블 네트 구조는 200kN의 풍하중을 받도
록 계산되었다.

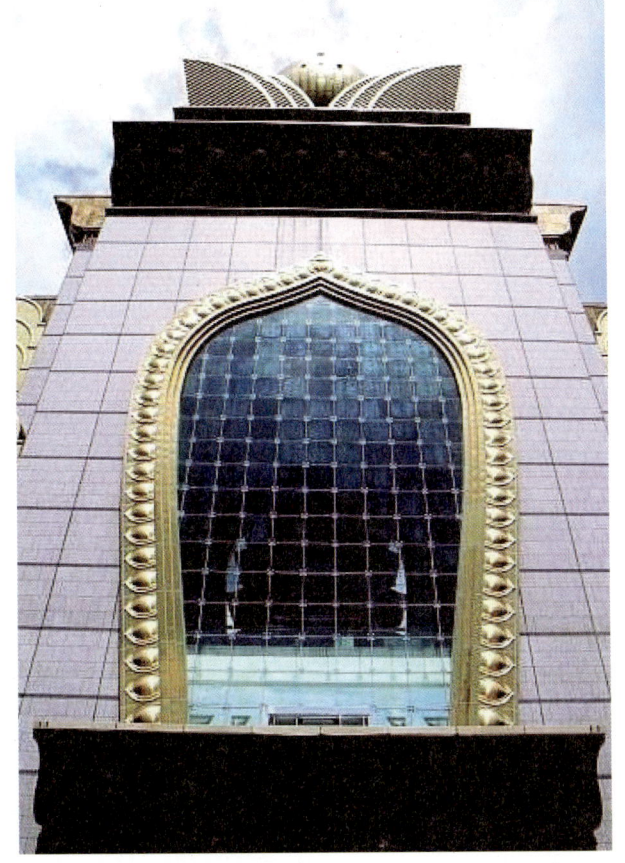

▶ 그림 8-40
카오싱 사원

8. 케이블 네트 파사드 & 지붕구조

건축사례	파사드규모 (m)	케이블 수평/수직 (∅-mm)	유리크기 (m)	유리 (mm)	파사드 입면
캠핀스키 호텔 München, 1990	40×25	22/22	1.5×1.5	10	상부아치
WTC Dresden, 1995	24×26	20/20	1.35~1.56 ×1.7~2.07	2×6	상부아치
홀쯔하펜 Hamburg, 2000	15×13, 15×10, 15×08	18/10	1.35×1.10	2×8	장방형
로마 유적지 Badenweiler, 2001	34×08	16/16	1.27~0.96×1.87	2×8	상부아치
타임 워너 센타 New York, 2003	26×45(입구홀)	28/28	2.14×1.22		장방형
	26×16(재즈홀)	22/22	2.14×2.44		
야콥 부크하르트 하우스 Basel	15×18	18/22		2×8	장방형
독일 외부 청사 Berlin, 1999	32.4×24	26/26	2.7×1.8	2×10	장방형
UBS-타워 Chicago, 2001	10×13, 10×14	22/22	1.53×1.53		장방형
WTC 7 New York, 2005	32×13.4	20/17	1.5×2.0		장방형
쿤밍 공항 Kunmng, China					
창이 공항 3 Singapore					
타워 플레이스 London					
킴멜 센타 Philadelphia					
마켓 홀 Rotterdam					
지아밍 센타 Beijing, 2011					
마라가 공항 Malaga, 2010					
독일관 입구 Sevilla, 1992					
독일관 입구 Sevilla, 1992					
카오싱 사원 Kaoshing, 1999			1.5×1.5		장방형

▲ 표 8-2
케이블 네트 파사드 사례 분석

8.2
케이블 네트 지붕

케이블 네트로 된 파사드와 지붕의 근본적인 구조시스템은 동일하지만, 고려해야 할 사항은 명백하다. 파사드에서는 주로 유리자중은 상하로 계획된 케이블이 부담하고 풍하중과 같은 횡하중은 수평으로 배열된 케이블이 부담한다. 그러나 지붕에서는 풍하중은 물론 적설하중을 받는 지붕에서는 무시할 수 없는 요소로서 작용한다. 또한 빗물로 인한 중앙부분의 처짐으로 빗물이 모이고, 겨울에는 눈이 녹아 얼어버리면서 적설되는 현상은 상당히 부담스럽게 작용할 것이다.

케이블 네트 지붕은 크게 두 가지로 분류된다.
— 테니스 라켓의 원리: 라켓의 압축링은 케이블에 걸리는 인장력을 부담한다. 여기서는 수평보다는 경사지게 배열하여 배수에 용하도록 계획하는 것이 바람직 하다.
— 현수막의 원리: 외형적으로는 막구조 형상으로, 막재가 부담하는 인장력을 동일한 간격으로 현수–인장 케이블로 격자형태로 엮어 그 위에 투명한 재료(일반유리 또는 아크릴 유리)를 얹는 구조물이다.

8.2.1
테니스 라켓의 구조원리

케이블 네트 파사드의 기본적인 원리는 앞장에서 상세히 설명되었다. 주로 건물의 주요구조를 이용해서 수평·수직 케이블을 고정시켜 정방형 또는 장방형 형태의 파사드를 해결하였지만, 지붕에서는 주요구조물에 별도로 고정시킬 구조물이 없다. 따라서 대공간구조에서 현재 많이 이용되는 자전거 바퀴spoked wheel의 방사형태의 케이블 계획 대신에 격자형태로 케이블을 배열하여 압축링의 형태로 사용되고 있다.

1) 그니벨 오피스 빌딩, Gniebel Office Building, Gniebel (1995)

건축가 : Kaufmann Theilig
구조 엔지니어 : Pfefferkorn & Partner

평면이 13.0×21.0m인 완전히 테니스 라켓의 확대형으로 타원형 형태로 계획되었다. 시스템은 거의 수직하중만 전달되도록 계산되었다. 구조물과 마감재의 자중으로 케이블은 중앙에서 약 20.0cm 처짐이 발생한다. 이러한 자중은 구조물의 상부로의 움직임을 방지한다. 풍하중과 적설하중과 같은 추가하중으로 최대 20.0cm 더 처진다.

케이블은 ∅-25.0mm가 사용되었고, 절점에서 볼팅되는 클램프 판과 연결된다. 유리는 조절가능한 클램프 링과 용접된 힌지형태의 점지지 고정대를 통하여 유리의 모서리로 케이블과 연결된다. Low-E-유리로 된 단열유리는 상부에 단층유리, 15.0mm의 공기층과 하부에 15.0mm 합성유리로 구성된다.

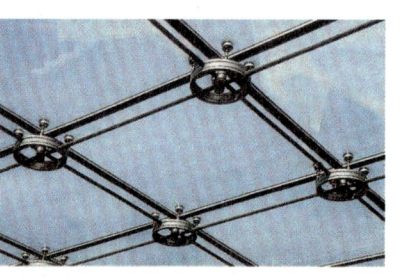

◀ 그림 8-41
그니벨 오피스 빌딩의 중정 유리지붕

▲ 그림 8-42
접합점의 디테일

2) 탐파인스 플라자, Tampines Plaza, Singapore(1998)

건축가 : Architects 61

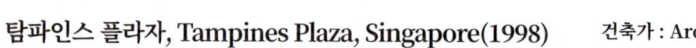

파사드 또는 지붕의 최고의 투명성은 단층 케이블 네트로 달성될 수 있다. 그것들은 특히 비교적 큰 인장력을 문제점 없이 부속구조물로 전달되는 경우에 추천할 만 하다.

이러한 인장구조물은 구조물에서 사하중, 풍하중, 적설하중 등과 같은 하중이 네트 면에 직각으로 흡수할 수 있다. 단지 작용하중의 반대로 작용하는 분력으로 인장하중으로 변형이 일어난다. 유리구조물은 이러한 변형상태에 충분히 감당해야 한다. 케이블 네트에 발생하는 하중은 거대한 강재 트러스 링으로 분산된다.

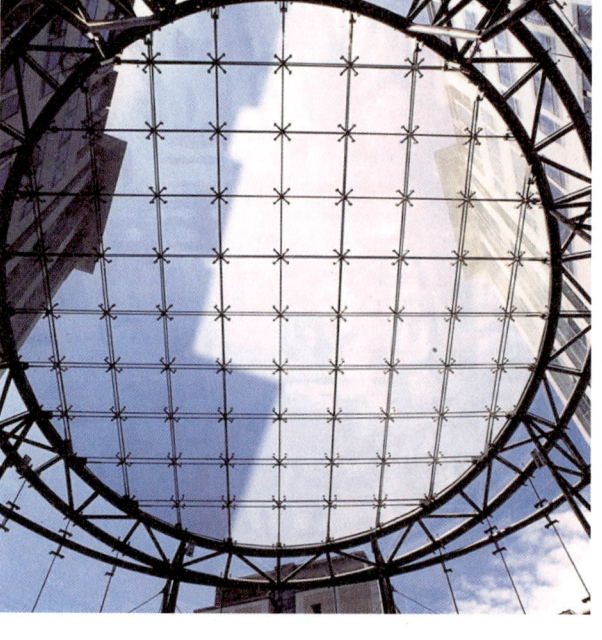

◀ 그림 8-43
팀파인스 광장 내부에서 본 지붕구조

3) 쥬리디쿰 페세이지, Juridicum Passage, Petersbogen Leipzig, Germany(2001)

건축가 : HPP(Hendrich Petschnigg & Partner)

쇼핑 몰 아케이드에서 언더텐션구조와 강관거더 위에 점지지 형태로 지지된 페세이지 중간에 그것보다 1.20m 또는 최대 2.10m 솟아있는 유리지붕은 케이블 네트로 된 유리지붕이다. 둥근 유리지붕은 인장 케이블로 점지지 형태로 계획되었다. 역시 여기에서도 둥근 트러스 압축링에 케이블 네트 구조가 계획되었다.

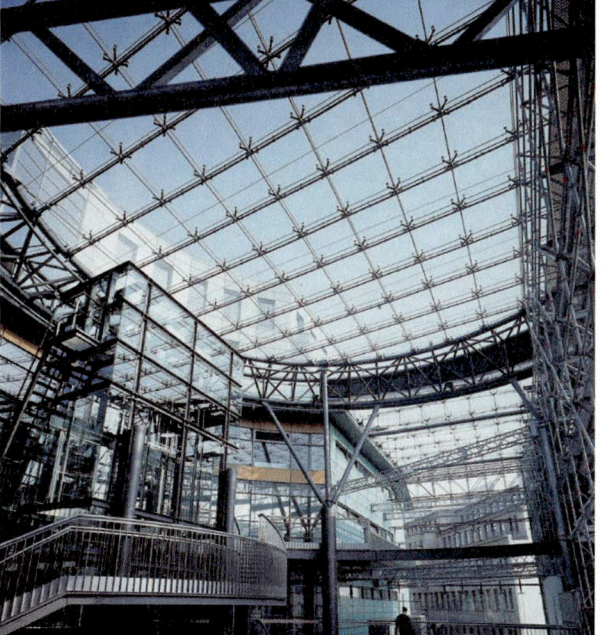

◀ 그림 8-44
중간 둥근지붕의 유리구조

4) 리스본 무역 박람회 입구, Lisbon Fairs Exit Lisbon(1998)

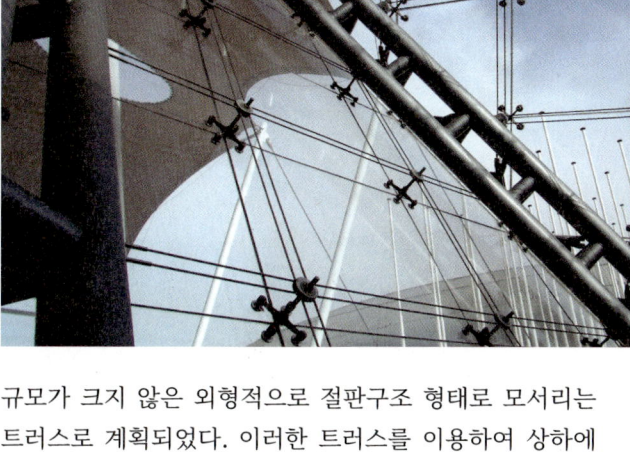

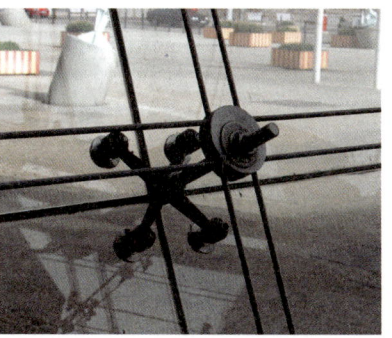

◀ 그림 8-45
출입구 내부전경

▲ 그림 8-46
출입구 내부전경과 절점 디테일

규모가 크지 않은 외형적으로 절판구조 형태로 모서리는 트러스로 계획되었다. 이러한 트러스를 이용하여 상하에서 이중 케이블로 격자형태로 계획되어 절점에서 X-형태의 점지지 형태로 유리를 고정하고 있다.

5) 코오롱 빌딩 주차장 입구, Kolon Building, Seoul

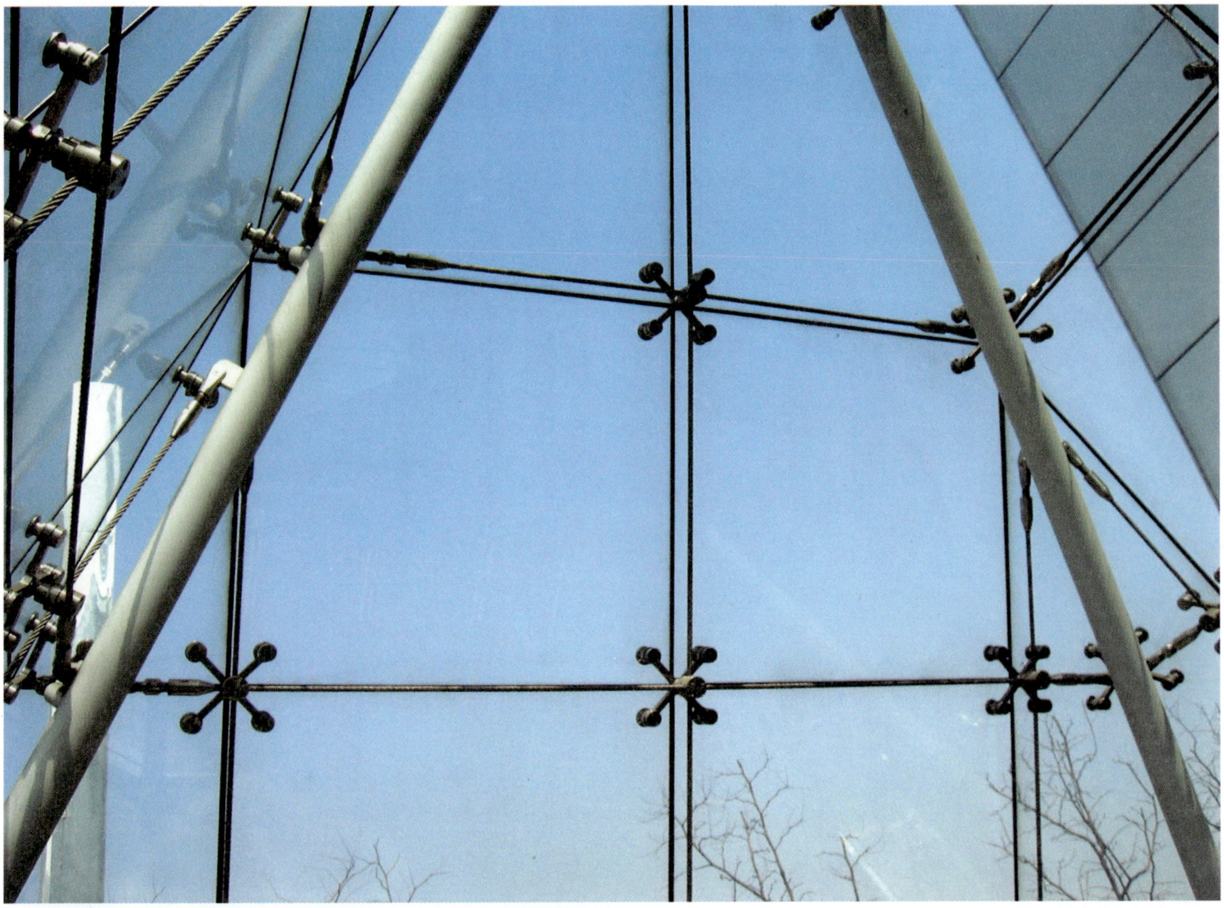

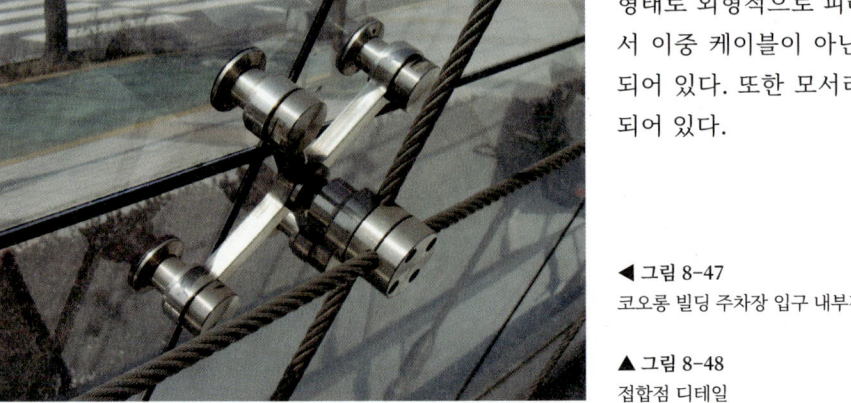

위에서 설명한 리스본 무역박람회 입구와 동일한 구조 형태로 외형적으로 피라미드 형태다. 여기에서는 상하에서 이중 케이블이 아닌 단일 케이블로 격자형태로 계획되어 있다. 또한 모서리는 트리스 대신에 강관으로 계획되어 있다.

◀ 그림 8-47
코오롱 빌딩 주차장 입구 내부전경

▲ 그림 8-48
접합점 디테일

8.2.2
현수막의 구조 원리

유리가 현수막 형태를 격자형 케이블로 변환시킨 사례를 찾아보면, 대표적인 사례로 오토Frei Otto가 개발해서 현실화 시킨 뮌헨 올림픽 경기장이 있다. 앞서 실험적으로 슈트트가르트 경량구조물연구소가 학교부지에 건축되었고, 몬트리올 세계무역박람회의 독일 파빌론에서 찾아 볼 수 있다. 구조시스템은 동일하지만, 최종적인 지붕 마감재에서 차이점을 볼 수 있다.

뒷장에서 설명될 유리를 이용한 그리드 쉘 구조에는 유연한 곡면을 해결하기 위해 세 방향 그리드에 삼각형 형태의 유리를 선지지 형태로 해결되었다.

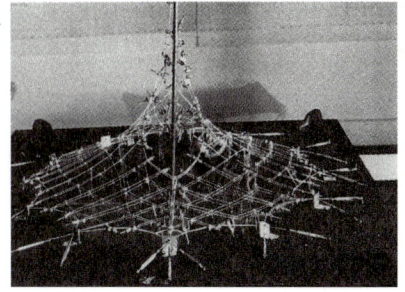

◀ 그림 8-49
케이블 네트 구조의 모델실험

1) 뮌헨 올림픽 경기장, Olympic Stadium, München(1972)

건축가: Günter Behnisch
구조 엔지니어: Frei Otto

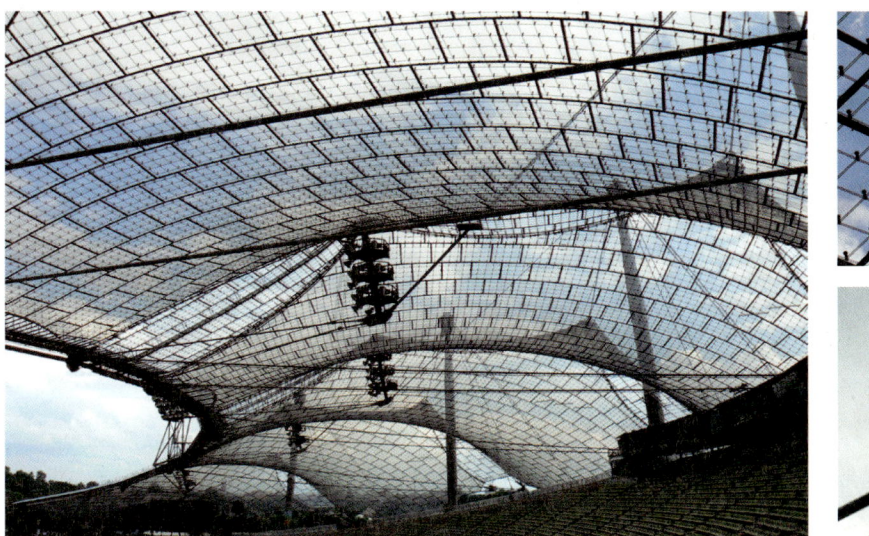

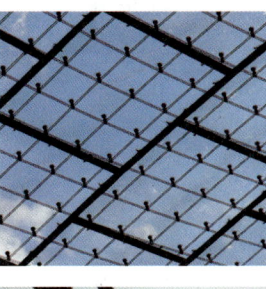

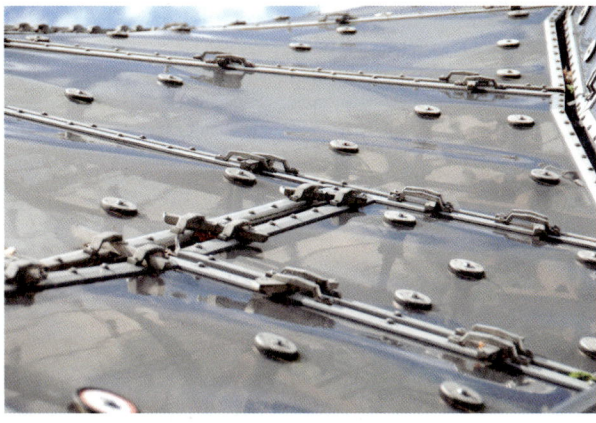

▲ 그림 8-53
유리지붕의 상부 디테일

▲ 그림 8-50
지붕 내부전경과 절점 디테일

▶ 그림 8-51
9개의 절점에 고정된 아크릴 유리(3.0×3.0m)

▶ 그림 8-52
접합점의 디테일

경기장의 기본적인 구조시스템은 약 75.0×75.0cm의 격자 위에 3.0×3.0m 크기의 아크릴 유리로 마감되었다. 여기서 모든 격자가 완전한 평탄한 면이 아니고 쌍곡 포물형(HP 쉘면) 면으로 되어있기 때문에 일반적인 유리로는 해결이 어려워 약간의 유연성을 갖는 아크릴 유리로 해결되었다. 절점은 상하 이중 케이블로 직교형태로 엮여지고 교차점 중간에 유리 고정을 위한 부재가 설치되었다.

8. 케이블 네트 파사드 & 지붕구조

2) 크리닉 메디칼 센타, Clinic Medical Center, Bad Neustadt

건축가 : Lamm, Weber & Donath
케이블: 10.0~35.0mm / 케이블 모듈: 40.0×40.0cm / 유리: 45.0×45.0cm

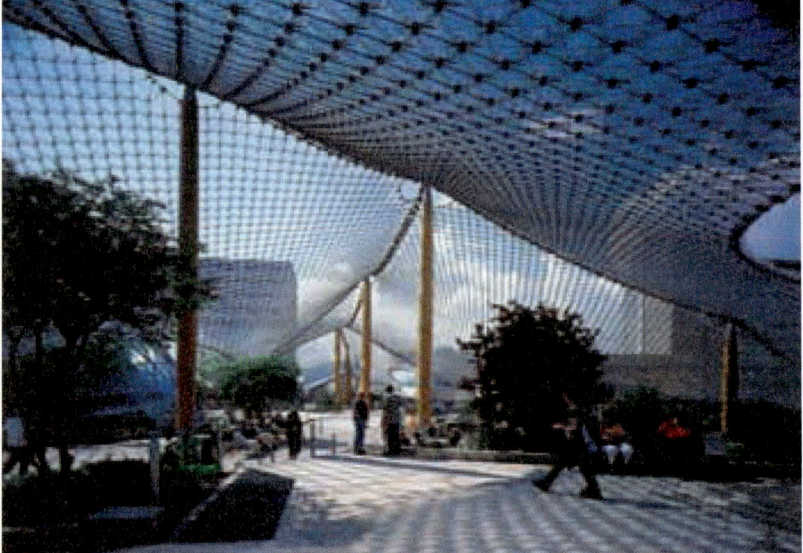

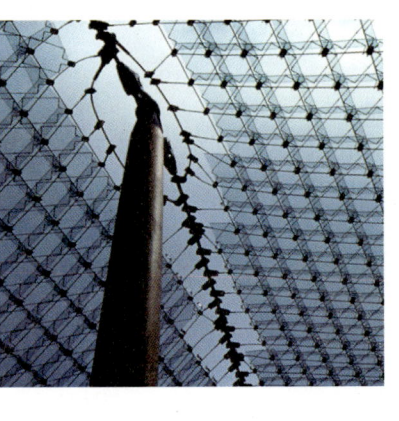

◀ 그림 8-54
캐노피의 내부전경과 지붕유리의 디테일

▲ 그림 8-55
캐노피의 내부전경과 지붕유리의 디테일

오픈 캐노피는 메디칼 센타의 출입구이다. 엘레강스한 유리 인장구조물은 두 방향으로 휘어 진 강재 그리드 위에 유리널 shingled로 구성된다. 전체적인 규모는 37.5×46.5m이다. 유리사이를 실리콘이나 다른 재료로 봉합하는 방식과는 달리 기와를 얹는 방식을 택하고 있다. 아마도 단열, 방수 등이 필요치 않는 외부에 있는 캐노피이기 때문에 가능한 것 같다.

3) 채플린 카레, Zeppelin Carre, Stuttgart

건축 : Auer, Weber & Partner
구조 : Pfefferkorn & Partner
유리 : 2×10.0mm, 강화유리로 된 안전유리
유리 크기 : 2×2.0m

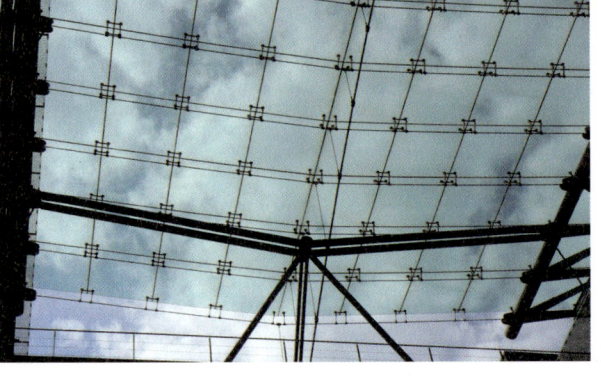

▲ 그림 8-56
중정의 유리지붕구조

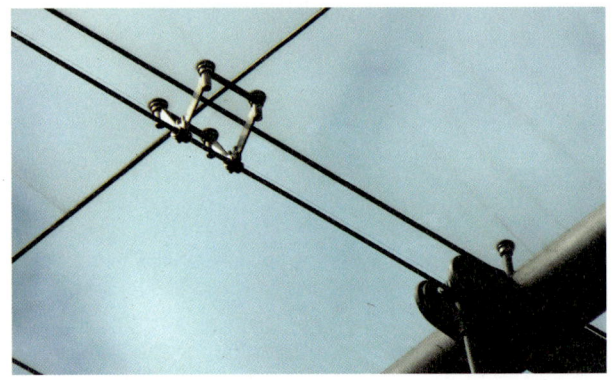

▲ 그림 8-57
트러스와 유리 접합부 디테일

건물중정의 유리지붕은 이제까지 논의 되어온 케이블 네트 형태의 구조물이 아니지만, 구조의 특정상 이 단원에서 설명하고자 한다. 단부에 A- 또는 V-형태의 기둥 위에 장변방향으로 두 개의 평면 트러스가 계획되었다. 이러한 평면 트러스를 이용해 케이블을 현수하여 이 케이블에 유리가 얹혀 있다. 풍흡력을 위하여 장변방향의 중앙에 케이블로 하부방향으로 당겨 기존건물로 당겨 고정되었다. 케이블 위에 설치된 유리 고정대는 X- 또는 H-형태가 아닌 이중의 V-형태로 유리 모서리를 고정하고 있다. 유리의 모든 하중은 양변에 있는 강관 평면 트러스(각각 18.0t)로 전달된다.

4) 뮤직 파빌론, Music Pavillon, Radolfzell,
   Germany(1989)

건축가 & 구조 엔지니어 : IPL(Ingenieurplannung Leichtbau)

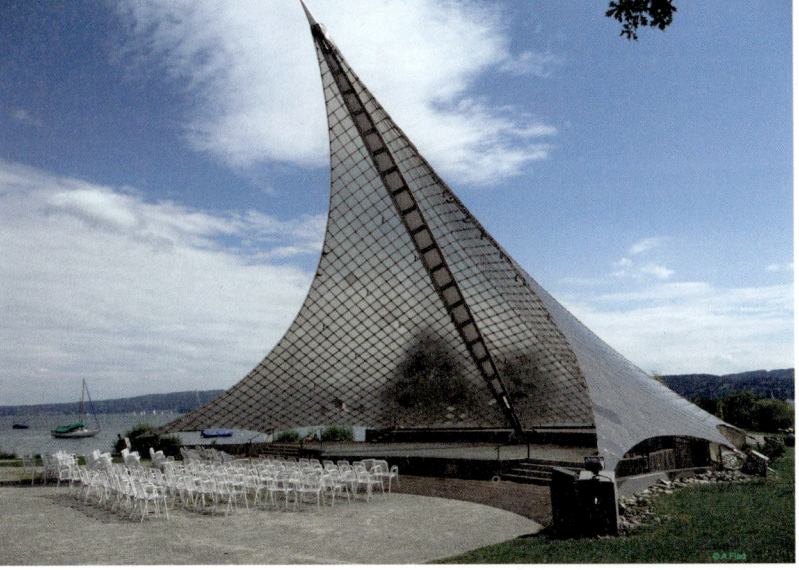

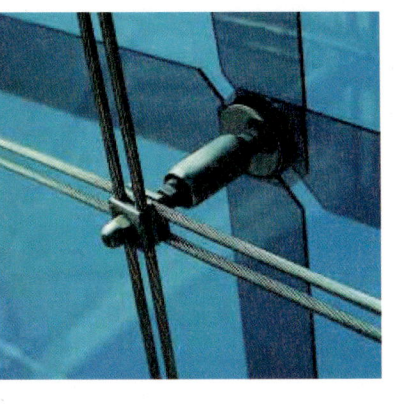

◀ 그림 8-58
외부전경

▲ 그림 8-59
케이블 네트의 디테일

중앙에 비렌들 트러스 기둥이 있는 단순한 막구조 형상이다. 이러한 형상을 케이블 네트로 계획되었다. 기본적인 유리 건축방법은 앞에 논의되었던 클리닉 메디칼 센타Bad Neustadt와 유사하다. 즉 외부에 있는 캐노피인 관계로 방수, 단열 등이 필요 없기 때문에 기왓장을 얹는 방법이 이용되었다.

5) 슈베르트 클럽 밴드 쉘, Schubert Club Band Shell,
   Minnesota(2002)

건축가 : J. Carpenter, Design Assoc. & SOM
구조 엔지니어 : SBP
스팬 : 15.2m / 다층 안전 유리 : 1.0×1.0m

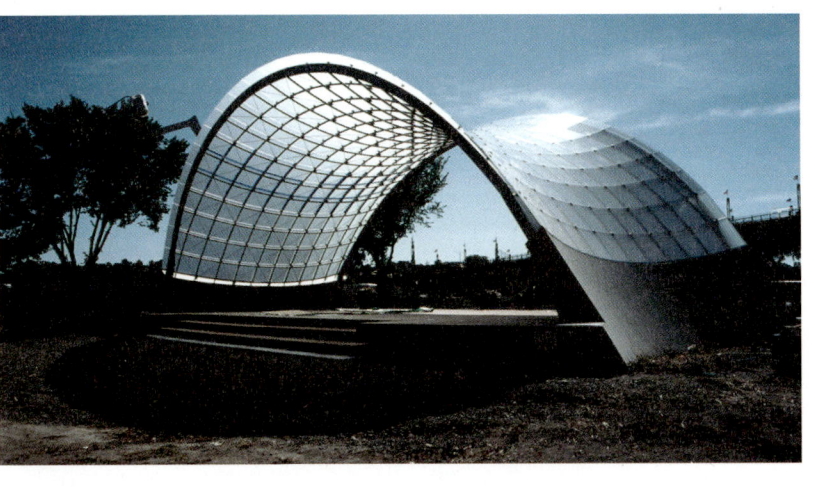

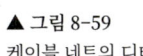

◀ 그림 8-60
유리 구조물의 전경

▲ 그림 8-61
접합부의 다테일

완전 케이블 네트 구조는 아니고, 그 모양을 스텐레스 강으로 재현하여 HP 쉘 형태로 계획되었다. 양 단부에 아치 구조 계획하여 하부에는 당김 케이블, 상부는 현수 케이블 구조역할을 담당하며, 두 강관 사이에는 브래싱을 위한 디테일이 눈에 띄인다. 당김 강관상부에 유리를 점지지 형태로 해결되었다.

8. 케이블 네트 파사드 & 지붕구조

6) 아루바, Aruba Venezuela(2015)

건축가 : Arte Sano Design Studio

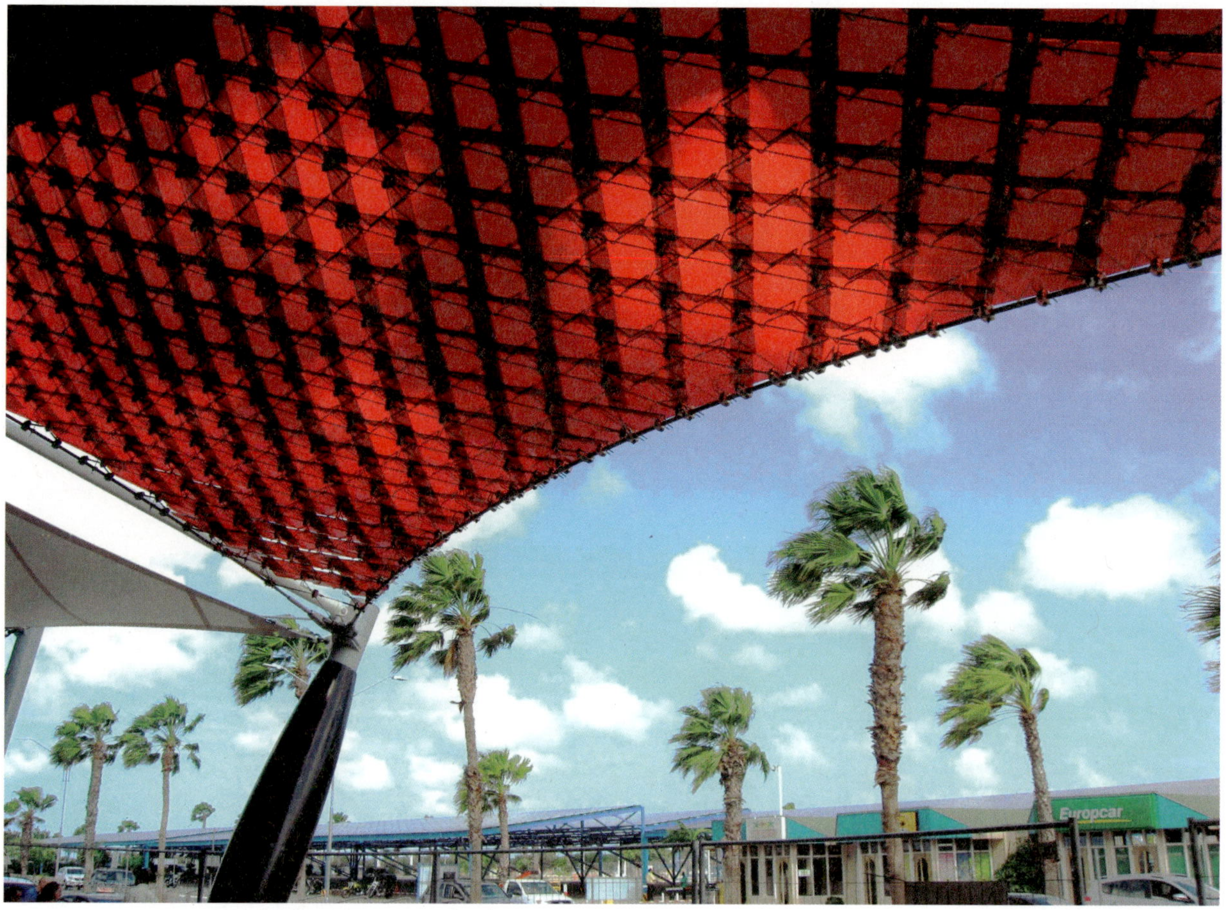

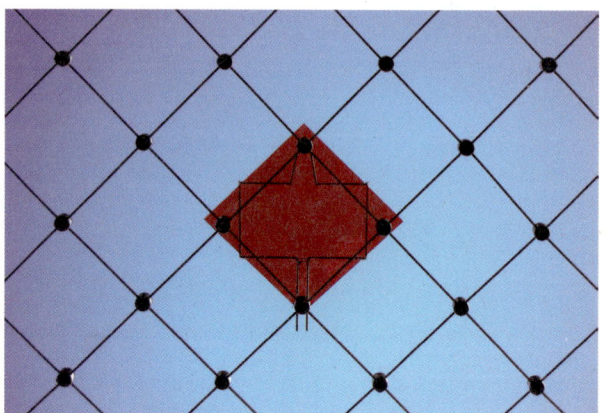

▲ 그림 8-62
캐노피 내부 전경

케이블 네트로 된 캐노피 유리구조는 지붕으로서 특수한 적색 유리타일로 커버된다. 비늘모양으로 겹쳐지는 유리 타일은 특별히 제작된 브라켓bracket에 고정되고 클램프 시스템의 방법으로 케이블 네트에 연결된다. 외부에 설치되는 캐노피는 방수는 필요치 않으며 단지 바람과 태양광의 피난처로 제공된다.

▶ 그림 8-63
접합부의 디테일

— 188 —
유리건축

8.3
전망

케이블 네트 파사드와 유리지붕의 발전은 유리건축물의 최적 투명도에 대한 새로운 이정표로 평가될 수 있다. 이러한 혁신은 유리건축물 분야에서 각인 될 만하며, 세계적으로 널리 확산되었다. 그것은 단지 공간형성의 한 요소로서 투명하고 경제적인 유리벽을 표현할 수 있을 뿐만 아니라, 벽 자체가 약간 진동함으로서 자동차 소음으로 인한 폭음효과에서 에너지를 흡수하는 구조로서 투명한 방음벽으로도 적절하다. 여러 유리구조물이 모두 발전 할 가능성이 있지만, 특히 케이블 네트로 된 유리구조물의 발전 가능성은 크다고 할 수 있다.

9

SG Structural Glazing 시스템

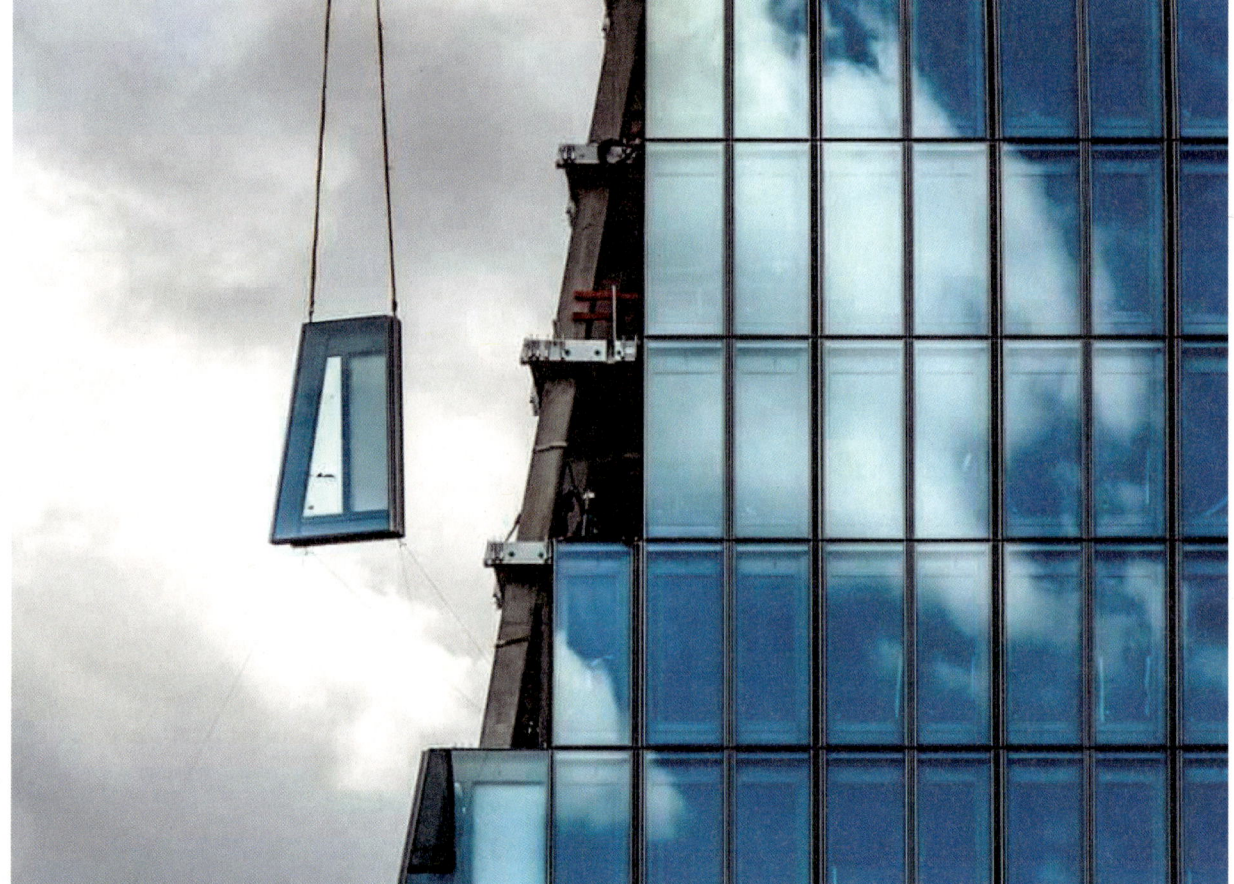

▲ SG 시스템

SG Structural Glazing 시스템

6

9.1
SG 시스템의 일반사항

Structural Glazing(이하 SG로 표기)는 유리를 파사드 하부 구조에 부착시키는 유리작업방법이다. 파사드의 하부구조에 유리부착은 실리콘으로 시행된다. 이러한 부착은 모든 하중을 부단할 수 있도록 해야한다.

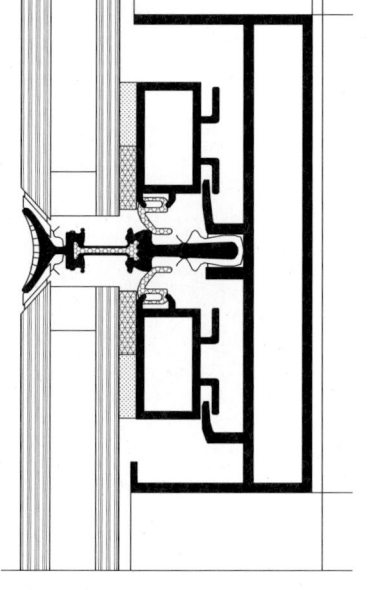

▲ 그림 9-1
SG의 일반적인 단면 디테일

▼ 그림 9-2
SG의 기본적인 개념도

1) 발전

SG-컨셉은 미국의 패킹 제조업자의 실험실에서 발전되었고, 60년대 그리고 70년대 초에 적극적으로 시도되었다. SG-유리방법이 시도된 첫 번째 건축물은 1963년으로부터 유래한다. 그 결과로서 SG-파사드가 미국의 건축세계에서 상당히 많이 사용되었고, SG-파사드로 된 수백 개의 새로운 건축물 및 이러한 방법으로 수많은 옛 건축물의 개량에 많이 사용되었다.

그와 반대로 유럽에서 SG는 비교적 느리게 진행되었다. SG는 전통적인 유리작업과 비교하여 다양했다. 60년대의 건축가는 그들이 이미 부착된 연결을 통하여 역학적인 고정을 대체하기 전에 실험실의 결과에서 많은 증명이 요구되었다.

SG-파사드로 된 첫 번째 건축물에 대한 조사에서 이러한 기술의 기대수명과 안전성에 관계되는 필요한 신뢰가 필요하였다. 많은 신뢰의 결과로서 SG-기술은 미국에서 아시아, 아프리카로 그리고 역시 유럽으로 급속히 확대되었다.

2) SG의 부착을 위한 주의점

SG의 접합은 아래에서 나타낸 것처럼 사슬로 설명될 수 있다. 홀수 번호의 사슬부재는 예로서 유리와 알루미늄과 같은 충분한 강도가 기대되는 재료를 표현한다. 짝수 번호의 사슬부재는 이러한 재료의 쬠쇠거동을 나타낸다. 개개의 사슬부재의 도움으로 SG에 대한 독특한 특징을 설명하고자 한다.

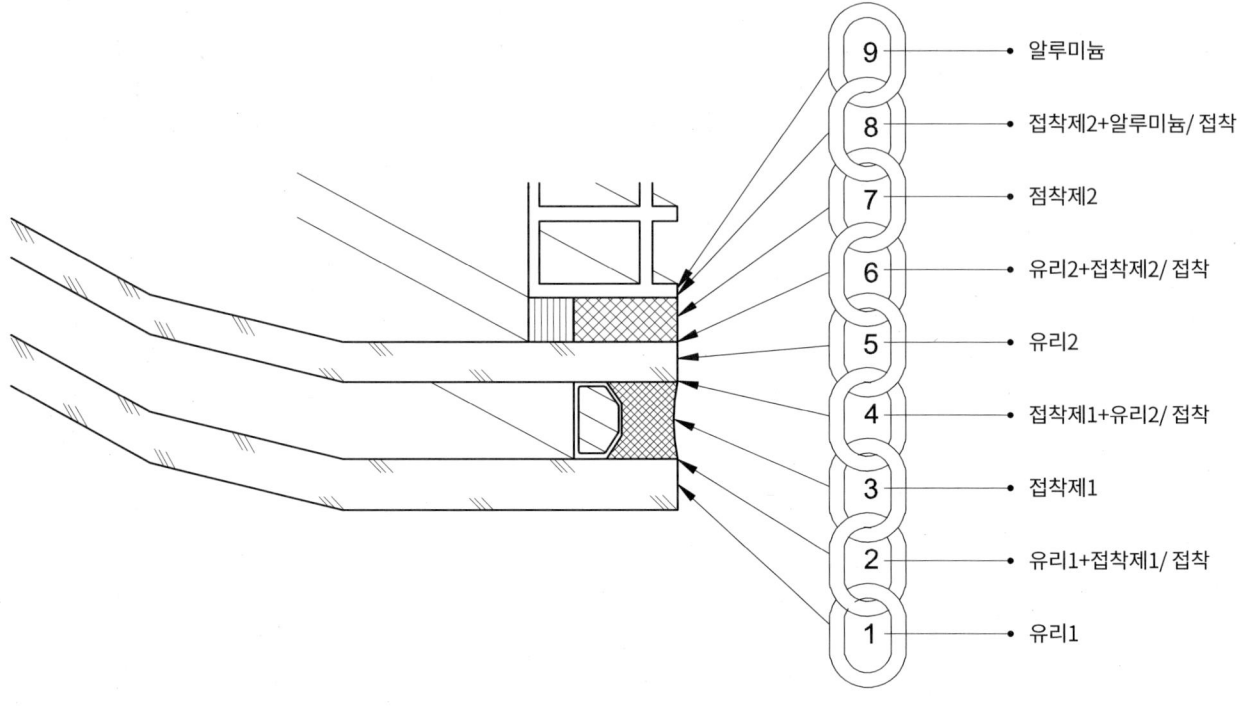

9 • 알루미늄
8 • 접착제2+알루미늄/ 접착
7 • 점착제2
6 • 유리2+접착제2/ 접착
5 • 유리2
4 • 접착제1+유리2/ 접착
3 • 접착제1
2 • 유리1+접착제1/ 접착
1 • 유리1

① 외부유리(사슬부재 1)

화재 시에 외부유리는 안전기술적인 결과로부터 완전히 낙하하지 않기 때문에, 단지 단층유리 사용은 의구심이 발생한다. 니켈-황산-봉합으로 자연발생의 붕괴를 방지하기 위해서 기본적으로 모든 단층유리는 온수침전실험에 맡겨진다. 외부유리의 치수는 이미 앞서 정해 진 풍하중과 기후하중에 따른다.

② 내부유리(사슬부재 5)

단열 내부유리는 일반적으로 플루우트 유리로 구성된다. 유리두께는 예상된 풍하중과 기후하중에 따라 조절된다. 죔 면적을 위해 외부유리와 같이 동일한 조건이 적용된다.

③ 접착제-유리의 부착(사슬부재 2. 4 와 6)

부착된 외표면에서 접착제의 점착은 화학적 그리고 물리적 연결의 조합이고 외표면의 상태로 영향을 받는다. 조사로부터 가장자리 층의 연속적인 습도작용으로 인하여 비가역 점착손실을 유도하는 점착분자의 접합상실이 발생할 수 있다. 그것으로부터 SG-시스템은 소낙비 뿐 만 아니라 역시 이슬비의 경우에서도 유효한 접착제 위에 상시적인 습기가 작용되지 않도록 건축되어야 한다는 의미이다.

④ 접착부재(사슬부재 3과 7)

SG에 있어서 단열유리의 테두리 접합과 일반적으로 알루미늄 라멘에 유리연결을 위하여 중립적으로 작용하는 실리콘 바탕 위에 동일한 접착재료가 사용된다. 실리콘은 직접적인 UV-자외선 작용에 손상 없이 방치될 수 있다. 습도는 접착재료에서 이와 반대로 적은 습도상실이 발생할 수 있도록 분산시킨다. 붕괴가 일어나지 않는 한, 건조된 경우에서 반대가 되는 과정이다. 사슬부재 7(내부유리와 알루미늄 라멘 사이의 접착제 층)의 경우에서 접착제의 인장하중은 단지 풍하중에 의해 발생하는 반면에, 사슬부재 3(두 유리판 사이의 접착제 층)의 경우에서 기후작용(유리 사이의 공기층의 가열의 결과로 인한 신축)으로 인하여 추가적으로 인장력이 발생한다. 테두리 하중은 작은 형태의 단열유리에 있어서 기후효과를 통하여 풍하중으로 인한 테두리 하중보다 크다. 접착부재는 그것에 있어서 고온에서 인장하중을 받아야 하는 상태가 되어야 한다.

⑤ 알루미늄과 접착부재 부착(사슬부재 8과 9)

알루미늄의 접착은 양극 산소 미립자微粒子 표면에 일어난다. 접착면-준비가 주의 깊은 청소이외에 청소부, 경우에 따라서 역시 접착제 제조자의 규정에 따라 "기본 초벌"이 요구된다. 색체층으로 된 알루미늄 표면은 SG-접착을 위하여 충분한 부식에 안정적인 접착면 없이 구성된다.

방화 또는 그러한 영향으로 접착면이 계획에 없던 붕괴가 일어난다면, 외부유리는 인화되는 고정이 아닌 역학적으로 안정되어야 한다. 이러한 역학적인 안전파괴 경우에 SG-부재의 낙하를 방지해야 한다. 독일에서 구조적인 안전은 기본적으로 8.0m 이상의 높이인 건축물의 경우에 요구된다.

9.2
일반적인 SG 파사드

기본적으로 SG-파사드는 두 가지의 시공으로 분류된나.

첫째로 두 면의 SG로 표현된다. 이러한 경우에서 구조 접착제로서 실리콘 패킹 재료는 개개의 유리의 두 개의 서로 마주보는 측면에 끼워지고, 여기에 있어서 보통 수직적인 면에서 취급된다. 유리부재의 다른 두 면은 재래적인 유리에서와 마찬가지로 유리틀에서 상·하로 고정된다. 수평 유리틀은 한편으로는 유리부재의 자중을 부담하고, 다른 한편으로는 그것은 구조적인 안정성을 표현한다. 둘째로 그리고 새로운 실행은 네 면의 SG로서 표현된다. 이러한 구조의 경우에서 실리콘 패킹재료는 유리와 강재 커튼 파사드 사이를 유일한 연결재이다. 확실한 구조는 수평적인 부분에서 유리자중을 사잇막대 위로 전달하는 코모양의 강재가 있다. 이러한 경우에 실리콘은 발생하는 풍하중을 부담하는 유일한 재료이다. 네 면의 SG의 진보된 방법은 코모양의 강재를 사용되지 않는다. 여기에 있어서 유리는 실제로 하부구조에 부착된다. 이러한 구조에서 실리콘 패킹재료는 단지 풍압 및 풍흡하중을 부담하지 않고, 그 밖에 그것은 장기적으로 유리자중을 부담해야 한다.

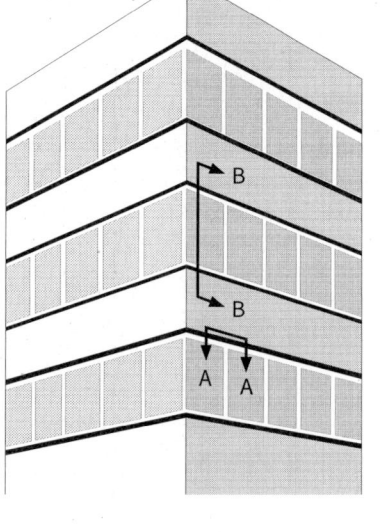

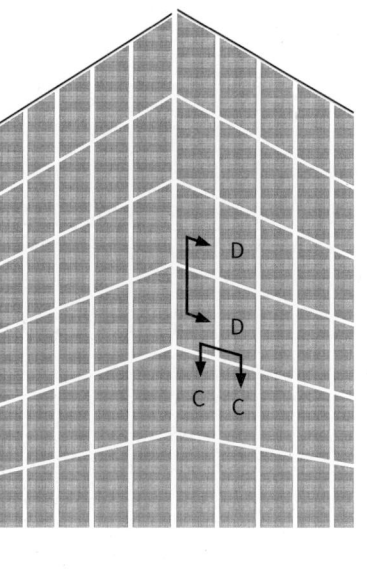

▲ 그림 9-3
두 면의 SG 시스템

▲ 그림 9-4
네 면의 SG 시스템

▶ 그림 9-5
A-A와 B-B 단면 디테일

▶ 그림 9-6
C-C와 D-D의 단면 디테일

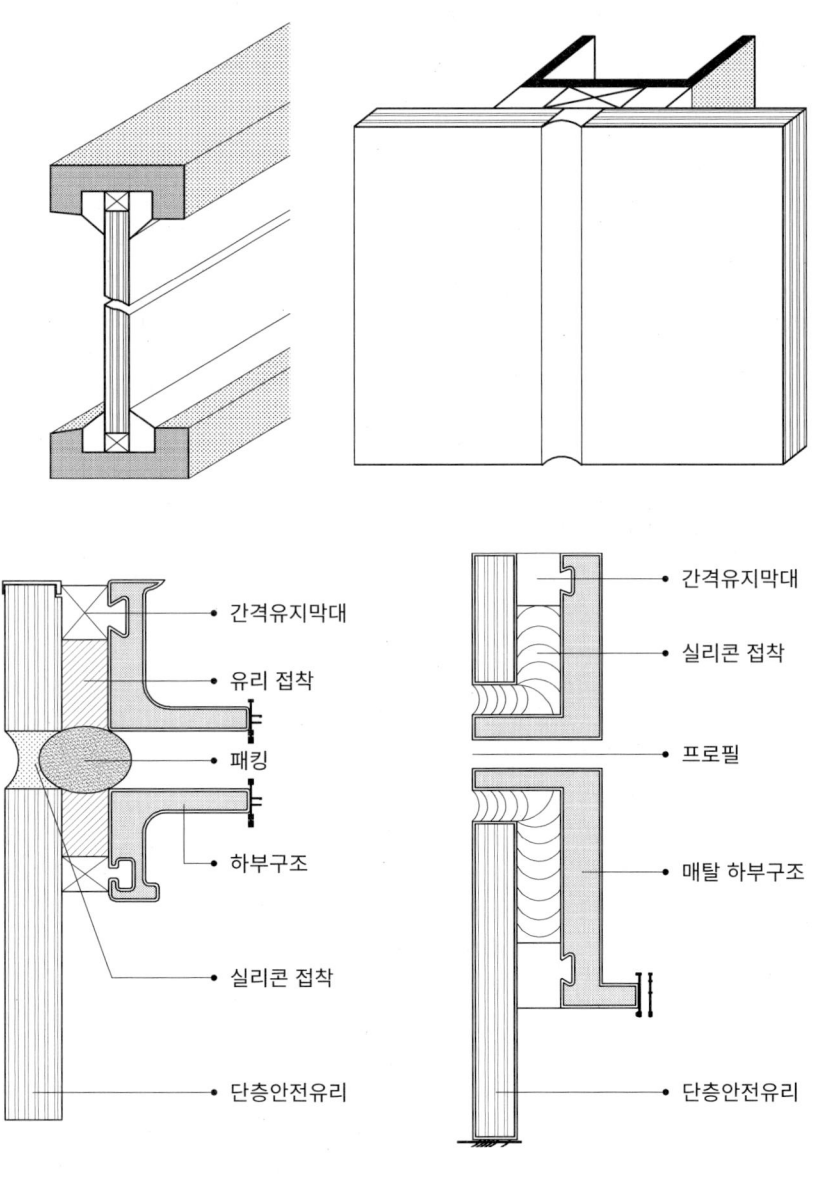

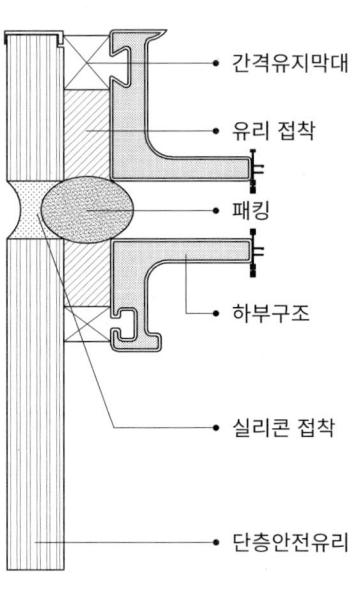

9.3
SG 장점

1) 미적인 장점
관찰자의 입장에서 SG의 본질적인 미적인 효과는 적은 유리 갯수 또는 파사드에서 시각적인 방해가 사라지는 데에 있다.

① 두 면 SG
상·하의 유리고정이 보이고 반면에 실리콘 패킹재료로 수직적인 고정이 눈에 띄지 않기 때문에 수평적인 밴드와 띠 형태의 외양을 남긴다. 그와 대조적으로 강재 커튼 파사드로 취급된다. 그래서 대부분 색체 또는 반사유리가 사용되어 기둥이 감춰지고 거대한 유리밴드의 인상을 준다.

② 네 면 SG
전체유리 파사드는 강재 커튼 파사드에 색체 또는 반사유리의 네 면 SG를 통하여 만들어 진다. 상·하 유리면에 전체적인 고정은 모든 유리면이 거대한 거울처럼 작용하도록 완전히 유리의 뒤에 감춰진다.

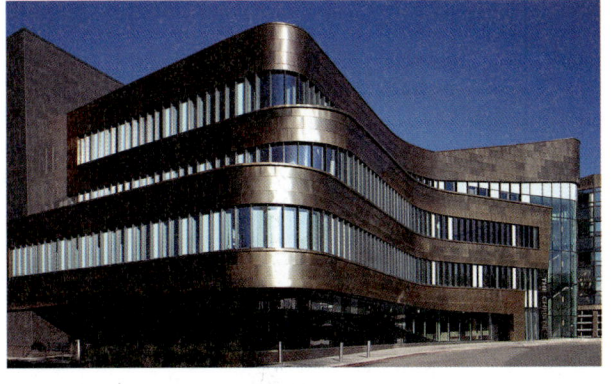

2) SG 장점들
- 유리와 실리콘 재료는 강재처럼 열전달이 작기 때문에 SG는 높은 단열효과가 있다.
- 양호한 방음. 유리의 탄성지지로 건물내부로의 소음전달이 작다.
- 재래적인 건식 유리시공은 건물시공 뿐만 아니라, 다년간의 노화에서 과대하게 누수가 발생하지만 SG-파사드의 방수는 양호하다.
- 유리부재의 공장생산과 빠르고 적은 노동력으로 파사드 작업이 가능하므로 비용이 절감된다.

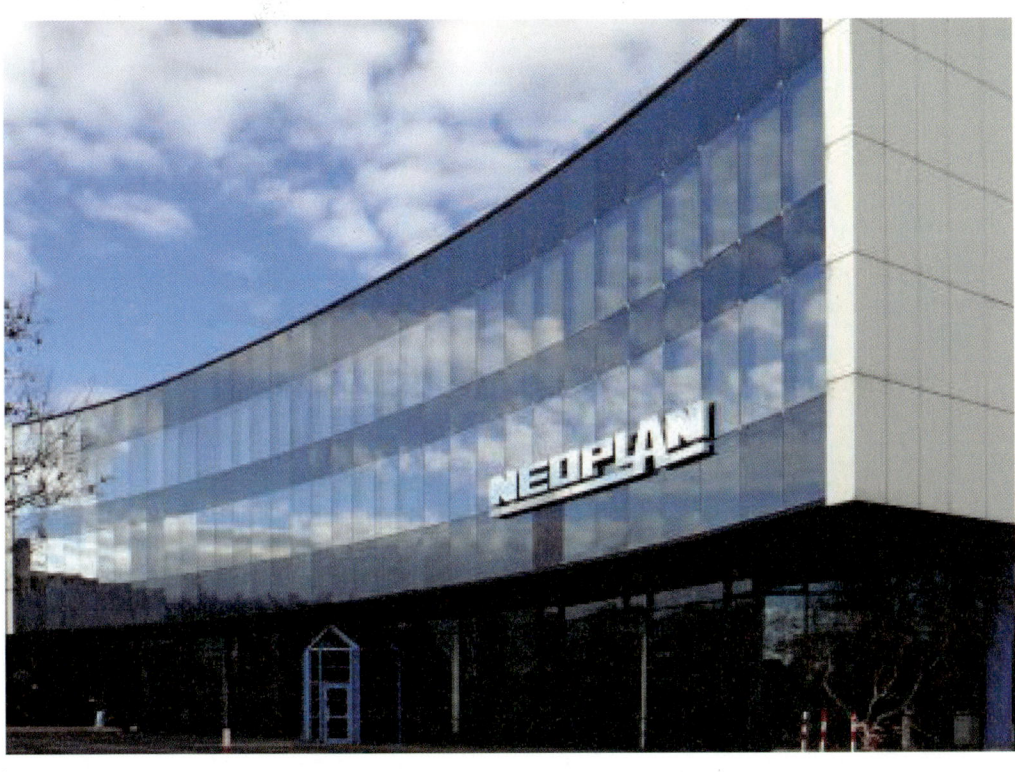

◀ 그림 9-7
두 면 SG 파사드

◀ 그림 9-8
네 면 SG 파사드

9.4
SG 시스템의 요구사항

실리콘-SG의 시공을 위하여 네 가시 기본적인 재료(유리, 실리콘 패킹, 강철 하부구조와 보조재료)가 필수적이다.

1) 유리 요구사항

재래적인 유리시스템(예로서 단층유리, 단열유리)에서 유효한 기본적인 요구사항은 자연히 SG에서도 유효하다. SG을 위해 그것에 대한 특별한 요구사항에 유의해야 한다.

통상적인 사례에서 유리 모서리는 부분적 또는 완전히 눈에 보이는 것이 배제된다. 역시 반대편의 유리 모서리와 강재라멘 사이의 간격은 재래적인 유리 시공방법보다 현저하게 작다. 한 면은 최소한의 반사분산이 다른 면에서 최대한 안전재료로 연결되는 경사지붕 형태에서의 선택은 조심스럽게 다루어야 한다. 단층유리, 단순히 플로우트 유리 또는 색체를 띄고 경사진 또는 코팅된 기능유리의 기본으로 단일 또는 조합으로 된 합성유리가 삽입된다.

① 강재 하부구조 요구사항

강재 하부구조는 강접 구조시스템으로서 발생하는 하중을 부담해야 한다. 강철과 알루미늄이 통상적으로 하부구조를 위해 사용된다. 강재종류와 그것의 표면처리는 강재표면 위의 실리콘 접착력에 영향을 준다. 일반적인 강재는 부식에 대해 아연도금 또는 색체 코팅을 통하여 보호된다. 두 표면처리는 실리콘 패킹재료의 접착력에 영향을 주고 SG-프로젝트에 사용되기 전에 주의 깊게 테스트되고 평가되어야 한다.

알루미늄은 표면처리에 적합하다. 그 외에 광범위하게 사용되는 방법에는 유기적인 표면처리 및 양극 산화처리가 있다. 기본적으로 코팅된 표면에 실리콘의 점착력은 테스트되어야 한다.

② 패킹재료 요구사항

SG-파사드의 경우에 있어서 실리콘 패킹재료는 단순하게 기상조건에 대한 패킹으로서 역할만 하는 것이 아니라, 그것은 역시 유리에 작용하는 풍하중을 하부구조로 유도하고 유리자중을 전달시켜야 한다. 패킹재료는 그것으로 전체 파사드의 합리적인 구조요소가 되어야 한다.

부착력과 응집력과 같은 두 가지의 특질은 SG-실리콘의 적합성이 결정된다. 이러한 두 가지 특질은 다음과 같이 설명된다. 기본재료로서 부착재료의 연결은 부착력으로 설명된다. 패킹재료가 깨끗하지 못하다면 부착결함이 발생한다. 다시 말하면 기초물질이 손상되어 거의 구속을 받지 않는 재료로 변한다.

이와 반대로 응집력은 붕괴에 대한 접착재료의 본질이다. 부착재료가 찢어진다면 응집력이 손실되는 반면에, 여전히 기초물질에 대한 접착력은 유지된다. 그것의 부착력은 SG-패킹재료에 위해 그것의 응집력보다 강하게 된다는 사실을 쉽게 알 수 있다. 다른 말로 표현하면 패킹재료는 벗겨지기 전에 찢어진다는 것을 의미한다.

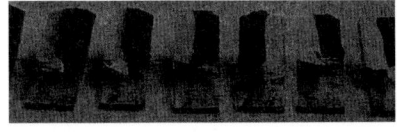

▲ 그림 9-9
접착제의 기본원리

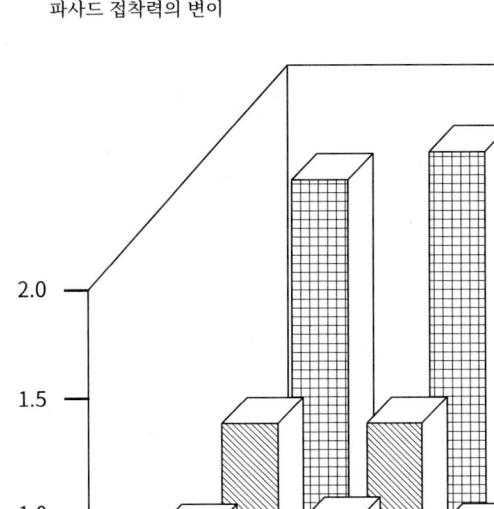

▲ 그림 9-10
실리콘의 변색이 나타나고 흰색에서
노란색으로 변색

▼ 그림 9-11
재하시간에 따른 다양한 온도에서
파사드 접착력의 변이

실리콘 패킹재료는 깨끗한 표면에 큰 부착력을 갖게 된다. 알루미늄 및 커튼 파사드에서 사용되는 다른 기초물질 위에서 좋은 부착력을 갖게 하기 위해서, 때로는 초벌칠을 사용하는 것이 필연적이다. SG-설계를 근거로 실리콘 패킹재료는 재래적인 유리작업에서의 패킹재료보다 UV-자외선에 저항이 현저하게 크다. 과거에 모든 가능한 색체, 투명성을 포함한 실리콘 패킹재료는 광범위하게 사용되었다. 그렇지만 색소가 가미된 실리콘이 다량으로 사용되었다. 일반적으로 검은 실리콘이 주류를 이루었다.

③ 접착제와 재료의 손상
SG-실리콘의 다양한 손상은 패킹재료의 변색은 물론 유리고정의 손실을 유발할 수 있기 때문에 상당한 의미가 있다. <그림 9-10>은 다양한 간격유지 프로필에 대한 실험결과다. 손상실험은 본래의 흰색 패킹재료가 노란/푸른 색체를 통하여 검게 변색하는 과정을 나타낸다. 왼쪽 프로필은 손상되었지만 다른 프로필은 손상되지 않았다.

    <그림 9-11>의 도표로부터 다음과 같은 결과를 얻을 수 있다.
— 온도가 하강하면 SG-실리콘의 접착 고정력은 높아진다.
— 노화로 인하여 실리콘의 부착력은 약간 감소한다.

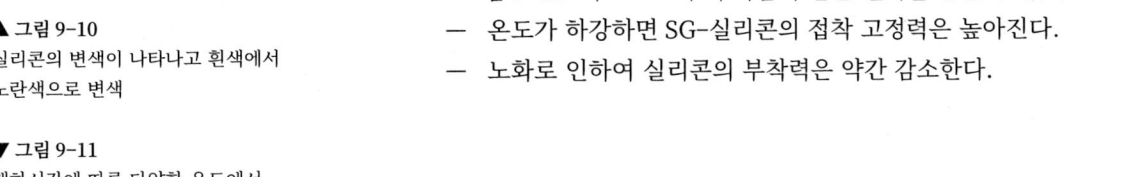

9. SG(Structural Glazing) 시스템

④ 접착부 구성의 요구사항

SG-접착부의 측정을 위한 두 가지 표준(기준)은 그것의 형태 및 유리와 하부구조에 패킹재료의 부착면적이다. 가장 빈번하게 사용되는 두 이음새 구성은 주로 하부구조의 부착면적 크기로 구분된다. 두 이음새 구성은 많은 프로젝트에서 성공적으로 응용됐다.

<그림 9-12>에서 실리콘은 단지 두 서로 마주보고 있는 면에 부착된다. 이음새 구조의 이러한 방법은 부착면적의 임계하중 없이 패킹부재의 형태의 변형이 허용된다.

이와 반대로 <그림 9-13>는 세 면이 하부구조에 부착된 실리콘 패킹재료를 나타낸다. 이러한 구조는 이음새의 확실한 점에서 최고하중으로 이끌고 이것으로 패킹부재의 운동 부담력이 감소된다.

이음새 구조를 삽입하기 전에 이음새에 있어서 순수한 구조 이음새 또는 부착 이음새와 운동 이음새로 취급되는지에 알아야 한다. 두 개의 특징적인 크기, 즉 부착폭과 패킹재료의 두께는 실리콘 구조 이음새의 기능능력을 결정한다<그림 9-14>. 부착폭은 유리 모서리의 수직적으로 및 하부구조를 따라 패킹재료의 길이로 명시된다. 안전하게 설치될 수 있는 최소폭은 구조 부착 이음새가 장기적으로 기능을 유지되도록 유리판의 치수와 최대로 받을 수 있는 풍하중의 기능에 대한 결과로서 결정된다.

▶ 그림 9-12
유리의 운동이 허용된 이음새

▶ 그림 9-13
구조적인 이음새

▶ 그림 9-14
패킹의 기본치수
x : 부착폭 / y : 패킹재료 두께

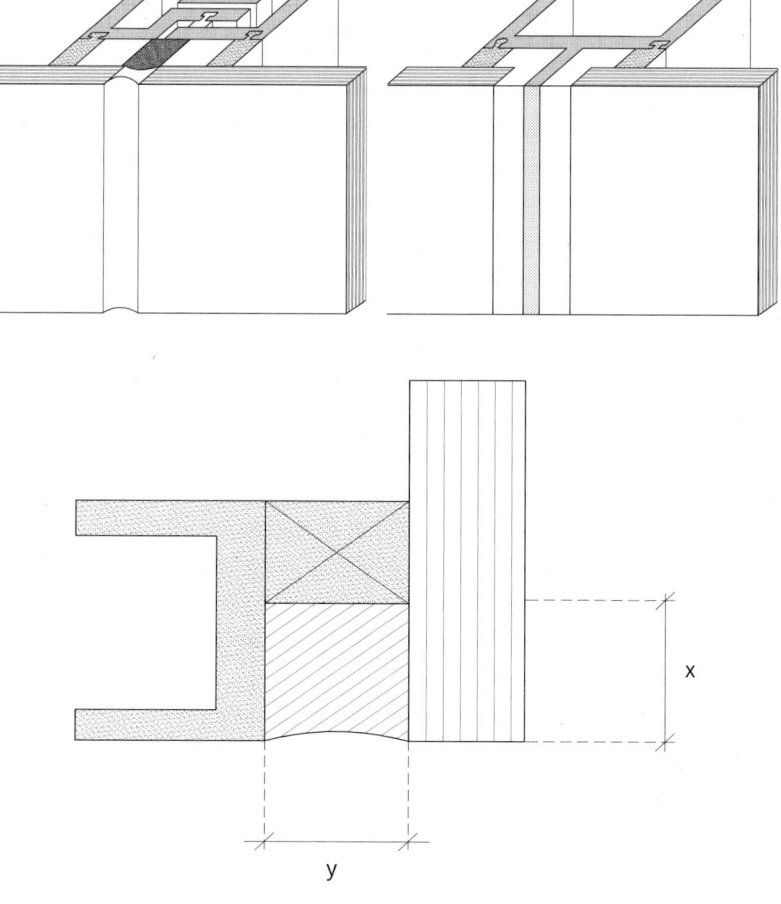

유리건축

9.5
제작방법

역시 재래적인 유리작업처럼 SG는 직접적으로 프로젝트에서 실행될 수 있다. 그래도 역시 유리는 실리콘 패킹재료가 작용하는 동안에 역학적으로 고정된다. 현장에서의 문제점은 미국의 많은 파사드 제작자를 위해 공장에서 미리 제작되는 유리모듈을 발전시키는 SG-시스템이다.

이미 단기간이 지난 후에 많은 장점들이 있다.
- 재료와 작업의 상당히 효율적인 품질 컨트롤
- 기상악화로 인한 작업중단의 제거
- 품질이 높고 특수한 SG-작업팀을 구성하고 이것으로 일어 날 수 있는 작업실수를 감소시킬 수 있는 가능성
- 빠른 파사드 설치시간과 그것을 통한 프로젝트 노동비용 절감
- 파사드 설치에서 적은 부재의 이용
- 부착되는 기초재료 표면의 쉬운 접근

9.6
권고와 허용사항

SG-파사드 모듈의 미리 공장제작은 동시에 적은 비용으로 높은 작업품질을 창출할 수 있다 것을 의미한다.

SG-시스템은 설치되는 국내와 국제적인 요구사항에 충족되어야 한다. 가장 중요한 요구사항은 다음과 같이 짧게 요약될 수 있다.
- 부착은 계획적으로 상시작용하는 하중이 아니라 과도적으로 접근할 수 있다.
- 유리부재의 자중은 상시적으로 작용하는 하중으로서 역학적인 고정대 위로 전달시켜야 한다.
- 건축부재 위에 외부로부터 작용하는 하중은 충분한 안정성을 갖도록 장기적으로 부담되고 전달되어야 한다.
- 부착된 유리는 물, 입사광, 온도, 미생물과 같은 물리적 화학적 생태학적 영향에 대해서 전체 사용기간 동안에 충분히 유지되어야 한다.
부착제의 붕괴에 있어서 SG-부재는 역학적인 안전을 통해서 유지되어야 한다.

SG는 건축관청의 의미에서 새로운 건축기술로서 통용되기 때문에 관청의 허가는 필연적이다. 많은 건축기술연구소는 SG-시스템을 허용한다. 이미 실행된 증명서의 제출과 그리고 "부착기술"의 전문가 위원회에서 상담에 따라 승낙된다.

9.7
단열유리 안정과 안전성

단열유리는 SG-섬착 위에서 상시 진단하중을 줄이고, 각 SG-부재의 하부에 자중을 전달시키기 위해 두 개의 지지대가 부착된다. 지지대는 마주 대고 있는 단열유리의 최대이동은 0.5mm를 초과할 수 없도록 치수가 결정된다. 이러한 조건은 "부착기술"의 전문가 위원회에서 확정된다.

▶ 그림 9-15
일반적으로 허용된 SG 시스템

제조사	Schüco	Fenster-Werner	Eduard Hueck
허용범위	Schüco 유리파사드 시스템 SG 50	FW-유리파사드	전체 유리파사드 HUECK GF 60
스케치	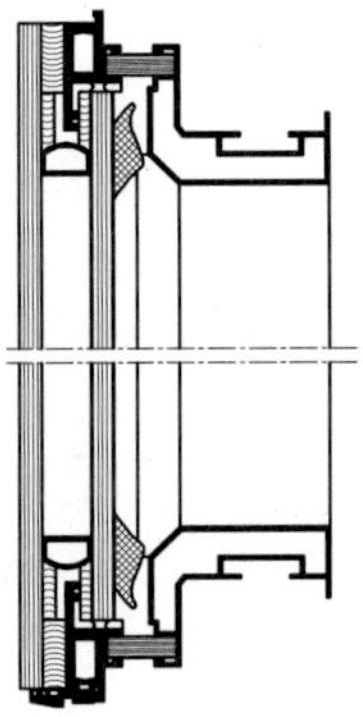	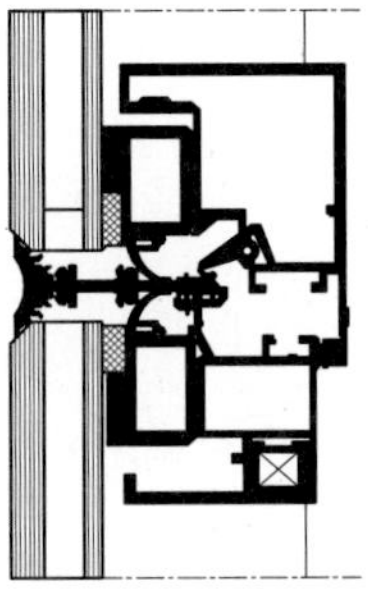	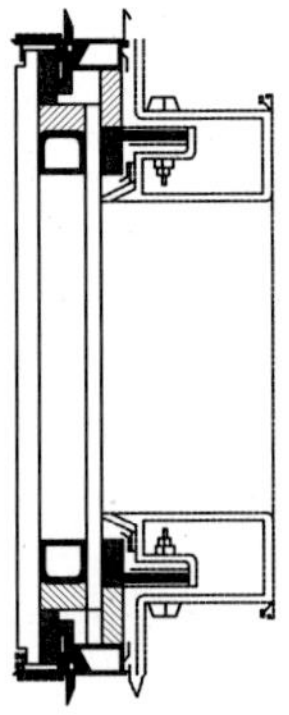
허용번호	Z-36.3-1	Z-36.3-2	Z-36.3-8
유효기간	1992.3.31	1993.3.31	1993.8.31

1) 역학적인 고정대(안정성)

화재경우 그리고 그런 영향으로 인하여 계획되지 않는 부착재가 붕괴된다면 외부유리는 역학적, 비연소 고정으로 보장되어야 한다. 이러한 역학적인 안전은 붕괴의 경우에서 SG-부재의 낙하를 방지한다. 역학적인 안정은 독일에서는 기본적으로 높이가 8m 이상인 건축물에서 요구된다. 역학적인 고정대는 개개의 경우에서 허가 뿐 만 아니라, 오늘날 독일과 오스트리아에 네 면 SG의 일시적인 건축관청의 허가를 위한 가정이다.

그래서 다음과 같은 역학적인 고정 가능성이 있다.

— 외부유리의 사면 및 밀링머신;
  부착 없이 플라스틱-클립으로 고정<그림 9-17>
— 추가적인 부재로 전과 같이 단열유리의 패킹 모서리에 처리
— 단열유리 모서리에 고정클립<그림 9-18>, 계단형태의 홈 형태에서 고정(합성유리, 그림 9-18)
— 나사와 용수철 클립은 오래전부터 부착기술의 표준이다.
— 보이는 클립고정은 새로운 경우는 아니고, 듀벨을 위한 원뿔 형태의 천공구멍 또는 둥글게 패인 고정막대<그림 9-19>.

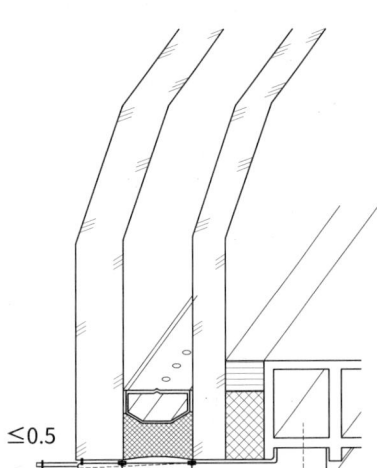

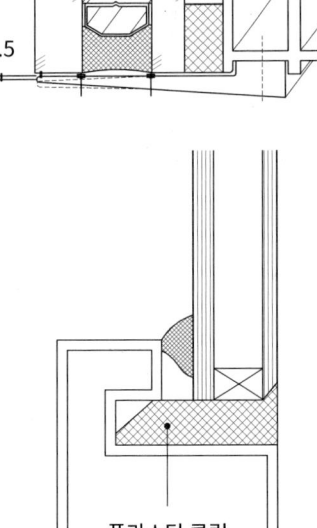

◀ 그림 9-16
SG에서 지지부분의 디테일

◀ 그림 9-17
플라스틱 클립으로 된 고정대

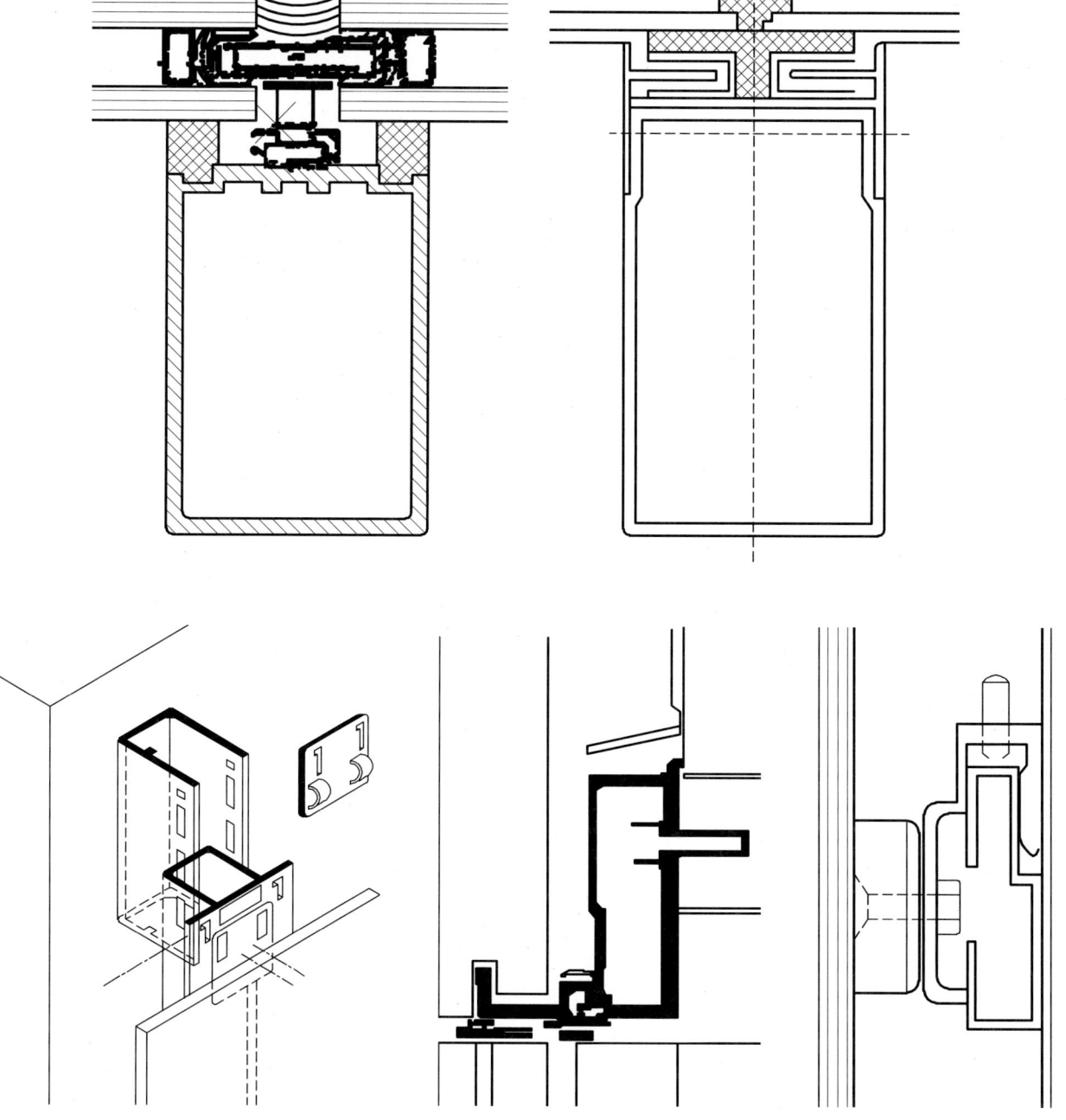

▲ 그림 9-18
좌: 고정 클립, 우: 꺾인 형강

▲ 그림 9-19
클립 고정 형태들

독일에서는 베를린 건축기술연구소에 의해 허용된 시스템을 계속 제공하고 있다. 이것으로 본래 개개의 경우 자신의 구조물의 허용을 위한 많은 노력, 고비용과 노동력의 필요성 없어졌다.

9. SG(Structural Glazing) 시스템

9.8
허용되는 SG 시스템의 사례

▶ 그림 9-20
보이지 않는 구조적인 장치로 된 SG
Neoplan House, Stuttgart

▼ 그림 9-21
좌 : 유리 사잇공간에 구조적인 쬠새를 사용한 SG
중 : 외부 유리의 구조적인 안정과 유리 사잇공간에
　쬠새를 이용한 SG
우 : 유리 사잇공간에 구조적인 쬠새가 없는 SG

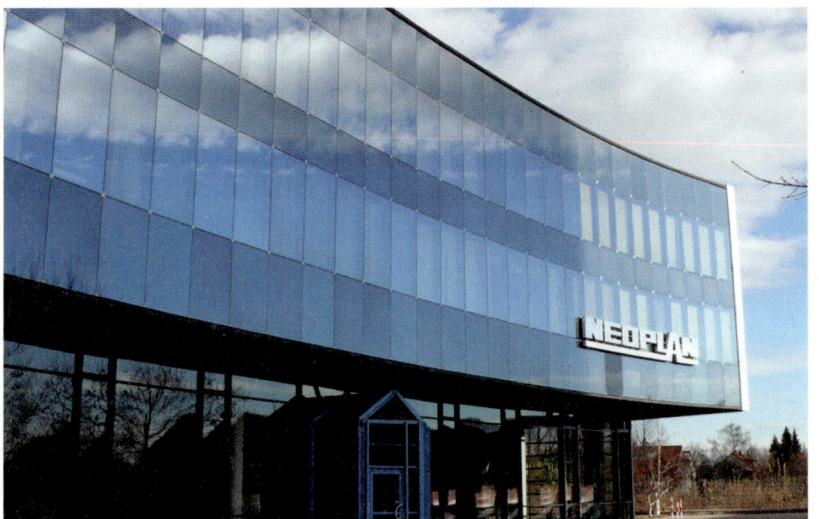

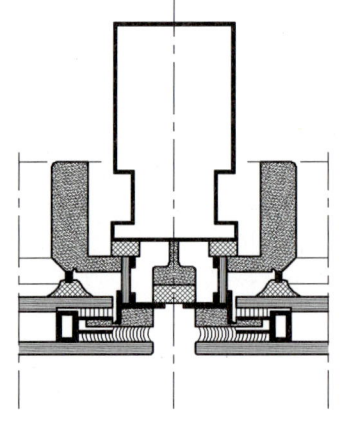 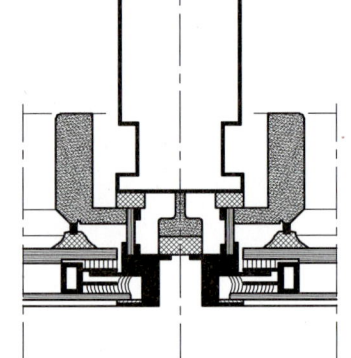 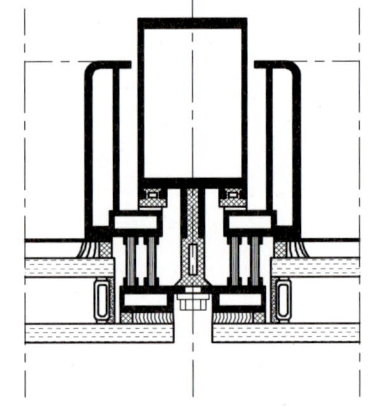

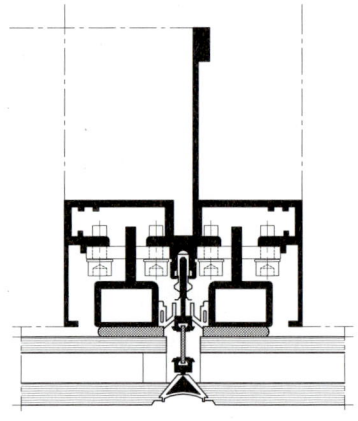

▲ 그림 9-22
fw-시스템의 수직 디테일

1) fw-시스템(Fenster Werner)

fw-유리파사드는 그림에서와 같이 건물체에 고정된 수직기둥으로 이루어진다. 축 간격은 다양하고 외양적인 파사드 형태에 부착된다. 수평적인 지지는 그림에서 표현된 것과 같이 직접적으로 수직기둥에 놓여 있는 나사로 죄어지는 장뇌 프로필을 통해서 구성된다.

유리자체는 다양한 프로필(수직 또는 수평적으로)로 조합되는 어댑터-라멘 위에 부착된다. 어댑터-라멘의 수직부분은 둘 및 세 현수봉으로 설치된다. 라멘이 고정판에 현수된다면, 그것은 수직기둥에 나사로 죄어진다. 개개 유리의 모든 또는 큰 부분이 현수된 후에 각각 교차점에 추가적인 안정으로서 네 장의 유리판에 동일하게 작용하는 +형태-고정대가 나사로 죄어진다.

이음새의 외부패킹을 위해 +형태-고정대는 이미 설명한바와 같이 실리콘-패킹 프로필을 지탱한다. +형태-고정대 사이에 있는 이음새는 앞에서 실리콘 패팅 프로필로 덮여 진 알루미늄 프로필로 닫혀 진다.

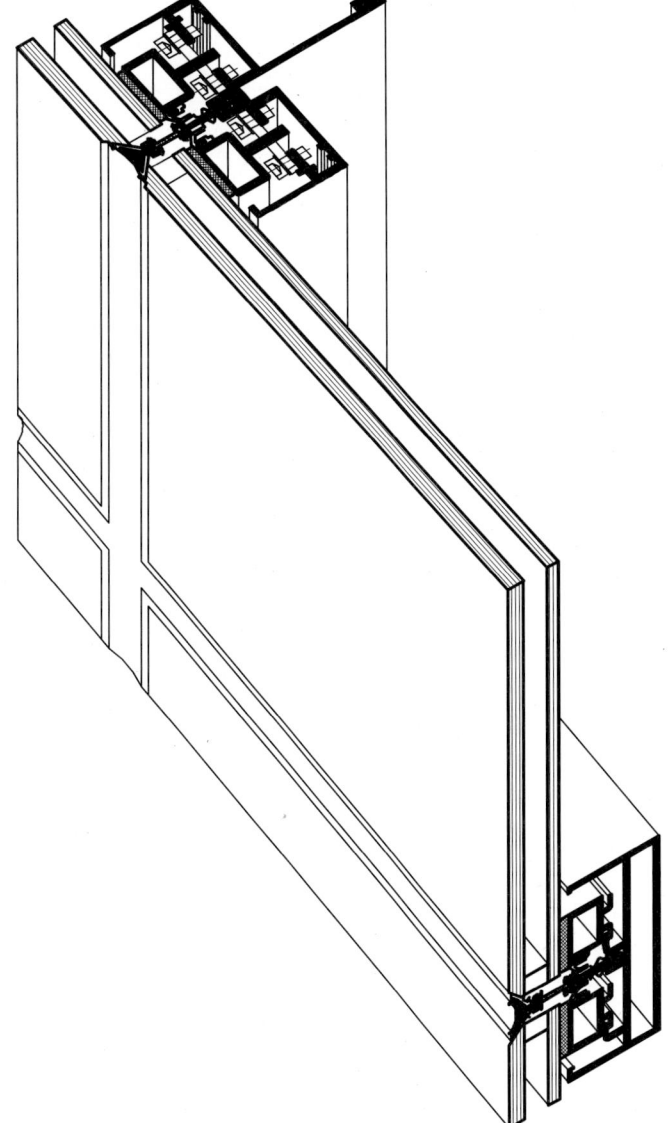

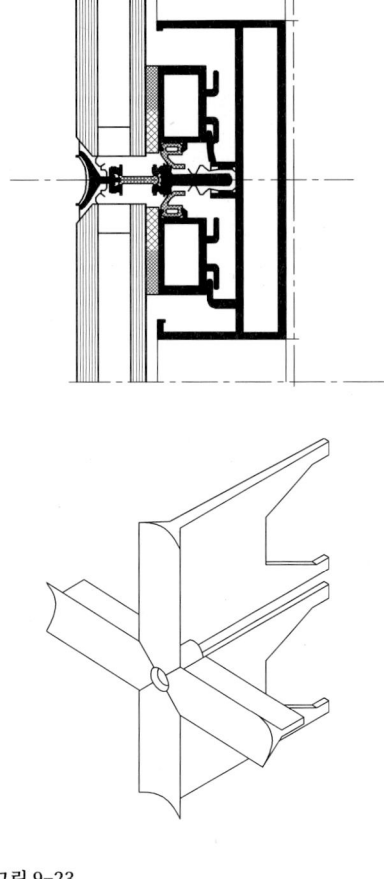

▲ 그림 9-23
fw-시스템의 수평 디테일

▲ 그림 9-24
교차점에서 볼팅된 알루미늄-십자형 고정대는 구조적인 안정역할

▶ 그림 9-25
fw-시스템의 구조적인 원리

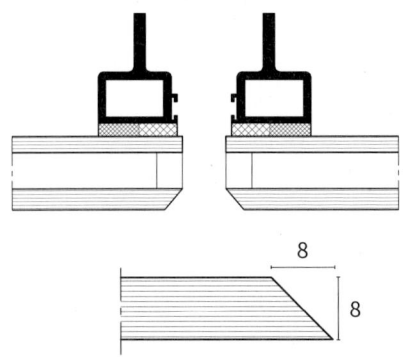

▲ 그림 9-26
유리 파사드는 정확한 유리크기에 맞게 고정

이러한 기술을 통하여 SG-구조에 구조적인 하중이 기계적으로 부착된 +형태-고정대를 통하여 부담하는 동일한 지탱력에 도달한다. 실리콘 프로필을 통하여 이음새의 종결은 그밖에 그러한 파사드의 조립을 부착 또는 유리작업이 현장에서 이루어지지 않기 때문에 기상에 좌우되게 만든다.

모서리에 부착된 유리는 45°로 모를 없애고 모서리에 +형태-고정대를 통하여 안정화되는 것이 fw-유리파사드의 구조적인 원리에 있다.

일반적으로 냉식 그리고 온식 파사드를 위한 건축관청의 허가는 건축높이에 관계없이 승낙된다. 반사가 있는 차광유리의 사용은 온열기능 유리와 회전기울기 문과 연결에서 실내 냉난방기술에 긍정적으로 작용한다. fw-유리 파사드는 1990년 이후부터 냉식 그리고 온식 파사드로서 일반적인 건축관청의 허가를 건축기술연구소를 통하여 승낙된다. 허가결정은 건축높이에 제한이 없고 3.6m²까지 유리크기이다.

9. SG(Structural Glazing) 시스템

2) 신부 생활금고의 행정 건축물, Bonn

창문의 회전 그리고 회전 기울기 및 온식 파사드에서 주춧돌 부재를 통합하는 주된 어려운 점의 하나는 하나의 주물처럼 전체모습이 방해가 되지 않게 하는 것이다.

fw-온식 파사드는 약 1.30×1.50m 크기의 부재로 되고, 선택적으로 회전 그리고 회전 기울기 문으로 된 연속적이고 투명한 파사드 밴드로서 나타낸다. 고안된 창문구조는 날개에 있는 외부유리를 사용하고 안정되고, 언제든지 후에 조절가능하게 하는 것 이었다.

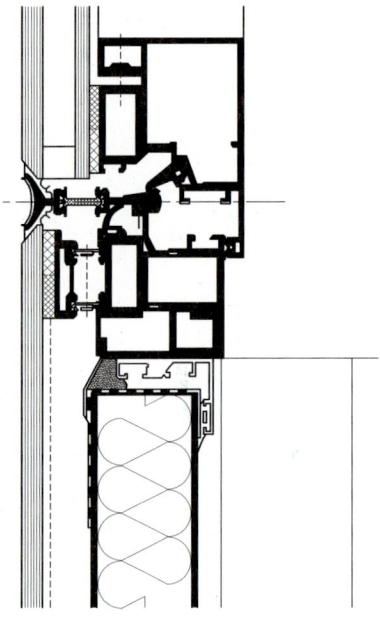

fw-유리 파사드의 장점
— 먼지와 표면 물의 쌓이지 않게 하기 위해 폐쇄된 이음새와 모서리
— 특별한 알루미늄 프로필로 패쇄 된 모서리 형상, 그것으로 모든 면에서 보호된 유리 모서리
— 돌출되는 철 부재 없이 면접합된 전체구조
— 특허 출연된 +형태-고정대로 보이지 않는 구조적인 안정성
— 회전 또는 회전 기울기 창문의 솔기 없는 통합

◀ 그림 9-27
유리가 회전 가능하도록 장선설치(미닫이 창)

▼ 그림 9-28
유리창 회전가능한 fw-유리 파사드

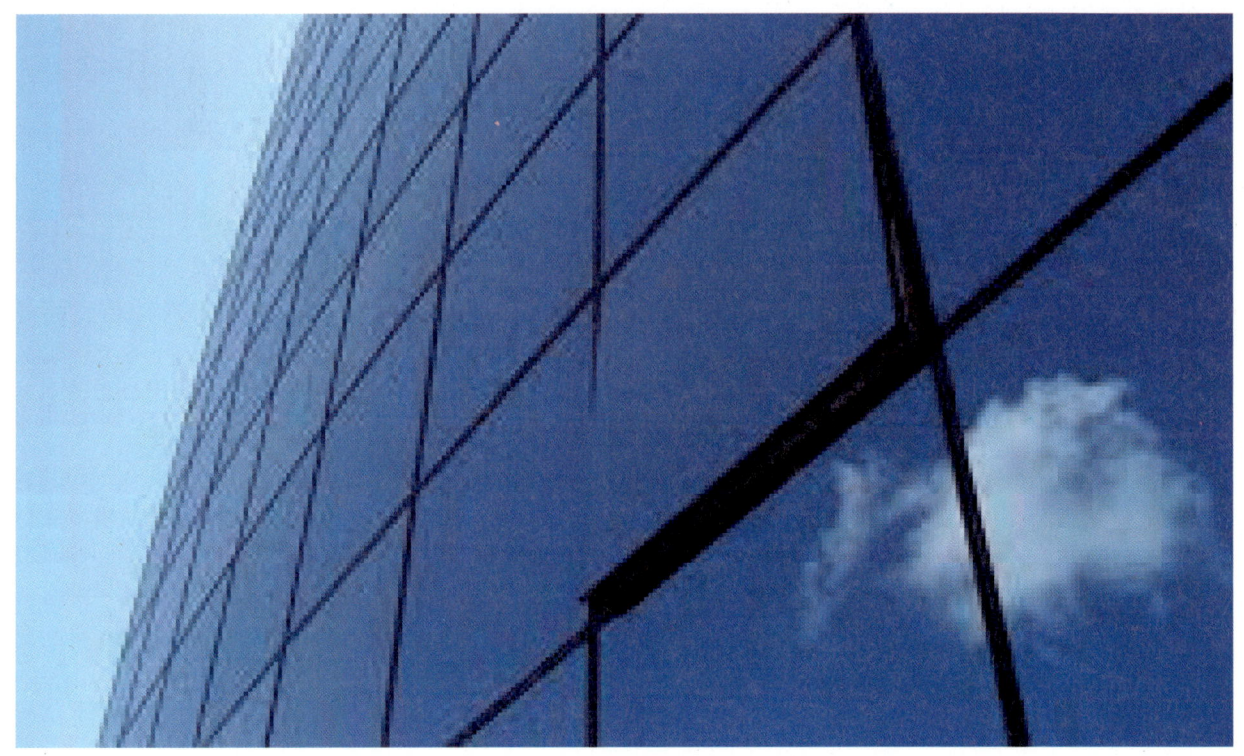

9.9
특수유리로 SG

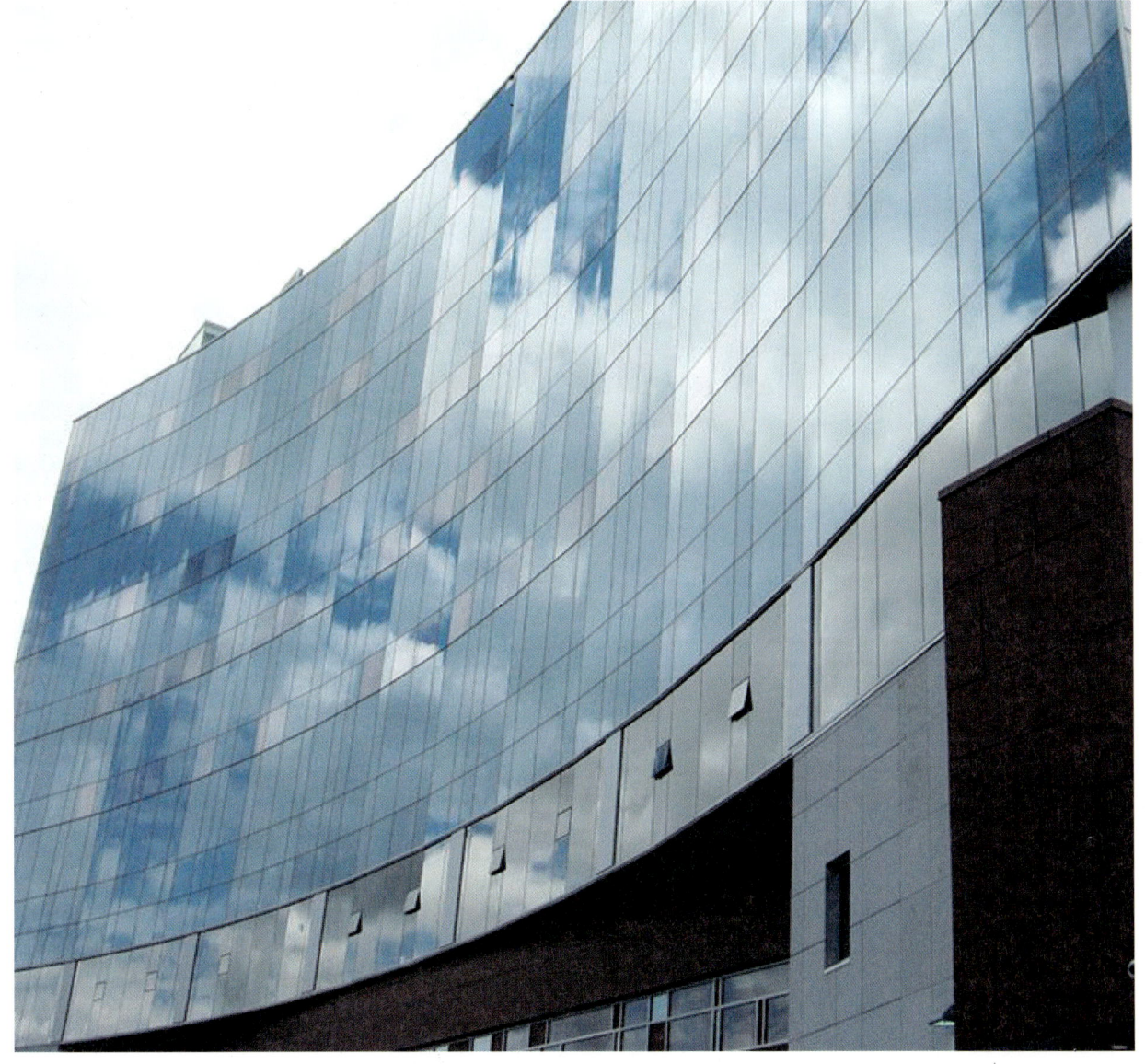

▲ 그림 9-29
Centre de Recherche, Grenoble, France

1) 차광유리

25년 전에 쇼트Schott 유리회사는 광학적인 간섭필터를 위해 개발된 침전처리를 대형유리판 위에 적용했다. 이러한 침전처리는 본질적으로 유리구조에 견고한 산화층을 만든다. 이러한 발전은 SG-이용에 있어서 테두리 부분에서 코팅이 떨어지지 말아야 하기 때문에 SG-유리에 대해서 중요하다.

단순한 표현으로 다음과 같은 프로세스가 있다. 큰 유리판은 적절한 수용액 상태로 있는 좁은 저장용기에 매달려 침전된다. 유리는 동일한 속도로 연속해서 끌어 들이면서 양면에 코팅된다. 철 유기체의 부착의 가수加水분해의 결과가 일어나고, 그 다음의 소작燒灼 과정에서 유리표면과 부착되는 견고하고 저항력이 강한 철산화층이 생성된다. 라멘이 없는 SG-유리를 위해 안전유리로 작업되는 특수한 유리는 견고한 외부코팅이 적당하다.

9. SG(Structural Glazing) 시스템   — 205 —

2) 단열유리

SG-파사드에서 단열유리가 이용된다면, 이것은 단열유리 패킹재료와 SG-패킹재료 간의 조화를 확보하도록 단열유리 생산자와 패킹재료 공급자 간의 협업이 필요하다. 역시 또한 SG-시스템에서 풍하중과 구조적인 하중을 부담하여야 하는 단열유리의 테두리 연결치수가 중요하다. 코팅된 유리의 경우에서 후에 구조적인 부착재가 되는 모든 부분에서 이러한 층의 제거가 필요한지에 대한 해결이 필요하다.

풍압과 풍흡은 우선적으로 각각의 다른 단열유리와 마찬가지로 한번은 유리에 하중을 주고, 또한 실리콘에서 풍흡하중이 그리고 유리틀과 같은 다른 시스템에서는 없는 단지 실리콘에 의해 잡아당기는 인장력을 발생시키는지 주의할 필요가 있다. 여기서 또한 유리 사잇공간 위에서 기상변화로부터 야기되는 하중이 흥미롭다. 고기압 단계에 단열유리가 완성된다면 단열유리 내의 저기압 부분은 초과압축이 발생한다. 이것은 유리가 외부로 변형되는 즉 유리가 불룩하게 되는 현상이 된다. 저기압 상태에서 완성되고 계속적으로 고기압 상태에서 대기압에 방치된다면 위 경우의 반대가 된다.

압력변형 즉 내·외부 사이의 압력차이는 공기압 변화뿐 만 아니라, 고도위치의 변화로 인하여 일어난다. 높이 올라 갈수록 공기압은 내려간다. 높이에 따라 112.5hPa/100m로 감소한다. 각 현장 높이에 측정기가 설치되어야 하는 이유이다. 역시 이러한 하중은 고려되어야 한다.

유리 사잇공간의 상태변화를 야기시키는 온도변화와 유사하다. 건축물리적, 역학적인 방법의 도움으로 이러한 영향을 요약하고 평가하는 것이 가능하다. 기상학적인 비교 이외에 광범위한 영향력의 크기가 있다. 단면에 대한 장변의 비율 그리고 개개 유리의 두께, 즉 전체 단열유리의 강성 및 유리 사잇공간 폭과 같은 다른 상태 하에 단열유리의 측정이 이에 속한다. 개개 유리의 휘어짐, 이러한 휨에 의한 유리에서 응력 및 이러한 기상변화로 인한 테두리 연결의 하중을 계산하는 것은 가능하다. 풍하중과 기상하중의 고려로 테두리의 하중은 증명되어야 된다. 인장응력의 허용치는 허가사항이다.

기본적으로 단열유리는 SG-실리콘 패킹재료로 구조에 부착하거나 또는 유리틀에 구조적인으로 네 면으로 고정된다. 자유로이 서 있는 접합이음새는 단층유리에서 가능한 것처럼(쇼 윈도우 유리) 단지 풍하중만 받지 않고 단열 유리 작업에 있어서 피하여야 한다, 이러한 방법은 단열유리 벽체연결에 현저한 하중의 원인이 된다.

SG-파사드를 위한 단열유리 사용에 있어서 일반적으로 수평적인 방향에서 적절한 사잇막대를 위한 코 형태의 강재로 예상된다. 획일적으로 통일된 SG-파사드의 외양을 위하여 단열유리의 두 유리의 지지대는 적절히 고정되고 움직이지 않는 사잇막대 위에 위치한다.

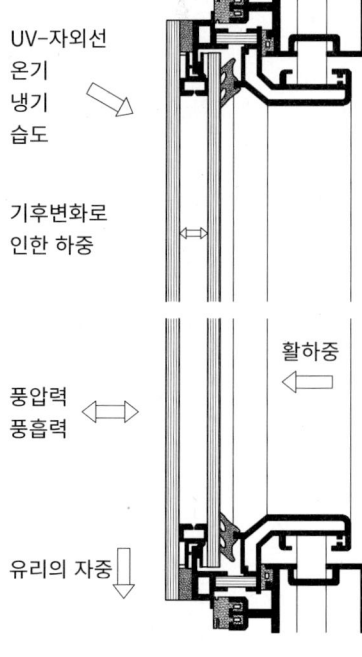

UV-자외선
온기
냉기
습도

기후변화로
인한 하중

풍압력
풍흡력

활하중

유리의 자중

◀ 그림 9-30
SG에 발생하는 하중종류

우연한 화재 또는 그 밖의 영향으로 붕괴된다면, 외부유리는 구조적이고, 비연소되는 고정으로 안정되어야 한다. 이러한 구조적인 안전은 붕괴 시에 SG-유리의 낙하가 방지되어야 한다. 구조적인 안전은 기본적으로 8.0m 이상의 건축물에서 요구된다.

SG-파사드에 대한 단열 유리생산에서 주의해야 할 사항은 다음과 같다.
— 이차적인 패킹으로서 적절한 단열유리
— 실리콘 패킹재료의 사용은 이러한 재료 위에 장기간의 UV-불변성 안전하게 제조될 수 있기 때문에 강제성이 필연적이다.
— 모든 유리는 이중적으로 패킹되어야 한다(주요패킹: 폴리이소부틸렌 Polyisobutylen), 단순한 패킹은 공기습도의 함유에 대해 충분한 장벽이 될 수 없다.
— 간격유지용 고정대의 패킹된 모서리 연결은 단열유리의 수명 기대치가 확실하기 때문에 용접되고, 납땜되고, 휘어지고 그리고 부틸Butyl이 주입된다.
— 실리콘-단열유리의 패킹재료는 결국 내부유리 위에 사용된 코팅으로 원만하게 되어야 한다. 많은 경우에 있어서 테두리 연결 부위의 코팅은 구조적인 또는 온도에 의해 제거된다. 이것은 하나의 과정이다. 장기간 거동에 따른 의문점은 특별히 새로 개발된 층을 불필요하게 한다는 점이다.
— 테두리 연결은 적절하게 기대할 수 있는 동적인 그리고 정적인 하중에서 산출되어야 한다. 여기에 있어서 유리붕괴의 경우에 변경된 하중분배에 대해 단열유리의 두 유리판을 분석해야 한다.

▼ 그림 9-31
솔라센타, Freiburg

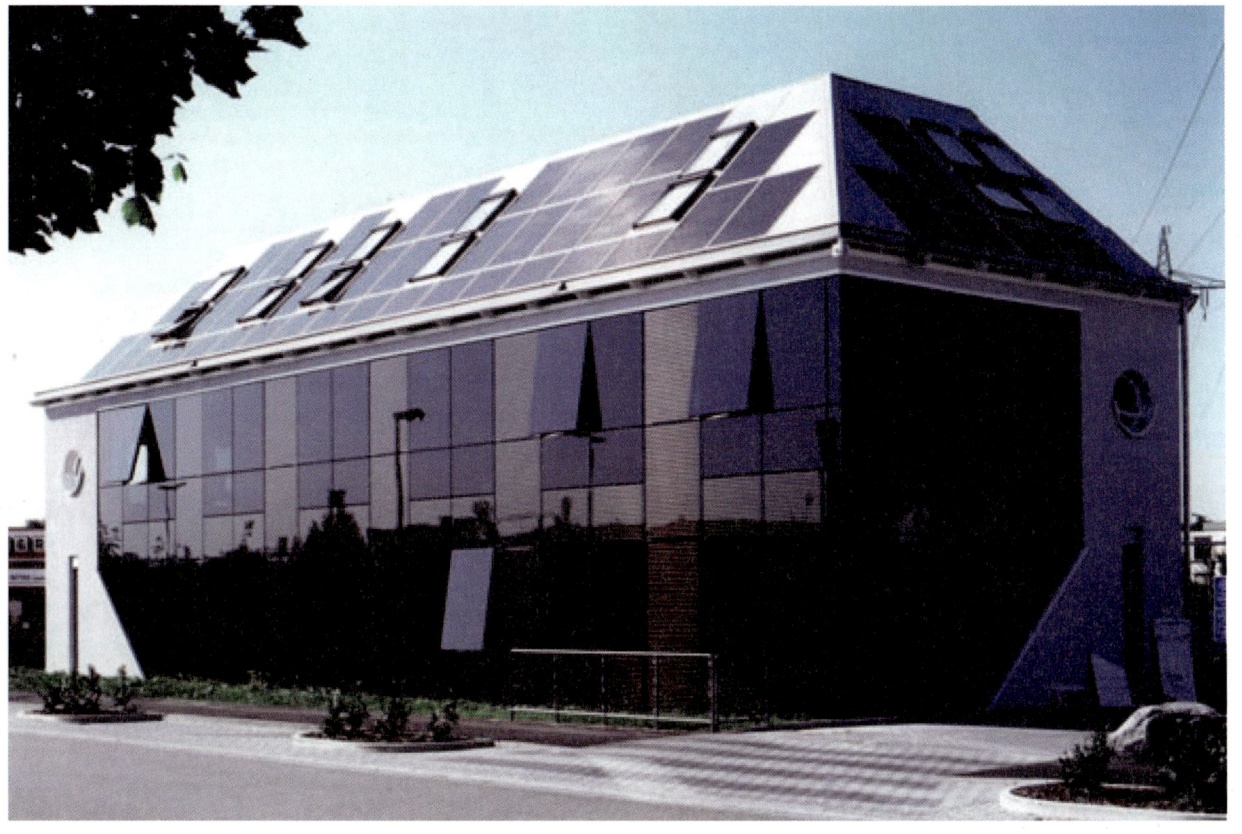

9. SG(Structural Glazing) 시스템

3) SG-태양열

다음과 같은 예제에 있어서 유리면의 포토볼테이크Photovoltaik(전기에너지로 태양에너지의 변환)-모듈이 통합되지 않는다. SG-태양열 파사드는 소형의 태양열 발전소로서 변형된다. 파사드 전류를 얻기 위해 태양열 모듈의 사용은 특별히 대형 파사드 면에 있어서 고려된다. 포토볼테이크-모터는 직류를 공급하고 정류기로 우리에서 사용될 수 있는 교류로 전환된다. 집열기로 전달된 전기는 이것으로 에너지 부족을 커버하기 위해 건축물 내에서 사용된다. 초과되는 에너지는 공공 네트망으로 보급되고 모자라는 에너지는 그곳에서 끌어낸다.

지금까지 태양 집열기는 추가적인 면적을 필요로 하였다. 그것은 평지붕 위에 설치되었고, 남향의 경사지붕 위에서 조립되었다. 남쪽 파사드 열에 태양전기가 생산되는 실루엣 시스템이 현수되거나 건축물 옆 선반에 설치된다. SG-태양열 파사드에 있어서 모듈은 더 이상 창문턱 앞에 매달려 있지 않고 그것이 파사드 부재의 기능을 부담할 수 있도록 통합된다. 파사드 부분에서 태양열 판의 삽입은 알루미늄과 유리로 된 기둥-횡재구조, 또는 창문턱과 사잇 창문 부분은 보이도록 포토볼트에이크-모듈로 허용된다.

파사드에 통합하기 위해 PV-모듈은 수직방향으로 부착되어야 한다. 이것은 개개의 집열기의 성능손실을 의미한다.

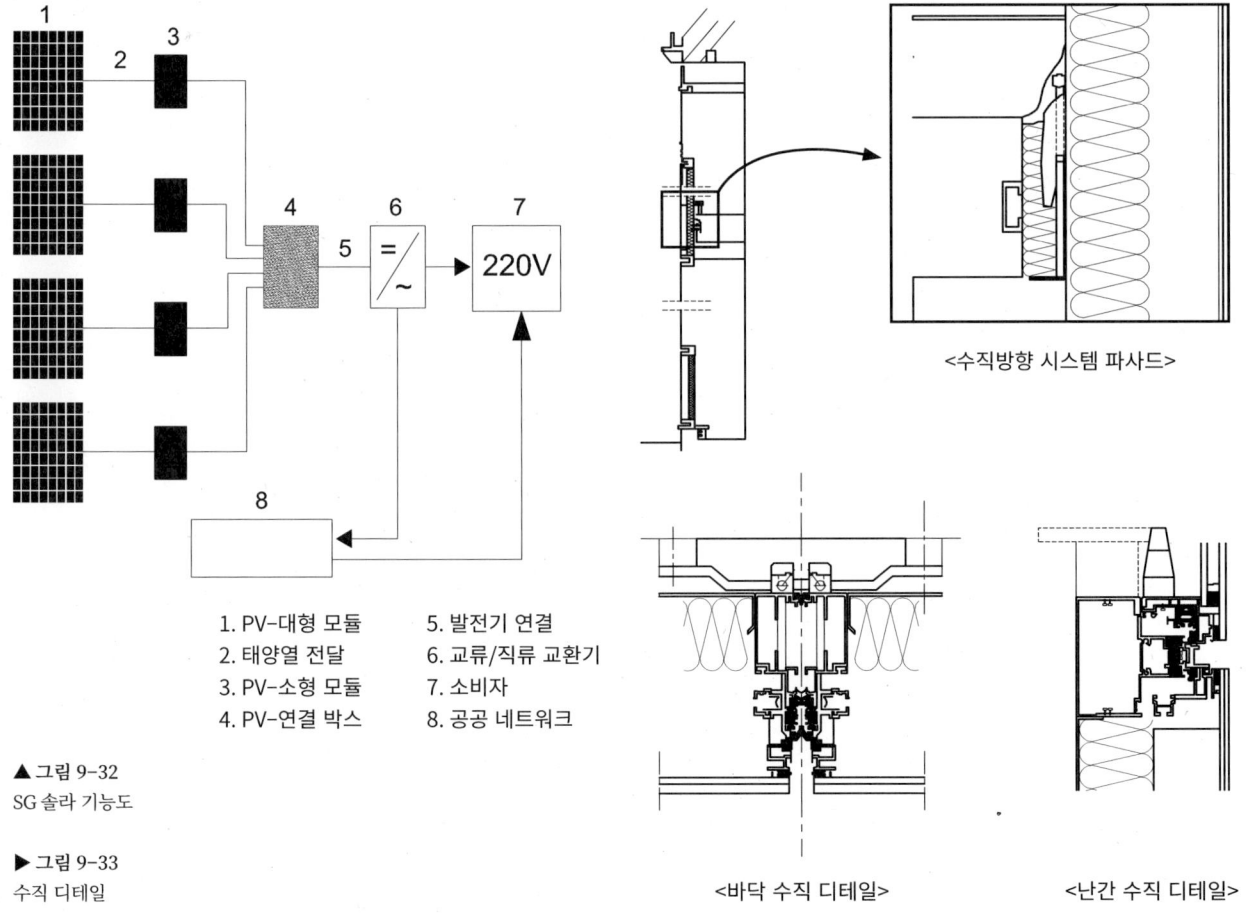

<수직방향 시스템 파사드>

1. PV-대형 모듈   5. 발전기 연결
2. 태양열 전달   6. 교류/직류 교환기
3. PV-소형 모듈   7. 소비자
4. PV-연결 박스   8. 공공 네트워크

▲ 그림 9-32
SG 솔라 기능도

▶ 그림 9-33
수직 디테일

<바닥 수직 디테일>   <난간 수직 디테일>

9.10
현장과 경험

1) 빗물의 결과로 테두리 연결의 부하

습도는 다양한 관점에서 테두리 연결에서 작용한다. 그래서 우천 시에 모서리 연결에서 단기간 빗물이 머문다는 것을 배제할 수 없다. 이것은 모든 관점에서 한편으로는 실리콘의 수분 흡수력이 상당히 적고, 다른 한편으로는 장기간의 수분정체에서 실리콘의 장기간의 부하는 수분을 통하여 온식 그리고 UV-자외선의 연결에서 부착지탱능력에 영향을 주지 않는다는 것이 증명되어야 한다.

2) SG에 있어서 유리붕괴에 대한 복구과정

유럽에서 SG로 시공된 많은 파사드의 전체면적은 유리 붕괴시 복구의 경우에 있어서 무엇을 하여야 하나에 대한 많은 의문점이다. 여기서 유리와 라멘을 완전히 교체해야 한다는 것은 이것은 당연히 옛 SG-시스템에서 하나의 문제점이었다. 부분적으로 어답터 라멘은 제작자의 연속적인 생산품이 아니고 그것으로 공급의 어려움이 있다. 조립의 경우에서 라멘의 일반적인 경우에서 어답터 라멘으로 완전히 복구될 수 있다. 이러한 라멘이 새로운 라멘을 삽입함으로서 옛 라멘을 다시 사용할 수 있는 가능성이 있다는 가정 하에 급박한 상황이 해결된다.

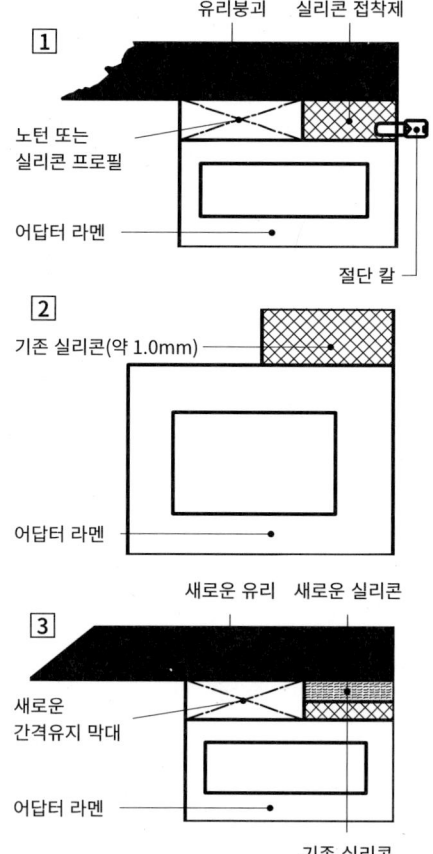

- 어답터 라멘을 포함한 부서 진 유리의 시스템 상황을 고려하여 전문적인 해체
- 응력판으로 복구기간 동안 긴급유리의 설치
- 부서진 유리가 붙어 있는 라멘은 제작공장으로 운송해서 거기서 회전 칼을 이용하거나 또는 절단 칼을 이용해서 서로 분해.
- 알루미늄 라멘 위에서 최소한 1.0~2.0mm 실리콘 층이 붙어 있도록 분리(그림 9-34/1)
- 마찬가지로 이음새에서 존재하는 간격유지고정 재료(예로서 노턴Norton 밴드, 실리콘 프로필 등등)을 완전히 제거하고 새것과 같은 동일한 형태의 새로운 밴드로 대체(그림 9-34/2)
- 그리고 그 후에 이미 제작된 유리를 준비된 어답터 라멘 위에 깔고 유리와 절단 된 실리콘 사이에 존재하는 이음새를 새로운 유리를 위해 실리콘으로 뿜어 넣는다. 모든 재료는 상·하로 붙임성이 있고 재료를 포개서 붙이는 것이 무엇보다도 중요하다. 어답터 라멘 위에 잔유물로서 반응하는 실리콘과 새로 봉합된 재료가 연결
- 적절한 화류和硫 시간이 지난 후에 모듈은 완전한 유니트로 설치되고 파사드에 새로이 설치(그림 9-34/3)

그림 9-34
수과정

9. SG(Structural Glazing) 시스템

9.11
주요 사례들

1) 루브르 박물관 출입구

▼ 그림 9-35
르브르 박물관 출입구 파라미드 전경

▼ 그림 9-36
유리 단면 디테일

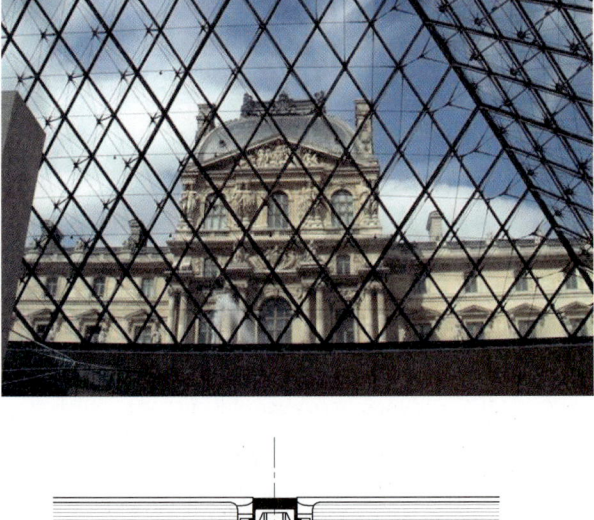

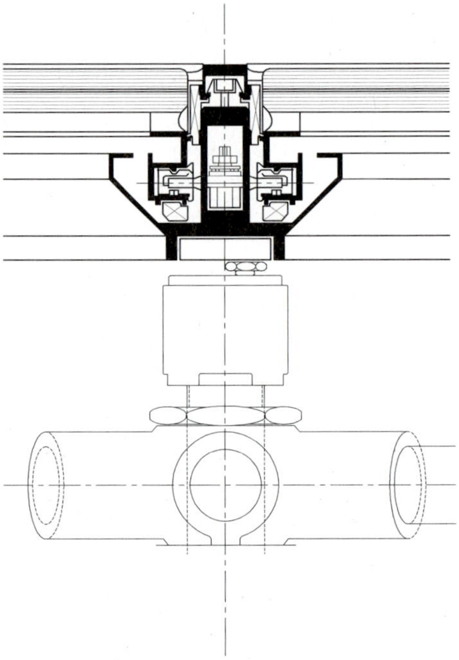

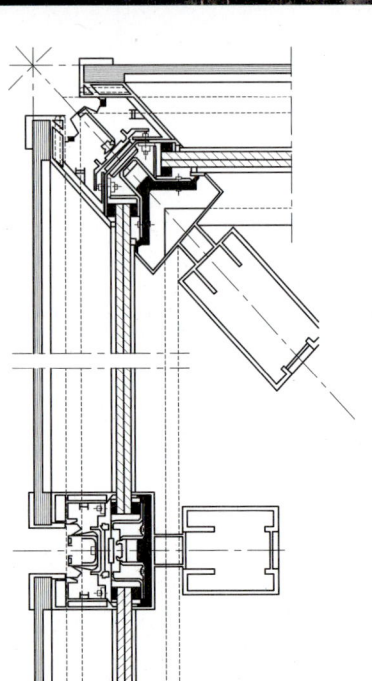

2) 프랑스 국립도서관

▼ 그림 9-37
프랑스 국립도서관 전경

▼ 그림 9-38
파사드 유리 단면 디테일

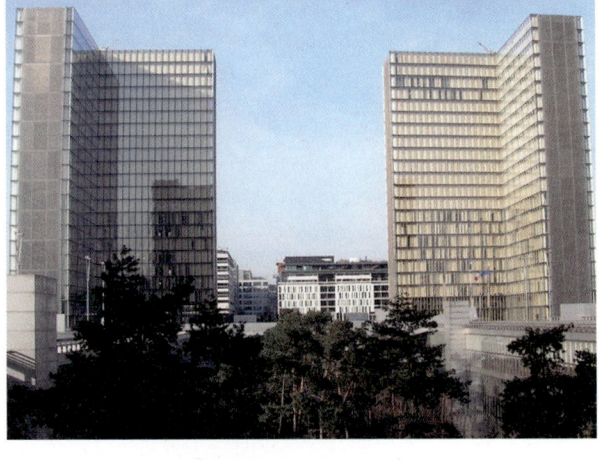

10

유리의 점지지 형태

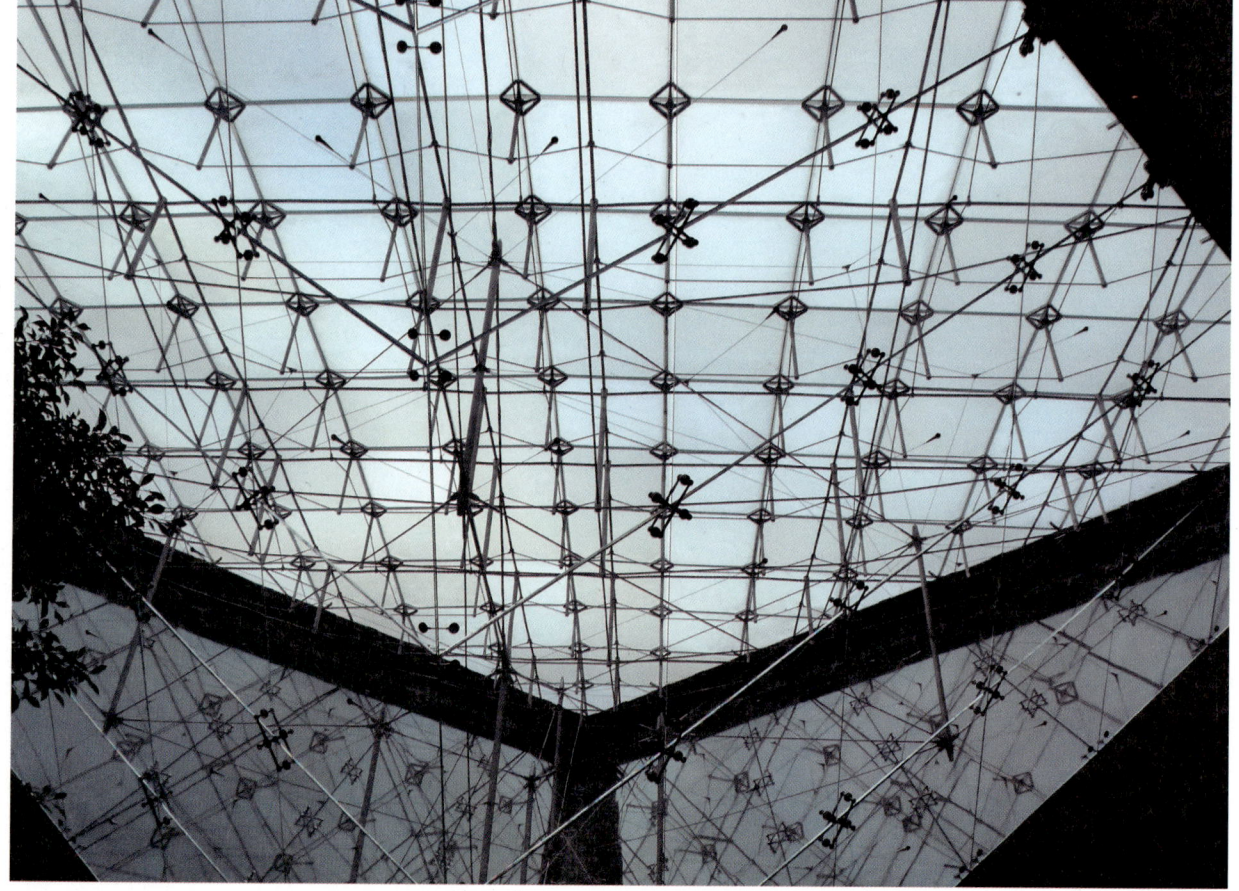

▲ Invers Pyramide, Louvre, Paris

우리의 점지지 행태

10

라멘 없이 서로 연결된 유리부재의 면 이음, 소위 "Structural Glazing(이하 SG로 표기)"은 관찰지의 입장에서 유리를 제외한 입식 파사드의 시각적인 효과를 만들어 낸다.
기본적으로 SG에서는 2가지의 고정방법이 있다.
  ─ 접착된 유리(구조적으로 밀폐된 유리)
  ─ 역학적으로 유리고정

이러한 작업은 역학적으로 고정된 유리, 특히 점지지 시스템에 가깝다. 이러한 유리시스템에서 유리는 하부구조에 점지지 형태로 고정시킨다. 점형태의 고정과 그것으로 인한 점 형태의 하중전달을 통하여 천공부분에서 유리의 치수결정에서 고려되어야 할 최고응력이 발생한다.

하부구조의 요구사항
하부구조의 재료에 대한 유리 제작자는 아무런 요구사항이 없다. 그것은 강철, 알루미늄, 이론적으로 플라스틱이 될 수 있다. 그것은 다만 풍하중과 자중을 전달하여야 한다. 하부구조의 형태는 계획자에서 넘겨진다. 사례로서 온도변화로 인한 열신축에 대한 허용오차를 고려해야하고 그것을 부담할 수 있어야 한다. 특히 유리가 상당한 취성재료라는 관점에서 구조적으로 제한적인 추가 하중발생이 방지되어야 한다. 즉 유리 받침대와 하부구조의 구성은 가능한 유리판의 강제력 없는 지지가 보장되어야 한다.

▶ 그림 10-1
Planar 시스템

▶ 그림 10-2
Litewall 시스템

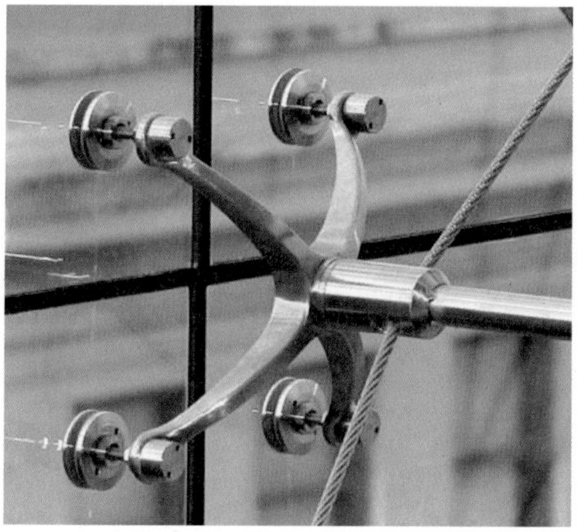

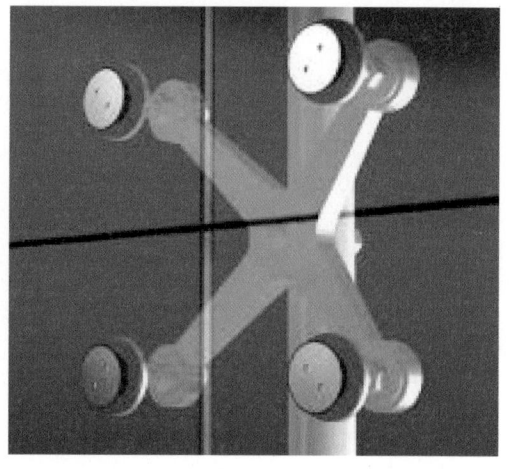

10.1
유리 받침대 시스템

1) 표준볼트
여기에서 유리고정은 하부구조에 단순히 볼트연결로 해결된다. 그것이 풍하중과 자중이 원인으로 유리변형이 허용되지 않는 강접시스템이 된다. 작용하는 모든 힘은 유리구멍의 마찰을 지나 하부구조에서 전단력을 받는 볼트로 전달된다. 유리변형으로 발생하는 모멘트는 천공부분에서 최고응력이 발생한다.

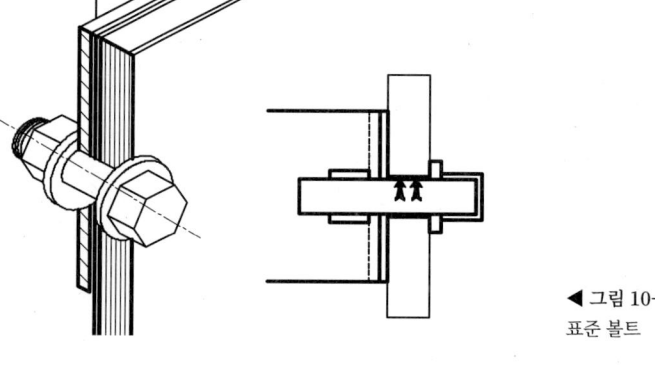

◀ 그림 10-3
표준 볼트

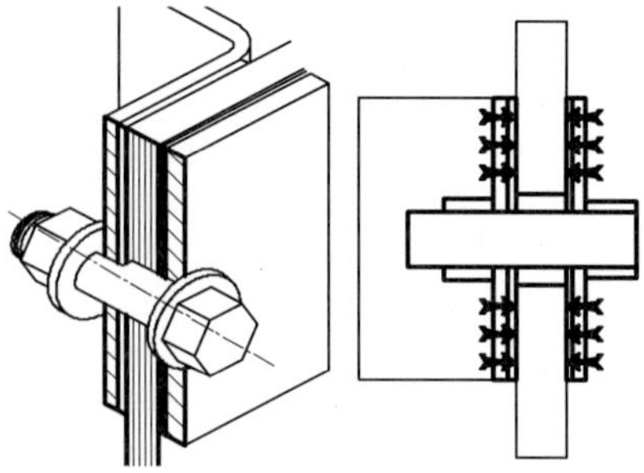

2) 압착판壓着版

볼트고정과는 달리 압착판 시스템에서 힘은 유리마찰을 통하여 전달된다. 유리에 작용하는 힘은 표준볼트 시스템과 비교해서 압착부분에서 모멘트를 줄이기 위해서 보다 큰 면적으로 분배된다. 압착판 시스템을 위해 최소한 압착면적은 $10cm^2$이다. 적은 면적을 위해서는 특별한 전문가의 감정이 필요하다.

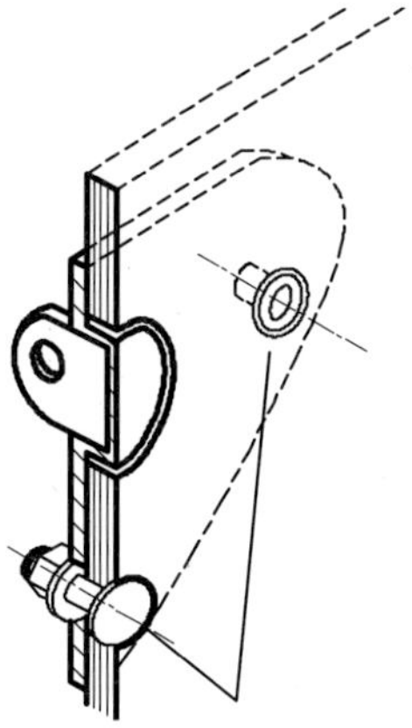

사례 : Faber & Dumas 본사건물, Ipswich

3) 접시머리 볼트

이러한 시스템에 있어서 큰 실린더 형태의 볼트는 수평력을 받도록 작은 함몰머리 볼트로 유리의 자중전달을 위해 조합되었다. 함몰머리 볼트는 약간 큰 천공에 삽입되고 수직운동 가능성을 가지고 있다. 접시머리 볼트는 그것의 큰 면적을 통하여 최고응력을 줄였다. 그것은 플래트한 표면의 생략 없이 큰 하중을 부담하도록 하였다. 전체시스템은 유리 또는 고정구조의 고유운동을 제어한다.

4) 함몰머리 볼트

정확히 표준볼트의 경우와 같이 작용하는 힘은 하부구조에 있는 볼트로 전달된다. 역시 여기에서도 힘은 함몰머리 주변에 집중된다. 이것으로 파사드의 전체 면이 이어지는 형상이 가능했다. 여기에서 천공의 정교한 작업은 기능적인 시스템에 대한 기본적인 전제조건이다.

5) Planar 시스템

함몰머리 시스템의 확장된 의미로 표현되는 이 시스템은 하부구조에 고정시키기 위해 유연한 볼트머리의 힘 전달을 위한 부재로 이용한다. 이것은 유리와 죔쇠에 일정한 자유도를 허용하고 유리 이외에서 현실화된 힌지의 첫 번째 단계로 표현된다.

6) 힌지 볼트

죔쇠가 힌지로 작용하도록 이러한 시스템에서 풍하중과 자중으로 인한 유리응력이 없는 변형을 가능케 한다. 그것에서 발생하는 모멘트는 우선 하부구조에 의해 부담된다. 여기서 죔쇠가 유리에 힌지를 설치하는 것이 중요하다. 유리두께는 최소하중으로 최소한으로 줄일 수 있다.

▲ 그림 10-4
압착판

▲ 그림 10-5
접시 볼트

▼ 그림 10-6
함몰머리 볼트

▶ 그림 10-7
Planar 시스템

▶ 그림 10-8
힌지 볼트

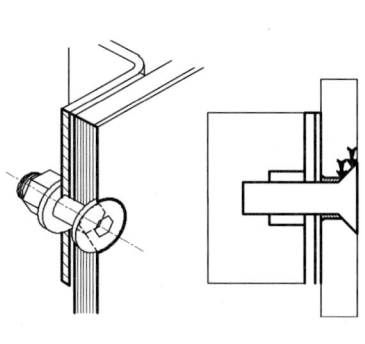
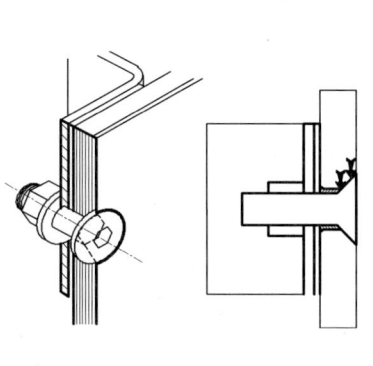
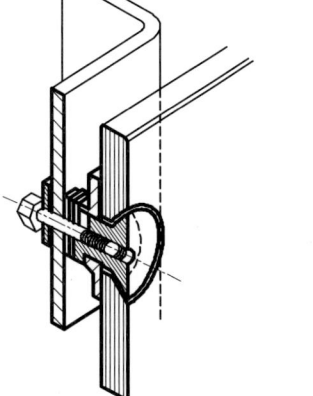

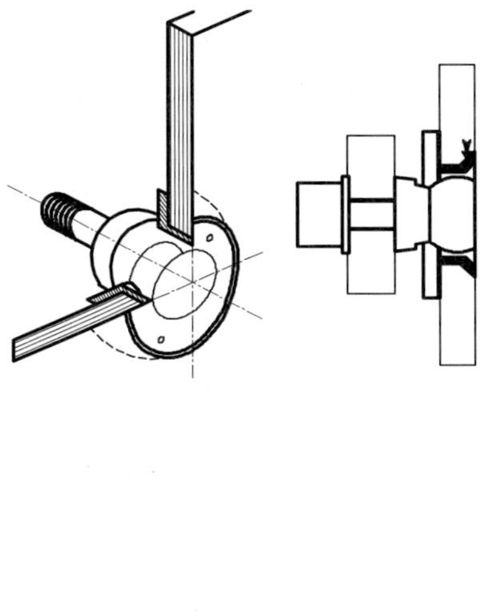

10.2 점지지 형태의 부재들

1) 하중을 받는 부재들

① 압착판

압착판으로 유리자중은 마찰력으로 하부구조로 전달된다. 압착판의 최소 크기는 10.0cm²이다.

② 함몰머리 볼트

유리판의 자중은 볼트의 둥근머리를 통하여 하부구조로 전달된다. 함몰머리는 구조부재와 유리판 사이를 강하게 연결시키기 위해서 약 15Nm의 회전모멘트가 걸리도록 조인다.

③ 힌지볼트

힘의 전달은 함몰머리의 경우와 동일하다. 힌지볼트는 확실히 힌지로 작용하기 전에 운동의 허용오차를 피하도록 힘 전달을 위해 100Nm로 조인다.

2) 간격유지 걸이/ 보호장치 부재

① 알루미늄판/플라스틱판

강성재료인 유리와 철의 직접적인 표면접촉으로 유리파괴가 일어나는 최대응력을 줄이기 위해 플라스틱판 또는 알루미늄판이 삽입된다. 이것은 두 표면을 압축상태로 되고 한정된 표면 위에서 면형태의 힘 전달이 가능하다. 알루미늄은 플라스틱과 대조적으로 흘러내리지 않고 대신 압축상태에서 시간이 갈수록 더 단단해진다는 장점을 가지고 있다.

② 고정판/고정

고정판은 판과 사잇부재를 고정시키는 역할을 하는 큰 면적으로 실행된 어미볼트이고, 이것으로 고정판 또는 함몰머리 볼트와 힌지볼트는 구조적으로 상대적인 부재이다.

③ 사잇 판

보통은 탄성재료로 구성된 보호판은 철과 유리가 직접적인 접촉을 방지하는 역할을 한다. 제작자는 방수작용을 하고, 자유도를 위해 조심스러운 작업이 필연적이다.

▼ 그림 10-9
함몰볼트 시스템

▶ 그림 10-10
힌지볼트 시스템

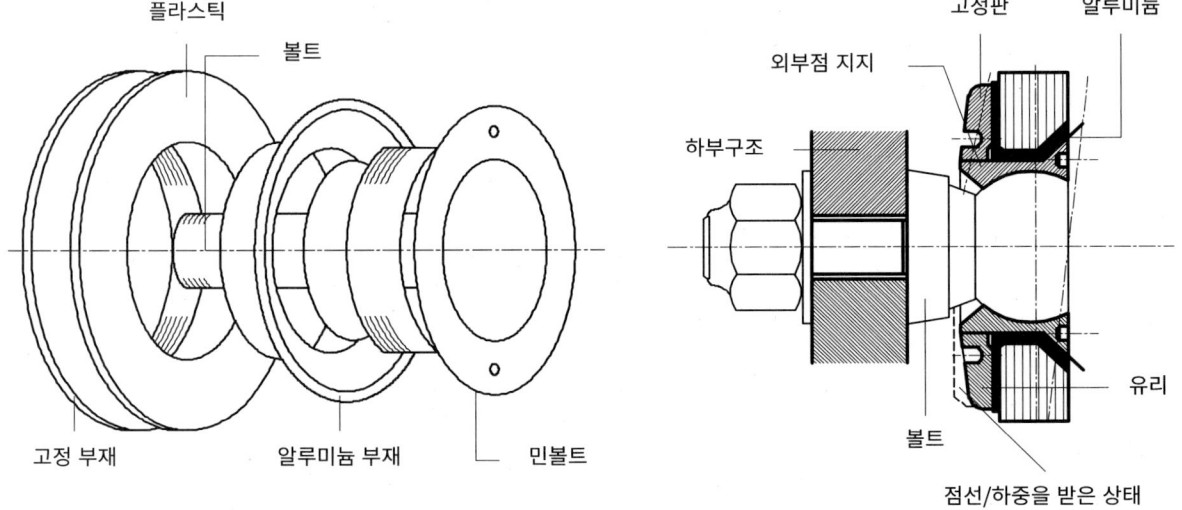

-216- 유리건축

10.3
유리 지지

자중과 풍하중 상태에서 유리에 변형이 발생한다. 유리의 회전 가능성은 점지지 강접고정 시스템에 조립을 어렵게 한다(강접 시스템/그림 10-11). 유리고정으로 강접고정 주변에 점지지 부분의 하중집중으로 큰 응력이 발생한다. 유리는 이러한 최대하중을 대해서 치수가 정해져야 하고, 더 두꺼워 져야 한다.

쬠쇠구조에서 힌지삽입으로 유리의 고유운동을 가능하게 한다(유리면 앞에 힌지 시스템/그림 10-14). 풍압과 풍흡으로 발생하는 유리의 형태변형은 우선적으로 힌지에 유리 자체가 아닌 곳에 반력으로 나타난다. 이것은 유리에 작용하는 휨모멘트를 감소시킨다. 결국은 유리의 힌지간격으로 인하여 유리판에 모멘트가 발생한다. 유리판에 회전점을 계획함으로서 작용하는 힘으로 인하여 강제력이 없는 형태변형을 방지한다(유리면에 힌지가 있는 시스템/그림 10-17). 유리의 두께는 최소한으로 줄일 수 있다.

1) 강접합 시스템
자중 및 풍하중으로 인하여 하부구조에 연결된 견고한 점고정에 유리면에 강제모멘트가 생긴다.
이러한 사례들 : Rodan®(그림 10-37(하)), Glasmarte®(그림10-40(우)), Eurocontrol®(그림 10-39(상))

▲ 그림 10-11
강접 시스템 원리

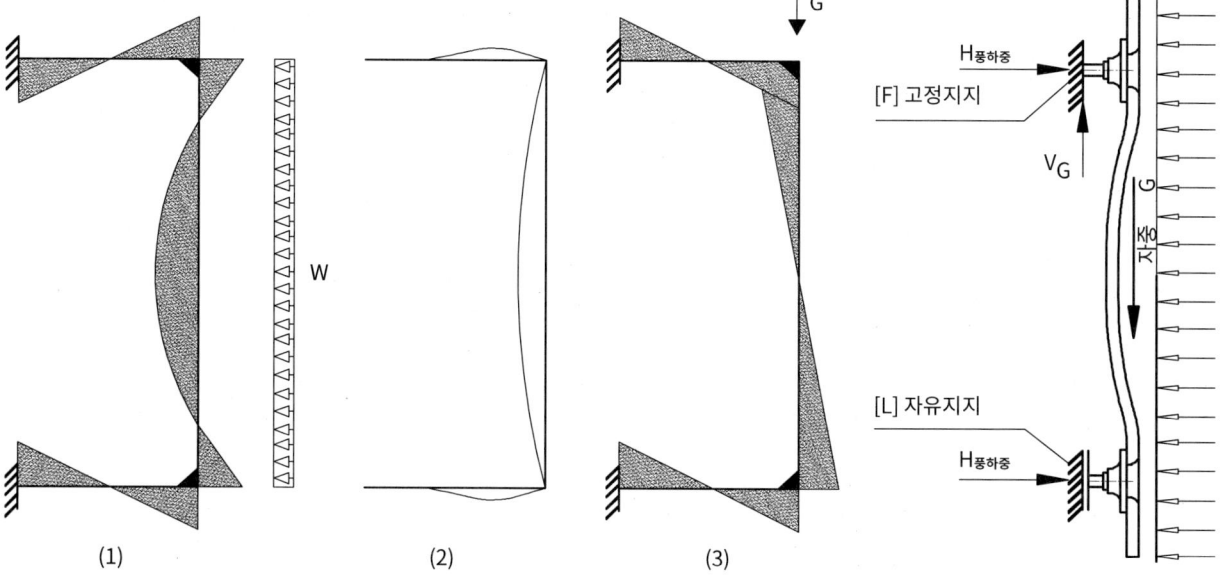

▲ 그림 10-12
강접 시스템에서 풍하중(1), 자중(3)에 의한 휨하중, 풍하중(2)에 의한 변형

▲ 그림 10-13
강접 시스템

2) 유리판 앞에 힌지

죔쇠구조에 있는 힌지를 통하여 풍하중과 자중으로 발생하는 모멘트는 유리판에서 감소시키는 것이 가능하다. 결국은 힌지까지의 편심 e는 여전히 응력을 발생시킨다.

이러한 사례들 : glasmarte®(그림 10-40(좌)), Rodan®(그림 10-37(중)), Vegla Multipoint®(그림 10-38(하))

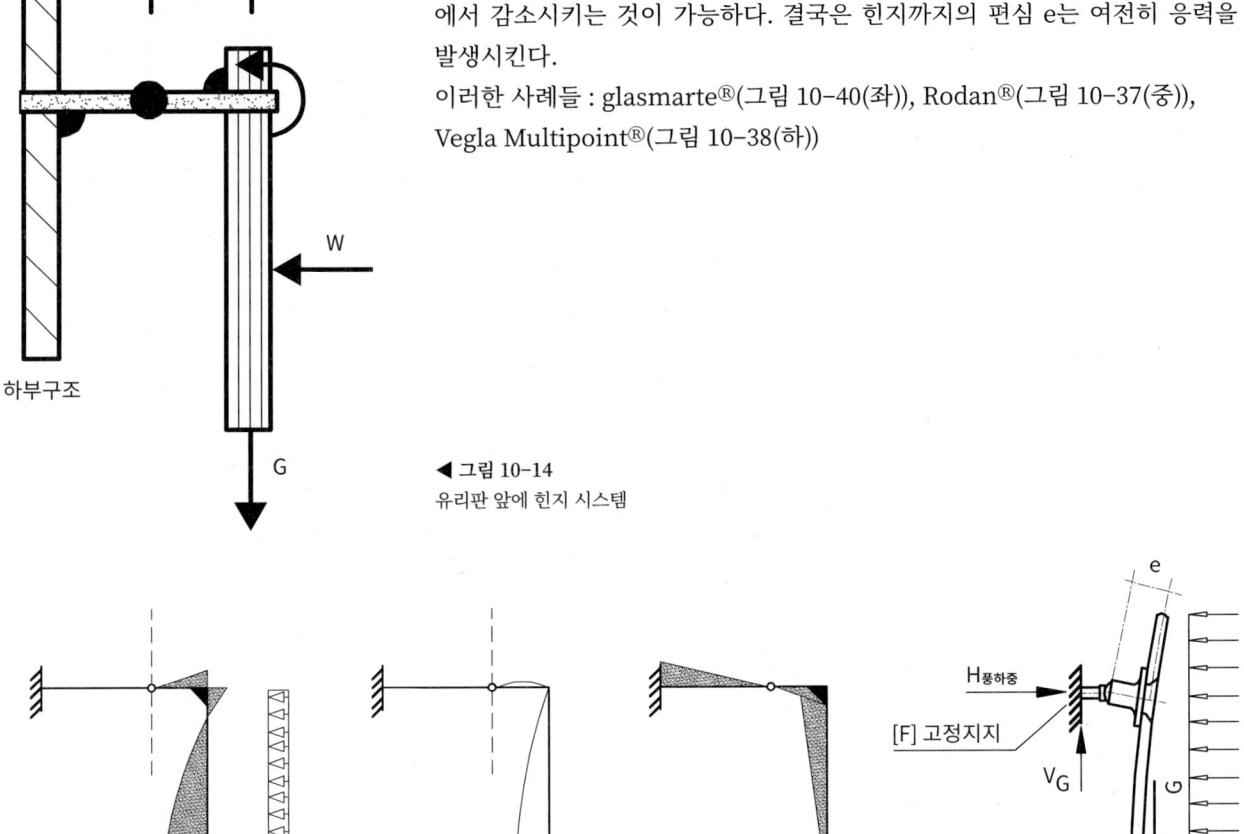

◀ 그림 10-14
유리판 앞에 힌지 시스템

▲ 그림 10-15
유리판 앞에 힌지가 설치된 시스템에서 풍하중(1), 자중(3)에 의한 휨하중, 풍하중(2)에 의한 변형

▲ 그림 10-16
유리판 앞에 힌지가 설치된 시스템

유리건축

3) 유리판 내에 힌지

유리면에 있는 힌지로 인하여 유리가 점고정 지점에 뒤틀림과 휨모멘트 없이 현수한다는 것이 가능하다. 휨하중은 점지지점에 집중되는 것이 아니라, 유리면에 균등하게 분배된다.

이러한 사례들 : Vegla Multipoint®(그림 10-38(상)), Felasto®(그림 41), Eurocontrol®(그림 10-39(하))

◀ 그림 10-17
유리판 내에 힌지 시스템

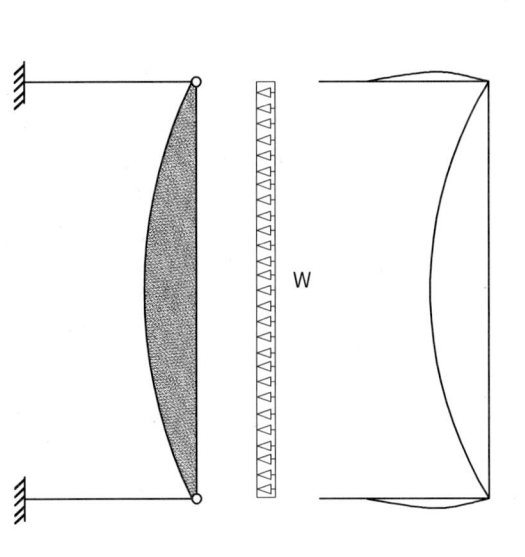

▲ 그림 10-18
유리판 내에 힌지가 설치된 시스템에서 풍하중(1), 자중(3)에 의한 휨하중, 풍하중(2)에 의한 변형

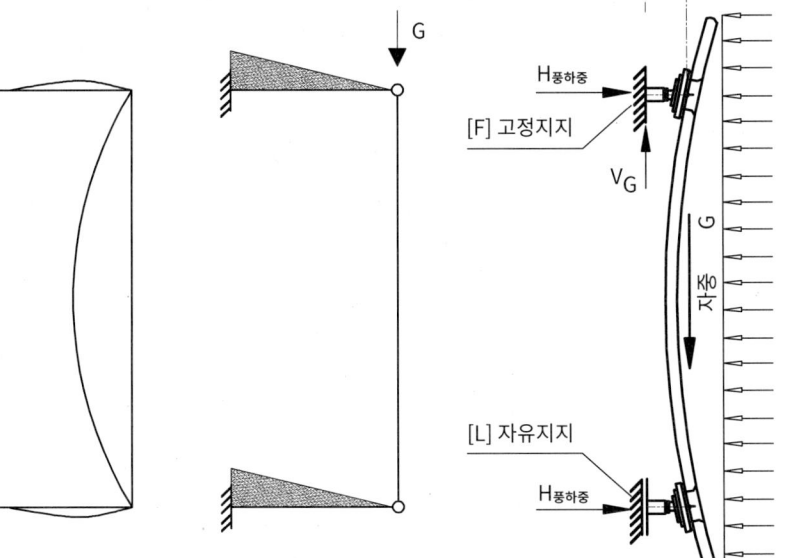

▲ 그림 10-19
유리판 앞에 힌지가 설치된 시스템

4) 요약

점지지 시스템에서 유리판 지지에 관하여 다음과 같은 발전이 있었다.
— 견고한 시스템
— 유리면 외에 있는 힌지 지지
— 유리면 내에 있는 힌지지지

유리면 내에 있는 힌지지지를 통하여 유리면에 휨하중이 발생하지 않고 그것으로 얇은 두께와 정교한 구조가 가능하게 되었다.

10 유리의 점지지 형태

10.4
천공작업

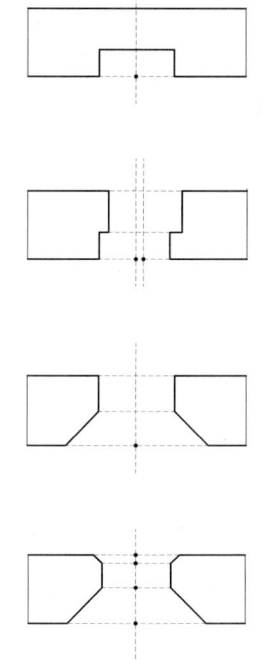

▲ 그림 10-20
천공과정

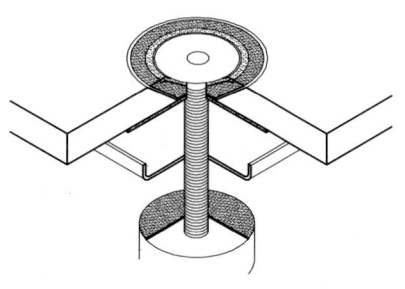

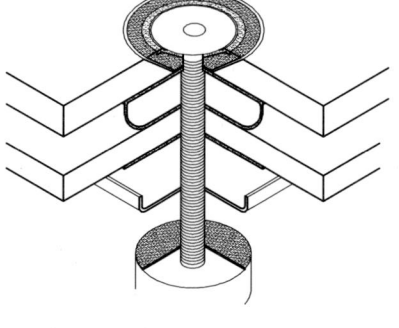

SG의 원칙은 점지지 부분 뿐 만 아니라, 유리에 특별한 요구사항이 있고, 상세한 우선적인 사항이 있다.

기본적인 재료로서 플로우트 유리가 있다. 단층유리로서 10.0mm의 최소두께로 끼워 넣을 수 있다. 압연 또는 철망유리가 가능하고, 그것은 대부분 형태를 결정된다.

사용할 수 있는 유리와 관련해서 가장 중요한 관점 중에 하나는 제작자의 측면에서 정밀한 작업이다. 각 유리의 질량유지, 모서리의 평행성과 특히 천공작업은 원활한 조립과정을 위하여 필연적이다. 천공은 컴퓨터로 조절되는 제조기계로는 0.1mm의 정밀하게 제조되어야 한다. 역시 천공과 함몰陷沒의 동일한 중심을 위하여 이러한 허용오차는 엄수되어야 한다.

점고정대와 유리로 된 전체파사드 시스템에서 점지지의 연결능력은 천공과 직접적으로 연관되어 있다. 또한 기하학적으로 정확한 형성, 면연결의 힘 전달이 필수적이다.

가능한 작은 깊이의 작업이 요구된다. 이러한 요구사항에 적당하도록 NC-기계의 많은 작업과정으로 생산된다. 측면 모서리까지 천공의 간격은 유리크기, 두께와 죔쇠의 종류에 좌우된다. 최소한 수치는 50.0mm이다. 유리 초정밀도로 생산을 통하여 역시 이중 그리고 삼중유리로 된 합성 안전유리와 단열유리 파사드 시스템이 가능하고, 모든 유리에 정확한 천공위치가 가장 중요한 사항이다. 역시 점지지 형태의 다층 유리시스템에서 제작때문에 강화유리가 사용된다.

유리판은 절단되고 연속해서 천공된다. 우선 그것들은 가열과 냉각을 통해서 프리스트레스가 제어된다. 프리스트레스 과정 이후에 온도로 강화된 유리는 천공 중에 강화된 상태의 변형으로 파괴되기 때문에 유리천공은 더 이상 가능하지 않다.

미리 천공된 구멍은 유리판이 상·하로 놓인다면 실제적으로 위치의 편차가 허용되지 않는다. 점지지의 볼트는 다른 경우에서 더 이상 조립될 수 없다. 제작자에 의하면 새로운 현대적인 생산과정의 가능성은 삼중유리에서 계속해서 12번의 천공작업이 허용오차 없이 진행하는 것 이다.

허용오차에 대한 의문점은 사용되는 점지지 시스템의 선택에 관하여 결정된다. Planar 시스템이 예로서 최소 허용오차가 허용되는 반면에 로단Rodan 시스템은 보다 큰 오차가 허용된다. 그렇지만 보다 큰 허용오차 수용은 필요하지만, 외형상으로 더 두꺼운 덮개판이 된다.

유리판의 평행은 알루미늄으로 된 유리 간격판으로 유지된다. 이러한 패킹은 실리콘과 부틸Butyl 탄성고무로 실행된다. 추가적으로 간격유지 부재에 빈 공간으로 형성된다. 패킹은 발생하는 결로를 유도하기 위해서 실리콘 또는 다른 젤Gel 재료로 채워진다.

마지막 중요한 과정은 다층유리 시스템에 있어서 UV(자외선)에 대해 내구성이 크고 조밀한 유리 사잇공간을 가능케 하는 저항력이 강한 테두리 밴드의 사용이다.

◀ 그림 10-21
단층유리의 Planar-고정대

◀ 그림 10-22
단열유리의 Planar-고정대

10.5
하부구조

하부구조의 중요한 역할은 허용오차를 흡수하는 것이다. 하부구조와 유리고정의 역학적인 연결형태에 있어서 천공은 주요구조에 대해서 유리의 형태변형을 가능하게 하는 것이 중요하다. 하부구조의 형태부여는 그때마다 제작자의 원칙에 따라 천공작업을 하는 한 허용오차와 관련하여 단지 종속된 역할을 한다. 하부구조에 유리를 고정함에 있어서 온도에 의한 길이변화의 결과로 인한 유리의 형태변형이 고려되어야 한다. 추가적으로 하부구조에 천공은 다음과 같은 원칙을 따라야 한다(그림 10-23~25).

— 상부고정은 수평적인으로 긴 천공으로 수평적인 허용오차를 수용해야 한다.

— 하부고정은 천공구멍의 볼트를 위해 적절한 역할을 하도록 실행함으로서 수직뿐 만 아니라 수평적인 허용오차가 허용되어야 한다.

— 그것에 따라 수직적인 자중은 상부의 고정으로 부담하고 반면에 하부고정은 상부고정과 함께 수평하중을 전달하는 역할을 한다. 고정점은 전체시스템의 팽창에 적절하도록 시공되어야 한다.

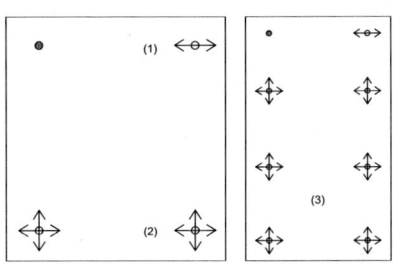

▲ 그림 10-23
천공에 따른 다양한 유리 고정점 계획

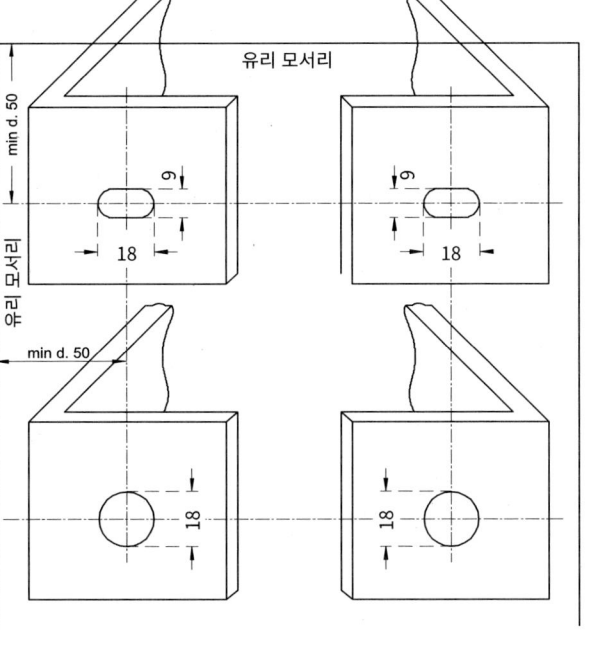

▲ 그림 10-24
하부구조의 천공계획

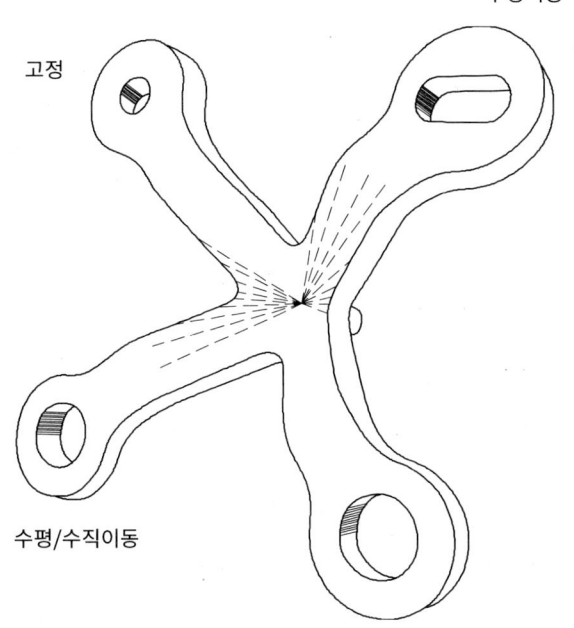

▲ 그림 10-25
하부구조에 고정을 위한 천공모양 계획

10 유리의 점지지 형태

— 221 —

허용오차 부담의 이러한 원칙은 선체파사드에 길져 연속되어야 힌다. 흰 깅의 유리에 많은 고정점이 필요하다면, 전체적인 허용오차를 부담할 수 있도록 이러한 동일한 방법(고정지지와 느슨한 지지의 원칙)으로 실행되어야 한다. 계속되는 중요사항은 점지지 시스템의 하부구조와 주요구조물이 함께 작용하게 하는 것이다.

케이블 네트로 표현되는 느슨한 파사드 구조는 풍압력과 풍흡력과 같은 외력으로 큰 변형을 경험하게 된다. 뮌헨 캠핀스키 호텔의 파사드와 같은 극단의 경우에 있어서 중간 부분의 휨은 90.0cm까지 가능하다. 유리가 이러한 이동을 발생하기 때문에 점지지가 움직이도록 구조적인 고려가 필요하다. 그런 결과로 주요구조, 하부구조, 쥠쇠와 유리가 강제력 없이 함께 작용하도록 하여야 한다.

다른 한편으로는 견고한 파사드시스템은 휨과 큰 하중전달을 최소화하도록 계획된다. 이러한 경우 점고정의 하부구조는 역시 적절히 견고하도록 실행되어야 한다.

1) 견고한 시스템
개개의 유리는 하부구조에 견고하게 고정되어야 한다. 그것을 통하여 각종 하중(온도하중, 풍하중 등등)에 대하여 유리판은 휨하중이 발생한다. 결과적으로 이러한 각각의 유리는 여기서 강하게 하중을 받는다. 그것으로 인하여 짧은 스팬과 두꺼운 유리판이 요구된다.

2) 느슨한 시스템
힌지형태로 지지된 시스템으로 유리판의 휨하중은 방지된다. 이것은 큰 유리와 섬세한 고정이 가능하다.

▼ 그림 10-26
견고한 시스템

▶ 그림 10-27
느슨한 시스템

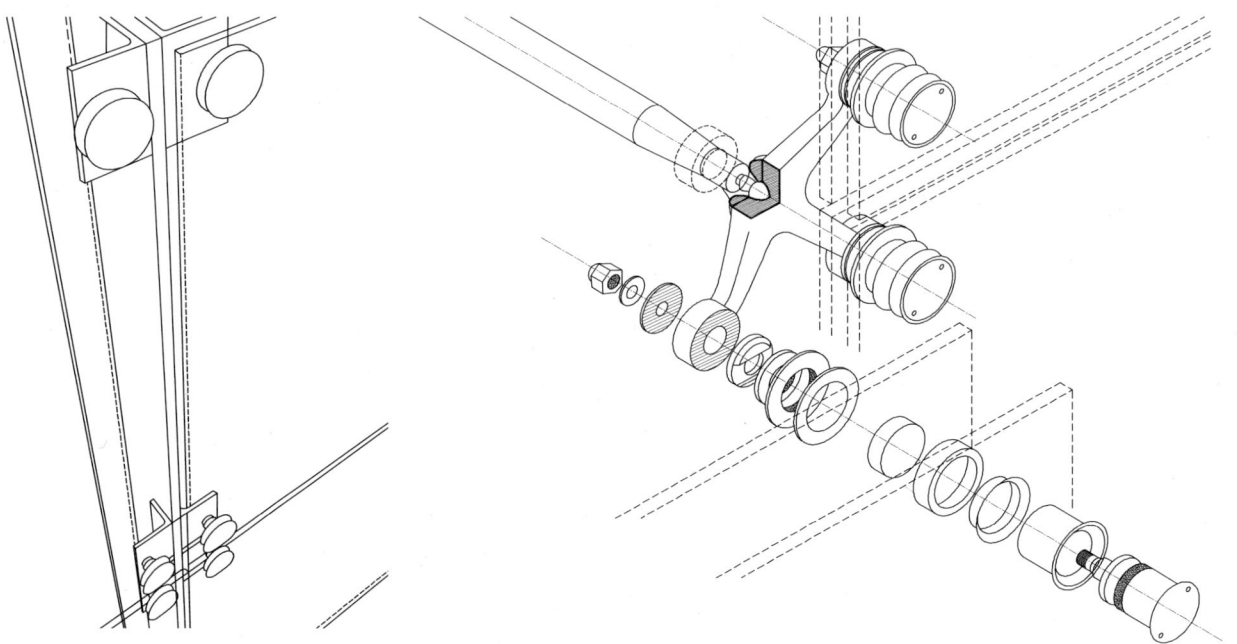

10.6
유리붕괴

각 유리마다 개별적으로 현수되는 점지지 형태의 시스템은 국부적인 유리붕괴로 인하여 전체시스템으로서 하중을 받는 일은 없다. 추가적인 하중은 여기서 관련된 점지지의 하부구조와 동일한 경우에서 국부적으로 파사드 유리와 연결된다.

유리와 유리가 현수되는 파사드 시스템(그림 10-29)에 있어서 파사드 유리의 붕괴는 보다 더 어려운 문제다. 개별적인 파사드 부재가 수직적으로 현수되고 파사드 밴드로 현수되는 이러한 시스템에 있어서 유리의 붕괴로 인한 바로 하부에 있는 유리무게는 주요구조에 전달된다. 전체시스템은 변경된 하중상태에 반작용한다.

여기에서 하부구조는 일반적인 하중상태보다 보다 큰 힘을 받는다. 이러한 추가적인 하중은 치수결정에서 고려되어야 한다.

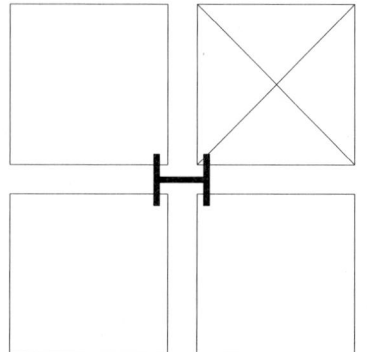

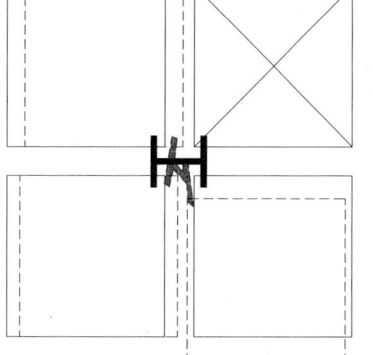

사례 : 유리파괴로 인한 시스템 거동(그림 10-29)
두 장의 유리가 붕괴되는 경우에서 이웃한 유리에 추가하중으로 인하여 그 하부에 놓인 파사드 유리의 자중이 전달된다. 주요구조로 전달은 이웃한 파사드 밴드의 상부 현수점 위로 이루어진다.

◀ 그림 10-28
유리 붕괴시 유리의 이동

▼ 그림 10-29
유리가 유리를 현수하는 시스템에서 유리붕괴로 인한 시스템 거동

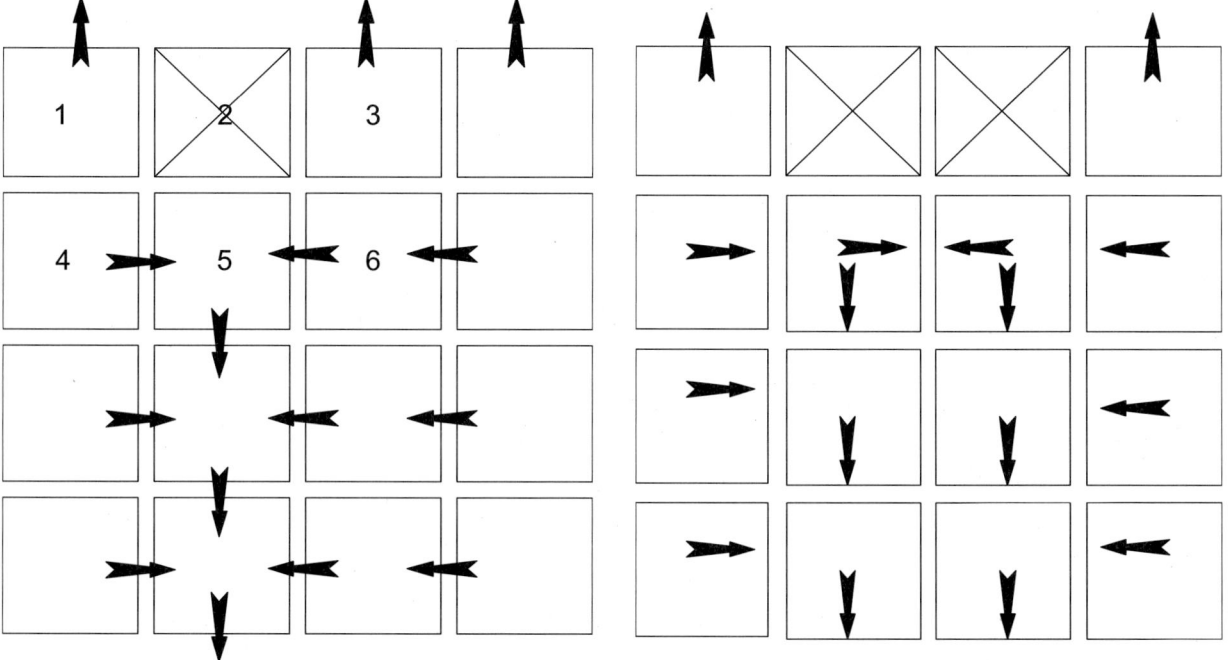

10 유리의 점지지 형태

10.7
점고정의 치수와 개수 산정을 위한 개략법

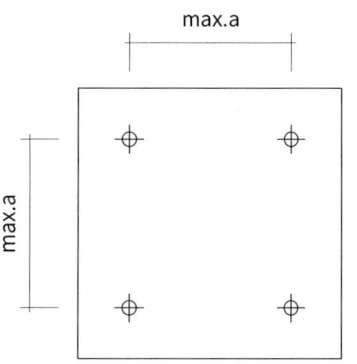

max.a

max.a

▲ 그림 10-30
유리 모서리까지 지점의 간격

1) 파사드 구조, 주락방지 구조, 지붕유리
점지지 구조의 작업을 위해서 통상적으로 독일에서는 특수한 경우에 지방건축청의 동의를 얻어야 한다.

이러한 동의과정을 위한 건축 기술적인 증명서와 필요한 서류들:
— 하부구조의 안정성 증명서
— 하부구조와 유리작업의 도면
— 유리의 안정성 증명서
  (유리구조의 증명서는 공간적인 유한요소와 실험을 실시)
— 유리에 대해서 주문도면에 첨가된 증명서 제출

2) 두 개 지지점 사이의 최대간격(단위:cm), (수직설치인 경우)
이미 언급된 수치는 Planar 시스템으로 연결의 경우에서 필클링톤Pilkington 회사에서 사용된 유리에 관한 것이다. 다른 방식의 언급된 크기는 가능한 지지 간격의 대략적인 수치이다. 다른 시스템에 대한 정확한 수치는 각각 항상 제작자에 의해 결정된다.

유리 두께 (설치 높이)	단층유리 (10.0mm)	단열유리 (10.0/16.0 /6.0mm)	단층유리 (12.0mm)	단열유리 (12.0/16.0 /6.0mm)	단층유리 (15.0mm)	단열유리 (15.0/16.0 /8.0mm)
0.0~8.0m	174.0	122.0	209.0	146.0	250.0	183.0
0.0~8.0m 큰 풍흡력	162.0	111.0	195.0	133.0	244.0	166.0
8.0~20.0m	155.0	104.0	186.0	125.0	233.0	156.0
8.0~20.0m 큰 풍흡력	144.0	95.0	173.0	114.0	217.0	142.0
20.0~100.0m	143.0	94.0	172.0	112.0	215.0	141.0
20.0~100.0m 큰 풍흡력	133.0	85.0	160.0	102.0	200.0	128.0

3) 유리 모서리까지의 지지점의 간격
유리 모서리까지의 간격은 죔쇠의 종류, 유리종류와 유리두께에 좌우된다. 절대적인 최소간격은 50.0mm이지만, 대부분 시스템은 80.0~120.0mm 간격으로 작업된다.

▲ 표 10-1
두 지지점 사이의 최대간격(Pilkington 시스템에서)

▼ 그림 10-31
지지점에서 유리 모서리까지 간격

80~120mm

80~120mm

— 224 —

유리건축

4) 유리면 내에 힌지로 된 점지지 형태를 위한 볼트 직경선택,
(펠라스토 Felasto **회사에서 발췌)**

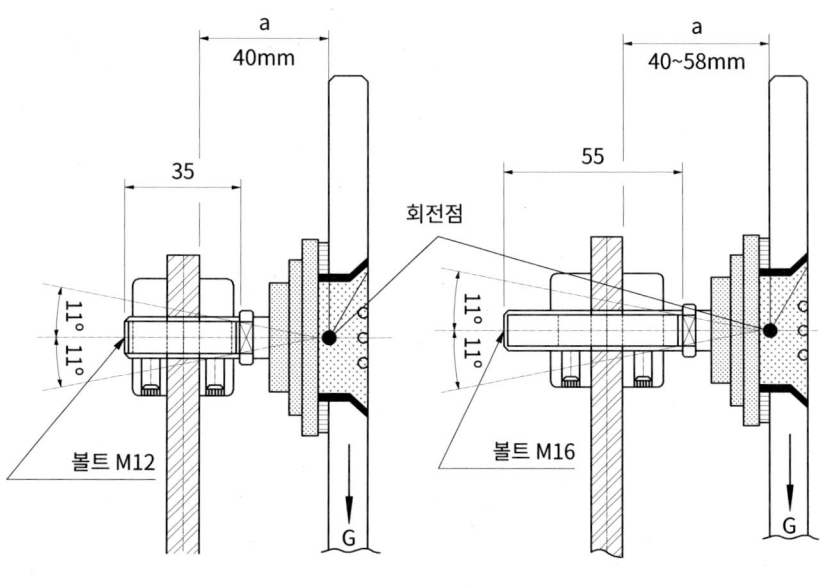

▶ 그림 10-32
볼트 M12로 된 Felasto 유리 고정대와 유리걸이

▶ 그림 10-33
볼트 M16로 된 Felasto 유리 고정대와 유리걸이

* 0.6은 상부 두 개의 볼트와 0.1 안전계수에서 발생하는 하중분배에 의한 수치이고, 네 개의 견고한 지지인 경우에는 0.33으로 대체할 수 있다.

① 볼트의 하중부담(유리자중과 하부구조의 간격)

현존$M_{볼트}$ = $G_{유리}$[kN] · a[mm] · 0.6 *

② 유리의 자중(유리의 크기와 두께)

$G_{유리}$ = B[m] · H[m] · tg[mm] · 0.025[kN/m^3] · 1/mm

현존$M_{볼트}$ < 허용$M_{볼트}$

허용응력으로 볼트의 직경을 산출할 수 있다.

▶ 표 10-2
볼트 직경, 휨력, 편심에 관한 표 (출처 Felasto)

볼트 ∅ (mm)	볼트의 허용휨력 허용M (kN·mm)	볼트 편심 (mm)
16.0	52.3	40.0~58.0
12.0	19.4	40.0

③ 응용사례

주어진 조건

유리 폭	B : 2.3m	유리두께	tg : 10mm=0.01m
유리높이	H : 1.2m	볼트의 편심	a : 40mm=0.04m

$G_{유리}$ = B[m] · H[m] · tg[mm] · 25[kN/m^3]

$G_{유리}$ = 2.3 · 1.2 · 0.01 · 25

$G_{유리}$ = 0.0276 · 25

$G_{유리}$ = 0.69 kN

현존$M_{볼트}$ = $G_{유리}$[kN] · a[mm] · 0.6

현존$M_{볼트}$ = 0.69 · 40 · 0.6

현존$M_{볼트}$ = 16.56kN · mm

현존$M_{볼트}$ < 허용$M_{볼트}$

선택 : 볼트 = ∅ 12mm

현존$M_{볼트}$ 16.56kN · mm < 허용$M_{볼트}$ = 19.40kN · mm

10.8
여러 시스템들

1) 플라너Planar 시스템(필킹톤)

기본 원리 : 강접
유리 종류 : 단층유리(10.0mm부터 단층유리, 합성유리),
　　　　　단열유리(32.0mm부터)
크기 : 50.0mm의 통일된 쥠쇠

이러한 시스템에 있어서 견고한 시스템의 작은 휨은 지지대와 하부구조 사이에 실리콘을 채워서 유연한 유리판으로 달성될 수 있다. 이러한 시스템 내에 필킹톤은 파사드의 투명성에 대한 가능성을 제공하였다. 여기에서 압착판은 투명한 재료로 제작되었다.

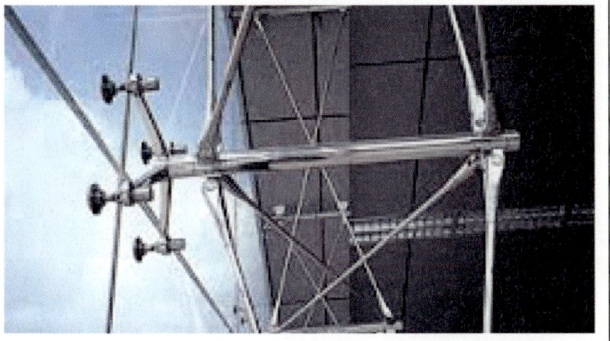

▲ 그림 10-34
플렉시블한 유리로 된 견고한 시스템, Planar 시스템(Pilkington)

▶ 그림 10-35
필킹톤의 투명한 점 지지대

▼ 그림 10-36
Planar 시스템

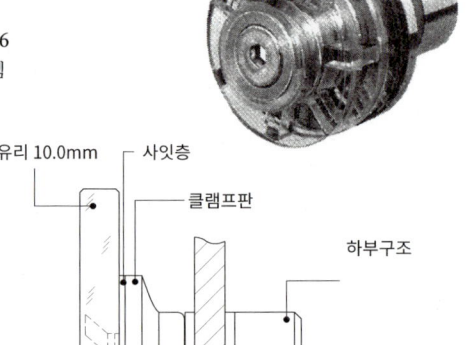

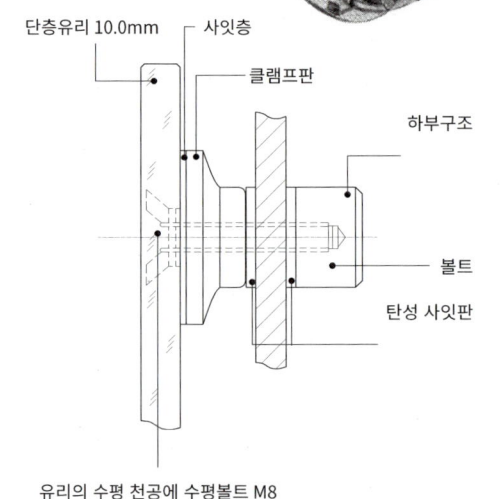

유리의 수평 천공에 수평볼트 M8

2) 로단Rodan 시스템 (Robert Danz)

기본 원리 : 강접/힌지
유리 종류 : 단층유리(단층유리, 합성유리)
크기 : 50.0/60.0/70.0/80.0mm

이러한 시스템은 조립과정에서 큰 허용오차를 만회할 수 있는 가능성이 있도록 큰 유리천공을 통하여 제공한다. 이러한 목적을 위해 실행한 후에 천공은 강성을 높이기 위해 철분을 합성시켜 자체개발된 에폭시수지Epoxidharz로 채워진다. 외부로부터 건축물에 발생되는 더 이상 해결할 수 없는 허용오차가 발생한다. 이러한 시스템에 있어서 하부구조는 쥠쇠와 함께 용접하거나 또는 나사볼트 및 경사나사로 죄인다. 힌지로 유리면 앞에 힌지또는 힌지 없이 시공된다.

▼ 그림 10-37
상 : 힌지가 있는 견고한 시스템
하 : 힌지가 없는 견고한 시스템

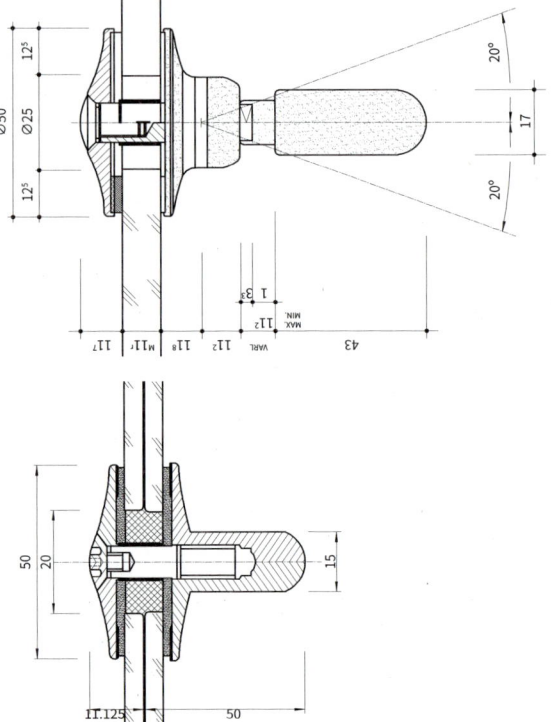

3) 멀티포인트Multipoint 시스템(Vegla)

기본 원리 : 힌지
유리 종류 : 단층유리(단층유리, 합성유리), 단열 유리
크기 : 50.0/60.0/70.0/80.0mm

이러한 고정의 기본적인 부재는 지지접시(∅−45.0~80.0 mm)에 매설 된 둥근머리를 갖는 나사봉으로 이루어진다. 재료로서 부식되지 않는 스텐레스강과 풍화작용에 강하고 적절한 강성이 있는 합성수지가 이용된다. 유리면에 힌지 삽입과 유리면 외부에 힌지가 있는 두 가지의 시공법이 있다. 추가적으로 이러한 쥠쇠는 깊이를 조절할 수 있는 형태로 제공하고 있다.

▼ 그림 10-38
상 : 유리판 내에 힌지 설치
하 : 유리판 외부에 힌지 설치

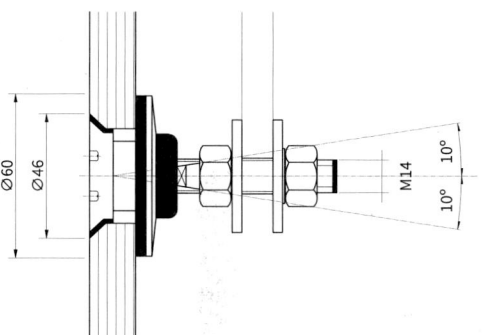

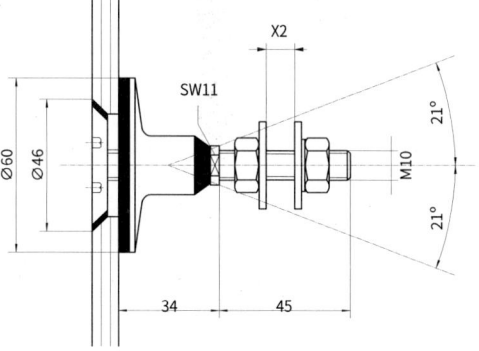

4) 유로콘트롤Eurocontrol 시스템

기본 원리 : 강접/힌지
유리 종류 : 단층유리(단층유리, 합성유리)
크기 : 50.0/60.0/70.0/80.0mm

유로 콘트롤의 쥠쇠는 렌즈머리 형태로서 유리표면과 인장봉의 고정을 위하여 용접된 이음판으로 마무리 된다.

크기	∅ A	∅ B	C	D	E	F	∅ G
50	50	M12×15	58	12	8.5	43	33
60	60	M12×15	58	14	10.5	43	33
70	70	M14×15	58	14	11	45	38
80	80	M14×15/M16×15	58	14	12	45	38

크기	∅ A	∅ B	C	D	E	F	∅ G
50	50	M12×15	58	12	8.5	38	33
60	60	M12×15	58	14	10.5	38	33
70	70	M14×15	58	14	11	42	38
80	80	M14×15	58	14	12	42	38

▲ 표 10-3
상 : 힌지 점지지
하 : 견고한 점지지

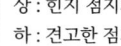

▶ 그림 10-39
상 : 견고한 시스템
하 : 유리판 내에 힌지 설치

A = 덮개 직경
B = 볼트 직경
G = 천공 직경

10 유리의 점지지 형태

5) 글라스마르테Glasmarte 시스템

기본 원리 : 강접/힌지
유리 종류 : 단층유리(단층유리, 합성유리)
크기 : 50.0/60.0/70.0/80.0mm

이러한 죔쇠의 변형은 예외 없이 스텐렌스강으로 완성된다. 여기서도 힌지를 사용하거나 또는 힌지를 사용하지 않는 두 가지 방법이 있다. 볼 힌지 +/- 20° 각도로 모든 방향으로 운동이 가능하고 경우에 따라 제동을 걸고, 움직이거나 움직이지 않게 시공될 수 있다.

6) 펠라스토Felasto 시스템

기본 원리 : 강접/ 힌지
유리 종류 : 단층유리(단층유리, 합성유리)
크기 : 50.0/60.0/65.0mm

이러한 시스템은 충격하중을 개선시키기 위해 탄성판 둘레에 유리판 면내에서 볼힌지를 확장시킬 수 있다. 유리면 내부 또는 외부에 힌지로 시공할 수 있는 두 가지 방법이 있다.

▼ 그림 10-40
상 : 유리판 외부에 힌지
하 : 힌지가 없는 경우

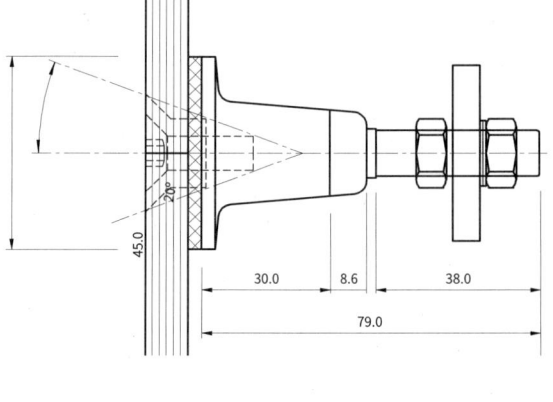

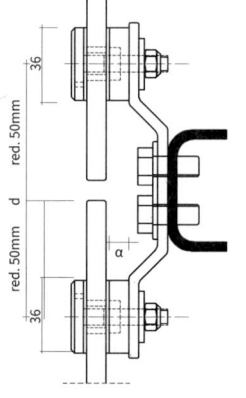

▼ 그림 10-41
유리판 내에 힌지 설치

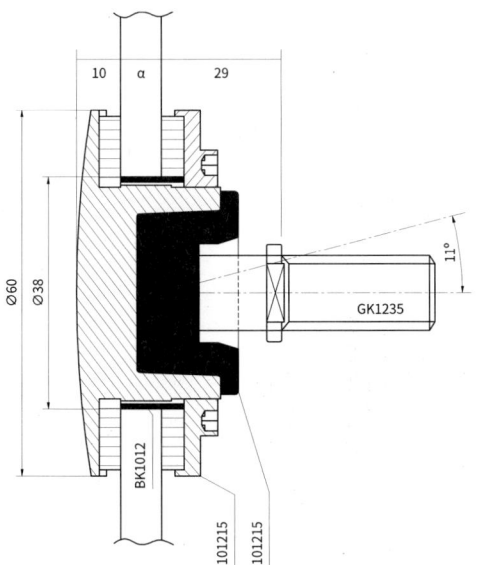

7) 메가텍 세퀴리포인트Megatec Securipoint 시스템(Vegla)

이러한 시스템의 특징은 합성유리가 깔려있는 어미 플랜지 사이에 유리와 쬠 연결이 가능하다는 점이다. 이러한 시스템에 있어서 자중부담을 위하여 수평적인 점형태의 지지가 요구된다.

8) 라이트월Litewall 시스템(Vegla & Eckelt)

이러한 시스템에 있어서 점지지는 단지 내부유리에 고정된다. 특별한 과정에 있어서 스텐레스강 쬠쇠는 강접되고 단열유리 내에 방수는 공장의 조립과정에서 처리된다. 고정방법과 외부 영역에서 매끄러운 유리표면을 통한 열전달은 이러한 시스템의 장점이다.

▼ 그림 10-42
메가텍 세퀴리포인트 시스템

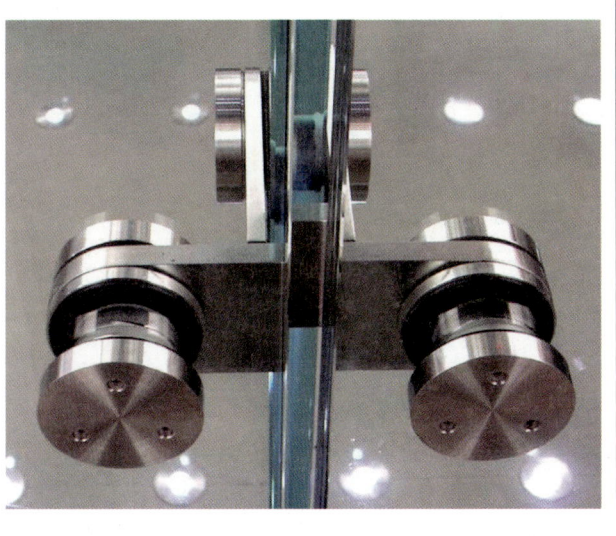

▼ 그림 10-43
라이트월 시스템

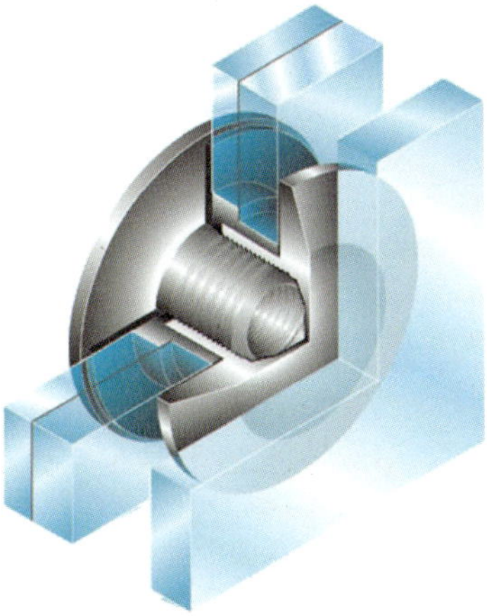

10 유리의 점지지 형태

11

자유형상의 그리드 쉘 유리구조

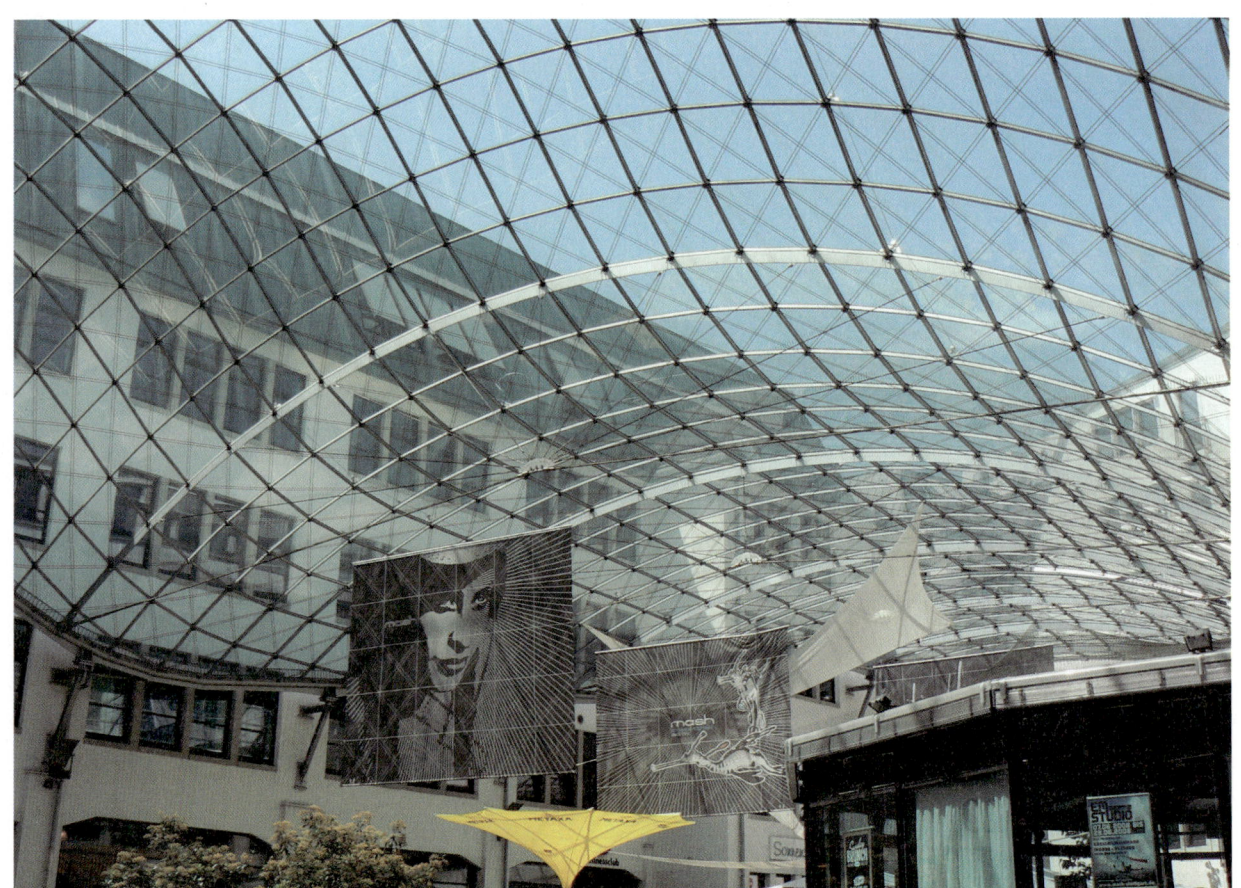

▲ Bosch Arenal, Stuttgart

자유행성이 그리드 쉘 우리구조

11

베를린 DZ-Bank(F. Gehry), 싱가포르 예술센터(V. Gore), 런던 대영박물관(N. Foster) 그리고 최근에 중앙축과 서비스센터 지붕이 있는 밀라노 박람회(M. Fuksas)와 같은 건축물에 영향을 받아 자유형상 외피는 최근 몇 년간 점점 더 인기를 얻고 있다.

단층 자유형상 그리드 구조물은 건물의 입면을 형성하는 파사드 및 지붕에 있어서 자유형상의 디자인이 돋보이게 하는 구조물이다. 디자이너 혹은 건축가의 측면에서는 독창적이고 자유로운 설계 콘셉트가 단순히 아이디어에만 국한되지 않고 실제의 건물에 반영이 되고 있는 측면에서 의미를 부여할 수 있을 것이다.

반면 구조적인 측면에서는 수학적으로 구현하기 힘든 형태의 구조물이 경제적인 측면에서도 최적의 상태를 갖고 있으면서 자중과 다양한 외력에 합리적으로 잘 견디게 설계해야하기 때문에 상당히 높은 수준의 구조적인 지식과 경험을 필요로 하게 된다.

무엇보다 실제 구조물을 시공하기 위해서는 일반적인 건물의 설계와 부재의 제작 프로세스와는 다른 일련의 과정들을 필요로 하게 되는데 이는 단층 자유형상 그리드 구조물의 전체 공사비와 시공의 완성 여부를 결정짓는 중요한 요소로 작용한다.

이 단원에서 자유형상 형태의 그리드 쉘에 대해 디자인과 관련된 기하학적 그리고 그에 상응하는 구조적 문제에 대한 간략하게 기술하고자 한다.

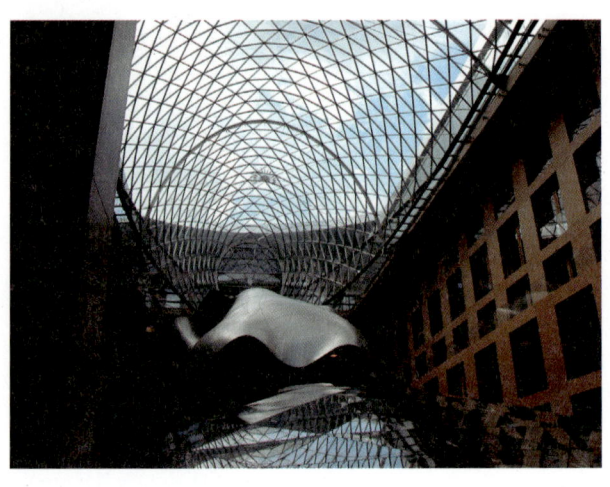

▲ 그림 11-1
베를린 DZ Bank, Berlin

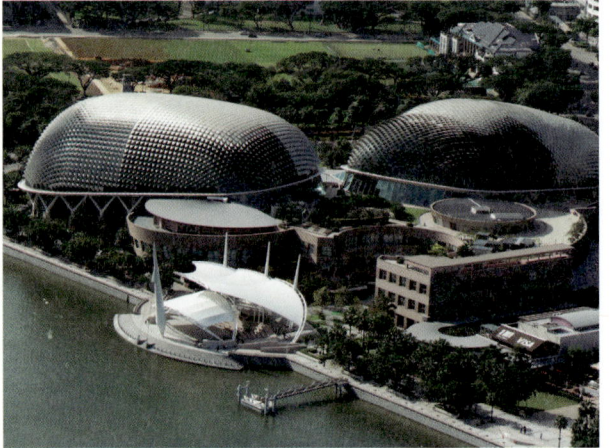

▲ 그림 11-2
싱가포르 예술센타, Singapore

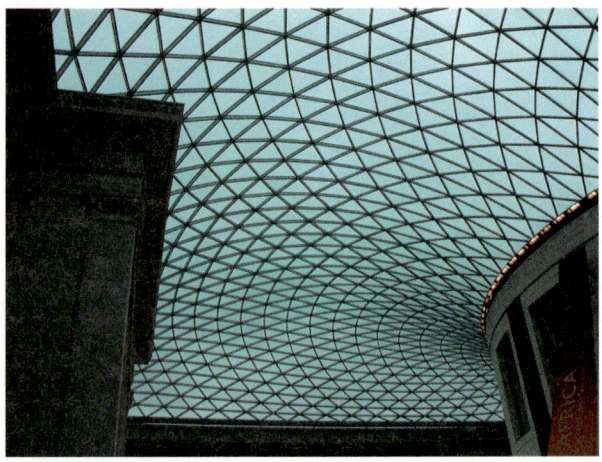

▲ 그림 11-3
대영박물관, London

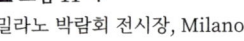

▲ 그림 11-4
밀라노 박람회 전시장, Milano

11.1
곡면 기하형태

곡면은 대상(객체, 사물)의 표피이다. 우리는 곡면을 시각적으로 인식함으로써 주변 대상들의 형태를 인지한다. 공간은 곡면의 관점에서 정의되고 측정할 수 있으며, 곡면은 공간을 에워싸고 제한한다.

곡면은 삼차원 유클리드 알고리즘Euclidean Algorithm에 포함된 이차원의 연속 형상이다. 따라서 곡면은 일종의 이차원 세계를 구성하며, 이것은 점, 직선 및 곡선 그리고 네트워크network과 같은 다양한 종류의 기하학적 객체를 담을 수 있다.

<그림 11-5>은 곡률에 대한 주요개념을 설명하고, <그림 11-6>은 제시된 곡률의 분류를 나타낸다.

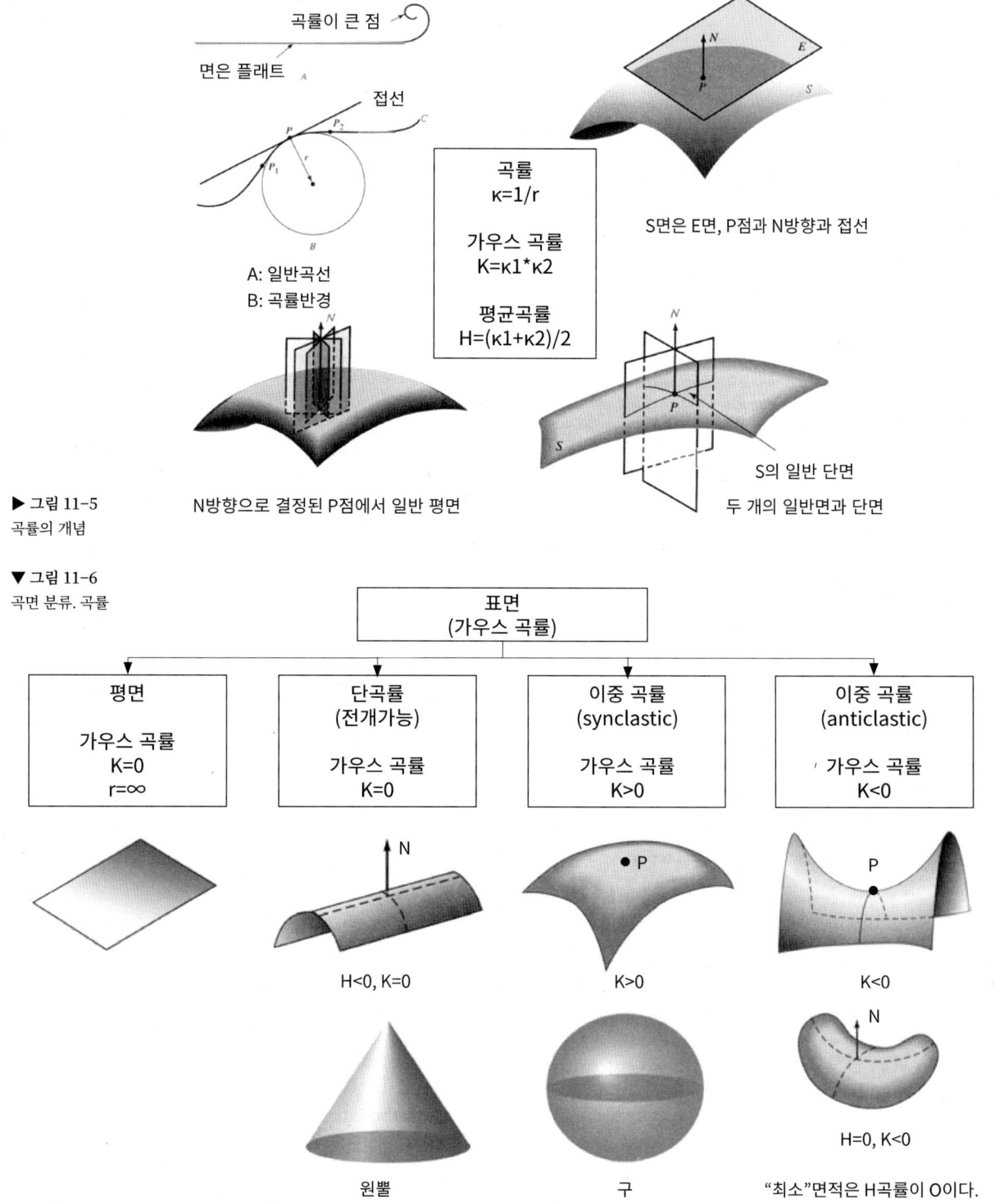

▶ 그림 11-5
곡률의 개념

▼ 그림 11-6
곡면 분류. 곡률

11. 자유형상의 그리드 쉘 유리구조

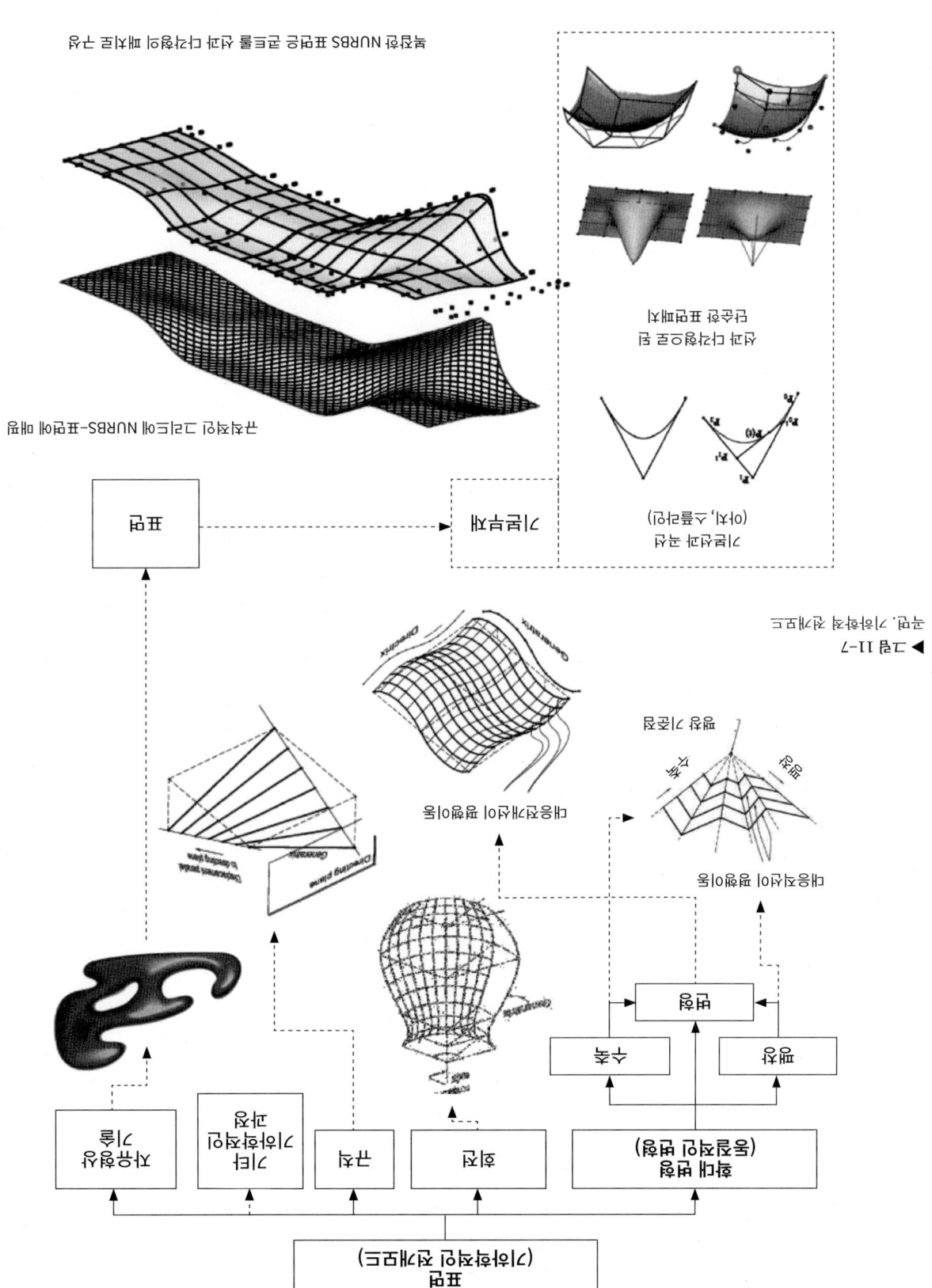

▶ 그림 11-7 성형, 기하학적 설계도구

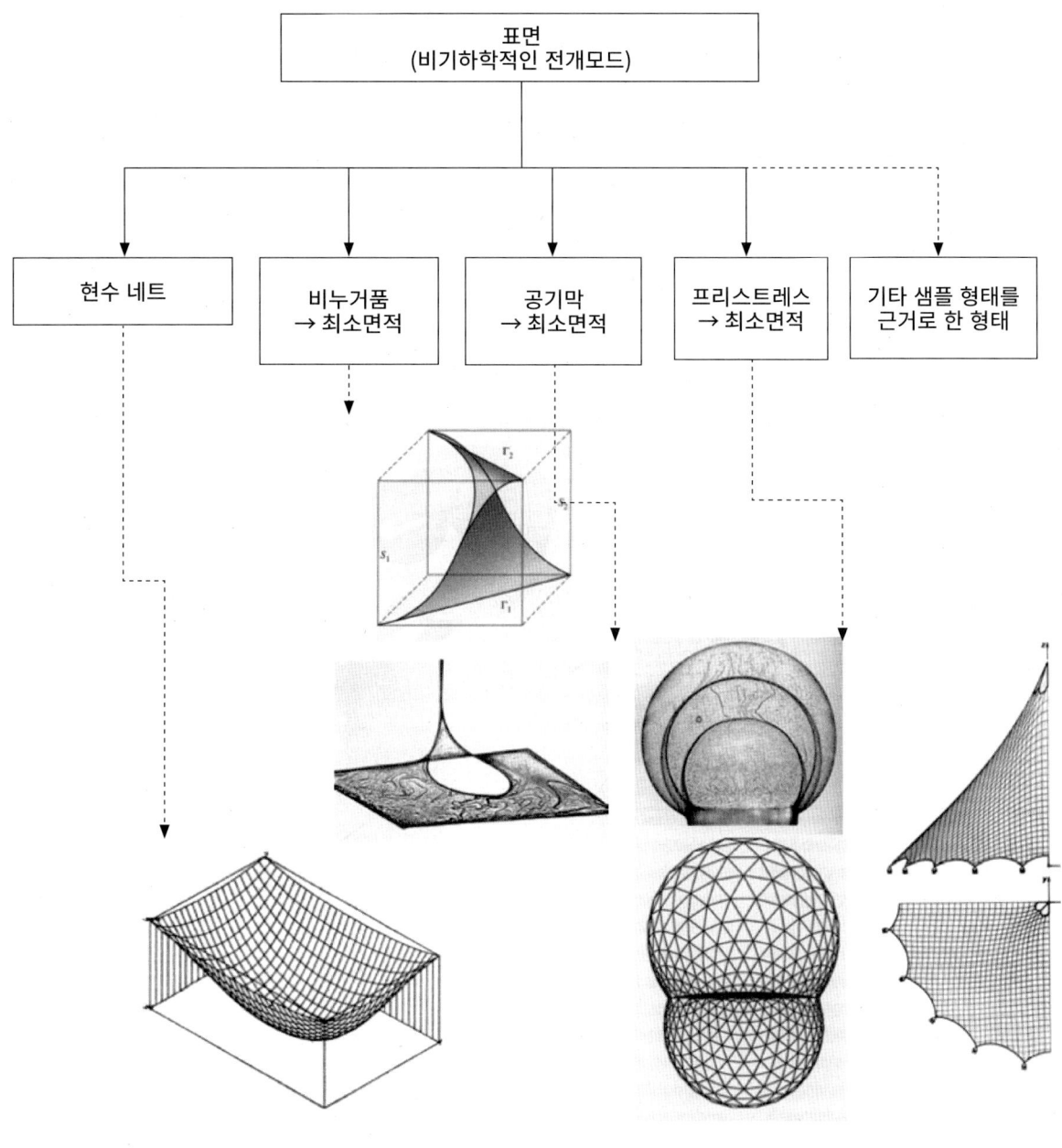

▲ 그림 11-8
곡면. 비기하학적 전개모드 [SFB96]

11. 자유형상의 그리드 쉘 유리구조

곡면은 다양한 방법으로 명시되고 분류될 수 있다. 게오그휴와 드래고미르Gheorghiu & Dragomir의 제안에 따르면, 건축을 위한 곡면은 기본적으로 총곡률 또는 가우스 곡률 값에 따라 분류되고, 다음으로 전개양식에 따라 분류될 수 있다.

곡면생성을 유도하는 프로세스는 전개의 기하학적 모드와 형태부여 매체, 예를 들어 지구중력, 공기압 또는 프리스트레스를 포함한 비기하학적 프로세스로 나뉠 수 있다. 건축목적으로 표면을 기하학적으로 지정하는 가장 편리한 방법 중 하나는 <그림 11-7>에 보이는 것처럼 이를 직선과 곡선의 경로 또는 자취로 고려하는 것이다. 여기서, 직선은 일반적으로 구조부재의 축을 나타내기 위해 사용되는 한편, 축 연결망의 절점은 물리적 커넥터(연결 장치)의 중심점 또는 구조축의 이론적 교차점을 나타낸다.

다수의 표면이 이른바 상사相似 또는 확대변형의 측면에서 정의될 수 있다는 점은 여기서 망상 또는 다면체화된 곡면은 변형과 확장의 기본적 대칭작용의 적절한 조합을 적용하여 얻어지며, 둘 중 후자는 생성요소들에 대한 팽창과 수축을 만들어낸다. 상사변환의 특별한 특징은 3D 공간에서 평행모선母線이라 불리는 전개직선을 유지함으로써 완벽한 평면 메쉬를 가지는 망상구조를 전개하기 위해 사용될 수 있다는 것이다.

표면축 둘레에 순환적 다각형이 모선으로 보여 지면 회전표면은 상사적 관점에서 정의될 수도 있고, 이것은 회전축을 중심으로 팽창하고 동일한 선을 따라 미끄러지면서 서로에게서 얻어질 수 있다. 또한 많은 수의 괘선罫線 표면은, 방향을 갖는 면과 평행한 채로 3D-공간에서 두 사선을 따라 직선을 이동시켜 생성된 쌍곡 포물면처럼, 추가의 변형, 즉 비-평면 다면체가 있는 망상표면에 이르는 회전을 포함한다.

보다 일반적인 표면 그룹은 자유형상들이고, 그 기하학적 규격은 NURBS Non-Uniform Rational B-Spline라는 이름으로 요약된 특별한 계산과 절차에 의존하며, 여기서 이 용어는 비-균일 합리적 B-스플라인splines(운형雲形자, 기계공학 용어)라는 유리함수有理函數: rational function을 나타낸다.

NURBS-곡면 및 -기술은 실제로 상상할 수 있는 형태를 설명할 수 있다. 실린더, 구 또는 다양한 포물면과 같이 정해진 방정식으로 직접 명시될 수 있는 대수적 곡면과 달리, 자유형상 또는 NURBS-곡면은 선, 곡선 및 면, 공식과 절차와 같은 수학적 개체들의 복잡한 구성을 필요로 하고, 이것은 반복적으로 새로운 형태를 지정하거나 심지어 생성하기 위해 상호작용한다.

실제로 형태 디자이너는 자유형 표면의 길고 복잡한 계산에 거의 관여하지 않지만, 수학적 시스템의 관념적 객체와 기능이 CAD-도구로써 구현되고 있는 전문 프로그램 라이노Rhinocer3d를 사용한다. 따라서 이들 도구는 자유형 곡면을 개발, 기하학적으로 구성하고 조작하는데 직관적으로 사용된다.

<그림 11-7>의 아래 부분은 자유형 표면의 NURBS-모델링과 관련된 다양한 기하학적 구성요소를 개략적으로 보여준다. 디자이너는 일반적으로 전체 표면의 경계선을 정의한 다음, 대략적인 골조를 형성하기 위해, 선 및 곡선을 사용하여 그것을 더 작은 더 간단한 영역이나 조각으로 나눈다.

간단한 선과 곡선을 사용하여 내부 골조의 부분들을 규정할 수 있지만, 가장 자주 사용되는 곡선은 어떤 형상도 기술할 수 있기 때문에 스플라인이다. 골조의 밀도는 일반적으로 모델링할 표면의 복잡성과 평탄도에 의해 결정된다. 내부의 패치patch 경계는 일반적으로 표면의 횡단면이며 패치의 모델링에 중요하다. 형상 평탄도 또는 공평함fairness은 곡선 부분들을 형상화하고 그것을 골조의 노드에서 연결하기 위한 일반기준이다. 개별 표면 패치는 곡면생성 함수 또는 도구를 사용하여 전개되며, 이것은 잠재적으로 개별 기하학적 형상의 전체목록을 다룰 수 있다. 일단 곡면패치가 전개되면, 다음 조치는 곡률 평탄도, 접선 또는 단순히 주변에 대한 공동의 경계에서 패치들을 결부시키거나 연결하는 것이다. 결국, 완전한 표면은 연속된 형상으로 나타나야 한다. 건물외피 디자인에서 자유형 표면은 일반적으로 복잡하고, 최종형상을 규정하는 것은 단순한 모델링 작업 이상으로, 형태 모델링, 기능 검사, 수정 및 개선의 상대적으로 길고 반복적인 프로세스이다. 그리드 구조를 위한 자유형 표면의 연결망은 다양한 방법으로 얻을 수 있다. 예를 들어 <그림 11-7>의 아래에 제안된 것처럼, 표면으로부터 고유의 곡선 연결망을 추출하여, 표면상에 외부 평면 연결망의 평행투영 또는 다른 종류의 맵핑mapping 혹은 기하학적 구성으로 얻을 수 있다.

구조물의 표면을 생성하는 비기하학적 모드는 대부분 형상탐색법이라는 용어로 언급되며, 이것은 다시 실험적 그리고 분석적 또는 수치적 방법으로 세분될 수 있다. 물리적 그물 또는 직물 걸기는 압축 그리드 쉘에 대해 형상을 부여하는 오래된 소스source이다.그리고 비눗방울은 공기막 및 프리스트레스 섬유막을 형성하는 방법을 가리키고, 최소한의 표면을 가진 케이블 네트는 실험적인 형상탐색법의 잘 알려진 예이다. 최소표면을 생성하기 위한 "힘-밀도" 및 "동적 이완" 방법 같은 해석적 형상탐색법은 주로 물리적, 실험적인 방법과 수치적 대응관계이다.

<그림 118>는 비기하학적 형상탐색법에 대한 요점을 간략하게 보여준다.

11.2
자유형상 그리드 쉘구조의 디자인

단층 자유형상 그리드의 구조물에 있어서 단층이란 트러스와 같은 공산수소불에서 수직재를 기준으로 상현재, 하현재 두 개의 층으로 구분되는 복층double layer이 아닌 단일부재가 하나의 층, 즉 단층single layer을 이루는 공간구조시스템을 말한다. 기둥 없이 넓은 공간을 덮는 일반적인 트러스 구조물에 비해 이러한 단층 구조물은 설계자가 의도적으로 빛의 확보를 위해 보다 세장細長한 디자인을 가능하게 한다. 하지만 복층에 비해 얇아진 단층의 특성상 지붕에 발생하는 좌굴의 안정문제의 해결은 보다 높은 단계의 구조적 해결책을 요구하므로 설계자나 시공자에게는 상당히 도전적인 시스템이다.

T- 또는 I-단면 및 직사각형 또는 정사각형 단면과 같은 사방정계斜方晶系 구조부재들은 일반적으로 매개면媒介面에 대해 적절히 배치되고 배향背向되어야 한다. 선들의 연결망은 일반적으로 그리드 구조의 부재축을 규정하고 절점은 물리적 커넥터의 중심점 또는 부재축들의 이론적 교차점을 규정한다.

평면은 가장 단순한 경우이며, 소위 비대칭 부재들의 로컬 시스템은 구조평면에 평행하게 또는 수직으로 쉽게 설정될 수 있다. 매개면에 고유한 기준점 또는 축이 있으면, 구에 있어서 점 또는 정형 실린더에 대한 직선과 같이, 비대칭 부재 및 커넥터는 그것들의 로컬 좌표축 중 하나가 단일기준점을 가리키거나 기준축에 수직을 이루는 방식으로 방향을 맞출 수 있다.

곡률이 변화하는 NURBS-곡면의 일반적인 경우에, 곡면의 비대칭 요소들의 방향을 지정하는 과정은 훨씬 더 복잡해진다. 여기서 표면의 로컬 특성, 특히 접선과 법선은 표면에 대해 각형 부재를 배치하고 방향을 맞추는 일관된 수단을 제공한다. 그리드 또는 다면체 구조의 절점에서 법선은 일반적으로 절점에서 다면 법선들의 평균 벡터로 얻어진다. 각형 횡단면의 로컬 수직축을 정의하는 법선은 종종 단면의 종축에 인접한 두 면의 사이각을 이등분하는 선으로 얻어진다. 이 이등분선의 방향은 차례로 인접면 법선들을 벡터를 합하여 결정될 수 있다.

<그림 11-9>의 상부는 자유형 망상구조의 선 모델을 도시하고, 이것은 구조단면의 로컬 좌표계를 정의하기 위해 절점에서 커넥터 축을 규정하는 법선과 선들 중심점에서의 법선과 접선으로 보완되고 있다. 그림의 하부는 매개면에 구조적 구성요소들을 배치하고 방향을 정하기 위해 로컬 요소들이 사용되는 방법의 일부 세부사항을 보여 준다.

단순화를 위해 절점 접선면 상 구조부재의 편각偏角 U_i는 이 절점에서 부재의 수평각이라 한다<그림 11-9a>. 절점 법선에 대한 구조부재의 편각 V_i는 이 절점에서 부재의 수직각이라 한다(그림 11-9b). 구조부재의 법선면과 절점 법선과 부재 종축에 의해 규정된 면 사이의 각도 W_i는 이 절점에서 부재의 비틀림 각이라 한다<그림 11-9c>.

따라서 표면의 로컬 기하학적 구조는 특정 절점에 연결된 모든 구조부재의 로컬 기하학적 변수들 U_i V_i W_i 세트를 통해 설명될 수 있다. 이러한 로컬 기하학적 변수는 두 주요요소 – 표면 곡률 k와 부재의 그리드 구성에 크게 의존한다.

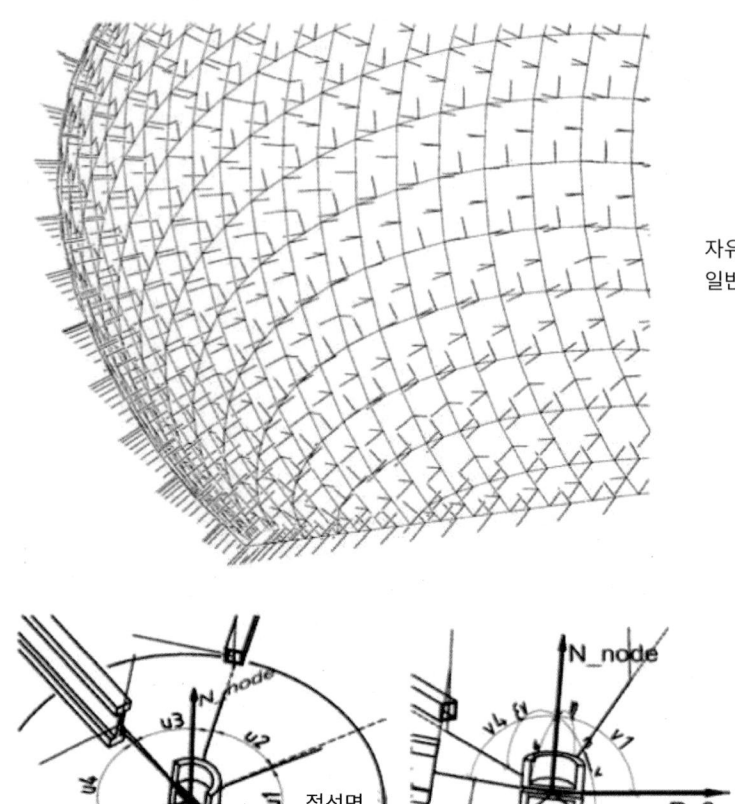

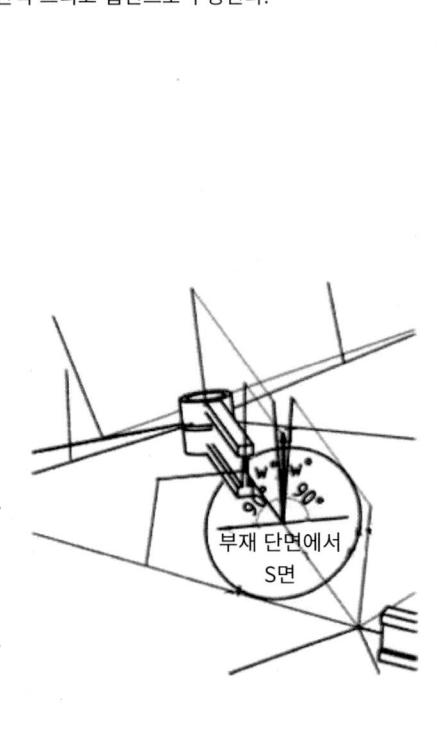

자유형상 네트워크는 절점과 절점 중간에서
일반적 그리고 접선으로 구성된다.

접선면에서 극좌표 U 각도	일반적 N좌표에서 극좌표 V 각도	부재 중앙 단면에서 고려된 절점의 뒤틀림 각도
a) 연결재 방향과 부재는 N절점 둘레에 접선면이 배치된다.	b) N절점으로 기울어지는 부재는 접선면 외부에 위치한다.	c) 부재는 절점 끝에서 절점에 대 중앙 단면에서 비틀림 특징이 있다.

▲ 그림 11-9
로컬 기하학적 요소의 적용 : 법면과 접면

11. 자유형상의 그리드 쉘 유리구조

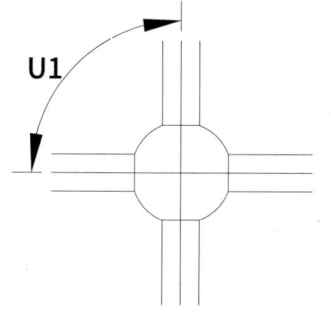

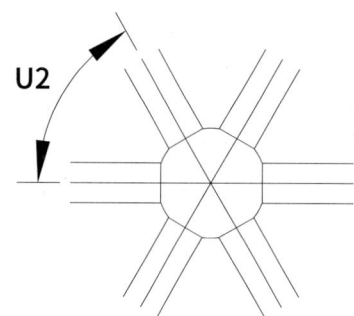

<사각형 그리드>

<삼각형 그리드>

▲ 그림 11-10
다른 그리드의 수평각

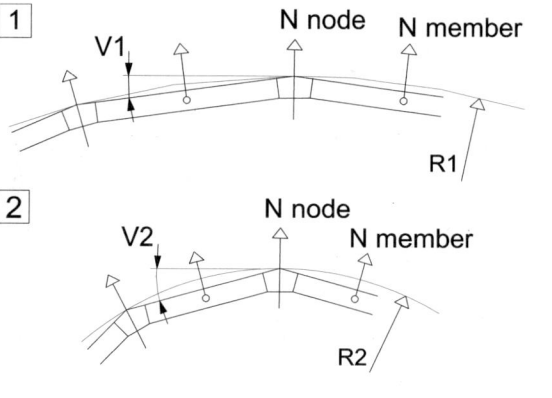

임의 설섬에서 부재의 수평각은 주로 그리드 구성에 따라 나른다. <그림 11-10>은 예시적인 두 다른 그리드―더 큰 수평각 U_1을 갖는 사각형 그리드와 더 작은 수평각 U_2를 갖는 삼각형 그리드를 보여준다. 절점에서 부재의 수직각은 부재의 길이방향에서 주로 표면 곡률 $k=1/R$에 의존한다. <그림 11-11>은 예시적인 두 다른 곡률 – 더 작은 수직각 V_1 [1]을 갖는 작은 곡률 $k_1=1/R_1$과 더 큰 수직각 V_2 [2]를 갖는 더 큰 곡률 $k_2=1/R_2$를 보여준다.

임의 절점에서 부재의 비틀림각은 그리드 구성 및 표면 곡률에 따라 다르다. <그림 11-12>은 예시적인 두 다른 그리드 구성을 보여준다(표면 곡률은 일정하게 유지) – 정렬각整列角 G_1은 더 큰 비틀림각 W_1 [1]을 야기하고 정렬각 G_2는 보다 작은 비틀림각 W_2 [2]를 이룬다.

최적화되지 않은 자유형, 그리드 구조의 디자인은 다음과 같은 두 가지 이유로 복잡하다.

― 구조적 거동은 일반적으로 예측할 수 없다. 주로 단층구조에서, 구조부재의 응력은 단독 인장 또는 압축응력에서부터 두드러진 휨응력에 까지 이를 수 있다.

― 구조부재의 로컬 기하학적 변수는 구조물에서 크게 다를 수 있다. 한 절점에 인접한 구조 부재들의 로컬 기하학적 변수조차도 매우 다를 수 있다.

원칙적으로, 위에서 언급한 형상탐색법은 자유형 그리드 구조물의 구조적 거동에 영향을 미치는 최적화 방법으로 볼 수 있다(구조 최적화). 구조부재들 사이의 사각형 면을 완벽하게 평면화하거나 로컬 기하학적 변수의 주요 변화를 피하기 위해, 예를 들어 상사변환을 사용하는 그리드 구조의 전개는 최적화 방법으로도 이해될 수 있다(기하학적 최적화).

복잡한 디자인에도 불구하고, 비-최적화 자유형 구조물의 수가 최근 몇 년 동안 증가하고 있다. 이는 주로 강력한 NURBS-기능을 갖춘 CAD 프로그램의 가용성과 기술적 제한을 고려하지 않는 디자인에 대한 건축적 선호에서 기인한다.

이러한 상황에서 유일한 해결책은 변화하는 구조거동 및 구조부재의 다양한 기하학적 변수에 대처할 수 있는 융통성 있는 절점연결의 디자인이다.

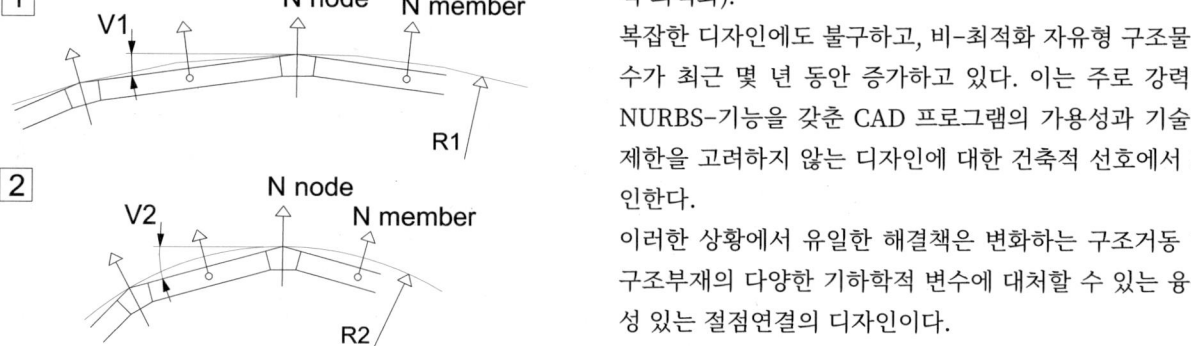

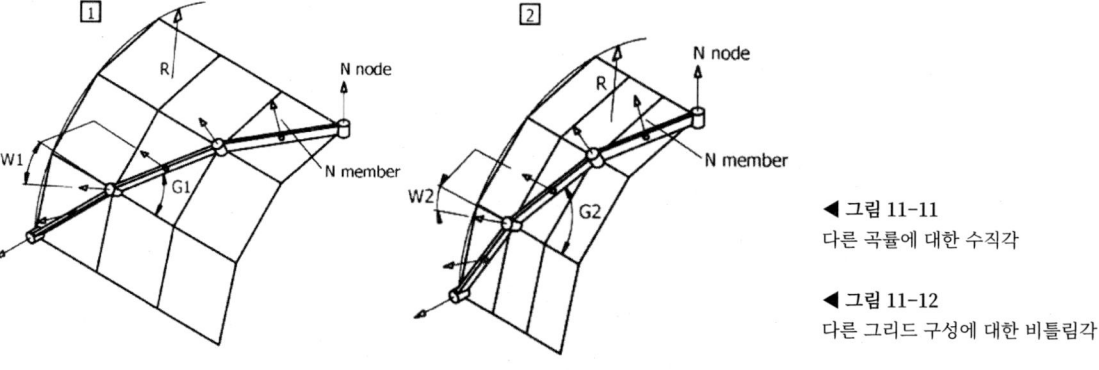

◀ 그림 11-11
다른 곡률에 대한 수직각

◀ 그림 11-12
다른 그리드 구성에 대한 비틀림각

11.3
복층 자유형상의 절점연결

이들 중 자유형 구조의 실현을 위한 두 가지 주요 개념-단층 구조와 복층구조가 있다. 후자의 개념은 오랜 세월부터 잘 알려져 있다. 이중 레이어 구조에 대한 절점연결의 포괄적인 비교는 참고문헌에 게재되어 있다.

이중 레이어 구조의 전형적인 절점연결은 볼을 이용한 연결이다<그림 11-13>. 이 유형의 연결은 [MERO], [Krupp-Montal], [Züblin], [Tuball] 및 기타 공간 구조시스템에서 적용되었다. 이 연결유형의 설계 및 계산은 참고문헌에 체계적으로 기술되어 있다. 외피요소는 점지지 받침을 통해 볼ball 연결 요소에 적절하게 연결된다. 예를 들어 Rotula(슬개골膝蓋骨)가 있는 스파이더 커넥터는 유리요소들의 고정장치로 자주 사용된다. 외피요소가 선형지지를 필요로 하는 경우, 보조 프레임 또는 퍼린purlin이 볼 노드에 연결되어야 한다.

복층구조에서 볼 노드에 대한 보완 요소는 MERO 회사에 의해 개발된 보울bowl 절점(그림 11-14)이다. 보울 절점은 바깥쪽에 외피요소의 직접적인 지지체로써 각형 단면의 구조부재(예를 들어 RHS)를 사용할 수 있게 한다. 지난 몇 년 동안 볼과 보울 절점연결의 복합 적용으로, 스톡홀름 글로브 아레나Globe Arena, 에덴 프로젝트Eden Project, 싱가포르 예술센터Arts Center 같은 야심차고 자유로운 기하학 형태의 여러 복층구조를 성공적으로 실현할 수 있었다.

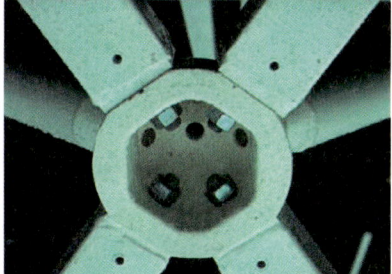

▲ 그림 11-13
MERO 볼(ball) 노드 커넥터

▲ 그림 11-14
MERO 보울(bowl) 노드 커넥터

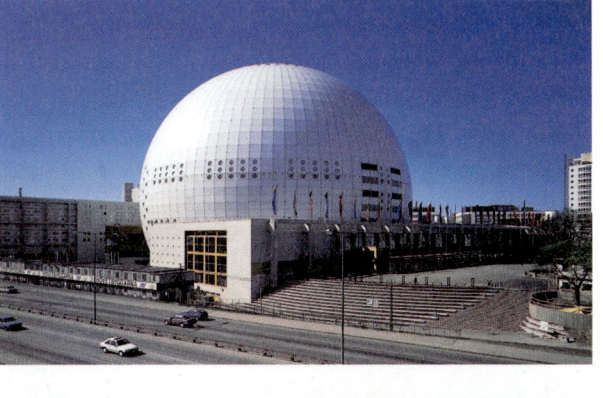

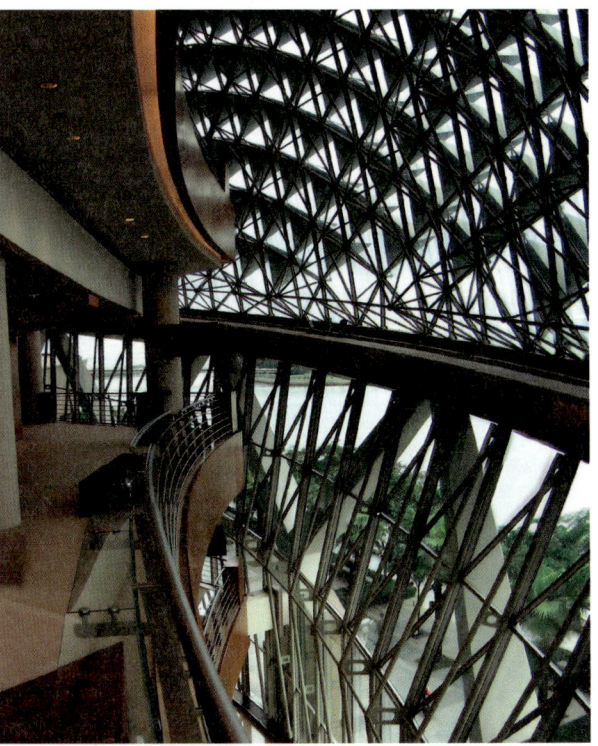

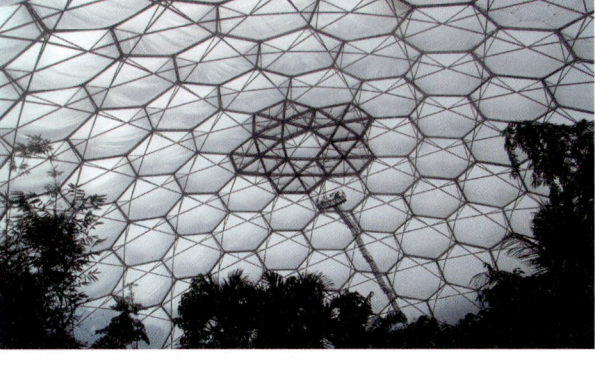

◀ 그림 11-15
글로브 아레나, Stockholm

◀ 그림 11-16
에덴 프로젝트, St.Austell

▲ 그림 11-17
싱가포르 예술센타, Singapore

11. 자유형상의 그리드 쉘 유리구조

11.4
단층 자유형상의 절점연결

난층 사유형상의 그리드 구조물은 앞에서 설명한 단층의 특성에 전체 혹은 국부적인 지오메트리geometry가 일정한 형식 혹은 틀에 매이지 않는 자유형상이며 힘을 받는 실질적인 구조요소들은 철 혹은 목재와 같은 재료의 물성을 갖는 그리드들의 집합체이다.

이러한 단층 자유형상 그리드 구조물의 합리적인 설계를 위해서는 어떤 요소들을 특별히 고려해야 하는 것일까?

11.4.1
형태와 그리드의 최적화

<그림 11-18>은 독일 프랑크푸르트의 마아차일MyZeil이다. 이탈리아 건축가 푹사스M. Fuksas와 독일 엔지니어 크니퍼스 헬비히Knippers & Helbig의 협업으로 완성된 이 프로젝트는 약 12,000m²의 단층 자유형상 그리드 구조물이다. 자유형상의 완성도가 높은 엔벨로프envelope이며 그리드의 재료는 철이며, 외장은 유리와 알루미늄 복합 패널이 적용되어 있다.

<그림 11-19>에서 보는 바와 같이 먼저 형상에 대한 최적화와 그에 따른 그리드의 최적화 패턴을 가장 먼저 하게 된다. 이 단계는 설계의 가장 첫 번째 단계이면서 가장 중요한 단계이다. 왜냐하면 건축가가 원하는 전체적인 자유형상을 결정짓게 될 뿐만 아니라, 응력의 집중현상을 막고 하중이 자연스럽게 흐르며 각각의 곡률 정도에 따른 접합부의 제작범위와 외장재의 방수 디테일 등의 공사비용이 예상될 수 있기 때문이다.

그렇다면 이 단계에서는 과연 누가 책임을 지고 진행을 해나가야 하는가하는 질문과 접하게 된다. 기존의 설계방식으로 생각해 볼 때 구조물의 초기 형상은 건축설계자가 제시하는 것이 일반적이다. 하지만 이러한 단층 자유형상 그리드 구조물의 경우 초기 기하형태는 구조적인 안정성이 반드시 고려되어야 하기 때문에 구조 설계자 혹은 구조 디자이너가 반드시 초기부터 같이 진행해야 한다. 물론 순수 건축 설계자에 의해서 최적의 형태를 제시할 수 있다. 그러나 구조물 자체가 형태 저항형의 성격을 나타내고 있기 때문에 구조 디자이너의 확인을 반드시 필요로 하게 된다.

▼ 그림 11-18
마이차일 내외부 모습

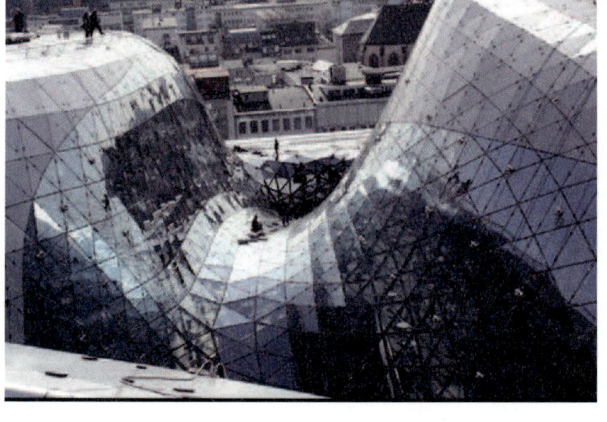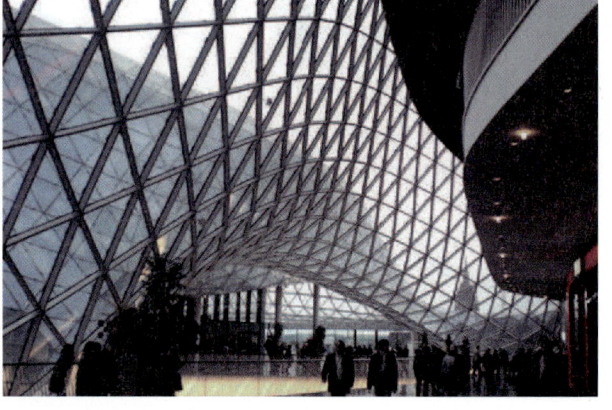

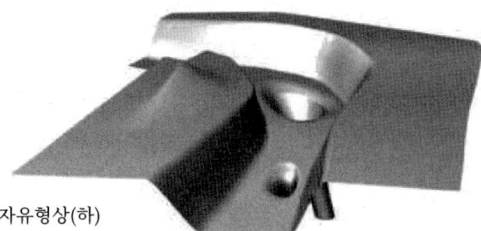
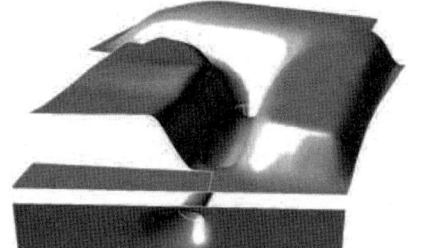

▶ 그림 11-19
초기 디자인 컨셉트(상)/최적화 된 자유형상(하)

11.4.2
접합시스템

전체 자유형상의 곡률들은 직선의 부재들이 각각의 다양한 각도로 제작되어 있는 접합시스템과 만나 이루어지고 있다(그림 11-20 참조). 그렇기 때문에 시공성이 우수하며 제작비용이 최대한 경제적인 접합시스템이 반드시 필요로 하게 된다.

다른 일반적인 복층 트러스에 비해서 단층구조물의 전체적인 재료비가 절감이 되는 것이 사실이다. 하지만 복잡한 각도를 표현할 수 있으며, 축력뿐만 아니라 모멘트에 저항할 수 있는 접합시스템의 개발비용이 전체 복층 공간 트러스의 제작비용보다 때로는 높기 때문에 합리적인 접합시스템의 개발이 전체 공사비를 좌우하게 된다. 구조 해석적인 측면에서는 용접을 하느냐 아니면 볼트를 사용하느냐에 따라서 반강접의 성격을 해석상에 가능한 적용해야 하는 것 또한 중요한 설계요소이다.

최근 수년간 단층구조의 중요성이 증가한 것은 투명한 건물외피에 대한 건축적 선호 때문이었다. 단층구조의 절점연결은 스플라이스splice와 엔드-훼이스 end-face 연결의 두 가지 기본 그룹으로 나눌 수 있다. 단층구조에 대한 노드 커넥터의 첫 비교는 피셔K. Fischer에 의해 이루어졌다. 다음에서 지금까지 확립된 절점연결의 대부분이 설명되고 서로 비교될 것이다.

▼ 그림 11-20
마이차일에 적용된 접합 시스템

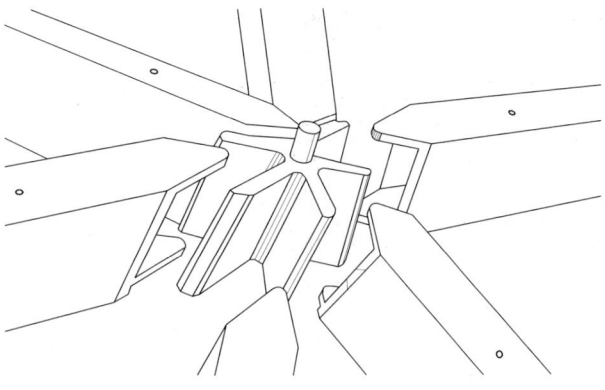
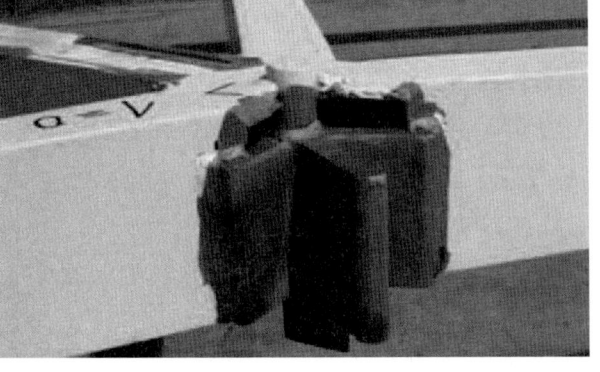

11.4.3
스플라이스splice 연결

이들 절점연결는 다음과 같은 특징이 있다.
- 절점과 연결된 구조부재 사이의 접촉면은 부재의 종축에서 스플라이스 판板을 따라 연결된다.
- 접합은 전단볼트 이음 또는 용접으로 이루어질 수 있다.

1988년 SBPSchlaich Bergermann & Partner는 스플라이스 연결로 된 그리드 구조의 기본원리를 발표했으며, <그림 11-21>에 첫 번째 완성된 [SBP-1]이 보여 진다. 절점연결은 단일 중앙볼트로 연결된 두 개의 평판으로 구성된다. 동시에, 케이블 가새용 클램프는 중앙볼트를 통해 절점에 연결될 수 있다. 각 구조부재는 두 개 이상의 일면 전단볼트로 수평 스플라이스 판에 연결된다. 중앙볼트는 구조부재들 사이의 수평각 U_i를 용이하게 조정할 수 있게 한다. 수직각은 스플라이스 판를 굽혀서 조절할 수 있다. 비틀림각은 매우 제한된 불완전한 범위에서만 조정될 수 있다. 스플라이스 판의 단면높이가 작기 때문에 이 절점연결은 제한된 휨모멘트만 전달할 수 있다.

스플라이스 커넥터의 이러한 구현은 함부르크 역사박물관의 중정지붕이나 네카술름의 아쿠아톨Aquatoll의 실내수영장 지붕과 같은 몇몇 자유형 구조에서 성공적으로 사용되었다.

<그림 11-25>은 오리지날 스플라이스 연결을 차후 수정한 [SBP-2]를 보여준다. 수정된 절점연결은 이전 버전과 같이 단일 중앙볼트로 연결된 세 개의 평판으로 구성된다. 두 개의 바깥쪽 수평 스플라이스 판은 두 개 이상의 이면 전단볼트로 구조부재 단부의 가공된 러그 피팅lug fitting에 연결된다. 안쪽 스플라이스 판은 두 개 이상의 이면 전단볼트로 다른 구조부재 단부의 가공된 포크 피팅fork fitting에 연결된다. 수평, 수직 및 비틀림 각의 한계는 [SBP-1]과 동일하다. 이면 전단연결로 인해 [SBP-1]보다 큰 휨모멘트가 전달될 수 있다. 이 버전의 스플라이스 연결은 베를린, 슈팬다우Spandau 철도역 지붕구조에 제안되었다.

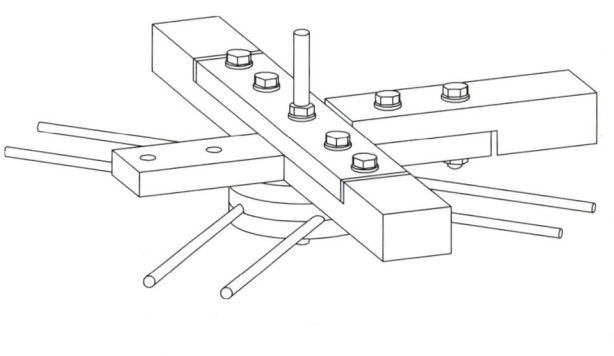

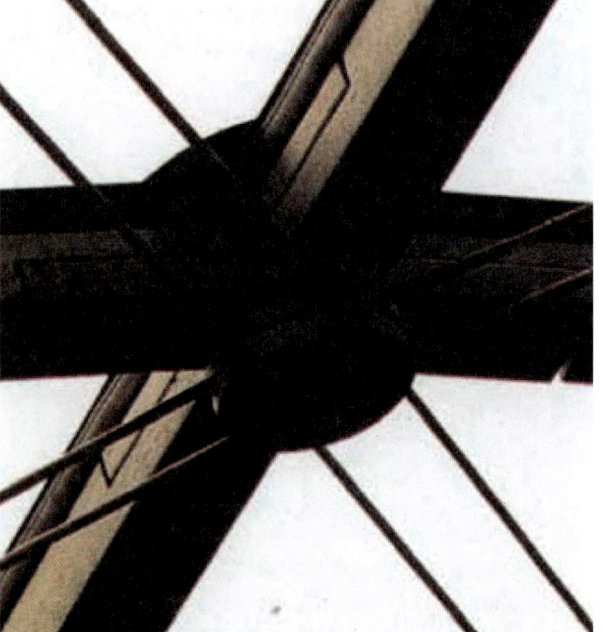

▲ 그림 11-21
스플라이스 연결[SBP-1]

▶ 그림 11-22
스플라이스 연결 사례[SBP-1]

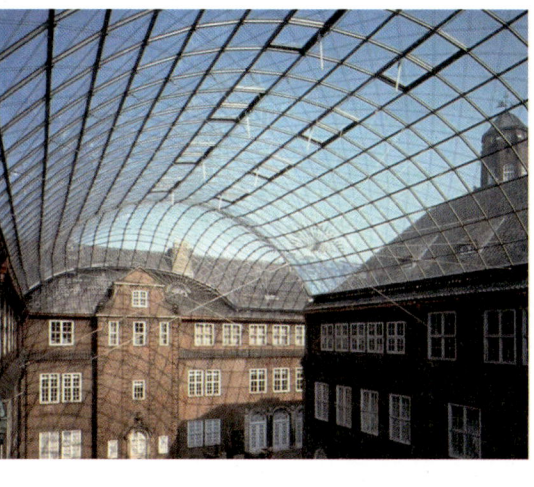

▲ 그림 11-23
함브르크 역사 박물관, Hamburg

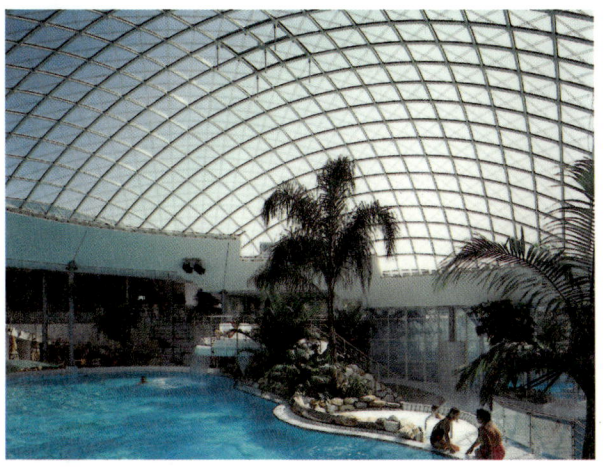

▲ 그림 11-24
아쿠아톨, Neckarsulm

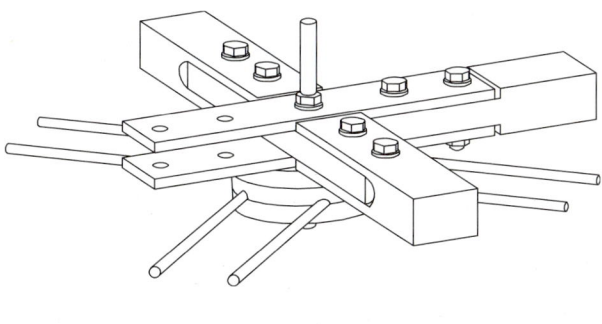

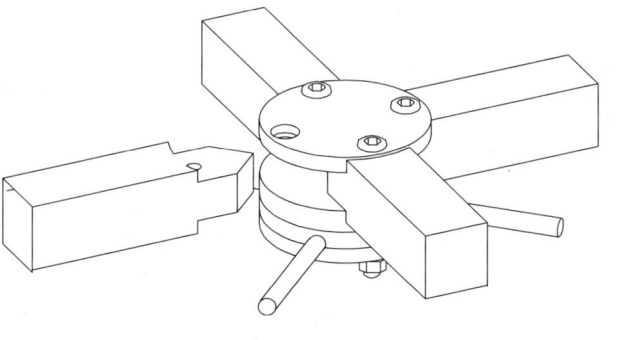

▲ 그림 11-25
스플라이스 커넥터[SBP-2]

▶ 그림 11-26
슈팬다우 철도역, Berlin\

▼ 그림 11-27
스플라이스 연결[HEFI-1]

<그림 11-27>는 스플라이스 연결[HEFI-1]을 보여주고, 이것은 1999년 휘셔 Fischer 회사가 발표하였다. 절점연결은 원둘레 홈과 네 개의 구멍이 있는 두 개의 평평한 원형판으로 구성된다. 구조부재는 모따기된 단부에 전단 뿔이 있고 가공된 피팅이 있다. 전단 뿔은 두 원형판의 홈에 연결된다. 원형판과 구조부재는 볼트로 고정된다.

절점에서 구조부재의 수평, 수직 및 비틀림 각은 부재의 대응하는 단부가공 피팅의 기하학적 형상에 의해 특정 한계 내에서 수용될 수 있다. 스플라이스 연결 [HEFI-1]은 베를린 프리드리쉬스트라세Friedrichstrasse의 중정지붕과 베를린의 동물원 하마 하우스에 적용되었다.

11. 자유형상의 그리드 쉘 유리구조

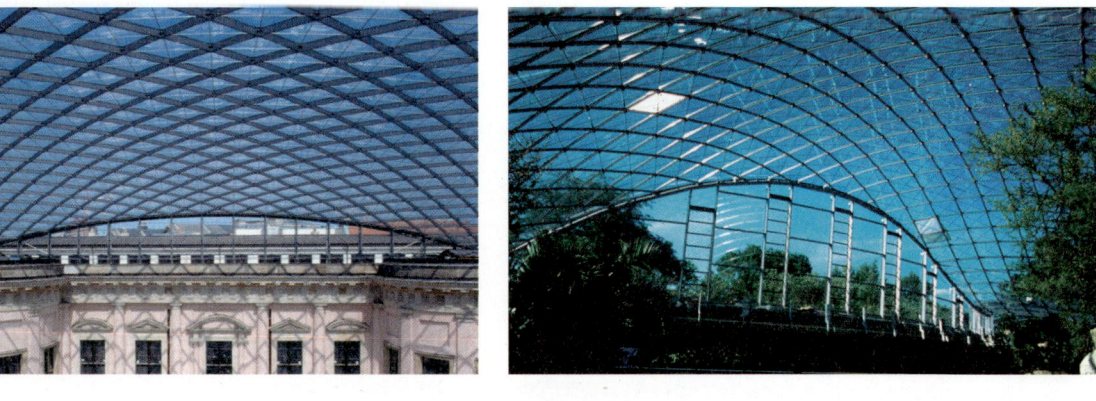

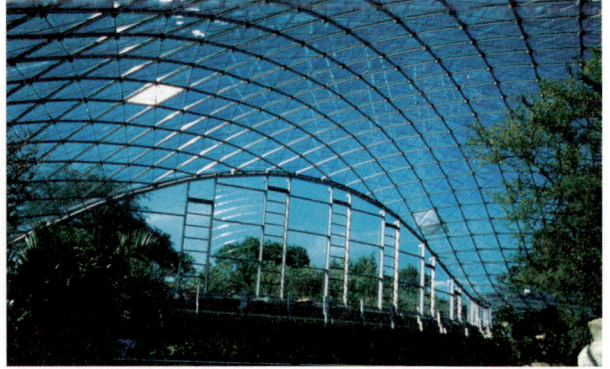

▲ 그림 11-28
프리드쉬트라세의 중정, Berlin

▶ 그림 11-29
동물원 하마 하우스, Berlin

<그림 11-28와 29>은 베를린 DZ-Bank의 중정지붕을 위해 SBP가 1996년에 개발한 스플라이스 커넥터[SBP-3]을 보여준다.

<그림 11-30와 31> 절점연결은 최대 6개의 수평 핑거finger 스플라이스 판이 있는 견고한 판으로 구성된다. 구조부재들은 단부에 가공 포크 피팅이 있고, 이것은 두 개 이상의 이면 전단볼트로 절점의 핑거 스플라이스 판에 연결된다. 이 절점에서 구조부재의 수평, 수직 및 비틀림 각은 가공된 핑거 스플라이스 판의 기하학적 구조에 의해 어느 정도 수용 될 수 있다.

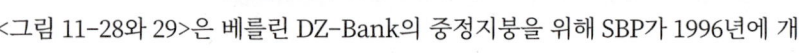

▲ 그림 11-30
스플라이스 연결[SBP-3]

▶ 그림 11-31
스플라이스 커넥터[SBP-3]

<그림 11-32>은 수직 스플라이스[POLO-1]이 있는 스플라이스 연결의 기본 디자인을 보여준다. 쾰른의 중앙역 캐노피 지붕을 위해, IPPIngeniur Poloni & Partner가 유사한 절점 디자인을 개발하였다.

이 절점연결은 원통형 또는 각형 코어와 최대 6개의 수직 스플라이스 판으로 구성된다. 구조부재는 양단에 수직 포크 피팅이 있고, 이것은 두 개 이상의 이면 전단볼트로 스플라이스 판에 고정된다.

선택적으로 스플라이스 판은 포크 피팅으로 실현될 수 있다 — 이 경우 구조부재는 단부에 러그 피팅을 가질 것이다. 노드에서 구조부재의 수평, 수직 및 비틀림 각은 스플라이스 판의 형상에 의해 조정될 수 있다. 스플라이스 연결보다 유리한 지향指向으로 인해 더 큰 휨모멘트가 전달될 수 있다.

기본적으로 비슷한 절점연결이 베를린 독일은행 중정지붕을 위해 SBP에 의해 개발되었다.

— 246 —   유리건축

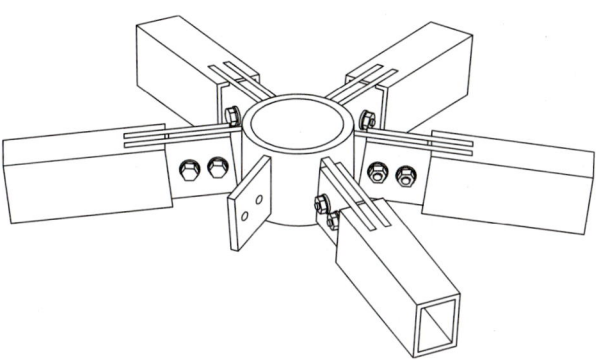

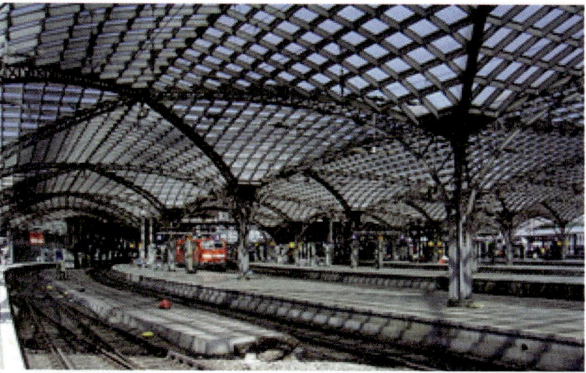

▲ 그림 11-32
스플라이스 커넥터[POLO-1]

▶ 그림 11-33
중앙역 캐노피, Köln

▶ 그림 11-34
독일은행 중정지붕, Berlin

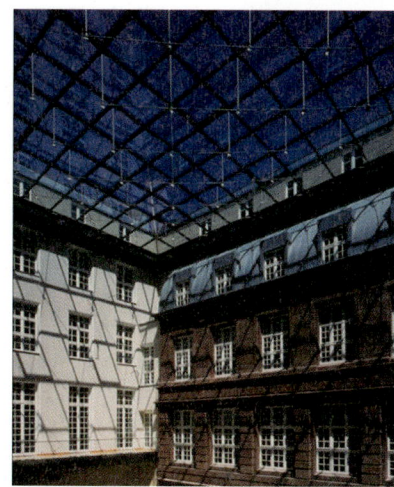

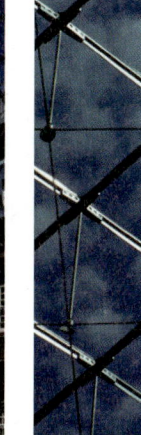

11.4.4
엔드-훼이스end-face 연결

이들 절점연결은 다음과 같은 특징이 있다.
- 절점와 연결된 구조부재의 엔드-훼이스 사이 접촉면은 구조부재의 종축에 대해 수직이다.
- 엔드-플레이트 접합은 인장볼트 또는 용접으로 이루어질 수 있다.

<그림 11-35>은 베를린 독일 역사박물관의 중정지붕을 위해 SBP가 개발한 엔드-훼이스 연결[SBP-4]를 보여준다. 절점연결은 함께 용접된 두 개의 십자형 판과 네 개의 엔드 판으로 구성된다. 구조부재는 맞대기 용접으로 절점 엔드-훼이스에 연결된다. 시공 중, 구조부재들은 절점 엔드-훼이스에 볼트로 임시 고정 될 수 있다. 두 십자형 판 사이공간은 케이블 가새용 클램프가 상단판에 네 개의 볼트로 연결된다. 이 절점에서 구조부재의 수평각은 십자형 판의 사전 제작된 기하학적 구조에 의해서만 조정 될 수 있다. 수직각은 가공된 절점 엔드-판의 기하학적 구조에 의해 어느 정도 조정될 수 있다. 비틀림각은 제한된 불완전한 범위에서만 수용 될 수 있다. 절점 엔드-훼이스의 단면이 상당히 높은 결과로, 전체 부재 강도까지, 큰 휨모멘트가 전달 될 수 있다.

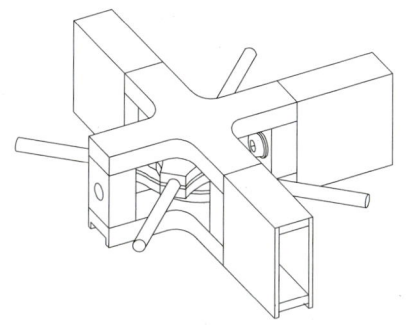

▲ 그림 11-35
엔드-훼이스 연결[SBP-4]

11. 자유형상의 그리드 쉘 유리구조

<그림 11-36>에 보이는 절점은 엔느-판 연결[WABI-1]이고, 이것은 런던 대영 박물관의 중정지붕을 위해 바그너Wagner 회사가 개발하였다. 절점은 5 또는 6개 암arm이 있는 별 모양의 판으로 구성된다.

각 암은 인접한 구조부재 사이로 이어진다. 이들 절점은 두꺼운 판면을 수직으로 절단하여 만들어진다. 구조부재들의 엔드-훼이스는 인접한 암 사이의 간격과 일치하기 위해 이중 마이터mitre 재단한다. 절점판의 두께는 연결된 구조부재의 높이보다 작다. 절점판의 상하부 표면은 필렛fillet 용접으로 부재에 연결되고, 측면은 맞대기 용접으로 접합된다. 이 절점에서 구조부재의 수평, 수직 및 비틀림 각은 부재들 단부에서 이중 마이터 재단의 기하학적 구조에 의해 조정될 수 있다. 큰 휨모멘트가, 전체 부재강도까지, 전달될 수 있다.

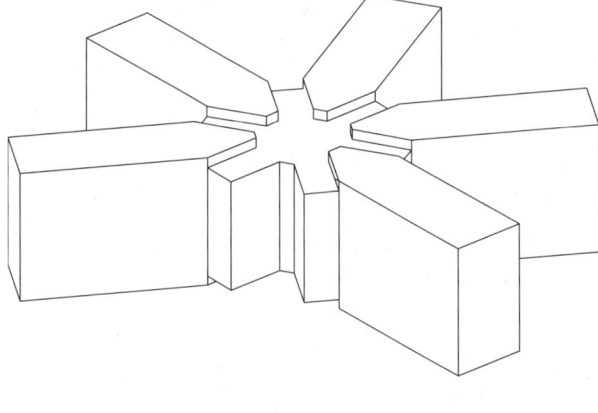

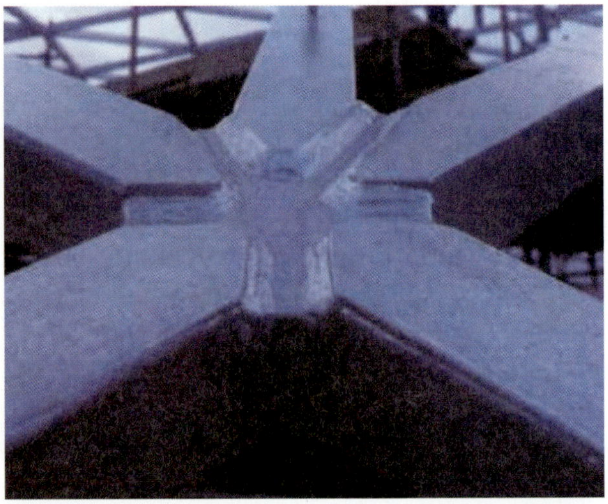

▲ 그림 11-36
엔드-훼이스 연결[WABI-1]

▶ 그림 11-37
엔드-훼이스 연결 사례[WABI-1]

▶ 그림 11-38
대영 박물관, London

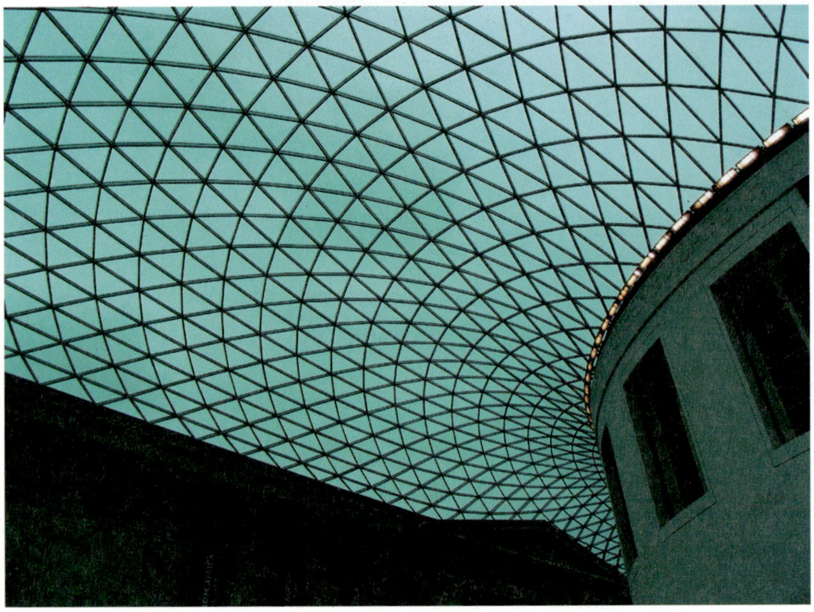

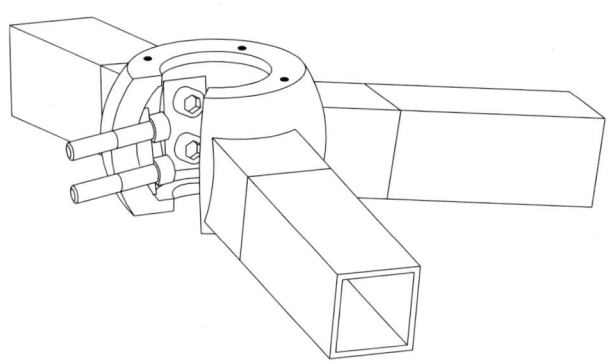

▲ 그림 11-39
엔드-훼이스 연결[OCTA-1]

<그림 11-39>은 또 다른 엔드-훼이스 연결[OCTA-1]를 보여주고, 이것은 투볼Tuball 절점시스템의 변경으로 옥타튜브 Octatube 공간구조 회사에서 개발되었다.

절점은 상단과 하단이 뚫린 중공구로 만들어진다. 각 구조부재는 두 개의 볼트로 절점구체에 연결되며 중공의 내부에서 장착된다. 이 절점에서 구조부재의 수평, 수직 및 비틀림 각은 각 부재에 대한 두 개 볼트 구멍의 기하학적 구조에 의해 조정될 수 있다. 절점연결을 통해 부재에 의한 외피요소의 직접적인 지지는 불가능하다.

1994년 메로 회사는 보울 절점과 함께 "MERO Plus"라고 불리는 일련의 엔드-훼이스 연결을 발표했다. 이들 절점연결 중 하나는 <그림 11-40>에 보이는 실린더 절점[MERO-1]이다. 절점은 상단과 하단이 뚫린 중공 실린더로 만들어진다. 각 구조부재는 두 개의 볼트로 절점 실린더에 연결되며, 두 개 볼트는 중공 실린더 내부에서 장착된다. 구조부재의 수평, 수직 및 비틀림 각은 절점에서 가공된 평면의 기하학적 구조에 의해 조정될 수 있다. 접합부는 상대적으로 큰 휨모멘트를 전달이 가능하다.

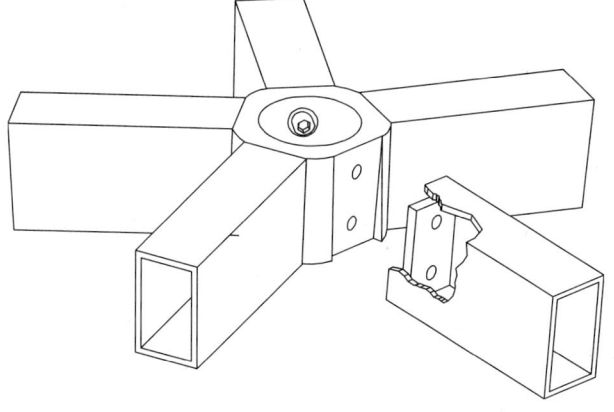

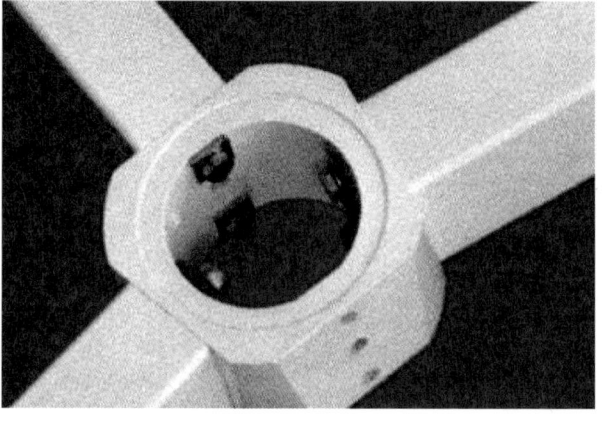

▲ 그림 11-40
엔드-훼이스 연결[MERO-1]

▶ 그림 11-41
엔드-훼이스 연결 사례[MERO-1]

또 다른 [MERO Plus]커넥터는 <그림 11-42>의 블록 절점[MERO-2]이다. 노드는 두꺼운 판으로부터 절단된다. 각 구조부재는 한 개 또는 두 개의 볼트로 블록 절점에 연결되며, 구조부재의 내부에서 장착된다. 따라서 부재는 RHS, SHS 또는 CHS와 같은 중공 단면형상이어야 한다. 대안으로, 부재들은 절점에 용접될 수 있다. 구조부재의 수평, 수직 및 비틀림 각은 노드에서 가공된 평면의 기하학적 구조에 의해 조정될 수 있다. 휨능력은 실린더 절점 [MERO-1]과 유사하다.

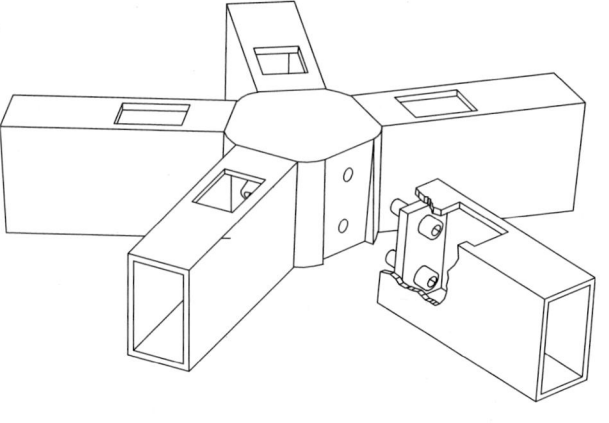

◀ 그림 11-42
엔드-훼이스 연결[MERO-2]

11. 자유형상의 그리드 쉘 유리구조   — 249 —

또 다른 [MERO Plus]연결은 <그림 11-43>에 보이는 접시형태 절점[MERO-3]이다. 이 절점는 접시, 즉 하단 판이 있는 중공 실린더로 구성된다. 구조부재는 단 한 개 볼트로 절점에 연결된다. 구조부재의 수평, 수직 및 비틀림 각은 절점에서 가공된 평면의 기하학적 형상에 의해 조정될 수 있다. 접합부의 휨능력은 다소 작다.

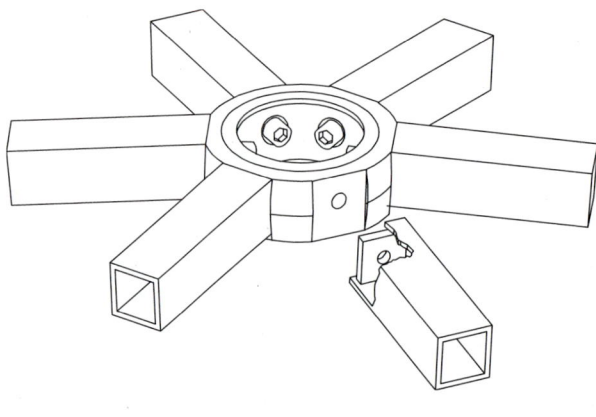

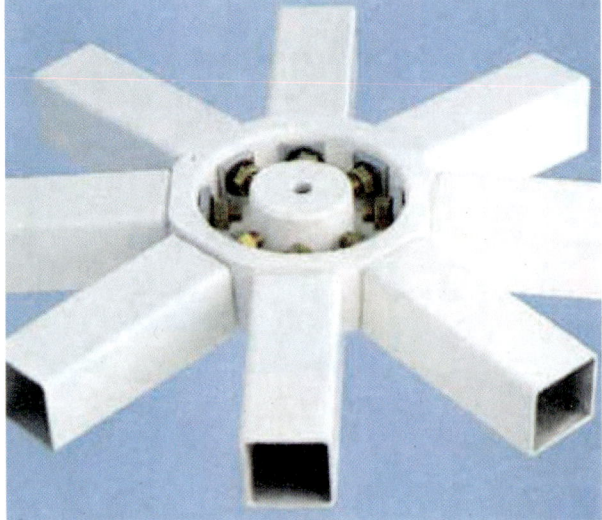

▲ 그림 11-43
엔드-훼이스 연결[MERO-3]

▶ 그림 11-44
엔드-훼이스 연결 사례[MERO-3]

▼ 그림 11-45
엔드-훼이스 연결[MERO-4*]

▶ 그림 11-46
엔드-훼이스 연결 사례[MERO-4*]

<그림 11-45>은 최근 구현된 엔드-훼이스 커넥터인[MERO-4*]를 보여준다. 이 절점은 MERO가 이탈리아 밀라노의 전시장과 중앙축과 서비스 센터 지붕을 위해 개발하였다. 두 지붕은 모두 자유형상의 그리드 구조이다. 밀라노 전시장과 중앙축 지붕은 약 1300.0m 길이에 폭은 32.0m이다. 지붕구조물은 구조적으로 독립적인 12개 부분으로 구분된다. 구조물은 대략 16,000개 절점과 41,000개 구조부재를 가진다. 구조부재는 높이 200.0mm, 폭 60.0mm의 T-형강이다. 지붕구조는 약 180개 기둥으로 지지된다. 각 기둥의 상단에 있는 6개 나뭇가지 형태의 기둥을 지붕구조와 연결하고 있다.

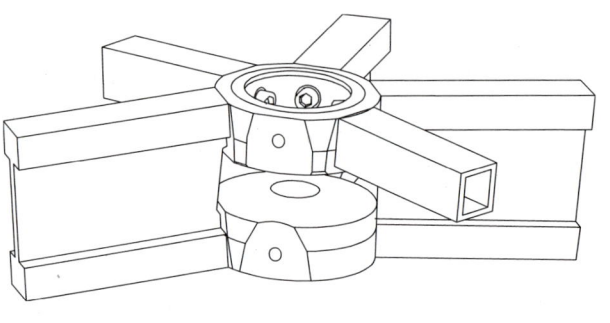

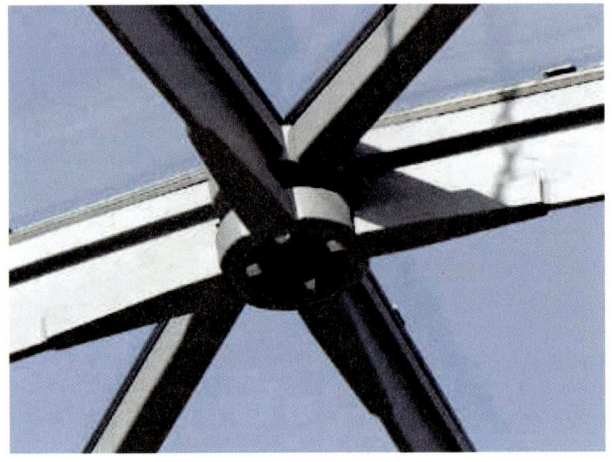

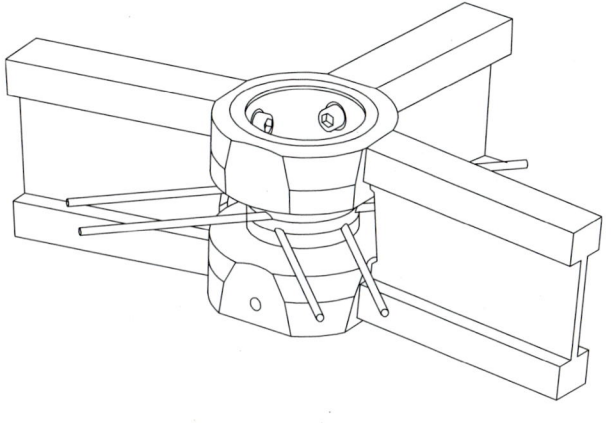

노드는 원칙적으로 두 개의 접시 절점, 구조부재의 상현에 대한 절점 하나와 각 부재 단부에 있는 하현에 대한 절점으로 구성된다. 구조부재는 두 개의 볼트 또는 용접으로 양 절점에 연결된다. 구조부재의 수평, 수직 및 비틀림 각은 절점에서 가공된 평면의 기하학적 구조에 의해 조정될 수 있다. 접합부는 큰 휨모멘트를 전달할 수 있다.

절점[MERO-4]의 또 다른 변형이 <그림 11-47>에 나타나 있다. 이 버전에서는 케이블 가새용 클램프가 두 접시 절점 사이 중공에 위치한다. 케이블 클램프는 하나의 중앙 볼트로 상단 노드에 고정된다.

▲ 그림 11-47
엔드-훼이스 커넥터[MERO-4*]

▶ 그림 11-48
밀라노 전시장, Milano

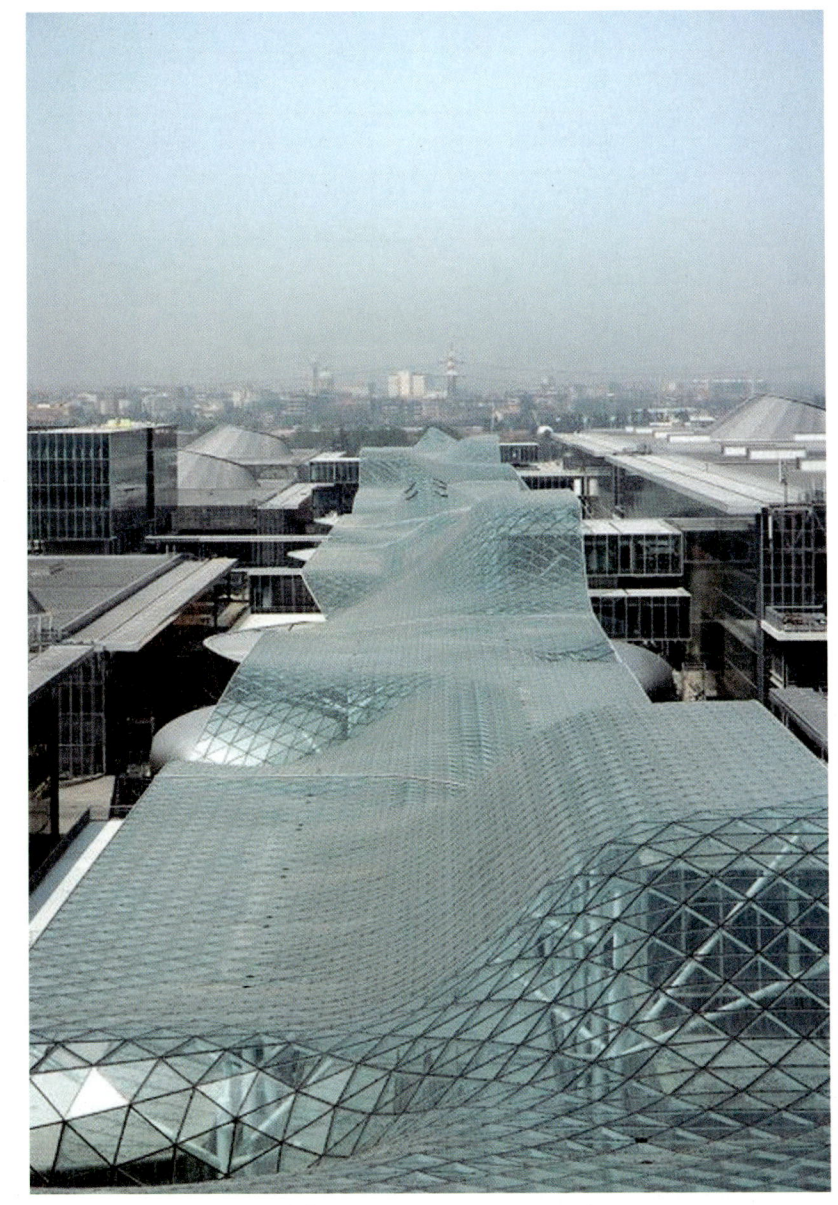

11. 자유형상의 그리드 쉘 유리구조

11.4.5
단층 자유형상 구조에 대한 적용성

요약하면, <표 11-1>은 단층 자유형상 구조에 대한 절점연결의 적용성을 보여준다. 일반적으로 대부분의 스플라이스 연결은 자유형태 구조의 기하학적 그리고 구조적 최적화를 필요로 하지만, 엔드-훼이스 연결은 기하학적으로 보다 유연하고 대체로 구조 최적화가 필요하지 않다. 그러나 이것이 비-최적화 자유형상 구조가 더 복잡하고 따라서 최적화된 자유형태 구조보다 더 비싸다는 사실이다.

종합적으로 볼 때 이러한 단층 자유형상의 그리드 쉘구조는 기존의 일반적인 구조물과는 다른 독특한 설계요소 및 시공과정을 반드시 필요로 하게 된다. 우리나라의 경우 비록 앞에서 소개한 유사한 구조물들의 완성도 높은 실제적 프로젝트는 찾아보기 어려운 것이 사실이다. 하지만 정밀 제작을 바탕으로 하는 제조업이 우리나라에 잘 발달되어 있으므로 앞서 소개한 내용들을 미리 숙지하여 프로젝트의 첫 출발부터 여러 전문가들이 같이 참여할 경우 실현 가능성은 높다고 예상한다.

절점연결		로컬 가하학의 편의성			내력 전달성		적용성
버전	연결	수평각 U_i	수직각 V_i	비틀림각 W_i	일반력	휨모멘트	자유형상 구조 형태
SBP-1	볼트 스플라이스	+	+	o	+	o	기하 합리 구조 합리
SBP-2	볼트 스플라이스	+	+	o	++	+	기하 합리 구조 합리
HEFI-1	볼트 스플라이스	++	+	+	++	++	기하 합리 구조 합리
SBP-3	볼트 스플라이스	++	++	++	++	++	기하 불합리 구조 비합리
POLO-1	볼트 스플라이스	++	++	++	++	++	기하 불합리 구조 비합리
SBP-4	용접 앤드-훼이스	+	+	o	+++	+++	기하 합리 구조 비합리
WABI-1	용접 앤드-훼이스	++	++	+	+++	+++	기하 불합리 구조 비합리
OCTA-1	볼트 앤드-훼이스	++	+++	++	++	++	기하 불합리 구조 비합리
MERO-1 (실린더)	볼트 앤드-훼이스	++	++	+	++	++	기하 합리 구조 비합리
MERO-2 (블럭)	볼트 앤드-훼이스	++	+++	++	++	++	기하 불합리 구조 비합리
	용접 앤드-훼이스	++	+++	++	+++	+++	기하 불합리 구조 비합리
MERO-3 (접시)	볼트 앤드-훼이스	++	++	++	++	+	기하 불합리 구조 합리
	용접 앤드-훼이스	++	+++	++	++	++	기하 불합리 구조 비합리
MERO-4 (이중접시)	볼트 앤드-훼이스	++	++	+	++	++	기하 불합리 구조 비합리
	용접 앤드-훼이스	++	+++	++	+++	+++	기하 불합리 구조 비합리
표식	o + ++ +++	제한적 적절 우수 최우수			기하 합리 기하 비합리 구조 합리 구조 비합리	기하학적으로 적절 기하학적으로 부적절 구조적으로 적절 구조적으로 부적절	

▲ 표 11-1
자유형 구조에 대한 노드 커넥터의 적용성

− 252 −　　　　　유리건축

12

유리구조물의 분류

▲ International Forum, Tokyo

12

유리구조물의 분류

12.1
1차/2차 구조물의 분류

유리가 1차 구조부재로서 시스템 하중을 받거나, 시스템 하중을 부담하지 않는 2차 구조요소로 사용되는 구조는 이 단원에서 아래와 같이 구분된다.

유리가 구조물 외피 또는 층높이 유리로 에워싸여지는 건축물의 공간구성으로 사용된다면, 곧 이것은 2차 구조부재라 할 수 있다. 즉 본래의 구조시스템으로부터 유리에 어떠한 하중을 전달하지 않는 것을 의미한다. 이러한 경우에서 유리는 에워싸고 있는 1차 구조물에서 휨과/또는 일반력으로 단지 자중과 풍하중을 받는다. 수평 유리구조의 경우에 역시 적설하중을 받는다.

유리가 구조적인 그리고 이것으로 1차 구조요소로 시용된다면, 외부까지 자중, 풍하중, 적설하중과 활하중 또는 구조시스템으로부터 발생하는 하중을 부담한다.

여기에 있어서 보강하고, 자기지지하고 하중을 전달하는 유리로 된 1차 구조부재를 구분할 수 있다. 유리가 세장한 파사드 기둥의 안정을 위해 보강된다면 또는 높게 현수된 또는 입식유리는 글래스 핀이 사용된다. 격자네트 구조물의 보강은 유리외피로 가능하다. 하중전달은 유리의 면작용 또는 글래스 핀처럼 휨이 발생한다.

층 높이보다 높게 입식 또는 현수되는 유리는 스스로 지지하고 있는 1차 구조부재로서 이해한다. 유리의 하중은 압축 또는 인장형태의 일반력으로 발생한다. 입식유리는 좌굴과 수평하중에 대해 안정되어야한다. 이것은 적절한 유리두께 또는 글래스 핀으로 해결된다.

좌굴위험은 현수되는 유리에 있어 일어나지 않지만, 횡하중에 대해 안정되어야 한다. 이것은 글래스 핀 또는 버팀대에 고정하여 이루어진다. 현수되는 긴 유리 또는 상부유리는 하부유리의 자중을 전달하는 여러 장의 서로 함께 현수하는 단일유리로 구성된다. 실현 가능한 높이를 위한 유리의 마찰거리는 많이 겹쳐지는 그리고 상부에서 유리틀보다 적은 것이 문제점이다.

시스템 하중을 부담하는 유리부재는 모든 지탱기능을 위하여 사용된다. 이 가운데 유리거더와 기둥 같은 단순한 골조구조, 예로서 유리 구조부재로 된 언더텐션 유리구조, 트러스 구조, 라멘 또는 아치 및 복잡한 면구조와 공간구조와 같은 것이 이에 속한다. 1차적인 구조부재로서 사용된 유리부재는 시스템에 따라 일반력, 조합력 또는 휨 하중을 부담할 수 있다.

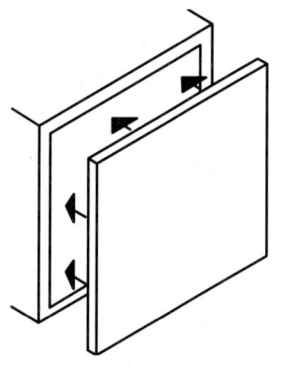

<네 측면 선형지지>

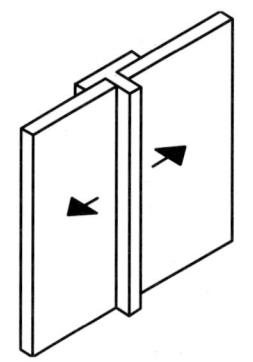

<파사드 기둥 앞 보강>

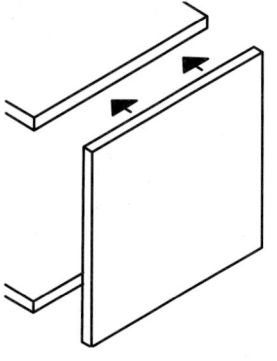

<두 측면 선형지지>

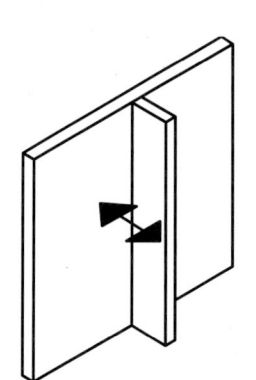

<글래스 핀으로 유리판 보강>

▲ 그림 12-1
2차 구조부재로서 유리사용

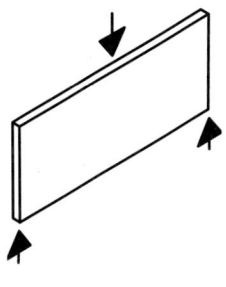

입식유리

유리거더

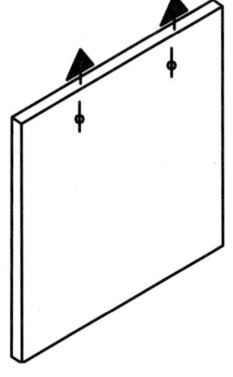

한 장 현수유리

십자(+) 형태의 유리기둥

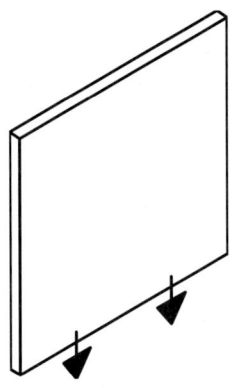

여러 장의 현수유리

언더텐션

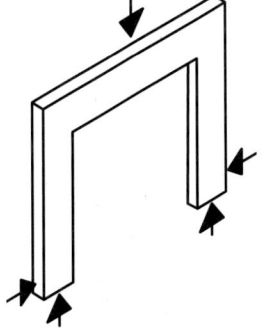

▶ 그림 12-2
1차 구조부재로서의 유리사용

유리라멘

12. 유리구조물의 분류

12.2
구조물 유형 분류

이 단원에서 많은 사례로 소개된 프로젝트의 세분화가 시도되었다. 이러한 분류는 각 유리부재의 세밀함과 투명성의 근거로 구조물 차원Dimension이 의미가 있을 것 같다.

이러한 유형분류에 의거하여, 구조적인 관계를 인지하고 표현하기 위해 그리고 그것의 사용성에 관련하여 다음과 같은 발전경향의 평가가 가능하도록 다음 장에서 구조물에 따라 실현된 프로젝트가 분류된다. 유형분류는 부정확의 인지도에 있어서 의미를 지니고 있다. 모든 구조물은 도해에서 부분적으로 겹치는 구조거동으로 분류될 수 없다. 프로젝트에 있어서 구조거동에 따른 분류를 주제로 하고 있다.

하중은 여기에서 일반력, 휨력과 조합력으로 분류된다. 마지막 부분은 언더텐션과 오버텐션과 같은 이러한 방법이 유리건축에서 자주 이용되는 구조물에 추가되었음을 알 수 있다.

기하학적인 분류는 봉, 면, 공간구조물에 따른 결과이다. 골조구조물 경우에 공간적인 차원에서 상당한 확장될 수 있고, 두 개의 존재하는 차원이 그와 반대로 좁게 신축된다. 면구조물은 2차원으로 확장되고, 공간구조물은 모든 세 방향으로 동일하게 나타난다.

골조구조물의 영역은 직선, 직선추가와 꺾이고 또는 휘어짐으로 발생하는 시스템으로 분류된다. 면구조물은 평편하거나 주름지거나 및 휘어지게 나타난다. 볼륨체, 공간적인 기둥 또는 케이블 시스템은 공간구조물로서 표현된다. 절판구조, 돔, 실린더 또는 케이블 시스템은 이와 반대로 이러한 구조부재의 3차원이 공간구조물로 고려된다.

단순하고 구체적인 이해도를 위해 순수한 면구조물과 공간구조물을 세분화하지 않았다. 동시에 구조적인 유리건축물에 관여하여 점형태 구조물을 위해 후에 디테일이라는 단원에서 분리해서 취급한다.

▼ 그림 12-3
유리구조물의 분류

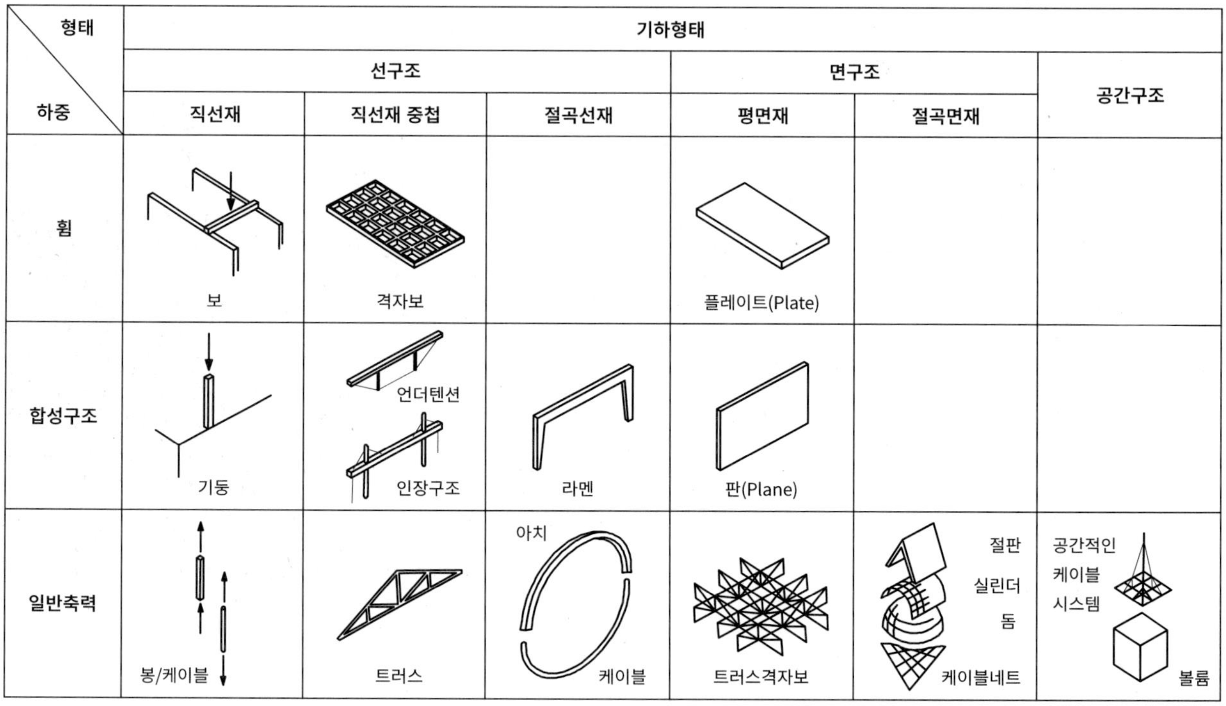

형태 / 하중	기하형태					
	선구조			면구조		공간구조
	직선재	직선재 중첩	절곡선재	평면재	절곡면재	
휨	보	격자보		플레이트(Plate)		
합성구조	기둥	언더텐션 / 인장구조	라멘	판(Plane)		
일반축력	봉/케이블	트러스	아치 / 케이블	트러스격자보	절판 실린더 돔 케이블네트	공간적인 케이블 시스템 / 볼륨

유리건축

12.3
최신 유리건축물

유리구조물의 발전과 붐은 지난 수 십년 동안 경험하였고, 주된 원인은 중량건축물의 투명성 결여와 에너지 파동에 기인한 것 같다. 구조영역에서 특별한 유리사용은 60년대 하이텍 건축물과 새로운 기술과 공업생산이 가능했던 70년대와 80년대가 시발점이라 볼 수 있다.

12.3.1
발전과정

구조적인 전환점과 그것으로 인한 오늘날의 구조적인 유리건축물의 역사적인 시발점은 다음과 같은 프로젝트에서 알아 볼 수 있다.

1951년 프랑크프르트 글라스바우 한Glasbau Hahn 회사의 전시로 최초로 전체유리구조물이 완성되었다. 그 건축물은 유리지붕과 유리벽체 및 I-프로필 유리로 이루어 졌다. 1957년에 같은 회사에 의해 대형유리로 이루어진 현수유리는 글래스 핀을 통해 안정되고 완전한 공간경계의 해결에 따라 고전적인 모던주의에 형성된 소망을 충족시켰다. 비슷한 전체유리 파사드는 하이텍 건축물의 원산지인 영국에서 발전되었다: 런던 도크에 있는 프레드 올세 하펜Fred-Olse-Hafen(1969) 건축물 또는 코즈햄Cosham(1972)과 그린포드Greenford(1977)에 있는 IBM-건축물을 위한 포스터의 파사드의 경우, 기둥 위에 라멘 없는 유리가 특별히 개발된 프로필로 고정된 구조를 다루었다. 그래서 입스위치Ipswich에 있는 윌리스 훼버 듀마스Willis Faber & Dumas 건축물의 파사드는 전체유리 파사드로서 글래스 핀으로 풍하중에 대해 안정시킨 소규모로 나란히 현수한 유리로 구성된다. 1977년에 노위치Norwich에 있는 세인버리 예술센타Sainbury Centre of Visual Arts도 역시 글래스 핀으로 안정시킨 입식 유리파사드가 건축되었다.

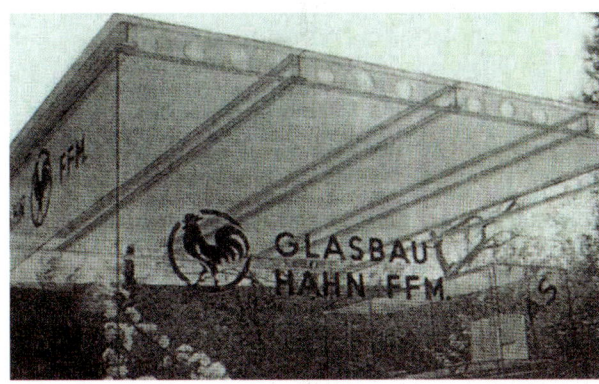

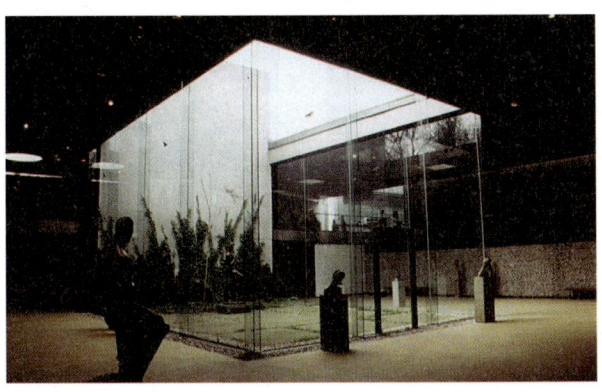

▲ 그림 12-4
전시 파빌론, Glasbau Hahn

▶ 그림 12-5
현수유리, Wilhelm–Lehmbruck 박물관, Duisburg

▶ 그림 12-6
유리 삽입과정, Fred-Olse 건축물, London

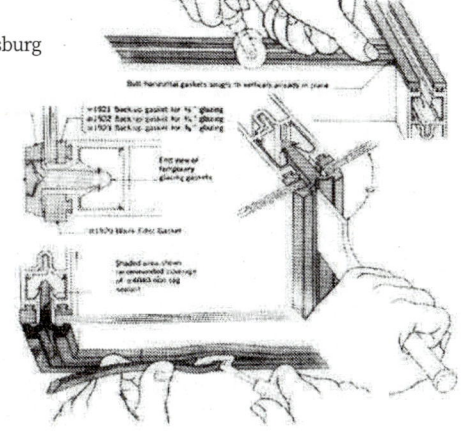

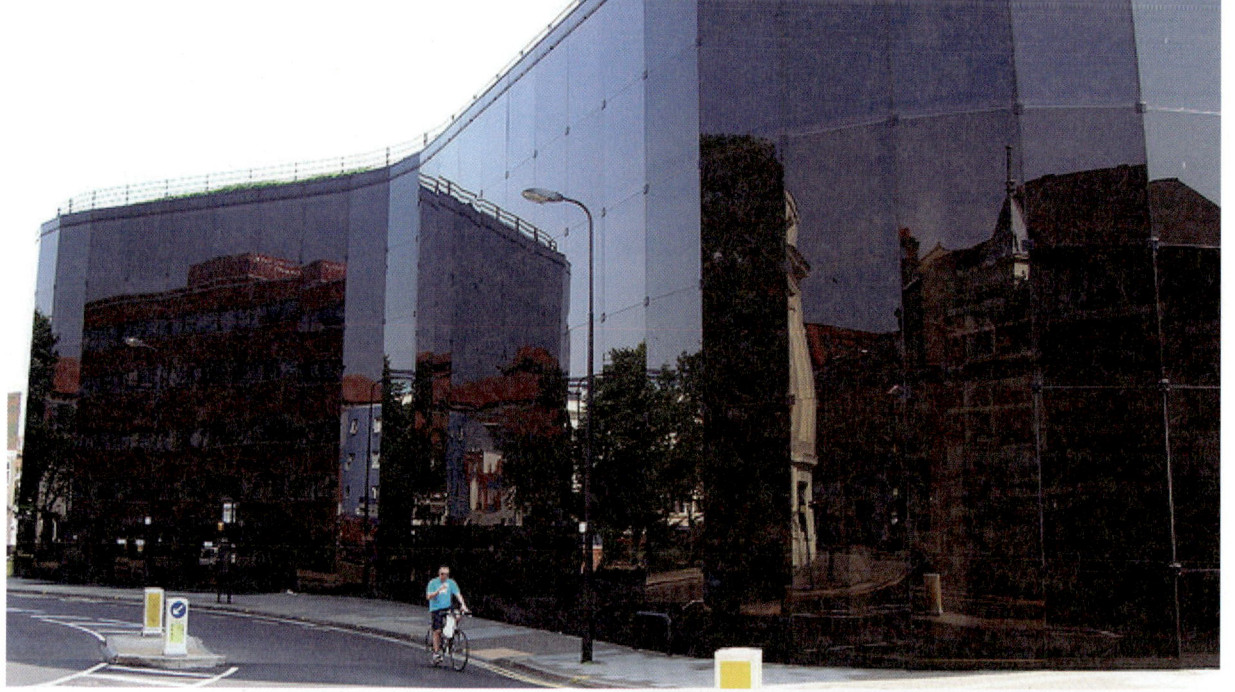

▲ 그림 12-7
Willis Faber & Dumas HQ, Ipswich

▼ 그림 12-8
IBM HQ, Cosham

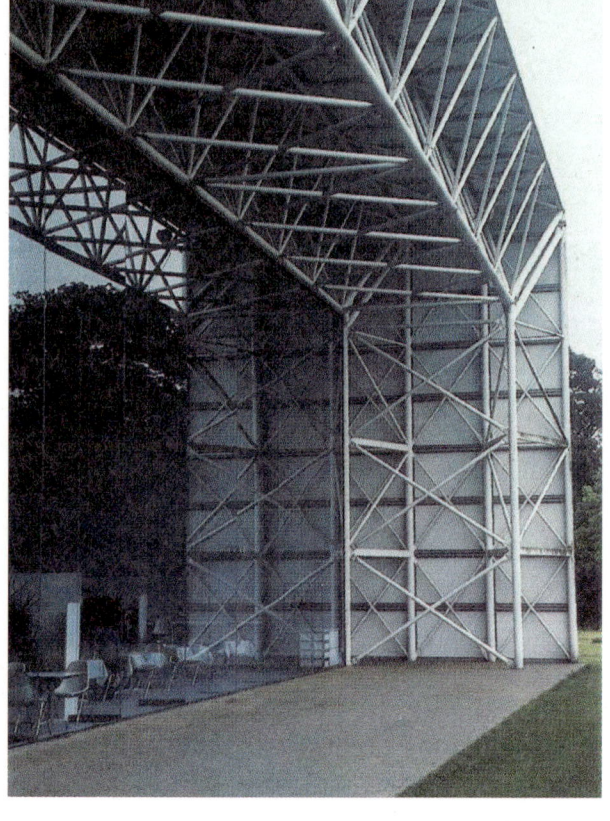

▲ 그림 12-9
세인버리 예술센타, Norwich

유리건축

미국에서 70년에 개발된 Structual Glazing(이하 SG로 표기)-파사드는 다른 원칙의 결과였다. 하부구조로서 역할을 하는 유리가 기둥-횡재 구조 위에 유리면을 붙인다. 설혹 파사드 후면에 단순한 기둥-횡재-구조로 취급된다 할지라도 전체 유리 구조의 외형적인 형상으로 된다. 이것이 눈에 띄지 않도록 반사유리가 사용되었다. 그것은 에워싸는 건축물을 반사하고 그 자체적으로 앞뒤로 옵셋되기 때문에 건축가가 의도한 현상은 도시광경에 어울린다.

SG의 기술적인 혁신은 미국의 마천루 도시가 이러한 방법으로 진행되었다할지라도, 독일에서는 완전히 관철시킬 수 없었던 추가적으로 구조적인 고정없이 하부구조 위에 구조적인 실리콘으로 유리를 붙이는 것이었다.

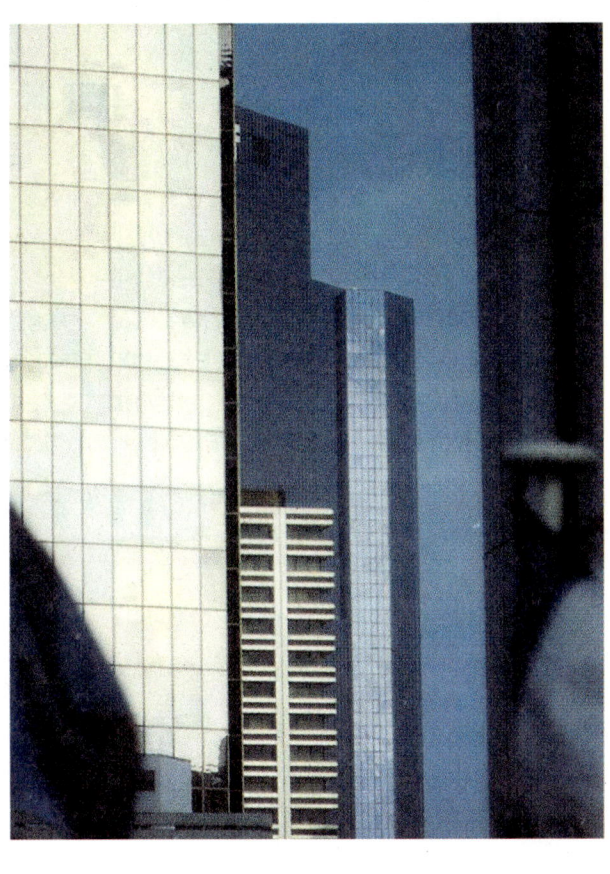

이러한 발전의 장해는 1973-1974년의 오일 쇼크로 인하여 발생했고, 이것으로 인하여 에너지 절약에 대한 토의가 이루어 졌는데, 주된 논의는 건축에 있어서 소형창문을 이용하고 단열유리로 돌파구를 찾는 것 이었다. 이것으로 대형 유리 파사드와 단층유리는 에너지를 절약할 수 있는 구조적이고 단순한 디테일로는 비관적이었다.

우선적으로 건축물의 전체 난방비용의 고려와 제어할 수 있는 사잇공간 또는 겨울정원과 에너지 획득 가능성은 에너지 관점에서 이루어지는 대형유리의 사용으로 가능했다.

◀ 그림 12-10
고층빌딩의 SG 파사드

1986년 RFRRice-Francis-Ritchie는 라 빌레뜨 공원Parc de la Villotte의 과학·기술박물
관Museum of Science & Industrie에서와 같은 냉·난방되는 겨울정원으로 케이블로
후면 긴장된 유리파사드는 광범위한 이용을 위한 돌파구였다. 서로 잇달아 놓
여 있는 유리가 유리에 긴장 케이블의 계획으로 휨하중이 발생하지 않도록 서
로 힌지로 연결하는 특별히 개발된 힌지형태의 점고정이 가능했다. 장점은 소
형유리로 쉽게 건축 가능하다는 것이다.

이러한 힌지형태의 점고정은 단열유리의 사용을 위해 계속 발전되었고 오늘날
구조적인 유리건축물에 표준이 되었다. 다음 장에서 <1차 구조부재로서 유리
>와 <2차 구조부재로서 유리>의 단원에서 기술되는 프로젝트는 그 당시의 구
조적인 유리건축물의 발전상태에 대한 가능성을 제공할 것이다. 그것은 면구
조물에서 복잡한 공간구조물에 대한 단순하고 평평한 구조물의 발전결과로 나
타난다.

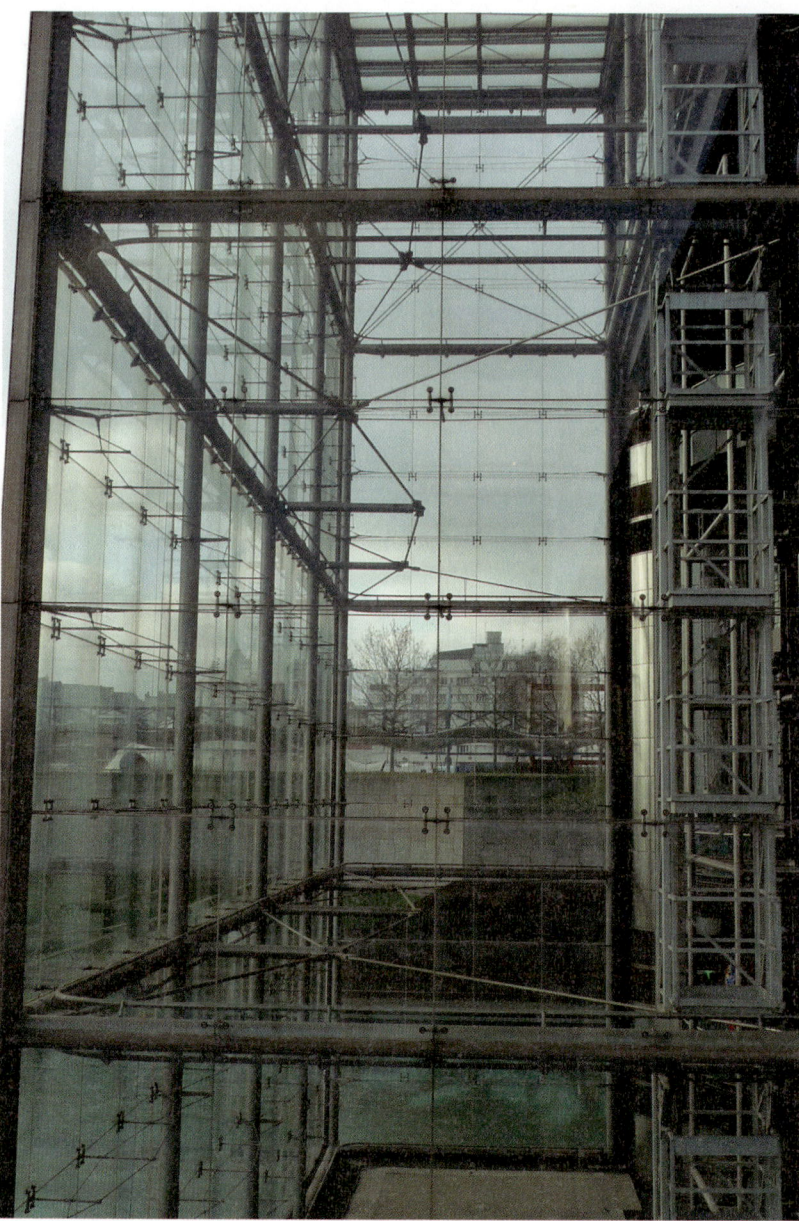

항상 시대적인 발전과 일치하지 않는
구조물의 구조적인 광범위한 발전 이
외에 유리가 단지 덮개로서, 2차 구조
부재로 사용된 구조물에서 주요구조
로서 강화되고 구조적인 유리사용으
로 이루어진 구조물의 역사적인 발전
을 주목할 필요가 있다. 이러한 분리를
불구하고 항상 두 영역, 특히 시대적인
발전과 상호관계가 있다. 이러한 상호
관계는 다음 장에서 알아보기로 한다.

◀ 그림 12-11
라빌레트 겨울식물원, Paris

12.3.2
발전배경:
새로운 재료와 기술

새로운 구조의 전환은 항상 구조적인 가능성에 좌우된다. 이미 1909년에 합성 유리와 1930년에 단층유리의 발전은 안전 요구사항에 부합하도록 가능하게 하였다. 1959년에 필킹톤E. Pilkington에 의해 개발된 유리생산을 위한 플로우트 과정은 거울유리에 있어서 많은 세공을 통하여 달성할 수 있는 품질 면에서 계획에 병행하는 유리의 경제적인 생산이 가능하게 하였다.

유리파사드에서 이미 논의된 1973~1974년의 에너지 파동으로 발생한 많은 에너지 손실의 문제점에 이미 미국에서 1865년에 특허출연된 단열유리의 광범위한 사용을 유발하였다. 여기에서 필요성에 따라 난방 그리고/또는 차광 등등의 문제점이 해결된 많은 발전이 있었다.

단열유리에 있어서 실리콘으로 접착된 모서리 테에 문제점이 발생한다. 이것이 UV-자외선의 덮개를 통해 확실히 하거나 외형적으로 단열유리의 검은색 테두리로서 나타나는 UV에 저항성이 강한 실리콘으로 실행되었다. 현재 몇 가지 기술적인 어려움을 극복해야 하는 접착유리의 모서리 테가 실험되었다.

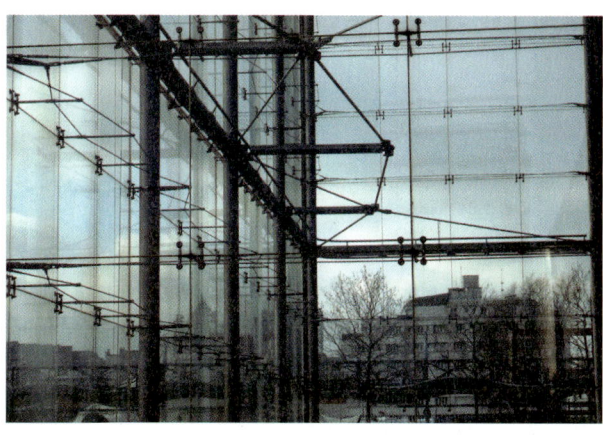

▲ 그림 12-12
겨울식물원의 힌지 점지지 형태의 파사드

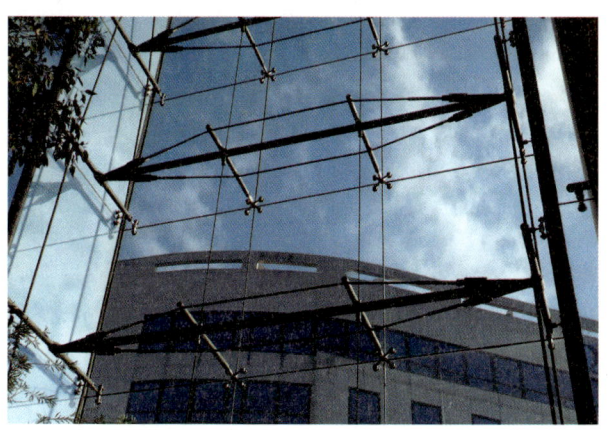

▲ 그림 12-13
시티로앵 공원의 힌지 점지지 형태, Paris

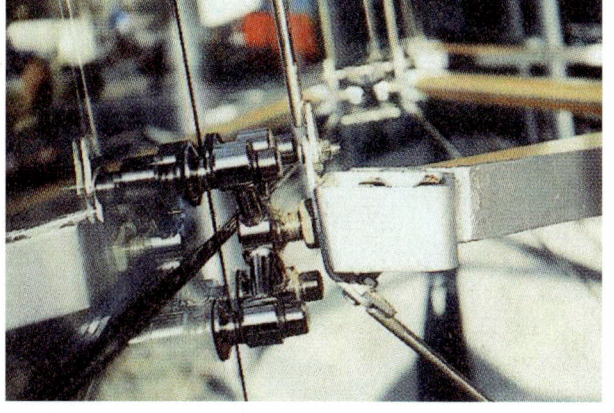

▲ 그림 12-14
자동차 전시장 힌지형태 점지지, Hamburg

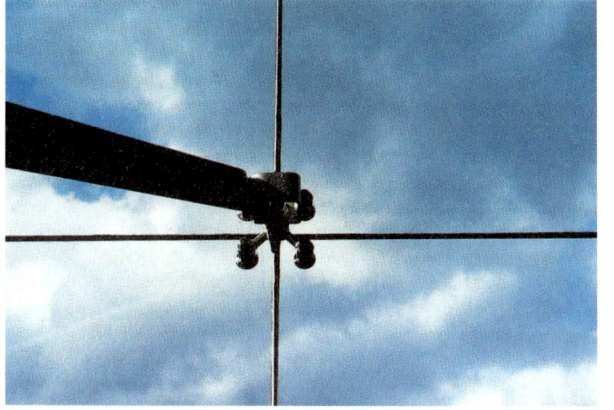

▲ 그림 12-15
자동차 전시장의 구조물과 유리의 격리, Hamburg

유리벽체에서 빛굴설과 분산과 같은 추가적인 기능을 준비히는 광범위한 생각은 오늘날 다양한 코팅과 통합적인 빛 전달시스템으로 해결되었다. 데이비스M. Davies는 1978년에 로이드 프로젝트를 위해 구조적으로 단순한 단층유리를 위해 '폴리발렌틴 벽체Polyvalenten Wand'의 아이디어를 개발하였다.

▶ 그림 12-16
M. Davies의 폴리발렌틴 벽체

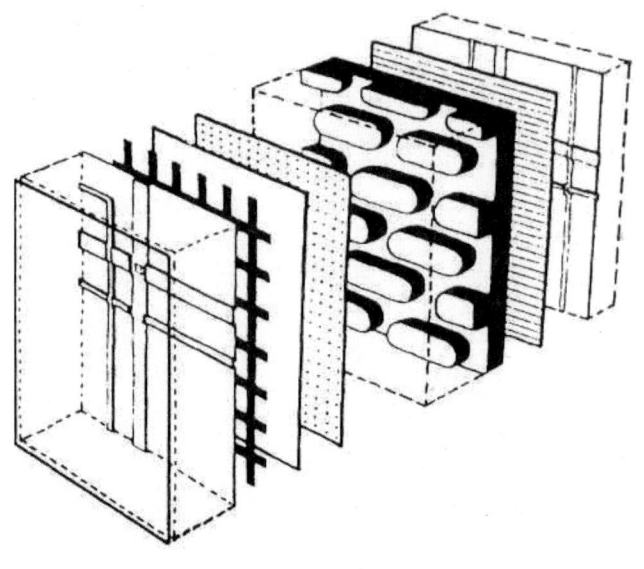

1975년 포스터과 필킹톤 회사에 의한 입스위치에 있는 윌리스 훼버 듀마스 건축물의 단층유리를 위한 점고정의 발전 및 1986년에 RFR에 의한 파리 과학·기술박물관의 겨울정원을 위한 힌지형태 고정으로의 발전은 단지 모서리에서 구조물과 연결되고 이것으로 구조물로부터 유리면에 발생하는 휨하중의 일부분을 전환시키는 구조물과 유리면의 분리를 가능케 하였다. 이러한 유리 이완弛緩으로 구조물로부터 얻어지는 외양의 섬세함은 바로 몇몇의 다른 고정 가능성에 대한 단순한 기둥구조에서 후면에서 긴장되는 구조가 사용되는 점고정 시스템의 도약을 가져왔다.

90년대에 붕괴 후 유리의 잔여지지 안정을 높이기 위해 강화유리가 개발되었다. 플로우트 유리로 된 동일한 붕괴현상에서 고정으로부터 낙하하지 않는 합성유리에 연결된다.

이와 반대로 합성유리와 단층유리에서 있어서 점고정대의 이완 문제점이 생긴다. 강화유리는 비교적 새로운 건축재료이기 때문에 현재로선 사용되는 재료매개변수로 최종적으로 건축규정상 인정된 개념상태는 없다. 그래서 강화유리의 사용을 어렵게 하였다. 공공적인 안정이 보증되어야하는 필요성으로부터 이러한 발전은 재래적인 건축법으로 제동이 걸리고, 이미 19세기 영국 식물원의 건축가들 사이에 상당히 논의되었다.

많은 지방정부, 유럽, 역시 연방의 입장에서 입법, 요구사항과 위험평가의 차별성은 추가적으로 구조 가능성과 비교를 어렵게 한다. 그럼에도 불구하고 새로운 발전을 위해 원하는 결과를 얻기 위해, 상세하고 타당한 붕괴실험으로 필요로 하는 허가가 필요하다. 광범위한 도움으로 유리면에 발생하는 응력을 시뮬레이션할 수 있는 컴퓨터를 이용한 FEM의 이용으로 제시할 수 있다.

이러한 과다한 작업을 줄이기 위해, 현재 규정통일, 계산과 허가문제 해결이 연구되고 있다. 물론 최종적인 컨셉은 단기간에 해결될 수 없다.

12.4
1차 구조부재로서 유리

전 단원에서 기술된 유형분류의 도움으로 이번 장에서는 유리가 1차 구조부재로 사용된 프로젝트 사례를 중심으로 설명하고자 한다. 대부분 구조물들이 부분적으로 유리로 되어 있기 때문에 유형분류에서 집단화하여 전체 기하형태를 기술하였다. 구조물의 분류 이외에 보강되고, 자기지지 또는 계획적인 시스템 하중을 지지하는 부재로서 유리사용이 구분된다. 프로젝트의 순서는 구조유형을 중심으로 진행되었다.

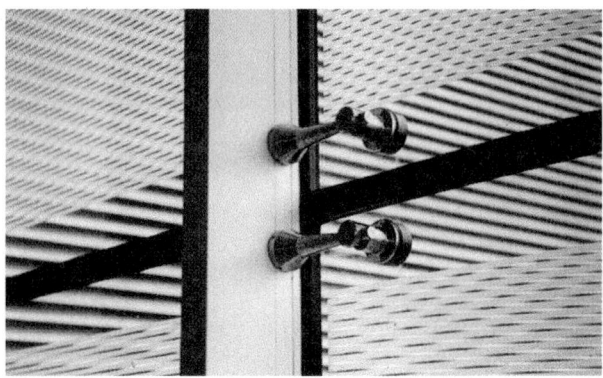

▲ 그림 12-17
Stockley 공원 B8 사무소, 단위유리를 위한 힌지형태의 점지지, London

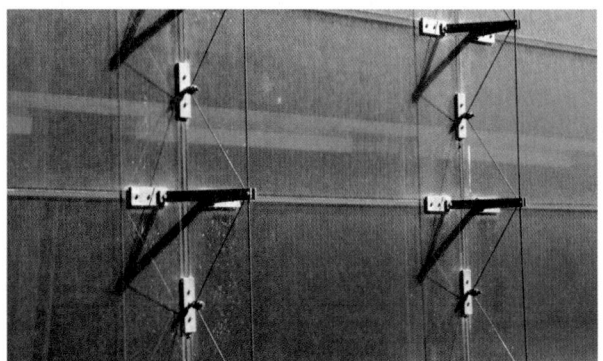

▲ 그림 12-18
아헨 건축과 도서관, 테두리 없는 유리 파사드, RWTH-Aachen

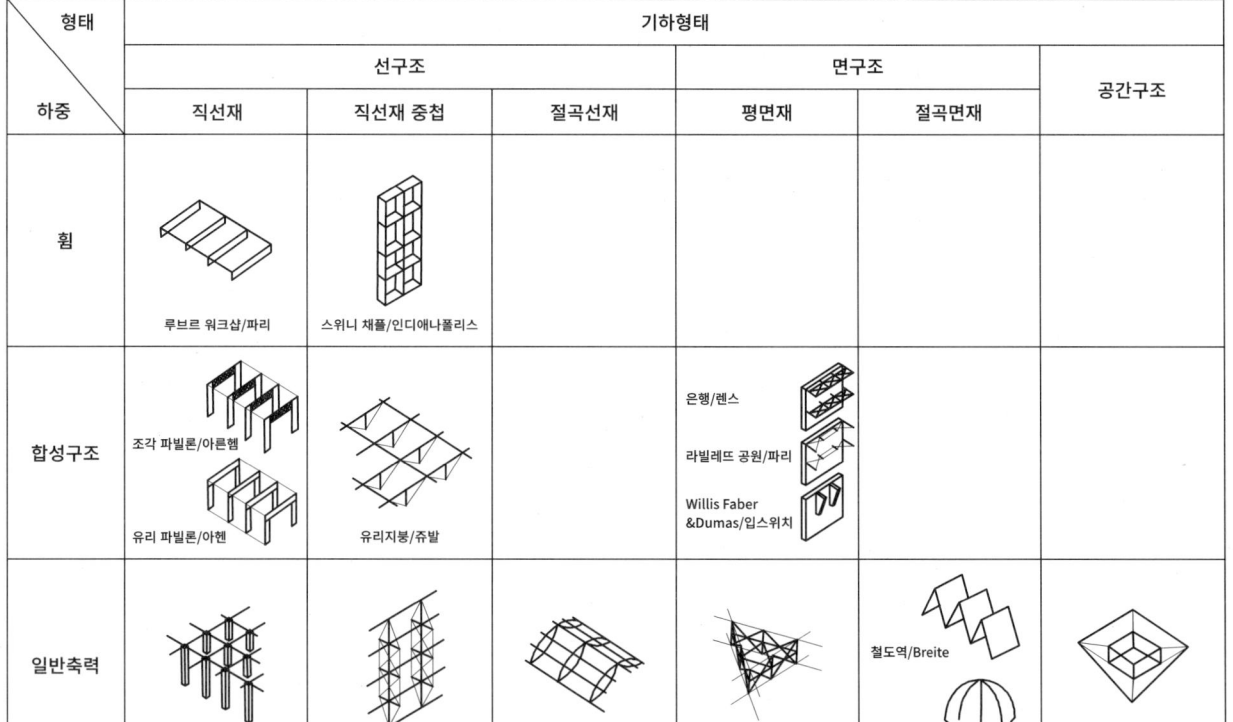

형태 / 하중	기하형태					
	선구조			면구조		공간구조
	직선재	직선재 중첩	절곡선재	평면재	절곡면재	
휨	루브르 워크샵/파리	스위니 채플/인디애나폴리스				
합성구조	조각 파빌론/아른헴 유리 파빌론/아헨	유리지붕/쥬발		은행/렌스 라빌레뜨 공원/파리 Willis Faber &Dumas/입스위치		
일반축력	시의회/생 제르밍 엉라에	유리와 철강구조/아헨	린데너 폴크스방크/하노버	백조의 비행/뮌헨	철도역/Breite Sous 주택/뷔질론	역 피라미드/파리

▲ 그림 12-19
실제 사례 건축물의 유리구조물 분류

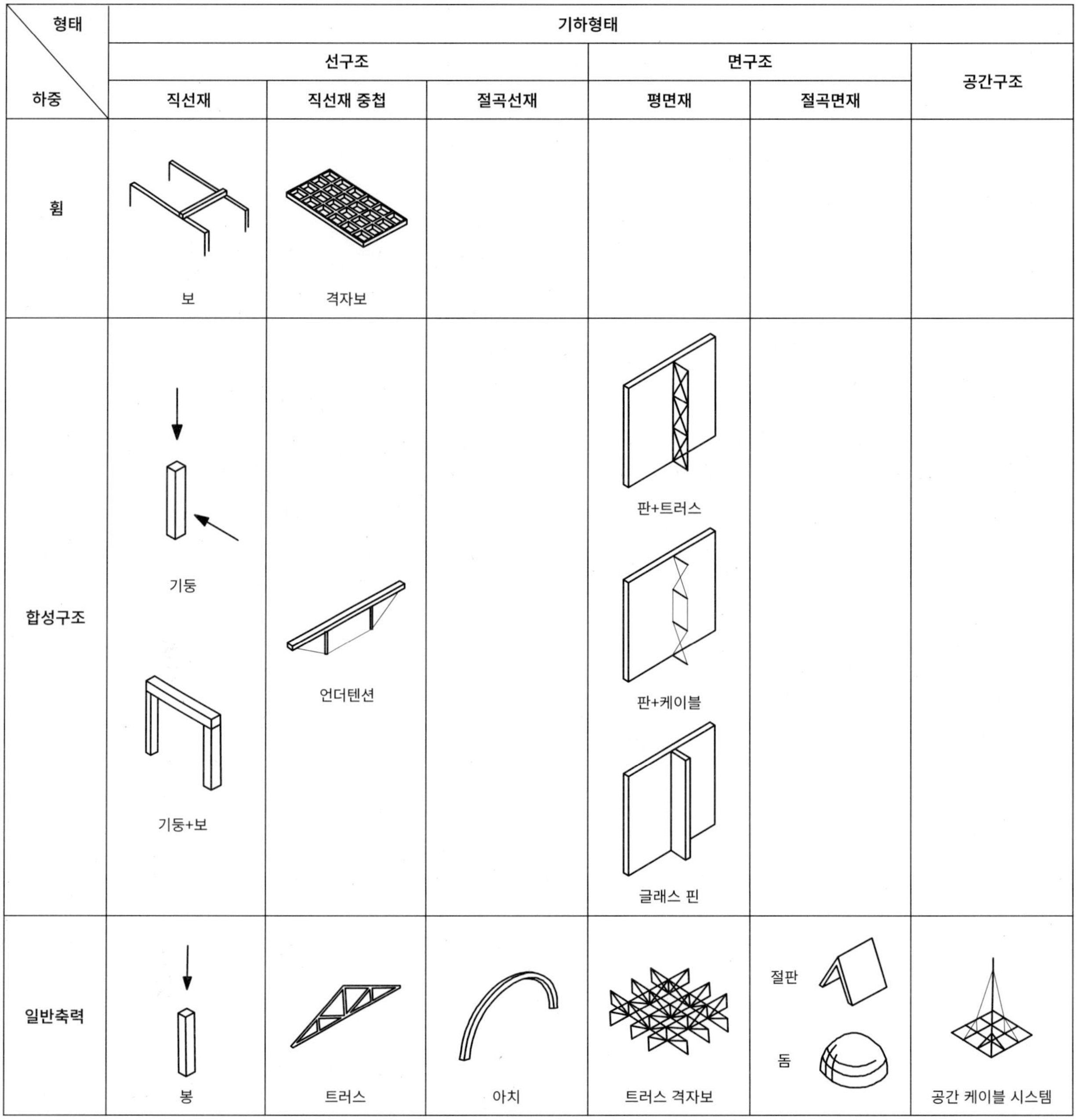

형태 / 하중	기하형태					
	선구조			면구조		공간구조
	직선재	직선재 중첩	절곡선재	평면재	절곡면재	
휨	보	격자보				
합성구조	기둥 기둥+보	언더텐션		판+트러스 판+케이블 글래스 핀		
일반축력	봉	트러스	아치	트러스 격자보	절판 돔	공간 케이블 시스템

▲ 그림 12-20
1차 구조부재로의 구조물 분류

1) 거더

휨을 받는 보는 직선재로 된 골조구조물의 가장 단순한 형태이고 두 지지점 사이에 휨을 통해 자중과 외부하중을 받는다.

파리 루브르 박물관 작업장의 유리로 된 지붕보에 있어서, 유리덮개를 지지하는 휨 거더이다. 60.0mm-합성유리로 된 11개의 거더가 4.0m 폭의 중정에 걸쳐있다.

마찬가지로 뮌헨 캠핀스키Kempinski 호텔의 유리계단은 거더로서 작용한다. 여기에서 계단의 큰 하중을 양 옆에 철골 프로필에 전달하는 57.0mm의 두께로 된 2.6m의 합성유리가 걸쳐있다.

탈하임에 있는 피셔Fischer 회사 본부동의 계단에 있어서 계단과 층계참판 뿐만 아니라 동시에 난간역할을 하는 측벽도 유리로 되어 있다. 계단과 층계참판은 26.0mm의 합성유리로 된 1.25m의 거더로서 걸쳐있고, 난간에 볼팅된 L-앵글 위에 얹혀있다. 이것은 12.0mm-합성유리로 제작되고, 지지 버팀대에 있는 계단으로부터의 하중을 지지하는 거더로서 힘을 받는다. 좌굴에 대해서 스텐레스강으로 된 핸드레일로 안정된다.

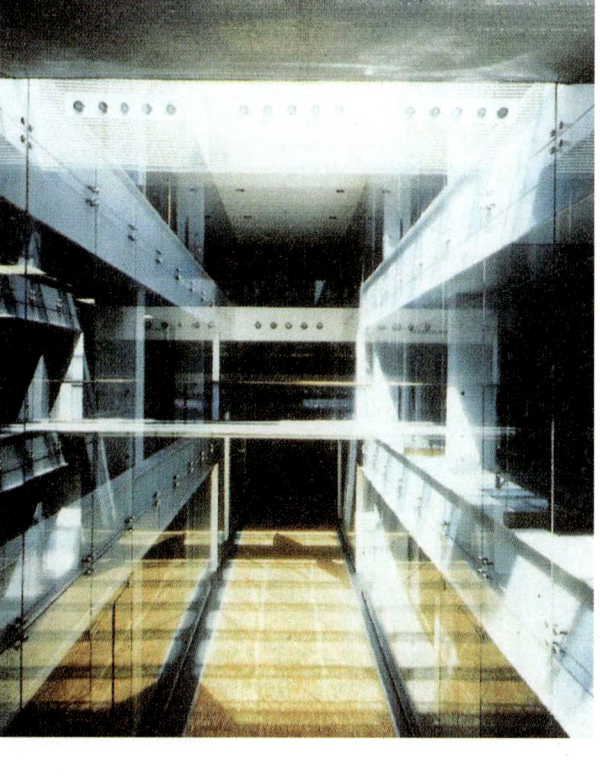

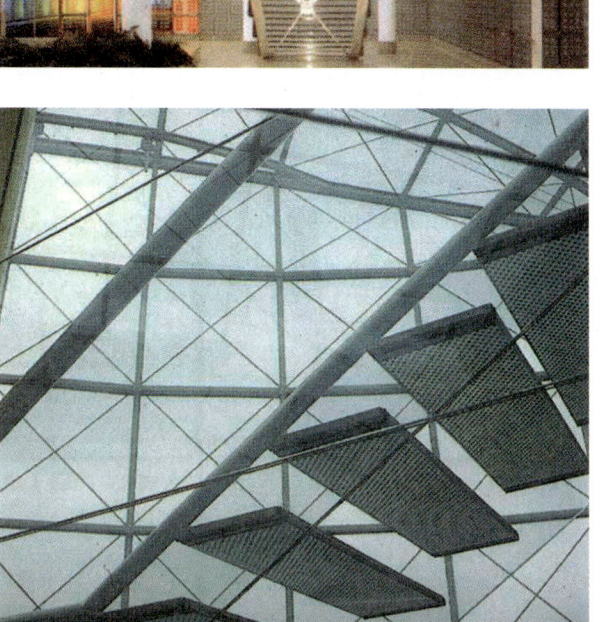

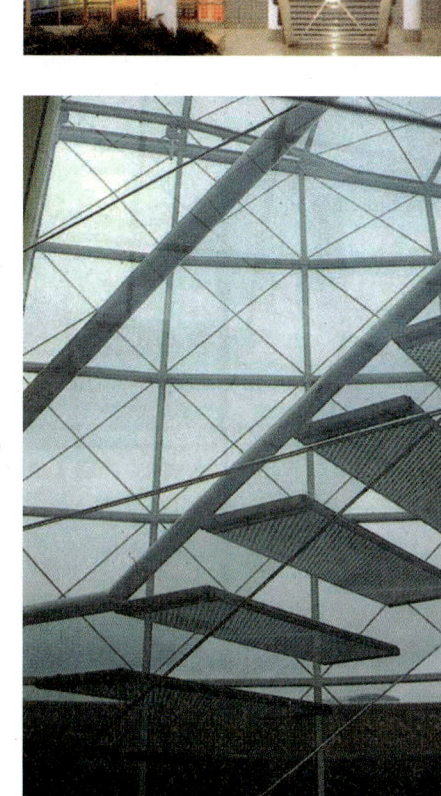

▲ 그림 12-21
르브르 박물관 작업장, Paris

▶ 그림 12-22
캠핀스키 호텔 유리계단, München

▶ 그림 12-23
피셔본사 유리계단, Talheim

12. 유리구조물의 분류

로테르담에 있는 유리교량은 마찬가시로 한 부재로 된 유리기디 위에 얹혀 긴다. 그것의 30.0mm-합성유리는 3.2m 간격으로 걸쳐있다. 설혹 계단의 벽체유리는 확실히 전체구조에 지지될 수 있다 할지라도 유리붕괴에 있어 유리가 단순하게 교환될 수 있도록 구조물로서 바닥판의 하부에 유리거더가 선택되었다.

도쿄 국제포름에 위치하는 지하철 출입구 캐노피를 위해 10.6m 길이 위에 캔틸레버로서 세 개의 유리거더로 계획되었다. 그것은 집게형태로 서로서로 잡고 있고 지지점으로 접근할수록 배가시켜 캔티레버 하중에 적절하도록 서로 휨에 강하게 볼팅된 30.0mm-합성유리로 되어 있다. 이러한 규모에서 한 장의 유리로 제작될 수 없기 때문에, 여러 장의 유리이용으로 시스템의 거대한 크기가 현실화 되었다.

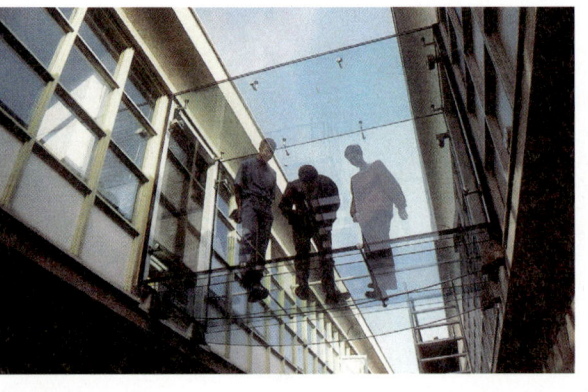
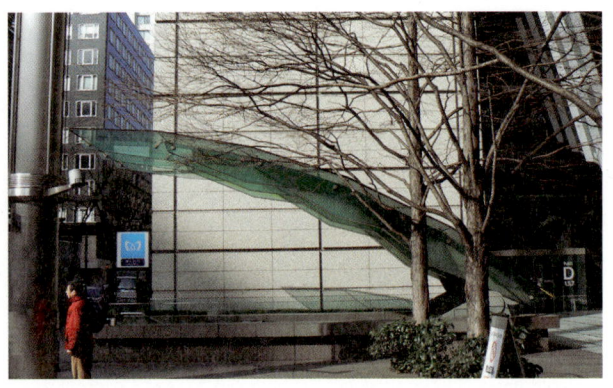

▲ 그림 12-24
유리교량, Rotterdam

▶ 그림 12-25
도쿄 국제포름 지하철역 지붕, Tokyo

▼ 그림 12-26
조각 파빌론, Arnhem

▶ 그림 12-27
Benthem 주택, Almere

2) 기둥

전체시스템으로부터 일반력을 전달시킬 분 만 아니라 또한 풍하중과 같은 수평 휨하중을 부담하는 유리기둥은 직선재로 된 봉 구조물로서 조합하중을 받는다.

사례로서 안헴에 있는 조각 파빌론이 있다. 그것은 10.0mm-단층유리로 13개의 쌍으로 3.65m 높이의 유리기둥으로 이루어진다. 이것은 지붕의 트러스 거더를 지지하고 바닥지점의 고정 및 시스템의 라멘작용으로 풍하중을 부담한다.

알메어에 위치하는 밴트햄Benthem 주택에 있어서 지붕은 활하중에 대해 지지된다. 전체 하우스를 보강하는 12.0mm-단층유리로 된 2.5m 높이의 벽체유리로 지지된다. 풍하중은 좌굴에 대해 안정되는 15.0mm-단층유리로 된 글래스 핀에 전달된다.

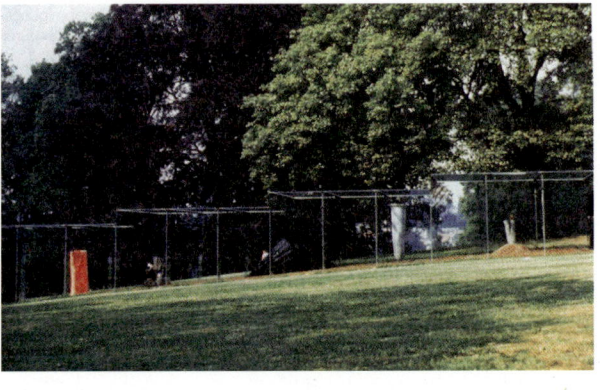
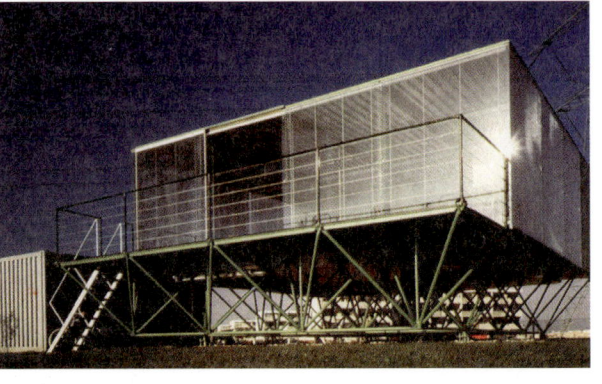

3) 거더와 기둥(라멘 형태)

휨하중을 받는 거더와 조합하중을 받는 기둥의 단순한 구조물의 조합은 다음과 같은 프로젝트에서 알 수 있다.

런던에 있는 전체유리-겨울정원은 하우스에 기대어 놓인 유리기둥 열에 그리고 30.0mm-합성유리로 된 유리거더 위에 얹혀 있는 세 힌지 시스템으로 구성된다. 덮개 및 벽체유리는 실리콘 접착재로 거더와 기둥을 고정된다.

킹스윈포드에 있는 유리박물관의 증축은 위에서 논의된 겨울정원과 유사한 구조이다. 여기서 30.0mm-합성유리로 된 3.5m 높이의 유리기둥은 5.7m로 걸쳐있는 마찬가지로 30.0mm-합성유리로 유리거더를 지지한다. 연결은 여기에서 휨에 강한 라멘 모서리는 장부이음구조이다. 단열유리 덮개 및 벽체유리는 거더와 기둥에 실리콘 접착으로 고정된다.

이러한 구조 컨셉은 역시 디젠티스에 있는 라이프아이젠은행Raiffeisenbank에서도 발견된다.

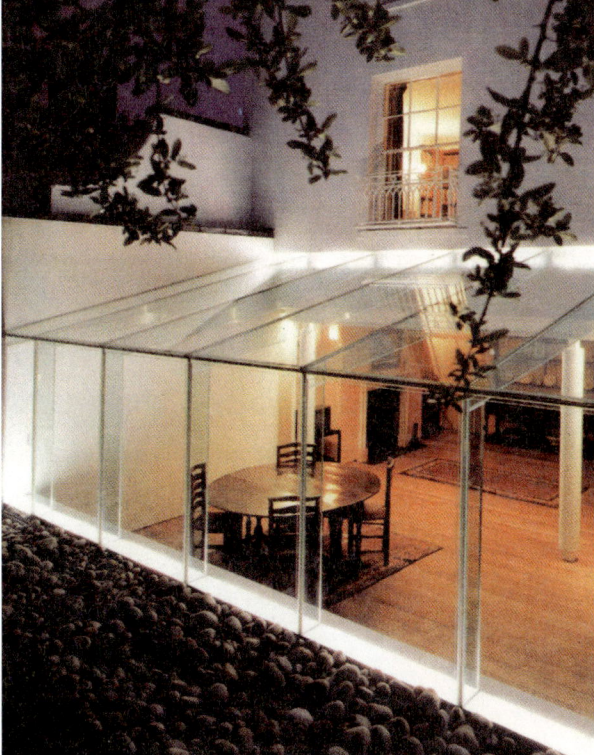

▲ 그림 12-28
겨울정원, London

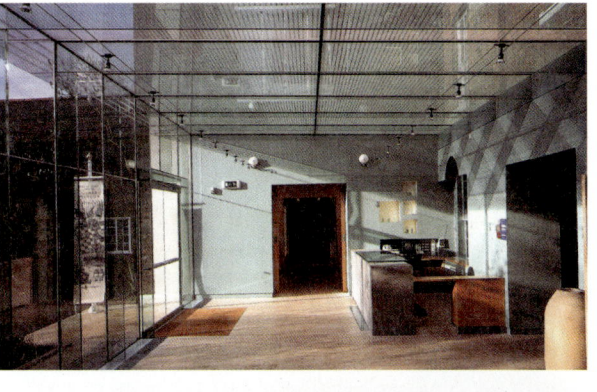

▲ 그림 12-29
유리박물관, Kingswinford

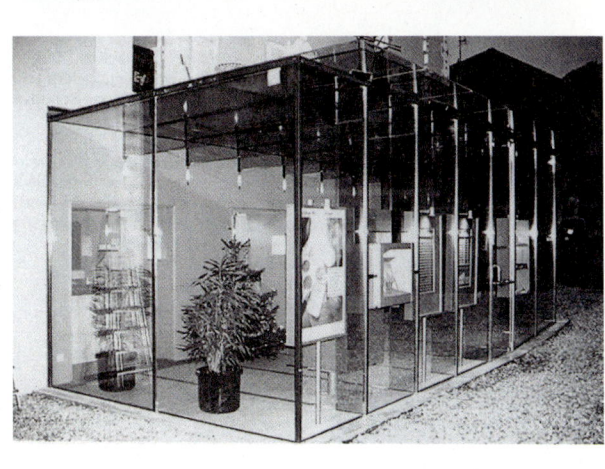

▲ 그림 12-30
라이프아이젠 은행, Disentis

던넌에 있는 홉킨스 사무실의 출입구는 블딩으로 고정되고 9.0mm 단층유리로 된 2.6m 높이의 기둥과 마찬가지로 9.0mm-단층유리로 된 3.9m 길이의 거더로 된 자유로이 서 있는 유리박스이다. 기둥과 거더의 연결뿐 만 아니라 유리고정은 실리콘 접착으로 이루어져 있다.

그론잉엔에 있는 비디오 갤러리는 기둥유리와 벽체유리가 고정된 유리벽체의 면작용에 대해 보강이 유지되도록 유리거더와 2.6m 높이의 기둥으로 이루어 졌다. 이러한 프로젝트에서 모두 12.0mm-단층유리로 제작된 유리부재의 고정은 앵글과 볼트로 결구되었다. 이것은 유리의 교환과 전체 해체를 용이하게 한다. 아헨의 유리 파빌론에서 동일한 방법으로 유리가 고정된다. 여기에서 12.0mm-단층유리로 된 덮개와 벽체유리는 각각 36.0mm-합성유리로 장부이음으로 연결된 2.5m 높이의 기둥과 2.5m 길이의 거더로 지지된다. 보강은 기둥의 고정과 벽체의 유리작용으로 이루어진다.

▼ 그림 12-31
홉킨스 사무실 입구, London

▼ 그림 12-32
비디오 갤러리, Groningen

▼ 그림 12-33
유리 파빌론, RWTH-Aachen

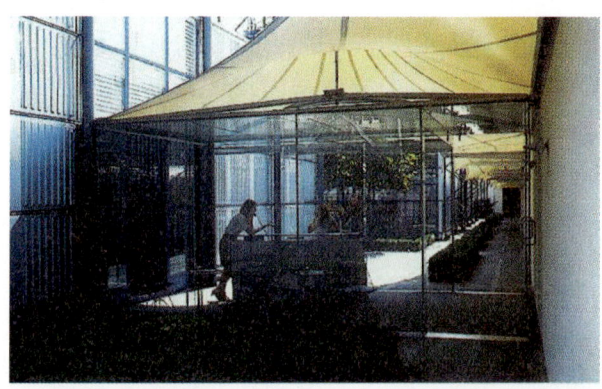

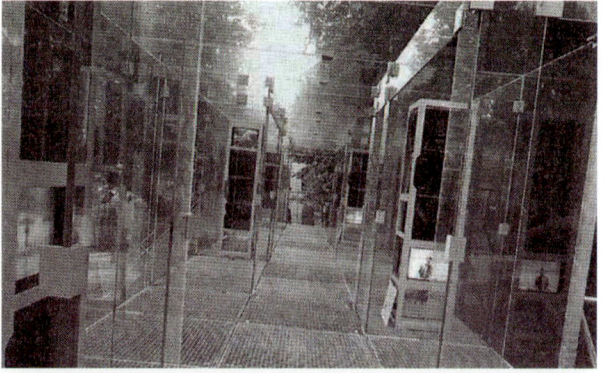

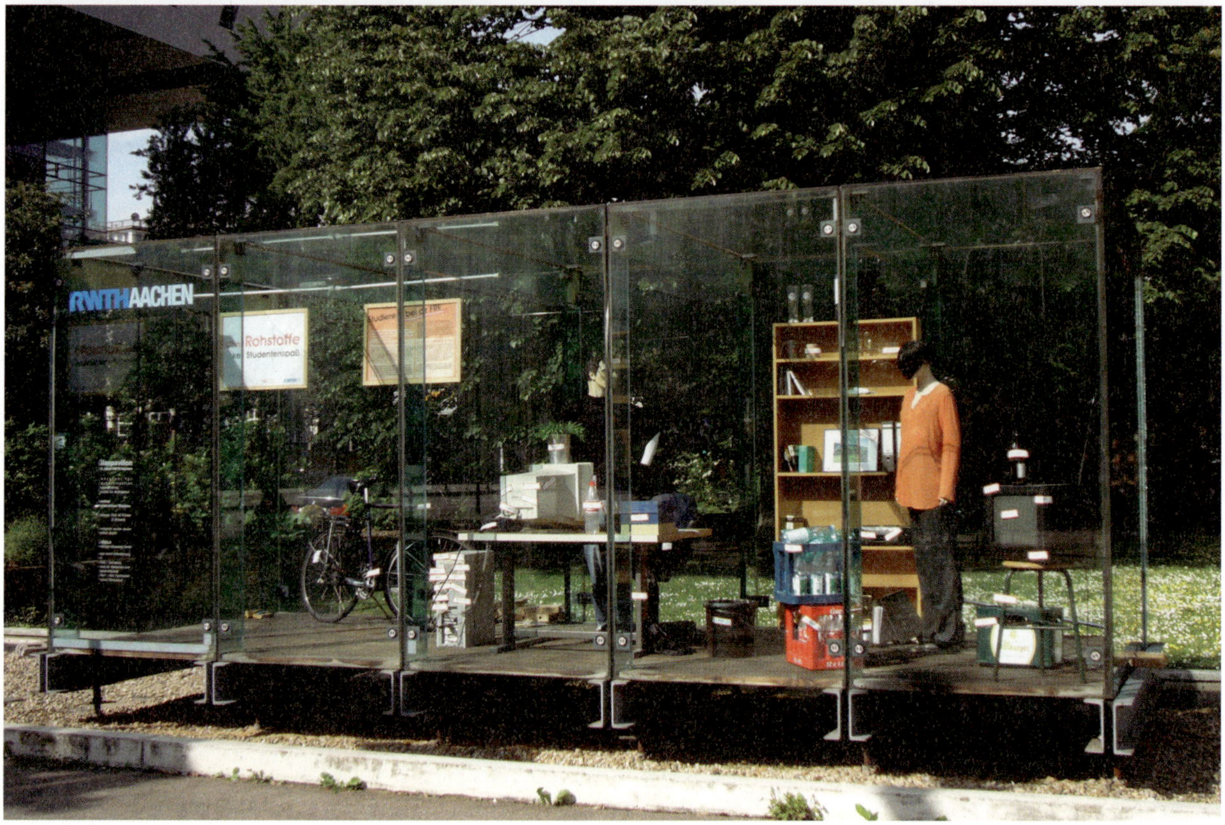

4) 봉(stab)

봉구조물은 대부분 일반력을 받는다. 예로서 충격하중이 발생할 수 있는 휨은 추가적인 하중을 나타내고 설치상태에 따라 결정될 수 있다.

그러한 일반력을 받는 봉은 많지 않은 사례 중에 하나로서 생 게그만 엔 라에에 있는 중정지붕의 기둥이다. 35mm-합성유리로 된 3.50m 높이의 기둥은 지붕의 철 구조물을 유리덮개로 지지한다. 힌지형태로 연결된 기둥의 십자(+)형태의 단면은 46.0t으로 붕괴할 수 있는 좌굴을 방지한다.

▶ 그림 12-34
시청사, St. Germain-en-Laye

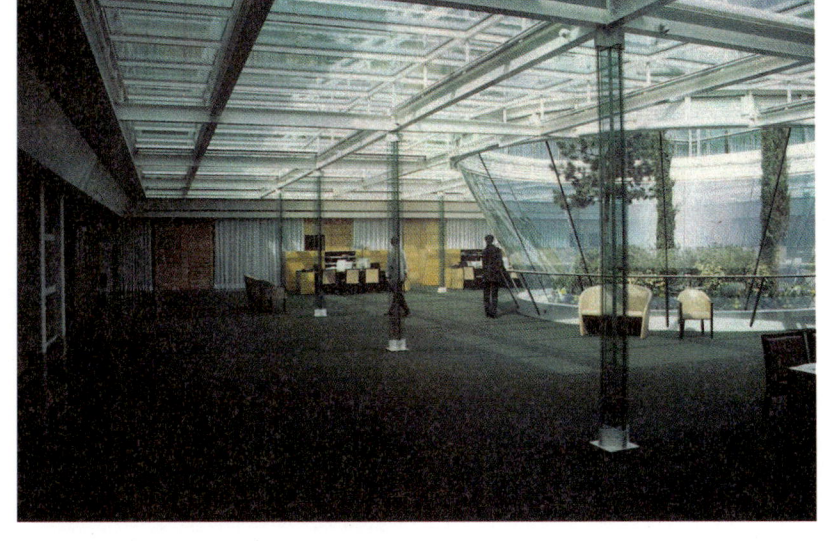

5) 격자보

격자보는 휨하중을 받는 거더의 중첩으로 추가되어 여러 개의 직선재인 봉구조재로 구성된다. 여기에서 소개되는 사례에서 유리부재는 둘러 싸여 있는 건축물에 하중을 전달한다.

이것을 위한 사례는 인디아나폴리스에 있는 스위니 교회Sweeny Chapel에서 파사드 유리가 유리거더로 된 격자에 부착되는 창문이다. 이것은 격자에 부착연결되는 각각 12.0mm-합성유리-글래스 핀과 유리 버팀목으로 구성된다. 그것은 5.0×5.0m 및 9.0×3.0m의 크기에서 주위에 있는 건축물에 풍하중을 전달시킨다. 추가적인 일반력의 하중은 글래스 핀으로 부담되는 구조물 자중을 부담한다.

▶ 그림 12-35
스위니 교회, Indianapolis

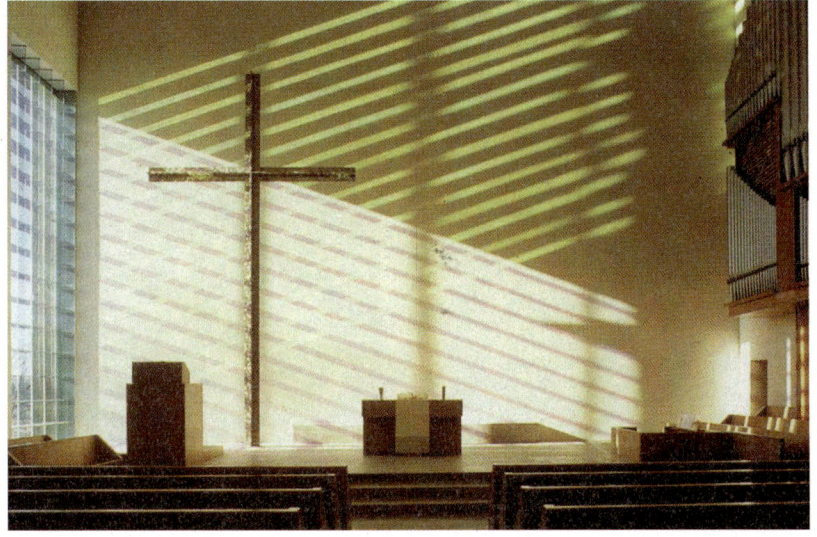

유사한 구소는 뒤셀노르프에 열린 96' Glastec에 진시된 유리교량이다. 10.0mm-강화유리로 된 상·하현재와 8.0mm-플로우트 유리로 연결된 교량인 샌드위치 구조는 4.0m의 거리에 걸쳐 있고 450.0kg의 하중에서 붕괴에 이른다.

뮌헨에 위치하는 유리센타의 출입구 부분에 이음매에 앵글로 볼팅된 격자보가 있다. 물론 시스템은 두 이음매가 하나의 격자를 구성하는 네 점에서 지지된다. 실용적인 구조물의 기하형태로 전체 유리구조는 격자보로 실행될 수 있다. 보다 큰 경우에는 이음매에 하중전환이 가능하기 때문에 최대로 제작할 수 있는 유리크기로 한정된 시스템 스팬길이를 생각할 수 없다.

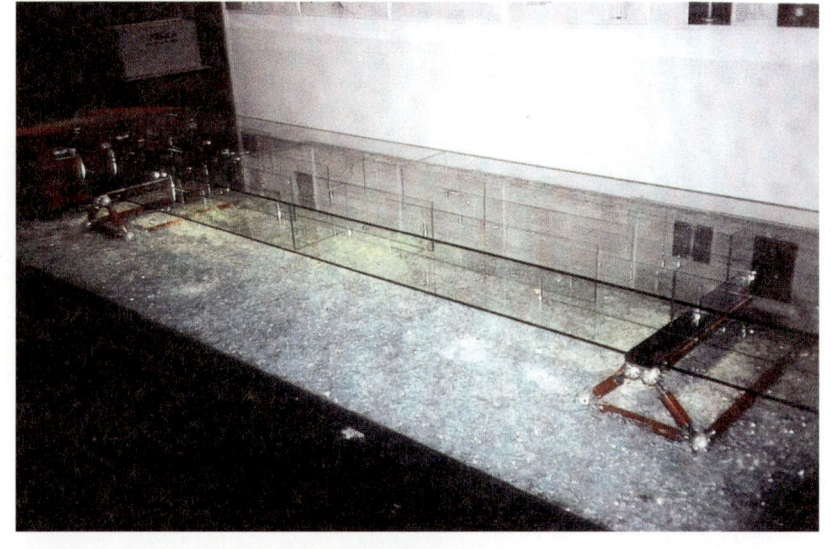

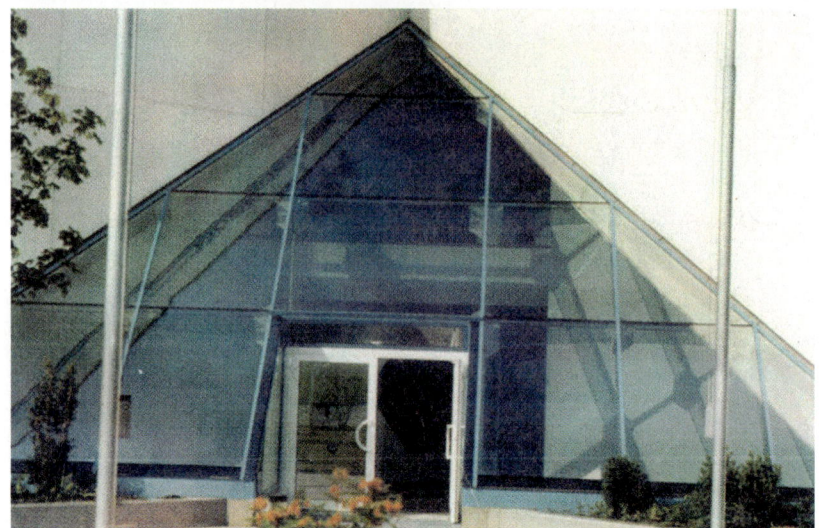

▲ 그림 12-36
유리교량, Glastec 96, Düsseldorf

▲ 그림 12-37
유리 센타 입구, München

6) 언더텐션

언더텐션된 구조물은 역시 봉구조부재의 추가로 구성된다. 언더텐션은 동일한 하중에서 단지 시스템에서 즉 언더텐션은 인장력 그리고 상현재에 압축력과 같은 일반력을 발생시키기 때문에 그것은 합성구조물이다. 등변분포하중의 경우에는 상현재에 휨 부하가 발생한다. 이것은 그러한 하중을 위해 강접되어야 한다. 하중은 계속적으로 지지대에 휨을 통해 상현재로 전달된다.

지주와 계단판의 모서리에 네 개의 긴장으로 된 간단한 언더텐션은 런던 죠셉 샵 Joseph Shop의 계단에서도 계획되었다. 계단판 자체는 하부에 아크릴 유리로 된 35.0mm-합성유리로 구성되며, 1.2m 길이로 걸쳐 있고, 프리스트레스된 트러스 거더에 끼워져 있다.

비슷한 방법으로 쥬발Juval 城을 위해 유리지붕에서 점지지 방식이 채택되었다. 여기에서 각 모서리에 16.0mm-합성유리로 된 유리는 단순한 언더텐션으로 지지된다. 그것은 상당한 적설하중을 부담해야하고 4.0m의 거리를 극복하여야 한다.

슈트트가르트의 슈필방크Spielbank의 캐노피는 두 개의 지주로 된 언더텐션으로 되어있다. 역시 여기에서도 각각의 테두리에서 두 개의 언더텐션으로 지지하는 합성유리가 사용되었다.

이러한 프로젝트에서 하나 또는 최대 두 개의 지주로 된 트러스 기하형태를 유지하는 언더텐션이다. 보다 많은 지주로 된 언더텐션은 지금까지 아직은 현실화되지 못 했다. 그러한 시스템에서 거리를 길게 할 수 있는 것 이외에 장점은 이러한 방법에서 유리낙하를 방지할 수 있기 때문에, 언더텐션 케이블은 붕괴된 유리의 안정에 기여한다.

▼ 그림 12-38
죠셉 샵 유리계단, London

▼ 그림 12-39
쥬발성 유리지붕, Juval

▶ 그림 12-40
슈필방크 캐노피, Stuttgart

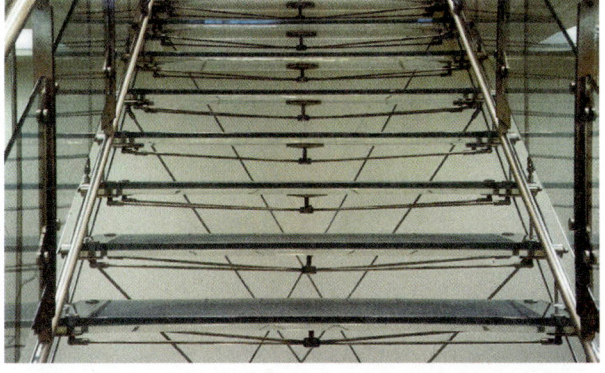

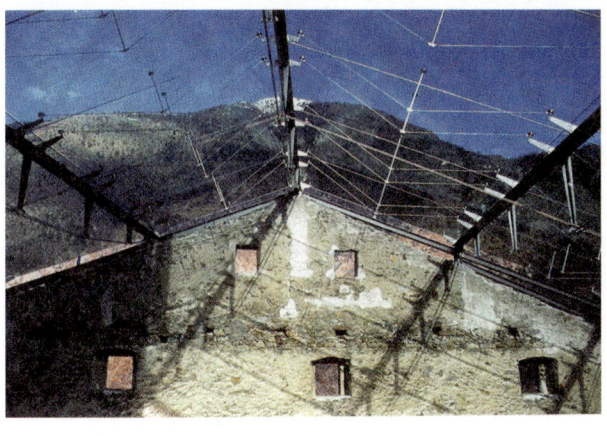

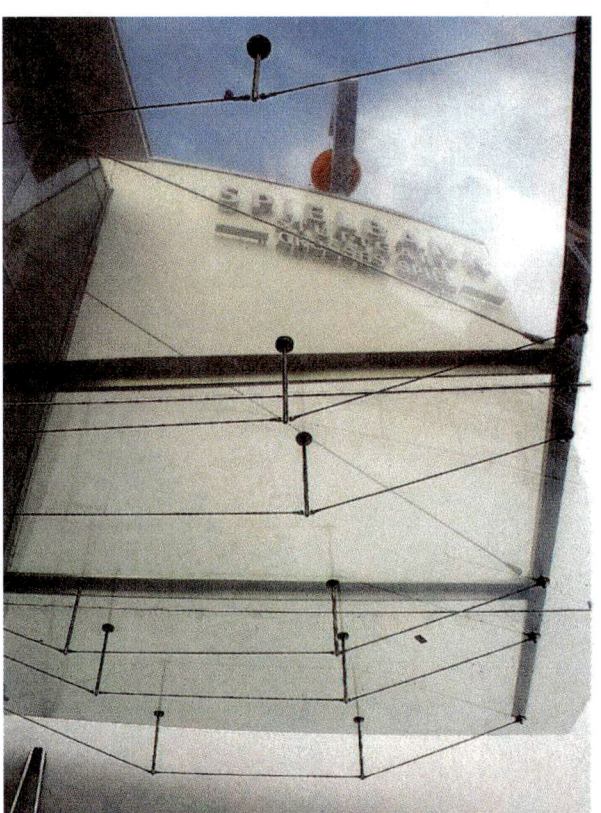

7) 트러스

트러스는 직선재, 주로 일반력을 받는 봉구조부재로 이루어진다. 여기에서 소개된 구조에 있어서 유리부재는 경사재 또는 인장재로서 사용된다. 그것은 트러스로부터 발생한 일반력을 부담한다.

런던에 있는 로우 플래트Low Flat의 프로젝트에 있어서 강재 상현재와 하현재 사이의 트러스 경사재로서 유리계단으로 된 디딤대와 계단판이 연결되었다. 계단판은 22.0mm-합성유리로 이루어지고 1.0m의 폭을 갖는다. 계단의 길이는 3.8m이다.

아헨의 유리지붕은 여러 장의 유리압축재와 트러스형태의 언더텐션으로 구성되고 2.5m의 거리를 해결한다. 압축재의 유리는 12.0mm-합성유리로 구성된다. 아헨에 있는 유리-철 구조물에 있어서 중간에 유리로 된 압축재로 구성되는 프리스트레스된 트러스 거더로 이루어졌다. 건축과 도서관의 이러한 파사드는 높이가 6.0m이고 인장 케이블, 철 압축봉과 단열유리에 연결된 2.0×6.0mm-단층유리로 된 유리압축재로 구성된다.

트러스의 기하형태는 적은 하중 그리고 개개 구조부재의 작은 치수에서 긴 스팬이 해결될 수 있기 때문에 유리구조를 대해 많은 장점을 가지고 있다.

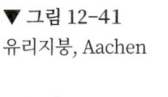

▼ 그림 12-41
유리지붕, Aachen

▼ 그림 12-42
건축과 도서관, RWTH-Aachen

▼ 그림 12-43
Low Plat 유리계단, London

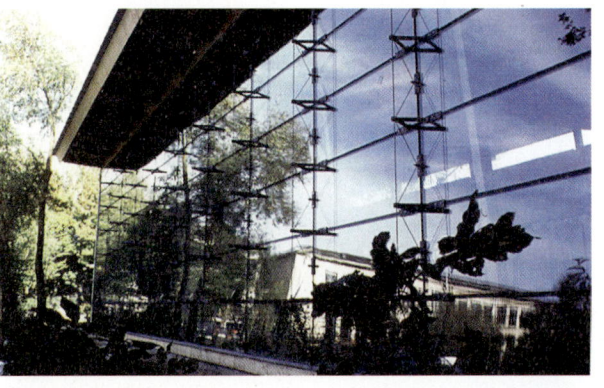

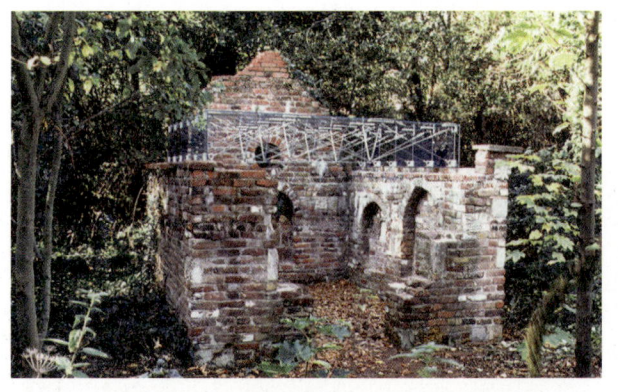

8) 아치

아치구조물에 있어 대부분이 일반력을 받는 휘어진 봉구조물이 있다. 유리건축에 대한 아치의 장점은 일반하중은 접촉부 유리압착에서 인장하중보다 단순하게 전달될 수 있기 때문에 압축하중으로 취급되는 것이다.

하노버 린데너 폭스방크Lindener Volksbank의 중정구조물은 그러한 아치구조이다. 35.0mm-합성유리로 된 아치는 일반력을 받는 세 힌지아치로서 9.0m의 간격을 극복한다. 전도에 대해서 그것은 유리덮개를 지지하는 수평으로 배치된 스텐레스관으로 안정된다.

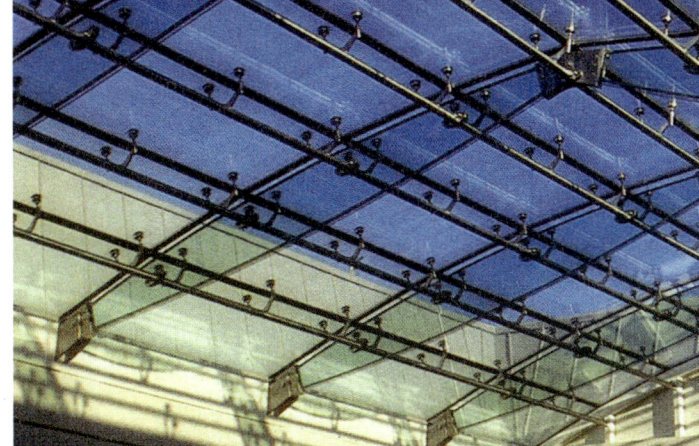

▲ 그림 12-44
린데너 폭스방크 중정, Hannover

9) 입식/현수유리

자중은 유리방향에서 일반력으로, 횡력은 휨을 통해 전달되는 플래트 면구조물은 합성형태로 하중을 받는다. 이러한 구조물은 무엇보다도 2차원으로 신축되고, 3차원적으로의 크기는 비교적 작다.

여기에서 소개된 프로젝트에서 유리가 자체적으로 지지하는 입식 또는 현수되는 유리구조물을 취급한다. 추가적으로 좌굴에 대해 안정작업이 필요없는 현수되는 유리는 입식형태의 유리보다 장점을 가지고 있다. 횡하중에 대한 시스템의 저항은 추가적인 유리면의 직교방향에 놓여 있고 이러한 안정되는 구조부재로 해결된다.

12. 유리구조물의 분류

① 트러스로 보강된 유리

린에스에 위치하는 서방 국민은행Banque Populaire de l'Quest의 유리벽체는 약 100.0m의 길이에 상부유리가 하부유리를 지지하는 각각 다섯 개가 나란히 현수되는 단층유리로 이루어진다. 9.0m 높이의 파사드는 1.5m 길이의 압축봉으로 횡하중에 대해 안정시키는 파사드 앞에 계획된 트러스 구조로 연결된다. 기둥과 역시 차광구조를 고정하는 입식 트러스 구조로 구성된다.

▶ 그림 12-45
서방 국민은행, Rennes

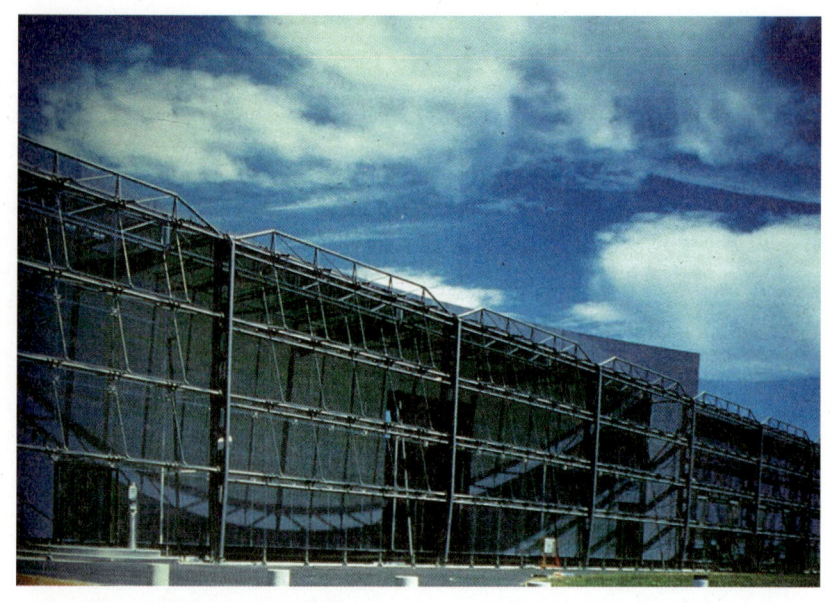

② 케이블 긴장으로 보강되는 유리

수직 케이블 긴장은 로테르담에 있는 네덜랜드 건축연구소NAI의 파사드를 안정시킨다. 디테일 구성은 여기에서 서 있는 각각 두 개로 상하에 입식 2×10.0mm-단층유리로 된 단열유리로 구성되는 유리파사드로 시작된다.

암스테르담에 위치하는 베를라헤 증권거래소Beurs van Berlage의 콘서트 홀에서 안정을 위한 수직 케이블로 긴장되는 현수되는 유리파사드가 있다. 유리벽체는 각각 다섯 장의 유리가 나란히 현수되는 8.0mm-단층유리로 구성된다.

파리의 시트로앵 공원의 식물원의 유리벽체는 수평 케이블 긴장으로 안정된다. 그것은 각각 두 개의 케이블 아치와 케이블의 프리스트레스를 위해 중간에 압축봉으로 이루어 진 각각 다섯 개의 유리가 나란히 현수되는 단층유리와 수평적인 긴장으로 구성된다.

파리의 라빌레뜨 공원에 있는 과학기술박물관의 유리벽체에서 각각 네 개가 나란히 현수되는 단층유리로 된 겨울정원은 역시 수평 케이블의 긴장으로 자리 잡고 있다. 힌지형태로 연결된 긴장은 두 개가 서로 교차되는 케이블 아치로 구성된다. 케이블의 프리스트레스로부터 생기는 하중은 강관으로 된 매인 구조물에 전달된다.

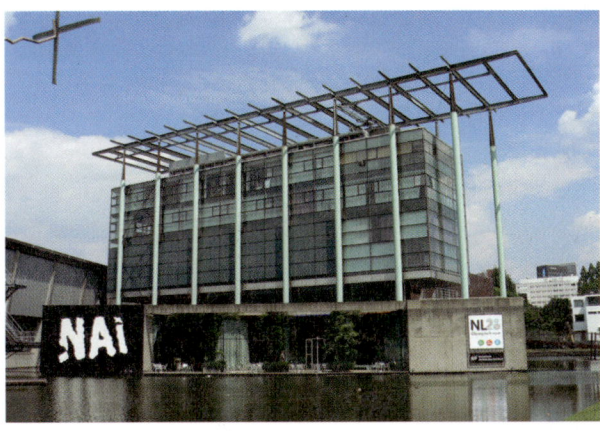

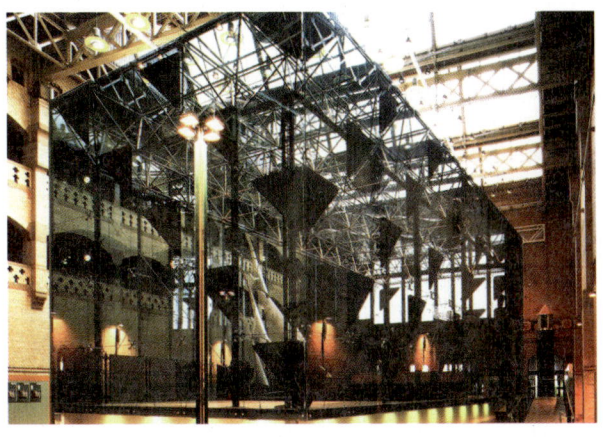

▲ 그림 12-46
네덜란드 건축연구소, Rotterdam

▶ 그림 12-47
베를라헤 증권거래소 내부의 콘서트 홀,
Amsterdam

▶ 그림 12-48
앙그레 시트로앵 공원의 식물원, Paris

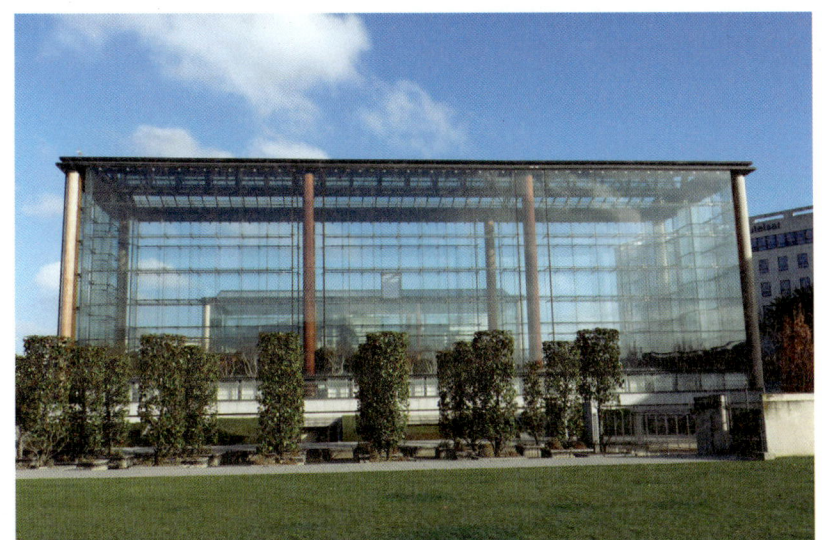

▶ 그림 12-49
라빌레트 과학기술박물관 식물원, Paris

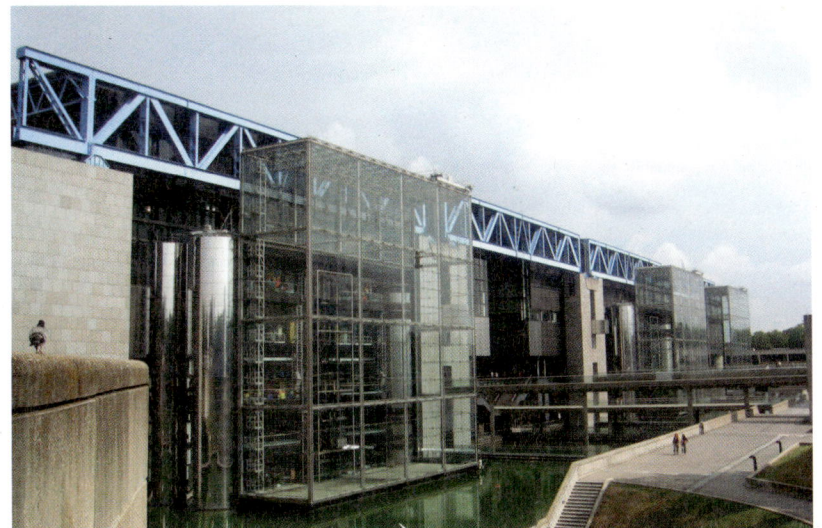

12. 유리구조물의 분류   — 277 —

파리에 있는 샹늘리제 극상 시붕 위에 있는 맨션 블랑체Maison Blanche 레스토랑의 파사드도 역시 비슷한 방법으로 세워졌다.

역시 파리의 아뷰뉴 몽테네Avenue Montaigne에 있는 아트리움에 있어서 현수되는 유리파사드 위에 풍압은 수평 케이블 아치를 통해 부담된다. 건축물에 있는 후면긴장은 풍흡력에 대한 파사드를 안정시킨다. 그것은 8개의 나란히 현수되는 15.0mm-단층유리로 되어 있다. 역시 여기에서도 자중은 지붕구조물에 부착된 최상부의 유리를 통해 전달된다.

런던에 위치하는 채널4Channel 4의 출입구 파사드에서도 수평 그리고 수직케이블 긴장의 조합으로 교정된다. 12.0mm-합성유리로 된 9개의 나란히 현수되는 유리는 반원형 형태로 계획되었다. 모서리 부분에서 유리는 서로 안정된다.

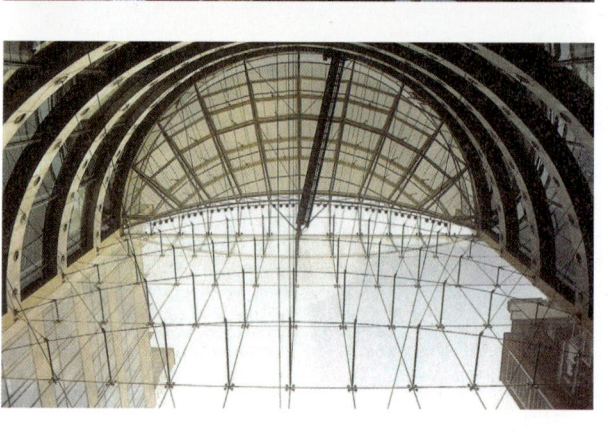

▲ 그림 12-50
맨션 블랑체 레스토랑, Paris

▲ 그림 12-51
아뷰뉴 몽테네의 아트리움, Paris

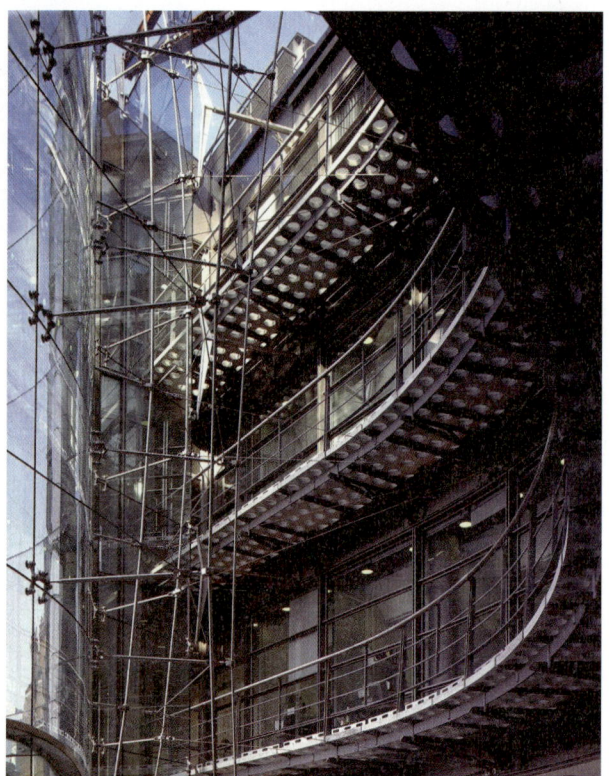

▲ 그림 12-52
채널 4, London

③ 글래스 핀으로 보강된 유리

다음과 같은 프로젝트에서 자체적으로 지지되는 글래스 핀으로 보강되는 유리 파사드를 알아 보자. 외형상으로 상당히 유사한 유리 기둥-구조와의 차이점은 여기에서 유리가 파사드 유리의 주요구조 기능을 부담하는 반면에, 기둥의 경우에서 주요기능이 추가적인 시스템 하중의 전달하는 것이다.

노위치Norwich에 있는 세인버리 예술센타Sainbury Centre of Visual Arts의 경우에서는 7.5m 높이로 서 있는 하나의 부재로 15.0mm 유리로 된 파사드로 세워졌다. 파사드는 25.0mm-단층유리의 글래스 핀으로 안정된다.

역시 프랑크프르트Frankfurt 메세타워Meseturmes의 출입구의 유리 파사드는 한 장으로 현수되는 유리로 구성된다. 3.2m 높이의 부재는 글래스 핀으로 안정된다. 두 부재는 15.0mm-단층유리로 구성된다.

사례로서 듀스부르그에 있는 빌햄름 램브로크 박물관Wilhelm-Lehmbruck- Museum에서 사용된 현수유리는 내·외에서 부착된 18.0mm-단층유리로 된 글래스 핀으로 안정되는 대형으로 현수되는 18.0mm-단층유리로 구성된다.

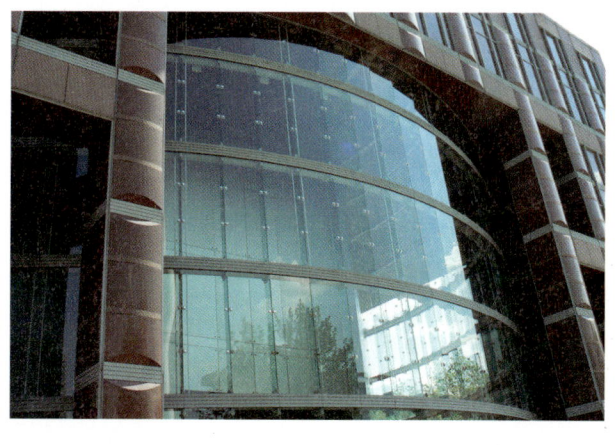

▲ 그림 12-53
프랑크프르트 메세타워 입구, Frankfurt

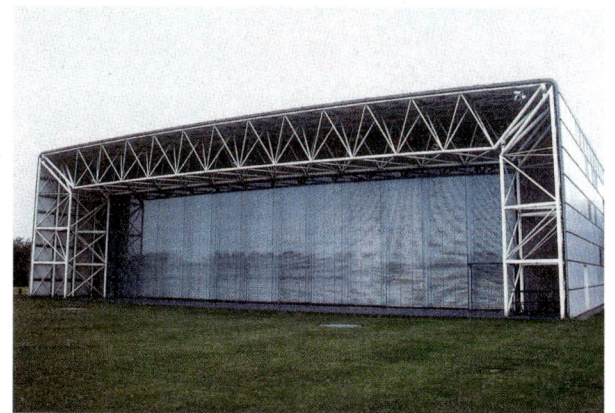

▲ 그림 12-54
세인버리 예술센타, Norwich

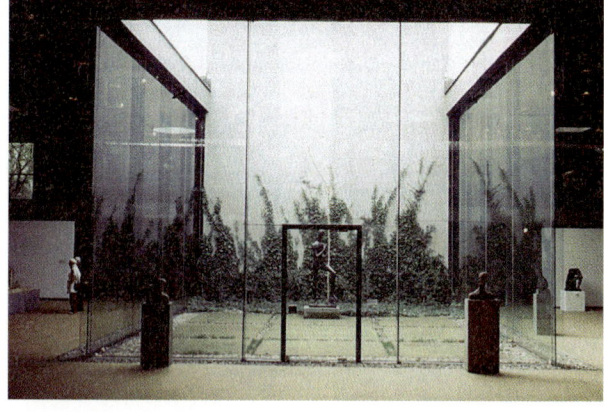

▲ 그림 12-55
빌햄름 램브로크 박물관, Duisburg

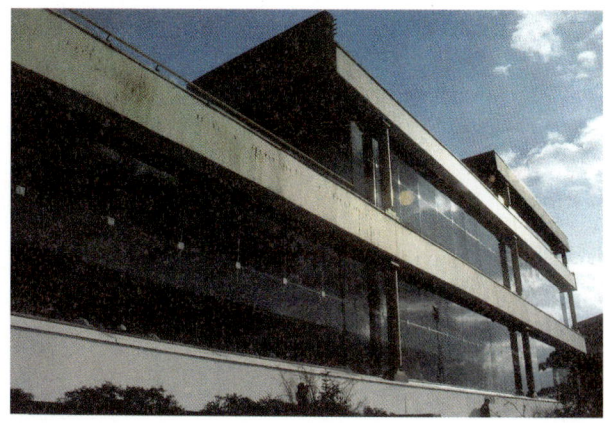

▲ 그림 12-56
경마장 관중석, München

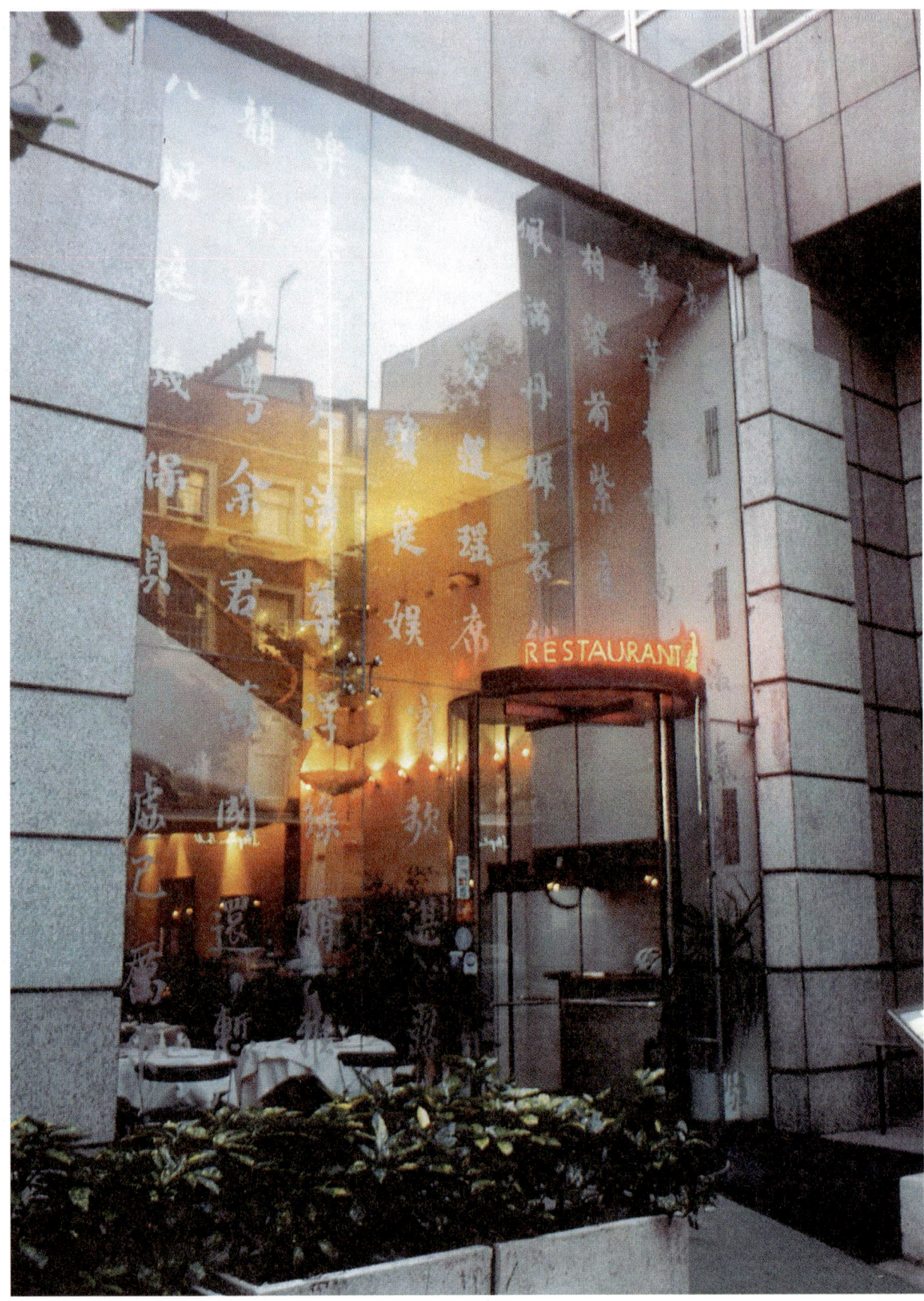

▲ 그림 12-57
나우 앤 젠 레스토랑 입구, London

두 개가 서로 현수되는 14.0mm-단층유리로 된 유리벽체는 뮌헨에 있는 경마장 관중석을 에워싼다. 여기에서 유리는 19.0mm-단층유리 기둥으로 수평하중에 대해 내부구조물로 안정된다.

런던에 있는 나우 앤 젠Now&Zen 레스토랑의 입구 파사드는 마찬가지로 분할된 유리로 되어 있다. 파사드의 12.0mm 두께의 단층유리-부재는 캔티레버로서 구성되고 바닥판에 현수되는 글래스 핀으로 보강된다.

입스위치에 있는 위리스 훼버 듀마스Willis Faber & Dumas 회사 건축물의 현수되는 파사드는 비슷한 유리로 된 캔티레버로 안정된다. 전 프로젝트와의 차이점은 특별히 연결부재 위에 글래스 핀에서 미끄러지게 연결된 여섯 개로 나란히 현수되는 12.0mm-단층유리 파사드에 있다.

분할된 파사드 유리뿐 만 아니라 여러 장 단독부재로 세워진 글래스 핀은 파리에 있는 맨션 RATPMaison de la RATP에서도 발견된다. 여기에서 파사드의 단층유리는 세 개로 분할된 6.2m 높이의 글래스 핀으로 안정된다. 자중은 이러한 프로젝트에서 파사드 유리가 아니고 스텐레스 인장봉으로 전달된다.

룩셈부르그의 역사 박물관Musee d'Histoire de la Ville de Luxembourg의 파사드에서는 그러한 인장막대가 필요없다. 각각 세 개가 나란히 현수되는 12.0mm-단층유리로 서 있는 12.0m 높이의 파사드는 세 개의 19.0mm-단층유리의 글래스 핀으로 안정된다.

▼ 그림 12-58
월리스 훼버 듀마스 본사, Ipswich

▼ 그림 12-59
룩셈브르그 역사박물관, Luxemburg

▶ 그림 12-60
맨션 RATP, Paris

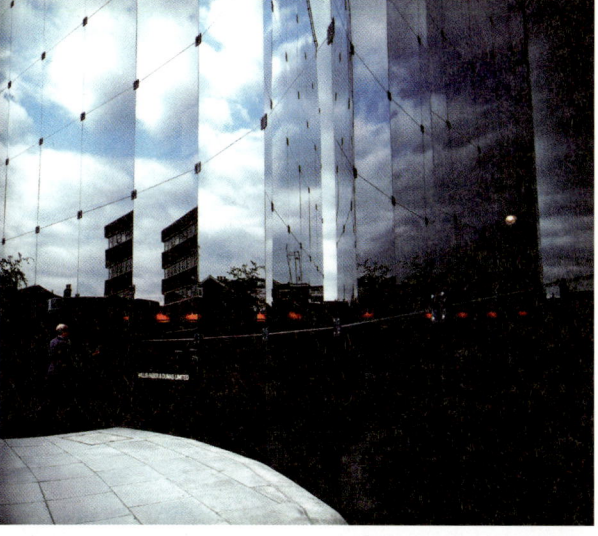

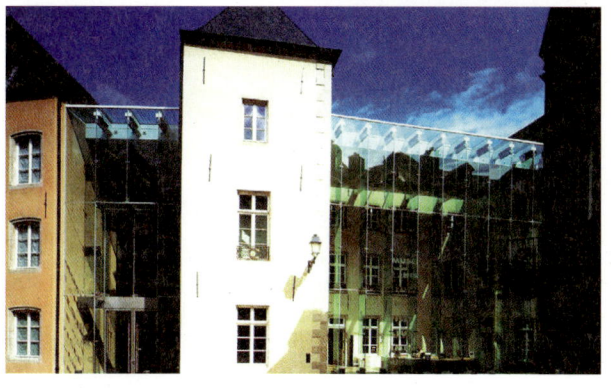

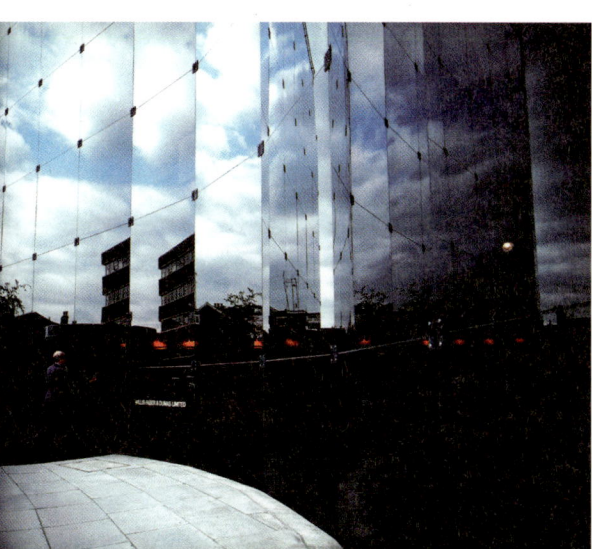

12. 유리구조물의 분류

⑷ 트러스 격자보

트러스 격자보에서 플래트하고 단지 일반력을 받는 면구조물에 대해 논해보자. 역시 여기에서 봉과 면구조 부재를 첨가하여 한 장의 구조부재 사용으로 보다 큰 규모가 가능하다.

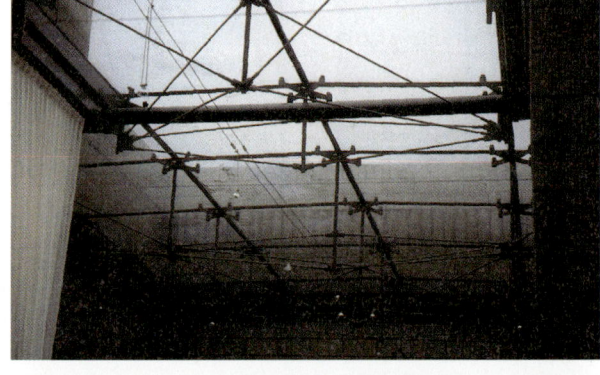

그러한 시스템의 사례는 홀스트 화원Hulst Blumenladen의 7.0×7.0m 크기의 지붕유리이다. 트러스 형태의 케이블 언더텐션은 프리스트레스되었고, 지붕은 전도에 대해 단층유리로 된 단열유리로 안정되었다.

주목할 가치가 있는 예술품인 다음과 같은 프로젝트에서 유리는 시스템 하중을 전달하는 것으로 취급되었다.

유리예술품으로 뮌헨공항에 있는 굴절되는 텐시그리티 링Refractive Tensigrity Rings와 필라델피아에 있는 굴절되는 거미 빛Refractive Light Spine는 텐시그리티 컨셉으로 세워졌다. 그것은 상·하로 그리고 주사위 형태의 텐시그리티-단위로 연결된 삼각형 형태의 12.0mm-합성유리로 이루어져 있다. 굴절되는 텐시그리트 링에서 많은 그러한 단위를 지름이 7.0m인 트러스 거더 링에 연결된다. 굴절되는 거미 빛 프로젝트는 16.0×6.0m 크기의 텐시그리티 단위로 된 트러스 격자보로 이루어진다.

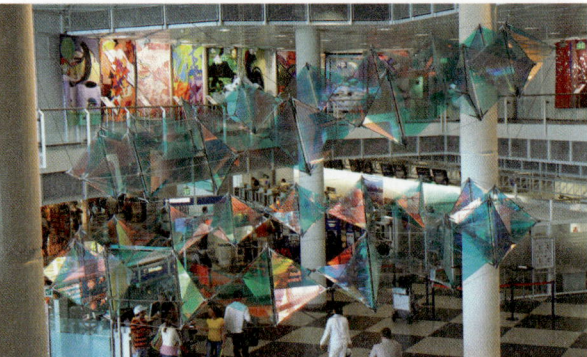

세 개가 교차하는 트러스 거더는 뮌헨공항에 있는 유리예술품 백조의 비행Kranichflug을 만든다. 6.0×7.0m의 규모이다. 중간에 삽입된 8.0mm-단층유리는 거기에 있어서 케이블 시스템의 프리스트레스되는 힘을 부담한다.

◀ 그림 12-61
홀스트 화원 지붕, Hulst

◀ 그림 12-32
텐시그리티 링, München

◀ 그림 12-63
굴절되는 거미 빛, Philadelphia

▲ 그림 12-64
백조의 비행, München

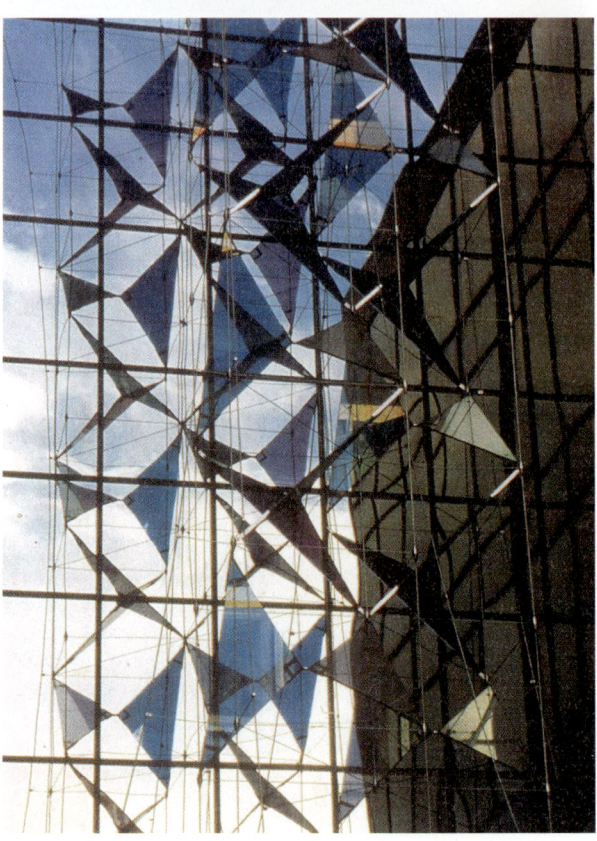

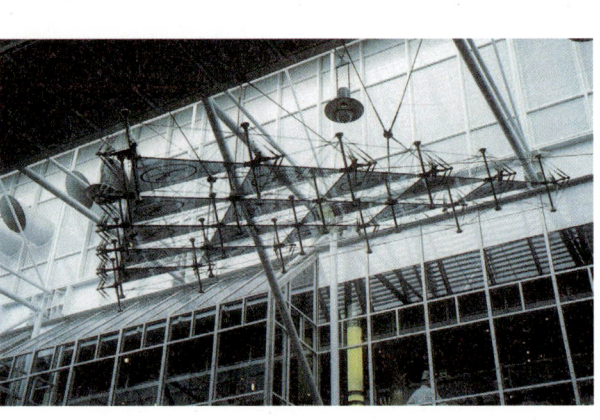

⑤ 절판구조

절판구조는 접혀진 면으로 이루어진다. 그것은 구조물로서 대부분에 일반력을 부담한다.

브레텐 도시철도 정류장에서 서로가 기울어진 유리는 단지 맞은편에서 지지하고 그것의 하중을 전달하는 대단히 단순한 릿지-밸리-지붕과 유사한 절판구조이다. 합성유리는 강관 거더 위에 얹혀 지고 지붕의 당마루에서 서로 연결된다. 지지하는 강관 구조물의 생략은 안정성의 근거로 불가능하다.

유리는 절판구조를 위한 면구조 재료로서 아주 적절하기 때문에 지금까지 아주 희귀한 이러한 종류의 구조로 현실화 되었다는 사실에 놀랄 만 하다.

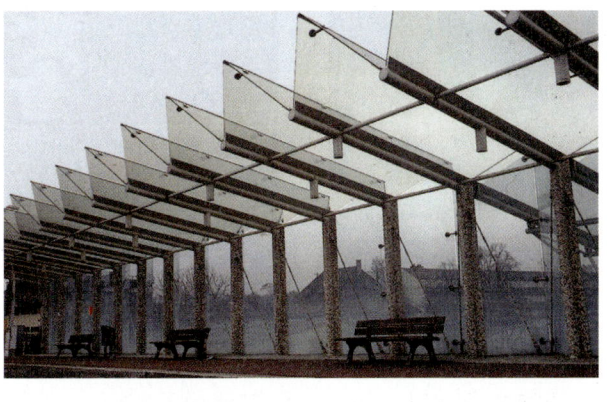

⑥ 돔

돔에 있어서 두 개의 동일한 곡률로 된 면구조물이다. 발생하는 일반력은 압축력으로서 방사방향과 접선방향으로 작용한다. 하부에서는 방사방향의 인장력을 받는다. 절판구조와 마찬가지로 면형태의 건축재료인 유리사용을 위해 돔구조가 적절하다.

유일한 조사된 유리돔은 유리구조의 기인인, 예술가 소오스A. Sous의 뷔젤른 하우스Würselener Haus라는 것에 놀랍다. 여기에서 유리판이 아닌 유리병이 사용되었다. 반구형태의 돔은 ∅-17.0m이고 모르타르 내에 약 3만개의 와인 병으로 되어있다.

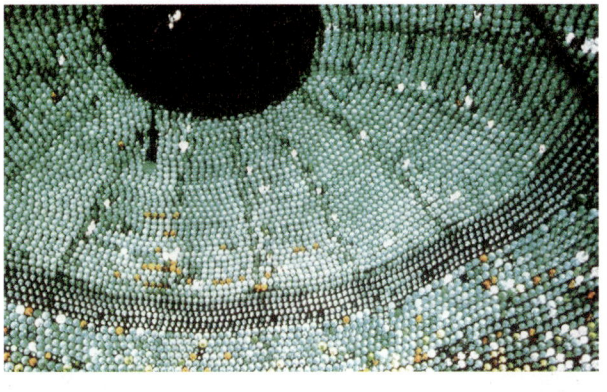

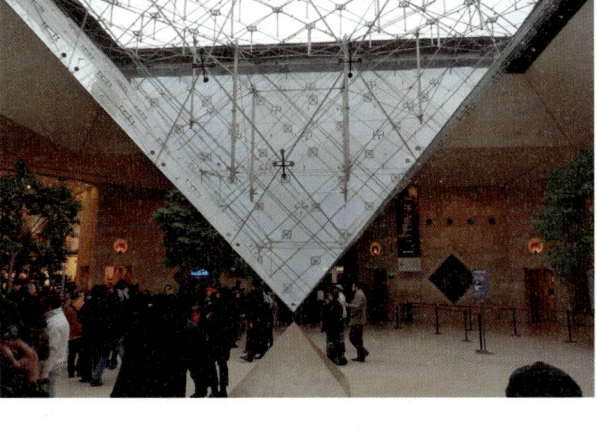
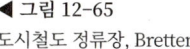

◀ 그림 12-65
도시철도 정류장, Bretten

◀ 그림 12-66
뷔젤른 하우스, Würselen

◀ 그림 12-67
루브르 역 피라미드, Paris

⑦ 공간적인 골조 시스템과 케이블 시스템

공간적인 봉과 케이블 시스템은 모든 방향으로 공간적으로 신축되고 주로 일반력을 받는다.

현수되는 유리가 자체적으로 지지되는 하나의 사례는 파리의 루브르 박물관의 역피라미드Inverse Pyramide이다. 피라미드 면에 마름모 형태의 30.0mm-합성유리는 모서리에서 상하로 연결되고 전체면의 돌출에 대해 공간적인 케이블 시스템과 압축봉 시스템을 통해 유지된다.

유리면에 시스템 하중의 전달은 아인트호벤의 애블롱Evoluon의 캐노피에서 실현되었다. 10.0mm-단층유리로 된 10.0×10.0m 크기의 면은 공간적인 케이블 긴장으로 상하에서 유리를 지지한다. 긴장으로 인해 발생하는 압축력은 테두리와 모서리 부분에서 유리를 통해 부담된다. 내부에서 이러한 하중은 중앙에서 기둥에 연결되는 강재 지렛대로 전달된다.

마지막 프로젝트로서 듀셀도르프의 96' Glastec에 전시된 텐시그리트 구조를 소개하기로 한다. 약 3.0×3.0m 크기의 6.0mm-유리관과 케이블 긴장으로 다루어 진 공간구조이다.

공간적인 구조물의 장점은 시스템의 효율성에서 볼 수 있다. 여기에서 발생지역에서 하중이 일반력을 받는 부재를 통해 부담될 수 있고, 이것으로 외부 시스템에서 전환으로 전달되지 않아야 한다. 이러한 공간적인 그물모양의 연결에서 특히 사용할 수 있는 공간을 만들 수 없기 때문에 실제적인 이용의 어려움이 있다.

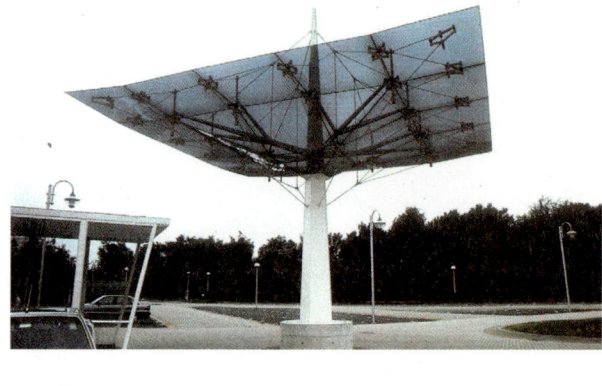

▲ 그림 12-68
애블론 캐노피, Eindhoven

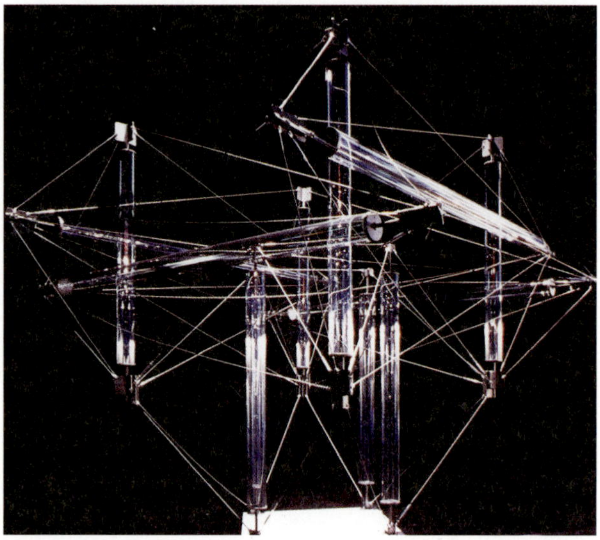

▶ 그림 12-69
텐시그리티 구조, Glastec 96, Düsseldorf

10) 1차 구조부재로서 유리 구조물에서 주안점

1차 구조부재로서 유리로 된 구조물에 있어서 확실한 주안점은 거더구조 또는 기둥 구조물과 그것의 조합의 영역에 있는 유리구조물에서 볼 수 있다.

거더와 기둥 구조물에 대해 여기에서 단순하고 기본적인 구조물 형태를 다루는데 가치가 있다. 이것은 볼트로 죄는 앵글, 접착제 또는 목조건축에서 가져온 장부이음과 같은 단순하게 고정되는 연결기술에 대해 유효하다.

거더와 기둥에 있어 비교적 매시브한 구조물이 될지라도, 유리 투과성을 이용하여 비교적 투명한 유리구조가 실현될 수 있다.

치수에서 단지 한정된 제작될 수 있는 유리가 그러한 구조물에 대해 문제점이 될 수 있다. 취급성에 관해서 최종절차에서 3.2m의 폭으로 생산되는 플로우트 유리는 가능한 6.0m의 길이로 짧아진다. 그러한 구조에서 대부분 제작자에 따라 확실히 플로우트 유리하부에 깔리는 프리스트레스된 단층유리와 강화유리 또는 부착된 강화유리는 비관적이다. 이러한 제작조건에 따른 최대크기로 인하여 단지 한 장 유리로 되는 단순한 구조물의 크기는 제약을 받는다.

면형태의 건축재료로서 유리는 이 방향에 일반력을 부담하는데 유리구조물의 적층이 타당할런지 모른다. 발생하는 휨하중은 트러스, 케이블 긴장과 글래스핀과 같은 다양한 보강방법으로 계획되어야 한다. 다층 높이의 유리 파사드에 따른 욕망으로 이러한 영역에서 최대 유리크기의 문제점이 생긴다. 이것은 점지지와 그것으로 나란히 현수되는 유리발전으로 해결되었다.

그러한 현수되는 파사드의 현실화의 한계는 큰 하중을 받는 상단에 유리의 고정에 있다. 한 장이 현수되는 파사드에서 일반적인 압착판은 압착하중으로 부착되는 PVB-필름이 깔리고 이것으로 이러한 고정이 효과가 없기 때문에 오늘날 자주 사용되는 강화유리에 통합된다. 점지지에 의한 고정은 빠르게 도달할 수 있는 최대 구멍마찰응력에 그것의 한계를 가지고 있다.

유리구조물의 투명성을 올리고자 한다면, 이것은 작은 시스템에서 추가적인 부재를 줄여서 결과를 얻을 수 있다. 보다 큰 시스템에서 휨을 받는 구조부재를 피하고 일반력 하중을 받도록 높일 수 있다. 여기에 추가로 유리는 선형지지로 접촉면에 압축 그리고 압착 또는 천공점에 인장과 같은 일반력의 전달에 가장 적절하기 때문에 특별한 면구조물과 공간구조물을 이용할 수 있다.

휨 또는 조합력을 받는 영역에서 주된 문제점임에 불구하고 전체적으로 고려될 수 있다. 이것은 현실과 재료가 제공하는 가능성 간의 모순은 많은 구조물 영역의 개발이 기대되기 때문에 구조적인 가능성을 명백히 한다.

▼ 그림 12-70
유리 또는 합성 구조로 된 거더와 기둥구조

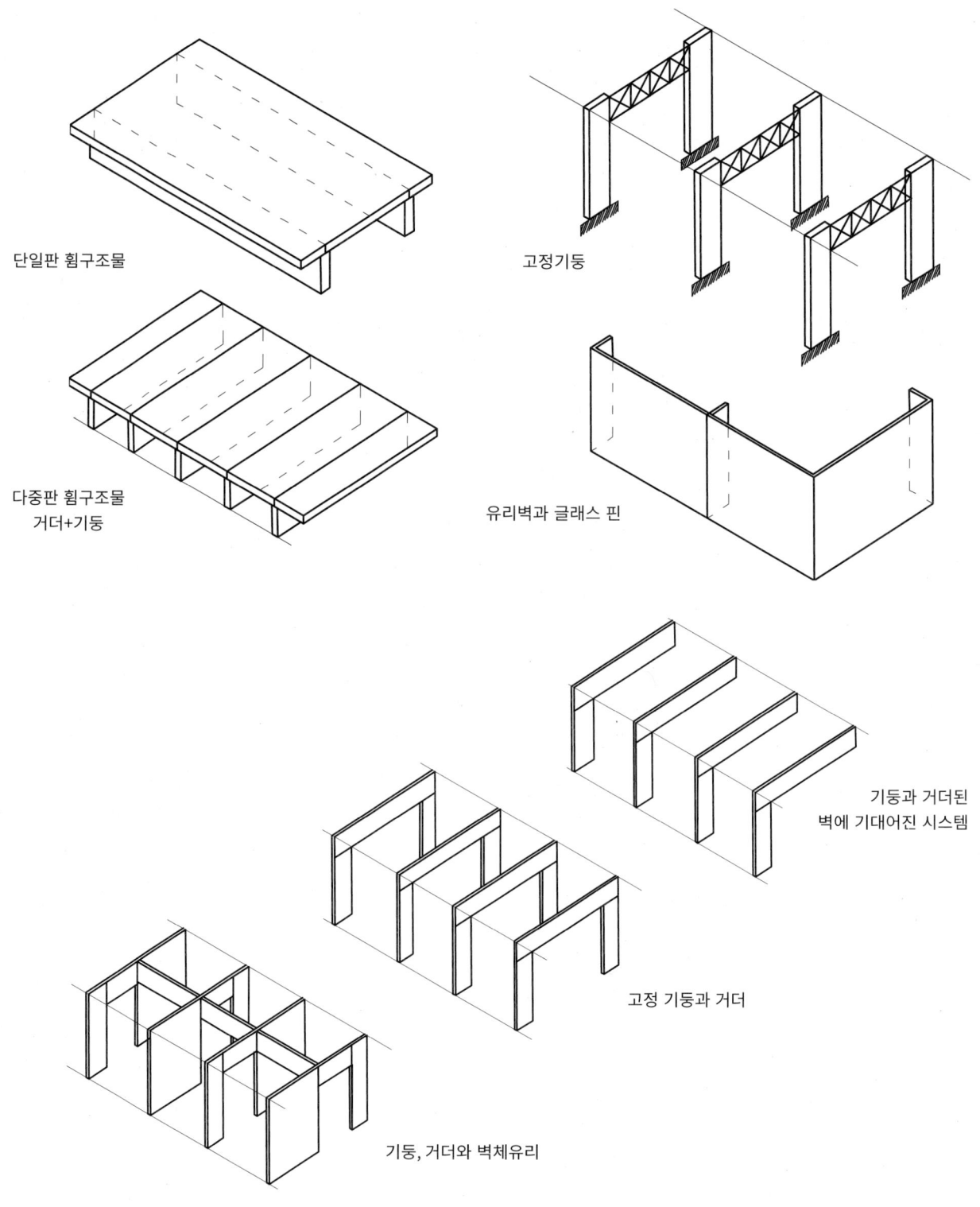

단일판 휨구조물

다중판 휨구조물
거더+기둥

고정기둥

유리벽과 글래스 핀

기둥과 거더된
벽에 기대어진 시스템

고정 기둥과 거더

기둥, 거더와 벽체유리

— 286 —   유리건축

▼ 그림 12-71
다양한 보강재를 이용한 유리로 된 면구조

유리+트러스 보강

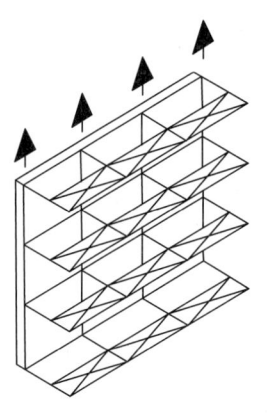

유리+케이블 후면 보강

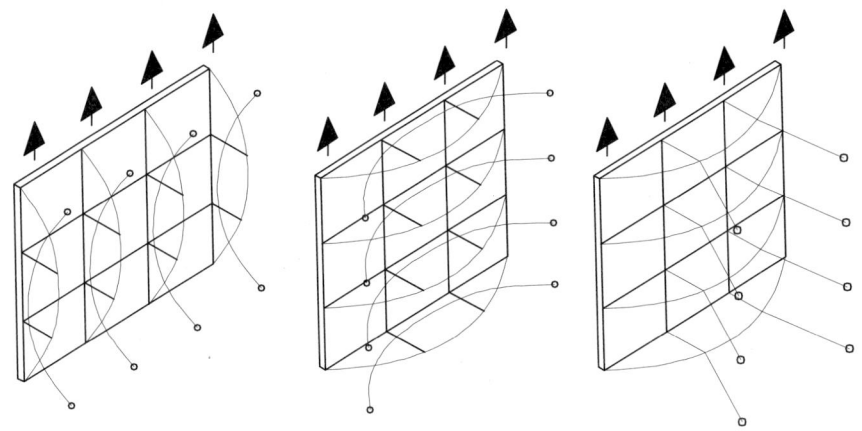

유리+글래스 핀 보강

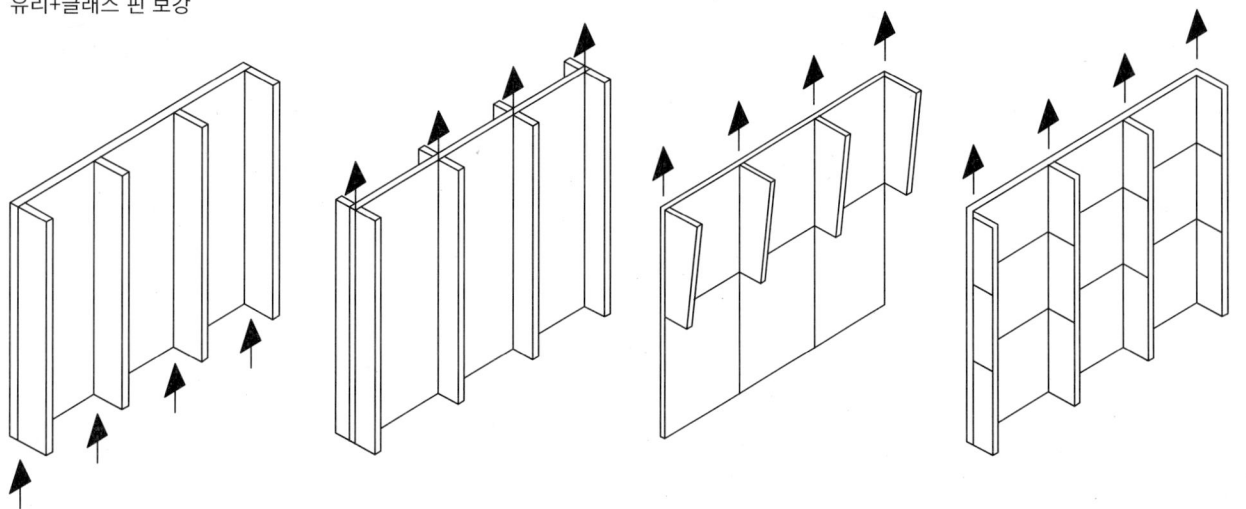

12. 유리구조물의 분류   — 287 —

12.5
2차 구조부재로서 유리

앞으로 묘사되는 프로젝트는 유리가 시시기능이 있는 외피로서 이용되는 구조시스템으로 구성된다. 그것은 앞장에서 논의 된 구조물 유형분류와 유사하게 설명된다. 여기서 묘사된 프로젝트의 선택은 광범위하지 않고 관점에 따라 비재래적인 구조물 해결과 새로운 디테일에 의거했다. 더 많은 프로젝트는 뒤 단원에서 알아보자.

형태 / 하중	기하형태					
	선구조			면구조		공간구조
	직선재	직선재 중첩	절곡선재	평면재	절곡면재	
휨						
합성구조	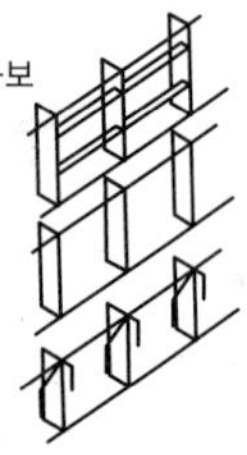 기둥+보 / 기둥 / 기둥+케이블	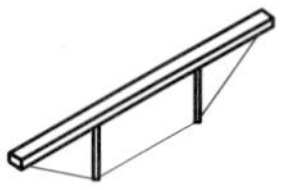 언더텐션	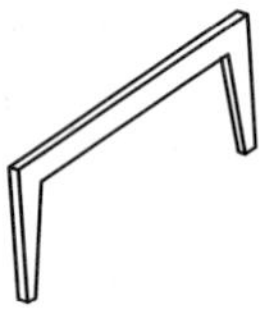 라멘	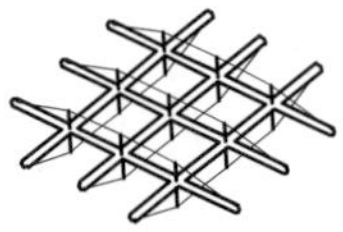 복합인장		
일반축력	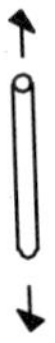 케이블	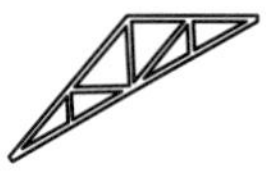 트러스	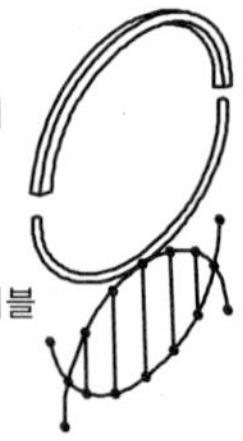 아치 / 케이블 / 케이블 긴장	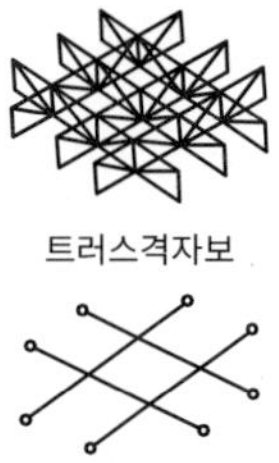 트러스격자보 / 케이블 네트	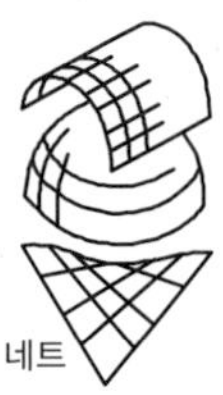 실린더 / 돔 / 케이블 네트	

▲ 그림 12-72
2차 구조부재로서 유형분류

1) 기둥과 거더

기둥과 거더로 된 구조물은 한편으로는 일반력으로서 구조물 자중을 기둥으로 전달되고, 또 한편으로는 거더와 기둥의 휨으로 횡력을 기초로 전달되기 때문에 조합하중을 받는다. 여기에서 소개된 파사드 구조물의 사례는 일반적으로 기둥-횡재구조로 표현된다.

대표적인 기둥-횡재구조는 파리에 있는 까르티 재단Foundation Cartier이다. 파사드는 유리가 알루미늄 프로필과 스텐레스 고정틀의 방법으로 고정되는 층에 연결된 기둥과 각각 네 개의 횡재로 구성된다. 파사드에 대해 건물체가 후퇴하는 영역에서 기둥은 분리되고 파사드 후면에 서 있는 강재구조물로 고정된다.

이러한 파사드는 유리 고정틀 대신에 압착 틀과 같은 세장한 파사드 프로필의 사용 또는 점고정 방식으로 구조물에서 유리의 이완을 통해서 달성될 수 있다. 그러한 유리면의 이완은 스윈돈에 위치하는 르노자동차 분배센타Distribution Centre for Renault에서 취급되었다. 여기에서 유리면은 횡재간격의 점 고정대으로 부착된다. 횡하중과 자중은 횡재를 통하여 기둥에 전달된다.

형태 / 하중	기하형태					
	선구조			면구조		공간구조
	직선재	직선재 중첩	절곡선재	평면재	절곡면재	
휨						
합성구조	Renault–Centre/Swindon B8/London Finanical Time London	Festival Theatre/Eding-burgh	Züblin-Haus/Stuttgart	Gläserner Himmel/Stuttart		
일반축력	Reina Sofia/Madrid	Ausstellungspavilion/Bottrop	Waterloo Int. London HBF/Ulm Hilton/London	Museum/Montreal Bürohaus/Gniebel	Museum f. Hamburgische Geschichte Aquatoll/Neckarsulm Diplomtischer Club/Riyadh	

▲ 그림 12-73
2차 구조부재로 사용된 실제 건축물의 분류

▶ 그림 12-74
카르티 재단, Paris

▶ 그림 12-75
르노자동차 분배센타, Swindon

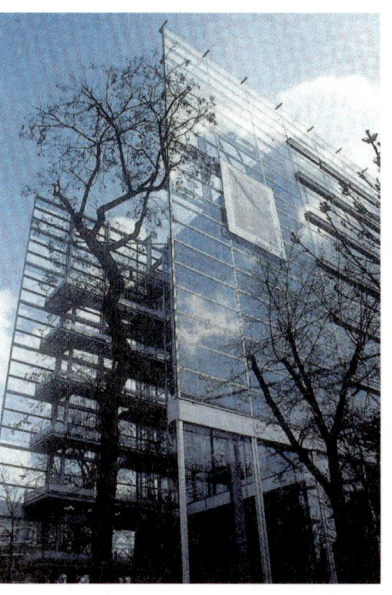

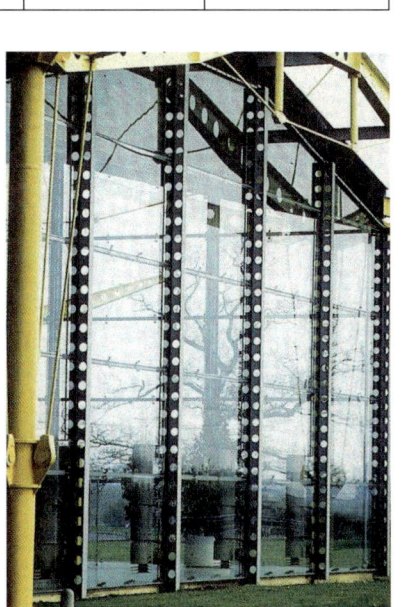

12. 유리구조물의 분류

2) 기둥

파사드의 경우에 구조물 면에 있는 횡재를 생략함으로서 조합하중을 받는 기둥구조물이 생긴다. 풍하중은 유리를 통해 부담하고 기둥에 전달된다. 이것은 횡하중을 휨을 통하여, 자중은 일반력으로 지지대에 전달한다. 유리를 이용하여 수평횡재의 첨가로 구조부재가 필요하기 때문에 외양형태의 섬세함을 높일 수 있다. 기둥의 축간격은 최대 유리폭으로 한정되고 기둥-횡재구조보다 확실히 짧다.

이러한 구조사례에는 런던 스탁클레이 공원Stockley Park에 있는 B8 사무소 건축물의 파사드가 있다. 여기에서 점 고정대 위에 있는 유리가 층 높이의 기둥에 연결된다.

슈트트가르트에 있는 바이에린 페어아인방크Bayerisch Vereinbank에 있어서 기둥구조물은 각각 두 개가 서로 마주보고 미끄러지는 층 높이의 기둥으로 구성된다. 여기에서 수평적으로 연속되는 유리는 움직이는 유리고정대로 고정된다. 두 기둥이 서로의 운동으로 유리가 개방된다.

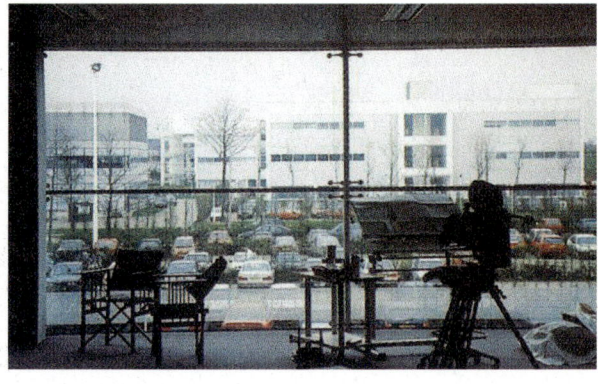

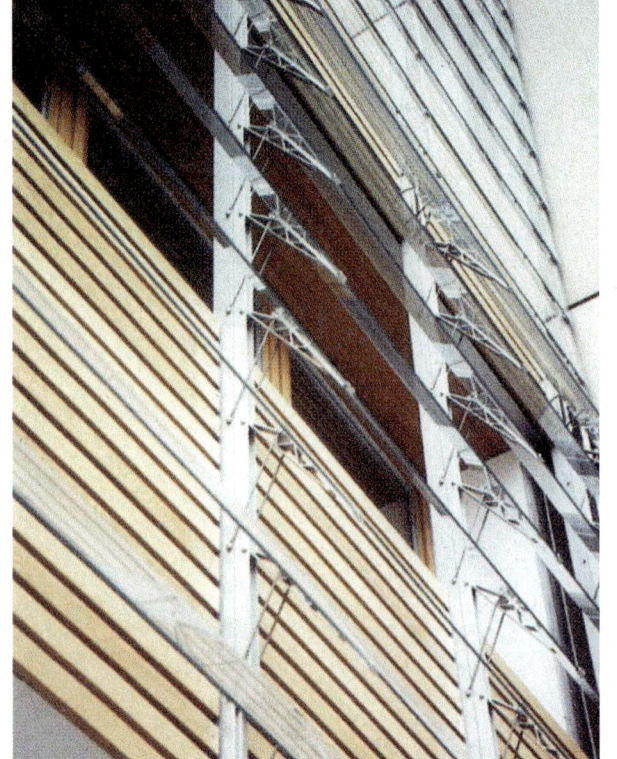

▲ 그림 12-76
Stockley 공원 B8, London

▶ 그림 12-77
바이에른 페어라인 뱅크, Stuttgart

3) 기둥과 케이블

기둥구조에 있어서 유리폭에 축간격의 제한은 추가적인 수직 케이블이 유리자중을 상부로 기둥에 전달시킴으로서 해제될 수 있다. 수평보강은 기둥의 측면 캔티레버의 결과로 이루어진다. 그렇게 건축된 구조물은 풍하중과 자중으로 인해 조합하중을 받는 기둥과 측면 캔티레버 및 자중에 의해 일반력을 받는 케이블로 이루어진다.

이것에 대한 초기사례는 런던에 있는 재정신문Financial Times 건축물이다. 기둥으로 세 개로 분할된 파사드의 자중은 케이블로 그것의 하중을 기둥으로 전달하고 자체적으로 지지된다. 풍하중에 대해 기둥에 측면으로 연결된 트러스 형태로 계획된 캔티레버를 안정시킨다.

유사한 방법에 있어서 외부로 휘어진 기둥으로 프라이머츠에 있는 웨스턴 모닝 뉴스Western Morning News의 건축물의 파사드가 설치되었다.

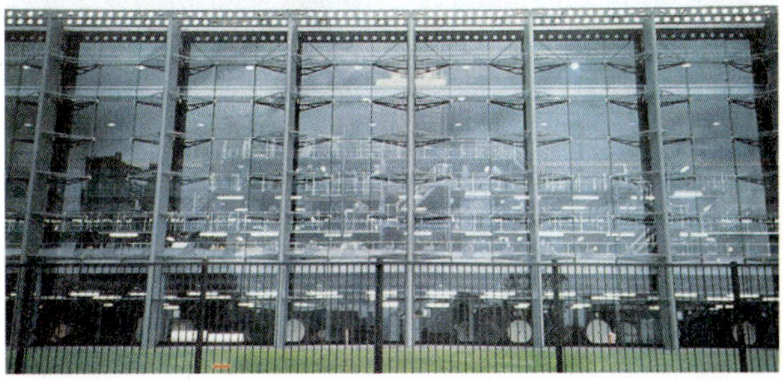

▲ 그림 12-78
재정신문, London

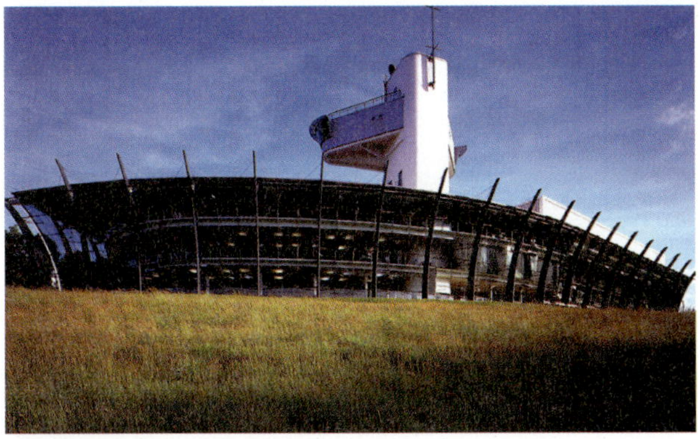

▲ 그림 12-79
웨스턴 모닝 뉴스, Plymouth

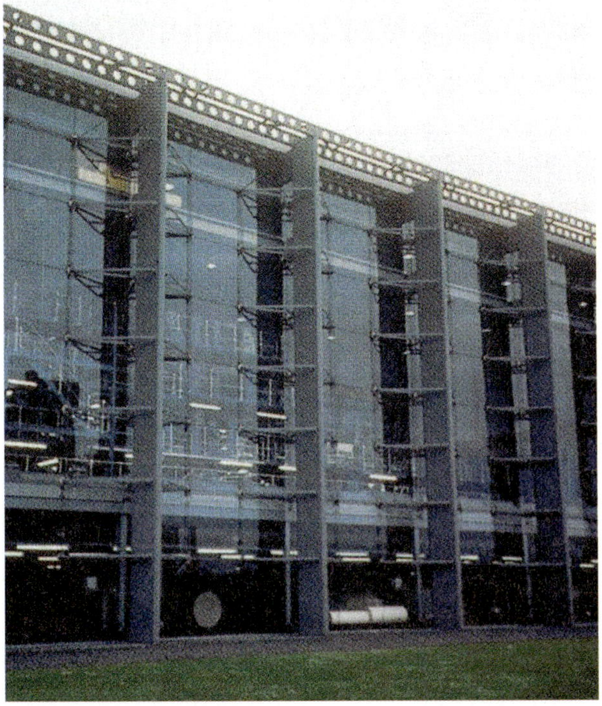

▲ 그림 12-80
재정신문 파사드, London

함브르크에 있는 자동차 선시장Car Show Room에 있어서 실내에서 겐틸레비와 케이블로 된 파사드 기둥이 있다. 각 두 개의 케이블이 파사드의 두 축의 하중을 기둥으로 전달한다. 풍하중은 다시 캔티레버 지렛대를 통해 기둥으로 전달된다. 캔티레버 지렛대로 해결될 수 있는 기둥과 유리 간의 큰 간격을 통해 파사드의 투명한 인상을 준다.
로시Roissy의 TGV-역사와 런던의 인시스니아 하우스Insignia House의 파사드는 그것의 트러스 형태로 구성되는 기둥과 캔틸레버가 동일한 컨셉으로 건축되었다.

▶ 그림 12-81
TGV 역사, Roissy-Paris

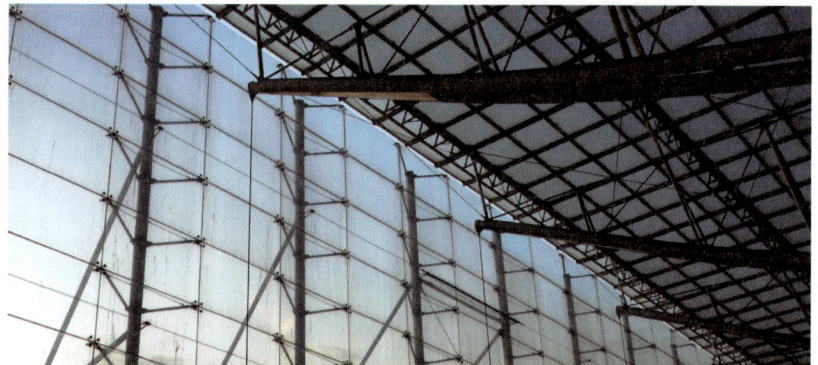
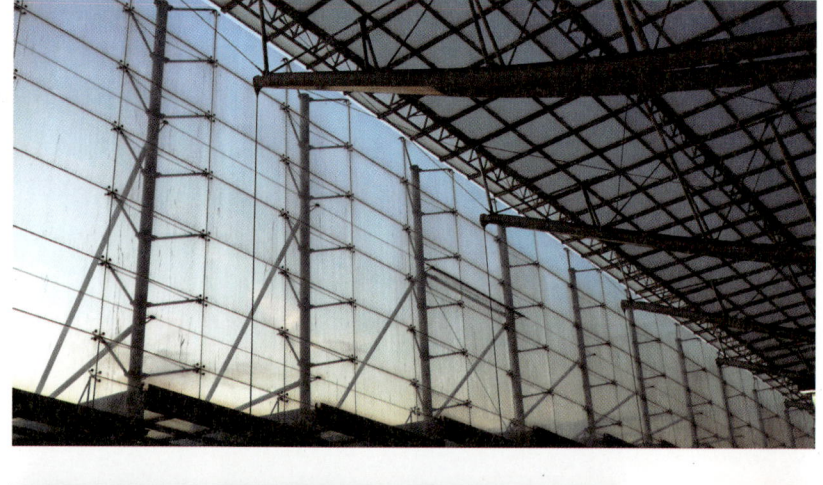

▶ 그림 12-82
자동차 전시장, Hamburg

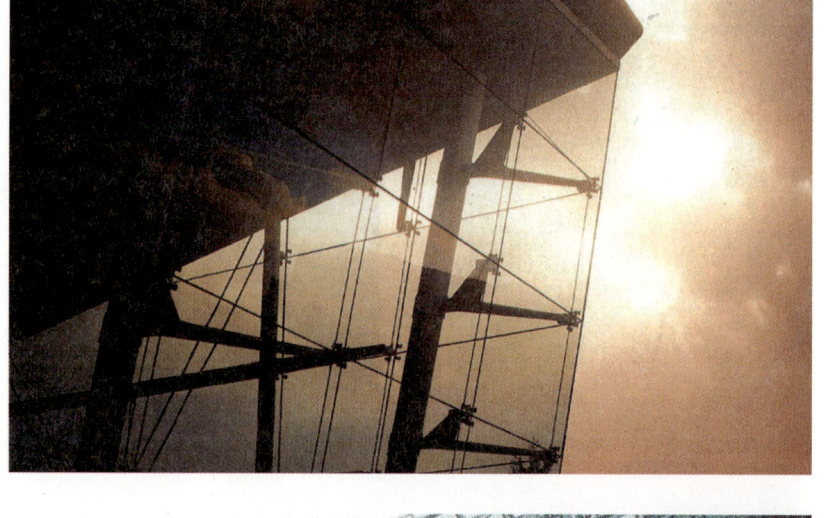

▶ 그림 12-83
인스그리아 하우스, London

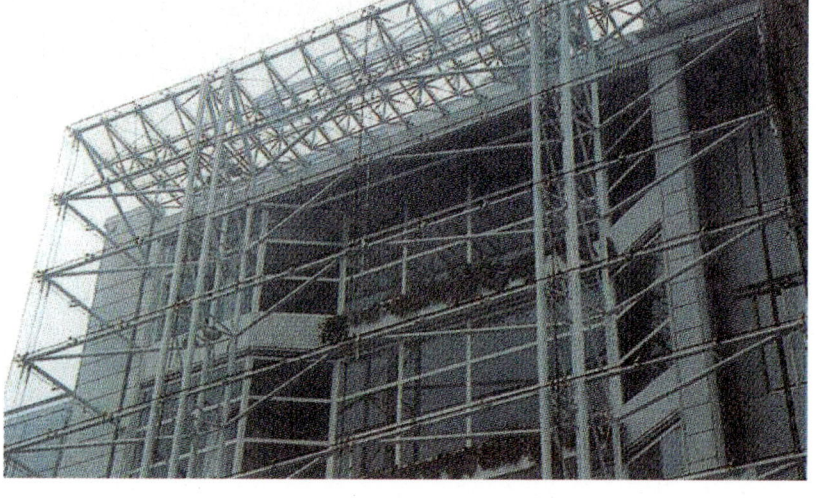

유리건축

4) 케이블

하중전달의 정교한 방법은 좌굴에 위험하지 않기 때문에 인장하중을 받는 케이블로 이루어지고, 횡하중에 대한 안전이 다른 방식으로 유지된다. 그밖에 케이블 힘의 부담이 매시브한 주변건축물을 통해 안정되어야 한다.

케이블에 현수된 파사드의 사례는 게르스트호펜에 있는 글라스바우 젤레Glasbau Seele 회사의 사무소와 공장건축물이다. 유리는 수평적으로 수직 인장봉에 현수된 파사드 프로필에 고정된다. 횡하중에 대한 안전은 그것의 간격 사이에서 하중이 주요 구조물의 기둥에 전달되는 수평적인 파사드 프로필을 통하여 이루어진다. 이와는 대조적으로 프랑크프르트 광고회사Werbeagentur의 경우에서 횡하중이 기둥을 통하여 직접적으로 매시브 구조물에 전달되는 반면에, 파사드의 자중은 여기에서 수직 케이블에 현수된다.

기초에서 용수철 형태로 지지되는 후면긴장으로 된 외부에 있는 케이블은 마드리드에 있는 레니아 소피아 박물관Museums Reina Sofia의 엘리베이터 타워의 유리 파사드를 지지한다. 횡적 안정은 내부에 있는 구조물에 점형태의 고정의 결과로 이루어지고, 묘사된 상황은 왜 이중 케이블 시스템인가 의문이 제기될 수 있다.

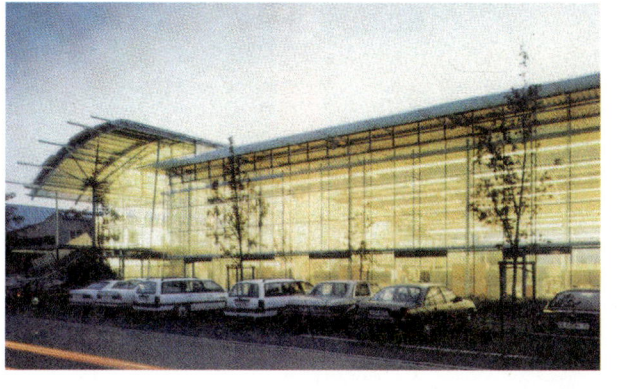

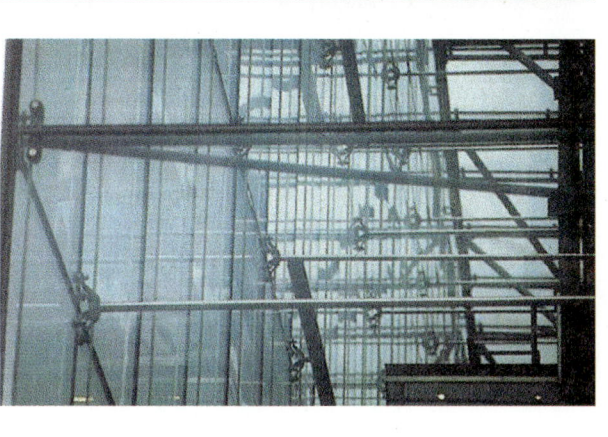

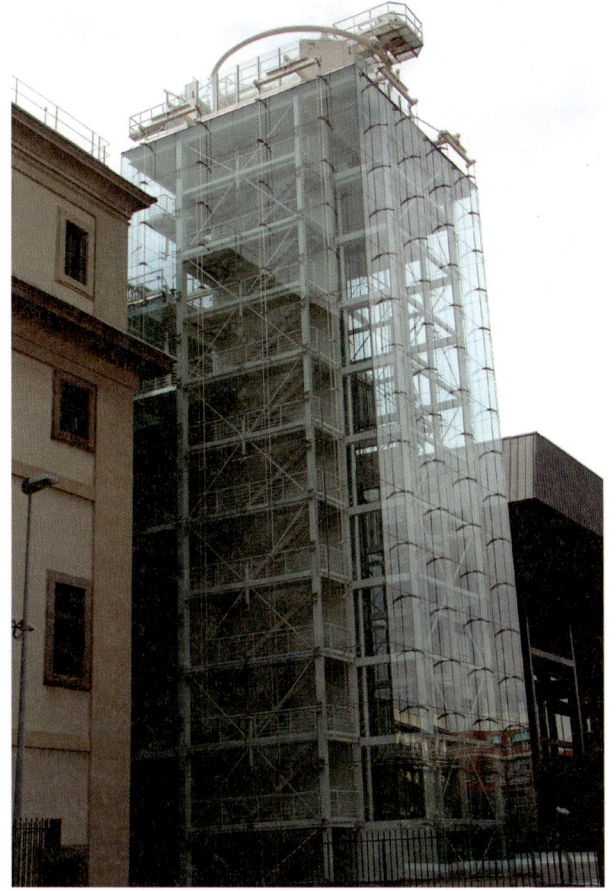

▲ 그림 12-84
글라스바우 젤레 사무소, Gersthof

▲ 그림 12-85
프랑크푸르트 광고회사, Frankfurt

▶ 그림 12-86
레니아 소피아 엘리베이터 타워, Madrid

12. 유리구조물의 분류

5) 언더텐션

언더텐션 거더는 봉구조 부재의 첨가로 이루어진다. 거더의 압축재는 연속되기 때문에, 트러스 시스템에서 힌지형태의 절점과는 다르게 거기서 비대칭하중으로부터 발생하는 휨하중을 부담한다. 상현재 위에서 시스템에 지배적인 압축하중은 일반력으로 부담한다. 조합하중이 작용하는 구조물이다.

언더텐션된 파사드는 에딘버러 축제극장Festival Theaters이다. 여기에서 유리는 풍하중의 전달을 위해 언더텐션된 층 높이의 거더에 고정된다. 풍흡력은 거더 상현재에 휨으로 부담된다.

풍압력과 풍흡력을 위한 언더텐션된 시스템은 런던이 위치하는 워터루 역사 Waterloo Station의 새로운 유리벽체에서 발견된다. 여기에서 언더텐션 거더의 강관은 파사드의 자중과 언더텐션 시스템의 압축력을 지지한다.

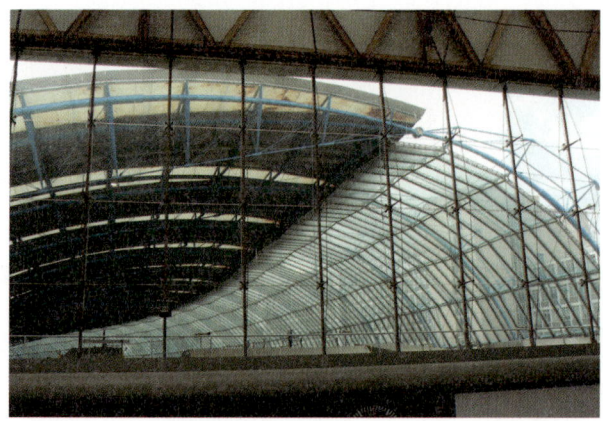

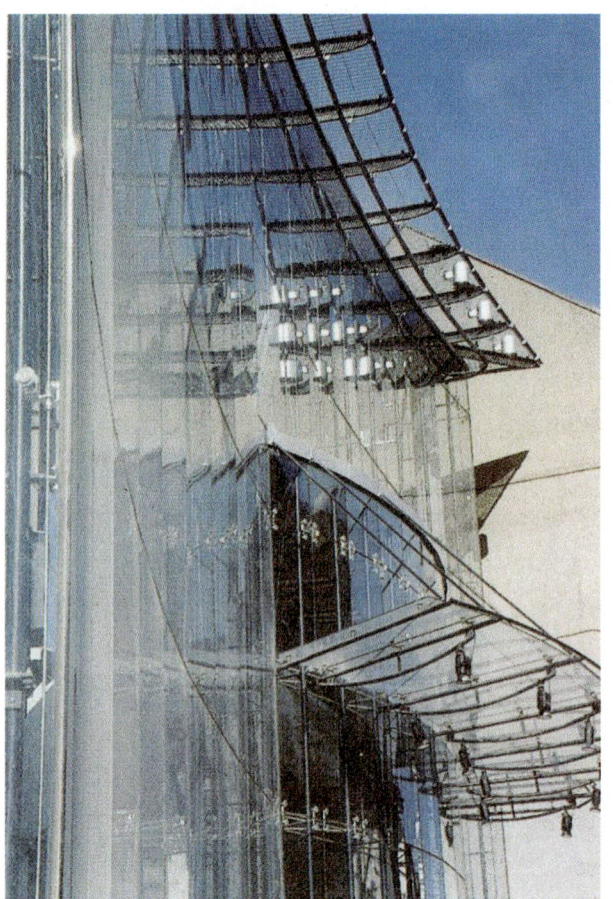

▲ 그림 12-87
워터루 역사 국제터미날, London

▶ 그림 12-88
에딘버러 축제극장, Edinburgh

6) 트러스

트러스에서 대부분 일반력을 받는 봉구조 부재에서 하중분력이 일어난다. 시스템의 섬세함을 높이기 위해 트러스의 상현재는 직접적인 유리지지로서 이용될 수 있다.

조밀하게 나란히 놓여 있는 경사진 트러스 거더는 보트롭의 전시 파빌론의 특수한 유리고정대로 개방되는 유리를 잡고 있다.

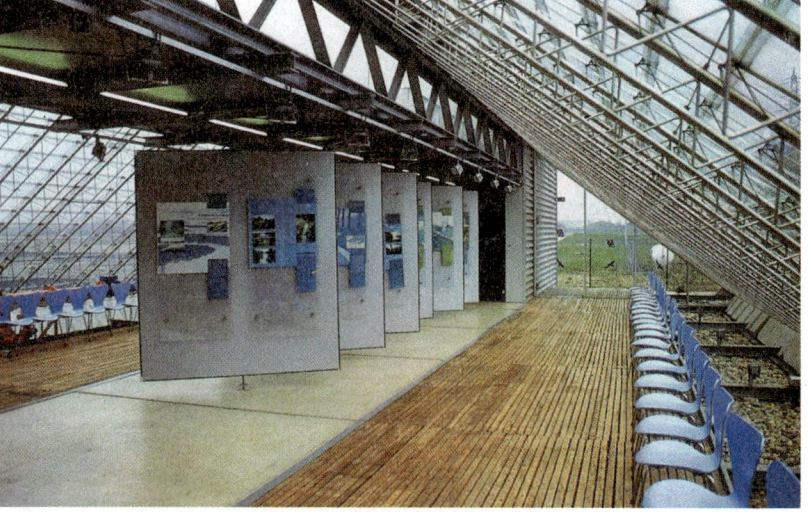

도쿄 발리안 호텔Balian Hotel의 경사지붕에서 압축하중은 내부에 있는 트러스 거더로 그리고 풍흡하중은 외부에 있는 트러스 거더를 통해서 부담한다. 전도에 대해 이러한 추가적으로 측면 긴장으로 안정된다.

샬 드골 공항 TGV 역사의 경우에서 곧바로 이해가 되지 않는 트러스 거더 시스템이다. 거더가 상당히 큰 캔틸레버에 있기 때문에 시스템의 하부에 압축재 그리고 상부에 인장재가 놓인다. 그래서 비교적 투명한 지붕은 직접적으로 지붕하부에 놓여 있는 압축재 없이 실현될 수 있었다.

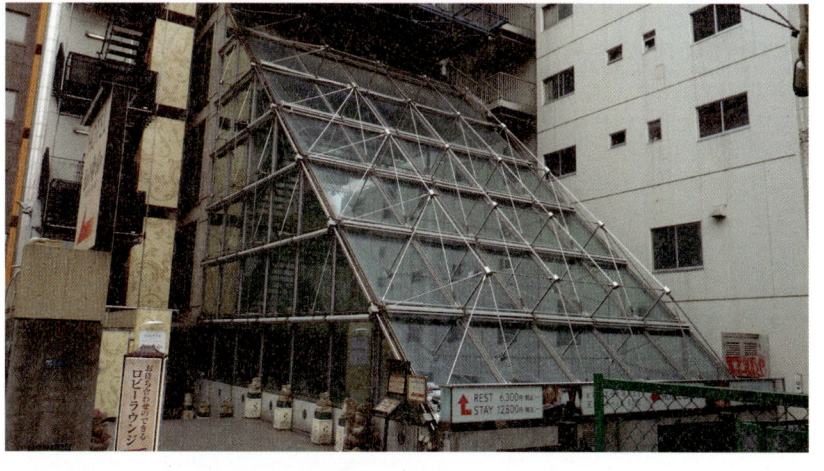

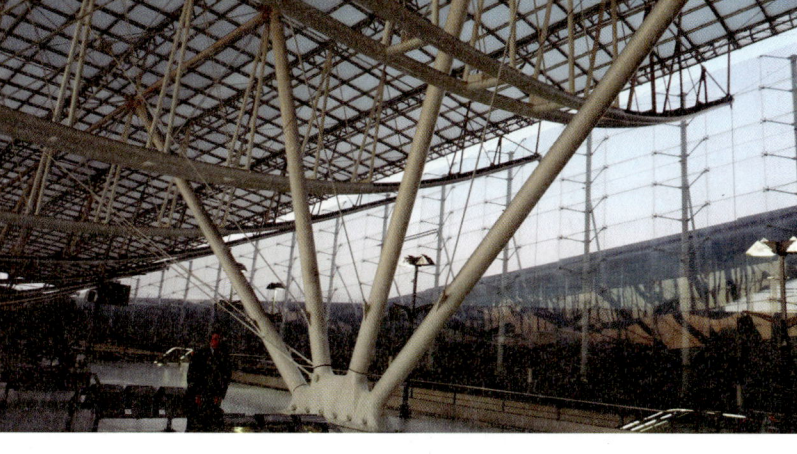

◀ 그림 12-89
전시 파빌론, Bottrop

◀ 그림 12-90
발리안 호텔, Tokyo

◀ 그림 12-91
TGV 역사, Roissy-Paris

12. 유리구조물의 분류

7) 라멘

라멘의 경우에서 강점을 통해 시스템에 작용하는 힘을 모서리에 지지시키는 조합하중을 받고 꺾인 봉구조물이다.

슈트트가르트에 있는 츄블린 하우스Züblin의 중정지붕유리는 민도리와 유리라멘으로 된 서브시스템을 통해 지지되는 철근콘크리트로 된 라멘구조물이다.

런던에 있는 이스트 클레돈East Croydon 역사에서 두 라멘의 강접된 모서리 케이블 긴장으로 건축되었다. 라멘의 트러스 횡재 사이에 유리가 얹혀 있는 트러스 격자보가 놓인다.

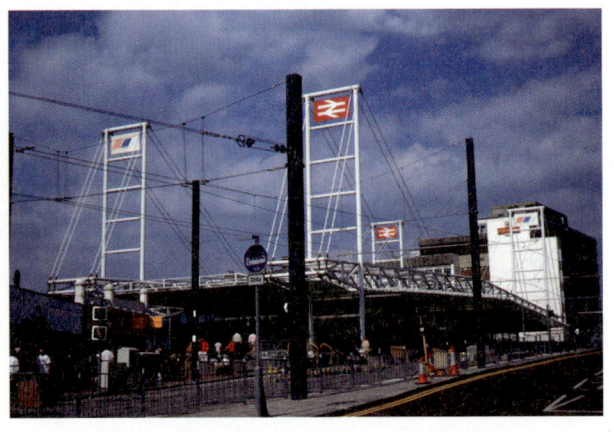

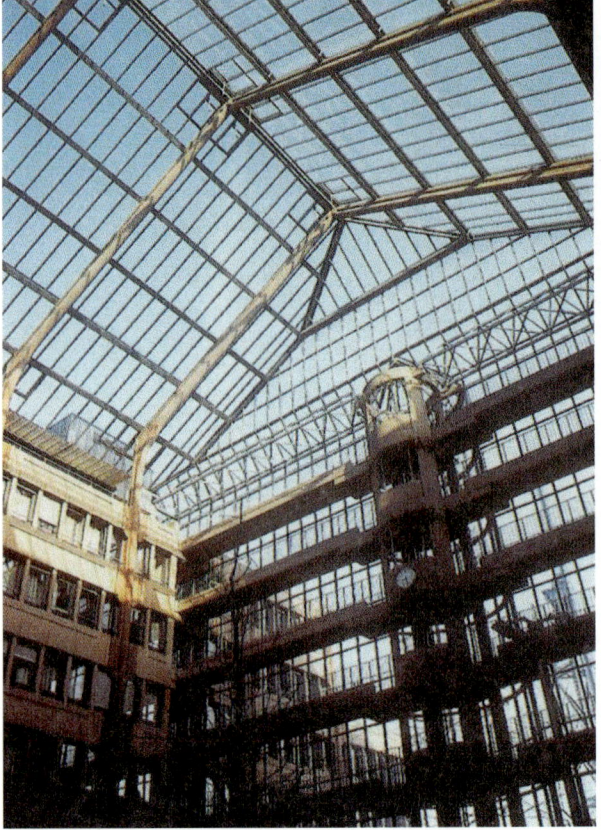

▲ 그림 12-92
이스트 클레이돈 역사, London

◀ 그림 12-93
츄블린 하우스, Stuttgart

8) 아치

단지 비대칭하중으로 발생하는 휨하중을 받아야 하기 때문에, 일반력을 받고 휘어진 봉구조물인 아치는 라멘과는 대조적으로 정교하다.

아치 구조물의 세장에 대한 사례는 슈트트가르트의 베르거 터널Berger Tunnel 지붕이다. 극도로 세장한 I-형강에 있어서 하부에서 현수된 유리덮개를 지지한다.

역시 린츠Linz에 있는 디자인 센타는 아치로 되어 있다. 여기서 유리는 부속 거더의 서브시스템과 유리라멘 위에 얹혀 진다.

휨하중을 줄이기 위해 츄르Chur에 있는 역사 지붕의 아치는 인장봉으로 바퀴형태로 언더텐션된다. 역시 여기에서 유리는 서브시스템으로 지지된다.

지지선의 이탈과 이런 이탈의 긴장으로 런던 워터루 역사의 인상 깊은 구조물이 건축되었다. 도심방향으로 틀어진 면의 유리는 캔티레버와 강관 거더의 시스템을 통해 고정된다.

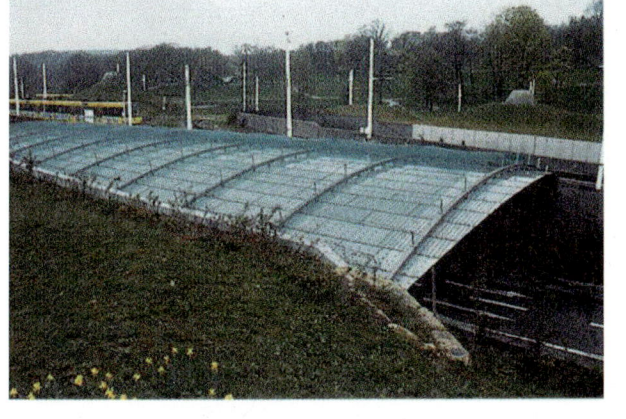

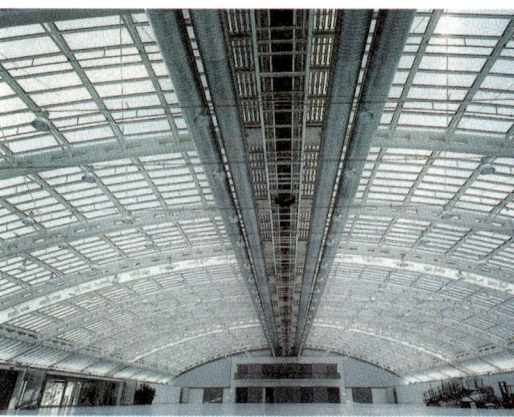

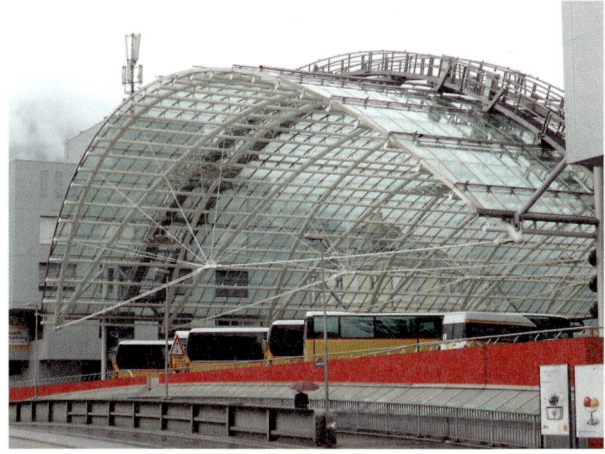

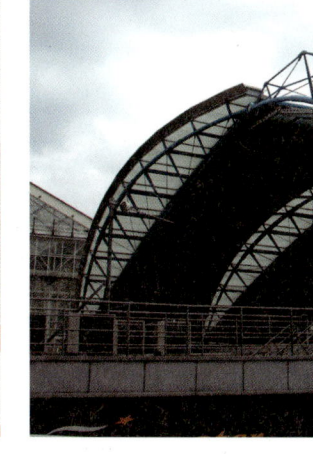

▲ 그림 12-94
베르거 터널 입구, Stuttgart

▲ 그림 12-95
츄르 역사 지붕, Chur

▲ 그림 12-96
디자인 센타, Linz

▲ 그림 12-97
워터루 국제 터미널, London

12. 유리구조물의 분류

9) 케이블

일반력으로서 하중이 인장력으로 전달되고 이것으로 시스템이 좌굴될 위험이 없기 때문에 효율성 재고는 휘어진 케이블로 된 구조물에서 이루어 졌다.

여기에서 대부분 케이블로부터 오는 힘을 받아야 하기 때문에 이러한 구조물에서 테두리가 단점이 되고 있다. 그 밖에 대부분 구조자중인 상부로부터 비대칭 하중에 대한 안정이 이루어 져야 한다.

울름Ulm 중앙역의 캐노피는 휘어진 강각봉(40.0×60.0mm)로 된 이러한 구조물이다. 안정되는 상부하중으로서 작용하는 유리는 철판으로 된 인장밴드 위에 얹혀 진다.

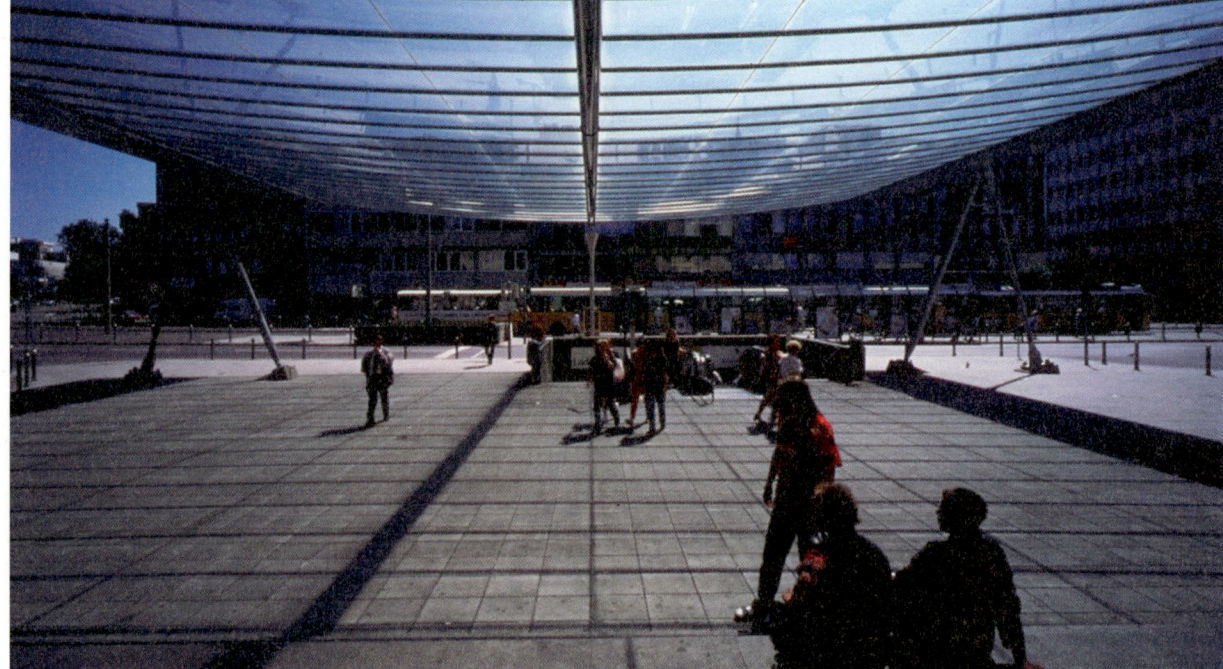

▲ 그림 12-98
울름 중앙역 캐노피, Ulm

▶ 그림 12-99
힐튼 호텔, London

▶ 그림 12-100
듀셀도르프 시티 타워, Düsseldorf

▶ 그림 12-101
루브르 박물관 피라미드, Paris

▶ 그림 12-102
현대예술 박물관, Montreal

10) 케이블 긴장

두 개의 휘어지는 케이블의 중첩으로 상부하중 없이 안정이 된다. 그렇게 생성된 케이블 긴장에서 인장부재에 하중에 따라 압축이 생기 않도록 프리스트레스를 도입해야 한다. 여기에서 큰 인장하중과 주변 건축물에 부담시켜야 하는 테두리 연결이 단점으로 작용한다. 큰 효율성과 그것으로 시스템의 섬세함에 장점이 있다. 파사드의 자중이 수직 케이블로 그리고 유리를 통해 부담하지 않기 때문에 구조적이고 단순한 변형이 가능한 이러한 시스템은 케이블 긴장으로 안정되게 현수되는 유리로 발전되었다.

런던의 힐톤 호텔Hilton Hotel의 두 개의 파사드는 각각 두면에 그러한 케이블 긴장으로 이루어 졌다. 그것은 나란히 현수되는 시스템을 분할된다. 수평하중이 트러스 거더를 통해서 측면에 있는 건물체에 전달된다.

동일한 방법으로 특히 거대한 규모인 듀셀도르프 시티 타워Düseldorfer Stadttores의 전면 벽에 실행되었다.

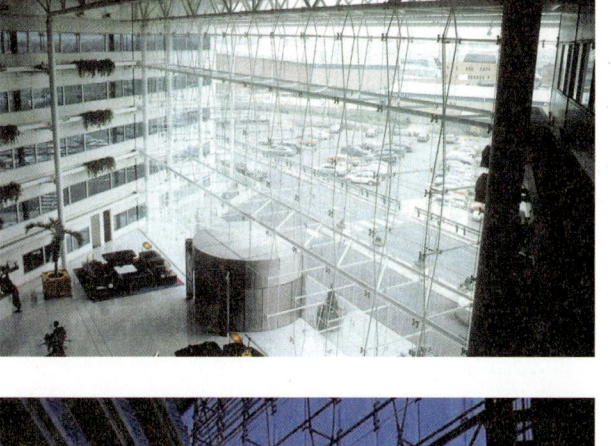

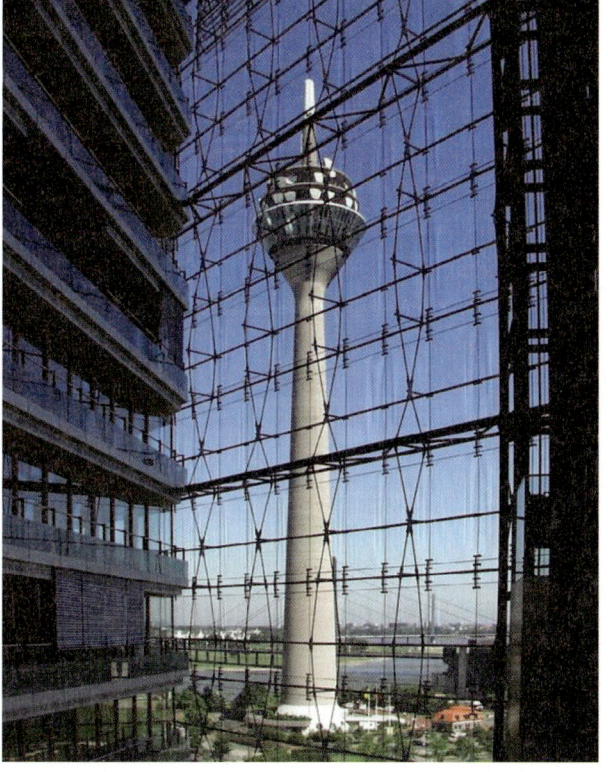

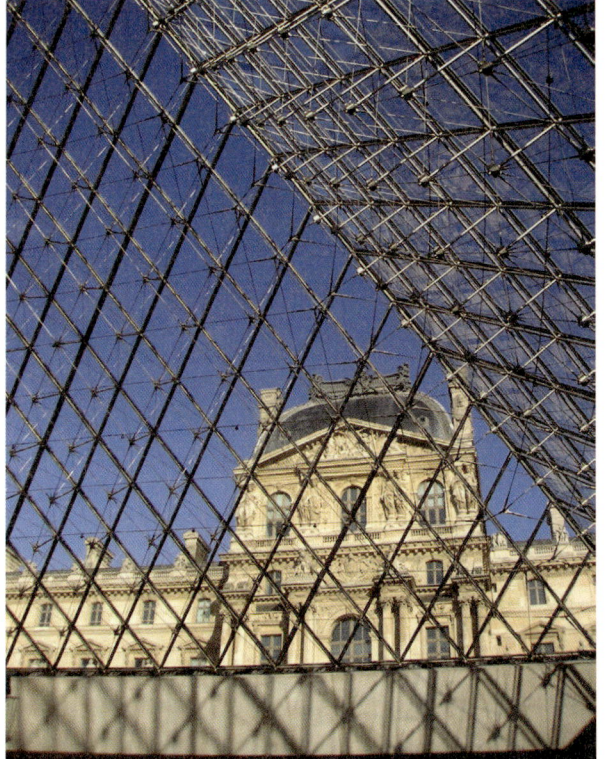

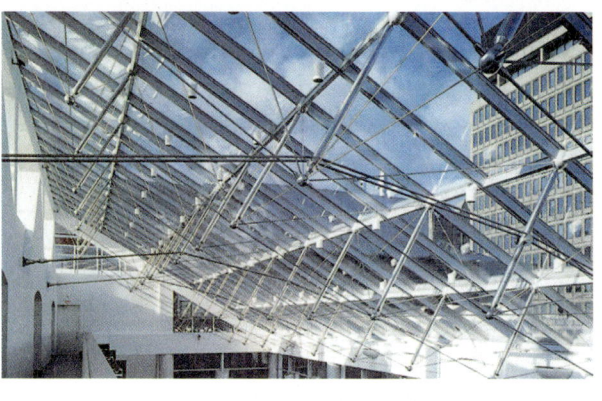

11) 합성 격자보

슈트트가르트에 유리 캐노피로 조합하중을 받는 평편한 면구조물의 발전이 달성되었다. 강접된 강관절점으로 이루어지고, 케이블의 상하에서 긴장과 포물선 형태의 지지 케이블이 격자보에 연결된다. 유리는 점고정대로 격자보 위에 고정된다.

12) 트러스 격자보

트러스 거더의 추가로 일반력을 받는 평편한 면구조물, 격자보가 생긴다.
몬트리올에 있는 현대예술박물관의 유리지붕에 있어서 그러한 트러스 격자보를 다룬다. 경사지붕은 수평적이고 수직적인 트러스 거더로 구성된다. 인장재로서 하현재로 작용할 수 있도록 풍흡력에 대한 격자보는 케이블 긴장으로 안정된다. 상현재는 유리의 지지대로서 서브시스템으로 작용한다.
파리의 루브르 피라미드의 격자보는 네 면으로 이루어진다. 여기서 풍흡력에 대해 두 개가 서로 교차하는 트러스 거더들이 둘러져 있는 수평 케이블 긴장으로 안정된다. 역시 이러한 프로젝트에 있어서 유리는 직접적으로 상현재에 얹혀 진다.

13) 플래트한 케이블 네트

비교적 새로운 발전은 두 개가 서로 교차하는 케이블들로 구성되고, 일반력을 받는 시스템으로서 우선 변형을 통하여 하중전달을 위하여 필요한 구조적인 높이를 유지하는 플래트한 케이블 네트다. 이러한 움직이는 시스템에서 유리의 사용은 더욱 더 놀랍다. 그것은 단지 유리의 비교적 탄성적인 지지로 가능하다. 이러한 플래트한 케이블 네트의 사례는 뮌헨에 있는 캠핀스키 호텔Kempinski Hotel의 파사드다. 최대 풍하중 상태에서 시스템은 풍하중을 부담하기 위해서 파사드의 중간에서 약 90.0cm 변형되고 그것으로 거미줄과 같은 상태가 된다. 파사드 자중을 지지하는 수직 케이블과 건물체의 측면에 풍하중을 전달시키는 수평 케이블로 구성된다.
동일한 컨셉에 따라 역시 드레스덴의 세계무역센타의 파사드가 건축되었다.
플래트한 케이블 네트의 수평변형이 그니벨에 있는 오피스 빌딩의 지붕에서 발견된다.
타원형 형태의 압축링에 교차하는 케이블이 연결된다. 자중은 시스템의 처짐을 발생시키고 풍흡력에 대해 안정된다. 압착링과 점고정대 위에서 유리가 연결되고 시스템에 의해 이완된다. 유리영역에서 인장력을 받는 부재의 사용으로 이러한 소위 액티브 시스템은 최대한의 섬세함을 달성하였다. 이러한 구조의 모서리 부분은 프리스트레스와 하중으로 발생하는 인장하중이 부담될 수 있도록 형성되어야 한다.

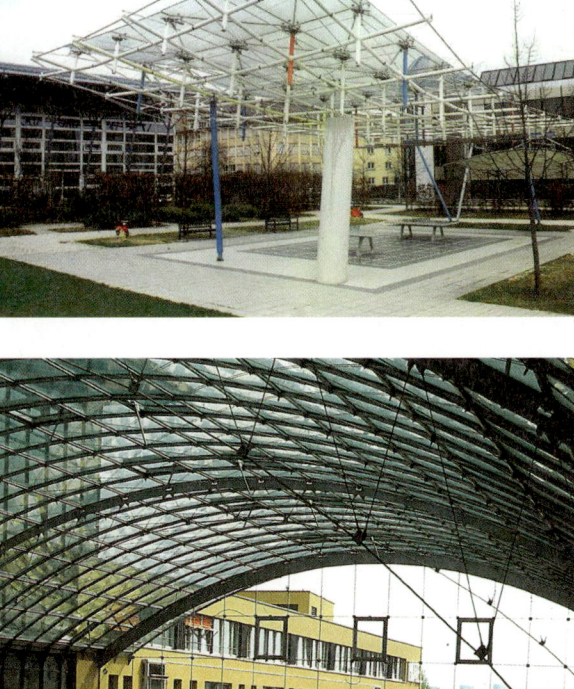

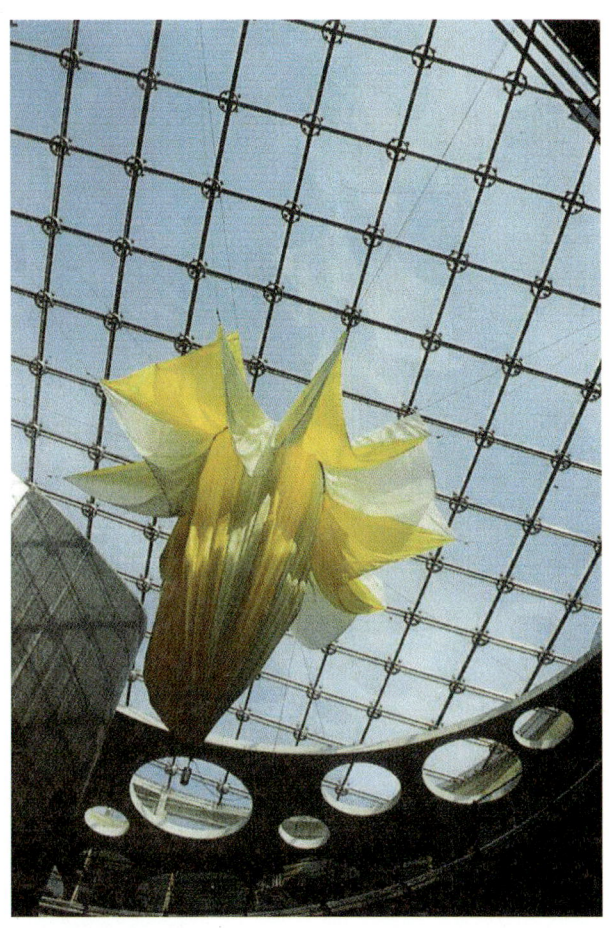

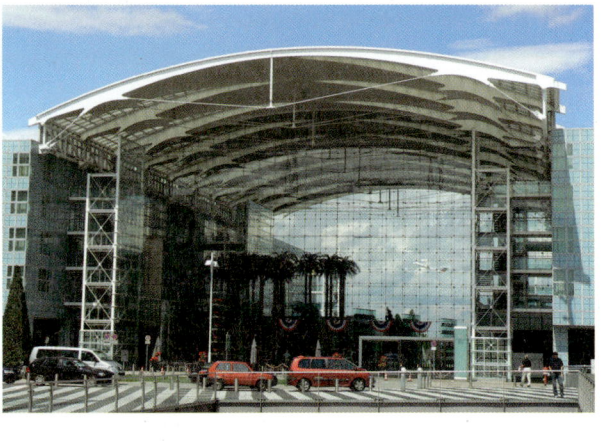

▲ 그림 12-103
유리 캐노피, Stuttgart

▲ 그림 12-104
세계무역센터, Dresdnen

▲ 그림 12-105
그니벨 오피스 빌딩, Gniebel

▲ 그림 12-106
캠핀스키 호텔, München

12. 유리구조물의 분류

14) 실린더-그리드 쉘

그리드 쉘에 있어서 현대적인 유리건축물을 위해 19세기의 그리드 쉘의 재발견이 중요하다. 수평적 그리고 아치형태의 강철판과 경사방향으로 삼각형 형태의 매쉬로 된 케이블 언더텐션으로 대부분의 일반력을 받는 쉘 구조물이 생성된다. 그리드 봉이 직접적으로 유리의 지지대로서 관련시킨다면, 시스템의 효율성은 유리가 차지하는 비중이 95%에 달한다.

이러한 그리드 쉘의 도약에 근거가 되는 프로젝트는 함브르크에 있는 L-형태의 중정이 강철판과 케이블 언더텐션으로 된 그리드 쉘로 폐쇄되는 함브르크 역사박물관이다. 시스템의 안정을 위해 일정한 간격으로 바퀴형태와 유사한 부채살 같은 케이블이 이어진다. 실린더의 교차점의 영역에서 과도적인 돔으로 완성된다.

많은 아래와 같은 프로젝트 중에 여기에서 그리드 네트는 부채살 형태의 케이블의 긴장으로 추가적인 반대곡률을 지니는 바드 칸슈타트에 있는 광천욕 수영장Mineralbad의 실린더 쉘에 주목할 가치가 있다.

라이프찌히Leipzig에 있는 새로운 메세의 중앙홀의 그리드 쉘에서 다른 형태로 묘사되고 있다. 그리드 네트는 사각형 매쉬로 서로 강접된 강관으로 이루어지며, 외부에 있는 트러스 아치거더을 통해 변형에 대해 안정된다. 고정 지렛대와 점고정대의 방법으로 그리드 네트 아래에서 일정한 간격으로 유리가 고정된다.

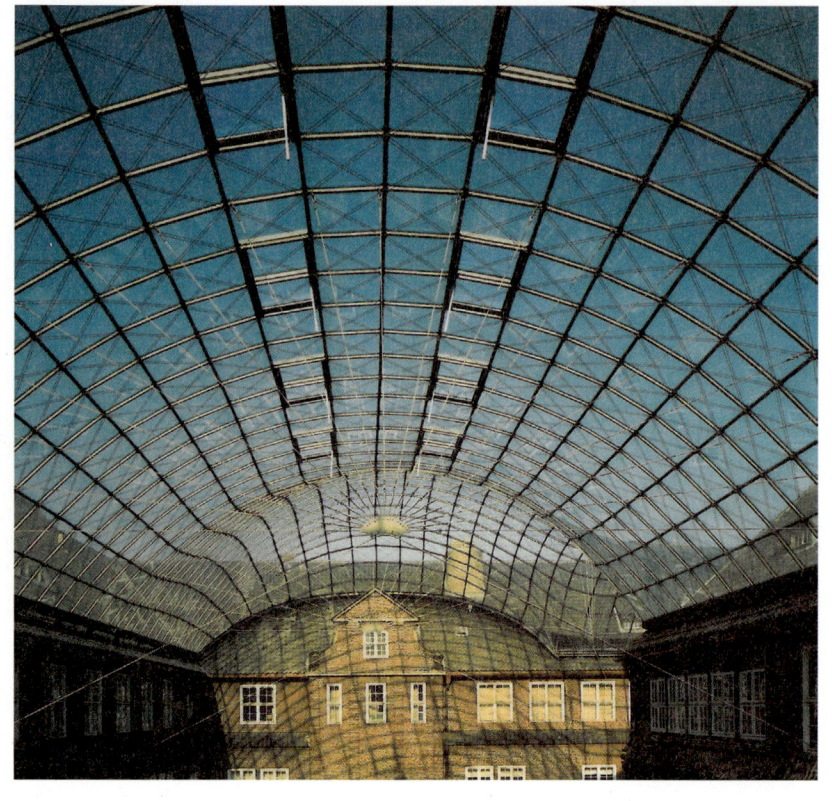

▲ 그림 12-107
함브르크 역사박물관, Hamburg

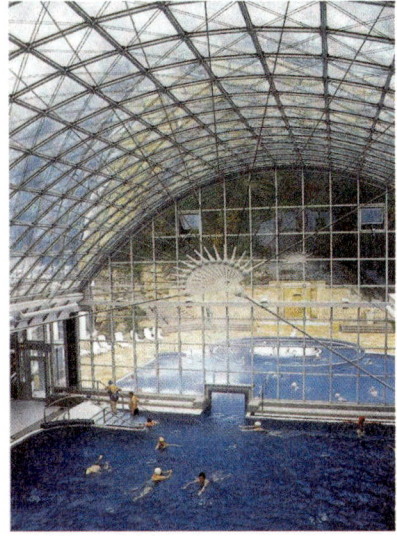

▲ 그림 12-108
광천욕 수영장, Bad Cannstadt

▼ 그림 12-109
라이프치히 메세, Leipzig

▶ 그림 12-110
아쿠아톨, Neckaslum

15) 돔-그리드 쉘

실린더 그리드 쉘의 컨셉에 따라 사각형 매쉬와 경사방향의 케이블 언더텐션으로 돔과 유사한 자유형태로 이루어진다. 여기에 있어서 준선準線에 생기는 정곡률 또는 역곡률로 휘어지는 면으로 생성되는 곡선이 배열된다.

사각형의 평면에 있어서 돔의 정곡률이 기하학적인 부정적인 상호작용을 방지하기 위해 모서리 부분에서 역곡률로 변환된다.

넥카슬름의 아쿠아톨Aquatolls의 지붕은 그리드 쉘로 된 돔이다. 앞서 논의 된 함브르크의 사례에서처럼 여기에서 네트 매쉬는 강철판과 경사 케이블로 구성된다. 단지 기하학으로 부터 근거한 테두리는 다른 유리형태로 형태의 순수함을 방해한다.

베를린 동물원의 하마 하우스의 지붕이 유사하다. 두 개의 절단된 돔은 안장형태로 그리드 네트로 연결된다. 그리드 네트가 다양한 매쉬 형태로 끝나는 둘러있는 강관이 테두리 프로필로서 역할을 한다.

베를린 프리드리히 거리Friedrichstrasse에 위치하는 사무소 건축물 중정의 돔과 유사한 자유형태에 있어서 테두리 구성의 이러한 문제점은 동일한 매쉬형태로 해결되었다. 사각형 평면 위에 중앙에서 정곡률 그리고 모서리 부분에서 역곡률의 그리드 네트 돔이 강철판과 경사방향의 케이블 언더텐션으로 구성되고 놀라울 만큼 플래트한 곡률로 실현되었다.

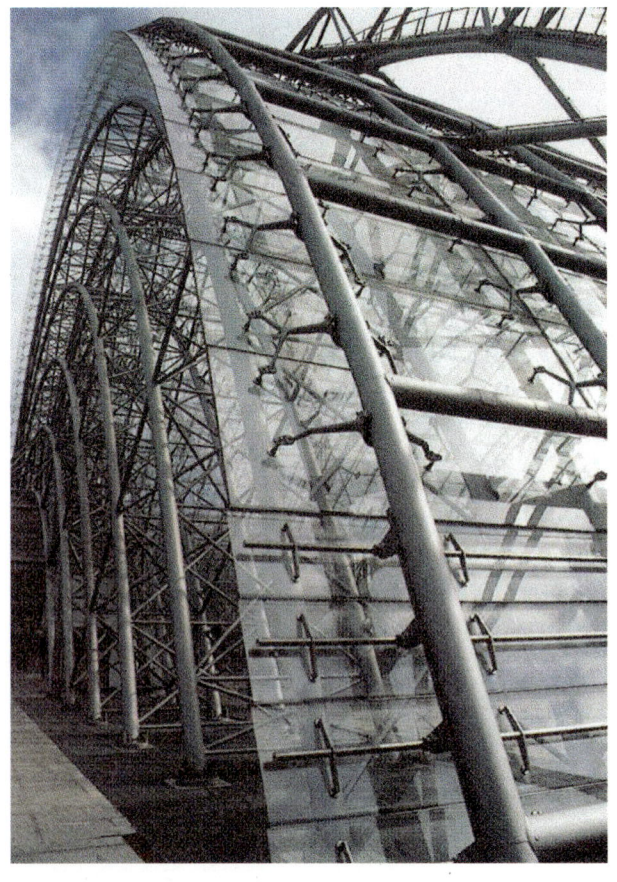

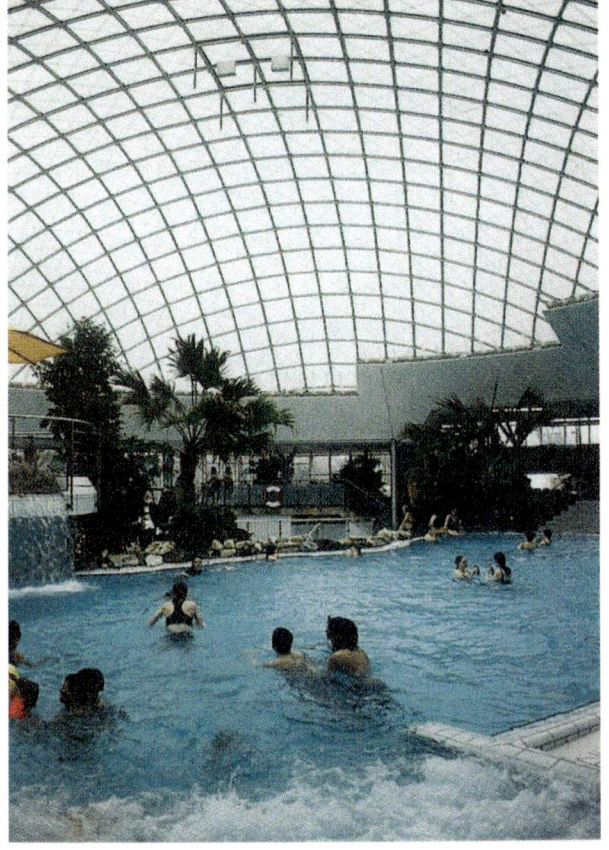

16) 공간적인 케이블 네트

단지 인장력을 받는 구조불의 고효율성에도 불구하고 상당히 적은 공간적으로 휘어지는 케이블 네트는 유리덮개로 실행되었다. 이것은 한편으로는 하중작용 상태에서 시스템의 큰 운동과 그것으로부터 이어지는 유리의 고난도 지지에 있는 것 같다. 다른 한편으로는 케이블 네트는 단기적이지만 덮개를 단순한 플랙시 유리로 정확하게 완성될 수 있는 일시적인 특성을 가지고 있다.

유리로 덮여 진 케이블 네트의 소수의 사례 중에 하나는 리야드에 있는 외교관 클럽 하우스이다. 하나의 기둥과 10개의 역곡률 케이블 네트 판으로 구성되는 텐트는 페인팅 된 유리로 폐쇄된다. 유리지지는 부분적으로 탄성적인 용수철 철재 고정대 위에 네오플랜노펜Neoprennoppen의 결과로 이루어 졌다.

도르트문트에 있는 라이놀디 도시철 역사역Reinodi의 지붕은 희귀한 사례다. 네트의 매쉬는 강철 프로필로 이루어졌기 때문에, 시스템은 대부분의 투명함을 상실한다.

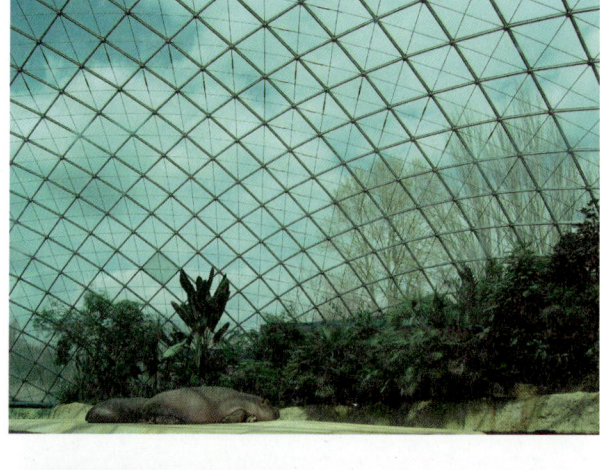

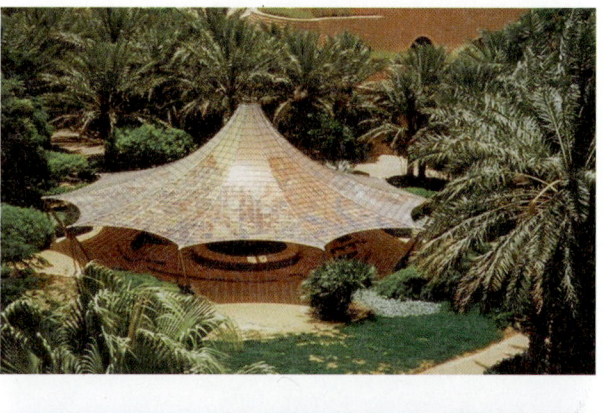

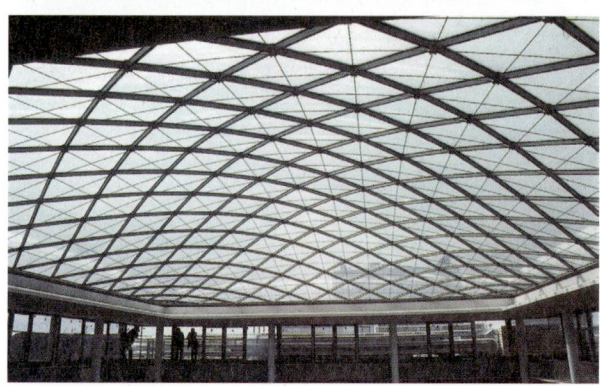

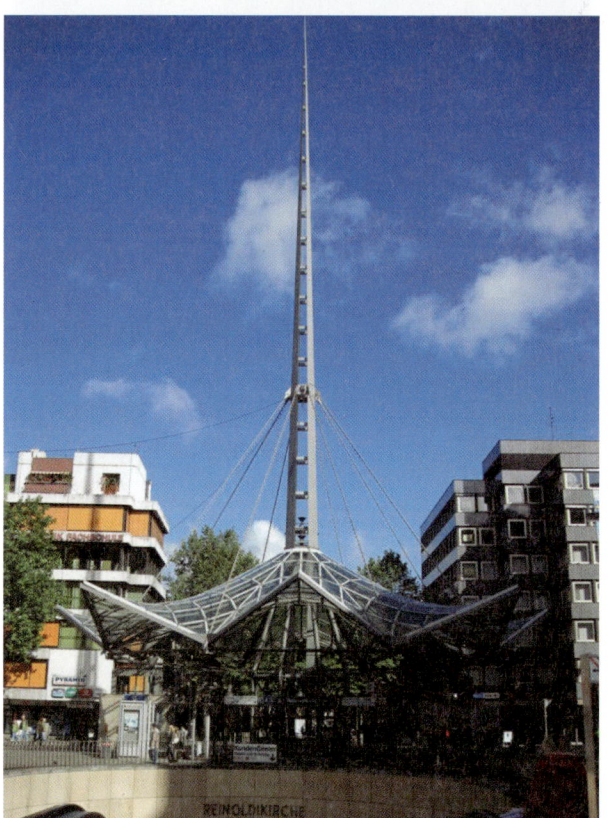

▲ 그림 12-111
베를린 동물원 하마 하우스, Berlin

▲ 그림 12-112
프리드리히 거리 사무소, Berlin

▶ 그림 12-113
외교관 클럽 하우스, Riyadh

▶ 그림 12-114
라이놀디 도시철 역사, Dortmund

17) 발전 전망

소개된 프로젝트의 선택이 광범위하지 않기 때문에 구체적인 발전전망은 단지 한정적이다. 그럼에도 불구하고 한편으로는 구조물과 유리는 꺾인 기하형태와 연속적인 유리의 점지지의 사용은 서로로부터 분리되고, 다른 한편으로는 효율적인 구조물의 사용으로 구조부재의 크기와 수량이 최소가 된다.

구조물에서 유리격리는 기둥 구조물에 있어 유의해야 한다. 파사드 자중은 케이블로 기둥에 전달되고 횡하중은 측면에 있는 캔티레버 지렛대로 부담된다.

인장력을 받는 케이블로 구조물에서 파사드 자중은 케이블로 그리고 수평하중은 건축물에 고정으로 전달됨으로서 투명성이 향상될 수 있다. 투명함에서 다음 단계는 파사드의 보강이 케이블로 성취되는 케이블 긴장이다.

이러한 방식의 가장 효율적이고 섬세한 구조물은 소위 액티브한 구조물로서 우선 변형을 통하여 하중을 부담할 수 있는 플래트한 케이블 네트이다.

마지막으로 주목해야 할 발전은 기하형태로 과대 소모적인 휩 구조부재를 방지하는 그리드 쉘이다. 돔을 위해 하나의 곡률과 동일한 곡률 그리고 실린더에 적용될 수 있는 부채살 형태의 케이블로 된 그리드 네트 이후에는 안장형태의 역곡률로 예측된다.

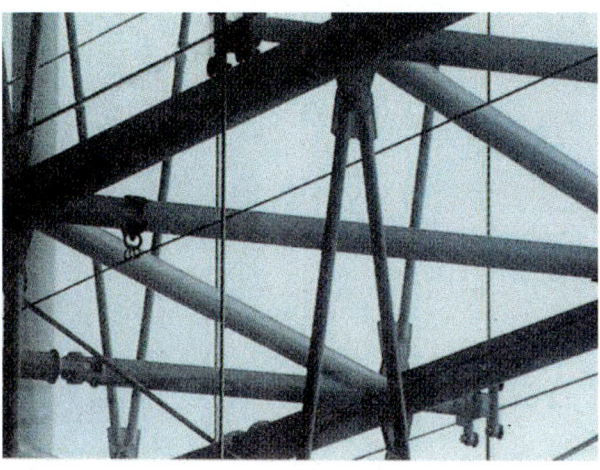

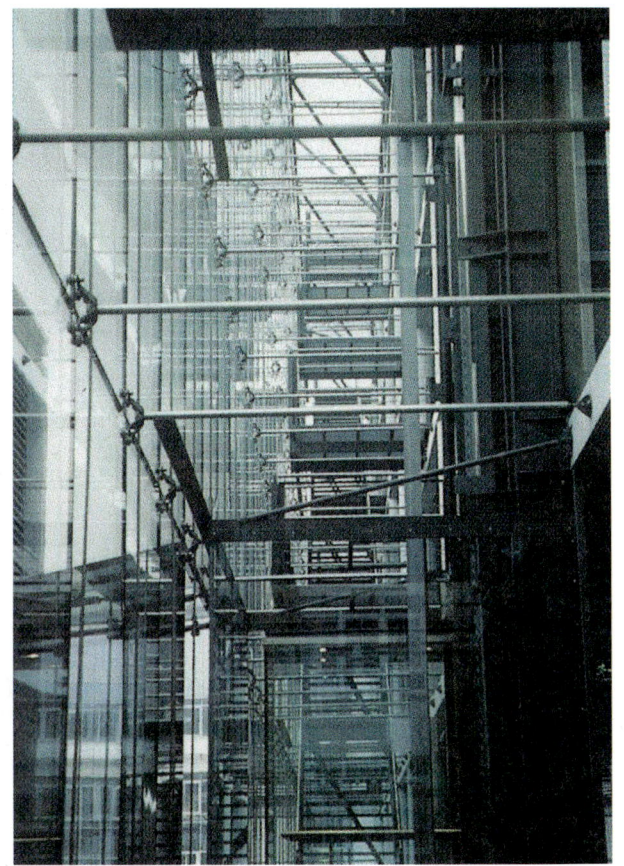

▲ 그림 12-115
자동차 전시장, Hamburg

▲ 그림 12-117
프랑크프르트 광고회사, Frankfurt

▲ 그림 12-116
힐튼 호텔, London

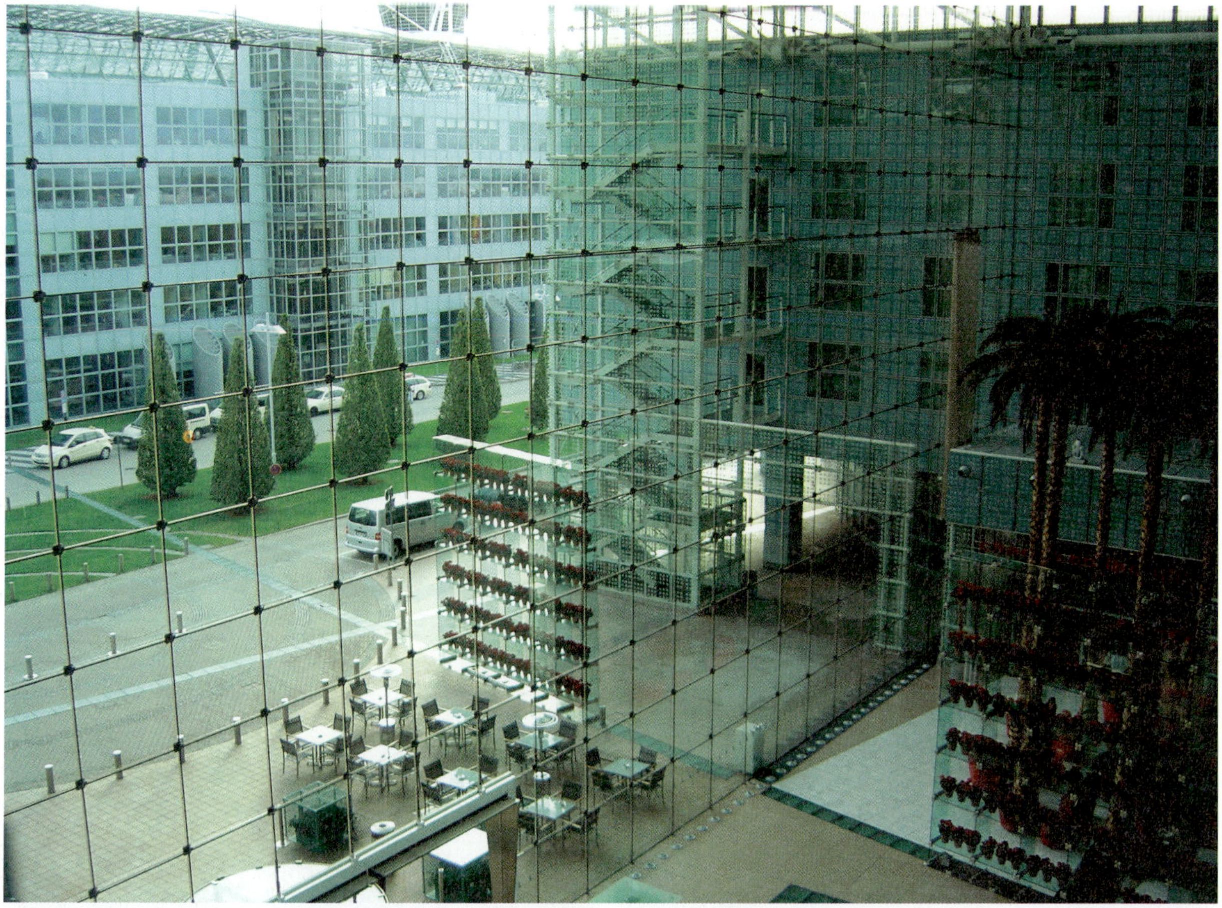

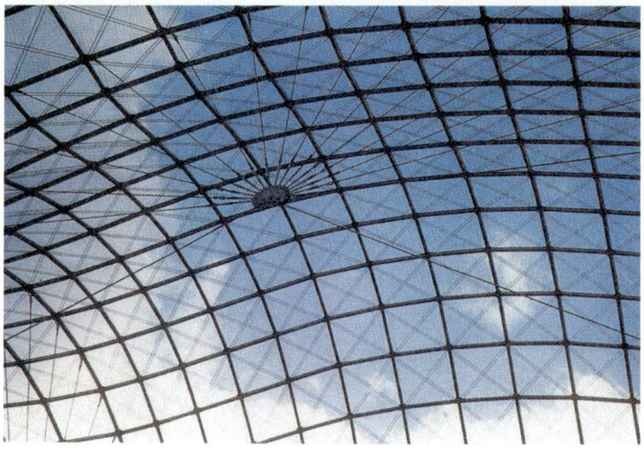

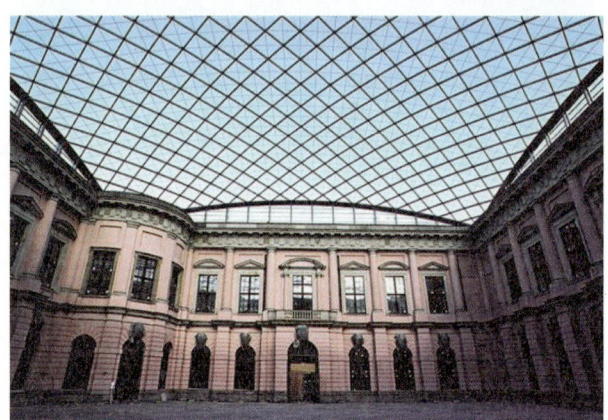

▲ 그림 12-118
캠핀스키 호텔, München

▲ 그림 12-120
독일 역사박물관, Berlin

▲ 그림 12-119
함브르크 역사 박물관, Hamburg

유리건축

12.6
파사드 구조의 발전

지지하거나 지지되지 않는 유리의 구별 범위에서 표현될 수 없는 발전은 파사드 구조물의 발전이다. 그것은 건물과 그것의 정교함의 발전을 통하거나 또는 구조적으로 지지하는 유리의 사용으로 높은 투명성에 목적이 있다.

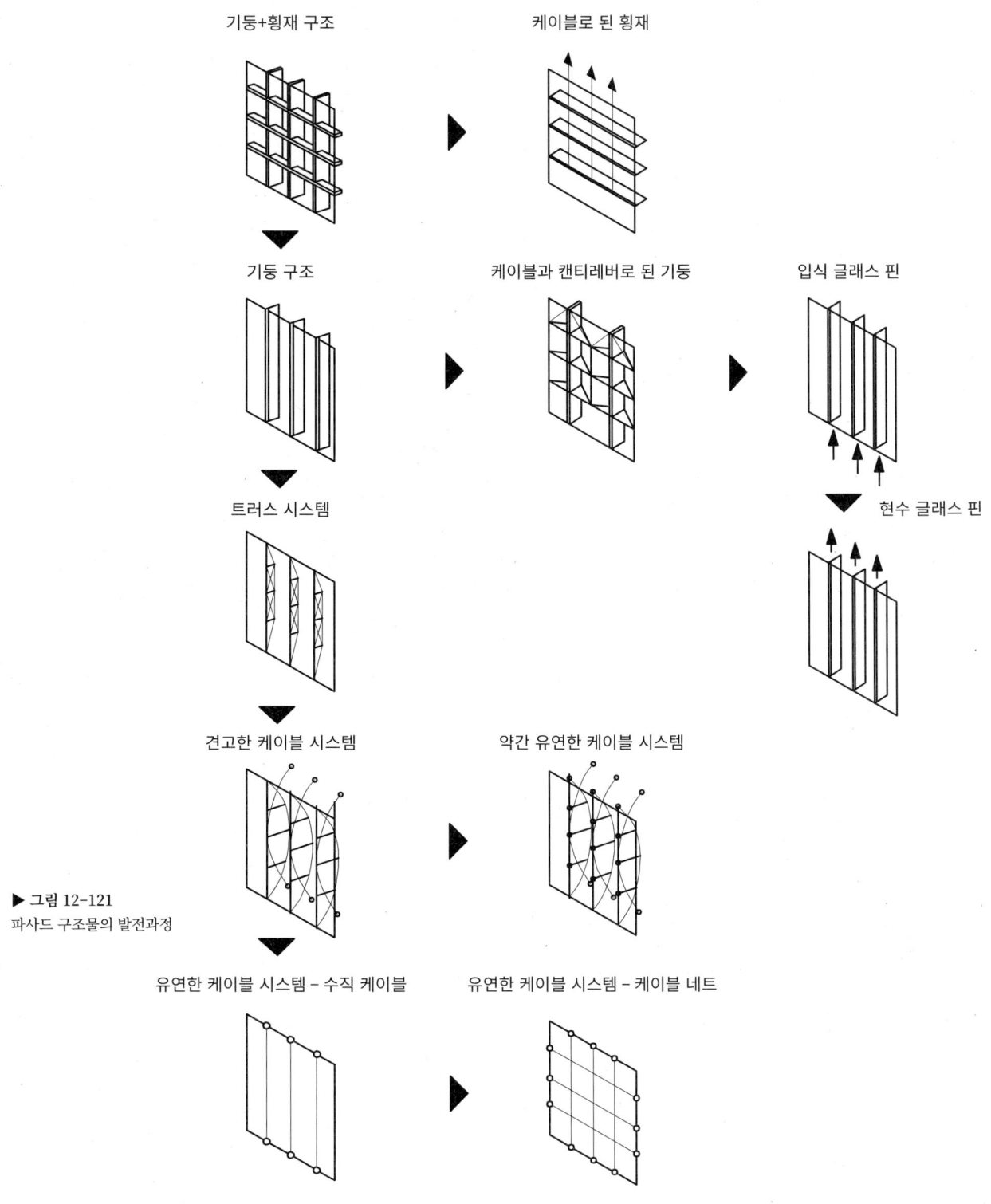

▶ 그림 12-121
파사드 구조물의 발전과정

12. 유리구조물의 분류

여기에서 기술된 발전난계는 각 단계에서 시스템의 복잡성이 증기히는 구조발전과 일치한다. 그것은 전 단원에서 다루어진 기술적인 가능성의 발전이 연계되어야 한다.

까르티 재단과 같은 단순한 기둥-횡재구조는 다반사이고 압축력을 받는 기둥 사용과 인장력을 받는 케이블로 자중은 상부 건축물에 전달되는 횡재구조가 발전되었다. 기둥생략으로 실리콘으로 마감된 수직 이음새는 매우 세장한 반면에 수평 밴드로서 횡재는 파사드 내에서 구분된다. 그러한 케이블로 된 횡재구조의 사례는 젤레 회사의 사무실과 공장 건축물이다.

트러스 거더에서 수평횡재의 해결을 통해서 구조의 섬세함을 계속 제고할 수 있다. 라이프찌히의 바우밴하우스Bauwenhaus가 그것에 대한 사례이다.

▼ 그림 12-122
기둥-횡재 시스템, 까르띠 재단, Paris

▼ 그림 12-123
케이블로 된 횡재구조, Seele 공장, Gersthofen

▼ 그림 12-124
케이블 트러스 형태로 해결 된 횡재구조,
Bauwenhaus, Leipzig

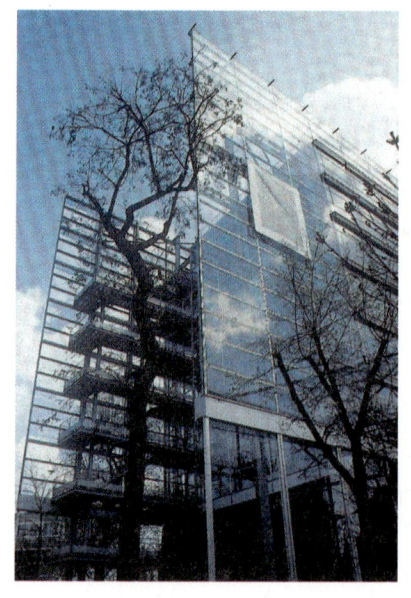
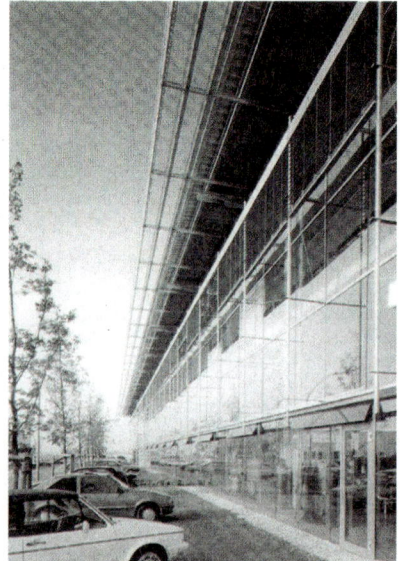
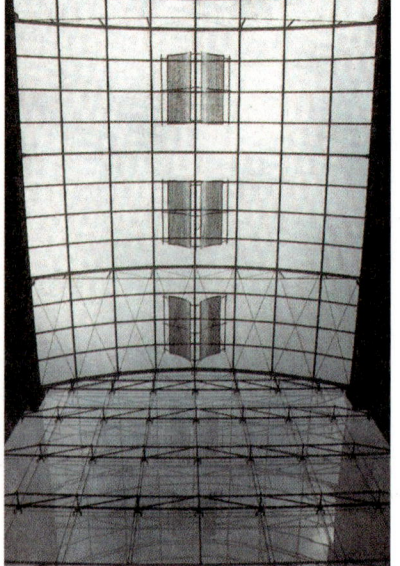

단층유리와 그것의 점형태의 고정의 발전으로 유리면이 구조면과 분리될 수 있는 가능성이 생겼다. 수평하중으로 인한 휨하중은 단지 파사드 구조물만 아니라, 하중이 파사드 구조물에 점형태로 전달되는 유리자체를 통하여 부담된다. 이러한 분리로 한편으로는 실리콘의 봉합 덕택에 압착틀과 프로필이 필요하지 않기 때문에 유리 사이의 세장한 이음새에 대한 욕망에 부합되고, 다른 한편으로는 전체구조물은 확실하게 유리면 뒤에 놓일 수 있다.

유리가 기둥-횡재구조 위에 점고정대 방법으로 고정되는 전에 논의된 프로젝트는 스윈돈에 있는 르노자동차 분배센타다. 횡재에 각각 8개의 점고정대가 약 1.0×1.8m 크기의 유리를 고정한다.

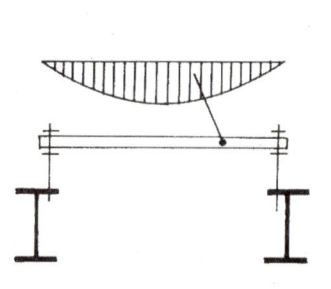
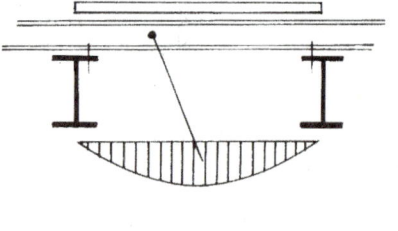

▲ 그림 12-125
유리의 선형 또는 점지지에서 유리에 걸리는 휨 모멘트

다음 단계는 기둥간격이 최대 유리크기를 제한하는 수평횡재의 생략이었다. 그러한 구조에 대한 사례는 3.0m의 기둥 축간격으로 된 런던 스탁레이 공원 Stockley Park에 있는 B8 사무소 건축물이다. 수평 이음새가 실리콘으로 봉인된 유리는 모든 모서리에서 네 개의 점 고정대로 고정되었다.

기둥 축간격을 넓게 하기 위해서 런던의 재정신문 건축물의 경우에서 측면 고정 지렛대를 볼 수 있다. 유리가 모서리에서 점고정대로 횡하중을 부담하는 반면에, 유리자중은 케이블로 상부에서 지지하고 다시 기둥에 전달시킨다. 그것의 축 간격은 6.0m이다.

오늘날까지 최대의 투명성은 삽입된 글래스 핀으로서 수평하중에 대해 파사드를 안정시키는 유리기둥의 사용으로 달성될 수 있다. 파사드 유리자중은 유리기둥이 아니라, 파사드 유리로 직접 하부(입식유리) 또는 상부(현수유리)로 전달된다.

글래스 핀을 이용한 입식유리에 대한 사례는 노위치 있는 세인버리 미술센타이다. 약 7.50m 높이의 유리의 축간격은 약 2.40m이다. 글래스 핀은 실내에 위치하고 실리콘으로 봉합되었다.

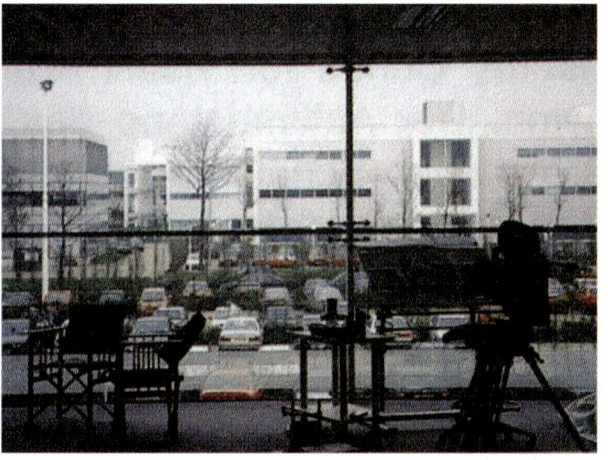

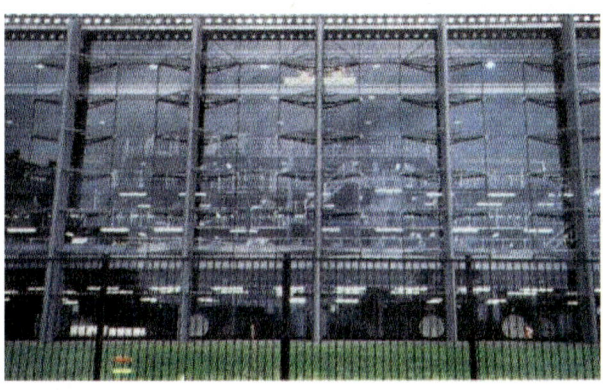

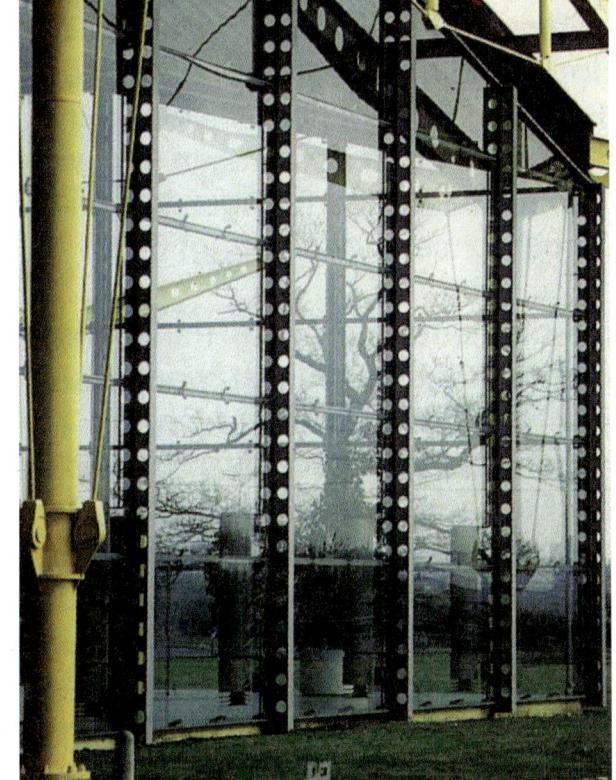

▲ 그림 12-126
둥구조, 스탁레이 공원 B8, London

▲ 그림 12-128
구조물로 부터의 유리격리, 르노 센타, Swindon

▲ 그림 12-127
케이블과 캔티레버로 된 기둥구조, 재정신문, London

12. 유리구조물의 분류

내부와 외부에 위치하는 글래스 핀으로 된 현수되는 피사드는 뒤스부르그의 빌헬름 램부르크 박물관Wilhelm-Lehmbruck Museum에서 취급되었다. 약 7.0m 높이의 유리의 축간격은 약 3.0m이다.

이러한 파사드의 한계는 최대 유리크기와 유리에 허용하중으로 결정된다. 그것으로부터 지금까지 실행된 폭이 3.2m까지 또는 높이가 13.0m까지에서 규모로 한정된다. 그것은 유리기둥의 사용으로 그것의 투명성을 성취할 수 있다. 시스템의 섬세함은 이것을 통해서 제고될 수 없다. 이것은 트러스 기둥의 해결로 가능한 것 같다.

이러한 시스템에 대한 사례는 트러스 거더 위에 0.75m의 축간격으로 생선비늘 형태로 개방되는 유리로 조립된 보트롭에 있는 전시 파빌론이다.

파사드 구조물의 분석은 교차하는 케이블들이 풍압력과 풍흡력을 부담하는 케이블 시스템의 이용으로 계속된다. 그러한 시스템의 단점은 주변건축물로 부담되어야 하는 큰 긴장상태에 놓이는 것이다. 이러한 긴장크기는 유리면에 큰 뒤틀리는 힘이 없이 유리의 점지지가 허용하는 최대로 가능한 변형에 따라 조절된다.

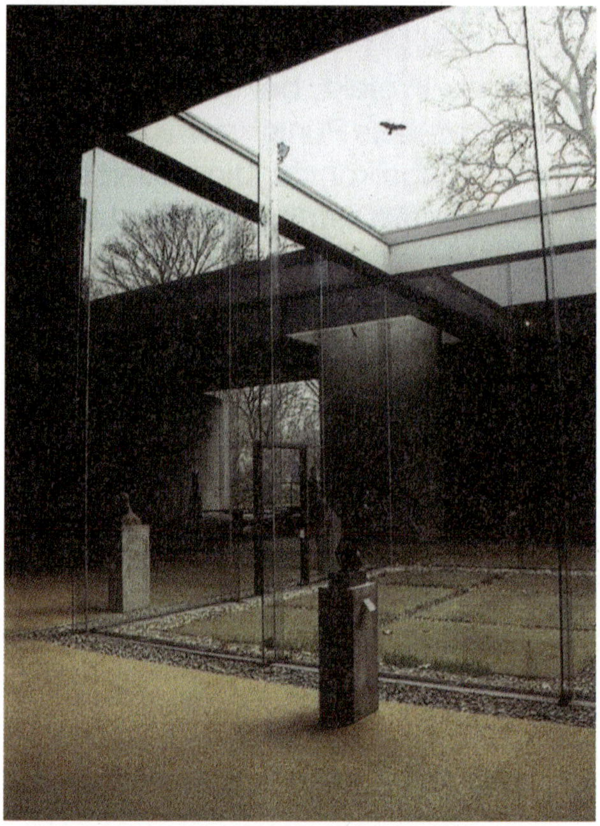

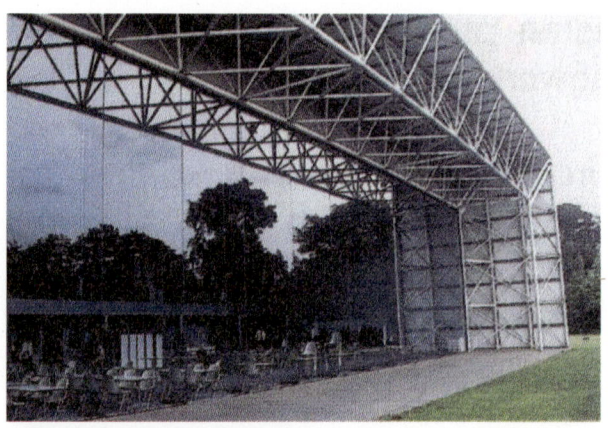

▲ 그림 12-130
입식 글래스 핀 파사드, 세인버리 예술센타, Norwich

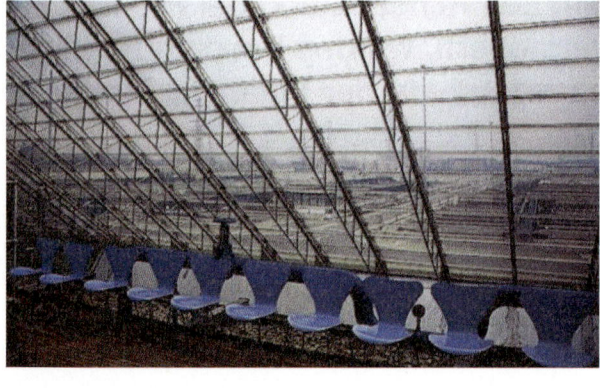

▲ 그림 12-129
글래스 핀과 현수 유리파사드, 빌레움-램브르크 박물관, Duisburg

▲ 그림 12-131
트러스 시스템, 전시장 파빌론, Bottrop

강접고정에서 비교적 적은 변형이 허용될 수 있고, 그 때문에 여기서 견고한 케이블 시스템으로 논의될 수 있다. 사례로서 히드로 공항에 있는 힐튼호텔Hilton Hotel 프로젝트에 있어서 케이블은 수평하중 이외에 역시 유리자중을 부담하고 그 때문에 수직적으로 계획되었다.

파리에 있는 라빌레트의 과학기술박물관의 겨울정원으로 발전의 두 단계를 완성하였다. 한편으로는 나란히 현수되는 유리는 자체적으로 그것의 자중을 상부로 지지하고 풍하중에 대해 단지 수평 케이블 긴장이 가능하다. 다른 한편으로는 힌지형태의 점고정대의 덕택으로 큰 변형에 있어서 허용될 수 있는 유연한 케이블 시스템이 실현될 수 있었다. 긴장력은 적절하게 감소되었다.

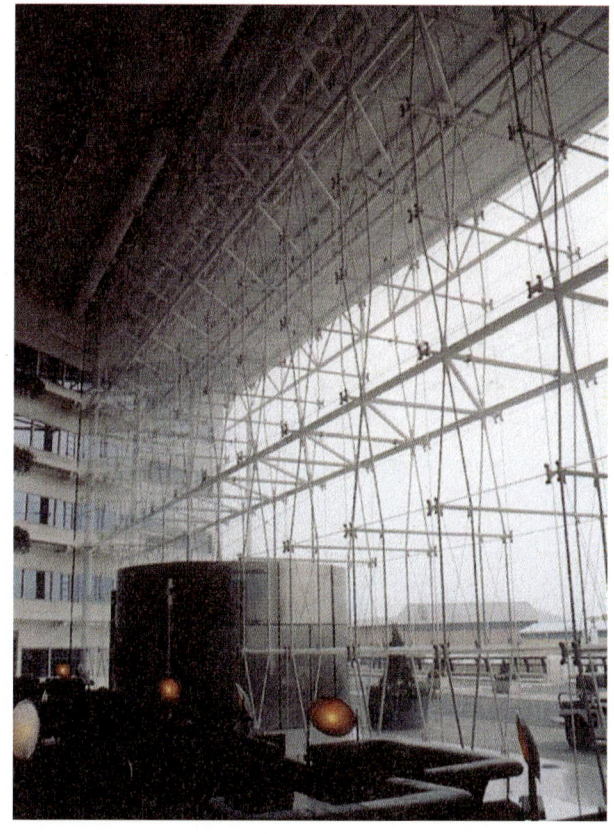

▲ 그림 12-132
견고한 케이블 시스템, 힐톤 호텔, London

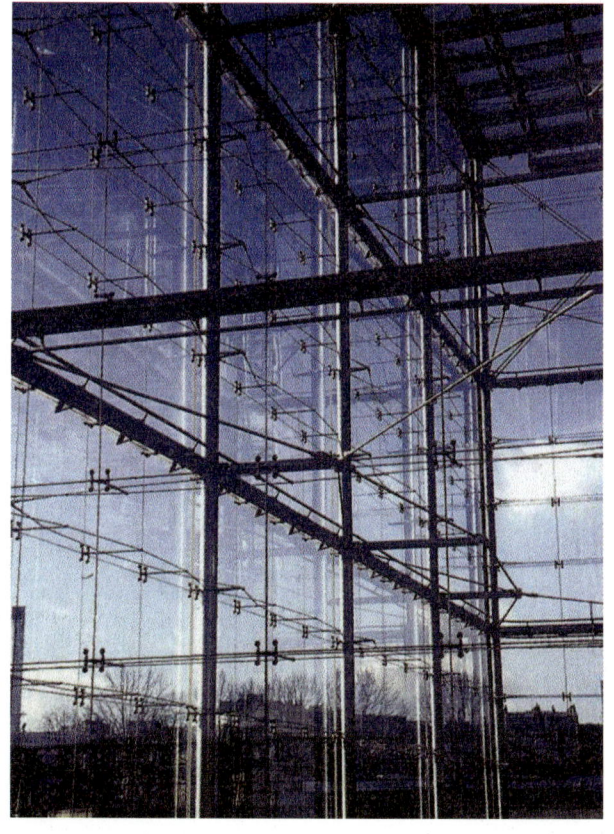

▲ 그림 12-133
비교적 유연한 케이블 시스템, 라빌레트 과학기술박물관, Paris

이러한 시스템의 최대높이는 유리에 구멍나찰응력이 짐고징대에서 부담할 수 있는 하중으로 결정된다. 지금까지 추가적인 대책 없이 24.0m의 최대높이가 실행됐다.

유리 후면에 케이블을 생략할 수 있도록 이러한 발전의 최종단계는 케이블 시스템의 발전을 위해서 초점이 맞추어졌다. 유리자중은 케이블을 통해 상부로 지지되고 수평하중은 그러한 평평한 시스템에서 단지 케이블의 변형을 통해 부담될 수 있다. 유연한 케이블 시스템으로 묘사될 수 있다. 그것으로부터 유리지지는 비교적 탄성적으로 이루어 져야 한다.

유리를 고정하기 위해 수직 케이블과 수평횡재로 구성되는 그러한 파사드의 첫 프로젝트로서 뮌헨 올림픽 공원에 있는 아이스링크장이 있다.

플래트한 수평이고 수직 케이블로 된 유연한 케이블 시스템은 뮌헨 공항의 캠핀스키 호텔에서 다루어 졌다. 여기에서 자중은 수직 케이블을 통해서 부담되고 풍하중은 수평 케이블에 전달된다. 파사드의 크기는 약 1.0m의 전체변형에도 불구하고 제한적인 탄성지지가 가능했던 각 유리의 변형은 비교적 작다.

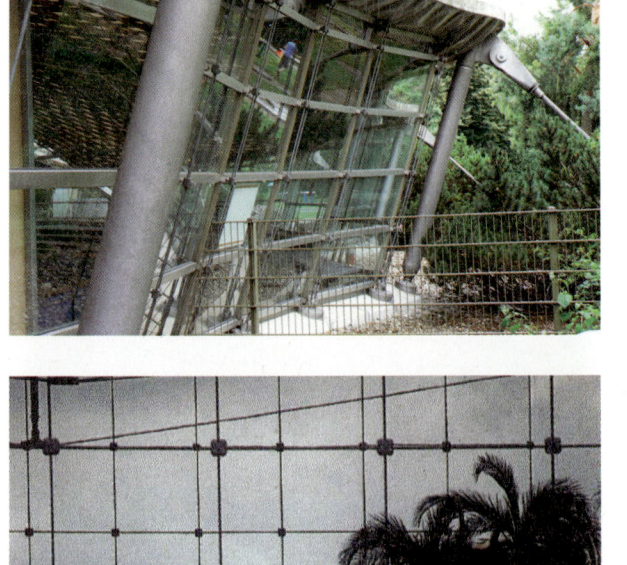

글래스 핀으로 기둥구조의 발전에서 뿐만 아니라, 케이블 시스템을 이용한 트러스 거더 시스템에 있어서 투명성 제고는 지지하는 및 구조적인 유리사용으로 성취할 수 있었다. 그러나 역시 어떻게 유리를 통한 새로운 가능성이 결정되는가는 동시에 한정된 제작 유리크기와 최대로 부담할 수 있는 힘을 통한 안정에 있다.

이러한 집중되는 하중전달이 항상 구조적인 불리한 점이 되는 점고정대의 발전도 동일한 가치가 있다.

이러한 고려는 글래스 핀을 통해 안정되고 현수 또는 입식 유리파사드의 경우도 아니고 견고하거나 약간 유연한 케이블 시스템의 경우에서도 계속적인 발전을 기대할 수 없다. 구조적으로 지지되는 유리사용의 관점에서 이것은 이전에 유연한 시스템이거나 또는 휘거나 꺾여 진 면구조물의 경우에서도 보여 진다.

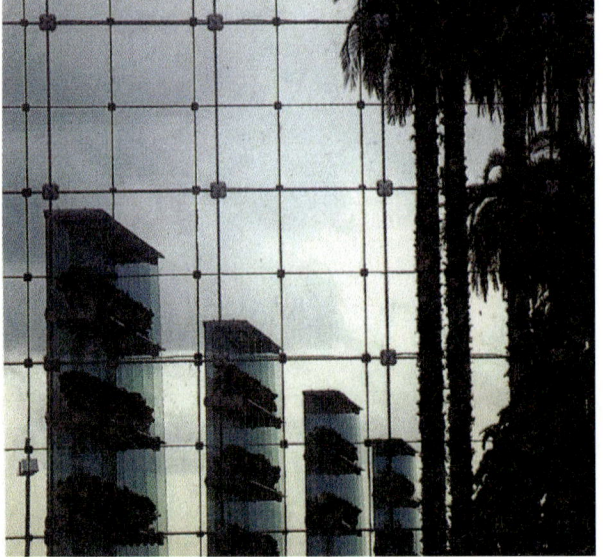

◀ 그림 12-134
수직 케이블을 이용한 유연한 시스템, 아이스 링크, München

◀ 그림 12-135
유연한 케이블 네트 시스템, 캠핀스키 호텔, München

12.7
유리구조물에서의 전망과 경향

12.7.1
디테일 발전

건축재료로서 유리는 상당히 민감하게 반응하기 때문에, 구조의 현실화는 본질적으로 이음새의 디테일과 힘 전달에 좌우된다. 특히 힘 전달에 있어서 그것의 개개부재 및 전체구조의 최대크기가 결정된다. 전 단원에서 소개된 바와 같이 디테일 발전과 구조발전이 선결조건이다.

전 단원에서 소개된 천공된 점 고정대로 유리면이 구조물과 분리되는 가능성에도 불구하고 그것은 항상 취약점으로 나타난다. 점형태의 힘 전달을 통해서 부담할 수 있는 힘이 공간적으로 한정된 구멍에 집중되고 그래서 최대의 천공마찰응력을 통하여 한정된다.

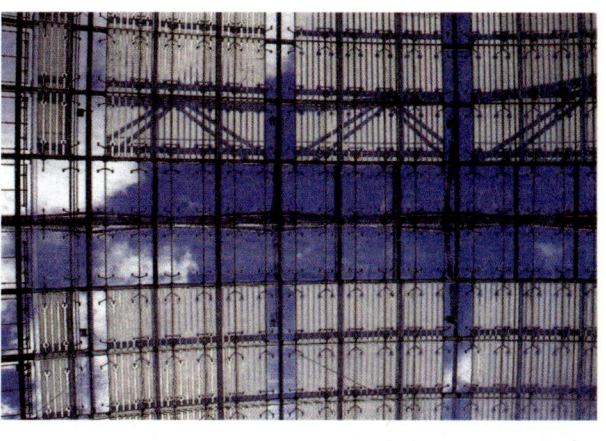

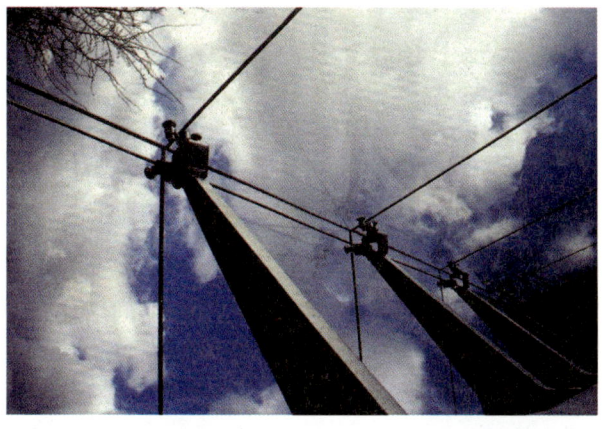

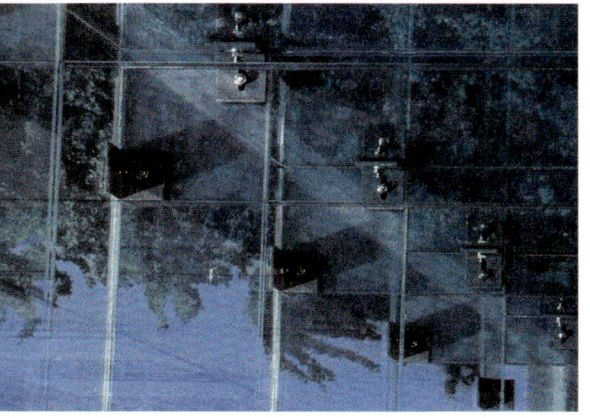

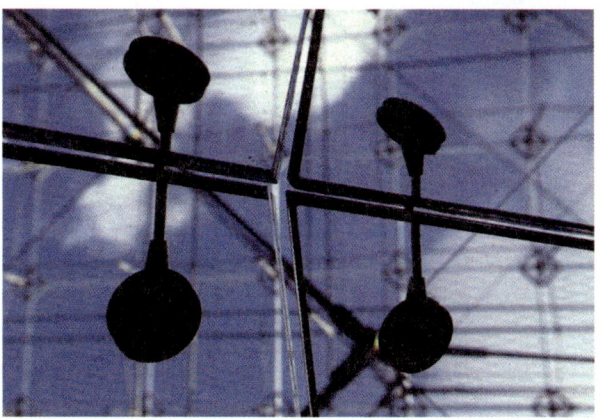

▲ 그림 12-136
라이프치히 메세 중앙홀, Leipzig

▲ 그림 12-137
유리 파빌론, RWTH-Aachen

▲ 그림 12-138
점지지 형태의 유리 파사드, Hamburg

▲ 그림 12-139
점지지 형태의 유리판, 루브르 박물관 역 피라미드, Paris

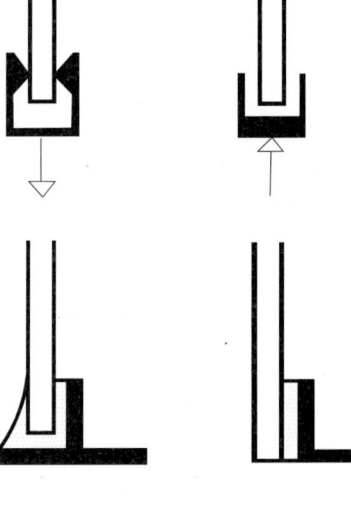

천공된 점고정대의 지속석인 연구는 이러한 문제짐들을 빙지할 수 있도록 하고, 또한 최종적으로 해결할 수 없다. 그러므로 가능한 정교함에 따라 이러한 고정방법은 그러한 구조의 새로운 한계이다. 이러한 상태로부터 다른 사례로서 압착판 연결, 유리 모서리 위에서 선형적인 압착접합 또는 부착된 연결과 같은 힘의 지지형태에 따라 필요하다.

압착에 있어서 특히 단층유리 사용에서 단순한 고정이 가능하다. 하중을 받는 상태에서 필름 또는 젤리는 액체로 흐르고 그것으로 인하여 합성유리-접착이 방해가 되기 때문에, 합성유리는 힘에 적절한 틀에 문제가 있다. 선형적인 압착접합은 상당히 단순한 디테일과 연결부재로 유리 모서리에서 단순한 힘의 전달이 장점이다. 물론 단지 압축력이 발생된다.

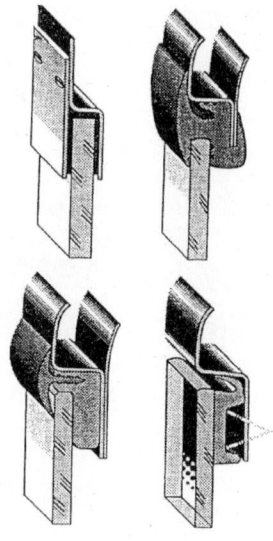

두 점 고정은 충분한 강도가 최고응력을 방지하기 위하여 유연하게 연결되는 사잇층이 필요하다. 고정의 필요성은 이음새에 액체의 침투가 일어나는 두 유리면에 고정이 필요하다는 문제점이 있다. 두 연결방법이 이미 오래전부터 이용되었다 할지라도, 디테일 구성에서 지금까지 진행된 섬세함은 적다. 여기에서 미래에 특히 닫힌 테두리 연결에 있어서 개발작업이 필요하다.

역시 관례가 아닌 퍼티 유리작업은 그것이 봉인되고 힘에 적절함에도 불구하고 부분적인 탄성이 있기 때문에 선형적인 지지로서 장점을 제공한다. 그것은 유리에게 적절하다. 퍼티의 부서짐이 방지될 수 있다면, 광범위하게 사용될 수 있다. 발전 잠재력은 접착연결에 있다. 여기에서 점형태 그리고 선형태의 고정뿐만 아니라, 유리가 상하로 접착될 수 있다. 이러한 접착의 장점은 유리의 선형적인 고정, 디테일의 간결함 그리고 천공없이 단지 한 면의 고정 가능성에 있다.

▲ 그림 12-140
상: 클램프를 이용한 지지(압착판, 퍼티, 접착제)
하: 자동차 산업에서 유리고정

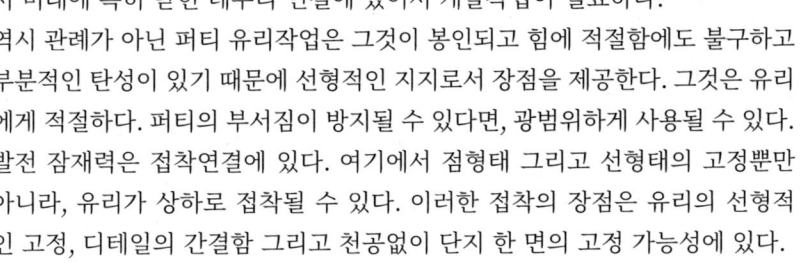

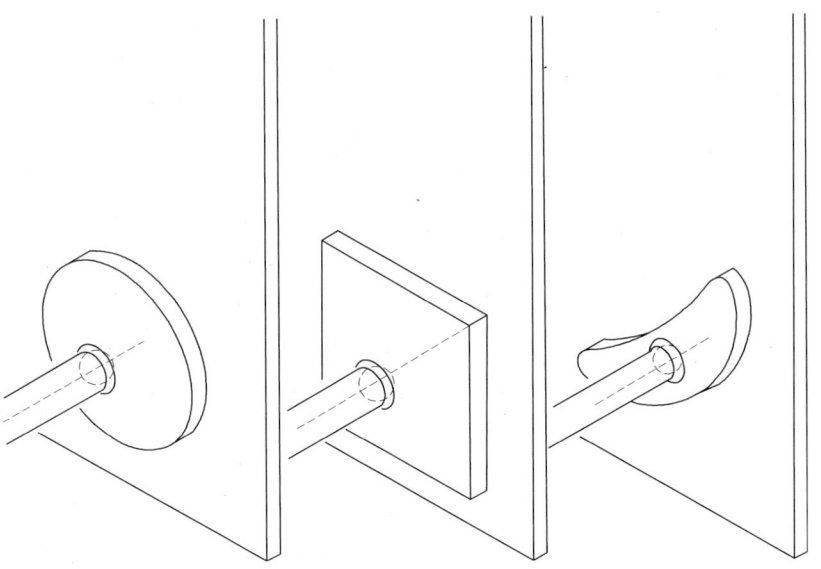

▶ 그림 12-141
다양하게 접착된 점고정대

건축분야에서 사용은 아직도 희귀하기 때문에 현재 이음새를 위한 현존의 접착제는 논쟁의 여지가 있다. 폴리우레탄과 실리콘은 유리에 좋은 접착성으로 뛰어나고, 큰 탄성을 가지고 있고 그것으로 높은 점형태의 힘의 전달이 필요 없다. 작은 자중전달을 위해 선형적인 지지는 유리하다. 높은 탄성은 다양한 길이변형이 여러 가지의 온도신축을 통하여 부담될 수 있는 장점이 있다.

에폭시수지 접착제는 큰 강성이 증명되었고 무엇보다도 점형태의 힘 전달에 적절하다. 충분한 탄성에 있어 선형적인 지지로 실현될 수 있다. UV-액티브 접착제는 탄성이 작지만, 강도가 상당히 크다. 이러한 접착제는 점형태의 고정을 위해 제공하기 때문에 이것으로 힘이 직접적으로 전달된다. 접착제를 통해서 플래트하지 않는 면은 채워질 수 없기 때문에 선형적인 접착은 어렵게 실행될 수 있다. 접착은 그밖에 습도에 위험하고 적절하게 보호되어야 한다.

폴리우레탄 접착제로 고정된 점고정은 상당히 오래전부터 이미 자동차공업에서 사용되었다. 단순함 이외에 그것의 장점은 확실한 환경조건에서 공장조립에 있다. 건축분야에서 이러한 고정은 사용되지 않는 것은 이해가 되지 않는다. 연결방법의 선형적인 접착은 이미 SG-파사드에서 사용되었다.

그림F.B. Grimme을 통해 강철-유리 접착틀로 해체의 가능성을 보여주고 있다. 단열유리는 모서리 연결부분에서 넓은 알루미늄 프로필로 예상되고 두 개의 압착 프로필로 된 연결틀에 연결된다. 상하로 유리의 선형적인 접착은 유리틀의 안정 및 프로필 거더, 기둥, 절판구조의 사용을 가능하게 한다. 그것은 추가적인 연결재의 생략으로 구조의 투명성에 대한 욕망에 가장 부합되기 때문에 큰 발전기회를 제공한다.

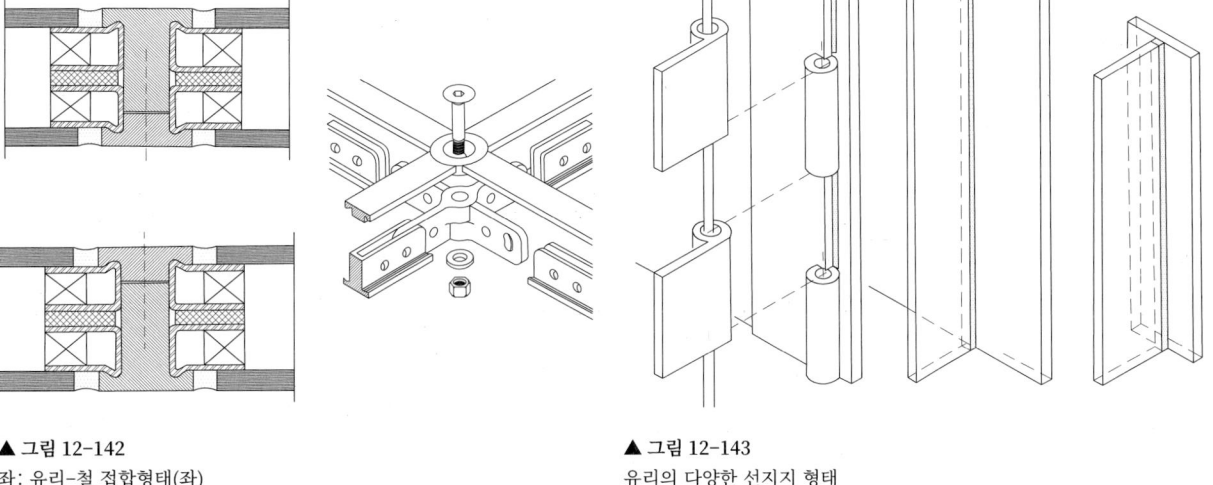

▲ 그림 12-142
좌: 유리-철 접합형태(좌)
우: 유리-철 절점 디테일(우), F.B. Grimme

▲ 그림 12-143
유리의 다양한 선지지 형태

12.7.2
구조물 발전

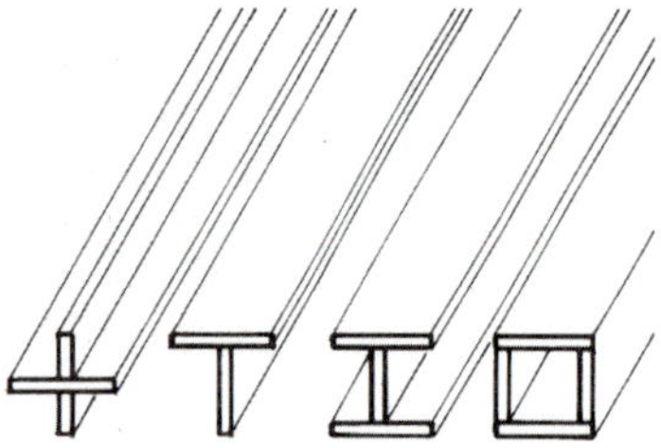

▲ 그림 12-144
다양한 유리 프로필

유리구조는 투명성 노는 시스템의 심세험의 제고에 대한 욕망을 한편으로는 가능한 일반력(인장력과 압축력)을 받는 구조계획으로 휨 구조물로의 전환을 방지하여 구조물의 규모가 축소되도록, 다른 한편으로는 구조물 기하형태의 적절화를 통하여 단순한 봉구조물에서 면구조물 또는 공간구조물로 변환함으로서 계속 발전시킬 수 있다. 세 번째 가능성은 구조부재로서 유리의 사용이다. 설혹 단순한 휨 구조물이 유리의 투과성의 덕택으로 상당한 투명성을 증명하였다 할지라도 그것은 정교함의 한계에 충돌된다. 계속되는 문제점은 최대 유리 크기의 제작이다. 그 외의 발전으로서 미래에 대한 구조물이 확실한 하중배열(트러스)로 기대될 수 있다. 큰 발전의 주안점은 면형태의 건축재료인 유리가 기하형태와 구조거동에 적절하도록 구조가 면형태의 구조거동(예로서 절판구조, 실린더, 돔)으로 되는 것이다.

1) 거더와 기둥

거더에서 접착을 통해서 십자(+)형태, 박스형태, T-형태와 I-형태의 프로필 제작으로 발전이 기대된다. 이러한 방향에서 첫 선두주자는 이미 1951년 글라스바우 한Glasbahn Hahn 회사의 파빌론이었다. 유리기둥의 사례는 생 게르만 엔 라에 St. German-en-Laye의 시청의 십자(+)형태 기둥의 다층 유리기둥이다.

역시 유리관 이용으로 미래에 유리기둥이 현실화가 될 수 있다. 이러한 성능은 뒤셀도르프의 96' Glastec 에 전시된 텐시그리티 구조에서 보여 주었다. 그러한 유리관의 장점은 그것의 좌굴안정이다. 외부 유리관의 파괴에서 내부 유리관이 보호될 수 있기 때문에 합성유리 기둥으로 두 번째 유리관의 연결을 통해 안정성을 높일 수 있다. 이러한 목적은 일반적인 유리건축물보다 투명성이 적지만 새로운 구조물과 그것의 형태적인 가능성을 제공한다.

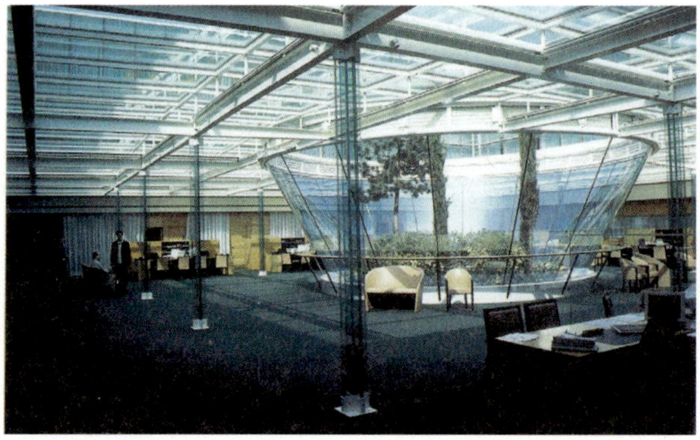

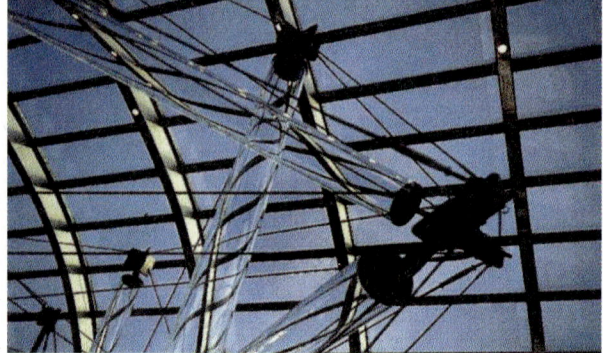

▲ 그림 12-145
유리기둥, St. Germain-en-Laye 시청사 중정

▲ 그림 12-146
유리관, 텐시그리티 구조, Glastec 96, Düsseldorf

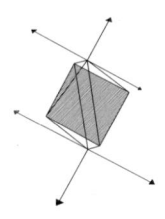
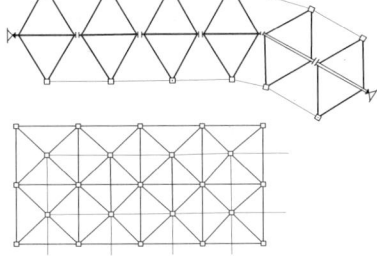

▲ 그림 12-147
유리 압축재와 외부 인장재로 된 트러스 1

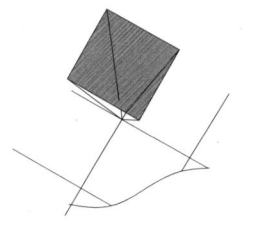
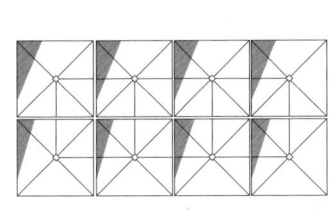
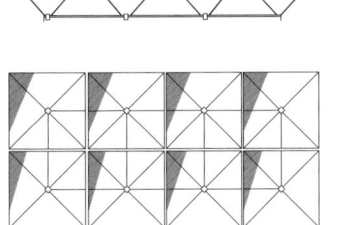

▲ 그림 12-148
유리 압축재와 외부 인장재로 된 트러스 2

2) 트러스

유리 트러스는 개개의 부재길이가 비교적 짧고 그것으로 인해 좌굴위험 뿐 만 아니라 또한 유리길이에 적절하게 조정할 수 있기 때문에 상당한 의미가 있다.

아헨대학 건축과 도서관의 유리-강철 트러스로 부터 다음과 같은 유리 트러스가 발전되었다. 1997년 "Konstruk-tive Glasbau"의 세미나에서 개발된 유리 트러스는 프리스트레스 된 그것의 인장현과 압축현이 각각 다섯 개 유리로 된 트러스가 다루어 졌다. 사잇공간은 전체시스템이 긴장되는 압축봉과 인장 경사재를 통해 이루어진다.

추가적인 고려사항은 트러스 격자보이다. 유리가 긴장되는 시스템에서 중간에서 압축현으로 또는 다양한 기하형태에서 외부 인장부재와 압축부재를 이용되는 것이다.

이러한 유사한 컨셉은 에크호트M. Eekhout에 의해 발전되었다. 여기에서 그것의 상현재와 하현재가 유리로 이루어지는 생선 배형태의 유리 트러스 거더가 발전되었다. 에크호트의 주관 하에 배커R. Bakker와 린덴G. Linden의 연구는 상당히 흥미롭다. 상부와 하부유리로 된 트러스 격자보는 교차하는 경사봉과 인장케이블로 유리에 인장 프리스트레스가 생기도록 긴장된다.

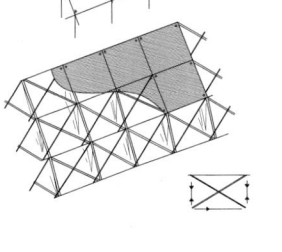
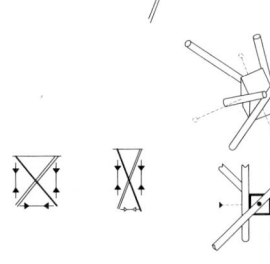
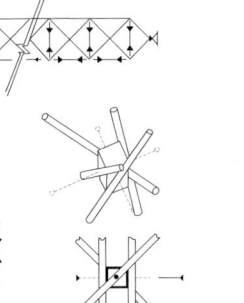

▲ 그림 12-149
유리 압축재로 된 트러스

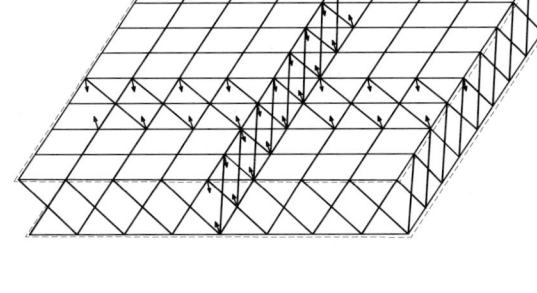
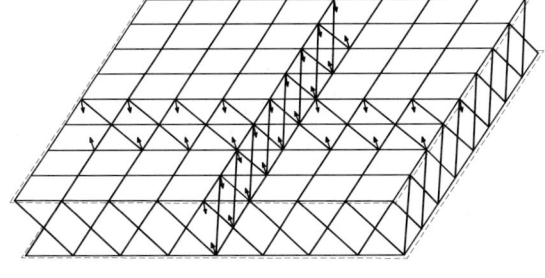
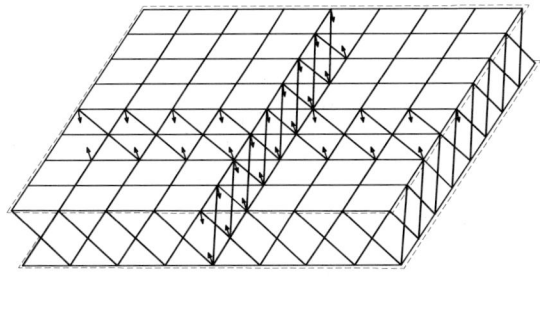

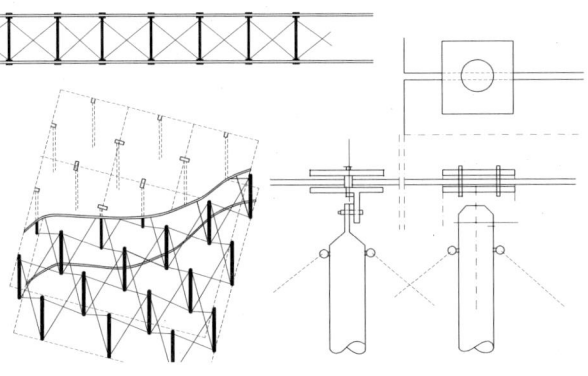

▲ 그림 12-150
압축재와 인장재로 된 트러스 격자보

▲ 그림 12-151
상: M. Eekhout에 의해 개발된 볼록렌즈 형태의 유리 트러스
하: 상하 유리 구조재로 된 트러스 격자보

12. 유리구조물의 분류

3) 아치구소물

아치 구조물에서 유리장점은 완전히 일반력으로 전달되고, 꺾인 기하형태는 소형유리가 이용된다는 점이다.

유리아치는 하센트H. Hassend의 졸업작품인 프라그성의 유리교량에서 취급되었다. 아치는 70.0m의 스팬이다. 아치 위에 얹혀 진 유리기둥 위에 다시금 상판의 유리데크를 지지하는 유리에 연결된 강철기둥으로 된 공간트러스이다. 유리아치는 머리판으로 서로 연결된 육각형의 합성유리–단독부재로 구성된다. 조각으로 이어지는 인장 케이블이 아치하중을 부담한다. 삼각형 형태의 유리기둥은 역시 마찬가지로 머리판으로 연결된다.

슈트트가르트 대학의 키페른과 지글Kieferle & Sigle의 팜 하우스 설계에서 아치는 단열유리와 세 개의 현재로 된 트러스의 언더텐션으로 구성된다. 유리연결은 상·하로 그리고 언더텐션으로 특별히 개발된 시스템으로 해결되었다.

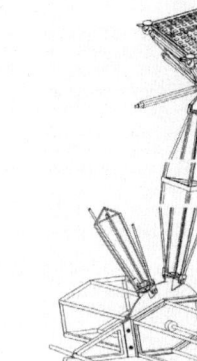
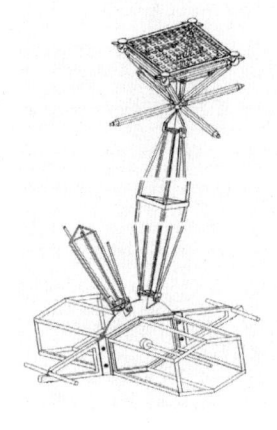
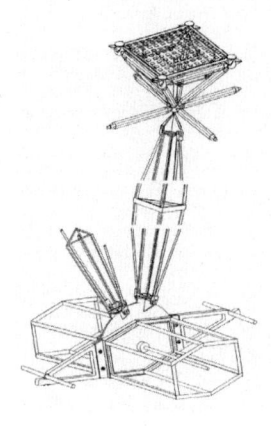
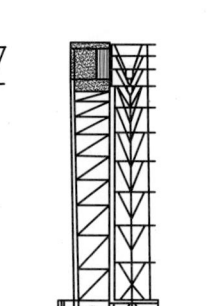
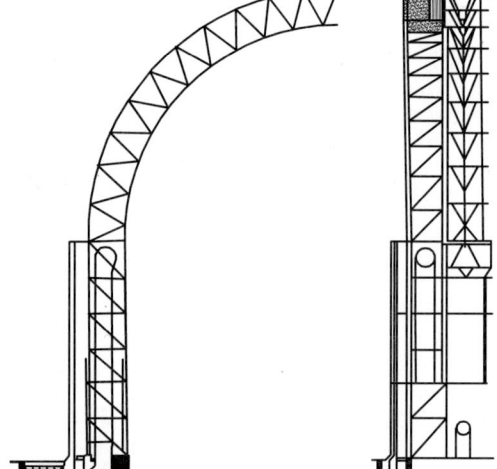

▲ 그림 12-152
프라그 성의 유리 아치교와 이소메트리

▶ 그림 12-153
팜 하우스의 단면

▶ 그림 12-154
팜 하우스의 트러스 형태 유리 아치 디테일

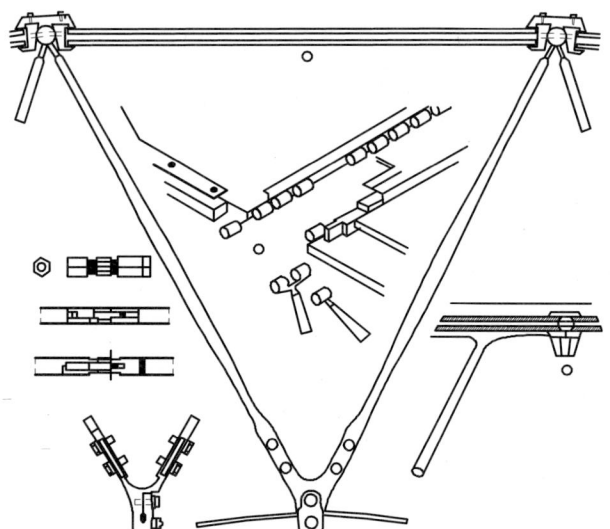

4) 플래트 판

판 형태의 구조물 발전에 있어서 다양한 간격유지로 그림F.B. Grimme의 샌드위치-부재를 참조해 보자. 간격 유지대의 역학적인 앵커로 전단력을 전달한다.

다른 가능성은 실리콘-간격유지 재료 또는 폴리우레탄 접착, 온도에 대해 분리된 플라스틱 간격유지 부재로 샌드위치-부재의 두 유리의 접착이다. 제안은 빛을 전달하는 적층과 램프 및 넓은 폴리우레탄 판의 방법으로 유리연결의 통합으로 이루어진다. 이러한 샌드위치-판넬의 한계는 부재의 구조물 높이에 있어서 다른 경우에서 보다 적고 긴장된 유리의 최대 제작크기다.

▶ 그림 12-155
볼트, 폴리카본네트, 볼트로 보강된 플래트 판

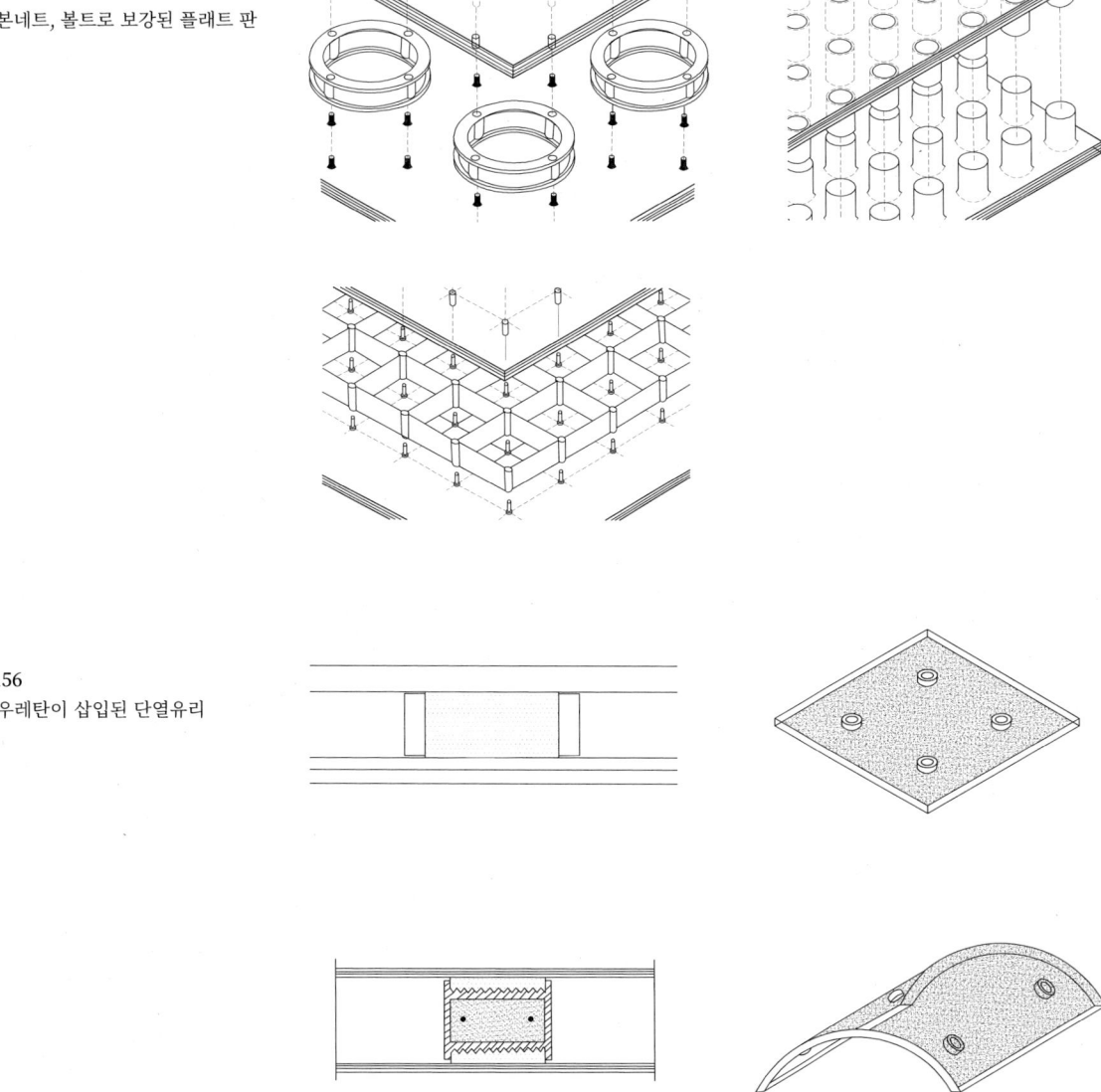

▶ 그림 12-156
실리콘, 폴리우레탄이 삽입된 단열유리

12. 유리구조물의 분류

5) 절판구조

면 건축재료로서 유리는 절판구조의 설치를 위해 상당히 효율적이고, 유리판은 동시에 공간 폐쇄로 계획되지만, 이러한 영역에서 사례는 많지 않다.

이러한 제안 중에 하나는 바그너R. Wagner와 협업에서 브라운J. Braun의 버스정류장 프로젝트다. 절판구조물은 기제류奇蹄類의 라멘으로 제안되었다. 처짐을 억제하기 위해서 모서리가 강화되었다. 상하의 유리고정은 앵글과 천공볼트로 이루어진다. 이것은 연속된 선형지지로 유지되도록 비교적 조밀하게 나란히 놓인다. 적절한 선형지지가 유지되도록 절판구조의 모서리 연결에 있어서 접착제를 사용하는 것이 중요하다.

단순한 피라미드 절판구조는 서로 마주보는 경사진 유리로 구성된다. 이러한 피라미드의 첨가로 압축봉의 연결로 된 하나의 격자보가 될 수 있고, 큰 면적을 덮을 수 있다. 역시 유리가 그 자중을 직접적으로 지지대에 전달하고 반대편의 좌굴에 대해 안정되는 경우에 있어서 절판구조 벽체는 어렵다.

다른 변형은 인장밴드로 지지대에 또는 모서리 강화를 통해 추가적으로 보강될 수 있는 다양한 기하형태의 당마루-골-절판구조가 있다. 역시 캔틸레버가 고려되어야 한다. 연속되는 단계는 유리뿐 만 아니라 역시 벽체로서 지붕이 닫혀지는 라멘형태의 절판구조가 있다.

특별히 주의해야 할 사항은 이러한 구조물의 잔류상태 안정이 유지되어야 한다. 여기에서 한편으로 접착제가 깨진 강화유리를 안정시키고, 그리고 다른 한편으로는 강화유리의 잔류안정이 전체시스템을 보호되어야하기 때문에 선형태의 접착뿐 만 아니라 강화유리로 된 합성유리의 사용이 도움이 될 수 있다.

▼ 그림 12-157
다양한 형태의 절판구조

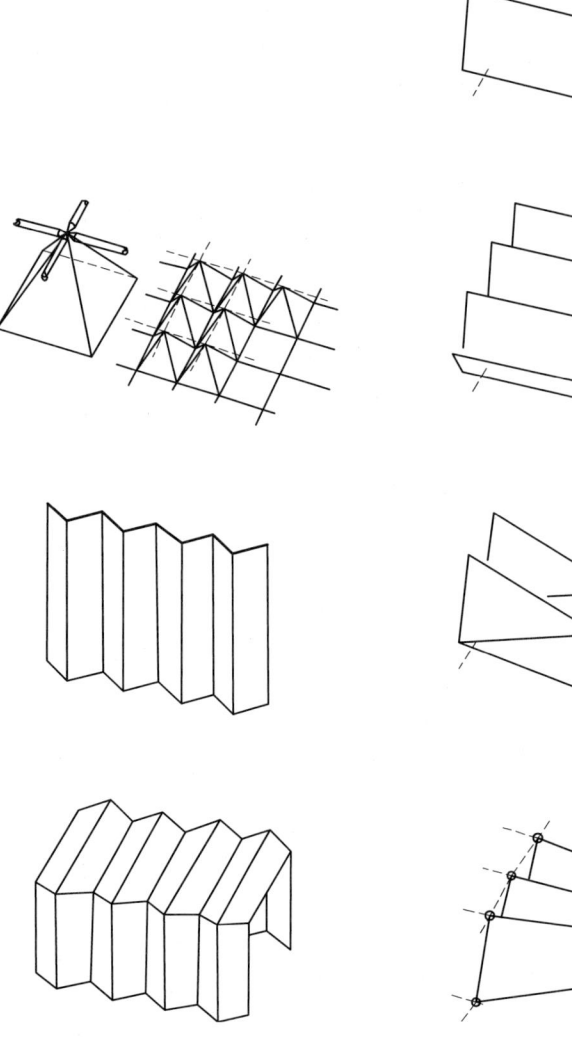

6) 실린더/돔

실린더와 돔구조에서 압축력을 받는 유리는 유리상부와 하부에 있는 케이블로 긴장되어야한다. 장점은 여기에서 각각 분리된 강철구조물의 생략이다. 유리의 가장 단순한 유형은 실린더 형태로 수평하중을 측면에 있는 지지대로 전달시킬 수 있는 입식유리가 될 것이다. 유리자중은 직접적으로 바닥점에 전달된다. 유리로 된 돔 구조를 위한 젤레Seele 회사의 프로젝트가 있다. 첫 번째 현실화는 아구스브르크Augsburg에 있는 사진출판사의 건물이다. 직경이 12.3m이고 높이가 2.5m인 돔은 삼각형 형태의 단열유리로 구성된다. 절점은 케이블의 언더텐션이 고정된 플라스틱 덮개와 압착판으로 구성된다.

위에서 기술된 디테일 개발을 토대로 그림F. B. Grimme는 유리가 절점 구성체와 봉으로 된 시스템을 안정시키는 복층의 돔구조로 발전시켰다.

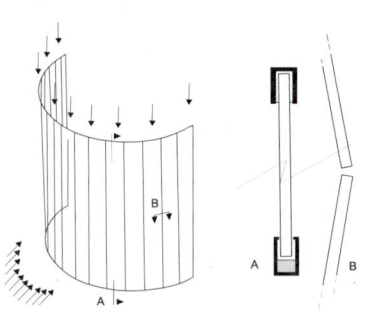

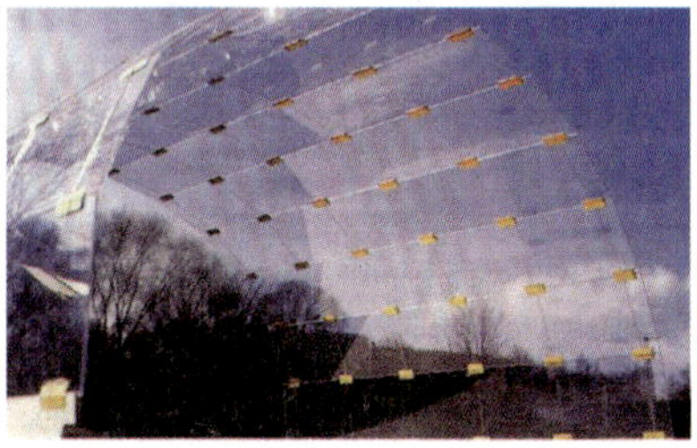

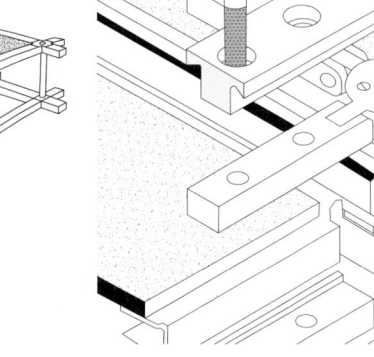

▲ 그림 12-158
실린더 형태의 유리벽

◀ 그림 12-159
유리 실린더의 모델

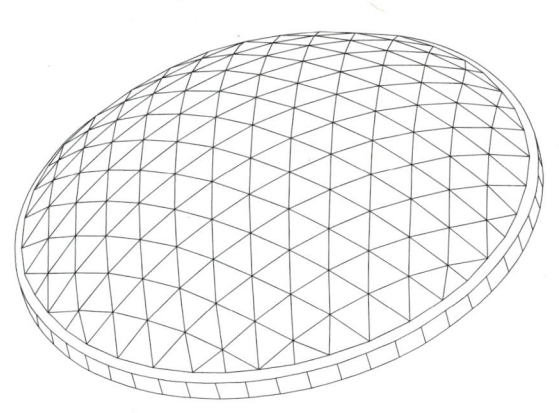

▲ 그림 12-160
그리드 돔의 이소메트리

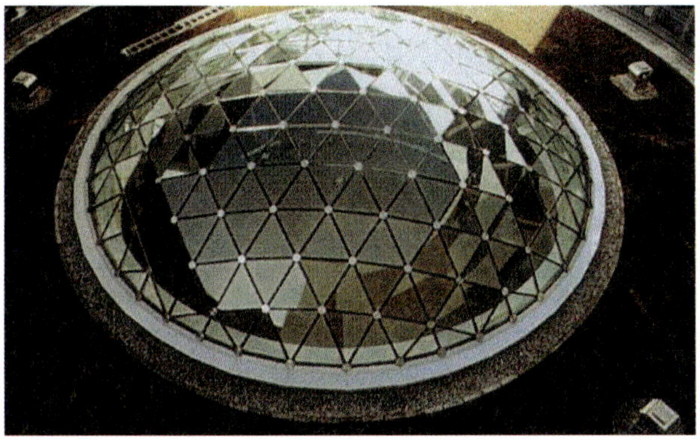

▲ 그림 12-161
그리드 돔의 모델

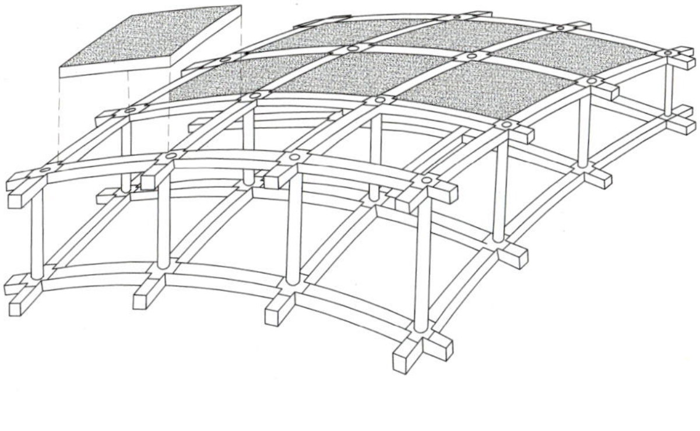

▲ 그림 12-162
복층 구조의 그리드 돔

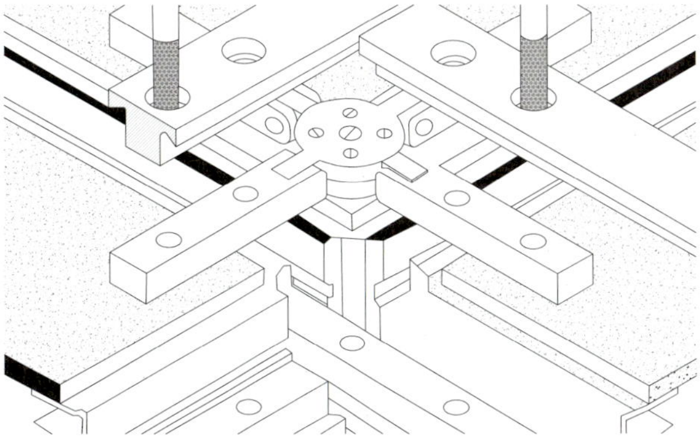

▲ 그림 12-163
유리 그리드 돔의 디테일

12. 유리구조물의 분류

7) 케이블 네트

역곡률로 된 그리드 네트에서 주요 문제점은 선체구조물을 위한 인장력의 도입과 바람에 의한 비틀림 방지이다. 여기에 추가로 뷔르쯔베르거R. Wörzberger에 의해 두 개의 제안이 있다. 하나는 실리콘 이음새에서 지지 케이블을 매설하는 디테일이 개발되었다. 다른 제안은 압착판을 통한 유리연결이다. 소위 안장형 쉘(HP 쉘)이 평유리로 가능하도록 유리부재 사이에 일반력과 휨모멘트를 전달시킬 수 있어야 있다.

▶ 그림 12-164
그리드 돔의 이소메트리

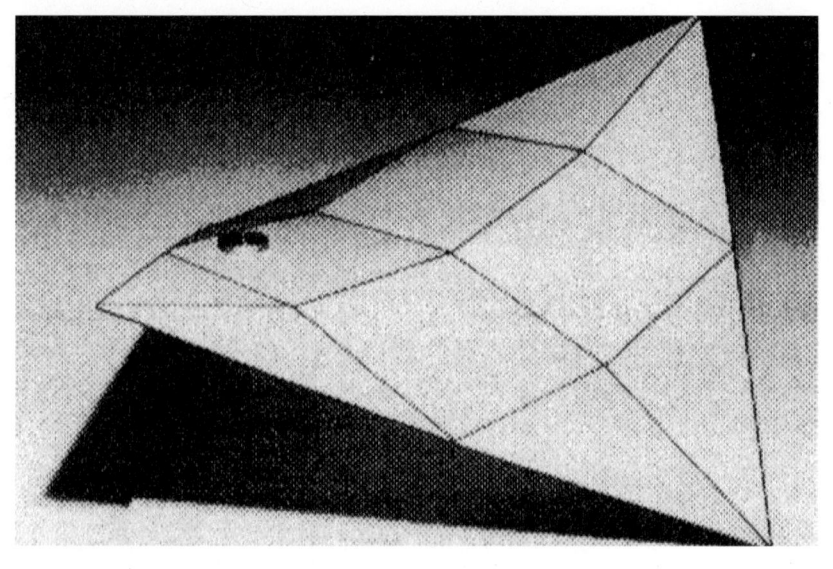

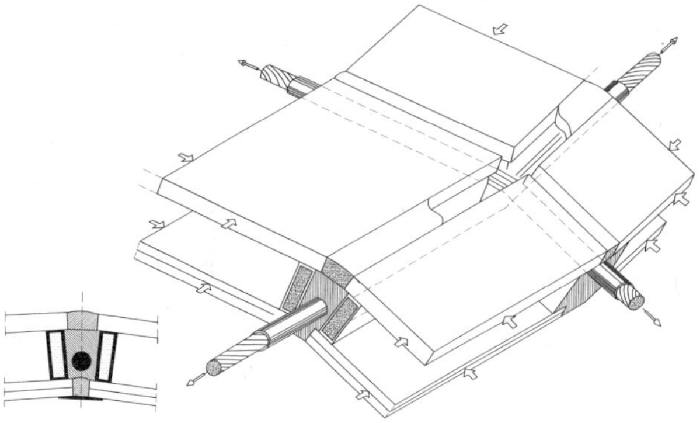

◀ 그림 12-165
유리판을 위한 클램프 연결, R. Wörzberger

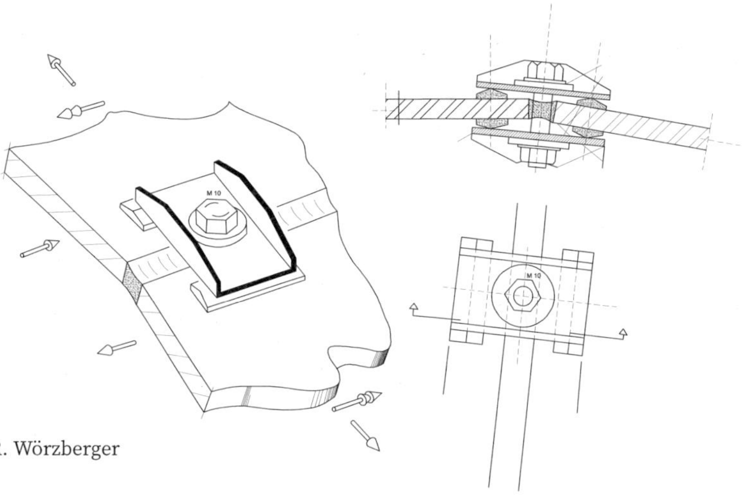

▶ 그림 12-166
실리콘 접합에서 현수 케이블로 된 케이블 네트의 디테일, R. Wörzberger

8) 공간 시스템

유리로 된 공간 시스템의 장점은 발생하는 하중을 최단거리로 전달하고 그것으로 높은 효율성을 성취할 수 있는 가능성에 있다.

공간구조물의 사례는 카펜터스J. Carpenters의 유리 예술품이다. "Sphere(Ten Great Circles)"의 프로젝트에서 글래스 핀으로 된 10개의 원형을 하나의 구가 되도록 기하학적으로 계획되었다. 개개의 글래스 핀은 거기에서 역곡률을 갖는다.

프로젝트 "Suspended Glass Tower"는 케이블 긴장으로 함께 유지되는 삼각형 유리로 된 현수된 유리관이다. 전체시스템은 19.5m의 높이와 2.5m의 직경이고 홍콩 켄벤션 센타의 출입구에서 볼 수 있다. 본인의 공간적인 유리구조의 제안으로서 유리관으로 된 나무형태의 기둥을 실행하였다. 힘의 흐름에 적절하도록 관은 다양하게 표준화된 크기로 조립된다. 상하의 연결은 플라스틱-주물 부재로 접착하여 이루어진다. 안정성을 제고하기 위해서 관은 내부에 끼워지고 부착된 관으로 구성된다.

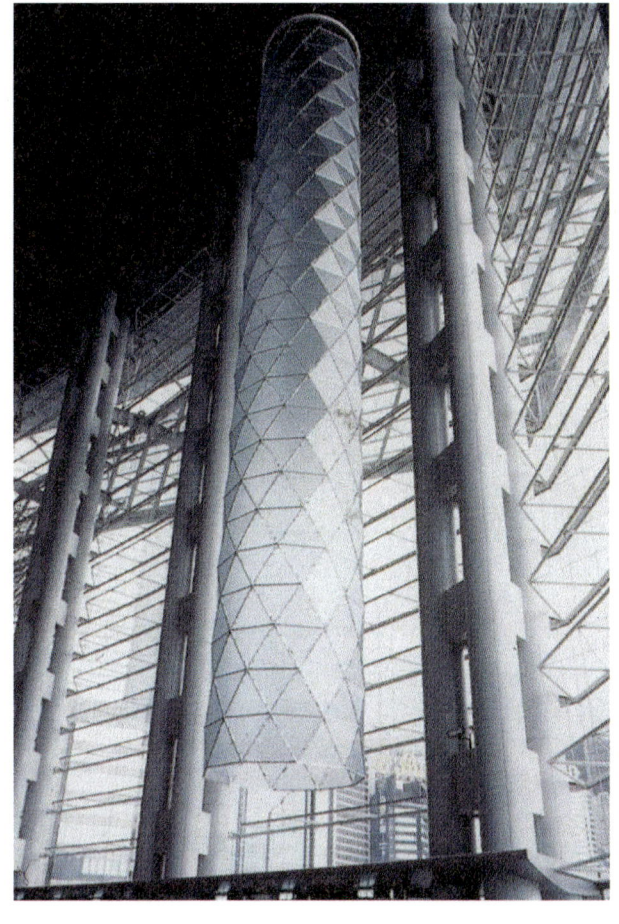

▲ 그림 12-167
글래스 타워의 전경

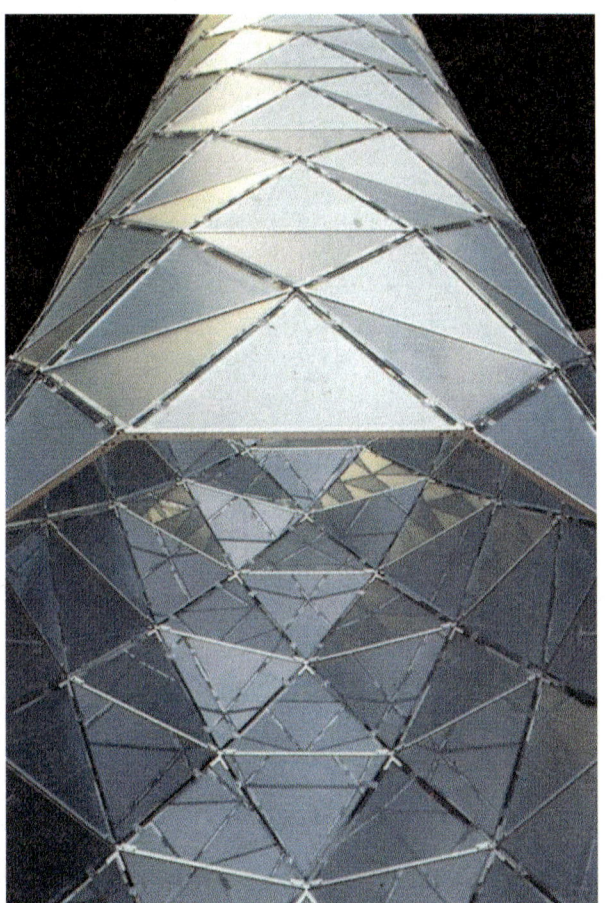

▲ 그림 12-168
글래스 타워의 내부 디테일, J. Carpenter, HK

12.8
새로운 기술과 생산

이러한 상태에서 유리용접의 가능성을 제공하는 획기적인 방법이 있다. 주가적인 연결방법 없이 동질적이고 힘에 적절한 연결이 생길 수 있다. 새로운 유리이용의 가능성은 나무와 합성직물로 유리조합이 있다. 직물로서 유리면의 부착방법으로 인장부분을 강화할 수 있는 유리섬유 강화 합성직물이 의미가 있다. 그렇지만 유리면의 투과성 유지가 어렵다. 그래서 건축물에서 이용이 애매하다. 역시 나무와 유리연결은 현재로서 실험중이다. 여기에서 함J. Hamm과 나테르J. Natterer가 제안한 부착된 나무틀을 통한 유리판을 소개한다. 다른 가능성은 좌굴에 대해 안정되게 하기 위해서 모서리 부분에서 유리거더가 될 것 이다. 이러한 구조의 본질적인 장점은 큰 스팬길이 이외에 연결이 간결하다.

미래에 건축재료 유리의 본질적인 경쟁상대는 폴리카본나트 마크롤온Polykar-bonat Makrolon이 될 것이다. 그것은 40%의 자중의 장점 이외에 놀랄만한 탄성을 가지고 있고 투명한 건축재료로서 유리보다는 투명성이 적다. 먼지입자로 인한 흠 자국의 문제점에 대해 요즘 미래에 세라믹 입자로 극도로 얇은 코팅의 나노조합Nanokomposite으로 실험된다.

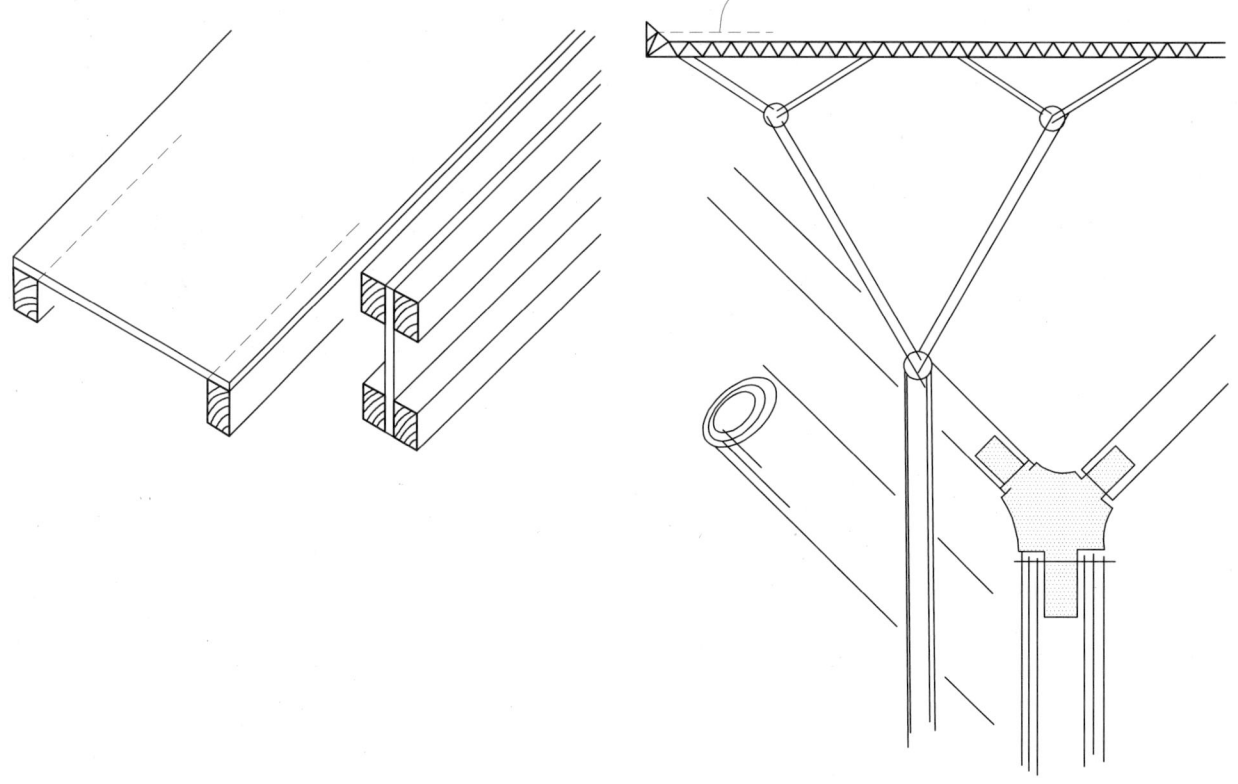

▲ 그림 12-169
좌: 목재를 이용한 유리판 또는 유리 거더의 보강, Hamm & J. Natterer
우: 나뭇가지 형태의 유리기둥

12.9
발전한계

유리구조의 기술적인 한계는 제작될 수 있는 유리크기, 재료의 세장과 최대로 부담할 수 있는 하중이다.

항상 개개 부재의 연결에서 유리취성과 그것의 연결방법 때문에 구조적으로 불리하다. 가격문제 이외에 가격에 비합리적으로 좌우되지 않는 유리구조의 한계가 있다. 여기서 국민경제의 의문점이 개별적인 개인을 위해 원하는 안정성과 이러한 안정을 위해 지불해야 하는 가격이다.

사례로서 형태적인 한계는 과도한 긴장 또는 복잡한 연결부재로 된 디테일은 순수한 장식적인 특성을 유지하고 그것으로 유행 변화를 빠르게 유도하는 유리구조에서 달성할 수 있다. 여기서 구조적인 의미로 많은 가치가 있다.

▶ 그림 12-170
Sphere(ten great circle)의 전체모델,
J. Carpenter

▶ 그림 12-171
부분 디테일

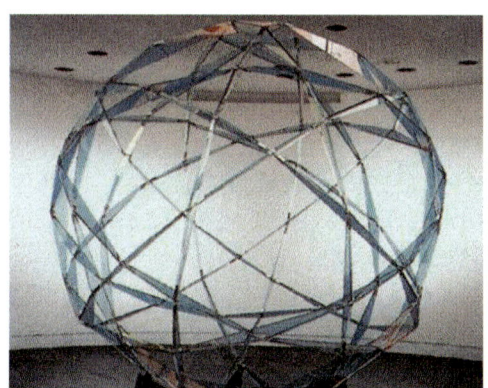

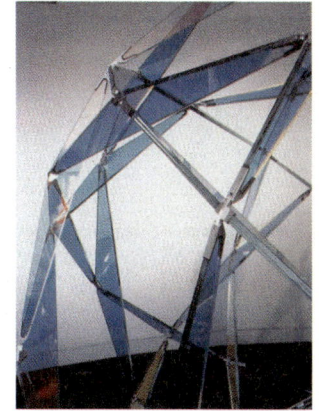

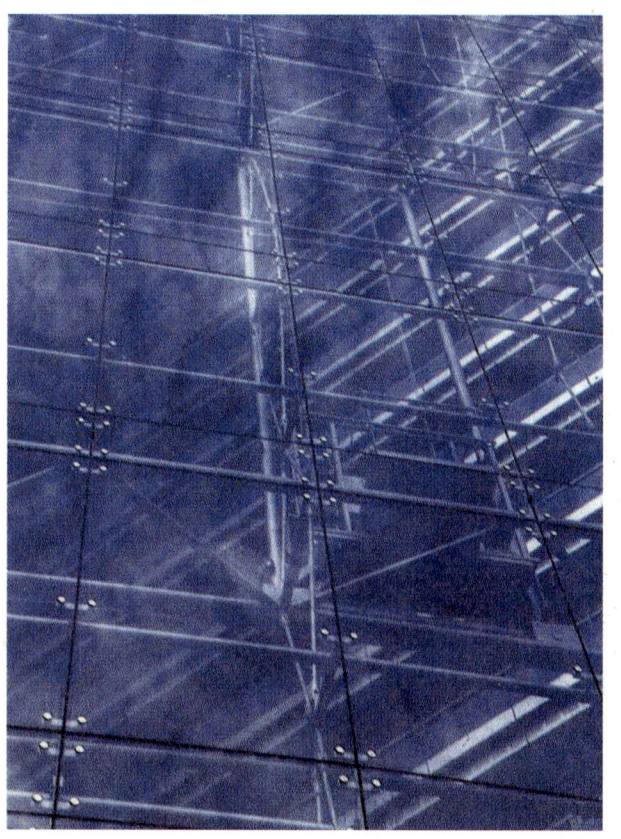

▲ 그림 12-172
유리표면의 반사, 뒤셀도르프의 시티 타워

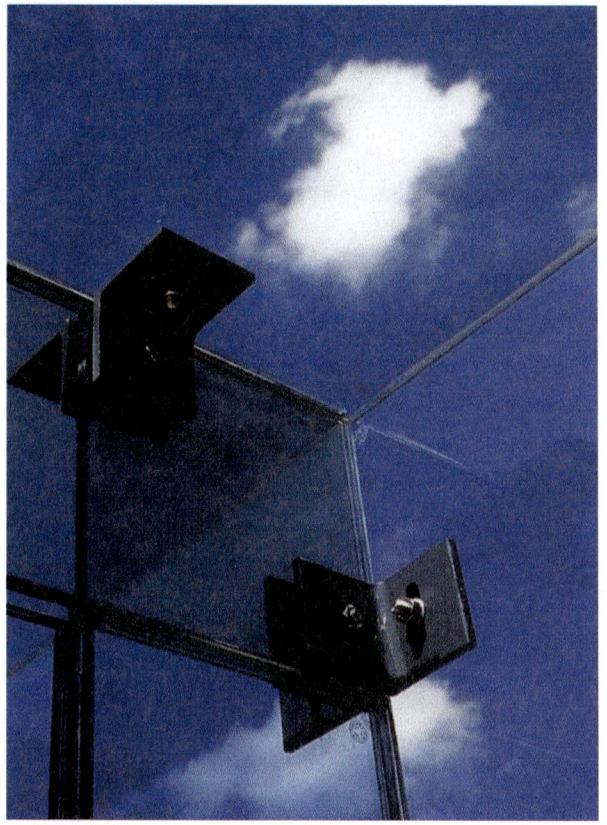

▲ 그림 12-173
유리거더, 유리 파빌론, RWTH-Aachen

12. 유리구조물의 분류

구조적으로 힘을 받는 유리사용으로 높은 투명성 또는 정교함을 달성할 수 있다. 여기에 있어서 유리는 사각형 형태가 실제적으로 투명하다는 것에 주의해야 한다. 이것은 유리두께를 통해서 유리 모서리의 외양에서 고려된 각도, 유리면의 반사와 내외부의 상호작용에서 명암의 비율은 지속적인 영향을 받는다. 과업에 따라 단순한 유리작업으로 실용적인 강재구조물이 그리고 외양에 나타나는 디테일에 큰 정교함과 높은 투명성은 동일한 유리구조물로서 달성할 수 있다는 결과가 된다.

시스템의 섬세함, 순수함과 융합은 투명성, 시스템의 투과성을 위한 반론에서 설정될 수 있다. 강재구조물의 투명성을 높이기 위해 그것의 정교함을 높여야 한다. 반대로 거기에 추가적으로 이미 유리로 된 섬세한 거더 구조물에서 비교적 투명하다. 이러한 구조물이 그것의 최대 유리크기의 한계에 부딪힌다면, 구조의 섬세함을 위해 투명한 구조가 생기도록 끌어 올려야 한다.

섬세함의 발전원칙은 높은 투명성이 필요한 방법이 되어서는 안 된다. 사례로서 공간구조물은 지금까지 적은 투명성을 내보이고 있고 형태미를 끌어낸다. 이러한 상황에서 정확한 해결은 각 과업을 위해 분리해서 발전될 수 있고 실제적으로 요구사항과 외부사정에 좌우된다.

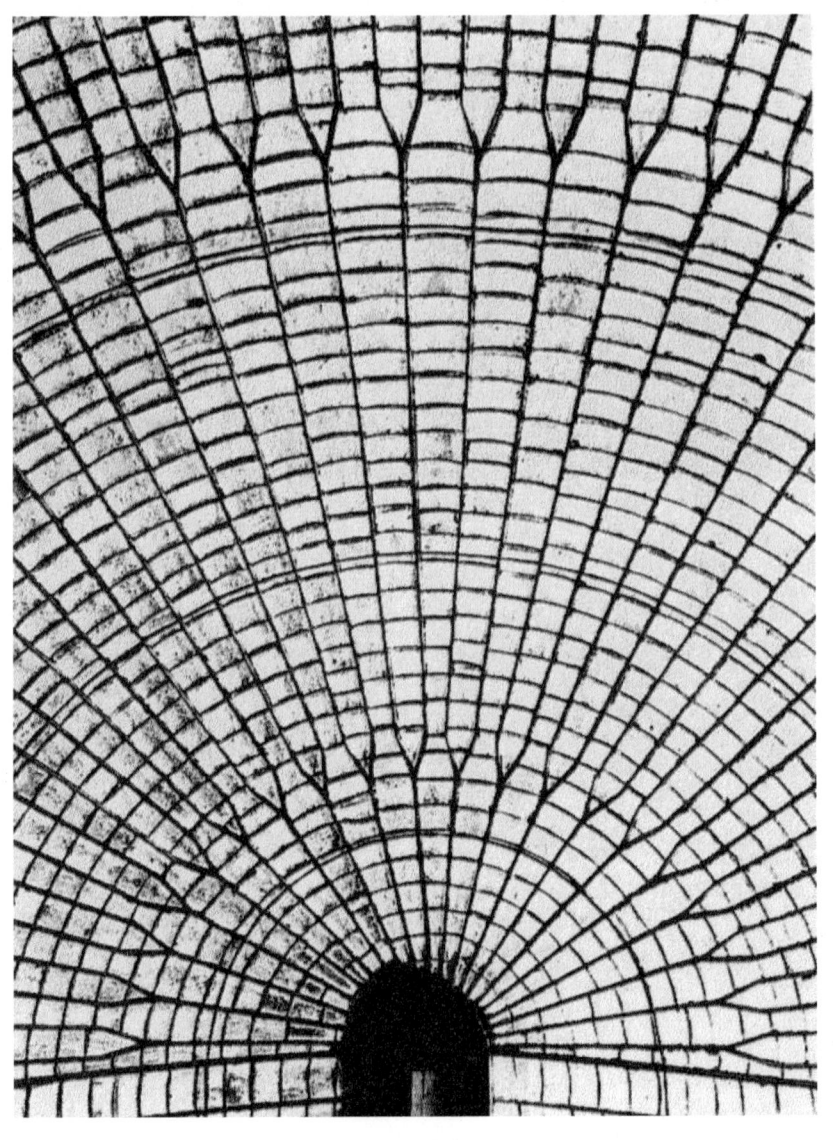

◀ 그림 12-174
비콘 정원의 팜 하우스(1849)

▼ 그림 12-175
라이트 스파인, Philadelphia, J. Carpenter

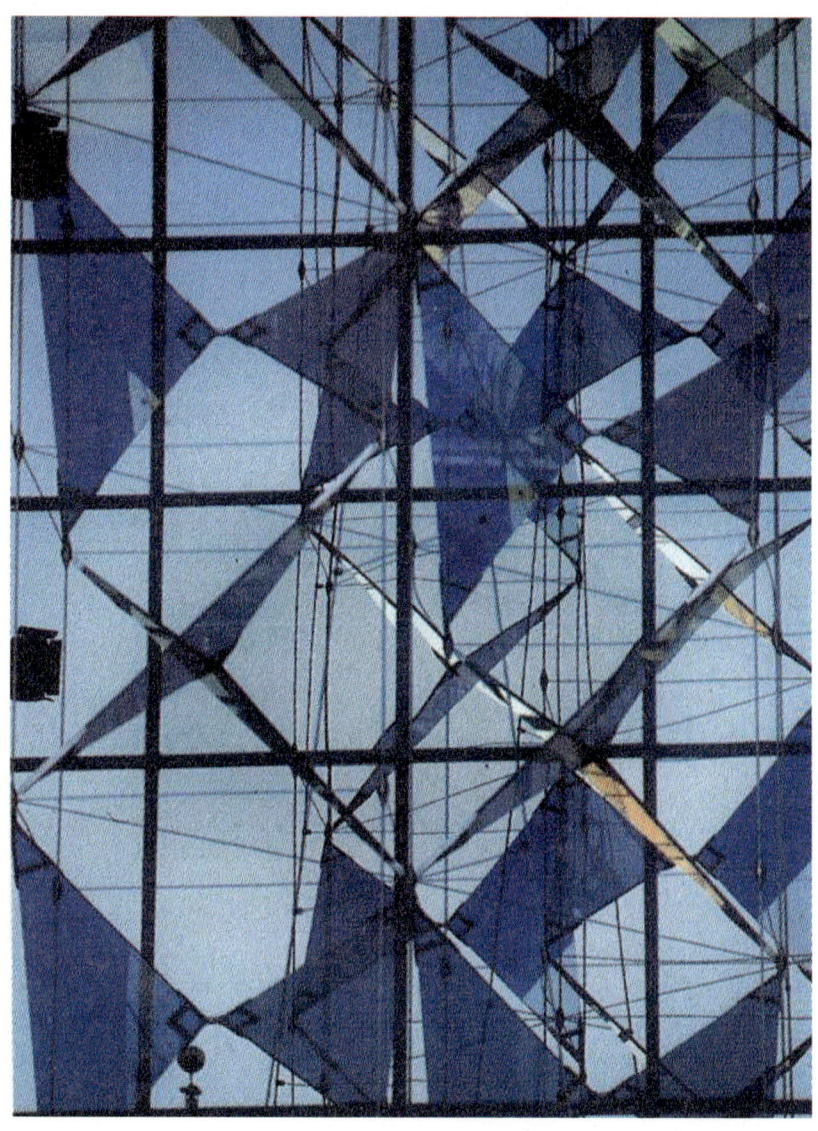

12. 유리구조물의 분류

13

디테일

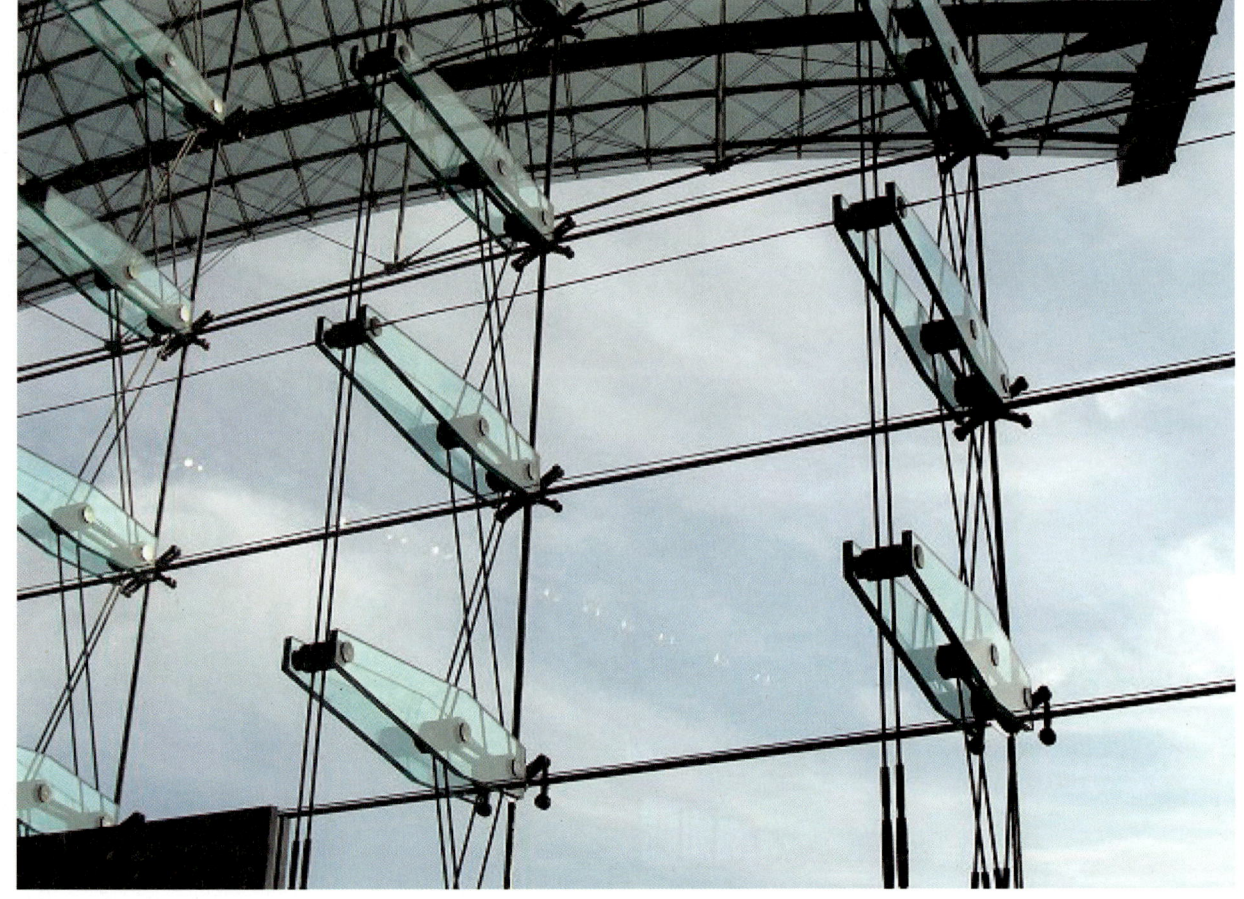

▲ Lehrter Hbf, Berlin

디테일

13

13.1
유리의 선지지-퍼티유리

가장 오래되고 단순한 유리지지방법은 퍼티유리이다. 일시적인 고정 후에 유리는 완전히 봉인된다. 퍼티는 봉인과 힘에 적절한 고정이라는 이중기능을 떠맡는다. 그것의 점성-탄성적인 상태로 유리가 고정되지만 퍼티유리는 보강되도록 고정되지 않는다.

UV-자외선의 경우에 퍼티는 부서지고 유리면의 하중의 경우에 유리붕괴로 인하여 그것의 탄성을 잃는다. 퍼티보호는 유리 고정틀을 위해 첫 단계였다.

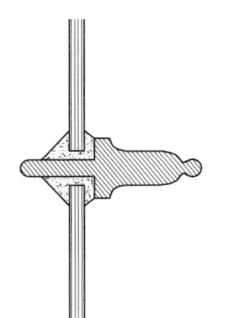

퍼티 유리, J.C Loudon, 1817

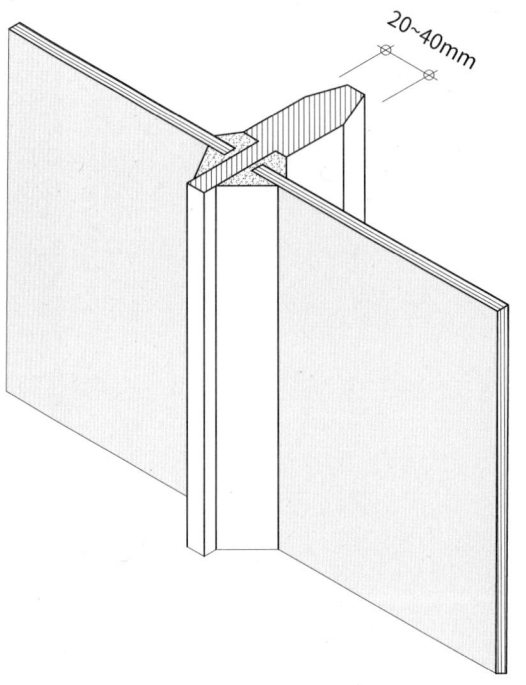

식물원 유리, C.Mc Intosh, 1853

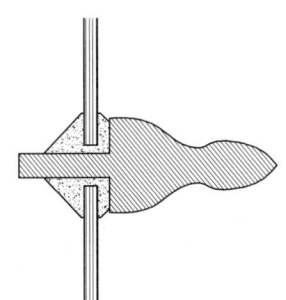

퍼티 유리, C.Mc Intosh, 1853

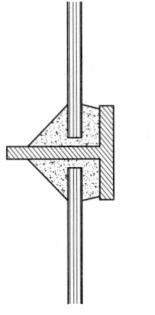

T-프로필의 퍼티 유리

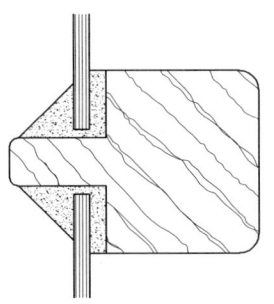

▶ 그림 13-1
유리의 선형지지와 퍼티유리

13.2
유리고정테

고정틀과는 상관없이 유리는 라멘으로 내부에 고정된다. 그것은 못을 박거나, 나사로 죄여지거나 또는 압착될 수 있다. 봉인은 더 이상 힘을 지지하지 않는다. 그것은 지속적인 탄성적인 봉인으로 축축하거나 실리콘 또는 EPDM으로 미리 제작된 봉인 프로필이 도입되어 건조하다.

유리 고정테의 장점은 퍼티유리와는 반대로 빠른 조립 및 결함 있는 유리를 쉽게 교환할 수 있는 가능성에 있다. 그러한 유리라멘의 큰 외양 폭이 단점이다. 최소 12.0mm의 유리삽입으로 70.0~90.0mm의 유리틀이 필요하다. 개개가 서로 연결된 유리틀 부재로 된 부재–파사드를 사용한다면, 파사드에서 외양 폭이 더 커질 수 있다.

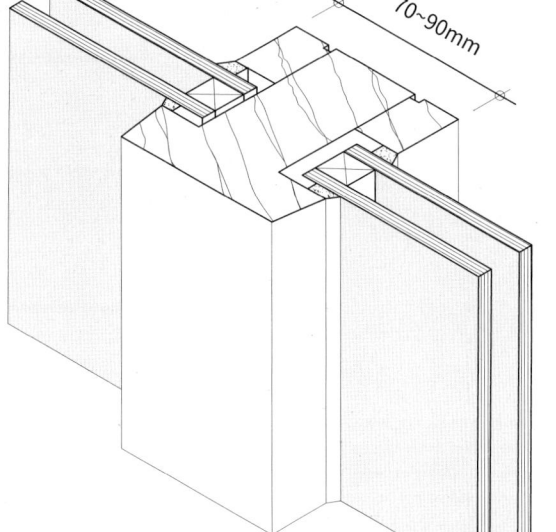

유리틀로 구성된 목재라멘

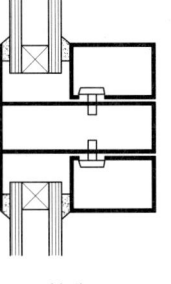

철재

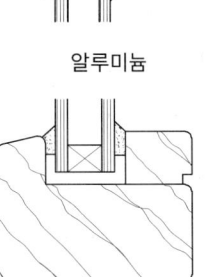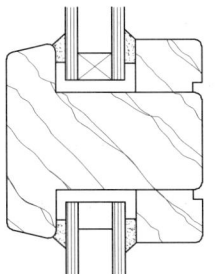

알루미늄

목재

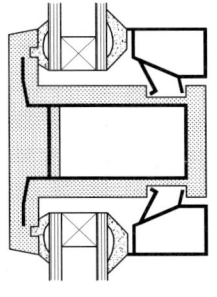

플라스틱

▶ 그림 13-2
다양한 재료를 이용한 유리틀

13. 디테일

유리 고정테와 틀은 목재, 강재, 알루미늄 또는 플라스틱(PVC 등등)로 구성된다. 목재틀은 강재와 알루미늄과는 대조적으로 온도격리가 필요하지 않다. 알루미늄의 장점은 작은 자중 이외에 다양한 줄 압축 프로필을 제작될 수 단순한 가능성이다. 물론 그러한 유리 틀의 모서리는 앵글로 강화될 수 있다. 플라스틱틀은 작은 강도 때문에 단지 2.5m²의 크기까지만 생산될 수 있다.

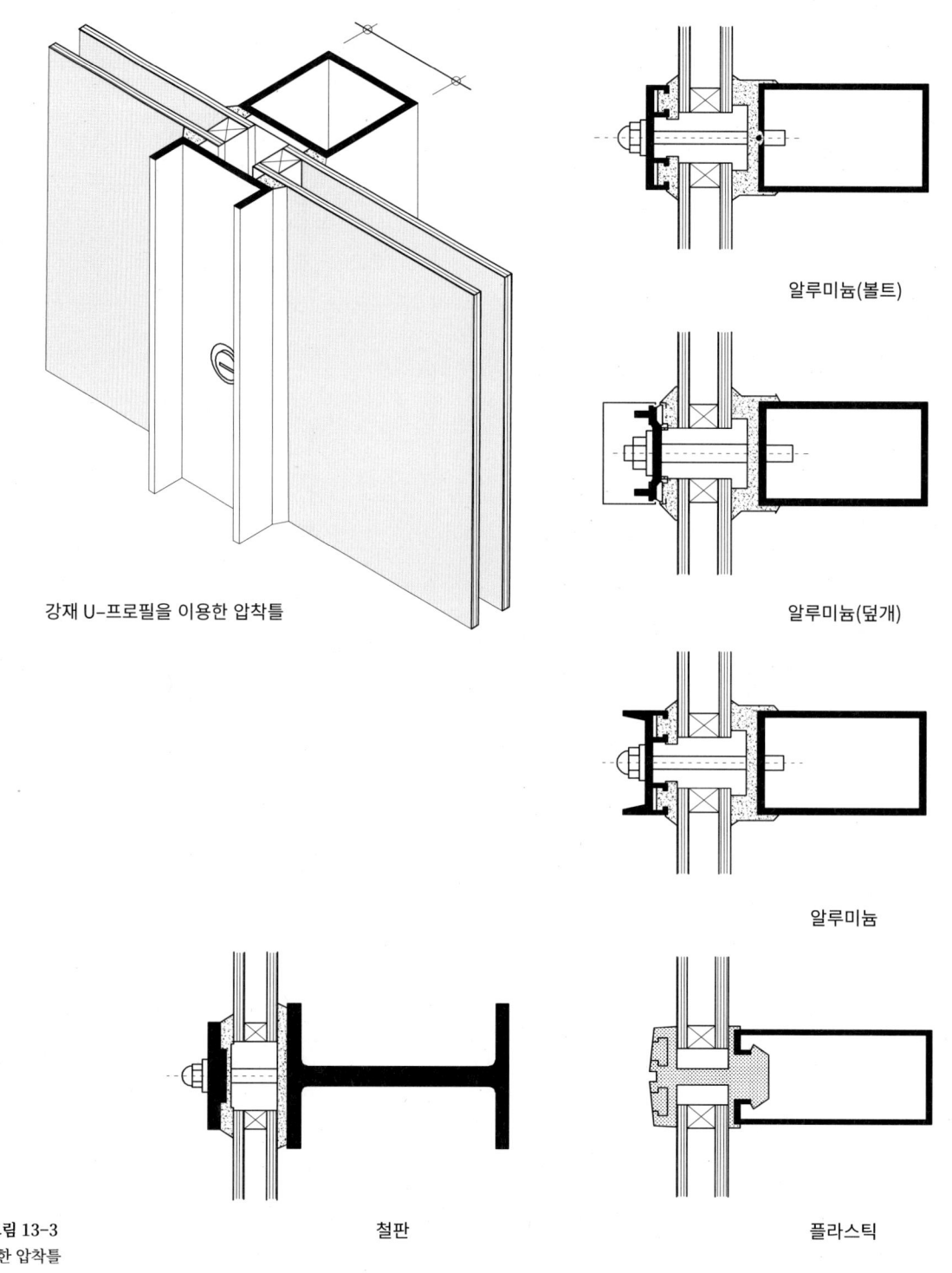

강재 U-프로필을 이용한 압착틀

알루미늄(볼트)

알루미늄(덮개)

알루미늄

▶ 그림 13-3
다양한 압착틀

철판

플라스틱

― 332 ―   유리건축

13.3
압착판

외부에 설치된 압박테는 유리를 선형적으로 단단하게 압착된다. 계획과 실행에 있어서 접촉과 교차점의 구성에 특별히 주의해야 한다. 가장 본질적인 장점은 50.0mm로 된 적은 프로필 외양 폭이다, 이것은 역시 유리가 압박테로 직접 하부구조에 고정될 수 있는 큰면적의 유리에도 유효하다. 유리 고정테는 나사로 죄어지거나 압착될 수 있다. 온도격리는 나사의 적은 단면적 때문에 간단하게 실행된다.

압축테는 알루미늄, 강재 또는 플라스틱 재료(EPDM 등등)로 된 유리틀 재료에 관계없이 제작될 수 있다. 플라스틱 테는 고정과 패킹을 떠맡는 반면에 알루미늄과 강재 프로필은 축축한 또는 건조하게 봉인되어야 한다. 강재 프로필로서 단지 평판 프로필 또는 U-프로필은 문제가 되는 반면에 알루미늄은 다양한 줄압축 프로필이 가능하다. 압축테의 특수형태는 함브르크 역사박물관에서 볼 수 있는 유리의 압박접시다. 압축접시는 프로필 위에 선형적으로 얹혀 있는 유리를 모퉁이에서 고정으로 압착하는 것이다. 이러한 이음새는 축축한 실리콘으로 봉인된다.

13. 디테일

13.4
Structural Glazing

미국에서 70년대에 고층빌딩을 위해 개발된 SG는 유리틀 없이 매끈한 유리표면을 만들어 낸다. 전체유리 파사드의 이러한 외양은 기둥-횡재구조 위에 접착된 유리로 이루어진다. 전체적으로 지지하는 구조는 유리후면에 위치한다. 접착은 소위 구조적인 실리콘으로 이루어지고 공장에서 엄격한 환경조건하에 실행된다. 완성된 부재는 전체구조물이 있는 현장에서 부착된다. 여기에 있어서 접착제와 봉인의 손상 및 UV-자외선은 고려되어야 한다. 봉인을 위해서 장기적인 탄성이 있는 실리콘 이음매는 특수하게 개발된 봉인 프로필이 통용된다.

SG로서 단열유리가 이용된다면, 모서리 연결은 외부유리를 지지해야 하고, 다른 경우에는 두 장이 서로 어긋난 단열유리를 사용할 수 있다. 독일에서 8.0m의 높이부터 추가적인 역학적인 유리의 고정이 요구된다.

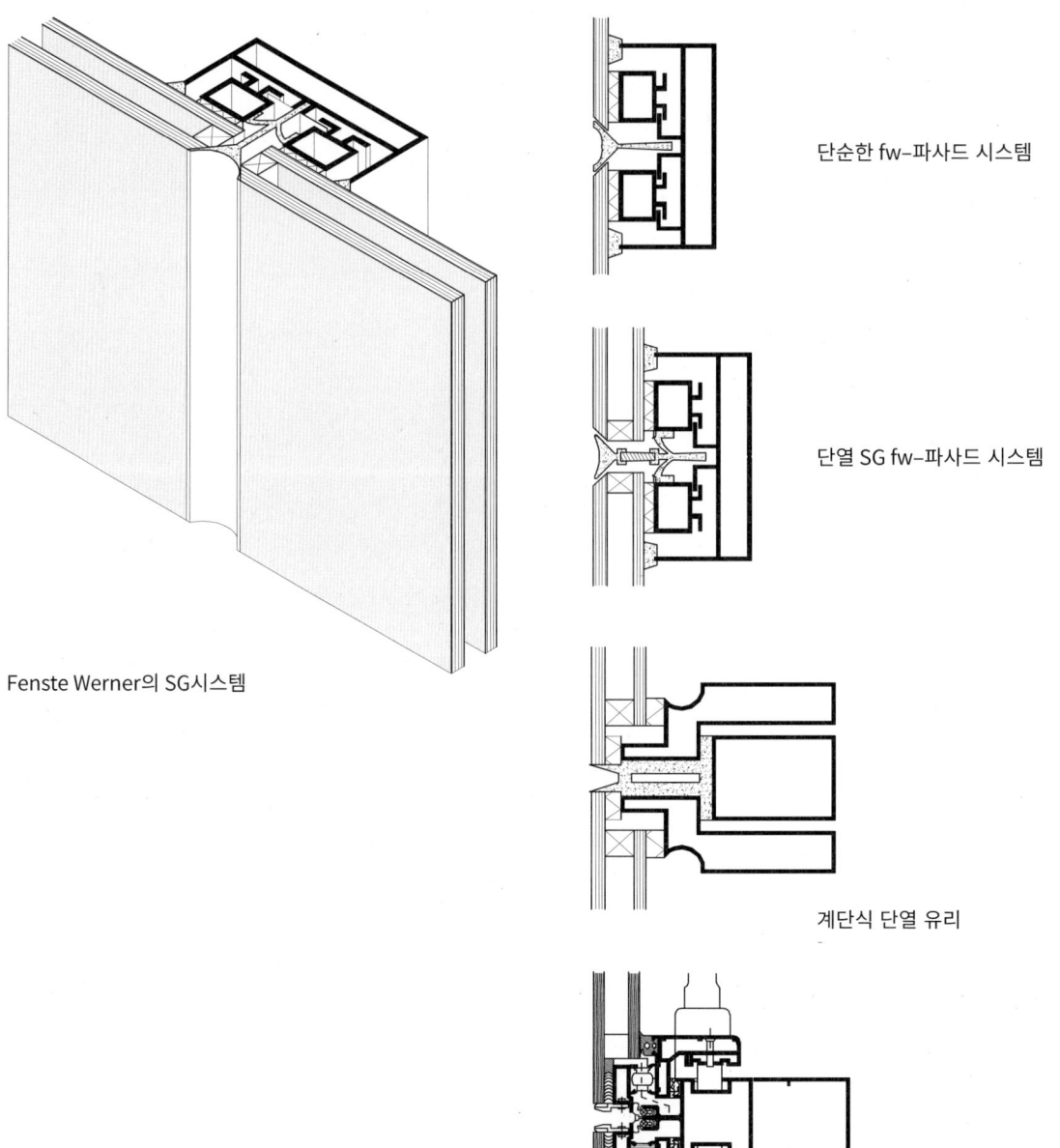

Fenste Werner의 SG시스템

단순한 fw-파사드 시스템

단열 SG fw-파사드 시스템

계단식 단열 유리

역학적으로 안정된 계단식
SG-단열유리(Schüco)

▶ 그림 13-4
Structural Glazing 시스템

13.5
점지지 유리

1) 압착판

점형태 고정의 가장 단순한 방법은 압착판 또는 교차 고정대를 이용하는 것이다. 유리는 모퉁이에서 프레스되고 하부구조물과 함께 이음새를 통해 볼팅된다. 단순 유리작업에 있어서 프레스는 전체 수직하중과 수평하중을 받는다. 제작자에 의해 간격유지용 막대가 추천된다. 단열유리에서 이음새에 자중/수직하중을 위해 추가적인 지지가 필요하다. 유리하부에서 봉인은 장기적인 탄성성질을 지닌 실리콘 이음매 위에서 이루어진다.

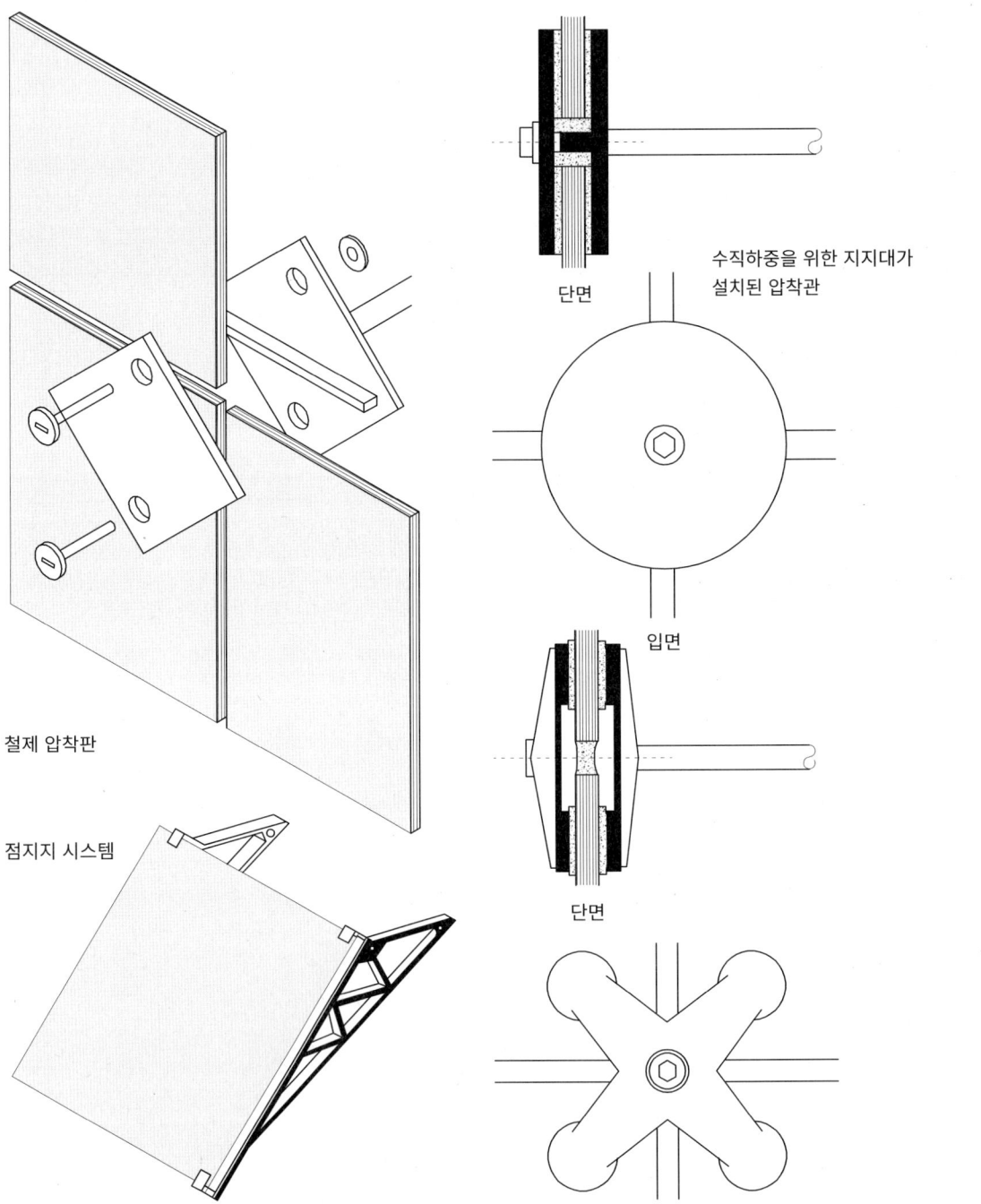

철제 압착판

점지지 시스템

단면

수직하중을 위한 지지대가 설치된 압착관

입면

단면

입면   X-형태의 점지지 고정대

▶ 그림 13-5
압착판을 이용한 점지지 형태

2) 섬형태의 소켓

단순한 유리작업을 위해 그리고 움직이는 적층의 소켓을 위해 유리는 일성한 간격 또는 단부에서 잡아준다. 각각 상·하부의 모서리에서 압착되거나 측면단부에서 프로필로 잡아준다.

3) 현수유리

현수유리는 대형유리로 모든 연결재료가 생략될 수 있기 때문에 공간경계의 가장 포괄적인 해결이 가능하다. 유리는 좌굴과 부풀음의 방지를 통해 상부모서리에 현수된다. 하부지지대는 충분한 수직운동이 허용되고 단지 수평하중의 부담을 담당한다. 수직 교차점은 실리콘으로 봉인된다.

제작자에 따라 이러한 현수유리는 4.5m부터 유효하고 6.0m의 높이부터는 발생하는 좌굴위험 때문에 꼭 필요하다. 8.0m의 높이부터는 보강유리가 사용되어야 한다. 최대폭으로서 기울기 때문에 2.5m가 된다.

지금까지 실행된 유리는 단층유리 또는 단열유리로 13.0m의 높이까지다. 단층유리에 있어서 유리자중은 유리의 상단부에서 현수지점의 압착과 부착으로 부담된다. 단열유리의 경우에서 자중은 예외적으로 부착으로 부담된다. 그러한 대형유리의 운반과 조립이 수작업으로 진행되는 오늘날의 유리커튼 파사드는 추가적인 안전 시스템으로 이루어지기 때문에 문제가 발생한다.

상점건축을 위해 현수되는 유리는 접이식 문 시스템으로서 이용된다.

▶ 그림 13-6 유수 유리의 디테일

유수 유리, Glasbau Hahn

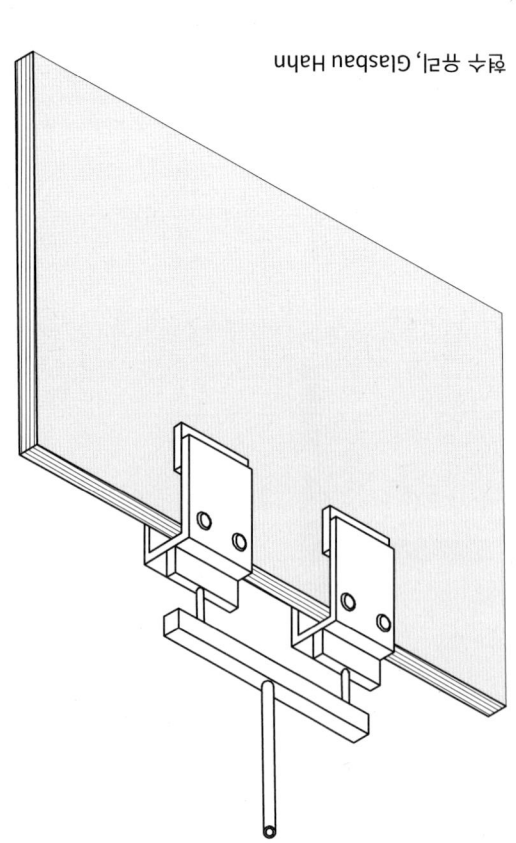

유수 유리의 단면 디테일, Glasbau Hahn

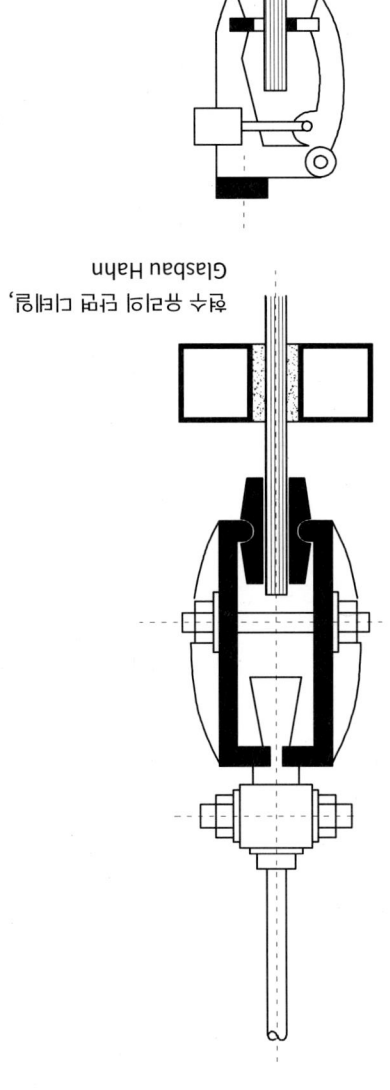

판이식 유리창의 경우, Ian Ritchie

13. 디테일

4) 천공된 점고정 유리-표준볼트

단순한 표준볼트는 유리를 하부구조에 유리면의 천공으로 연결된다. 유리자중은 구멍과 합성재료 사잇층을 지나 볼트로 전달된다. 견고한 고정이 되고 유리면에 휨과 뒤틀림이 발생한다.

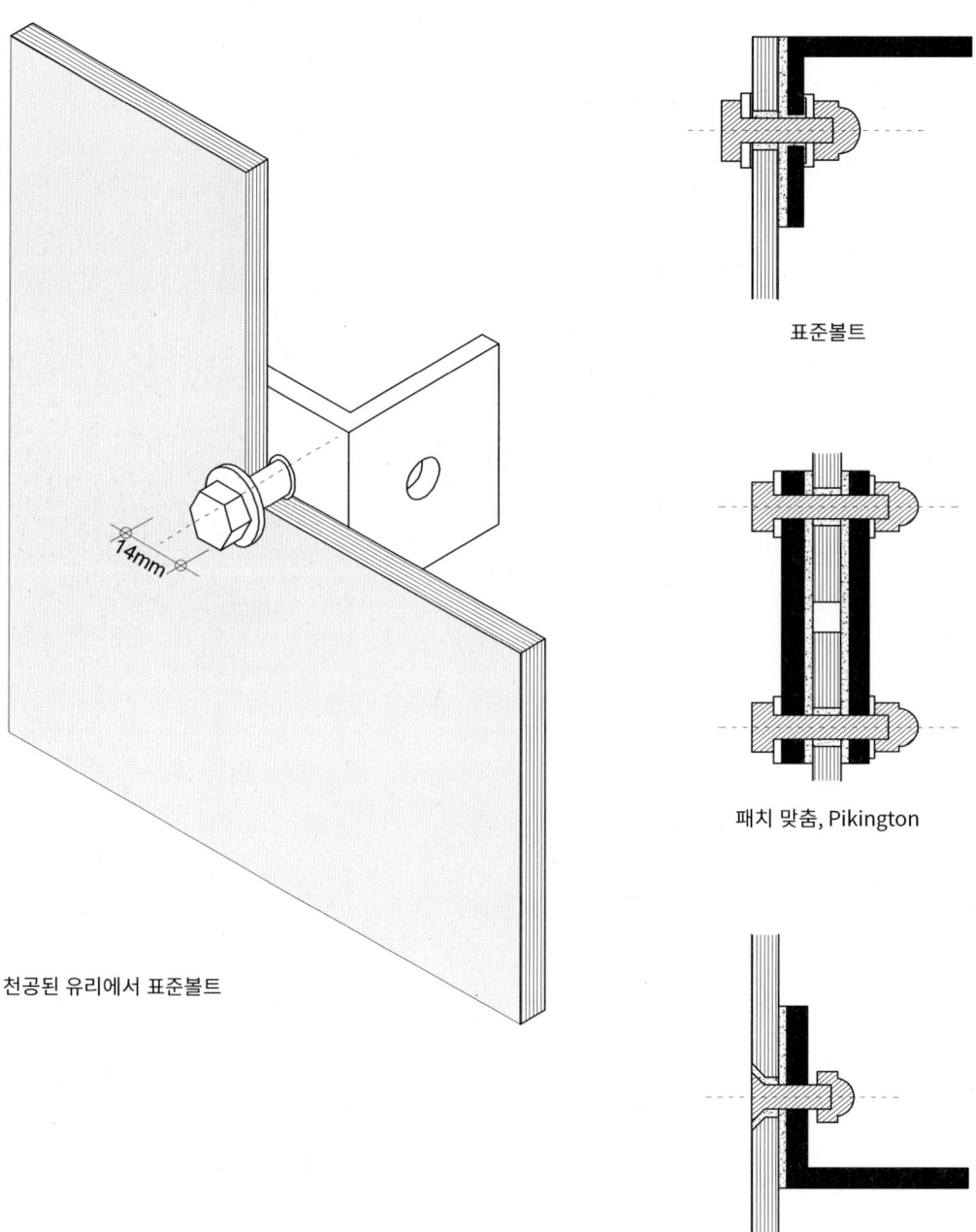

14mm

천공된 유리에서 표준볼트

표준볼트

패치 맞춤, Pikington

민머리 볼트

▲ 그림 13-7
천공된 점고정 유리-표준볼트

5) 맞댐 맞춤

표준볼트로 입스위치에 있는 노먼 포스터와 필킹톤 유리 제작자에 의한 기술된 프로젝트를 위해 볼트는 압착판(맞댐맞춤)으로 개발되었다. 표준볼트에 있어서 자중은 둥근 구멍과 마찰력을 통해 전달된다.

6) 민머리 볼트

평평한 유리표면을 유지하도록 함몰머리 볼트에 대해 표준볼트는 교체된다. 여기에 있어서 유리자중은 경사진 둥근 구멍 위에서 합성재료 사잇 링에 의해서 전달된다.

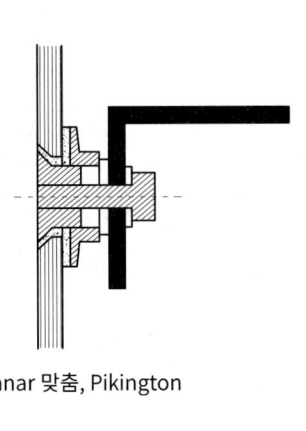

planar 맞춤, Pikington

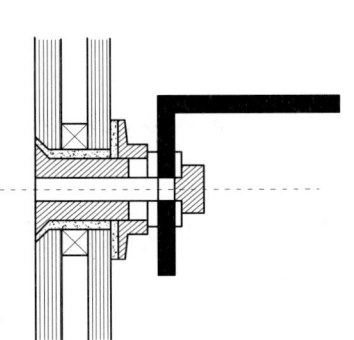

단열유리 planar 맞춤

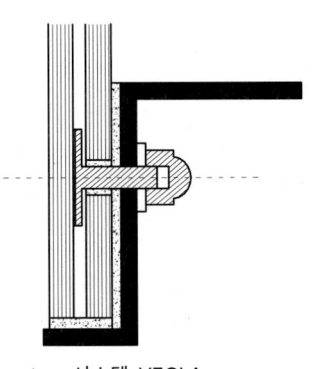

Megatec–시스템, VEGLA

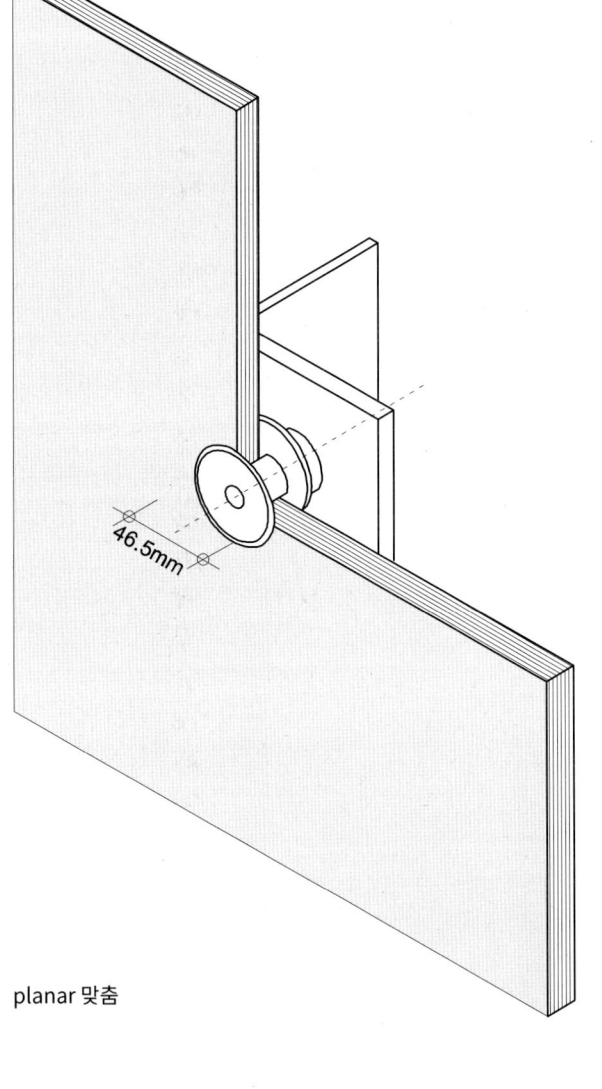

planar 맞춤

▲ 그림 13-8
Planar 맞춤(민머리 볼트 사용)

13. 디테일

7) 평면 맞춤

포스터와 필킹톤에 의해 스윈돈에 있는 르노-건축물(1981)을 위해 개발된 평면 맞춤은 유리면이 구조면과 분리되는 가능성이 있다. 이용된 함몰머리 볼트는 한편으로 힘이 둥근 구멍 위에 적게 걸리게 하는 큰 직경이 보이고, 다른 한편으로는 내부유리를 함몰머리 볼트로 고정시키는 어미볼트가 설치된다. 평면 맞춤은 점차 단열유리에 삽입된다.

8) 메가텍(Megatec)

메가텍 시스템에 있어서 유리 제조자 VEGLA에 의해 두 합성유리 사이에 플랜지가 들어가는 시스템이 개발되었다. 플랜지는 외양에 나타나지 않고 유리외부에 끼워진다. 자중은 이러한 견고한 연결에서 추가적인 지지앵글 위로 전달된다.

9) 힌지 점고정대

지금까지 소개된 점고정대가 강접이고 그것으로 인하여 시스템의 변형으로 인한 휨력과 뒤틀림력은 유리에 전달되기 때문에 라빌레트 공원의 식물원(1981)을 위해 RFR에 의해 힌지형태의 점고정대가 개발되었다. 유리면에 힌지를 배치하는 것이 중요하다.

여기로부터 과다한 볼팅이 일어나기 때문에, 후일에 힌지가 유리면과 조밀하게 놓여 있는 단순한 힌지고정이 개발되었다. 다시 나타나는 휨과 뒤틀림이 두꺼운 유리를 통해서 부담되어야 한다.

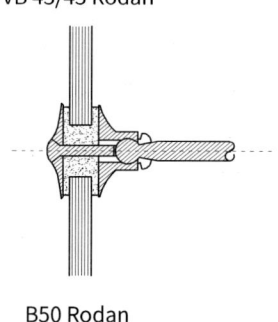

Multipoint MPZK C46/60

Multipoint MPC1 46/70

VB 45/45 Rodan

B50 Rodan

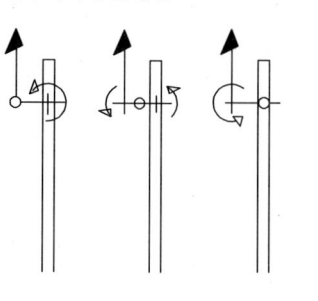

힌지형태의 점지지

힌지형태의 점지지
— 유리판에서 휨 발생
— 유리판과 연결부위에서 휨 발생
— 연결부위에서 휨 발생

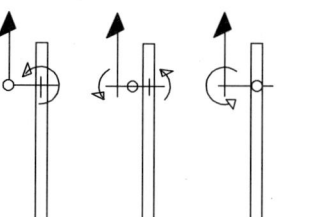

46.5mm

◀ 그림 13-9
힌지형태의 다양한 점지지 형태

10) 하부구조에 점고정대 고정

단순한 강재판, 앵글 또는 모서리가 연마된 강철판 이외에, 점고정대가 다양하게 고정되는 하부구조로서 가능하다. 모퉁이에 있는 유리소켓은 절점에서 X-형태, H-형태 또는 볼형태의 고정대가 가능하다.

요구사항에 따라 유리를 견고하게 또는 힌지 형태로 고정하기 위해서 이러한 고정대는 추가적으로 힌지가 설치된다. 그래서 유리가 구조적으로 조절로 지지되는 경우에서 모두 네 모퉁이에 다양한 힌지를 갖는 고정대가 계획된다.

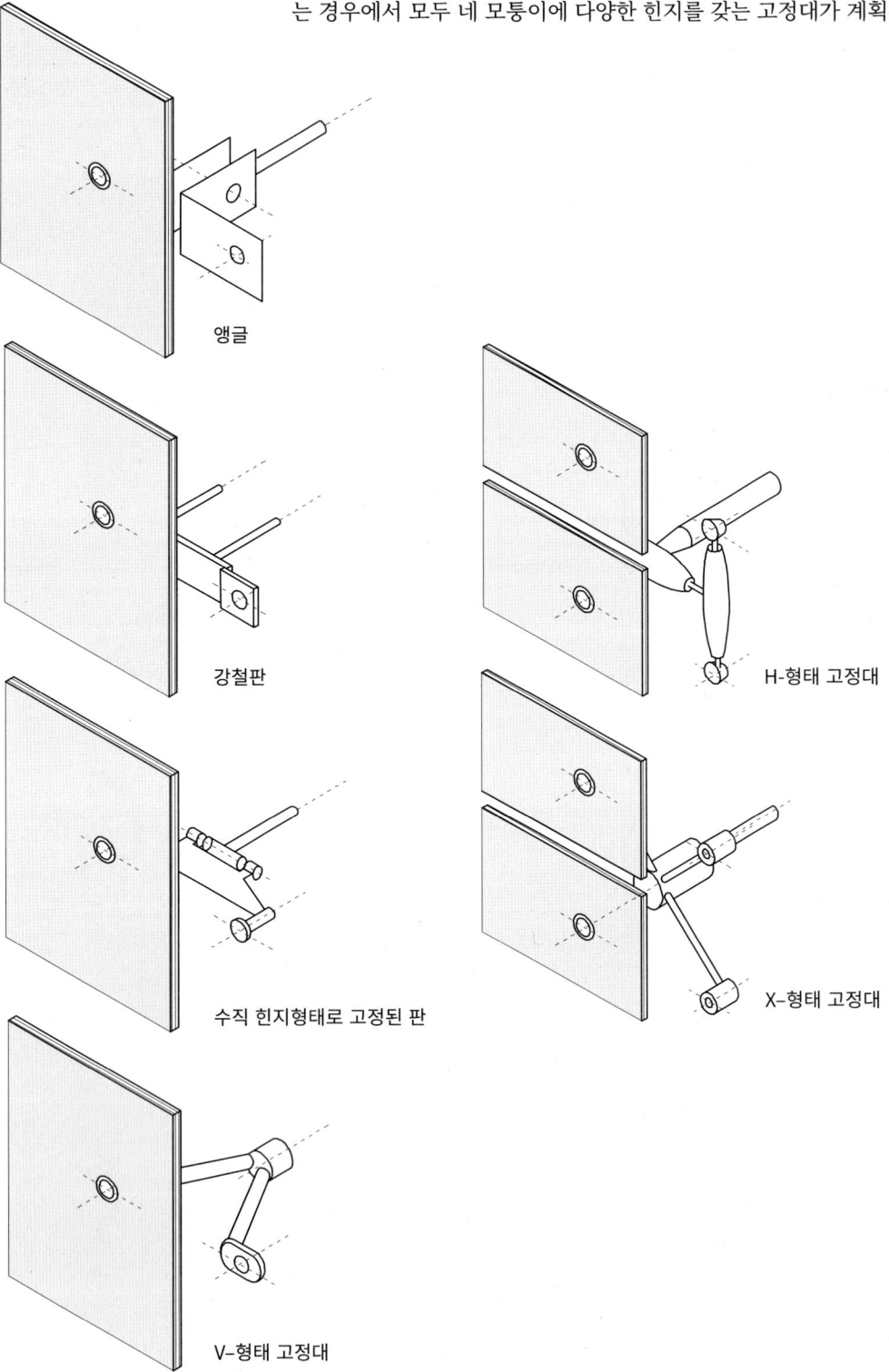

앵글

강철판

수직 힌지형태로 고정된 판

V-형태 고정대

H-형태 고정대

X-형태 고정대

◀ 그림 13-10
하부구조에 점지지 고정

13. 디테일

11) 점지지 형태에서 이음매

이음매는 점지지 형태의 유리에 있어서 일반적으로 축축한 실리콘으로 봉인되어야 한다. RWTH-아헨의 유리 파빌론을 위해 실험적으로 실리콘 이음매로서 문에서 사용되는 형태의 힌지가 제작될 수 있었다. 장기간의 거동 및 부적절한 유리교환이 단점이다.

단열유리가 사용된다면, 유리 제작자는 채워진 봉인이 실리콘으로 굴절되기 때문에 빛 분산재료로 된 이음매 사잇공간이 요구된다. 여기에서 절점에서 부착되거나 용접되어야 하는 미리 제작된 프로필이 삽입될 수 있다. 특별히 사용된 유리의 손상에 대해 주의해야 한다. 큰 운동을 부담해야 하는 이음매를 위해 두 유리로 접착되는 프로필로 완성된다. 역시 여기에서 교차점이 문제가 된다.

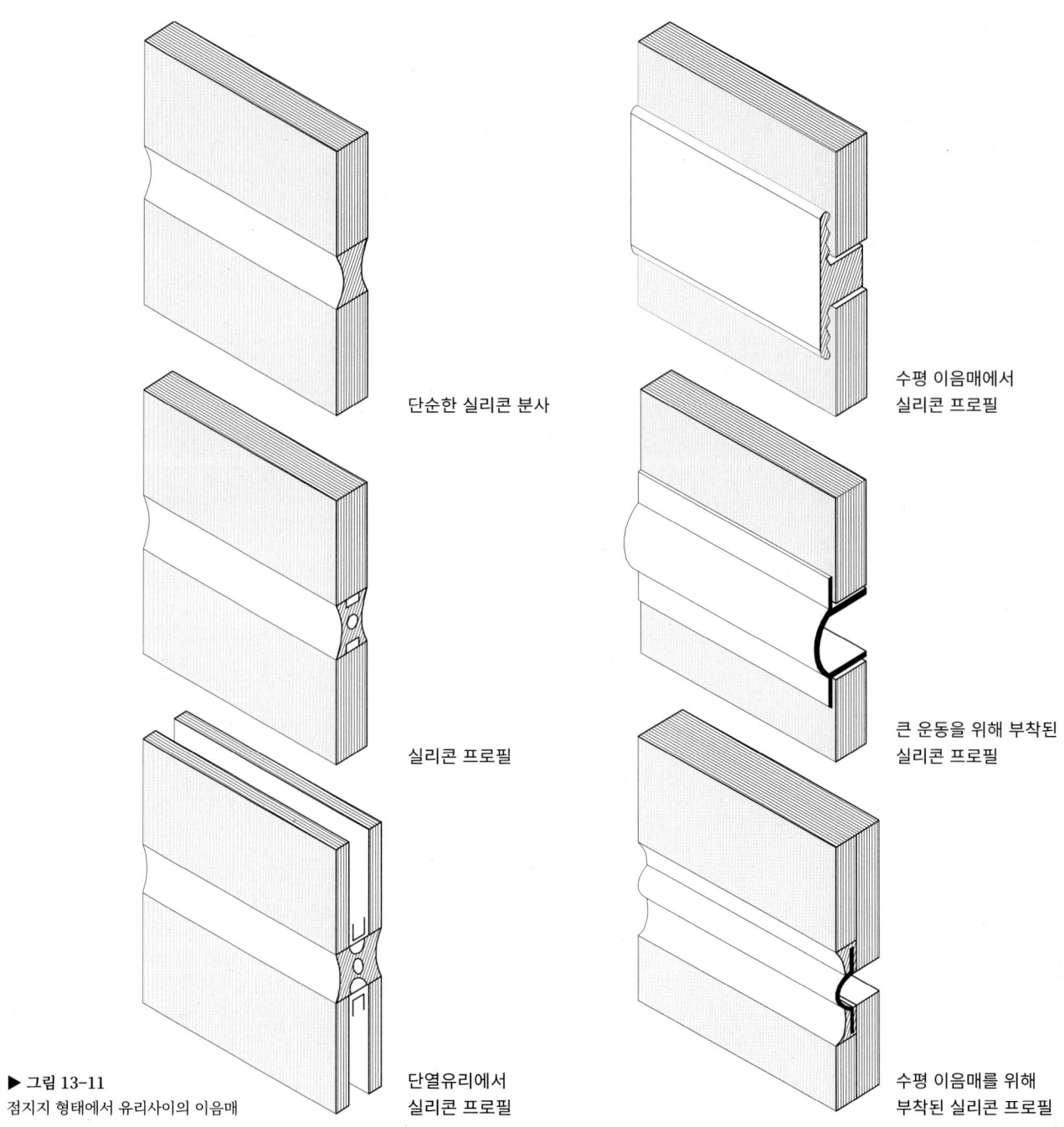

단순한 실리콘 분사

실리콘 프로필

단열유리에서
실리콘 프로필

수평 이음매에서
실리콘 프로필

큰 운동을 위해 부착된
실리콘 프로필

수평 이음매를 위해
부착된 실리콘 프로필

▶ 그림 13-11
점지지 형태에서 유리사이의 이음매

참고문헌

1. 단행본

— Friement, Chup, Die gläserne Arche-Kristalpalast, London 1851 und 1854 Pretel-Verlag, München 1984

— Geist, Jonas, Passagen, Ein Bautyp des 19. Jht., Prestel-Verlag, 1978, München

— H. S. Monica & S. T. Helga, Transparenz mit Masse: Passagen und Hallen aus Eisen und Glas 1800-1880, DuMont–Schauberg –Verlag, 1972, Köln

— Krings, Ulrich, Bahnhofarchitecture-Deutsche Großstadtbahnhöfe des Historismus, Prestel-Verlag, 1985, München

— Koppelkamm, Stefan, Künstliche Paradiese-Gewächshäuser und Wintergärten des 19. Jahrhunderts, Verlag für Architectur und technische Wissenschaften, 1988, Berlin

— R. M Ulrich, Glas-Eisenarchitectur–Pflanzenhäuser des 19. Jht., Wernersche Verlagsgesellschaft, 1989, Worms

— E. Werner, Der Kristalpalast zu London 1851, Werner-Verlag, 1970, Düsseldorf

— A. J. Brooks & C. Grech, Das Detail der High-Tech-Architektur

— Neuhart & Neuhart, Eames House, Verlag Ernst & Sohn

— P. Gossel, Leuthausser, Gabrielle, Architektur des 20. Jht., Taschen Verlag 1994

— M. S. Petzold, Der Baustoff Glas

— Interpane Handbuch, Gestalten mit Glas

— Balkow, Glas am Bau

— Röhm, Handbuch für Architekten

— Mather & Rick, Zen Restaurants, Phaidon press, 1992, London

— Lambot, Ian, Norman Foster- Building and Projects oder Team 4 and Foster Associates, Ernst und Sohn, Verlag für Architektur und technische Wissenschaften, 1991, Berlin

— Constatiopoulos, Vivian & Foster Associates, Recent Works Architectural Monographs No 20, Academy Edition / St Martins Press, 1992, London

— Chaslin, François, Hervet, Fréderique, Lavalou, Armelle, Norman Foster-Beispielhafte Bauten eines spätmodernen Architekten, Deutsche Verlags – Anstalt GmbH, 1987, Stuttgart

— M. Kutterer, Flughafen Paris-Roissy, Facade ville, Informationsmaterial, IL, Stuttgart

— Benedetti, Aldo, Norman Foster, Verlag fur Architektur Artemis Zürich und München 1990

— Architecture and Urbanism, Extra Edition, 988, Norman Foster 1964-1987, The Japan Architect Co., Ltd.

— R. Hess, Stahl und Glas: Berechung und Anwendungbeispiele 15. Stahlbauseminar der Bauakademie Biberach

— Glas und Stahl: Dickenbemessung von Einfachverglasungen und Mehrfachisolier verglasungen

— R. Hess, Stahlbauseminar der Bauakadmie Biberach

— F. Kerkhof, H. Richter und D. Stahn, Festigkeit von Glas: Zur Abhängigkeit von Elastungsdauer und – verlauf, Mitteilung aus dem Fraunhofer Institute für Werkstoff Mechanik, Freiburg I. Br.; Glastechnische Berichte 54, 1981(Nr. 8),

— Darmstädter Massivbau-Seminar, Bd. 9: Konstruieren mit Glas.

— E. A. Poe, Der Untergang des Hauses Usher und andere Erzählungen

— D. Bowie, Breaking Glass, 1973, RCA

— Techische Regeln für die Verwendung von Linienförmig gelagerten Überkopfverglasungen, herausgegeben vom Deutschen Institut für Bautechnik in Berlin

— Merkblatt für die Genehmigung von ungeregelten Überkopfverglasungen, Landes Gewerbeamt Baden-Württenberg

— J. Schlaich, Glaskonstruktion Hotel Kempinski, München, 95

— H. Schober, T. Moschner, World Trade Center Dresden, Shopping Mail mit Glasdach und gespannter Fassade, 97

- H. Schober, J. Gugeler, Glasdach uber der römischen Badruine in Badenweiler, 2002
- Auswärtges Amt, Geschichte und Gegenwart, 2000
- I. Rothrock, One North Wacker Drive, Anatomy of a Glass Building, The Glass Guide
- C. Cumpston, Two Walls, One Truss, Time Warner Headquaters in New York City, 2003
- P. Rice, H. Dutton, Transparente Architektur: Glasfassaden mit structural glazing, Basel; Berlin; Boston; 1995, Birkhäuser,
- 2. AIT-Diskurs, Intelligente Architektur Leinfelden-Echterdingen, Verlagsanstalt Alexander Koch GmbH, 1997
- H. Eberlein, Räumliche Fachwerkstrukturen-Versuch einer Zusammenstellung und Wertung hinsichtlich Konstruktion, Geometrie, Statik und Montage, Acier-Steel Magazine, Issue 2, 1975
- Krewinkel, Fassaden und Glasdächer der Deutschen Bank in Berlin, 1998
- Krewinkel (1999), Pariser Platz 3 in Berlin, 1999
- A. Gheorghiu, V. Dragomir, Geometry of Structural Forms, Applied Science Publishers Ltd., Barking, Essex
- H. Fischer GmbH, R. Lehmann, European Patent Application EP O 893 549 A2, European Patent Office, 1999, Munich,
- S. Hildebrandt, A. Tromba, The Parsimonious Universe, Springer-Verlag, 1996, New York, USA.
- K. Fischer, Glaseingedeckte Stahlgitterschalen–Netztragwerke, Conference Proceedings Glaskon 99, 1999, Munich
- H. Klimke, W. Kemmer, N. Rennon, Die Stabwerkskuppel der Stockholm Globe Arena, 1989
- U. Knaack, Konstruktiver Glasbau, R. Müller Verlag, 1998, Köln
- K. Knebel, J. Sanchez-Alvarez, St. Zimmermann, Das Eden-Projekt, 2001
- G. Lacher, Ein neues Rau1ntragwerk zur Überbrückung großer Spannweiten in Hochbau, 1977
- G. S. Ramas Van1y, M. Eekhout, G.R. Suresh, Analysis, design and construction of steel space frames, Thomas Telford Ltd., 2002, London
- Rhinoceros 3.0 User's Guide, Robert McNeel & Assoc., 2002, Seattle Washington
- J. Sanchez-Alvarez, The Geometrical Processing of the Free-formed Envelopes for The Esplanade Theatres in Singapore, Vol.2, "Space Structures", Thomas Telford, 2002, London
- J. Schlaich, R. Bergermann, Patent Application DE 37 15 228 Al, German Patent Office, 1988, Munich
- J. Schlaich, H. Schober, Verglaste Netzkuppeln, 1992
- J. Schlaich, H. Schober, Transparente Netztragwerke, Issue of Stahl und Forms Stahl-Informations-Zentrum, 1992, Düsseldorf
- H. Schober, Die Masche mit der Glas-Kuppel, 1994
- J. Schlaich, H. Schober, J. Knippers, Bahnsteigüberdachung Fernbahnhof Berlin Spandau, 1999
- H. Schober, Freigeformte Netzschalen-Entwurf und Konstruktion, VDI-Jahrbuch Bautechnik, 2002
- H. Schober, Geometrie-Prinzipien für wirtschaftliche und effiziente Schalentragwerke, Bautechnik, 2002
- J. Schlaich, R. Bergermann, leicht weit-Light Structures, Prestel Verlag, 2003, Munich
- K. Teichmann, J. Wilke, Prozeß und Form. Natürlicher Konstruktionen, Sonderforschungsbereich 230, Ernst und Sohn, 1996, Berlin
- R. Anderson, The Great Court and The British Museum, The British Museum Press, 2000, London
- J. Sischka, St. Brown, E. Handel, G. Zenker, Die Überdachung des Great Court im British Museum in London, 2001
- R. Wörzberger, Neue konstruktive Details, ARCUS 3 "Vom Sinn des Details", R. Müller Verlag, Köln, 1988
- J. Knippers and T. Helbig, From the beginning of the design to the execution of free-formed grid-shells a consistent design process, 2008

- G. Hartl, Das Westfield Dach – von der Idee bis zur Montage, Stahl-Glas Konstruktion, 2010
- K. Havemann, & H. Düster, Neue Messe Mailand - Verglasung der Freiformfläche, 2005
- K.J. Hwang, J. Knipper. & S.W. Park, Development of node connecting system used for spatial structures. Conference proceeding the 9th APCS, 2009
- H. Schober, K. Kürschner & H. Jingjohann, Neue Messe Mailand - Netzstruktur & Tragverhalten einer Freiformfläche, Stahlbau 73, 2004
- A. Breukelmann, Tendenzen der Glasarchitektur: Glasfassaden aus England; Glasforum 3/93
- C. Schulz & P. Seger, Glas am Bau II – Konstruktion von Glasfassaden, DAB 5/93
- K. Ackermann, Industriebau, 1984, Stuttgart
- A. Petzold, H. Marusch & B. Schramm, Der Baustoff Glas, 1990, Berlin
- L. B. Klindt & W. Klein, Glas als Baustoff, 1977, Köln
- VEGLA; Rechnischer Leitfaden – Glas am Bau, 2. Auflage, 1990, Stuttgart
- P. Rice, & H. Dutton, Le Verre Stucutural, 1995, Paris
- Architectural Monographe, Richard Rogers & Architects, 1985, London
- A. Compano, Intelligente Glas-fassaden- Material Anwendung Gestaltung, 1995, Zürich
- W. Führer, U. Knaack, Konstruktiver Glasbau 4 – Seminarbericht, 1996, Aachen
- D. Button, B. Pye, Glass in Building, 1993, London
- W. Führer, S. Ingendaaij, F. Stein, Der Entwurf von Tragwerk, 1995, Köln
- W. Führer, U. Knaack, Konstruktiver Glasbau 1 – Seminarbericht, 1995, Aachen
- U. Knaack, Tragende Transparenz, db 4/97
- Information des Büros Brunet & Saunier
- A. J. Broolkes, C. Grech, Connections. Studies in Buildings Assembly, 1992, Oxford
- C. Davies, High-Tech-Architektur, 1988, Stuttgart
- James Carpenter Design Associates, New York
- C. Schulz, P. Seger, Großflächige Verglasungen, 1991
- G. Kohlmaier, B. Von Satory, Das Glashaus – ein Bautypus des 19. Jht., 1981, München
- Frick, Knoll, D. Neumann, U. Weinbrenner, Baukonstruktionslehre 1 & 2, 1988 + 1992, Stuttgart
- A. Petzold, H. Marusch, B, Schramm, Der Baustoff Glas, 1990, Berlin
- L.B. Klindt, W. Klein, Glas als Baustoff, 1977, Köln
- Informationsmaterial für Fassadentechnik, Darmstadt
- I. Ritchie, Architektur mit (guten) Verbindungen, 1994, Berlin

2. 유리관련 회사 발행물과 브로셔

- VEGLA; Produktinformation MEGA-REC-SYSTEM, Aachen
- Informationsmaterial BGT Bischoff Glastechnik, Bretten
- Informations von Robert Danz
- Informationen der Firma SADEF
- Informationen der Firma Vegla
- Informationen der Firma Schüco International
- Glas Bau, Technisches Handbuch, Ausgabe 1995/96, Vegla
- Vegla: Gals am Bau, Ausgabe 1995/96
- Vegla: Produktinformation (RWTH Aachen)
- Rodan: Produktinformation(Schloß Juval, Spielbank Stuttgart)

- VEGLA, Multipoint-Systeme 4/97, Fasasdensysteme 10/95, Multipoint-Halterungen 7/96, Glasverarbeitung Bietigheim GmbH
- Okalux Kapollarglas GmbH
- Pilkington, Plana
- Eurocontrol, Glas Pro–das Punkt Befestigungssystem Lindau/B 1/98,
- Glasmarte, Punkthaltesysteme GM- Fact-Box Bregenz 1/98
- Eckelt Glas, Litewall Steyr 9/96
- Rodan Glasklemmhalter Schönaich 10/97
- Informationen des Büros Brookes Stacey Randall
- Informationsmaterial der Schweizerischen Zentralstelle fur Stahlbau, Nr. 12+13/93
- Informationasmaterial MERO, Würzburg
- Vegla: Bauglas – Produkte, Anwendungen, Montage, 1991, Aachen
- MERO GmbH, P. Krauss, Patent 42 24 663 C2, German Patent Office, Munich, 1994
- MERO GmbH, MERO–Raumfachwerk, Allgemeine bauaufsichtliche Zulassung, DIBt-Germany Institute for Civil Engineering, 2003, Berlin
- Informationen der Firma Glasbau Hahn

3. 정기 간행본
- Glasforum
- Bauwelt
- Arch+
- Lotus
- Glasforum
- Deutsche Bauzeitung
- Der Architekt
- Deutsches Architektenblatt
- Glas
- Detail
- Baumeister
- Stahlbau
- Industriebau
- Glas Spektrum
- Glas-Architektur und Technik
- A + U Extra
- JA
- db
- AA
- The Architects Journal

유리건축
Glass Architecture

박선우 저.

copyright ⓒ 2018 by wooribook., Ltd.
All rights reserved. No part of this book may be used or reproduced
without the written permission of the publisher

초판1쇄 인쇄 2018년 1월 1일
초판1쇄 발행 2018년 1월 1일

출판등록: 2010년 8월 27일
등록번호: 제 321-2010-000175호
발행처: 도서출판 우리북
발행: 김영덕(010-5228-2130)
주소: 서울시 서초구 양재동 265-10번지
전화: 02-3463-2130
팩스: 02-3463-2150
이메일: kyd2130@hanmail.net
홈페이지: http://ooribook.com
편집 및 디자인: 고정현(http://studio126.kr)

값 36,000원

ISBN 979-11-85164-26-7